LEHRBUCH DER BOTANIK

VON

Dr. K. GIESENHAGEN

O. PROFESSOR DER BOTANIK UND PHARMAKOGNOSIE
IN MÜNCHEN

ZEHNTE AUFLAGE

MIT 526 TEXTFIGUREN

1928

Springer Fachmedien Wiesbaden GmbH

ISBN 978-3-663-15326-9   ISBN 978-3-663-15894-3 (eBook)
DOI 10.1007/978-3-663-15894-3

Softcover reprint of the hardcover 10th edition 1928

Vorwort zur zehnten Auflage.

Als ich das druckreife Manuskript der zehnten Auflage abgeliefert und kaum das erste halbe Dutzend von Korrekturfahnen gelesen hatte, wurde ich durch schwere Erkrankung für Monate von der weiteren Mitarbeit ausgeschaltet. Meine langjährigen treuen Mitarbeiter und Freunde, Professor Dr. Dunzinger und Privatdozent Dr. Gistl, ließen es sich aber nicht nehmen, an meiner Stelle das Lesen der Korrekturbogen und den gesamten Verkehr mit der Verlagsanstalt zu besorgen. Für diese treue Nothilfe spreche ich an dieser Stelle meinen herzlichsten Dank aus. Ohne sie hätte die Herausgabe des Buches sicher eine lange Verzögerung erfahren müssen.

Der Verlag hat sich bemüht, durch Auswahl einer klaren Schrift, eines für gute Wiedergabe der Abbildungen geeigneten Papiers sowie durch sorgfältige Überwachung des Druckes dem Buche wieder die vornehme Ausstattung zu geben, welche die Vorkriegsauflagen auszeichnete. Auch dafür meinen wärmsten Dank.

Die neue Auflage meines Lehrbuches bot mir diesmal die erwünschte Gelegenheit, die beabsichtigte Umarbeitung des systematischen Teils durchzuführen. Es handelt sich dabei für mich darum, ein stabiles System des Gewächsreiches zu gewinnen, das für den Unterricht der Anfänger eine Grundlage bilden kann, ohne den Forschungsergebnissen und Forderungen der genetischen Systematik Gewalt anzutun, aber auch ohne daß jeder Meinungswechsel auf dem Gebiete der genetischen Systematik unbedingt zu einer Änderung in den Grundzügen des Systems Veranlassung geben muß. Wie weit mir das gelungen ist, das zu entscheiden muß ich der Kritik der Fachgenossen überlassen. Jedenfalls hoffe ich, daß mein Buch auch in der neuen Form allen, die eine erste Einführung in die Botanik suchen, insbesondere den Studierenden der Pharmazie und Medizin, den Chemikern, Landwirten, Forstleuten, Kultur- und Vermessungsingenieuren beim akademischen Unterricht neben den Vorlesungen die gleichen guten Dienste leisten wird wie die neun ersten Auflagen in den verflossenen 33 Jahren.

München, im Januar 1928.

Dr. K. Giesenhagen.

Aus den Vorworten früherer Auflagen.

Über den Umfang des Tatsachenmaterials, welches in meinem Buch zusammenzutragen war, kann man sehr verschiedener Meinung sein, da ja die reichsgesetzlichen Bestimmungen über das Tentamen physicum der Mediziner und über das pharmazeutische Staatsexamen dem individuellen Ermessen des Examinators innerhalb weiter Grenzen volle Freiheit lassen. Ganz allgemein wird man aber wohl der Ansicht beistimmen, daß die Prüfung sich in keinem Fall auf die gedächtnismäßige Beherrschung von Einzeltatsachen zu beschränken hat, sondern daß ein Verständnis der leitenden Gedanken als ein Beweis eines mit Erfolg absolvierten Studiums unbedingt gefordert werden muß. Dementsprechend bin ich bemüht gewesen, stets, soweit es in dem engen Rahmen möglich war, die allgemeinen Gesichtspunkte in den Vordergrund zu rücken. Daneben habe ich aber auch der Darstellung der Einzelheiten, soweit mir dieselben wichtig erschienen, meine Aufmerksamkeit nicht entzogen, und insbesondere hoffe ich, daß meine Schilderungen überall den Anschauungen der Gegenwart und den gesicherten Resultaten der neuesten Untersuchungen entsprechen. (I. Aufl. 1894.)

Das vorliegende Werk soll dem Studierenden das botanische Kollegheft ersetzen, keineswegs aber den Besuch der Vorlesungen und das eigene Literaturstudium des Fortschreitenden überflüssig erscheinen lassen. (II. Aufl. 1898.)

Von verschiedenen Seiten ist mir der Wunsch geäußert worden, es möchte dieser Abschnitt des Buches (die spezielle Botanik), welcher bisher lediglich für die Bedürfnisse der Mediziner und Pharmazeuten berechnet war, derart erweitert werden, daß er auch als Grundlage für den allgemeinen Unterricht der Naturwissenschaftler, Forst- und Landwirte usw. ausreichend sei. Ich glaube in der vorliegenden Auflage diesem Wunsche Rechnung getragen zu haben, soweit es mit dem Prinzipe vereinbar schien, daß das Buch nicht einen Ersatz für die botanischen Vorlesungen, sondern lediglich ein Hilfsmittel bei dem Unterricht bilden soll. (III. Aufl. 1903).

Ich bin der Ansicht, daß die Probleme, über welche noch der Streit der Meinungen hin und her wogt, weit mehr geeignet sind, das Interesse des Studierenden zu fesseln, als eine bloße Mitteilung des gesicherten Besitzes der Wissenschaft. Deshalb dürfen auch die Hypothesen, die die Gegenwart bewegen, wohl in einem Lehrbuch Platz finden, wenn sie nur nicht fälschlich mit dem Schein apodiktischer Gewißheit umkleidet werden. Es kann dadurch um so weniger ein Mißverständnis entstehen, als ja nicht das Lehrbuch, sondern die Vorlesung, neben der das Lehrbuch als Gedächtnisanhalt benutzt wird, dem Studierenden die Richtung und Grundlage für seine Auffassung der Naturerscheinungen geben soll. (IV. Aufl. 1907.)

Inhaltsverzeichnis.

Dritter Abschnitt: Spezielle Botanik.

Einleitung.

Botanik ist die Naturgeschichte des Pflanzenreiches, welches mit dem Tierreiche zusammen die Welt des Organischen bildet. Zwischen diesen beiden Reichen ist eine scharfe Grenze nicht vorhanden. Wir müssen dieselben ansehen als von dem gleichen Ausgangspunkte nach verschiedenen Richtungen ausstrahlende Entwicklungsreihen des organischen Lebens. Die dem gemeinsamen Uranfang zunächst stehenden Glieder der beiden Reihen weisen die weitgehendsten verwandtschaftlichen Beziehungen zueinander auf; es ist auf dieser niedrigen Entwicklungsstufe überhaupt noch keine scharfe Differenzierung der beiden Entwicklungszweige eingetreten, so daß also die Frage nach der Zugehörigkeit der niedersten Formen zu der einen oder anderen Reihe völlig gegenstandslos ist.

Wenn nach dem Gesagten ein durchgreifendes Unterscheidungsmerkmal zwischen Tier und Pflanze im allgemeinen nicht vorhanden sein kann, so läßt sich doch, wenn wir die Betrachtung auf die höher organisierten Lebewesen beschränken, für die Zugehörigkeit eines Organismus zum Tierreich oder Pflanzenreich eine Reihe von Kennzeichen angeben, von denen einige im folgenden kurz erwähnt sein mögen.

Der Körper der höheren Tiere erreicht in einem bestimmten Alter den Höhepunkt seiner formalen Entwicklung; der Körper ist ausgewachsen, alle Organe sind in der für die betreffende Art charakteristischen Zahl und Ausbildung vorhanden, ein Wachstum und eine Neubildung von vegetativen Organen findet während des ganzen Restes der Lebenszeit normal nicht mehr statt. Am Pflanzenkörper aber findet unausgesetzt Wachstum und Neubildung von Organen statt, um erst mit dem Tode des Individuums zu erlöschen. — Im anatomischen Bau der Pflanzen und Tiere ist ein deutlicher Unterschied darin ausgesprochen, daß die Zellen, welche den Pflanzenkörper zusammensetzen, eine feste Hülle aus Cellulose besitzen, während dieses Kohlehydrat im Körper der höheren Tiere nicht gefunden wird. — Die Pflanzen besitzen die Fähigkeit, aus der Kohlensäure der Luft, dem Wasser und einigen Salzen die komplizierten organischen Verbindungen herzustellen, welche zur Unterhaltung ihrer Lebensprozesse und zum Aufbau ihrer Organe erforderlich sind. Den Tieren fehlt dagegen das Vermögen, organische Substanzen aus anorganischen aufzubauen; zu ihrer Ernährung sind organische Stoffe nötig: Eiweiß, Fette und Kohlehydrate, welche ihnen in letzter Linie von den Pflanzen geliefert werden. — Selbstverständlich fehlt es bei diesen allgemeinen Sätzen auch unter den höheren Organismen nicht an Ausnahmen.

Man teilt die Wissenschaft der Botanik in die **allgemeine Botanik,** welche uns über die allgemeinen Gesetze des Baues und der Lebensverrichtungen des Pflanzenkörpers unterrichtet. und in die **spezielle Botanik,** welche die einzelnen

Gewächse, ihre Verwandtschaftsverhältnisse, ihr Vorkommen und ihre Verbreitung kennen lehrt und zeigen soll, wie die allgemeinen Gesetze der Gestaltung und des Baues an den einzelnen Gewächsen zum Ausdruck kommen und uns ermöglichen, ihre Gesamtheit in ein übersichtliches System einzuordnen.

Gemäß den beiden Hauptaufgaben, welche der allgemeinen Botanik zukommen, unterscheiden wir in derselben die Lehre vom Bau des Pflanzenkörpers oder **Morphologie** und die Lehre von den Lebenserscheinungen in demselben oder **Physiologie.**

In der speziellen Botanik haben sich als besondere Lehrgebiete herausgebildet die **Systematik,** das ist die beschreibende Darstellung der Gewächse und ihre Anordnung in gesetzmäßiger Reihenfolge, die **Pflanzengeographie,** das ist die Lehre von der Verbreitung der Pflanzen und der Pflanzengenossenschaften auf der Erdoberfläche und die **Pflanzenpaläontologie**, das ist die Aufdeckung der Entstehungsfolge der Pflanzengruppen im Laufe der Erdgeschichte.

Daneben hat in neuerer Zeit die **angewandte Botanik,** welche die nützlichen Pflanzen, ihre Pflege und Nutzung und die schädlichen Pflanzen und ihre Bekämpfung zum Gegenstande hat, als Lehrgebiet an Bedeutung gewonnen.

In diesem für den Anfänger bestimmten Lehrbuch sollen die Morphologie, Physiologie und Systematik in besonderen Abschnitten behandelt werden. Die wichtigsten Tatsachen aus der angewandten Botanik finden in der speziellen Botanik dem Zweck des Buches entsprechende Berücksichtigung.

Die Morphologie der Pflanzen.

Die Morphologie der Pflanzen hat nach zwei Richtungen hin über den Bau der Gewächse Auskunft zu geben. Sie lehrt in der **Organographie** die äußere Form des Pflanzenkörpers und die Gesetze kennen, welche seine Gestaltung beherrschen. In der **Anatomie** unterrichtet sie über den inneren Bau und die stoffliche Zusammensetzung der Pflanzenorgane.

A. Organographie.[1]

I. Die Organe des Pflanzenkörpers und ihre räumlichen Beziehungen zueinander.

1. Wurzel und Sproß.

Wenn wir von den niedersten Pflanzenformen absehen, deren Bau eine gesonderte Besprechung erfordert, so können wir überall in dem Bau der verschiedenartigen Gewächse einen gewissen typischen Grundplan wiederfinden, der mit einer Arbeitsteilung zwischen den Abschnitten des Pflanzenkörpers in Beziehung steht. Die Pflanze zeigt eine gewisse Polarität, wir unterscheiden Basis und Spitze, und die nach diesen beiden Polen zu gelegenen Teile der Pflanzen zeigen verschiedene Ausbildung und verschiedenes Verhalten.

Schon bei verhältnismäßig einfach gebauten Gewächsen tritt diese Polarität auffällig in die Erscheinung. Die Abb. 1 gibt die vergrößerte Abbildung einer Alge, deren ganzer Vegetationskörper ein winziges Bläschen, etwa von der Größe eines Stecknadelkopfes, darstellt. An demselben können wir zwei Teile erkennen; den Sproß und die Wurzel. Der Sproß ist der obere, eirundliche Teil, der dem Lichte ausgesetzt und an der lebenden Pflanze grün gefärbt ist. Er übernimmt im vegetativen Zustande die Assimilation, d. h. die Umwandlung der anorganischen Pflanzennahrung in die organischen Verbindungen, welche zum Aufbau des Pflanzenkörpers nötig sind. Als Wurzel bezeichnen wir den meist ungefärbten, einem verzweigten Schlauche vergleichbaren Teil der Alge, der in den Boden eindringt, die Pflanze befestigt und die Aufnahme von Wasser und von darin gelösten Stoffen vermittelt.

Die in Form und Farbe, Wachstumsrichtung und Arbeitsleistung ausgesprochene Gegensätzlichkeit zwischen Sproß und Wurzel können wir in verschiedenen

---

[1] Für eingehendere Studien ist zu empfehlen: Goebel, K., Organographie der Pflanzen, und als Anleitung zu experimentellen Untersuchungen Goebel, K., Einleitung in die experimentelle Morphologie der Pflanzen.

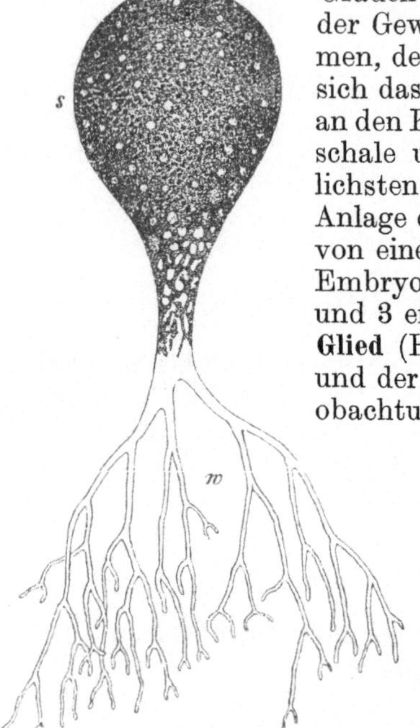

Abb. 1. Botrydium granulatum nach Woronin. (Vergrößert.) *w* Wurzel, *s* Sproß.

Graden der Deutlichkeit aufwärts durch die ganze Reihe der Gewächse bis hinauf zu den höchstentwickelten Formen, den Samenpflanzen, verfolgen. Bei den letzteren läßt sich das Verhältnis von Sproß und Wurzel am leichtesten an den Keimpflanzen, übersehen. In den von einer Samenschale umhüllten Pflanzensamen finden wir als wesentlichsten Bestandteil den Keimling, (Embryo), d. i. die Anlage der jungen Pflanze vor. Er ist in manchen Fällen von einem Nährgewebe (Endosperm) begleitet. An dem Embryo können wir, wie aus den nebenstehenden Abb. 2 und 3 erkennbar ist, die **Keimwurzel** und das **hypokotyle Glied** (Hypokotyl) mit den **Keimblättern** (Kotyledonen) und der **Stammknospe** (Plumula) unterscheiden. Die Beobachtung der Keimungsvorgänge lehrt uns, welche Bedeutung diesen einzelnen Teilen als Organen des Pflanzenkörpers zukommt.

Wenn der Same in günstige Keimungsbedingungen gelangt, wird die Samenschale gesprengt, und der sich zur Keimpflanze entwickelnde Embryo streckt die Wurzel hervor, die in den Boden eindringt. Die Spitze dieser Keimwurzel stellt das eine Polende des Pflanzenkörpers dar. Nach einer kürzeren oder längeren Zeit wird auch das andere Polende aus der Schale befreit; es ist die Stammknospe des Embryo, die Spitze des Sprosses, welche entgegengesetzt zu der Wachstumsrichtung der Wurzel sich aufwärts wendet. An der aus der Samenschale hervorgetretenen Keimpflanze sind danach leicht die beiden wichtigen Organe zu unterscheiden: die **Wurzel,** welche unter dem Einfluß der Schwerkraft senkrecht abwärts wächst, und der **Sproß,** welcher ebenfalls durch Schwerkraft beeinflußt, sich aufrecht stellt.

Die Keimblätter werden entweder aus der Samenschale frei und durch die Streckung des hypokotylen Gliedes über den Erdboden emporgehoben (epigäische Keimung), oder sie bleiben in der Samenschale und mit dieser im Erdboden zurück, während die Stammknospe

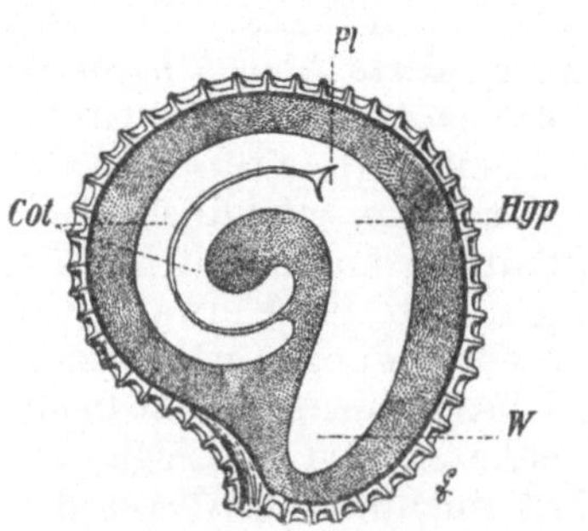

Abb. 2. Längsschnitt durch den reifen Samen des Bilsenkrautes. Der Keimling ist in ein reichliches Nährgewebe eingebettet, welches von der Samenschale umhüllt wird. *W* Wurzel, *Hyp* Hypokotyl, *Pl* Stammknospe, *Cot* Keimblätter des Keimlings.

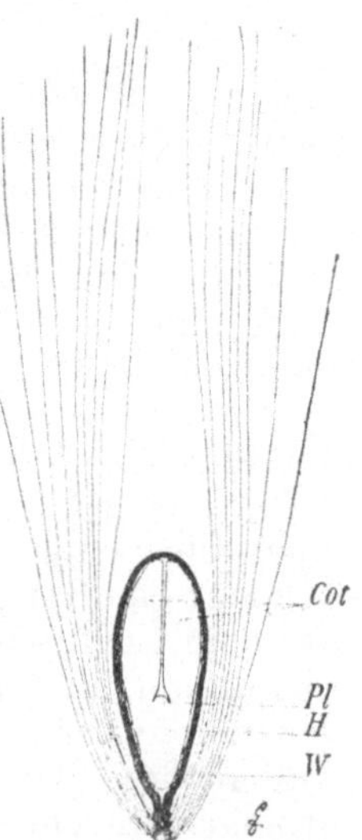

Abb. 3. Längsschnitt durch den reifen Samen der Weide. Der Embryo füllt die mit langen Haaren versehene Samenschale völlig aus. Bedeutung der Buchstaben wie in Abb. 2.

zwischen ihnen emporwächst (hypogäische Keimung).

Wir können am Sproß zwei wesentliche Teile unterscheiden, die Sproßachse, welche von dem Hypokotyl und dem in der Verlängerung desselben gelegenen Achsenteil der Stammknospe gebildet wird, und die seitlichen Organe, das sind die Keimblätter und die weiter oben sich entwickelnden Blätter.

Die Keimblätter sind als die ersten Blattgebilde der jungen Pflanze anzusehen. Die in der Klasse der Monokotylen vereinigten Blütenpflanzen haben ein Keimblatt, die Dikotylen haben zwei und bei vielen Nadelhölzern, z. B. bei den Kiefern und Tannen, kommen mehr als zwei Keimblätter vor (Abb. 5).

Die Keimblätter enthalten, wie bei der Eiche, sehr häufig große Mengen von organischen Nahrungsstoffen, welche der jungen Pflanze in den ersten Stadien ihres Lebens zum Unterhalte dienen. In anderen Fällen wirken die Keimblätter als Saugorgane, welche dem sich entwickelnden Keimling die im Nährgewebe des Samens vorhandenen Stoffe zuführen, oder sie stellen schon in der ersten Lebenszeit der Keimpflanze Ernährungsorgane dar, welche wie die Laubblätter aus anorganischer Rohnahrung organische Baustoffe bereiten.

An der Spitze der Wurzel und des Sprosses finden wir zu jeder Zeit ein jugendliches, zu weiterer Entwick-

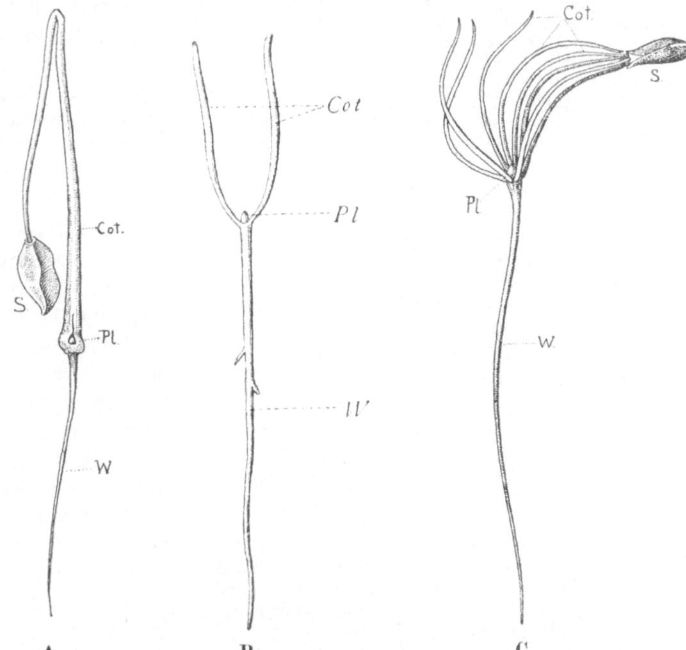

Abb. 4. Keimung der Eichel. **A** Längsschnitt der ungekeimten Eichel ($^2/_1$). **B** und **C** aufeinanderfolgende Keimungsstadien ($^1/_1$). *w* Wurzel, *h* Hypokotyl, *pl* Stammknospe, *c* Keimblätter des Keimlings.

Abb. 5. **A** Junge Keimpflanze der Zwiebel mit einem Keimblatt. **B** Junge Keimpflanze des Fenchel mit zwei Keimblättern. **C** Junge Keimpflanze der Kiefer mit mehr als zwei Keimblättern. *W* Wurzel, *Pl* Stammknospe, *Cot* Kotyledonen, *S* Samenschale.

lung befähigtes Gewebe, den **Vegetationspunkt.** Durch sein Wachstum wird ein steter Längenzuwachs der Wurzel und des Sprosses bewirkt, während die älteren Teile der beiden Elementarorgane allmählich in den Zustand des Ausgewachsenseins übergehen.

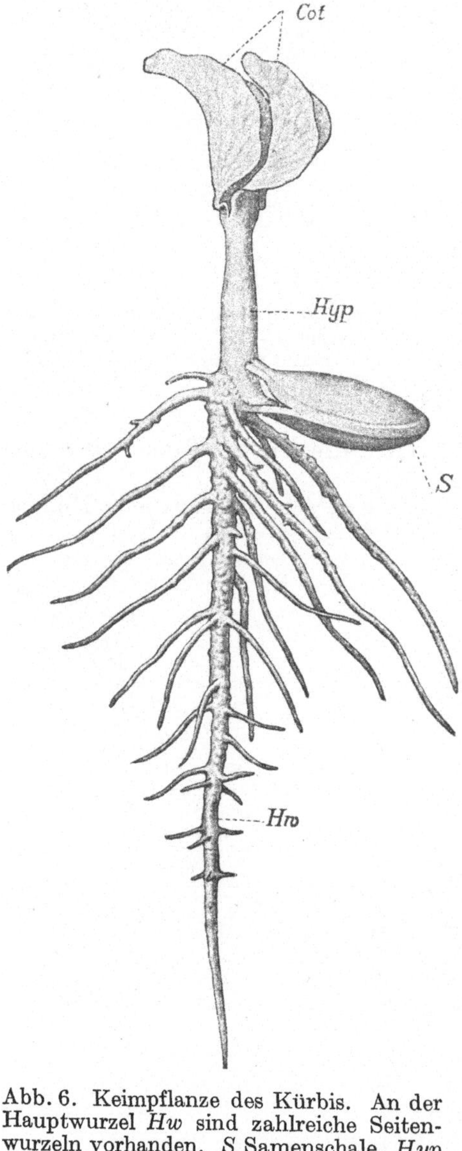

2. Verzweigung der Wurzel und des Sprosses.

An der Hauptwurzel und an dem Hauptsproß, welche durch die Tätigkeit der Vegetationspunkte aus Keimwurzel und Keimsproß hervorgegangen sind und die organische Achse des erwachsenen Pflanzenkörpers bilden, entstehen seitliche Glieder, welche an ihrer Spitze gleichfalls mit einem Vegetationspunkt versehen sind und auch im übrigen in Bau und Verrichtung den Hauptorganen gleichen. Sie werden als **Seitenwurzeln** beziehungsweise als **Seitensprosse** bezeichnet und können wieder Seitenachsen höherer Ordnung hervorbringen. Man nennt diesen Vorgang Verzweigung. Die Gesamtheit aller Wurzeln und aller Sprosse bildet das **Wurzelsystem** beziehungsweise das **Sproßsystem** der erwachsenen Pflanze.

Die Seitenwurzeln werden kurz hinter dem Vegetationspunkt im Innern der Hauptwurzel angelegt und wachsen mit Durchbrechung der Wurzelrinde nach außen. Man bezeichnet diese Entstehungsweise als **endogen.** Meistens sind die Seitenwurzeln ziemlich regellos oder in mehr oder minder deutlichen Längsreihen an ihrer Abstammungsachse angeordnet (Abb. 6), sie wachsen nicht wie die Hauptwurzel senkrecht nach unten, sondern sie wenden sich seitwärts oder schräg abwärts. Die Seitenwurzeln höherer Ordnung können nach allen Richtungen hin wachsen.

Außer den aus der Keimwurzel des Embryos direkt oder indirekt hervorgehenden Wurzeln finden sich bei manchen Pflanzen noch andere Wurzeln vor, welche seitlich aus der Sproßachse entspringen. Für diese sekundär gebildeten Wurzeln hat sich der Name **Adventivwurzeln** eingebürgert. Ihre Entstehung ist wie die der Seitenwurzeln endogen.

Abb. 6. Keimpflanze des Kürbis. An der Hauptwurzel *Hw* sind zahlreiche Seitenwurzeln vorhanden. *S* Samenschale, *Hyp* Hypokotyl, *Cot* Kotyledonen.

Die Seitensprosse entstehen **exogen,** d. h. äußerlich am Vegetationspunkt ihrer Abstammungsachse. Ihr Vegetationspunkt ist direkt aus dem Vegetationspunkt der Hauptachse hervorgegangen, so daß also bei der normalen Verzweigung keine Neuentstehung embryonalen Gewebes, sondern nur Wachstum und Verteilung des schon vorhandenen stattfindet.

Bei den meisten Pflanzen bleibt der Vegetationspunkt der Hauptachse auch nach der Abgabe seitlicher Vegetationspunkte stets als solcher erhalten, der Hauptsproß bildet also immer die organische Achse des ganzen Sproßsystems. Man nennt diese Form der Verzweigung traubig (monopodial) (Abb. 7). In der Abteilung der Farne, Moose und Algen kommt gelegentlich eine andere Art der Verzweigung vor, die man als gabelig (dichotomisch) bezeichnet (Abb. 8). Dabei teilt sich der Vegetationspunkt in zwei gleichwertige Teile, die Hauptachse löst sich also gänzlich in Seitensprosse auf.

Abb. 7. Traubig verzweigter Sproß der Cypresse ($^1/_4$).

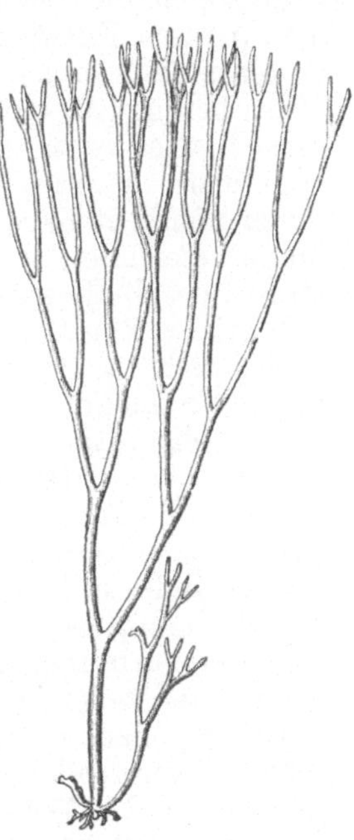

Abb. 8. Gabelig verzweigter Sproß der Meeresalge Dictyota striolata ($^3/_8$).

3. Sproßachsen und Blätter.

An den Sproßachsen der höheren Pflanzen entstehen außer den Seitensprossen noch andere seitliche Organe, die Blätter. Sie werden in lückenloser Folge exogen am Vegetationspunkt ihrer Abstammungsachse angelegt und treten zuerst als rundliche Höckerchen (Blattanlagen, Primordialblätter) unter dem Scheitel des Sprosses hervor (Abb. 9). Die Blätter besitzen keinen Vegetationspunkt und haben ein begrenztes Wachstum, auch sind sie zur Ausbildung gleichartiger seitlicher Organe höherer Ordnung normal nicht befähigt. Bei kurzlebigen krautartigen Pflanzen bleiben die Blätter während der ganzen Lebensdauer des Sprosses erhalten; an ausdauernden Pflanzen werden sie in der Regel entweder einzeln oder wie bei unseren Laubbäumen im periodischen Laubfall gleichzeitig abgeworfen und später durch neu gebildete Blätter junger Seitensprosse ersetzt.

In der Regel stehen die Blätter zu den an derselben Achse entspringenden Seitensprossen in einer bestimmten Beziehung, indem über der Anheftungsstelle

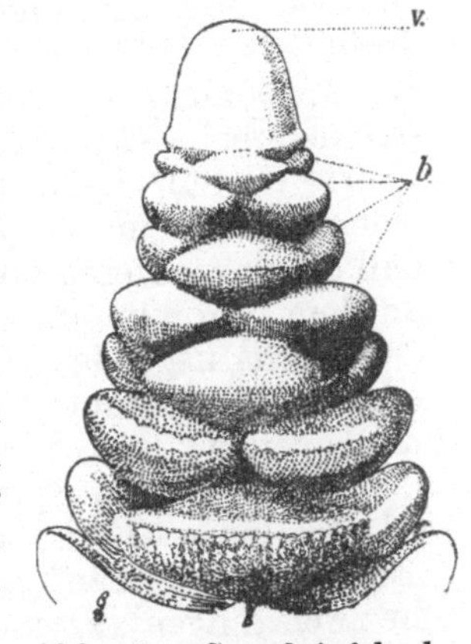

Abb. 9. Sproßgipfel der Wasserpest Elodea canadensis ($^{70}/_1$). *v* Vegetationspunkt, *b* Blattanlagen.

(Insertion) jedes Blattes die Anlage eines Seitensprosses hervortritt. Am Vegetationspunkt ist im Anfang nur das Primordialblatt als Höcker unterhalb des Sproßgipfels zu erkennen und erst später, wenn das ihn schützende Blatt schon eine gewisse Entwicklung erreicht hat, tritt auch der Vegetationspunkt des Seitensprosses in der Achsel des Blattes über die Oberfläche der Abstammungsachse hervor (Abb. 10). Fälle, in denen mehrere Sproßanlagen in der Achsel eines Blattes vorhanden sind oder in denen die Seitensprosse neben oder unter dem Blatt entspringen, sind verhältnismäßig selten. In Beziehung auf den in seiner Achsel stehenden Seitensproß wird das Blatt als **Deckblatt** (Stütz-, Tragblatt) bezeichnet, der Seitensproß wird **Achselsproß**, seine Anlage wird **Achselknospe** des Blattes geannnt.

Von der Regel, daß in allen Blattachseln Achselknospen vorhanden sind, finden sich zahlreiche Ausnahmen in der Gruppe der Nadelhölzer. Bei den übrigen Samenpflanzen fehlen die Knospen in den Achseln der Blütenblätter. Bei gabelig verzweigten Sprossen ist eine regelmäßige Beziehung zwischen der Stellung der Blätter und der Verzweigung der Achse nicht erkennbar.

Nicht alle Achselknospen entwickeln sich zu Seitensprossen, manche verkümmern schon als Anlagen vollständig, andere verharren viele Jahre lang im Knospenzustande, um erst später sich zu entwickeln. Die Knospen, welche sich erst nach längerer Ruhezeit entfalten, werden als **schlafende Augen** bezeichnet.

Außer den normal am Vegetationspunkt des Sprosses angelegten, in der Achsel der Blätter stehenden Seitensprossen finden sich gelegentlich an beliebigen Stellen der Sproßachsen Seitensprosse, welche als **Adventivsprosse** bezeichnet werden. Adventivsprosse können auch an Wurzeln und selbst an Blättern entspringen, wie das bei den **Wurzelsprossen** (Wurzelbrut) vieler Bäume und Sträucher und bei den **blattbürtigen Knospen** einzelner Farne und Samenpflanzen der Fall ist. Neben dieser Adventivsproßbildung möge noch der durch Verletzung veranlaßten Ausbildungen eines embryonalen Gewebes gedacht werden, von welchem zahlreiche Adventivsprosse erzeugt werden können. Die Stockausschläge an Baumstümpfen sind hierher zu rechnen.

Die Querscheiben der Sproßachse, an welchen die Blätter mit ihren Achselknospen eingefügt sind, heißen **Knoten**, sie sind meist durch die blattfreien Sproßteile, die **Zwischenglieder** (Internodien) voneinander getrennt. Bezüglich der Anordnung der Blätter an der Sproßachse unterscheidet man die **Quirlstellung**, bei welcher zwei oder mehr Blätter an jedem Stengelknoten einen Quirl (Wirtel) bilden, und die **Schraubenstellung** (Spiralstellung), bei welcher jeder Knoten ein einziges Blatt trägt. Es gilt für die Quirlstellung die Regel, daß die zu mehreren an einem Knoten stehenden Blätter in gleichen Abständen an dem Sproßumfang verteilt stehen; den zwischen je zwei Nachbarblättern des Quirls liegenden Bruchteil des Sproßumfanges nennt man die Divergenz oder den Querabstand der Blattstellung. Im zweigliedrigen Quirl ist demnach die Divergenz $\frac{1}{2}$, im dreigliedrigen $\frac{1}{3}$ usw. Die Blätter in den aufeinanderfolgenden Quirlen eines Sprosses sind **abwechselnd gestellt** (alternierend), d. h. die Blätter jedes Quirls stehen über den Zwischenräumen des vorhergehenden. Eine besonders häufige Form der Quirlstellung ist die Anordnung der Blätter in zweizähligen alternierenden Wirteln, die gewöhnlich als die gekreuzte oder dekussierte Blattstellung bezeichnet wird (Abb. 11).

Bei der Schraubenstellung bildet die Linie, welche die Ansatzstellen aller Blätter nach der Reihenfolge ihrer Entstehung auf dem nächsten Wege miteinander verbindet, auf der Oberfläche der Sproßachse eine Schraubenlinie, welche als **genetische Spirale** oder **Grundspirale** bezeichnet wird (Abb. 12). Da die Zwischenglieder zwischen den einzelnen Knoten verschiedene Länge haben können, so sind die Abstände zwischen den aufeinanderfolgenden Blättern bisweilen sehr ungleich groß. Wir finden aber

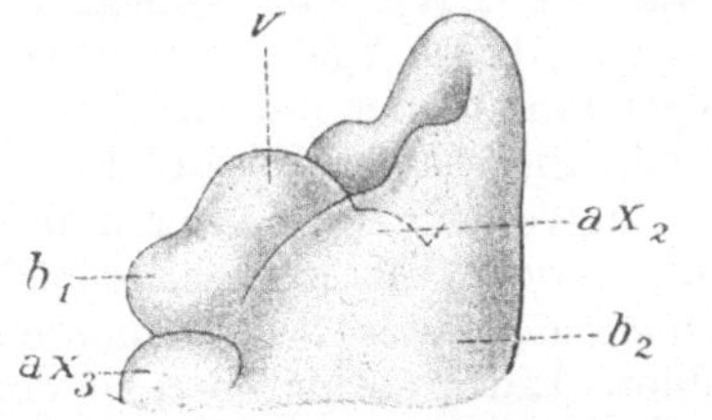

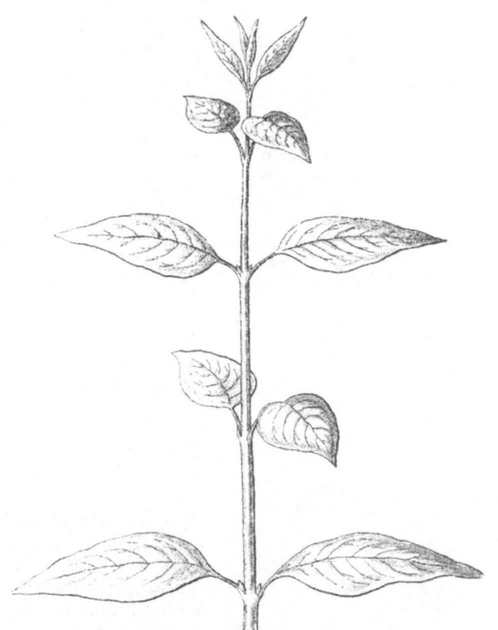

Abb. 10. Sproßspitze von Ranunculus repens, durch Fortnahme der älteren Blätter freigelegt ($^{64}/_1$). v Vegetationspunkt; b_1 jüngstes Blatt; b_2 zweites Blatt, in dessen Achse die Anlage des Achselsprosses ax_2 hervortritt; ax_3 Achselknospe, welche zu dem fortpräparierten drittjüngsten Blatt gehört.

Abb. 11. Sproß von Syringa mit gekreuzter Blattstellung ($^1/_2$).

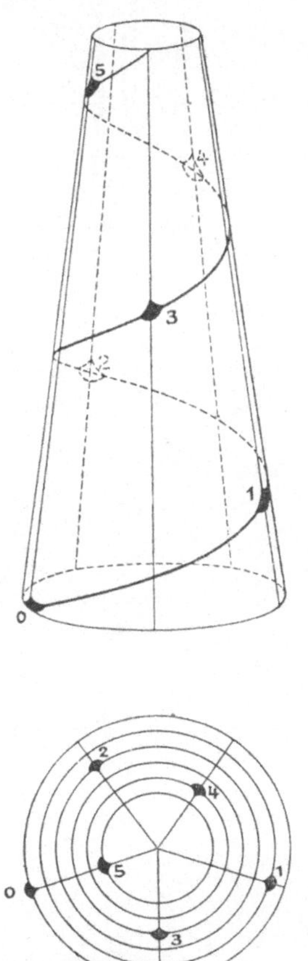

Abb. 12. Schema der Spiralstellung mit $^2/_5$ Divergenz. 0—5 die aufeinanderfolgenden Blattansatzstellen.

auch hier eine auffällige Gesetzmäßigkeit, wenn wir die Internodienlänge unberücksichtigt lassen und nur den Querabstand betrachten, d. h. wenn wir uns denken, daß das höherstehende Blatt senkrecht an der Oberfläche der Sproßachse bis zum nächst unteren Knoten hinabgerückt sei. Bezeichnen wir wieder den Bruchteil des Sproßumfanges zwischen den beiden so auf demselben Knoten vereinigten Blattansatzstellen als Divergenz, so gilt die Regel, daß bei der Schraubenstellung die Divergenz je zweier aufeinanderfolgender Blätter eines

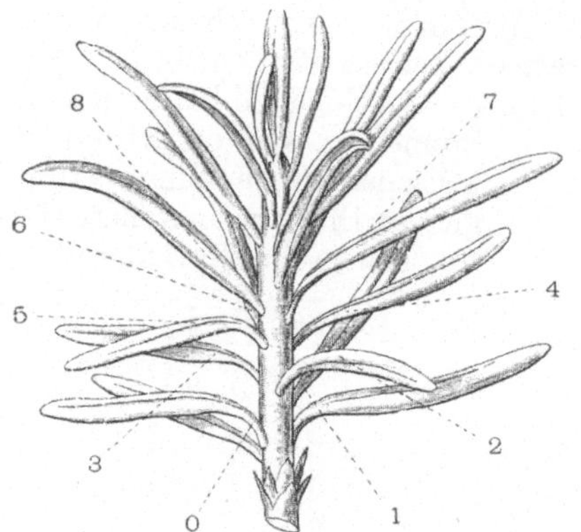

Abb. 13. Sproß von Ledum palustre.
Die Blätter stehen in $^3/_8$ Divergenz.

Sprosses die gleiche ist. An den Sprossen verschiedener Pflanzen, ja selbst an verschiedenen Sprossen der gleichen Pflanze kann die Divergenz verschiedene Werte zeigen. Als häufigste Divergenzen sind die folgenden beobachtet worden: $\frac{1}{2}$, $\frac{1}{3}$, $\frac{2}{5}$, $\frac{3}{8}$, $\frac{5}{13}$ usf. Sie stellen die Glieder einer Reihe dar, in welcher der Zähler und der Nenner jedes Bruches die Summe der beiden voraufgehenden Zähler beziehungsweise Nenner bildet. Indessen kommen Divergenzen wie $\frac{2}{7}$, $\frac{2}{9}$, $\frac{2}{11}$ u. a. m., welche nicht in diese Hauptreihe der Divergenzen passen, nicht gerade selten vor.

Man kann die Divergenz der Blattstellung auch durch den Winkel ausdrücken, welcher zwischen den zugehörigen Radien zweier benachbarter, an einem Knoten vereinigt gedachter Blätter eingeschlossen wird. Bei der Divergenz $\frac{1}{2}$, $\frac{1}{3}$, $\frac{2}{5}$, $\frac{3}{8}$ beträgt der Divergenzwinkel 180°, 120°, 144°, 135°; bei den höheren Divergenzen der Hauptreihe nähert sich der Divergenzwinkel immer mehr der Größe 137° 30′ 28″.

Um in einem gegebenen Falle die Divergenz der Blattstellung zu bestimmen, sucht man an dem Sprosse zwei genau übereinanderstehende Blätter auf und zählt von dem einen derselben mit Null anfangend alle Blätter auf der Grundspirale ab bis zu dem andern. Zugleich hat man darauf zu achten, wieviele Spiralenumläufe die Grundspirale von dem Nullpunkt bis zu dem Endpunkt der Zählung durchläuft. Indem man die Zahl der Umläufe durch die Zahl der auf ihnen vorhandenen Blätter teilt, erhält man die Divergenz der Blattstel-

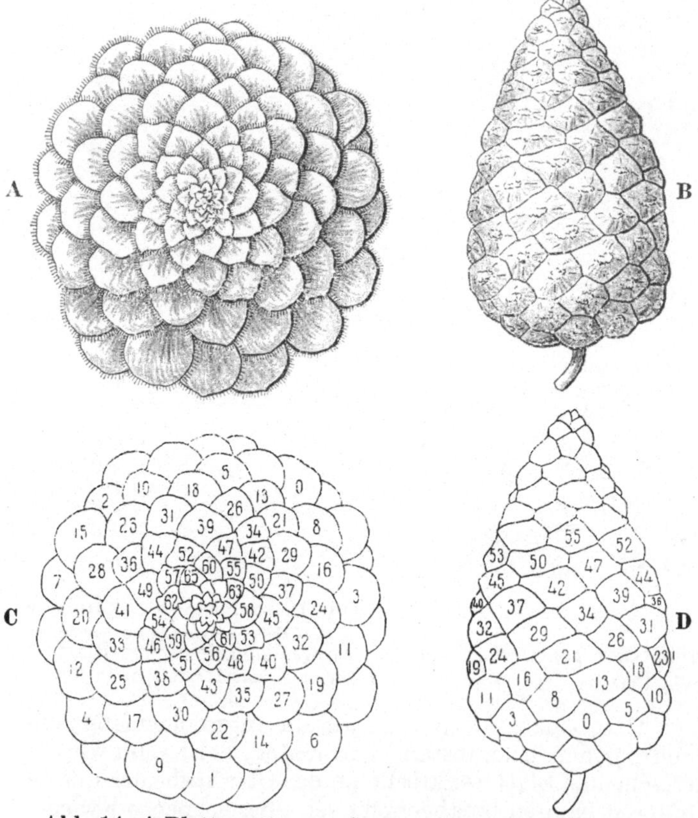

Abb. 14. **A** Blattrosette von Sempervivum tabulaeforme. Divergenz der Blattstellung $^{13}/_{21}$. **B** Zapfen von Pinius maritima. Divergenz $^{21}/_{34}$. **C** und **D** dieselben Objekte mit Numerierung der Blätter (nach Payer, **D** mit berichtigter Numerierung).

lung. An dem in Abb. 13 abgebildeten Sproßstück von Ledum palustre stehen die Blätter 0 und 8 genau übereinander. Wenn wir der Reihenfolge der Blätter von 0 bis 8 auf der Grundspirale folgen, so müssen wir drei volle Spiralenumläufe beschreiben. Die Divergenz ist also $= \frac{3}{8}$.

Wenn an einer kurzen Sproßachse sehr zahlreiche Blätter dicht gedrängt vorhanden sind, so läßt sich die Grundspirale nicht leicht direkt auffinden. Man erkennt aber auch dann eine regelmäßige Anordnung der Glieder; die Blätter erscheinen in nebeneinander verlaufenden Schrägzeilen (Parastichen) angeordnet. Es lassen sich in jedem Falle mehrere Systeme von Schrägzeilen unterscheiden, je nachdem man naheliegende oder entferntere Blätter zu Reihen verbindet, und je nachdem man die Reihen in rechtsläufiger oder linksläufiger Spirale verfolgt. In der Abbildung 14 D bilden die Blätter 0, 8, 16, 24 eine Schrägzeile, ebenso die Blätter 0, 5, 10 und 0, 13, 26, 39. Die Reihen, welche durch die

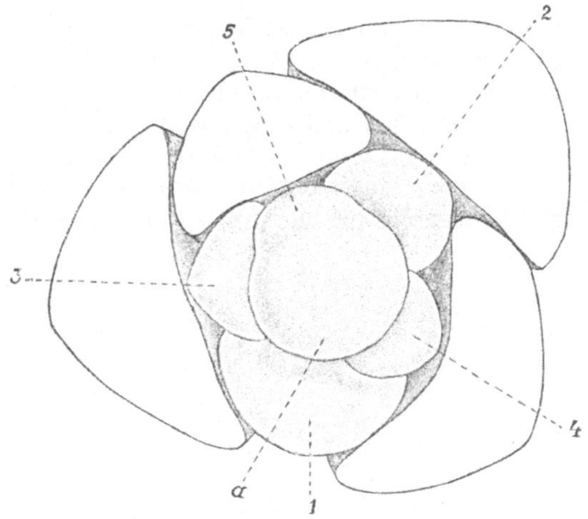

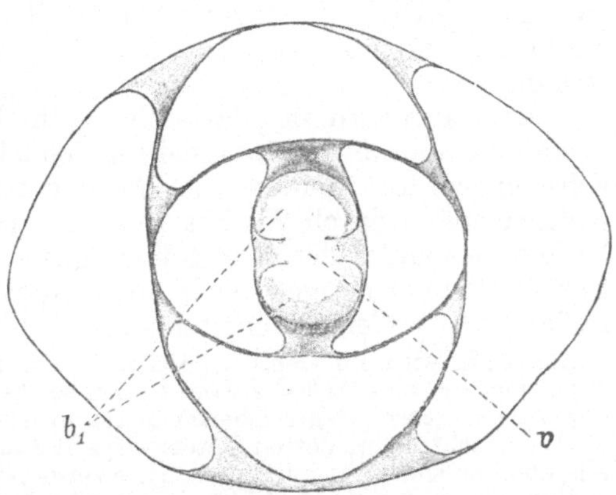

Abb. 15. Sproßgipfel von Cryptomeria japonica von oben ($^{140}/_1$). Die Blattanlagen folgen in der durch die Zahlen bezeichneten Reihenfolge aufeinander. 5 jüngstes Primordialblatt. *a* die Stelle des Vegetationspunktes, an welcher das nächstfolgende Blatt entstehen würde.

genau übereinander liegenden Blätter gebildet werden, heißen Geradzeilen (Orthostichen). Die Blätter 0, 21, 42, 63 an dem abgebildeten Sprosse von Sempervivum stellen eine Geradzeile dar. Durch eine rein mathematische Überlegung ergibt sich, daß die Differenz zwischen den Nummern der aufeinanderfolgenden Blätter einer Schrägzeile gleich der Zahl der gleichgerichteten Schrägzeilen sein muß. Man kann also aus der Zahl der vorhandenen gleichgerichteten Schrägzeilen die Nummer bestimmen, welche jedem einzelnen Gliede einer Schrägzeile bei beliebiger Festlegung des Nullpunktes zukommt. Indem man zwei sich kreuzende Schrägzeilengruppen zu dieser Bestimmung benutzt, findet man leicht die Nummer jedes einzelnen Blattes und ist dann imstande, die Grundspirale zu verfolgen und die Divergenz der Blattstellung in der oben angegebenen Weise zu bestimmen.

Die mathematische Regelmäßigkeit, welche in der Blattstellung zum Ausdruck kommt, läßt sich zum Teil auf die Entstehungsweise der Blätter am Vegetationspunkt zurückführen, für welche im allgemeinen das Gesetz Geltung hat, daß die lückenlos aufeinanderfolgenden Primordialblätter stets an der Seite der Sproßspitze angelegt werden, wo die durch den Zuwachs des Vegetationspunktes vergrößerte Sproßoberfläche ausreichenden Raum für eine Blattanlage bietet. Die Abb. 15 stellt einen Sproßgipfel von oben gesehen dar; die vorhandenen Blattanlagen stehen in $\frac{2}{5}$ Divergenz. Nach dem angegebenen Gesetz muß das nächste Blatt zwischen den Primordien 3 und 4 an der durch den Buchstaben *a*

Abb. 16. Sproßgipfel von Syringa vulgaris von oben ($^{70}/_1$). *v* Vegetationspunkt. b_1 jüngstes Blattpaar.

bezeichneten Stelle des Vegetationskegels angelegt werden. Es fällt also gerade über das vorhandene Blatt 1 und setzt die Spirale regelrecht in der $\frac{2}{5}$ Divergenz fort. Das Alternieren der aufeinanderfolgenden Wirtel bei Quirlstellung der Blätter ist, wie Abb. 16 zeigt, durch dieses Gesetz gleichfalls sehr einfach erklärt.

Wenn die Primordialblätter in verschiedener Größe angelegt werden, und ferner wenn der Vegetationspunkt sein Wachstum einstellt, wie das z. B. bei der Blütenbildung der Samenpflanzen der Fall ist, so werden die Beziehungen

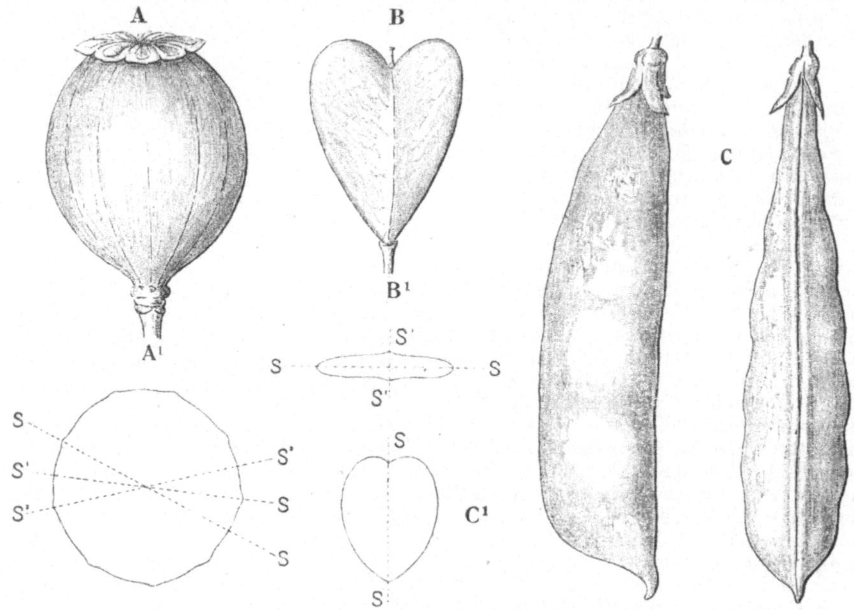

Abb. 17. **A** Kapsel des Mohns. **B** Schote des Hirtentäschelkrautes ($^2/_1$). **C** Hülse der Erbse. **A¹B¹C¹** die Querschnitte der Gebilde, welche zeigen, daß **A** radiär, **B** bilateral und **C** dorsiventral gebaut ist. s—s Symmetrie-Ebene.

zwischen der Größe der Primordien und den Raumverhältnissen am Vegetationspunkt verwickelter. Es treten dann oft weitgehende Änderungen in der Blattstellung ein.

Gelegentlich wird die Blattstellung durch innere oder äußere Ursachen derart beeinflußt, daß die Blätter nicht gleichmäßig nach allen Seiten um die Sproßachse angeordnet sind, sei es nun, daß die ursprünglich regelmäßig stehenden Anlagen später durch Wachstum verschoben werden, oder sei es, daß schon am Vegetationspunkt die Unregelmäßigkeit eintritt. Auf diese Weise kommen Sproßformen zustande, welche als bilaterale und dorsiventrale den regelmäßig radiär gebauten gegenüberstehen.

Als **radiär** wird ein Gebilde bezeichnet, wenn es eine gleichmäßige Anordnung seiner Teile rings um eine Achse aufweist. Ein solches Gebilde läßt sich durch drei oder mehr durch seine Achse gelegte Ebenen in symmetrische Hälften zerlegen. Eine Fichte, etwa ein Weihnachtsbaum, dessen Seitenzweige alle annähernd gleichmäßig rings um den Stamm ausgebreitet sind, ist radiär gebaut, ebenso zeigt eine Mohnkapsel oder eine Mohrrübe radiäre Symmetrie (Abb. 17 A). Die **bilaterale** Symmetrie ist darin ausgesprochen, daß die Ausbildung und Anordnung der Teile nach zwei entgegengesetzten Seiten der Hauptachse hin eine wesentlich andere ist als in der dazu senkrechten Richtung. Bekannte Beispiele bieten der oberirdische Teil einer Schwertlilie und das Schötchen des Hirtentäschel-krautes (Abb. 17B). Die bilateralen Gebilde lassen sich durch zwei durch die Längsachse gelegte aufeinander senkrechte Ebenen in symmetrische Hälften zerlegen. Bei den **dorsiventralen** Gebilden ist eine symmetrische Teilung nur in einer einzigen Richtung möglich. Man kann an ihnen eine verschieden ausgebildete Bauch- und Rückenseite unterscheiden, und die Ebene, welche durch die Mittellinie dieser beiden Seiten gelegt wird, ist die Symmetrie-Ebene. Die am Boden kriechenden Sprosse vieler Pflanzen, die Hülsen der Erbse (Abb. 17C) sind Beispiele für dorsiventralen Bau. Es kann sich bei den organischen Gebilden natürlich nicht um eine vollständige mathematische Symmetrie handeln. Bei der Fichte und dem Irissproß sind die seitlichen Organe nicht auf gleicher Höhe an der Achse eingefügt; an den Kapseln, Schoten und Hülsen sind immer kleine Un-

Abb. 18. Unsymmetrisches Blatt der Begonie.

regelmäßigkeiten vorhanden. Es gibt indes auch dorsiventrale Pflanzen und Pflanzenteile, bei denen, selbst wenn man von kleinen unwesentlichen Unregelmäßigkeiten absehen will, eine Symmetrie nicht vorhanden ist. Ein Beispiel für einen solchen **unsymmetrischen** Bau ist das Blatt der Begonien (Abb. 18).

4. Thallus.

Nicht bei allen polar gebauten Pflanzen ist der Sproß so gegliedert, daß wir eine Sproßachse und seitliche Organe, die Blätter, unterscheiden können. Schon bei vereinzelten Samenpflanzen, weit häufiger aber bei den Lebermoosen und besonders bei den Algen und Pilzen ist der Sproß ein ungegliederter oder wenig gegliederter Gewebekörper, den man als **Thallus** bezeichnet. Ein einfaches Beispiel eines thallosen Sprosses bietet das auf S. 4 abgebildete Botrydium granulatum. Der Sproß bleibt dort auch auf der höchsten Stufe der Entwicklung unverzweigt. Bei anderen Algen ist der Sproß oft reichlich verzweigt, wofür die Abb. 8 auf S. 7 ein Beispiel bietet. Bei den thallosen Lebermoosen ist

der Sproß ein dorsiventral gebautes, laubartig ausgebreitetes Gebilde, welches dem Boden angeschmiegt wächst und meistens dichotomisch in Seitensprosse zerteilt ist (Abb. 19).

An die Pflanzen mit thallosem Sproß schließen sich nach unten hin Gewächse an, deren einfacher Vegetationskörper eine Unterscheidung von Sproß und Wurzel ausschließt. Dahin gehören die Fadenalgen, von denen einige

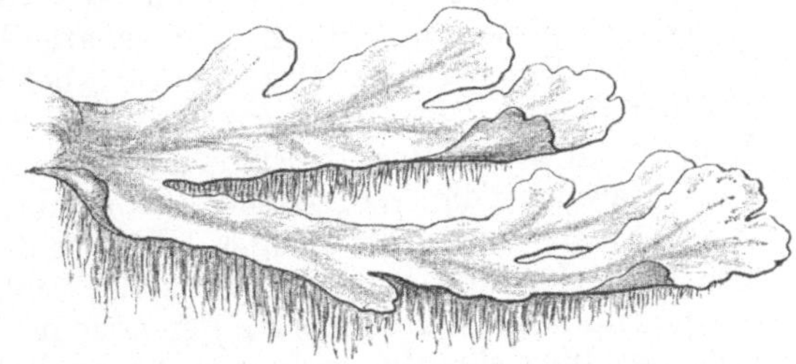

Abb. 19. Dorsiventral gebauter thalloser Sproß des Lebermooses Marchantia polymorpha, welcher mit einem Filz von Haarwurzeln am Boden befestigt ist.

noch in der Ausbildung der einzelnen Zellen einen Unterschied zwischen Basis und Spitze deutlich erkennen lassen, während andere der Polarität entbehren — ferner die meisten einzelligen Pflanzen und endlich die Schleimpilze, deren Vegetationskörper schleim- oder salbenartige Massen ohne bestimmte Formen sind.

II. Die Wurzeln.

1. Die typische Wurzel der Gefäßpflanzen.

Als Wurzel im weitesten Sinne ist im ersten Kapitel derjenige Teil des Pflanzenkörpers bezeichnet worden, welcher, nach abwärts wachsend, die Pflanze an der Unterlage festheftet und die Zufuhr von Wasser und Nährstoffen aus der letzteren vermittelt. In den verschiedenen Abteilungen des Pflanzenreiches zeigen die Wurzeln und wurzelähnlichen Organe eine sehr verschiedene Form und Ausbildung. Die höchst entwickelten Wurzeln treffen wir bei den Samenpflanzen und den Farnpflanzen an. Dieselben haben im jugendlichen Zustande die Gestalt eines langgestreckten Zylinders, welcher sich gegen die Wurzelspitze hin ein wenig verschmälert und abrundet.

Wurzelhaube. Das Längenwachstum der Wurzel wird durch den Vegetationspunkt der Wurzel vermittelt. Er liegt nahe hinter der äußersten Spitze der Wurzel und wird von der Wurzelhaube überdeckt. Die Wurzelhaube, welche von dem Vegetationspunkt her fortgesetzt einen Zuwachs erfährt und also ihre älteren ausgewachsenen Teile nach außen kehrt, ist wie ein Futteral (Abb. 20) über die Spitze der Wurzel gezogen und schützt das weiche Gewebe des Vegetationspunktes gegen mechanische Verletzung und gegen Auslaugung durch das mit der Wurzelspitze in Berührung kommende Wasser. Die meisten Wurzeln entwickeln sich im Erdboden, bei wenigen geht die Entwicklung in der Luft oder im Wasser vor sich. Bei den in den Boden eindringenden Wurzeln hat die Wurzelhaube noch eine andere Aufgabe zu erfüllen. Indem

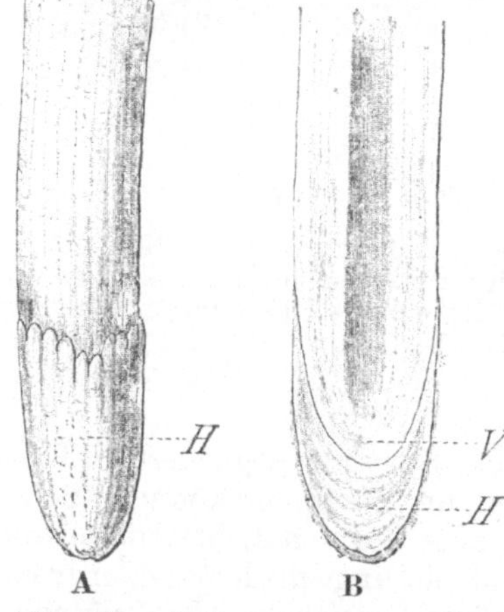

Abb. 20. A Spitze einer Wurzel der Brennessel ($^{70}/_1$). **B** Längsschnitt durch die Wurzelspitze des Kalmus ($^{14}/_1$), *V* Vegetationspunkt, *H* Wurzelhaube.

nämlich die äußeren Zellen der Wurzelhaube zu Schleim verquellen, bekommt die Wurzelspitze eine schlüpfrige Beschaffenheit, welche ihr Eindringen zwischen die Bestandteile des Erdbodens wesentlich erleichtert.

Wurzelhaare. Die Aufnahme von Wasser und löslichen Nährstoffen aus dem Boden geht durch die Oberhaut der Wurzelspitze vor sich. Häufig sind an ihr feine Härchen, die Wurzelhaare, vorhanden, die an einer in feuchter Luft erwachsenen Wurzel als filziger Überzug dem bloßen Auge sichtbar sind. Sie haben die Gestalt dünner, zylindrischer Schläuche und bedecken die Oberfläche der jugendlichen Wurzel bis auf den noch im Wachstum begriffenen, unmittelbar über der Wurzelhaube gelegenen Abschnitt (Abb. 21). Wenn sich die Wurzel durch Wachstum verlängert, so rückt die Entwicklung von Wurzelhaaren in gleichem Maße gegen die Spitze vor. Die Wurzelhaare treten zuerst als winzige Höckerchen über die Oberfläche hervor und wachsen schnell heran, indem sie sich zwischen die Bodenteilchen hineinschieben und innig mit ihnen verwachsen.

Die Wurzelhaare besitzen in der Regel nur eine kurze Lebensdauer, sie gehen wenige Zentimeter hinter der fortwachsenden Wurzelspitze zugrunde, während weiter vorne durch neu entstehende Haare ein Ersatz gebildet wird. Indem die Spitzen der Haupt- und Seitenwurzeln, stetig weiter im Boden vorrücken, werden die immerfort neu gebildeten Wurzelhaare mit immer neuen Bodenteilen in Berührung gebracht.

Seitenwurzeln. Die Verzweigung der Hauptwurzeln geht von einem Gewebe im Innern des Wurzelkörpers aus, welches die dem Vegetationspunkt zukommende Eigenschaft eines embryonalen Gewebes bewahrt hat. Die neu auftretenden Vegetationspunkte der Seitenwurzeln können also als Abkömm-

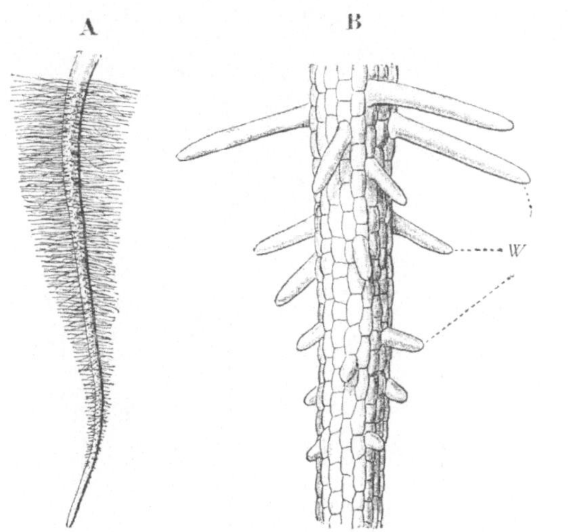
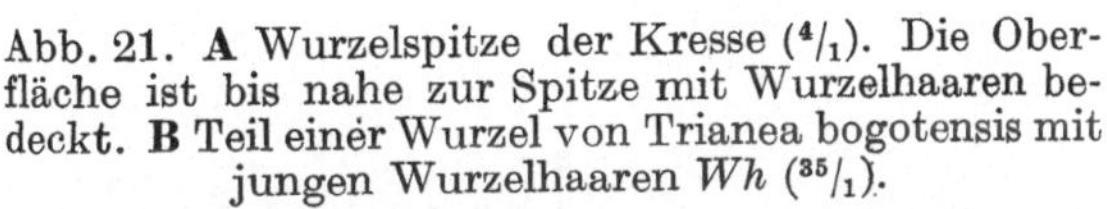
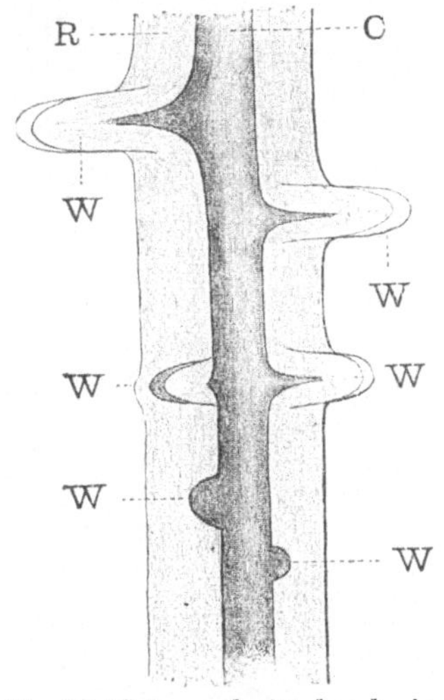

Abb. 21. **A** Wurzelspitze der Kresse ($^4/_1$). Die Oberfläche ist bis nahe zur Spitze mit Wurzelhaaren bedeckt. **B** Teil einer Wurzel von Trianea bogotensis mit jungen Wurzelhaaren *Wh* ($^{35}/_1$).

Abb. 22. Längsschnitt durch eine Wurzel des kriechenden Hahnenfußes mit Seitenwurzeln **W**, welche an dem Zentralkörper **C** der Wurzel entspringen und die Rinde **R** durchbrechen. Die Figur ist etwas schematisch. Um mehrere verschieden große Anlagen von Seitenwurzeln zeigen zu können, wurden die Zwischenstücke der Wurzel verkürzt gezeichnet ($^{12}/_1$).

linge, als abgetrennte Teile des Vegetationspunktes der Hauptwurzel angesehen werden. Kurz hinter der fortwachsenden Wurzelspitze treten im Innern des Wurzelkörpers die ersten Anlagen der Seitenwurzeln mit Vegetationspunkt und Wurzelhaube auf. Sie durchbrechen die sie bedeckenden Gewebeschichten der Hauptwurzel, dringen in den Boden ein und wachsen und verzweigen sich ebenso wie die Hauptwurzel. Infolge der Beziehung, welche zwischen dem anatomischen Bau der Wurzeln und der Anlage der Seitenwurzeln besteht, sind die letzteren anfänglich meist in regelmäßigen Längsreihen an der Abstammungsachse angeordnet. Später pflegen aber zwischen den vorhandenen Seitenwurzeln an beliebigen Stellen andere Seitenwurzeln hervorzubrechen, so daß dadurch die Regelmäßigkeit der Anordnung gestört wird.

Die Wachstumsrichtung der Hauptwurzel und der Seitenwurzeln niederen Grades ist, wie später gezeigt werden soll, abhängig von der Wirkung der Schwerkraft. Die Befestigung der Pflanze im Erdboden wird wesentlich dadurch erreicht und erhöht, daß die Seitenwurzeln eine von der Hauptwurzel verschie-

dene Richtung eingeschlagen und so, indem sie nach allen Seiten hin mit dem
Erdreich verwachsen, den Pflanzenstamm sicher verankern. Dabei spielt oft
noch der Umstand eine wichtige Rolle, daß die Wurzeln oder einzelne Glieder
des Wurzelsystems (Zugwurzeln) sich nachträglich verkürzen und dadurch
straff gespannt werden. Die Keimpflanzen vieler Kräuter, die Knollen und
Zwiebeln mancher Stauden werden durch eine solche nachträgliche Verkürzung
der Wurzeln mehr oder minder tief
in das Erdreich herabgezogen.

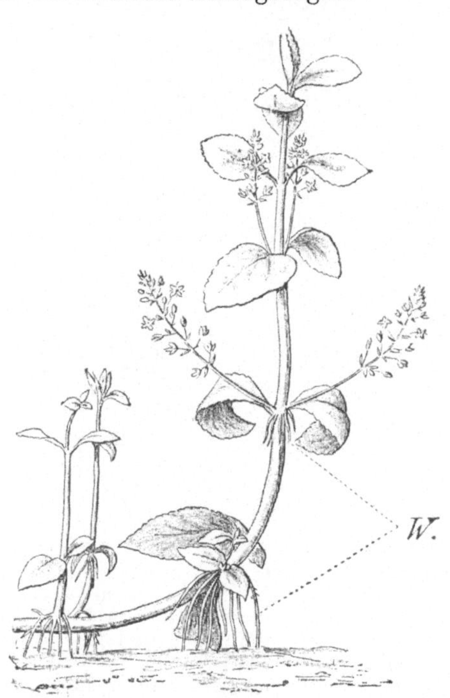

Abb. 23. Sproß der Bachbunge mit Adventivwurzeln W ($^1/_2$).

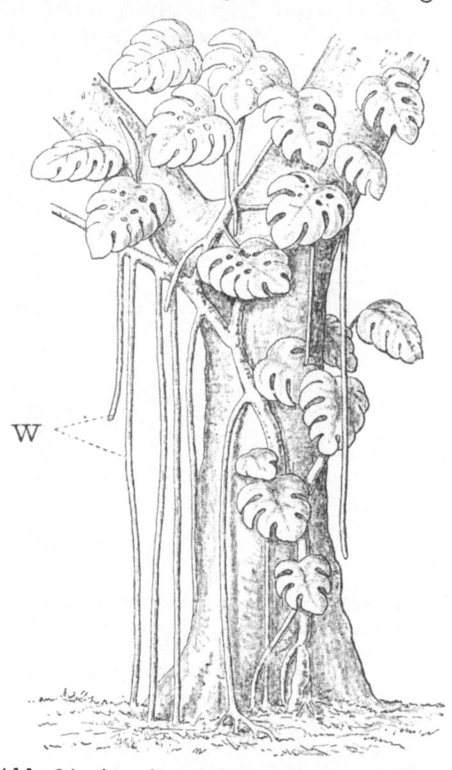

Abb. 24. An einem Baumstamm emporwachsende Monstera deliciosa mit langen
Luftwurzeln W (ca. $^1/_{40}$).

Die Hauptwurzel, welche direkt aus der Keimwurzel des Embryos hervorgegangen ist und, räumlich verstanden, die Fortsetzung des Hauptsprosses
nach unten hin darstellt, erfährt bei vielen Gewächsen, z. B. den Eichen, eine
mächtige Entwicklung, sie bildet eine Pfahlwurzel, als deren seitliche Anhängsel die Seitenwurzeln erscheinen. Bei anderen Pflanzen, z. B. den Pappeln,
bleibt die Hauptwurzel schwach, während die flach im Boden hinstreichenden
Seitenwurzeln sich kräftig entwickeln und ein weit ausgreifendes als Flachwurzel bezeichnetes Wurzelsystem bilden. Bisweilen dringen mit der Hauptwurzel zugleich mehrere annähernd gleich starke Seitenwurzeln nach abwärts.
Für ein solches Wurzelsystem, wie es z. B. der Apfelbaum zeigt, ist die Bezeichnung Herzwurzel in Gebrauch.

2. Die Adventivwurzeln.

Nicht selten verkümmert die Anlage der Hauptwurzel schon in einem sehr frühen Entwicklungsstadium; die Festheftung der Pflanze und die Aufnahme von Wasser und Nährstoffen wird dann durch Wurzeln besorgt, welche nachträglich aus der Sproßachse entstehen und welche als Adventivwurzeln zu bezeichnen sind (Abb. 23).

So entbehren z. B. die Monocotylen, selbst die riesigen Palmen, der Hauptwurzel. Ein Wurzelsystem, welches, statt aus einer monopodial verzweigten Hauptwurzel, aus zahlreichen büschelig nebeneinanderstehenden Adventivwurzeln besteht, wird als Faserwurzel bezeichnet.

Luftwurzeln. Während bei den einheimischen Gewächsen die Adventivwurzeln meist in geringer Höhe über dem Erdboden aus dem Sproß hervorbrechen und alsbald in den Boden eindringen, werden bei manchen tropischen und subtropischen Pflanzen, z. B. bei vielen Aroideen, auch an höher gelegenen Teilen des Sprosses Wurzeln ausgebildet. Sie

Abb. 25. Rhizophora mucronata mit Stelzwurzeln (stark verkleinert).

werden als Luftwurzeln bezeichnet (Abb. 24). Sie wachsen in der Regel senkrecht abwärts und verzweigen sich, sobald sie in den Erdboden eingedrungen sind.

Bei vielen tropischen Orchideen und auch bei einigen Aroideen, die sich über dem Boden an den Stämmen oder im Geäst der Bäume ansiedeln, finden wir an den Luftwurzeln besondere Einrichtungen, welche diese Organe instand setzen, Wasser aufzusaugen, auch wenn sie nicht mit dem Erdboden in Berührung treten. Die Luftwurzeln sind mit einem porösen Gewebe, der **Wurzelhülle**, Velamen, umgeben, welches sich bei Regen oder Taubildung mit Wasser vollsaugt, so daß den Pflanzen auch während der trockenen Zeit des Tages die zur Unterhaltung ihrer Lebensprozesse nötige Feuchtigkeit zur Verfügung steht.

Stelzwurzeln. An seichten, brandungslosen Küsten tropischer Meere findet sich häufig eine eigentümliche Vegetation von Bäumen und Sträuchern aus verschiedenen Verwandtschaftskreisen, welche als Mangroveformation bezeichnet wird. Zur Flutzeit stehen die Pflanzen im Wasser, während der Ebbe ist der sie tragende Schlickboden bloßgelegt. Der untere Teil der Stämme ist gewöhnlich nur schwach entwickelt, er stirbt bisweilen gänzlich ab; weiter oben entspringen am Sproß sog. Stelzwurzeln, d. h. starke Adventivwurzeln, die sich bogenförmig nach unten wenden und in den Boden eindringen, so daß die ganze Pflanze von ihnen wie durch Strebepfeiler aufrecht gehalten wird (Abb. 25).

Stützwurzeln. Eine auffällige Erscheinung bieten die Luftwurzeln einiger tropischer Feigenbäume dar. Die an den Zweigen entspringenden Adventiv-

Abb. 26. Stamm und Hauptäste von Ficus religiosa mit Stützwurzeln (stark verkleinert).

Abb. 27. Sproß des Efeu mit Haftwurzeln W an einer Spalierstange befestigt ($^1/_2$).

wurzeln hängen anfangs als schlaffe, unverzweigte Stränge von oben herab. Sobald sie den Erdboden erreichen, dringt die Wurzelspitze ein und bildet Seitenwurzeln aus, welche sich im Boden befestigen. Durch eine alsbald eintretende Verkürzung des älteren Teiles wird die Luftwurzel straff gespannt und vermag nun ihre Funktionen, Befestigung der Pflanze am Substrat und Aufnahme von Wasser und Nährstoffen, zu erfüllen. Später erfährt der Körper der Luftwurzeln noch ein beträchtliches Dickenwachstum, so daß die Wurzeln zugleich kräftige Stützpfeiler für die weit ausladenden Zweige dieser Bäume bilden. Ein älteres Exemplar von Ficus religiosa gleicht mit seiner riesigen Laubkrone infolge der Stützwurzelbildung einem ganzen Walde von einzelnen Stämmen (Abb. 26).

Haftwurzeln. Wie in den angeführten Fällen die Erhaltung des Stammes in aufrechter Stellung durch die Ausbildung der Luftwurzeln zu Stelz- und Stützwurzeln bewirkt wird, so finden wir bei anderen Pflanzen die Befestigung des Sprosses in seiner vorteilhaftesten Lage dadurch erreicht, daß er durch Luftwurzeln an einer aufrechten Stütze, etwa einer Felsenwand, einer Mauer, einem Baumstamm, festgeheftet wird. Ein Beispiel für diese Wurzelart, die man als Haftwurzel bezeichnet, bietet unter den einheimischen Gewächsen der Efeu. An dem schlanken, biegsamen Stamme entspringen auf der vom Licht abgewendeten Seite zahlreiche faserförmige Adventivwurzeln, welche, in die Ritzen und Unebenheiten der Unterlage eindringend den Sproß befestigen und ihm ermöglichen, höher und höher emporzuklettern (Abb. 27).

In dem Wurzelsystem des Efeu ist eine Arbeitsteilung eingetreten. Während die im Boden steckenden Wurzeln die Aufnahme von Wasser und Nahrung bewirken, dienen die Luftwurzeln nur zur Befestigung der Pflanze an der Unterlage. Eine ähnliche Arbeitsteilung ist im Wurzelsystem einiger tropischen Gewächse vorhanden, welche epiphytisch, d. h. vom Erdboden entfernt auf den Zweigen größerer Bäume oder auf Felsblöcken leben. Die Nährwurzeln senken sich von dem erhöhten Standorte aus auf kürzestem Wege zum Erdboden und dringen in denselben ein; die kürzer bleibenden Haftwurzeln wickeln sich um die Äste des von der Pflanze bewohnten Baumes oder schmiegen sich der Oberfläche der Baumrinde oder des Felsblockes dicht an und befestigen so die Pflanze auf ihrem Wohnplatze. Einige epiphytische, als Baumwürger bezeichnete Ficusarten der Tropen umstricken den sie tragenden Baumstamm mit ihren absteigenden Nährwurzeln so vollständig, daß er schließlich erwürgt wird. X.

3. Umgebildete Wurzeln.

Gelegentlich haben die Wurzeln der Pflanzen neben oder anstatt der Funktion der Wasser- und Nährstoffaufnahme und der Befestigung der Pflanze am Erdboden andere Lebensverrichtungen übernommen. Wir finden dann in Beziehung zu der neuen Funktion auch den Bau und die Ausbildung der Wurzeln eigentümlich verändert und bezeichnen die letzteren als umgebildete oder metamorphosierte Wurzeln.

Wurzeln als Reservestoffbehälter. Bei vielen Pflanzen mit mehrjähriger Lebensdauer werden die Wurzeln zu Reservestoffbehältern ausgebildet, in denen organische Baustoffe, welche von der Pflanze während einer Vegetationsperiode hervorgebracht worden sind, abgelagert werden, um nach Ablauf einer Ruhezeit beim Beginn des neuen Wachstums den neu entstehenden Sprossen zur Nahrung zu dienen. Der Wurzelkörper wird dabei oft sehr stark fleischig verdickt, so daß Wurzelknollen oder Rüben entstehen.

Ein bekanntes Beispiel für die Bildung von Wurzelknollen bietet die in den Gärten häufig gezogene Georgine, Dahlia variabilis, deren Wurzelsystem im Herbst eine größere Anzahl von knollig verdickten Wurzeln besitzt (Abb. 28). Auch die Knollen der einheimischen Orchideen, der Salep des Handels, sind Wurzeln, welche zu Reservestoffbehältern umgebildet wurden, und zwar entspricht hier jede Knolle einer größeren Anzahl von miteinander verwachsenen Wurzeln. Wenn nur die spindelförmig anschwellende Hauptwurzel eines Wurzelsystems zum Reservestoffbehälter wird, so entsteht eine Rübe. Meist nimmt dann auch der untere Teil des Sprosses noch mit an der Rübenbildung teil. Beispiele dafür sind die als Gemüse bekannten Mohrrüben, Steckrüben u. a. m.

Atemwurzeln. Einige Pflanzen, welche ihr Wurzelsystem in sauerstoffarmem Sumpfboden oder stagnierendem Wasser entwickeln, besitzen besonders ausgebildete Wurzeln, welche mit der atmosphärischen Luft in Verbindung treten und den tiefer im Wasser oder im Boden lebenden Sproßteilen und Wurzeln die Atemluft zuführen. Derartige Atemwurzeln verhalten sich insofern von den normalen Wurzeln abweichend, als sie ihre Spitze nach aufwärts richten und ein begrenztes Längenwachstum besitzen.

Sehr charakteristisch sind die Atemwurzeln bei einigen Arten der amerikanischen Gattung Jussiaea ausgebildet (Abb. 29). Sie sind stark gedunsen, bestehen aus lockerem, schwammigem Gewebe und erscheinen wegen der in ihnen enthaltenen Luft weiß gefärbt. Bei der amerikanischen Sumpfzypresse und einigen anderen im Sumpfboden wurzelnden Holzgewächsen treten rings um den Stamm zahlreiche kegelförmige Wurzeläste als Atemwurzeln kniehoch über den Erdboden hervor.

Wurzeln als Assimilationsorgane. Eine ganz eigentümliche Funktionsänderung ist an den Luftwurzeln einiger an Baumstämmen wachsenden Orchi-

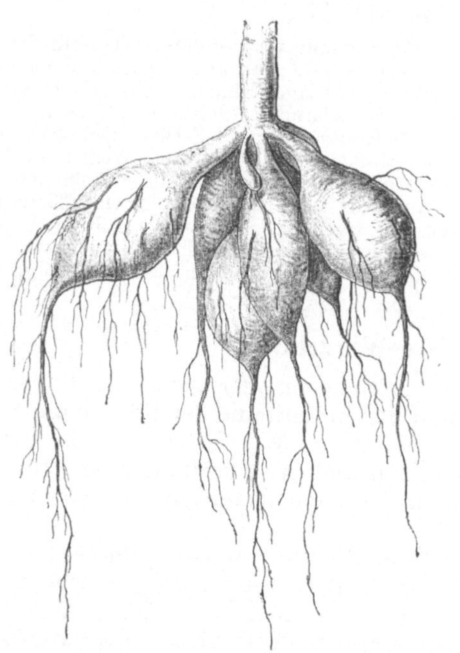

Abb. 28. Wurzelknollen der Georgine ($^1/_2$).

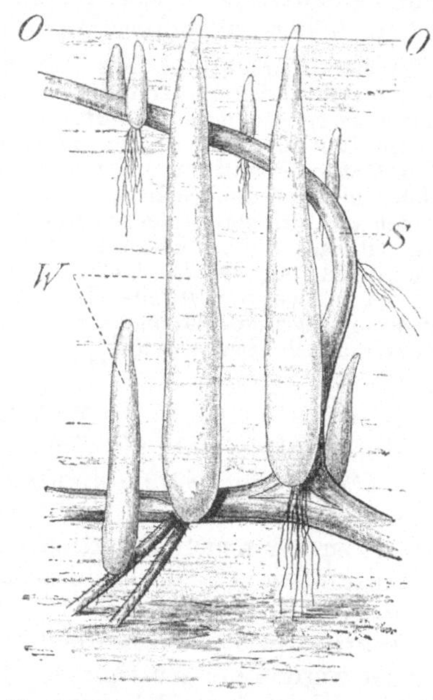

Abb. 29. Sproßstück von Jussiaea repens mit Atemwurzeln *W. S* unterer Teil eines beblätterten Seitensprosses. *O—O* Wasseroberfläche ($^1/_2$).

deen und Aroideen beobachtet worden. Bei der auf Java lebenden Orchidee Taeniophyllum z. B. ist der Sproß sehr stark verkümmert, vor allen Dingen fehlen die Laubblätter gänzlich, denen normalerweise bei den Pflanzen die Assimilation, d. i. die Verarbeitung der anorganischen Nährstoffe zu organischen Baustoffen, zukommt. Diese Verrichtung haben die Luftwurzeln übernommen, sie sind zu Assimilationsorganen geworden. Dementsprechend haben sie eine flach-bandartige Gestalt und sind mit dem grünen Farbstoff der Laubblätter versehen, an dessen Vorhandensein der Assimilationsvorgang gebunden ist (Abb. 30). Auch bei den Podostemaceen, seltsamen Wasserpflanzen der Tropen, kommen blattartig verbreiterte grüne Wurzeln als Assimilationsorgane vor.

Wurzeldornen. Bei einzelnen Pflanzen, z. B. der Palme Acanthorrhiza, sind einzelne Wurzeln zu scharfen Dornen umgewandelt und gewähren dadurch den Pflanzen einigen Schutz gegen die Beschädigung durch größere Tiere. Bei einer tropischen Dioskorea sind die nährstoffreichen Wurzelknollen im Erdboden mit einem Gewirr von Wurzeldornen umhüllt.

Saugwurzeln der Schmarotzer. Manche Gewächse ersparen sich die Ausbildung eines normalen Wurzelsystems dadurch, daß sie mit besonderen an ihren Wurzeln auftretenden Saugwarzen (Haustorien) die Nahrungssäfte aus den Wurzeln oder Sprossen anderer Pflanzen entnehmen.

Die Orobanchen, die Rhinanthusarten und andere besitzen zu Anfang normal gebaute Wurzeln, welche sich im Boden ausbreiten; wo sie mit den Wurzeln benachbarter Pflanzen in Berührung treten, bilden sie warzenförmige Auswüchse, von welchen aus Büschel feiner, haarförmiger Fortsätze in das Gewebe der Nachbarpflanze eindringen. Die Mistel, ein auf Bäumen schmarotzender immergrüner Strauch, senkt ihr ganzes Wurzelsystem in das Gewebe der Wirtspflanze hinein. Es besteht der Hauptsache nach aus Seitenwurzeln, welche aus der sehr kurz bleibenden Hauptwurzel entspringen und sich im Innern des bewohnten Zweiges, parallel zur Oberfläche, ausbreiten. Von diesen Wurzeln aus ragen zapfenförmige Saugorgane, die sog. Senker, in radialer Richtung in das Gewebe des Zweiges der Wirtspflanze hinein (Abb. 31).

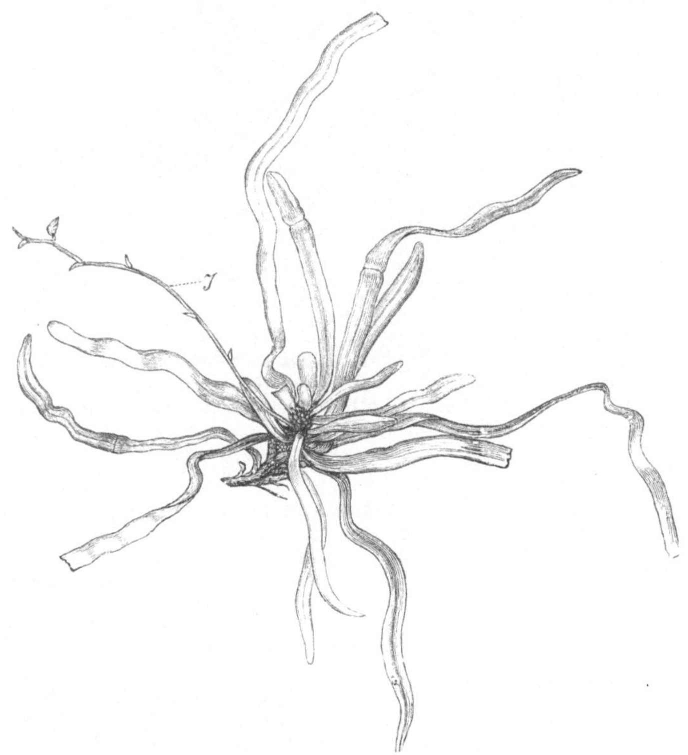

Abb. 30. Taeniophyllum Zollingeri, eine Orchidee, deren bandartig verbreiterte Luftwurzeln als Assimilationsorgane dienen an Stelle der verkümmerten Laubblätter. *J* Blütensproß (nach Goebel).

Reduzierte Wurzeln. Eine mehr oder minder weitgehende Vereinfachung des Wurzelsystems findet sich bei den freischwimmenden Wasserpflanzen vor, bei denen die Bedeutung der Wurzel als Haftorgan fortfällt.

Bei Azolla, einem freischwimmenden Wasserfarn, besitzen die Wurzeln ein begrenztes Längenwachstum. Sobald die Endgröße erreicht ist, wird die Wurzelhaube abgeworfen und die Oberfläche der Wurzelspitze bedeckt sich mit Wurzelhaaren. Die Wurzeln einiger anderer Schwimmpflanzen, wie z. B. der einheimischen Wasserlinsen (Lemna), des Froschbiß (Hydrocharis) und anderer mehr, sind von Anfang an ohne eigentliche Wurzelhaube. Die Wurzelspitze ist bei ihnen von einer langen, haubenähnlichen, als Wurzeltasche bezeichneten Hülle umgeben, welche indes nicht aus dem Vegetationspunkt der Wurzelspitze, sondern aus dem Gewebe der Abstammungsachse hervorgegangen ist. Die meisten oberflächlich schwimmenden Pflanzen besitzen verhältnismäßig lange, ins Wasser hinabhängende Wurzeln, welche verhindern, daß der Pflanzenkörper durch den Wind oder die Bewegung des Wassers umgeworfen wird.

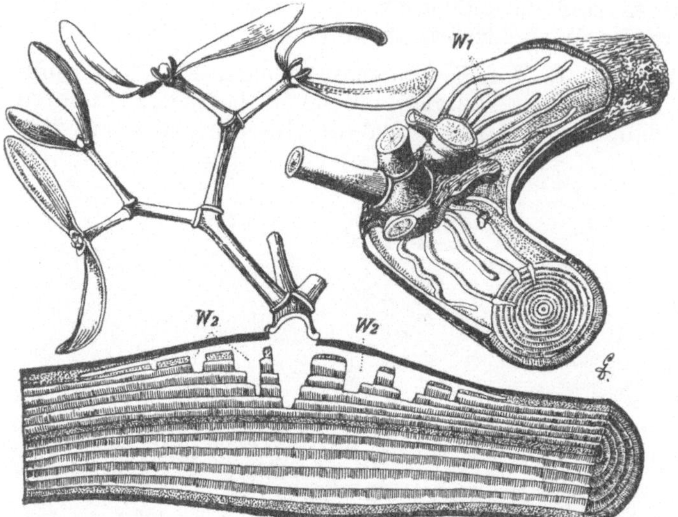

Abb. 31. Wurzelsystem der Mistel auf einem Kiefernast. In der Hauptfigur ist der Ast halbiert, so daß die radial eindringenden Saugorgane W_2 sichtbar werden. In der Nebenfigur sind die parallel zur Oberfläche des Astes verlaufenden Wurzeln W_1 durch Entfernung des Rindengewebes freigelegt.

Wurzellose Gefäßpflanzen. Gänzlich wurzellose Formen sind unter den Samenpflanzen und Farnen verhältnismäßig selten. Wie leicht ersichtlich, müssen bei ihnen die physiologischen Leistungen der Wurzel von anderen Teilen der Pflanze verrichtet werden.

Bei den Orchideen Coralliorhiza innata und Epipogon Gmelini ist der untere, im humusreichen Waldboden steckende Teil des Sprosses reich verzweigt und vermittelt neben der Fixierung der Pflanze auch die Aufnahme des Wassers und der

Nährstoffe. Einigen urwaldbewohnenden Farnen aus der Familie der Hymenophyllaceen und den in feuchten Moosrasen lebenden exotischen Utrikularien fehlen die Wurzeln ebenfalls gänzlich. Die Pflanzen werden durch die in der Unterlage umherkriechenden Sprosse genügend befestigt und die Fähigkeit der Blätter oder der Sproßoberfläche, Wasser aufzunehmen, ersetzt den Mangel besonderer Organe für die Nahrungsaufnahme. Die im Wasser lebenden Utrikularien, zu denen auch die einheimischen Arten gehören, schwimmen untergetaucht in stehenden oder langsam fließenden Gewässern, sie bedürfen daher einer Festheftung am Boden nicht und sind auch nicht der Gefahr ausgesetzt, durch den Wind oder die Oberflächenbewegung des Wassers beschädigt zu werden. Dasselbe gilt von den oberflächlich schwimmenden wurzellosen Wasserlinsen, Wolffia arrhiza u. a. Bei Salvinia natans, einem wurzellosen Wasserfarn, übernehmen gewisse Blätter die Leistungen der Wurzeln.

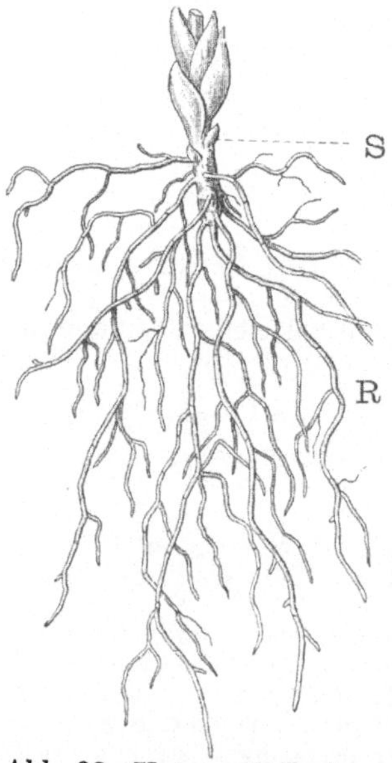

4. Die Wurzeln der niederen Pflanzen.

Bei den Moosen, Algen und Pilzen finden wir, soweit überhaupt eine Gliederung des Körpers in Sproß und Wurzel vorhanden ist, eine weit einfachere Ausbildung des Wurzelsystems, welche zu der einfachen Lebensweise dieser Pflanzen in Beziehung steht.

Haarwurzeln. Die Bewurzelung der Moose wird von einfachen oder verzweigten haarfeinen Fäden gebildet. Dieselben entstehen oberflächlich (exogen) an dem Moosstämmchen: eine Wurzelhaube und ein Besatz von Wurzelhaaren ist bei ihnen nicht vorhanden, sie werden nur durch die Wachstumsrichtung und

Abb. 32. Unterer Teil eines Moosstämmchens S mit zahlreichen Rhizoiden R ($^{14}/_1$).

durch die Leistung als Wurzelgebilde erkennbar (Abb. 32). Gegenüber den Wurzeln der Gefäßpflanzen werden die Wurzelfäden der Moose als **Rhizoiden** oder als Haarwurzeln bezeichnet. Auch bei einigen Algen finden sich ähnliche Bildungen vor. Die in Tümpeln und Wasserläufen wachsenden Characeen oder Armleuchteralgen besitzen feine haarförmige Wurzelfäden, welche sich büschelig verzweigen und tief in den Schlamm eindringen. Auch die in Abb. 1 dargestellte kleine Grünalge, Botrydium granulatum, bietet ein Beispiel der Rhizoidbildung bei Algen.

Haftorgane der Meeresalgen. Die meisten Algen sind Wasserbewohner und nehmen mit der gesamten Körper-

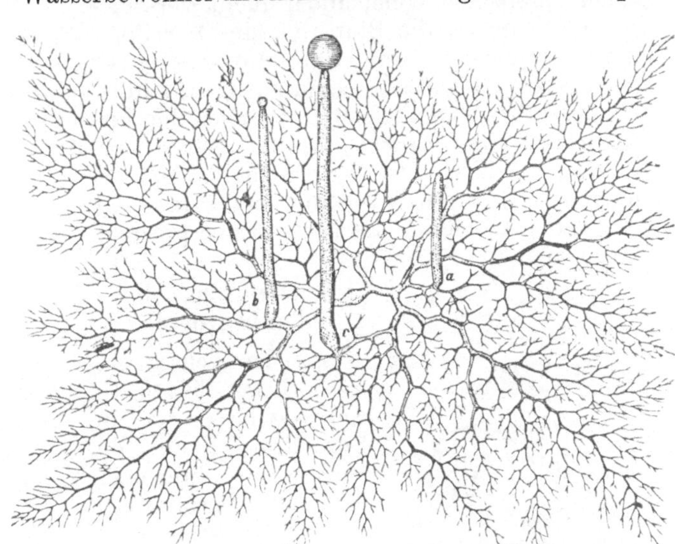

Abb. 33. Laminaria digitata ($^1/_8$). Meeresalge mit verzweigtem, wurzelartigem Haftorgan an der Basis.

Abb. 34. Junges Exemplar eines Schimmelpilzes (Mucor). *a b c* Fruchtträger in verschiedenen Entwicklungsstadien. Alles übrige stellt das reichverzweigte Mycel dar (vergr. nach Kny).

oberfläche die Nährstoffe aus dem Wasser in sich auf. Bei ihnen haben deshalb die wurzelähnlichen Glieder, wofern überhaupt dergleichen vorhanden sind, nur die Bedeutung von Haft- und Klammerorganen. Sehr auffällig sind dieselben oft bei den größeren Meeresalgen ausgebildet, welche an felsigen Gestaden wachsen, wo eben bei der starken Wasserbewegung eine sichere Befestigung an der Unterlage für die Pflanze von wesentlicher Bedeutung ist. Das flachscheibenförmige oder verzweigte, krallenförmige Haftorgan verwächst dann vollständig mit dem Felsen, so daß es nicht unverletzt von demselben losgelöst werden kann.

Bei den Pilzen wächst gewöhnlich der ganze aus fadenförmigen Strängen gebildete Vegetationskörper, welcher als **Mycelium** (Myzel) bezeichnet wird, in dem Nährboden verborgen, nur die Fruchtträger, welche die der Vermehrung dienenden Keimkörner erzeugen, treten sproßartig aus ihm hervor. Die morphologische Ausbildung und die Arbeitsteilung in den Organen ist hier von dem Verhalten der übrigen Gewächse so wesentlich verschieden, daß eine Anwendung der morphologischen Begriffe Sproß und Wurzel auf Fruchtträger und Myzel nicht angebracht erscheint.

III. Der vegetative Sproß.

An den Blütenpflanzen sind zwei ihrer Form und Funktion nach verschiedene Sproßarten zu unterscheiden: der vegetative Sproß und die Blüte. Der erstere bildet den Hauptteil des Pflanzenkörpers während der ganzen Lebenszeit. Die letztere tritt erst nach Abschluß einer bestimmten Entwicklungsperiode, oft erst gegen das Ende der Lebenszeit, auf, um die Bildung von Geschlechtsorganen und damit die Fortpflanzung der Pflanzenart zu vermitteln. Ihrem inneren Wesen nach sind die beiden Sproßarten voneinander nicht verschieden, vielmehr ist die Blüte als eine der Fortpflanzung dienende Umbildung (Metamorphose) des vegetativen Sprosses anzusehen. Da indes die äußeren Verschiedenheiten zwischen den beiden meist sehr beträchtliche und scharf ausgesprochene sind, so ist es vorteilhaft, zunächst nur den vegetativen Sproß und später in einem besonderen Abschnitt die Blüte zu besprechen.

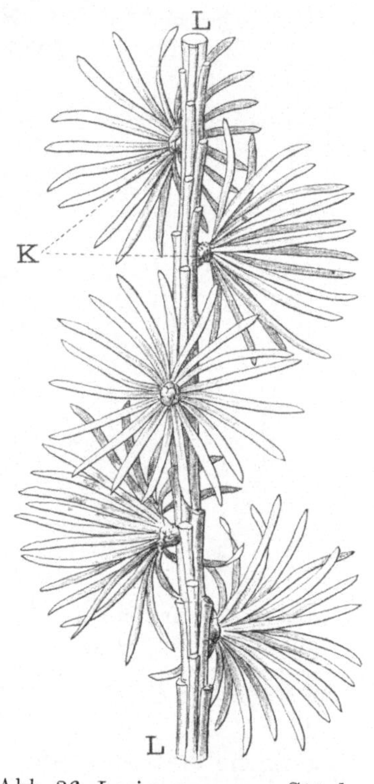

Abb. 36. Larix europaea. Stück eines Langtriebes L—L mit fünf reichbeblätterten Kurztrieben K.

1. Die Achse der Laubsprosse.

Bau der Achse. Als wesentliche Teile des Sprosses haben wir die Sproßachse und die Blätter zu unterscheiden. Die Sproßachsen sind in der Regel radiär gebaut, meist sind es zylindrische oder prismatische Gebilde, welche am Gipfel kegelförmig verjüngt sind und mit dem Vegetationspunkt abschließen. Durch ihn wird der

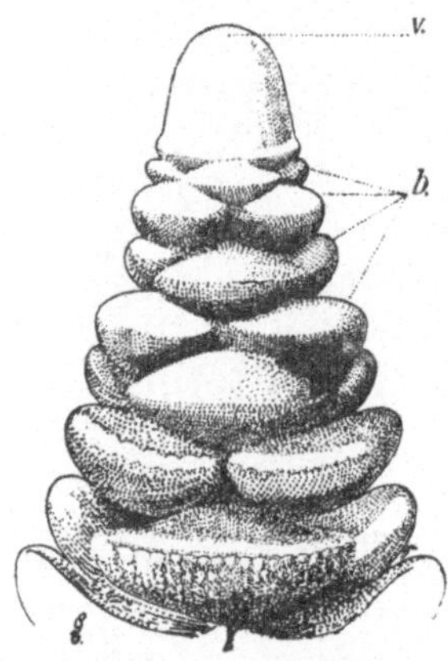

Abb. 35. Sproßgipfel der Wasserpest Elodea canadensis ($^{70}/_1$). *v* Vegetationspunkt, *b* Blattanlagen.

Längenzuwachs der Sproßachse und die Anlage der seitlichen Glieder, der Seitensprosse und der Blätter, vermittelt. In der Jugend ist die Sproßachse meist grünlich gefärbt und krautartig weich. Bei manchen Pflanzen bleibt die krautartige Beschaffenheit der Achse während der ganzen Lebensdauer erhalten: man bezeichnet solche Pflanzen als Kräuter, die krautige Achse als Krautstamm oder Stengel. Auch bei den Stauden, welche einen ausdauernden meist im Erdboden verborgenen Grundstamm haben, sind die alljährlich erneuerten oberirdischen Achsen von krautiger Beschaffenheit. Bei den meisten langlebigen Gewächsen, den Bäumen und Sträuchern, wird dagegen die Sproßachse verholzt und erlangt dadurch größere Festigkeit und Widerstandsfähigkeit gegen äußere Einflüsse; sie wird als Stamm bezeichnet.

Am Gipfel des Sprosses stehen die Anlagen der seitlichen Glieder dicht gedrängt, indem aber die zwischen denselben liegenden Sproßteile eine nachträgliche Streckung erfahren, werden die Ansatzstellen der Glieder auseinandergerückt, so daß die Sproßachse in blättertragende Knoten und in Zwischenglieder (Internodien) mit freier Oberfläche gegliedert ist. Die Ausbildung der Zwischenglieder ist bei den Pflanzenarten außerordentlich verschieden. Neben Pflanzen, welche auf hohen, schlanken Stengeln mit langen Internodien ihre Blätter über die Umgebung emporheben und der Belichtung darbieten, finden sich andere, meist Bewohner sonniger Standorte, welche gar keine Zwischenglieder besitzen, so daß die dicht gedrängten Blätter auf dem Boden eine flach ausgebreitete Rosette bilden; und zwischen diesen beiden Extremen sind alle Übergänge in sanfter Abstufung vertreten.

An einigen Gewächsen kommen Sprosse mit deutlichen Internodien, Langtriebe, und solche mit gestauchter Achse, Kurztriebe, nebeneinander vor. Bei der Lärche sitzen z. B. an den langen rutenförmigen Zweigen mit deutlichen Internodien zwischen den Blattansätzen Büschel von grünen nadelförmigen

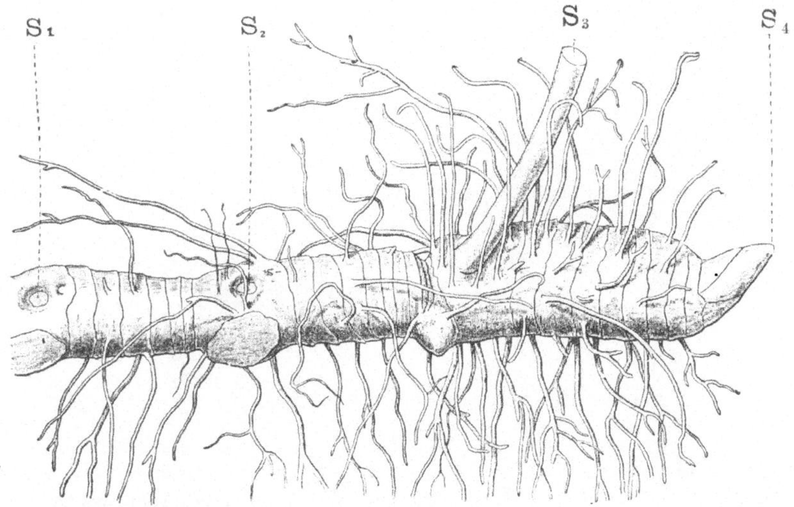

Abb. 37. Rhizom der Maiblume. $S_1 S_2$ die Narben der in den beiden vorhergehenden Jahren entwickelten Laubsprosse. S_3 der diesjährige Trieb. S_4 die Anlage des nächstjährigen Triebes.

Blättern. Jedes Büschel stellt einen reichbeblätterten Kurztrieb dar, dessen Internodien unentwickelt bleiben (Abb. 36). Auch die Nadelbüschel der Kiefern sind derartige Kurztriebe.

Sproßsysteme. Es gibt nur wenige einachsige Pflanzen, deren Hauptsproß, ohne seitliche Achsen auszubilden, seine Entwicklung mit einer endständigen Blüte abschließt. Meist tritt eine reichliche Verzweigung ein, die Pflanzen werden zwei-, drei oder mehrachsig, je nachdem die Achsen zweiter, dritter oder höherer Ordnung den Abschluß bilden.

Die Anlagen der Seitensprosse stehen in den Achseln der Blätter und sind also wie diese ziemlich gleichmäßig über die Oberfläche der Hauptachse verteilt. Indem aber die einzelnen Anlagen sich verschieden verhalten, entstehen bei den mehrachsigen Pflanzen verschiedene Wuchsformen. Bei den Holz-

gewächsen unterscheidet man Bäume, Sträucher und Halbsträucher. Die **Bäume**
werfen die unteren Seitenzweige ab und bilden nur am oberen Teil des Stammes
starke Äste aus, welche sich wiederholt verzweigen. Bei den **Sträuchern** ist
der Hauptsproß dicht über der Wurzel verzweigt und die einzelnen Äste entwickeln sich ähnlich wie die Hauptachse. Die Achsen der **Halbsträucher** sind
nur zum Teil verholzt, die jüngsten Seitensprosse bleiben krautartig und werden, nachdem sie Blüten und Früchte getragen haben, abgeworfen, während

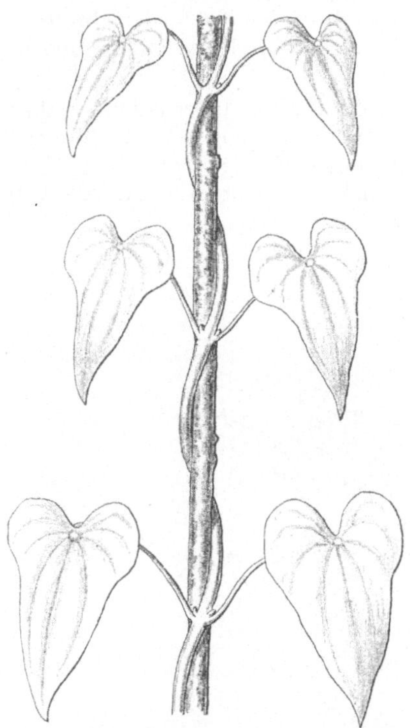

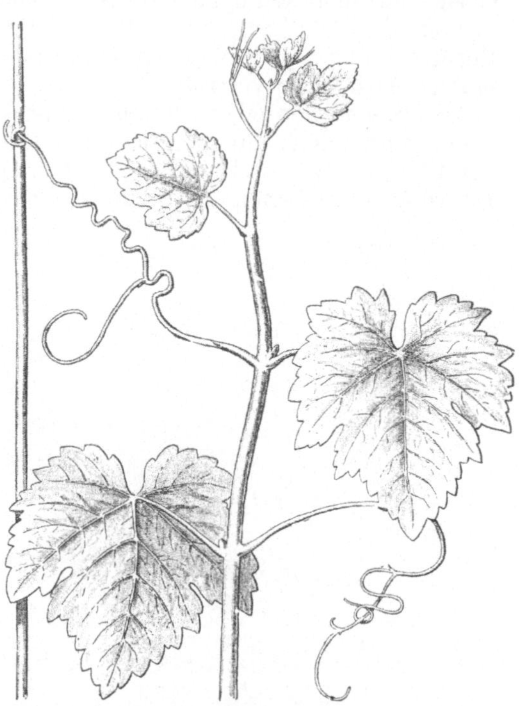

Abb. 38. Stück des windenden Sprosses
von Dioscorea Batatas ($^2/_3$).

Abb. 39. Gipfel eines Weinstocks mit Sproßranken. Die eine derselben hat eine Stütze
ergriffen ($^1/_2$).

an den älteren Sprossen neue Seitentriebe entstehen. Ähnliches Verhalten
zeigen die **Stauden.** Während die oberirdischen Sproßteile nach der Fruchtbildung absterben, bleibt der im Boden verborgene Grundstamm (das Rhizom)
(Abb. 37) erhalten. Aus ihm gehen alljährlich Erneuerungssprosse hervor,
welche wieder Laubblätter und Blüten erzeugen.

Wachstumsrichtung. Wir haben früher gesehen, daß bei der Keimung die
Sproßanlage sich unter dem Einfluß der Schwerkraft senkrecht aufwärts wendet.
Bei den Bäumen, vielen Sträuchern und Kräutern behält der Hauptsproß
diese Wachstumsrichtung während seiner ganzen Entwicklung bei, die Seitensprosse dagegen wenden sich horizontal seitwärts oder unter einem mehr oder
minder spitzen Winkel schräg aufwärts. So entstehen ausgedehnte Sproßsysteme,
an denen viele Blattflächen Platz finden, ohne sich gegenseitig im Lichtgenuß zu
beeinträchtigen. Manche Pflanzen, deren Hauptachse nicht die nötige innere

Festigkeit besitzt, um das ganze Sproßsystem aufrecht zu tragen, gewinnen die aufrechte Stellung dadurch, daß sie an festen Stützen Halt suchen. Die Sproßachse legt sich in einer Schraubenlinie eng um die Stütze herum und gelangt so allmählich nach oben (Abb. 38). Man bezeichnet die Pflanzen mit windendem Stengel als Schlingpflanzen; die Stangenbohnen in unseren Gemüsegärten, der Hopfen und das deutsche Geißblatt sind bekannte Beispiele.

Ähnlich wie die Schlingpflanzen verhalten sich die Kletterpflanzen, bei denen eigene Haftorgane vorhanden sind, mit denen der aufrechtwachsende dünne Sproß sich an der Stütze befestigt. Hierher gehört der früher schon erwähnte Efeu mit seinen Haftwurzeln. Bei anderen Kletterpflanzen sind Seitensprosse oder Blätter in Haftorgane umgewandelt (Abb. 39).

Die Lianen der tropischen Urwälder sind verschiedenen Verwandtschaftskreisen angehörende Schling- und Kletterpflanzen, deren holzige Stämme oft eine bedeutende Dicke erreichen. Sie klettern bis in die höchsten Gipfel der Waldbäume empor und machen, indem sie sich vielfach umeinander schlingen und von Baum zu Baum hinüberziehen, den Urwald zu einem schwer durchdringlichen Dickicht.

Manchen Pflanzen fehlt die Fähigkeit, ihr Sproßsystem dauernd aufrecht zu stellen, vollständig; die Sprosse kriechen am Boden hin oder hängen wohl gar von dem erhöhten Standort der Pflanze herab. Bei den Stauden ist das Rhizom häufig horizontal oder schräg aufwärts gerichtet, während die oberirdischen Laubsprosse senkrecht gestellt sind.

2. Umgebildete Sprosse.

Zu den wichtigsten Leistungen der Sproßachse gehört es, die Blätter in eine günstige Lage zum Licht zu bringen und Stoffe von der Wurzel zu den Blättern und in umgekehrter Richtung zu leiten. Wir finden die Sprosse unter den verschiedensten äußeren Umständen durch Bau, Wuchsform und Wachstumsrichtung der Sproßachse diesen Aufgaben angepaßt. Nicht selten aber finden sich Sproßachsen, die andere Leistungen verrichten und welche in Beziehung zu der veränderten Funktion eine abweichende morphologische Ausbildung aufweisen. Wir bezeichnen sie als umgebildete oder metamorphosierte Sprosse.

Sproßranken und Kletterhaken. Es ist oben bei der Erwähnung der Kletterpflanzen kurz angedeutet worden, daß an manchen dieser Gewächse einzelne Sprosse als Kletterorgane dienen. Die zu Haftorganen gewordenen Seitensprosse tragen keine Laubblätter; sie sind meist lange, fadenförmige Ranken von krautartiger Beschaffenheit, welche sich um die Stütze herumschlingen. Zu Ranken umgebildete Sprosse finden wir z. B. am Weinstock (Abb. 39). Bei einigen tropischen Gewächsen, welche als Hakenklimmer bezeichnet werden, kommen kurze, holzharte Kletterhaken vor.

Phyllokladien. Bei manchen grünen Pflanzen sind die Laubblätter verkümmert, sie stellen kleine Schüppchen dar, welche nicht imstande sind, durch Assimilation die Baustoffe für den Pflanzenkörper zu bereiten. Diese Arbeit wird vielmehr von besonders ausgebildeten Sproßachsen geleistet. So finden wir z. B. an den oberirdischen Sprossen der Spargelpflanze nur schuppenförmige Blätter. In den Achseln derselben entspringen ganze Büschel von Seitensprossen, welche nach der Entwicklung des ersten Internodiums ihr Wachstum abschließen und niemals Blätter hervorbringen. Diese Sprosse sind rundlich nadelförmig gestaltet und blattgrün gefärbt, so daß sie statt der Laubblätter als Assimilationsorgane dienen können. Bei den mit dem Spargel verwandten Ruscusarten sind die zu Assimilationsorganen umgewandelten Seitensprosse blattartig verbreiterte Flachsprosse (Phyllokladien, Abb. 40). Auch sie besitzen ein begrenztes Wachstum, indes werden zwei Internodien ausgebildet. An dem etwa in die Mitte des blattähnlichen Zweiges fallenden Knoten entwickelt sich gewöhnlich ein kleines Blatt, in dessen Achsel ein Blütensproß entspringt, wodurch die Sproßnatur des blattähnlichen Gebildes ohne weiteres deutlich wird. Ähnlich verhalten sich die Äste bei dem zu den Euphorbiaceen gehörigen, bei uns in Gewächshäusern kultivierten Strauch Phyllanthus angustifolius (Abb. 41).

Wasserspeicher. Flachsprosse finden wir auch bei den zur Familie der Kakteen gehörigen Opuntien. Es sind dort meist nicht, wie bei Ruscus, besondere Seitensprosse höherer Ordnung, welche zu Phyllokladien umgebildet sind, sondern alle Achsen, auch der Hauptsproß, sind blattartig oder scheibenförmig verbreitet und vertreten die fehlenden Laubblätter. Die Flachsprosse stellen indes hier nicht, wie bei Ruscus, dünne Gewebeplatten dar, sondern sie sind dickfleischig und bilden mit dem saftreichen Gewebe in ihrem Innern für die an sehr trockenen Standorten lebenden Pflanzen zugleich Wasserspeicher, aus denen das assimilierende Gewebe zu Zeiten der Dürre die nötige Feuchtigkeit beziehen kann. Auch bei den nicht mit Flachsprossen versehenen Kakteen, ferner bei manchen Arten der Euphorbiaceen (Abb. 42) und einigen anderen Gewächsen, die sehr trockene Standorte bewohnen, oder denen aus anderen Gründen die Wasseraufnahme erschwert ist, sind die Sproßachsen zu fleischig saftigen Wasserspeichern ausgebildet. Man faßt alle derartigen Gewächse als **Stammsukkulenten** zu einer biologischen Gruppe zusammen.

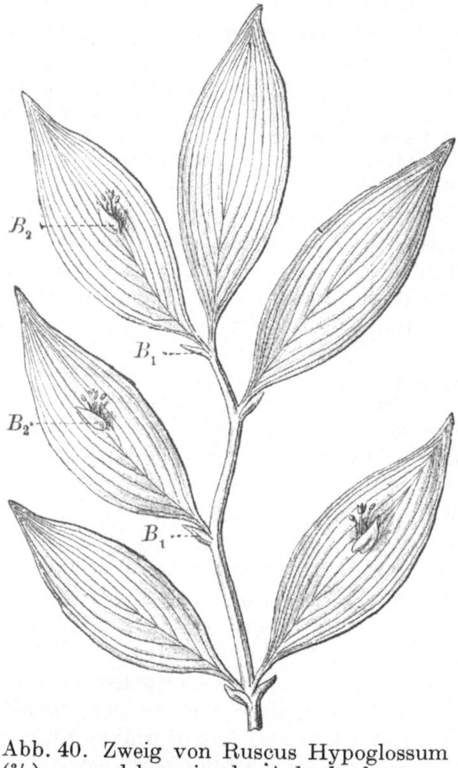

Reservestoffbehälter. Bei manchen Pflanzen werden Sproßabschnitte zu Reservestoffbehältern umgebildet. So stellt z. B. die scheibenförmige Knolle des Alpenveilchens das stark geschwollene untere Ende des Sprosses dar (Abb. 43). Die Knolle der Herbstzeitlose ist ein angeschwollenes Internodium des unter-

Abb. 40. Zweig von Ruscus Hypoglossum ($^2/_3$), an welchem in der Achsel schuppenförmiger Blätter B_1 Flachsprosse, Phyllokladien entspringen. Einige derselben tragen in der Mitte ein kleines Blatt B_2, in dessen Achsel ein Blütenstand steht.

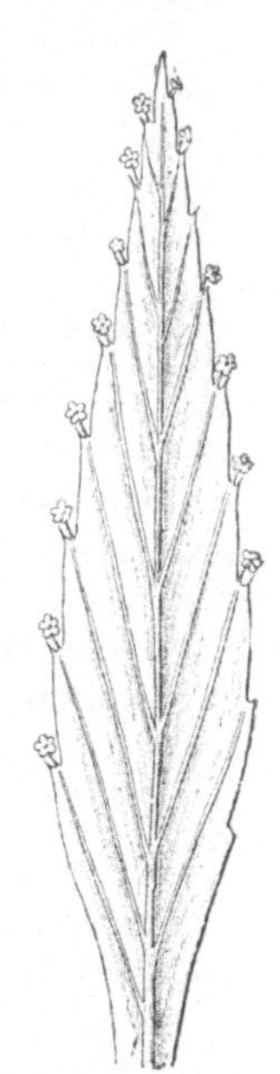

Abb. 41. Flachsproß, Phyllokladium, von Phyllanthus mit randständigen Blüten, welche in der Achsel kleiner schuppenförmiger Blätter entspringen.

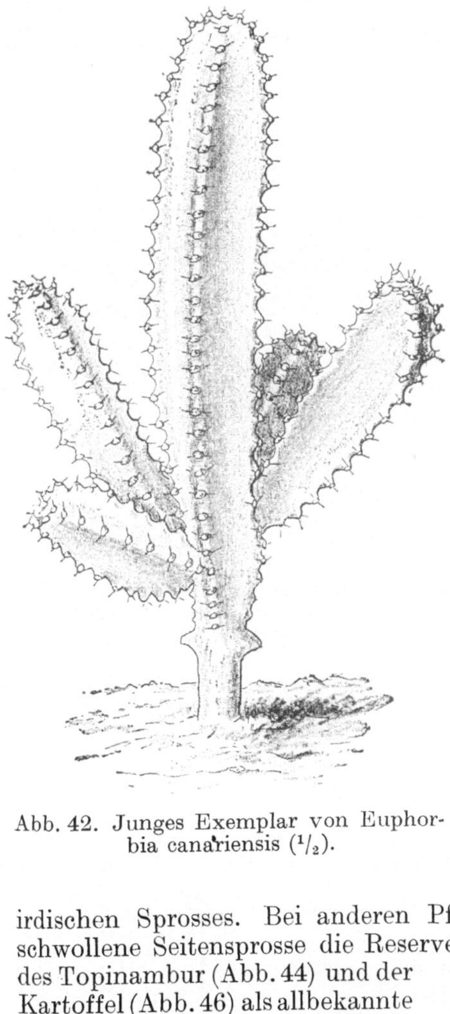

Abb. 42. Junges Exemplar von Euphorbia canariensis (¹/₂).

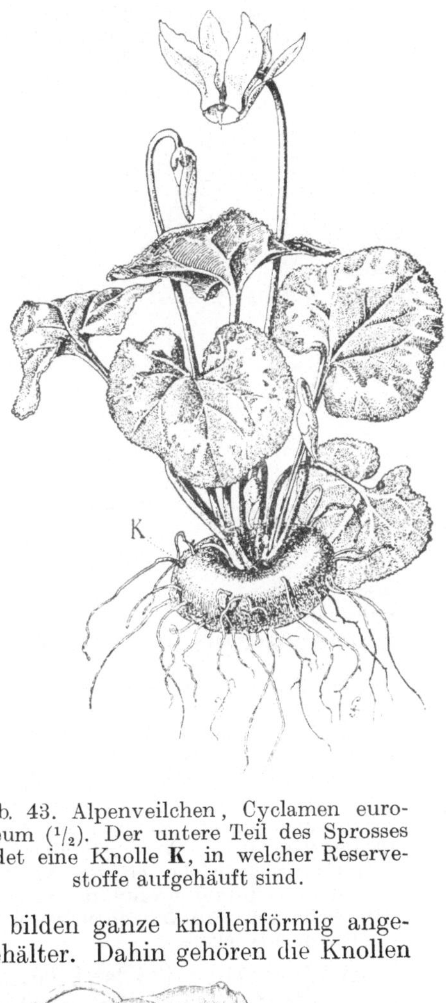

Abb. 43. Alpenveilchen, Cyclamen europaeum (¹/₂). Der untere Teil des Sprosses bildet eine Knolle **K**, in welcher Reservestoffe aufgehäuft sind.

irdischen Sprosses. Bei anderen Pflanzen bilden ganze knollenförmig angeschwollene Seitensprosse die Reservestoffbehälter. Dahin gehören die Knollen des Topinambur (Abb. 44) und der Kartoffel (Abb. 46) als allbekannte Beispiele. Von den ebenfalls als Reservestoffbehälter dienenden Wurzelknollen, wie wir sie im vorigen Kapitel bei der Georgine kennengelernt haben, unterscheiden sich diese aus Sprossen hervorgegangenen Knollen durch den Besitz von Sproßanlagen, Augen, die als Achselknospen der unentwickelten, oft gänzlich unterdrückten Blätter des umgebildeten Sprosses anzusehen sind.

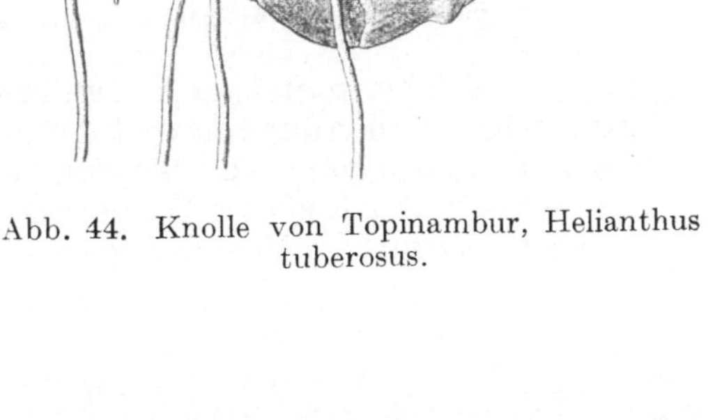

Die biologische Bedeutung der Knol-

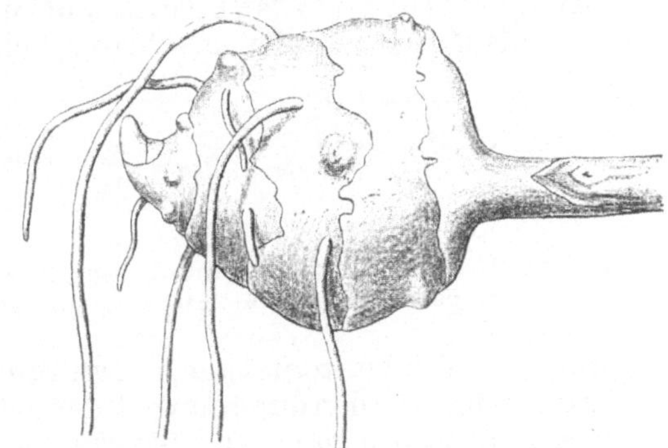

Abb. 44. Knolle von Topinambur, Helianthus tuberosus.

lenbildung ist in den angeführten Beispielen leicht ersichtlich. Auf Kosten des Reservematerials entwickeln sich an der Knolle des Alpenveilchens gleich bei Beginn der Vegetationsperiode kräftige Laubblätter, welche nach dem Ergrünen von Anfang an Licht und

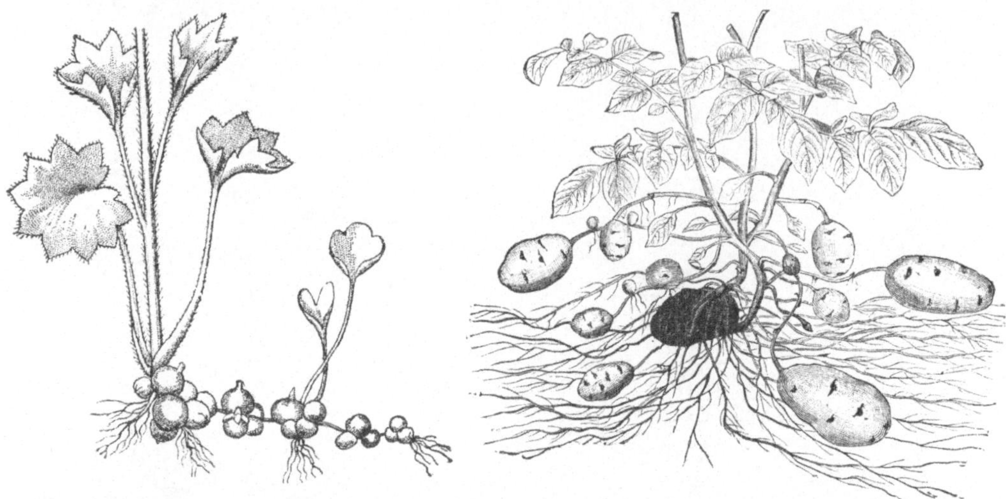

Abb. 45. Steinbrech, Saxifraga granulata. An dem unterirdischen Zweige stehen zahlreiche Brutknöllchen.

Abb. 46. Knollenbildung an den unterirdischen Sprossen der Kartoffelpflanze, Solanum tuberosum.

Wärme des Sommers zur Erwerbung neuen Reservematerials ausnützen können. Die in der Knolle der Herbstzeitlose abgelagerten Baustoffe ermöglichen es dem neuen Seitentriebe, noch im Herbst desselben Jahres lange vor der Entfaltung der Laubblätter Blüten hervorzubringen. Wo, wie bei der Kartoffel und dem Topinambur, jede Pflanze mehrere Knollen erzeugt, dienen diese Gebilde zugleich der Vermehrung der Individuenzahl, indem an jeder Knolle die austreibenden Augen zu selbständigen Pflanzen erwachsen. Das gleiche gilt von der in Abb. 45 dargestellten Saxifraga granulata, welche am Rhizom zahlreiche als Brutknöllchen bezeichnete Sproßknöllchen entwickelt.

Ausläufer. Die bei vielen Pflanzen auftretenden Ausläufer oder Stolonen, schlanke Seiten-

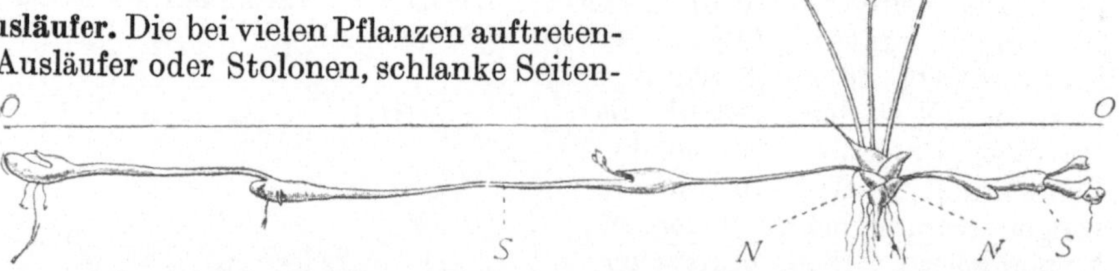

Abb. 47. Moschuskraut mit unterirdischen Ausläufern S, welche in der Achsel von schuppenförmigen Blättern N entspringen ($^1/_2$). O—O die Bodenoberfläche.

sprosse, die sich horizontal am oder im Erdboden ausbreiten (Abb. 47), dienen der Vermehrung. An den durch lange Internodien getrennten Knoten entwickeln sich die Achselknospen zu neuen Pflanzen, die durch Adventivwurzeln im Boden befestigt werden. Indem später die Internodien der Ausläufer vergehen, werden die neuen Pflanzen von der Verbindung untereinander und mit der Mutterpflanze gelöst. Die Ausläufer, die sich an den Gartenerdbeeren meist in großer Zahl entwickeln, sind ein bekanntes Beispiel für diese Sproßform.

Dornen. Endlich muß noch der Umbildung der Sproßachse zu Dornen gedacht werden, welche den Pflanzen in erster Linie einen Schutz gegen Beschädigung durch größere Tiere gewähren. Gewöhnlich sind es, wie beim Schlehdorn und Weißdorn, kurze Seitensprosse und die Spitzen beblätterter Zweige, welche vorne kegelförmig

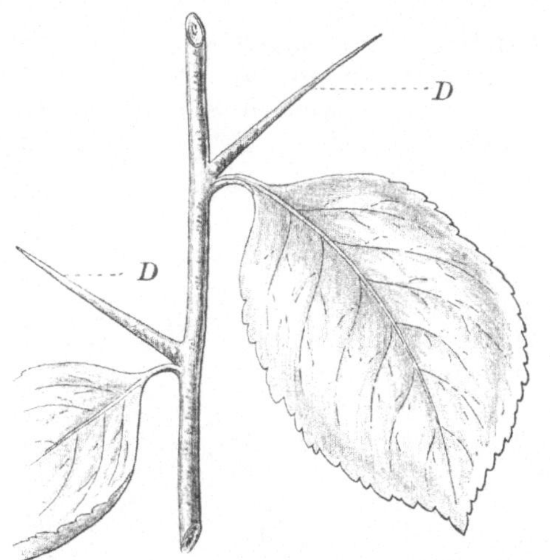

Abb. 48. Sproßstück von Crataegus prunifolia. Die Achselknospen der Blätter sind zu Dornen *D* ausgewachsen.

Abb. 49. Sproß von Colletia cruciata mit verdornten Flachsprossen.

scharf zugespitzt und holzig verhärtet sind (Abb. 48). Sehr weit geht die Dornbildung bei Colletia cruciata (Abb. 49), einem amerikanischen Strauch aus der Familie der Rhamnaceen, welcher sehr trockene, sonnige Standorte bewohnt. Alle Sproßachsen sind blattlos und dornförmig gestaltet. Die etwas abgeflachten Dornen sind mit grünem, assimilierendem Gewebe bedeckt und vermitteln neben dem mechanischen Schutz der Pflanze auch die Funktion der mangelnden Blätter.

3. Die Laubblätter.

Entwicklung des Blattes. Die Blätter sind seitliche Organe der Sproßachsen; sie besitzen ein begrenztes Wachstum und haben im ausgewachsenen Zustande eine bestimmte Gestalt. Sie werden am Vegetationspunkt des Sprosses in aufsteigender Folge als rundliche Höcker, Primordialblätter, angelegt, die untereinander gleichen Querabstand haben. Ein scheitelständiger Vegetationspunkt, welcher befähigt wäre, seitliche Organe höherer Ordnung hervorzubringen, fehlt ihnen. Die das Wachstum vermittelnde Gewebepartie liegt nicht an der Spitze, sondern weiter rückwärts (interkalar); die Spitze des Blattes ist schon ausgewachsen und in den Dauerzustand übergegangen, wenn weiter rückwärts gelegene Teile des Blattes noch im Wachstum begriffen sind.

An dem in Abb. 50 dargestellten Sproßgipfel von Ranunculus repens stehen drei Blattanlagen. Schon an der zweitjüngsten Anlage b_2 ist die Teilung des Blattes in zwei Abschnitte, Blattgrund und Oberblatt, zu erkennen. Wie an dem dritten Blatt b_3 zu sehen ist, wächst der Blattgrund schnell heran und bildet eine schützende Hülle um die jüngeren Anlagen. Auch das Oberblatt entwickelt sich schnell, und zwar in der Weise, daß die Spitze zuerst in den Dauerzustand übergeht. Erst verhältnismäßig spät beginnt die Streckung der Gewebezone zwischen Blattgrund und Oberblatt, welche zur Ausbildung des Blattstieles führt.

Bei den Farnen besitzen die Blätter meist ein Spitzenwachstum, so daß also die der Sproßachse genäherten Blatteile die ältesten sind und zuerst in den Dauerzustand übergehen.

Alle Primordialblätter sind, wie durch das Experiment direkt nachgewiesen werden kann, befähigt, zu grünen Laubblättern sich zu entwickeln. Indem aber innere und äußere Ursachen die Anlagen während ihrer Entwicklung verschieden beeinflussen, gehen aus einigen derselben Gebilde hervor, welche oft nur entfernte oder gar keine Ähnlichkeit mit den Laubblättern besitzen und welche entsprechend der veränderten Form andere Funktionen als das Laubblatt übernehmen. Wir bezeichnen solche in bezug auf Form und Funktion abgeänderten Blattgebilde als umgebildete oder metamorphosierte Blätter.

Teile des Blattes. Die Form des ausgewachsenen Laubblattes ist bei der einzelnen Pflanzenart innerhalb enger Grenzen konstant, bei den verschiedenen Pflanzenarten aber findet sich oft schon innerhalb eines engen Verwandtschaftskreises hinsichtlich der Blattgestalt die größte Mannigfaltigkeit. An dem hochentwickelten Blatt mancher Samenpflanzen lassen sich drei Abschnitte, nämlich Blattfläche oder Spreite, Blattstiel und Blattscheide, leicht unterscheiden (Abb. 51). Die **Blattspreite**, eine Gewebeplatte, deren Umriß verschiedenartig geformt sein kann, entspricht dem Oberblatt der jungen Anlage. Die Oberseite der Spreite besitzt meistens eine andere Struktur als die Unterseite; die Spreite ist also dorsiventral gebaut. Der **Blattstiel** ist der verschmälerte und mehr oder minder stark verlängerte, meistens stabförmige untere Teil der Spreite, welcher die Blattfläche mit der Sproßachse verbindet. Als **Blattscheide** bezeichnet man den scheidenartig verbreiterten Blattgrund. Nicht selten treten bei Dikotylen am Blattgrunde neben dem Laubblatt andere blattähnliche Gebilde auf, welche von dem eigentlichen Blatt durch den Mangel einer Achselknospe verschieden sind. Sie werden als **Nebenblätter** bezeichnet (Abb. 64).

Nervatur. Die wichtigste physiologische Funktion des Blattes, die Assimilation, welche unter der Einwirkung des Lichtes vor sich geht, wird vorwiegend

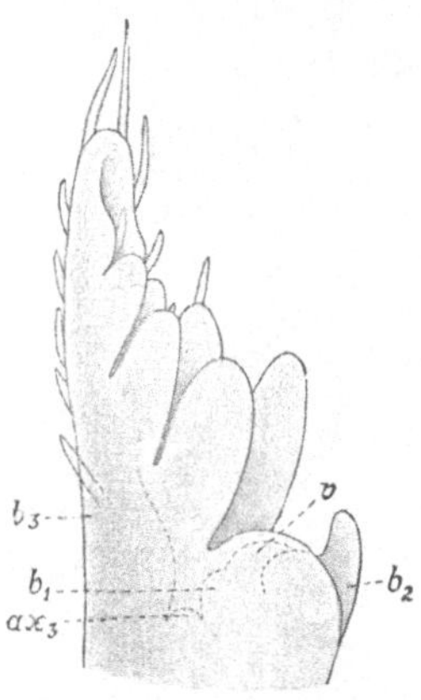

Abb. 50. Sproßgipfel von Ranunculus repens ($^{32}/_1$). *v* der durchschimmernde Vegetationspunkt, $b_1 b_2 b_3$ Blattanlagen. $a\,x_3$ die Achselknospe des dritten Blattes.

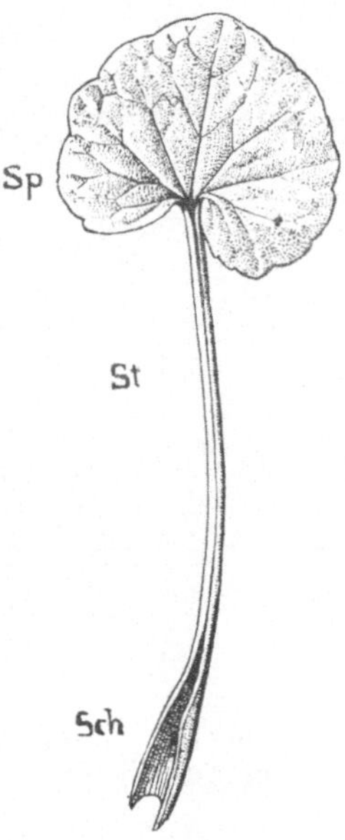

Abb. 51. Blatt der Feigwurz. *Sp* Blattspreite. *St* Blattstiel. *Sch* Blattscheide.

durch die grün gefärbte Blattspreite verrichtet. Die flächenförmige Ausbreitung der Spreite hat daher für die Pflanze insofern eine Bedeutung, als auf diese Weise bei möglichst geringem Materialaufwand eine möglichst große Oberfläche dem Lichte dargeboten wird. Die Blattspreite stellt meistens eine dünne Gewebeplatte dar, welche von festeren Strängen, den Blattnerven, durchzogen wird. Die Blattnerven halten die zarte Platte flach ausgespannt und geben ihr Festigkeit gegen die Einwirkung des Regens und des Windes. Außerdem stellen sie die Leitbahnen dar, in welchen das von der Wurzel aufgenommene Wasser und die darin gelösten anorganischen Stoffe vom Stamm aus zu dem assimilierenden Blattgewebe wandern und durch welche die von den grünen Blattzellen erzeugten organischen Stoffe dem Stamme zugeführt werden. Diesen mehrseitigen Leistungen entspricht der Verlauf der Nerven

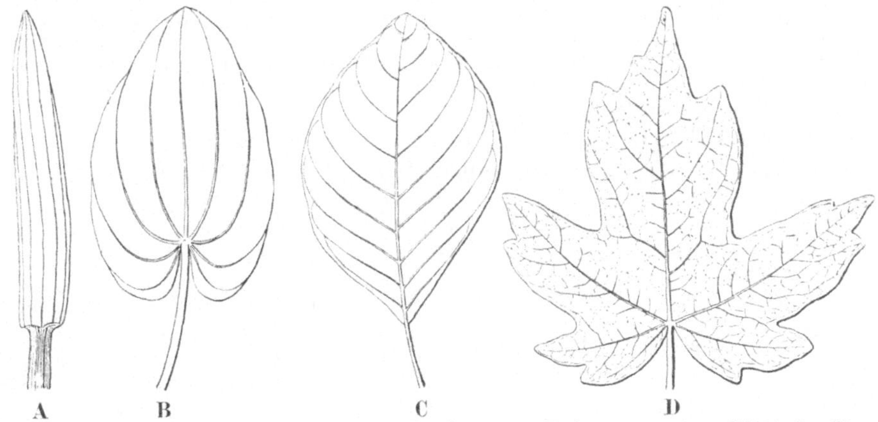

A   B   C   D

Abb. 52. **A** parallelnerviges Blatt des Ruchgrases. **B** bogennerviges Blatt des Froschlöffel. **C** fiedernerviges Blatt des Faulbaums. **D** handnerviges Blatt des Feldahorn.

in der Blattfläche. Er nimmt stets seinen Ausgang von der Basis der Spreite, d. h. bei sitzenden Blättern von der Anheftungsstelle, bei gestielten von der Einmündungsstelle des Stiels in die Spreite. Nach der Art der Ausbreitung der Nervatur in der Spreite können zwei Typen des Blattbaues unterschieden werden: erstens die parallel- und bogennervigen Blätter und zweitens die netznervigen Blätter. Bei den zum ersten Typus gehörigen Blättern treten mehrere annähernd gleichstarke, unverzweigte Nerven an der Basis in die Spreite ein, verlaufen parallel oder im Bogen nebeneinander, um gegen die Spitze hin zu konvergieren. Zarte Quernerven stellen seitliche Verbindungen (Anastomosen) zwischen den einzelnen Hauptnerven her. Dieser Typus des Blattbaues ist besonders bei den Monokotylen vertreten (Abb. 52 A u. **B**). Die netznervigen Blätter, denen wir besonders bei den Dikotylen und bei den Farnen begegnen, besitzen meist eine reichverzweigte Nervatur, deren einzelne Äste oft durch zahlreiche Querverbindungen untereinander in Zusammenhang stehen, so daß ein Maschenwerk von Blattnerven vorhanden ist, dessen Lücken durch das Blattgewebe ausgefüllt werden. Man bezeichnet die netznervigen Blätter als fiedernervig, wenn ein Hauptnerv, von dem rechts und links Seitennerven entspringen, die Blattspreite bis zur Spitze durchzieht. (Abb. 52 C). Ist dagegen eine größere Anzahl annähernd gleichstarker Hauptnerven vorhanden, welche von der Basis der Spreite aus nach verschiedenen

Seiten hin durch die Fläche ausstrahlen, so wird das Blatt als handnervig bezeichnet (Abb. 52 **D**).

Zum Schutz der Blattfläche gegen Zerreißung durch Wind oder Regen finden wir die Nervatur in der Nähe des Blattrandes meistens besonders stark ausgebildet, sei es, daß die von den Hauptnerven zum Rande hin auslaufenden Sekundärnerven vor dem Rande umbiegen und bogenförmig zum nächstoberen Sekundärnerven hinüberziehen, oder sei es, daß zwischen den direkt zum Blattrande laufenden Sekundärnerven starke Querverbindungen parallel zum Blattrande ausgebildet sind.

Welche Bedeutung die Ausbildung der Randnerven für die Erhaltung der Blattfläche besitzt, beweist das Beispiel der oft mehrere Meter langen Blätter der Bananen (Musa), denen die Randnerven fehlen. In windgeschützten Räumen, z. B. in unseren Gewächshäusern, bleiben die Riesenblätter ganz; im Freien aber wird ihre Fläche durch den Wind sehr bald bis zum Mittelnerven hin in schmale Zipfel zerschlitzt (Abb. 53). Die Musablätter werden indes durch die Zerreißung in einzelne Zipfel nicht in ihrer Funktion gestört; wäre die Zerreißung durch feste Randnerven verhindert, so würde sicher der Wind, dem die großen Blätter eine wirksame Angriffsfläche darbieten, die ganzen Blätter, wenn nicht zugleich den Stamm umbrechen und die Existenz der Pflanze an Orten, welche dem Winde ausgesetzt sind, unmöglich machen.

Gestalt der Blattfläche. Die Größe der Blattfläche steht zu den äußeren Lebensbedingungen der Pflanze in inniger Beziehung. Große Blattflächen bieten

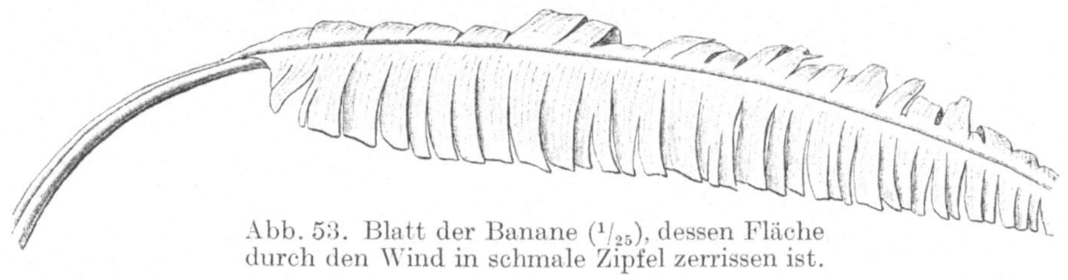

Abb. 53. Blatt der Banane ($^1/_{25}$), dessen Fläche durch den Wind in schmale Zipfel zerrissen ist.

für die Pflanze den Vorteil, daß viel Licht aufgefangen wird und also eine ausgiebige Assimilation erfolgen kann. Je größer aber die Blätter sind, desto mehr Angriffsfläche bieten sie für Wind und Regen; es müßte also, wenn die Blattfläche eine bestimmte Größe überschreitet, die Blattnervatur so kräftig ausgebildet sein, daß durch den dazu erforderlichen Materialaufwand der durch die Vergrößerung der assimilierenden Fläche erreichte Vorteil aufgehoben würde. Bei den großen Blättern der in allen botanischen Gärten kultivierten Victoria regia und bei anderen ähnlichen Bewohnern ruhiger Gewässer wird der Anspruch an den Materialaufwand durch die Tragkraft des Wassers herabgemindert.

In ähnlicher Weise wie bei den oben erwähnten Bananenblättern werden bei den Palmen, deren Blätter im Jugendzustande zusammenhängende, regelmäßig gefaltete Blattflächen besitzen, die Blätter nachträglich durch Absterben bestimmter Gewebepartien in regelmäßige Zipfel zerteilt. Bei anderen Pflanzen wird dasselbe Resultat dadurch erreicht, daß die Blattfläche sich verzweigt. Sie besteht dann im erwachsenen Zustande aus einzelnen Abschnitten (Blattlappen), welche durch mehr oder minder tiefe Einschnitte voneinander getrennt sind, oder es ist wie bei dem gefiederten Eschenblatt und bei dem handförmig geteilten Blatt der Roßkastanie statt einer einzigen größeren Blattfläche eine Anzahl kleinerer Flächen (Blättchen) an demselben Blattstiel ausgebildet.

Die Blätter letzterer Art werden als zusammengesetzte oder verzweigte Blätter bezeichnet.

Die Menge des von der Pflanze durch Verdunstung abgegebenen Wassers wird um so größer, je größer die Oberfläche der Pflanze ist. Große Blattflächen können sich also nur bei Pflanzen finden, denen eine ausgiebige Wasserzufuhr gesichert ist. Wo die Wasserzufuhr eine spärliche ist, können nur Pflanzen mit kleinen Blättern existieren, an denen häufig noch besondere Einrichtungen zur Herabsetzung der Verdunstung sich finden. Eine derartige Einrichtung ist die

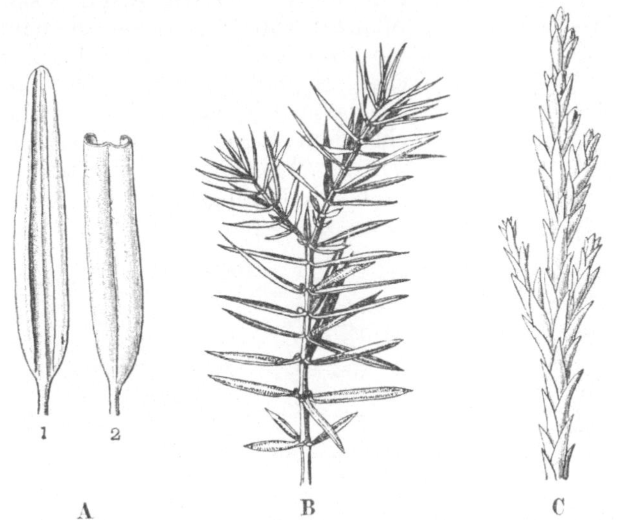

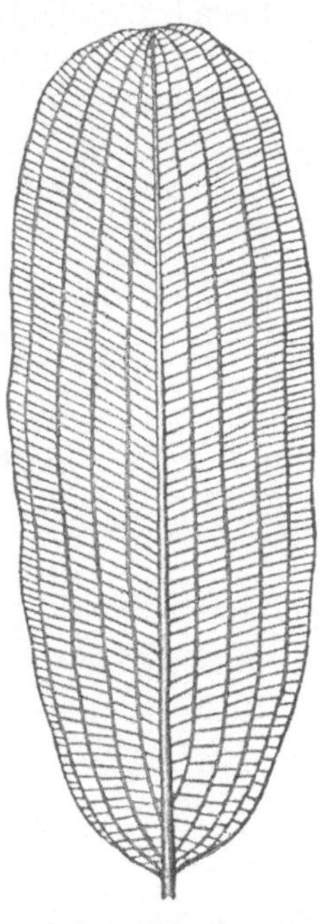

Abb. 54. **A** Rollblatt des Sumpfporst ($^2/_1$), 1 von der Unterseite, 2 von oben. Bei 2 ist die Spitze fortgeschnitten, um die Einrollung zu zeigen. **B** Sproß des Wacholder mit nadelförmigen Blättern. **C** Sproß von Sequoia gigantea mit schuppenförmigen Blättern.

Abb. 55. Gitterförmiges Blatt von Aponogeton fenestralis ($^1/_2$).

Ausbildung von **Rollblättern** (Abb. 54 A); die kleine Blattfläche ist nicht flach ausgebreitet, sondern die Ränder sind eingerollt und umschließen an der Unterseite des Blattes eine schmale Rinne, in welcher die Austrittsöffnungen für den Wasserdampf liegen. Die schmale Rinne stellt einen windstillen Raum dar, von welchem aus eine Abgabe des Wasserdampfes an die Atmosphäre nur langsam erfolgen kann.

Bei den **nadelförmigen Blättern** (Nadeln) der meisten Nadelhölzer ist die verdunstende Oberfläche dadurch verringert, daß überhaupt keine flächenförmige Ausbreitung der Blattspreite gebildet wird (Abb. 54 B).

Die **schuppenförmigen Blätter** der Cypressen (Abb. 54 C) und ähnliche Bildungen in anderen Pflanzenfamilien sind der Stammoberfläche dicht angeschmiegt, so daß die Abgabe des Wasserdampfes hier ebenfalls in einen windstillen Raum erfolgt. Andere Einrichtungen zur Herabsetzung der Verdunstung beruhen auf anatomischen Eigentümlichkeiten der Pflanzenteile und sind später zu besprechen.

Im Gegensatz zu den Gewächsen mit spärlicher Wasseraufnahme stehen die

Wasserpflanzen. Den gänzlich anderen äußeren Bedingungen, unter welchen ihre untergetauchten Laubblätter stehen, entspricht eine Abänderung des Blattbaues, welche meistens schon in der äußeren Gestalt der Blätter deutlich zum Ausdruck kommt. In allen Fällen sind die Wasserblätter so gebaut, daß eine verhältnismäßig große Oberfläche mit dem Wasser in Berührung steht: die Blätter stellen entweder lange schmale Bänder dar, wie bei den meerbewohnenden Seegräsern, oder große dünne Flächen, wie die untergetauchten Blätter der Teichrosen, oder die Blattfläche ist in zahlreiche, bisweilen haarfeine Zipfel aufgelöst, wie bei den Wasserranunkeln (Abb. $56D_2$). Bei Aponogeton fenestralis, einer tropischen Wasserpflanze (Abb. 55), ist sie von vielen fensterartigen Öffnungen durchbrochen, so daß die ganze Blattfläche ein zartes Gitterwerk darstellt, welches dem Wasser eine im Verhältnis zu der Substanz des Blattes sehr große Berührungsfläche bietet.

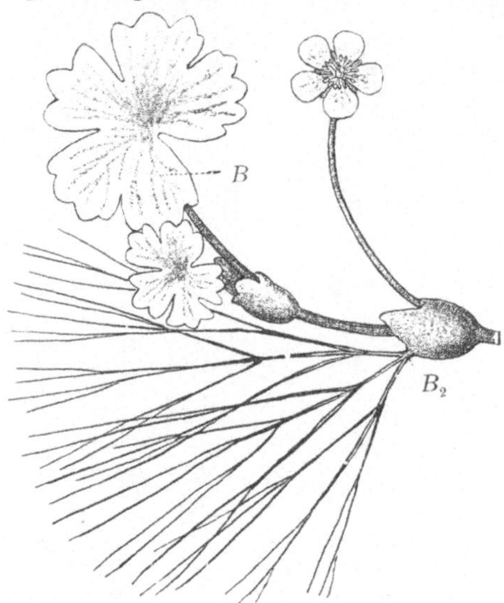

Abb. 56. Sproß der Wasserranunkel. B_2 ist ein in zahlreiche feine Zipfel zerteiltes Wasserblatt. B_1 ist ein über die Wasseroberfläche hervortretendes Luftblatt.

Abb. 57. Durchbrochenes Blatt von Monstera deliciosa.

Durchlöcherte Blattflächen kommen auch bei einigen Landpflanzen vor, z. B. bei der Aroidee Monstera (Abb. 57), welche wegen ihrer schönen Blätter häufig als Zierpflanze (Philodendron) gezogen wird. Die Durchlöcherung bedeutet eine Verringerung der Angriffsfläche für Wind und Regen.

Manche Wasserpflanzen leben nur zu Anfang ihrer Entwicklung gänzlich untergetaucht, später erreichen sie mit ihren oberen Teilen den Wasserspiegel und entfalten einzelne Teile ihres Vegetationskörpers an der Luft. Bei ihnen finden wir außer den untergetauchten Wasserblättern auch Luftblätter vor, welche, entsprechend der veränderten Lebensbedingung, auch anderen Bau aufweisen als die ersteren. So bilden sich beim Pfeilkraut neben bandförmigen Wasserblättern später Luftblätter mit pfeilförmiger Spreite. Bei der Wasserranunkel (Abb. 56) sind die Luftblätter flächenförmig ausgebreitet, die Wasserblätter dagegen in fadenförmige Zipfel zerteilt. Ein solches Vorkommen verschiedener Blattformen an derselben Pflanze wird als **Heterophyllie** bezeichnet.

Nur wenige Blattflächen sind ganzrandig, d. h. am Blattrande ohne Vorsprünge und Einschnitte, meist ist der Blattrand ausgezackt oder mit sägezahnähnlichen Vorsprüngen besetzt. Nicht selten läßt sich eine derartige Beschaffenheit des Blattrandes als eine Schutzeinrichtung gegen Verletzung durch das Zusammenschlagen bei windigem Wetter oder gegen das Zerfressenwerden durch Raupen und Käfer deuten. Die Spitze der Blattfläche ist meistens mehr oder minder weit vorgezogen und stellt bei vielen Pflanzen eine Träufelspitze,

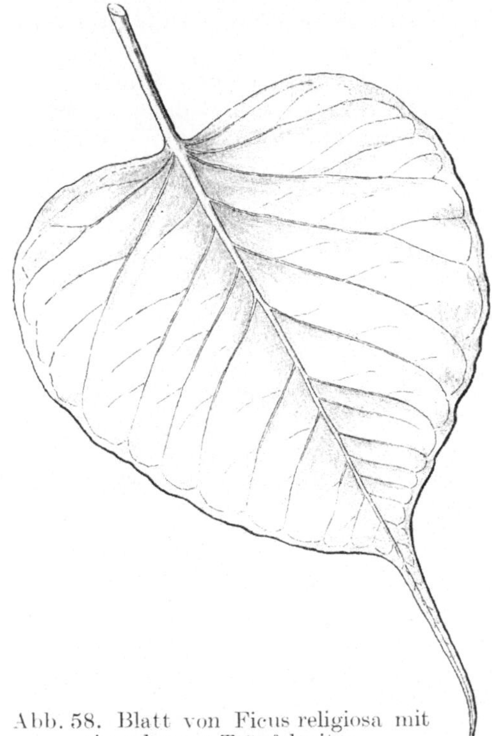

Abb. 58. Blatt von Ficus religiosa mit einer langen Träufelspitze.

Abb. 59. Blatt des Schöllkrautes mit ungleich großen und unsymmetrischen Blattabschnitten, welche so angeordnet sind, daß sie bei möglichster Ausnutzung der beleuchteten Fläche einander nicht im Lichtgenuß behindern. (Nach Goebel.)

d. i. eine Abtropfvorrichtung dar zur schnellen Trockenlegung der Blattspreite nach Regenfall (Abb. 58). Bisweilen sind die Besonderheiten in Bau und Gestalt der Blattspitze darauf zurückzuführen, daß dieser Teil als Vorläuferspitze in der Entwicklung vorauseilend am jungen Blatt besondere Funktionen erfüllt. So tragen z. B. die Zweigspitzen vieler Lianen, solange sie noch nicht an einer Stütze befestigt sind und deswegen noch nicht die volle Belaubung zu tragen vermögen, nur die Vorläuferspitzen der Blätter als Assimilations- und Transpirationsapparate. Bei einigen Monokotylen schließt die Vorläuferspitze wie ein Pfropf den von der Scheide des nächstälteren Blattes gebildeten, die Stammspitze bergenden Hohlraum nach oben hin ab.

Für den Gesamtumriß und die Zerteilung der Blattfläche und für die Form und Stellung der Blättchen bei den zusammengesetzten Blättern läßt sich im allgemeinen der Satz aufstellen, daß die Gestalt und Anordnung der die Assimilationsarbeit verrichtenden Flächenteile stets derartig ist, daß die Teile bei möglichst vollständiger Ausfüllung der vom Licht getroffenen Fläche sich gegenseitig in dem Lichtgenusse nicht wesentlich behindern. In dem fiederteiligen

Abb. 60. Blatt von Mimosa sensitiva (nach Goebel). Die Blättchen sind unsymmetrisch und von ungleicher Größe. Sie decken die von Licht bestrahlte Fläche, ohne sich gegenseitig zu beschatten.

Blatt des Schöllkrautes (Abb. 59) sind die Blattlappen derart ungleichseitig ausgebildet, daß sie möglichst große Flächenteile dem Lichte darbieten, ohne sich gegenseitig zu beschatten. Die unsymmetrische Gestalt und ungleiche Größe der Fiedern in dem doppelt zusammengesetzten Blatt von Mimosa sensitiva (Abb. 60) läßt die gleiche Deutung zu. Ebenso kann auch das Vorkommen von gänzlich unsymmetrischen Blättern und die Anisophyllie, d. i. das Auftreten von ungleich großen Blättern an demselben Sprosse meistens zu dem

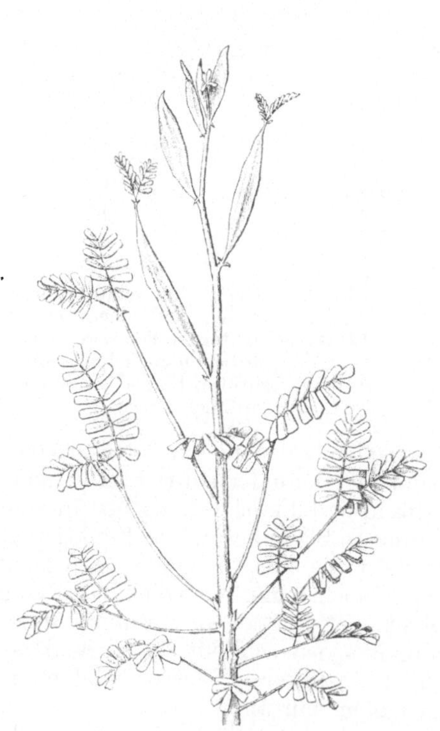

Abb. 61. Keimpflanze von Acacia melanoxylon (verkleinert). Die unteren Blätter bilden Blattspreiten aus, die oberen sind Phyllodien. Die Übergangsformen zwischen beiden zeigen, daß die letzteren verbreiterte Blattstiele sind, deren Spreiten verkümmern.

Abb. 62. Blattscheiden der oberen Blätter einer Umbellifere, Angelica silvestris.

obigen allgemeinen Satze in Beziehung gebracht werden. Bei einseitig beleuchteten Pflanzen sind häufig alle Blattflächen mosaikartig nebeneinander geordnet, so daß man von einem Blattmosaik sprechen kann.

Während meistens die Blattflächen so an den Pflanzen angeordnet sind, daß ihre Oberfläche horizontal gerichtet und dem Lichte zugewendet ist, nehmen bei einigen Pflanzen die Blattflächen durch Drehung eine vertikale Stellung an. Manche Sumpfpflanzen, wie Typha und Sparganium, deren Wurzeln im sauerstoffarmen Sumpfboden nur eine verhältnismäßig geringe Saugtätigkeit entfalten können, sind auf diese Weise gegen übermäßige Wasserverdunstung geschützt. Gewisse Pflanzen, welche an ihrem natürlichen Standorte intensiver Besonnung ausgesetzt sind, stellen ihre vertikal gerichteten Blattflächen vorwiegend in die Richtung des Meridians, so daß die Fläche derselben von der Mittagssonne nicht getroffen wird. Als Beispiele derartiger Kompaßpflanzen mögen Sylphium laciniatum und Lactuca Scariola genannt sein. Bei Allium ursinum und einigen anderen dreht sich die Blattfläche vollständig um, so daß die morphologische Unterseite zur Oberseite wird.

Blattstiel. Der Blattstiel befestigt die Spreite an dem Sproß, bringt sie in eine günstige Lage zum Licht und ermöglicht ihr, dem Anprall von Wind und Regen auszuweichen, zugleich stellt der Stiel für den Stofftransport im Innern der Pflanze die Verbindung zwischen Sproß und Blattfläche her. Bei einigen Wasserpflanzen, Pontederia und Trapa, schwellen die Blattstiele sehr stark auf, sie werden fast ei- oder kugelförmig. In ihnen befinden sich große lufterfüllte Hohlräume, durch welche die Schwimmfähigkeit der betreffenden Pflanzenteile wesentlich erhöht wird. Gelegentlich ist an den Flanken des Blattstieles eine blattspreitenähnliche Verbreiterung vorhanden, die den Blattstiel befähigt, an der Assimilationsarbeit des Blattes direkten Anteil zu nehmen. Der Blattstiel wird dann als geflügelt bezeichnet (Ab. 63 A).

Bei einigen Gewächsen, deren Blattspreiten verkümmert sind, übernimmt der blattartig verbreiterte Blattstiel allein die Assimilation. Man nennt in solchen Fällen das Assimilationsorgan ein Phyllodium (Abb. 61).

Die Abb. 61 stellt eine Keimpflanze einer Akazie dar, welche im erwachsenen Zustande nur Phyllodien besitzt. Die ersten Blätter der jungen Pflanzen entwickeln indes noch eine

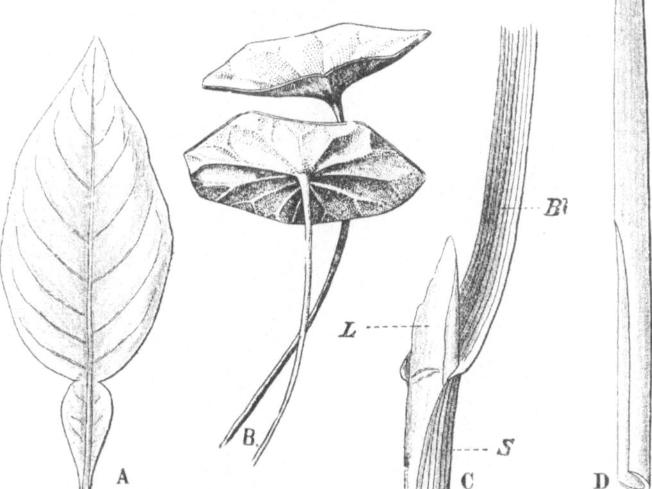

Abb. 63. **A** Blatt von Citrus mit geflügeltem Blattstiel ($^1/_2$). **B** schildförmige Blätter der Kapuzinerkresse ($^1/_2$). **C** mittlerer Teil des Blattes des Rispengrases. *Bl* Blattfläche. *S* Scheide. *L* Ligula. **D** schwertförmiges Blatt der Schwertlilie ($^1/_4$).

zusammengesetzte Blattspreite und die darauf folgenden Blätter zeigen alle Übergänge zu den Phyllodien, so daß über die morphologische Natur dieser Gebilde als verbreiterter Blattstiele kein Zweifel bestehen kann. Durch die Phyllodienbildung wird im vorliegenden Fall zugleich mit der Verringerung der transpirierenden Oberfläche eine Vertikalstellung der assimilierenden Flächen erreicht.

Gewöhnlich ist der Blattstiel an dem unteren Rande der Blattspreite eingefügt, nur bei den **schildförmigen** Blättern liegt die Einfügungsstelle des Stieles vom Blattrande entfernt auf der Unterseite der Spreite (Abb. 63 **B**).

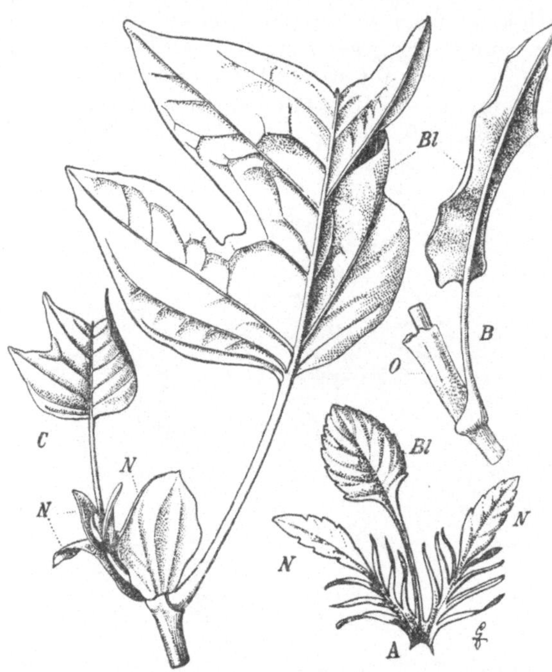

Die Entwicklungsgeschichte lehrt, daß diese Anheftungsweise dadurch zustande kommt, daß eine dicht am Stielansatz liegende Zone des Oberblattes spreitenartig auswächst und eine Fortsetzung der Blattfläche über den Stielansatz hinaus bildet.

Schildförmige Blätter, bei denen der Blattstiel an der Unterseite der Spreite angesetzt ist (Abb. 63 **B**), finden sich bei manchen Wasserpflanzen mit oberflächlich schwimmenden Blättern, an denen die zentrale Anheftung des Blattstieles eine gleichmäßigere Verteilung des von ihm ausgeübten Zuges auf die schwimmende Spreite bewirkt, während zugleich der ringsum freie Blattrand der Wellenbewegung auf der Wasseroberfläche zu folgen vermag, ohne benetzt zu werden. Bei kriechenden oder kletternden Landpflanzen erscheint das schildförmige Blatt besonders geeignet, der Spreite eine günstige Lage zum Licht zu geben. Ein Abfließen des von der Spreite aufgefangenen Regenwassers über den Blattstiel zum Sproß wird durch die Schildform der Fläche unmöglich gemacht.

Abb. 64. **A** Blatt des Stiefmütterchens mit laubblattartig entwickelten Nebenblättern *N*. **B** Blatt des Knöterich (¹/₂). Die Nebenblätter bilden eine Ochrea, eine den Sproß umhüllende Röhre *O*. **C** Sproßgipfel des Tulpenbaums. Die Nebenblätter des jüngsten Blattes bilden eine schützende Hülle um die jüngeren Sproßteile; die Hülle löst sich in zwei den Nebenblättern entsprechende Teile *N* auf.

Den Laubblättern mancher Gewächse, besonders unter den Monokotylen, fehlt der Blattstiel gänzlich, sie werden gegenüber den gestielten Blättern als sitzende Blätter bezeichnet.

Blattscheide. Eine Blattscheide findet sich an den Blättern der meisten Monokotylen (Abb. 63 C, **D**). Unter den Dikotylen zeigen z. B. die Doldengewächse wohlentwickelte Blattscheiden (Abb. 62). Die Blattscheide stellt den mehr oder minder weit um die Sproßachse herumgreifenden abgeflachten Blattgrund dar. Sie bildet am heranwachsenden Blatt häufig ein Schutzorgan für die von ihr eingeschlossenen jüngeren Sproßabschnitte und deckt im ausgewachsenen Zustande die Achselknospe des Blattes.

Bei manchen Monokotylen, z. B. den Gräsern und Halbgräsern, bildet die

Scheide eine röhrenförmige Umhüllung des Stengels und schützt zugleich die unteren, weichen, noch im Wachstum begriffenen Teile des Internodiums. An der Übergangsstelle von der Blattscheide zur Blattspreite befindet sich bei vielen Gräsern und gelegentlich auch in anderen Pflanzengruppen auf der Oberseite der Spreite ein häutiger Auswuchs, die **Ligula,** welche gleichsam eine Verlängerung der Blattscheide über die Ansatzstelle hinaus darstellt (Abb. 63 C) und welche am heranwachsenden Blatt den die junge Sproßspitze einschließenden Hohlraum der Scheide nach oben hin abschließt. Während im allgemeinen die Fläche der Scheide ungestielter Blätter direkt in die Blattfläche übergeht, erscheint bei den **schwertförmigen** Blättern der Schwertlilien, des Kalmus und bei einigen anderen Monokotylen die Blattfläche als ein verlängerter kielförmiger Ansatz an der Außenseite der winkelig gefalteten Blattscheide (Abb. 63 D). Die biologische Bedeutung der schwertförmigen Blätter liegt hauptsächlich in der die Wasserverdunstung beeinflussenden Vertikalstellung der assimilierenden Flächen.

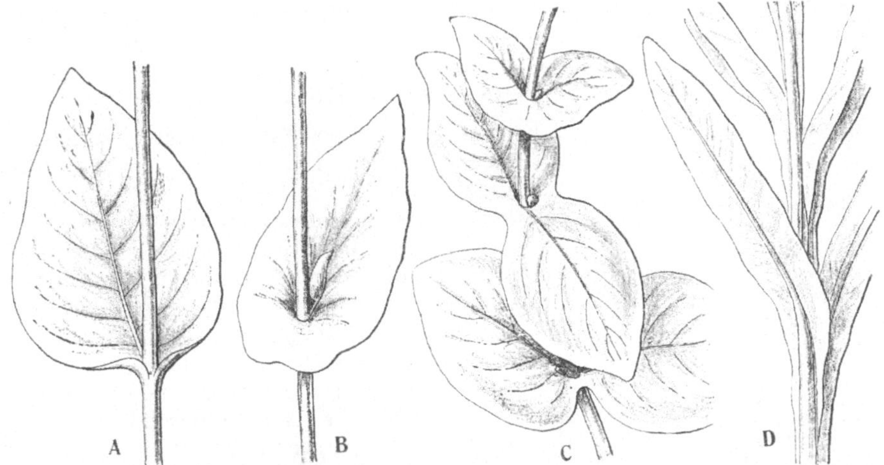

Abb. 65. **A** Stengelumfassendes Blatt von Hieracium amplexicaule ($^1/_2$). **B** durchwachsenes Blatt von Bupleurum rotundifolium. **C** Sproßstück von Lonicera Caprifolium mit verwachsenen Blättern. **D** Sproßstück von Centaurea montana mit herablaufenden Blättern.

Nebenblätter. Die seitlich am Grunde der Laubblätter mancher Dikotylen entspringenden Nebenblätter sind bisweilen durch einen scheidenförmigen Teil mit dem Blattstiel verbunden, in anderen Fällen stehen sie frei beiderseits neben der Blattinsertion. Gewöhnlich entstehen die Nebenblätter frühzeitig an den Blattanlagen. Sie entwickeln sich bei manchen Pflanzen so früh, daß sie die Sproßspitze vollständig überdecken und eine schützende Hülle für dieselbe bilden. Wenn das nächste Blatt sich entfaltet, werden dann meistens die überflüssig gewordenen Schutzorgane abgeworfen. In anderen Fällen entwickeln sich die Nebenblätter zugleich mit dem Blatt und werden zu grünen, laubblattähnlichen Assimilationsorganen (Abb. 64 A). Die tutenförmigen Hüllen, welche bei einigen Dikotylen, z. B. den Feigenbäumen, dem Tulpenbaum (Abb. 64 C) und den Magnolien, den Sproßscheitel und die jüngsten Blattanlagen schützend umschließen, sind ebenfalls Nebenblattgebilde. Sie werden durch das Wachstum der jüngeren von ihnen eingehüllten Teile des Sprosses schließlich auseinandergedrängt. Bei den Knöterichgewächsen wird die Blattute an der Spitze durch den fortwachsenden Sproß durchbrochen und bleibt als scheidenförmige Hülle, welche als **Ochrea** oder als Blattstiefel bezeichnet wird, am Grunde des Internodiums erhalten (Abb. 64 B).

Blätter ohne Stiel und Scheide. Blätter, denen Stiel und Scheide gänzlich fehlen, sind meist mit breitem Grunde dem Sproß angeheftet. Wenn dabei der Grund der Spreitenhälften jederseits vorgezogen ist und mehr oder minder weit um den Sproß herumgreift, so wird das Blatt als **stengelumfassend** bezeichnet (Abb. 65 A). Das stengelumfassende Blatt bildet einen Übergang zu dem **durchwachsenen Blatt,** bei welchem die um den Sproß herumgreifenden basalen Lappen der Spreitenhälften miteinander vereinigt sind (Abb. 65 B). Wenn zwei an demselben Stengelknoten einander gegenüberstehende Blätter mit ihrer Basis seitlich von der Ansatzstelle zusammengewachsen sind, so heißt das Gebilde ein **verwachsenes** Blatt (Abb. 65 C). Als **herablaufende** Blätter bezeichnet man stiel- oder scheidenlose Blätter, deren Blattfläche sich über die Ansatzstelle hinaus an dem darunter gelegenen Stengelinternodium als flügelartige Verbreiterung fortsetzt (Abb. 65 D).

4. Umgebildete Blätter.

Blattranken. Bei manchen Kletterpflanzen bestehen die Kletterorgane aus umgebildeten Blättern. An den schildförmigen Blättern der Kapuzinerkresse und anderen ist der Blattstiel gegen Berührung reizbar und windet sich um die Stütze herum.

Weitergehende Metamorphose der Blätter treffen wir in der Familie der Leguminosen an. Dort sind häufig die gefiederten Blattspreiten in ihrem oberen Teil in eine fadenförmige, einfache oder verzweigte Ranke verwandelt, während sie unten normale Fiederblättchen tragen. Bei Lathyrus Aphaca sind nur die Nebenblätter als assimilierende Flächen erhalten geblieben, während das ganze übrige Blatt eine reizbare Ranke darstellt (Abb. 66).

Bei der Keimung entwickelt diese Pflanze erst einige spreitentragende Blätter, an welche sich später in allmählicher Abstufung metamorphosierte Blätter anschließen, bis endlich nur noch Blattranken und Nebenblätter ausgebildet werden (Abb. 67).

Den umgekehrten Fall wie bei Lathyrus Aphaca finden wir in der zu den Monokotylen, gehörigen Gattung Smilax. Dort ist die eigentliche Blattspreite wohl ausgebildet, während sich aus dem Blattgrund Ranken entwickeln.

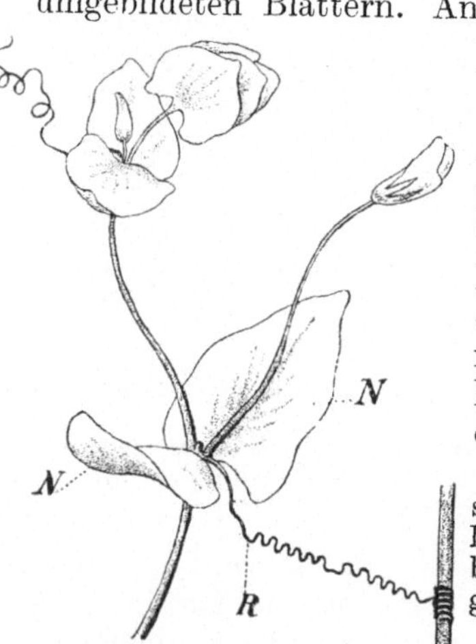

Abb. 66. Sproßstück von Lathyrus Aphaca. *N* Nebenblätter. *R* das als Ranke ausgebildete Oberblatt.

Dornen. Die Umbildung von Blatteilen oder Blättern zu Dornen, die gegen das Gefressenwerden durch größere Tiere schützen, ist nicht selten. Bei dem in Abb. 69 A abgebildeten Blatt einer Acacia sind nur die Nebenblätter derartig entwickelt. Für die Umbildung des ganzen Blattes bietet der Sauerdorn, Berberis, ein bekanntes Beispiel. Man findet oft an einem Sprosse alle Übergänge von Blättern mit dorniggezähntem Rande bis zu den charakteristischen handförmig geteilten Blattdornen mit Achselknospen, welche die Blattnatur der Dornen ohne weiteres erkennen lassen (Abb. 69 B). Bei der in Abb. 68 abgebildeten Astragalusart werden die Blattspindeln der paarig gefiederten Laubblätter, indem sie die Fiederblättchen verlieren, nachträglich zu harten Dornen.

Sukkulente Blätter. Die Blätter vieler Mesembryanthemum- und Sedumarten, ferner diejenigen der Agaven und Aloën und mancher anderen Gewächse, die trockene Standorte bewohnen, haben neben ihrer assimilatorischen Tätigkeit die Funktion von Wasserspeichern übernommen (Abb. 69 C). Man bezeichnet derartige Pflanzen als **Blattsukkulenten.** Die Blattspreite ist bei ihnen nicht eine dünne Gewebeplatte, sondern ein mehr oder minder dicker, fleischiger, außen grün gefärbter Körper. Die im Innern gelegenen saftreichen Gewebeteile liefern bei eintretender Dürre die Feuchtigkeit zur Unterhaltung der Lebensprozesse im Blatte.

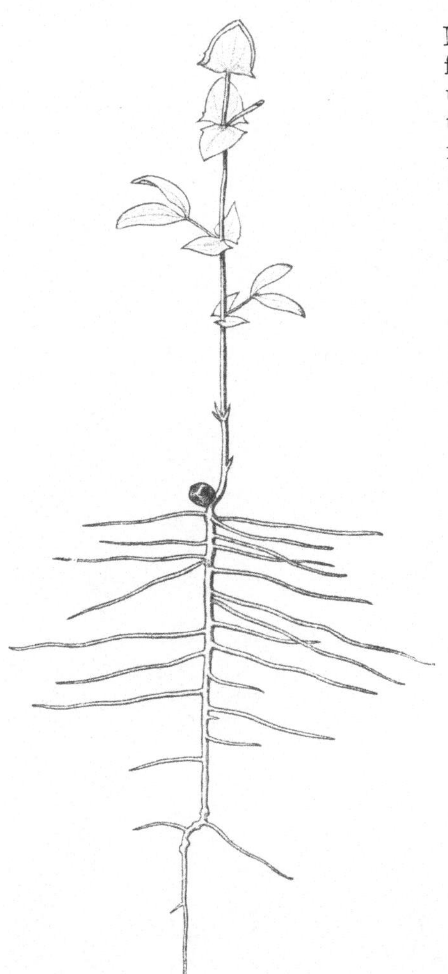

Abb. 67. Keimpflanze von Lathyrus Aphaca. Die ersten Blätter besitzen noch eine Spreite, an den späteren wird dieselbe zur Ranke umgebildet.

Abb. 68. Zweig von Astragalus tragacantha mit Blattdornen, welche aus den Spindeln der gefiederten Blätter hervorgegangen sind.

Tierfallen. Eine der merkwürdigsten Blattmetamorphosen ist die Umbildung von Blättern oder Blatteilen der fleischfressenden Pflanzen (Insektivoren) zu Fangapparaten. Bei den wasserbewohnenden Utrikularien bilden einzelne Zipfel der vielfach zerteilten Tauchblätter blasenförmige Klappfallen (Abb. 70a). Der enge Eingang der Blase ist durch eine bewegliche, nur nach innen sich öffnende Klappe verschlossen. Der durch gewisse Lebensvorgänge im Innern

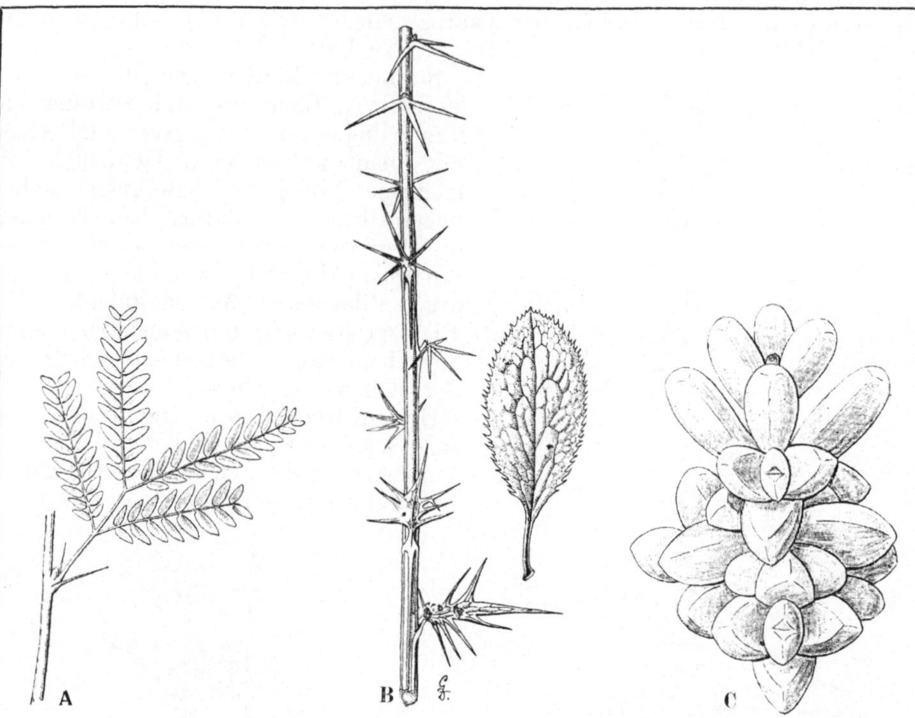

Abb. 69. **A** Blatt von Acacia eburnea, dessen Nebenblätter zu Dornen umgewandelt sind. **B** Zweig des Sauerdorn mit Blattdornen und Übergangsformen zwischen Laubblättern und Dornen ($^1/_2$). **C** Sproß von Mesembryanthemum elegans mit dicken fleischigen Blättern.

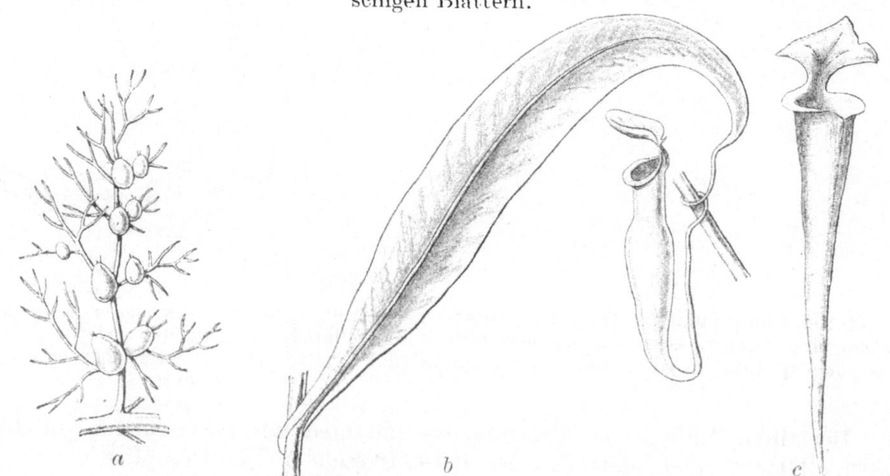

Abb. 70. *a* Blattstück von Utricularia vulgaris mit zahlreichen Blasen. *b* Blatt von Nepenthes Mastersii mit einer kannenförmigen Tierfalle ($^1/_3$). *c* Becherförmiges Blatt von Sarracenia flava ($^1/_3$).

der Blase entstehende Unterdruck bewirkt, daß kleine Lebewesen, welche die Klappe von außen berühren, in die Blase hineingesaugt werden, wo sie zugrunde gehen und der Pflanze als Nahrung dienen. Bei den Nepenthesarten, den Sarracenien und Darlingtonien, sind die Blätter oder einzelne Teile derselben zu becher- oder kannenförmigen Gebilden geworden, welche zum Teil mit ausgeschiedener Flüssigkeit gefüllt sind und Fallgruben darstellen, denen die gefangenen Gliedertiere nicht zu entgehen vermögen (Abb. 70b u. c). Das in Abb. 70b dargestellte Blatt einer Nepenthesart zeigt dreifache Metamorphose: die Spreite ist zur Kanne umgebildet, der Blattgrund ist als Phyllodium, der Blattstiel als Ranke ausgebildet.

Niederblätter. Mit dem gemeinschaftlichen Namen Niederblätter hat man ursprünglich gewisse Blattmetamorphosen bezeichnet, welche unterhalb der Laubblattregion an vielen Pflanzen auftreten. Die Analogie zwingt uns aber, gewisse Blattbildungen an der Basis von Seitensprossen, welche hoch oben am Pflanzenkörper entspringen, auch als Niederblätter zu bezeichnen, und an Sprossen, bei denen die Entwicklung der Endknospe durch Ruheperioden unterbrochen wird, wechseln meistens Laubblätter und Niederblätter miteinander ab. Die Niederblätter gehen aus gleichen Anlagen wie die Laubblätter hervor. Diese Anlagen schlagen aber infolge des Einflusses innerer und äußerer Umstände frühzeitig einen eigenen Entwicklungsgang ein, welcher von dem des Laubblattes wesentlich verschieden ist. Meist werden sie schuppenförmig, indem nur der Blattgrund sich entwickelt, das Oberblatt aber gänzlich oder teilweise verkümmert (Abb. 71). Häufig sind die Niederblätter besonders an unterirdischen Sprossen als die Überreste der funktionslos gewordenen und deshalb verkümmerten Laubblätter anzusehen, welche für die Lebensverrichtungen der Pflanze keine Bedeutung mehr haben, in anderen Fällen aber haben dieselben besondere biologische Funktionen übernommen und besitzen dementsprechend eine eigenartige Ausbildung.

An manchen unterirdischen Rhizomen mehrjähriger Pflanzen sind die Niederblätter als dicke, fleischige Schuppen entwickelt, deren Gewebe mit Reservestoffen

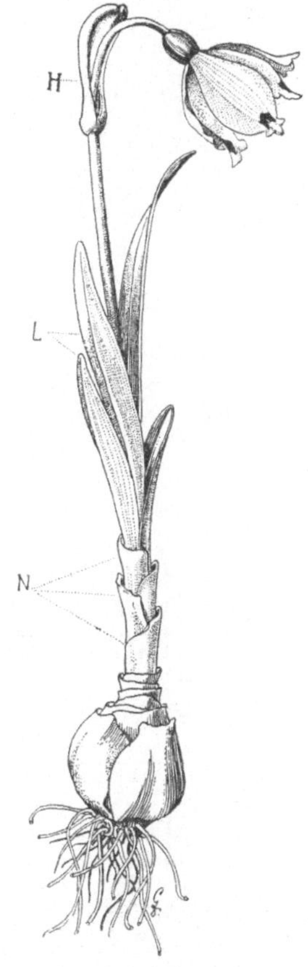

Abb. 71. Leucojum vernum (¹/₂). N Niederblätter. L Laubblätter. H Hochblatt.

erfüllt ist. Diese **Reservestoffbehälter** sind bei manchen Gewächsen in zerstreuter Stellung an den mit gestreckten Internodien versehenen Rhizomen angeordnet. Bei den **Zwiebeln** vieler Monokotylen steht dagegen eine größere Anzahl von reservestoffreichen Niederblättern dicht gedrängt an einer kurzen Achse. Die Schuppen erlangen hier eine bedeutende Flächenausdehnung; die inneren werden von den äußeren dicht umhüllt, so daß ein festes, knollenähnliches Gebilde entsteht (Abb. 72 A).

Indem die zur Zwiebel vereinigten Niederblätter die Sproßachse und die an derselben vorhandenen Knospen fest umhüllen, sind sie zugleich Schutzorgane für die jugendlichen Anlagen. Die Funktion einer schützenden Hülle für junge Sproßanlagen kommt den Niederblättern auch sonst in vielen Fällen zu. An der Basis der jüngsten Zweige unserer Holzgewächse finden wir im Frühling gewöhnlich einige schuppenförmige Niederblätter, welche eine lederige Beschaffenheit besitzen (Abb. 73). Es sind die **Knospenschup-**

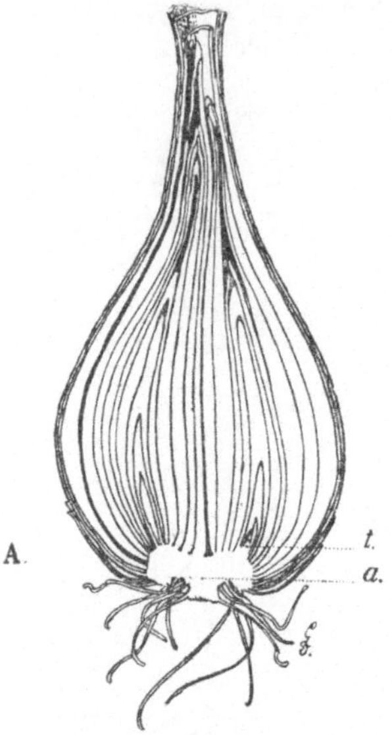

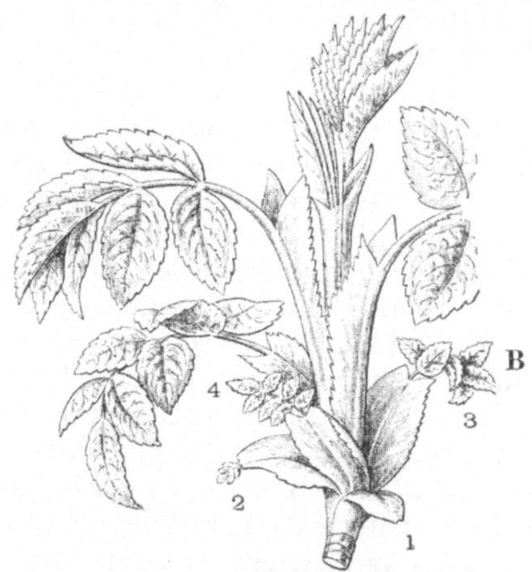

Abb. 72. **A** Längsschnitt einer Zwiebel von Allium Cepa. *a* der scheibenförmige Teil der Sproßachse, welche die Zwiebelschuppen und die Laubblätter trägt. *t* die Endknospe eines Sprosses, aus welcher sich ein oberirdischer Laubsproß entwickelt. **B** austreibende Zweigknospe einer Rose (nach Payer), am Grunde mit Knospenschuppen und mit Übergangsformen zwischen diesen und Laubblättern 1—4.

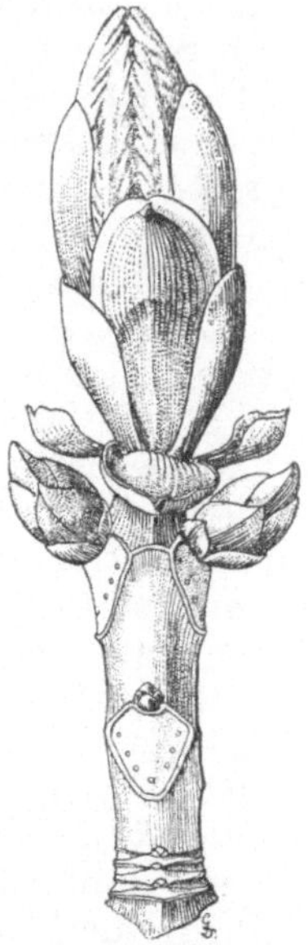

Abb. 73. Knospenschuppen an der aufbrechenden Knospe der Roßkastanie, Aesculus Hippocastanum.

Abb. 74. Nackte Knospe des Schneeballs, ViburnumLantana.

pen, welche die Anlage des Zweiges im Knospenzustande umhüllten und gegen ungünstige äußere Einflüsse schützten. Wenn sich die Knospe zum Zweig entwickelt, werden die Knospenschuppen abgeworfen. Bei einigen Holzgewächsen sind zwischen den typischen Knospenschuppen und den Laubblättern Übergangsformen vorhanden, welche erkennen lassen, daß die Knospenschuppen in der Tat als umgewandelte Laubblätter anzusehen sind (Abb. 72 **B**). An den Knospen einiger Holzpflanzen, z. B. des Schneeballs, Viburnum (Abb. 74), und der meisten Kräuter sind die äußersten Blätter, welche zeitweilig als Schutzorgane der Anlage dienen, nicht abweichend gebaut und entwickeln sich nachträglich gleich den übrigen Blattanlagen zu Laubblättern; man bezeichnet die Knospen in diesem Falle als nackte Knospen.

Derartige nackte Knospen treten in sehr charakteristischer Ausbildung als Überwinterungsorgane bei untergetaucht lebenden Wasserpflanzen wie Utricularia, Myriophyllum, Potamogeton u. a. auf. Die Sproßspitze bedeckt sich im Herbst mit Blattanlagen, welche knospenartig zusammenschließend eine feste kugelige oder keulenförmige Winterknospe (Hibernakel) bilden. Diese löst sich von der sie tragenden Achse ab und ruht während des Winters im Schlamm, um im Frühling die Blätter zu entfalten und am Gipfel durch Wachstum neue Anlagen hervorzubringen.

Zu den Niederblättern kann man endlich auch die Kotyledonen der Keimpflanzen rechnen, deren Leistung als Reservestoffbehälter, als erste Assimilationsorgane oder als Saugorgane zur Aufnahme der im Samenendosperm vorhandenen Nährstoffe früher schon erwähnt worden ist (vgl. S. 5).

Hochblätter. Als Hochblätter werden die Blattgebilde oberhalb der Laubblattregion des Sprosses bezeichnet, welche in Form, Farbe oder sonstigen Eigenschaften von den Laubblättern verschieden sind (Abb. 71). Sie sind gleichfalls metamorphosierte Laubblätter und oft durch mancherlei Übergänge mit den Laubblättern verbunden. Hochblätter finden sich nur in der Blütenregion des Sprosses. Die eingehendere Besprechung derselben gehört also in das die Blüte behandelnde vierte Kapitel.

5. Der vegetative Sproß der niederen Pflanzen.

Die Moose und Algen haben, soweit bei ihnen überhaupt ein gegliederter Vegetationskörper vorhanden ist, sehr einfach gebaute Sprosse (Abb. 75). Das Stämmchen der Laubmoose ist meistens fadenförmig dünn, bei einigen Arten wächst es senkrecht aufwärts, bei anderen kriecht es ·am Boden hin, neben einfachen kommen auch reich verzweigte Sproßachsen vor. Bisweilen führt die Arbeitsteilung zur Ausbildung rhizomartig kriechender Sprosse mit verkümmerter Blattbildung, aus denen aufrechte beblätterte Seitensprosse entspringen.

Abb. 75. **A** Sprosse eines Laubmooses, Atrichum undulatum. **B** Sprosse eines beblätterten Lebermooses, Plagiochila asplenioides. **C** Sproß einer Armleuchteralge, Chara contraria.

Die sitzenden Blätter sind klein und zart, die Nervatur fehlt entweder gänzlich oder es ist eine Mittelrippe vorhanden, die bisweilen noch von Randnerven begleitet wird. Die Blattspreite ist meist einfach und flach ausgebreitet oder muschelartig gekrümmt. Die Blätter der Lebermoose sind häufig gelappt, gespalten oder geteilt und bisweilen mit blasenförmigen Wassersäcken ausgerüstet. Bei den Lebermoosen mit thallosem Sproß sind keine Blätter ausgegliedert, der ganze Sproß stellt eine laubartige Assimilationsfläche mit dorsiventralem Bau dar, welcher mit zarten Haarwurzeln am Boden befestigt ist (Abb. 19).

Unter den Algen besitzen die Armleuchteralgen verhältnismäßig reichgegliederte Sprosse. Es ist eine Sproßachse mit unbegrenztem Spitzenwachstum vorhanden, aus deren durch längere Zwischenglieder getrennten Knoten Blätter mit begrenztem Wachstum und Seitensprosse entspringen (Abb. 75 C). ·Die

Blätter sind zylindrisch, einfach oder verzweigt, und wie die Zwischenglieder der Sproßachse, grün gefärbt. Die thallosen Sprosse der Meeresalgen besitzen zum Teil gleichfalls eine verhältnismäßig weitgehende Gliederung. So kann man an der Siphonee Caulerpa, welche einen sehr einfachen anatomischen Bau aufweist, einen rhizomartig kriechenden bewurzelten Teil unterscheiden, an welchem nach oben hin laubartig ausgebreitete Assimilationsflächen stehen (Abb. 76). Der Sproß der riesenhaften Meeresalge Macrocystis ist mit einem wurzelartigen Haftorgan am Meeresboden befestigt; er erhebt sich als zylindrischer Strang bis an die Oberfläche des Wassers und trägt dort blattähnliche seitliche Anhängsel. Die Entstehung dieser blattähnlichen Gebilde weicht von derjenigen der Blätter höherer Pflanzen wesentlich ab. Unmittelbar hinter dem Vegetationspunkt stellt der Sproß eine thallose Fläche dar, aus welcher erst durch nachträgliche Spaltung die Achse und die seitlichen Anhängsel

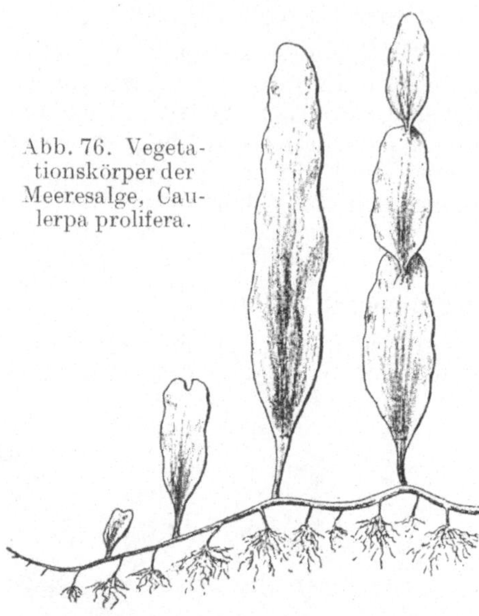

Abb. 76. Vegetationskörper der Meeresalge, Caulerpa prolifera.

ausgegliedert werden. Häufig sind aber die Sprosse der Algen viel einfacher gebaut, wie die früher schon erwähnten Beispiele von Dictyota (Abb. 8) und Botrydium (Abb. 1) zeigen.

IV. Die Blüte.

Die Fortpflanzungsorgane, welche die geschlechtliche Fortpflanzung vermitteln, entstehen bei den Gefäßpflanzen an Blättern. Bei vielen Farnen sind die grünen Laubblätter direkt die Träger der hier als Sporangien bezeichneten Fortpflanzungsorgane, bei anderen Gefäßkryptogamen dienen diesem Zwecke besondere, mehr oder weniger modifizierte Blätter, welche als Sporophylle bezeichnet werden. Sie stehen entweder zwischen den Laubblättern oder sie sind, wie z. B. bei den Schachtelhalmen und den meisten Bärlappgewächsen, an einem besonderen Abschnitt des vegetativen Sprosses in Sporangienähren (Abb. 317) zusammengestellt. Diesen entsprechen die Blüten der Samenpflanzen. Da die Sporangienähren in ihrer Einfachheit im wesentlichen dieselben morphologischen Verhältnisse aufweisen wie die vegetativen Sprosse und durch alle Übergänge mit den letzteren verknüpft sind, so bedürfen sie an dieser Stelle keiner besonderen Erörterung.

Die Samenpflanzen besitzen immer besondere, reproduktive Sprosse oder Sproßabschnitte, welche statt der Laubblätter Sporophylle tragen und allgemein als Blüten bezeichnet werden. Die an den Sporophyllen auftretenden, den Sporangien des Farns entsprechenden Fortpflanzungsorgane werden als männliche und weibliche, als Pollensäcke und Samenanlagen, unterschieden. Meist sind an den Blüten neben den Sporophyllen noch andere metamorphosierte Blattorgane vorhanden, welche schützende Hüllen für die Sporophylle darstellen oder in anderer Weise an dem Zustandekommen der geschlechtlichen Fortpflanzung mitwirken.

Man teilt nach der Beschaffenheit der Blüten die Samenpflanzen in Nacktsamige (Gymnospermen) und Bedecktsamige (Angiospermen). Bei letzteren sind

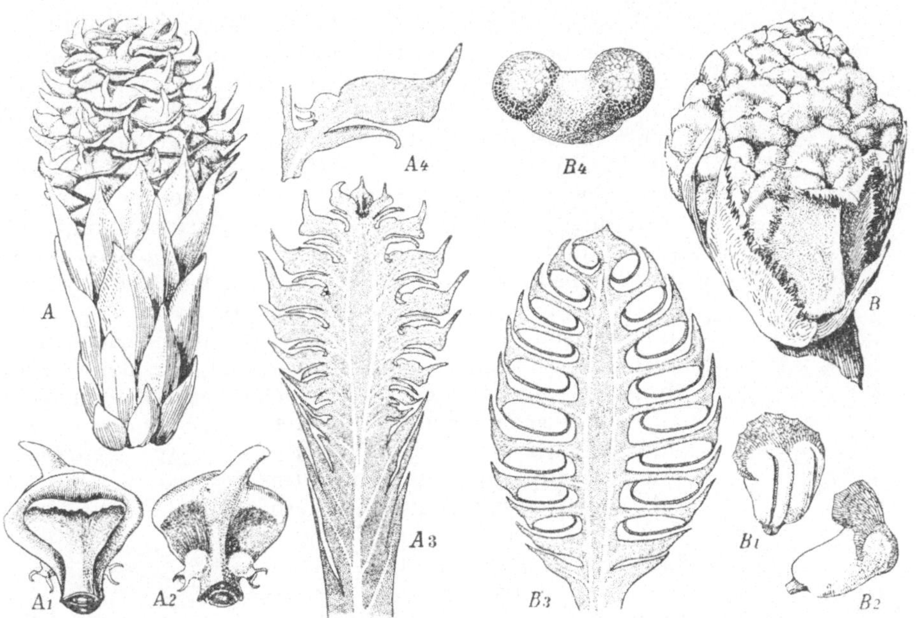

Abb. 77. A weibliche Blüte von Pinus silvestris. A_1 Fruchtblatt von unten, A_2 dasselbe von oben mit den zwei Samenanlagen. A_3 ganze Blüte, A_4 einzelnes Fruchtblatt im Längsschnitt. B männliche Blüte von Pinus silvestris. B_1 B_2 einzelnes Staubblatt von unten und von der Seite. B_3 Blüte im Längsschnitt. B_4 Pollenkorn stärker vergrößert.

die Sporophylle, welche die Samenanlagen tragen, zu einem geschlossenen, kapselartigen Gehäuse, dem Fruchtknoten, verwachsen; bei den Nacktsamigen stehen sie frei nebeneinander an der Blütenachse.

A. Die Blüte der Gymnospermen.

Zu den Nacktsamigen gehören die Nadelholzgewächse und die ausländischen Cycadeen und Gnetaceen. Ihre einfachen Blüten schließen sich in ihrer Ausgestaltung nahe an die Sporangienähren der Gefäßkryptogamen an. Nur ausnahmsweise nimmt die Blüte den Gipfel des Hauptsprosses ein; meist sind die Blüten Seitensprosse höherer Ordnung. Man unterscheidet an ihnen die Staubblätter, welche Pollensäcke tragen und die Fruchtblätter, welche Samenanlagen hervorbringen. Die Blüten der Nacktsamigen sind stets eingeschlechtig; die männlichen Blüten enthalten nur Staubblätter, die weiblichen Blüten nur Fruchtblätter. In den Blüten der Gnetaceen sind die Sporophylle noch von einer Hülle aus zarten Blättern umgeben, die keine Fortpflanzungsorgane tragen und in ihrer Gesamtheit als Blütenhülle, Perigon, bezeichnet werden. Männliche und weibliche Blüten stehen bei vielen Arten auf derselben Pflanze, bei anderen sind sie auf verschiedene Pflanzen verteilt. Die Blütenachse ist meist verlängert und trägt die Sporophylle oft in großer Zahl in piraliger Anordnung oder in alternierenden Quirlen, so aß die gesamte Blüte ein zapfenartiges Aussehen gewinnt Abb. 77 **A** u. **B**).

Die Staubblätter der männlichen Blüten sind gewöhnlich chuppenförmig oder schildförmig und tragen auf der Jnterseite meist mehrere Pollensäcke (Abb. 77 **B**$_1$ u. 79), l. h. kleine Kapseln, in denen Blütenstaub gebildet wird. Venn in den weiblichen Blüten Samen gebildet werden oll, so müssen die Samenanlagen vorher mit dem Blütentaub der männlichen Blüten bestäubt worden sein. Die Iröffnung der Pollensäcke erfolgt durch einen Längs- oder Querriß in der Wand nach der Seite hin, wo die Ausstreuung les Blütenstaubes ungehindert erfolgen kann. Die Fruchtlätter sind bei Cycas in der Anlage den Laubblättern sehr ihnlich (Abb. 78), die Blattfläche weist noch Andeutungen iner fiederförmigen Verzweigung auf; bei den meisten ibrigen Gymnospermen sind sie schuppenartig und tragen uf ihrer Oberseite eine oder mehrere

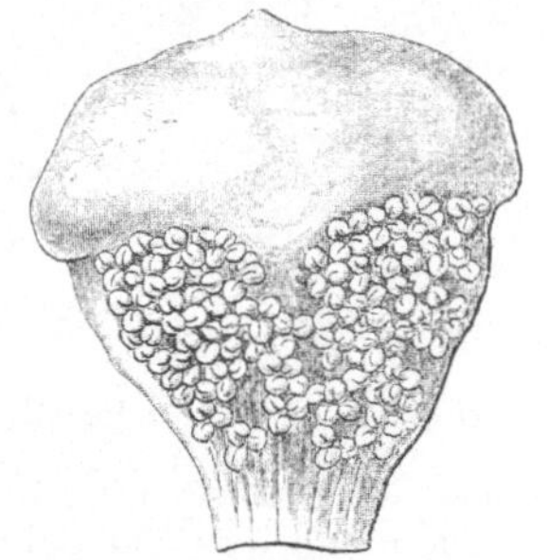

Samenanlagen (Abb. 77 **A**$_2$). Diese estehen aus einem massiven Gevebekörper, dem Samenknospenkern, velcher meistens von einer mantelörmigen Umhüllung, dem Integuent, eingeschlossen und nur am vorderen Ende durch eine als Mikroyle bezeichnete, porenförmige Öffnung des Integumentes zugänglich st. Ein aus der Mikropyle der empfängnisreifen Samenanlage hervordringender Flüssigkeitstropfen fängt den vom Wind herbeigetragenen Blütenstaub auf und zieht ihn beim Ein-

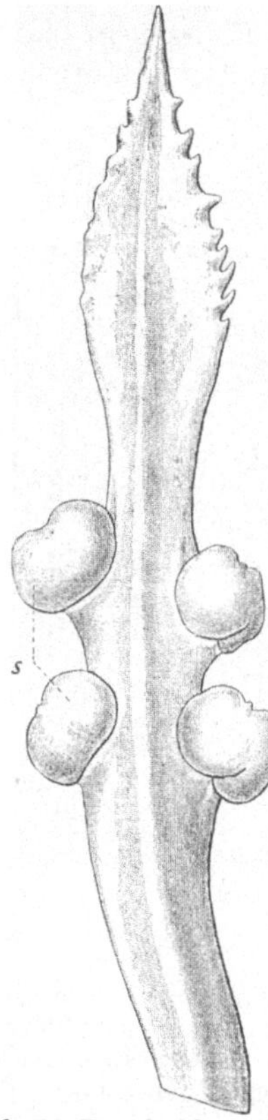

Abb. 78. Fruchtblatt von Cycas circinalis mit vier Samenanlagen *s*.

Abb. 79. Staubblatt von einer Macrozamia. Auf der Unterseite stehen zahlreiche Pollensäcke.

trocknen in die Samenanlage hinein. Infolge der durch die Bestäubung eingetretenen Befruchtung entwickelt sich die Samenanlage zum Samen, der in einem reichlichen Nährgewebe einen geraden, in Sproß und Wurzel gegliederten Embryo enthält. Die weibliche Blüte wird zu einem meist zapfenförmigen Fruchtstand, zwischen dessen holz- oder lederharten Schuppen die Samen bis zur Reife wohl geborgen sind. Indem die Fruchtschuppen auseinanderweichen oder sich von der Spindel des Fruchtzapfens ablösen, gelangen die Samen zur natürlichen Aussaat.

B. Die Blüte der Angiospermen.

1. Die Organe der Blüte und ihre räumlichen Beziehungen zueinander.

Die Blütenteile. Die Angiospermenblüte ist ebenfalls ein metamorphosierter Sproß oder Sproßabschnitt, der Fortpflanzungsorgane hervorbringt und die geschlechtliche Fortpflanzung vermittelt. Man kann an der Blüte, wie an jedem Sproß, die Achse und seitliche Organe, die Blätter, unterscheiden (vgl. Abb. 80). Die letzteren bilden drei Gruppen, die man als Blütenhülle (Perianth), Staubblattkreis (Androeceum) und Fruchtblattkreis (Gynaeceum) bezeichnet.

Die **Blütenhülle** ist ein unwesentlicher Teil der Blüte insofern, als sie keine Fortpflanzungsorgane trägt, sondern nur als Schutzorgan für die inneren Blütenteile fungiert oder durch Anlockung der zur Übertragung des Blütenstaubes nötigen Insekten doch nur indirekt an der Vermittlung der geschlechtlichen Fortpflanzung beteiligt ist. In manchen Fällen sind die zur Blütenhülle zu-

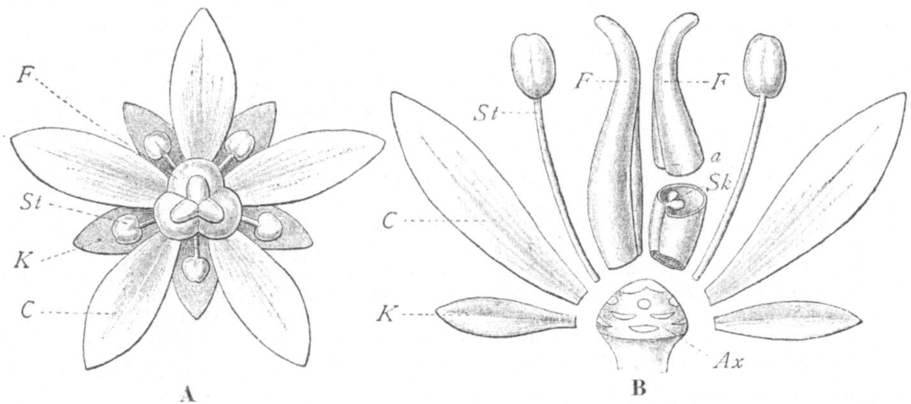

Abb. 80. Schema der Angiospermenblüte. **A** Blüte von oben. **B** zerlegte Blüte (von den gleichartigen Gliedern der einzelnen Blattkreise sind nur je zwei gezeichnet). *A x* Blütenachse mit den Narben der abgetrennten Blattorgane, *K* Kelchblatt, *C* Kronblatt, *St* Staubblatt, *F* Fruchtblatt. Das Fruchtblatt *F* rechts ist bei *a* durchschnitten, um zu zeigen, daß es einen Hohlraum umschließt, in welchem die Samenanlagen *Sk* enthalten sind.

sammentretenden Blätter alle von ähnlicher Gestalt und Beschaffenheit; man nennt die Blütenhülle dann ein **Perigon.** Häufiger aber sind die Blätter der Blütenhülle ungleich: die äußeren sind grün gefärbt, von derber, krautartiger Beschaffenheit — man bezeichnet sie in ihrer Gesamtheit als **Kelch** (Calyx); die inneren, nicht grüngefärbten sind zarthäutig und meist auch in der Form von den äußeren verschieden; sie bilden die **Krone** (Corolla).

Auf die Blütenhülle folgt nach innen eine Anzahl von **Staubblättern** (Stamina), meist mit faden- oder stabförmigen Blattstielen, welche an ihrem oberen der Blattspreite entsprechenden Ende die Pollensäcke tragen. Die Staubblätter stellen in ihrer Gesamtheit den männlichen Teil der Blüte, das **Androeceum,** dar. Das **Gynaeceum,** der weibliche Blütenteil, nimmt die Mitte der Blüte ein. Es besteht gleichfalls aus einer Anzahl von Blattgebilden, den **Fruchtblättern** oder Karpellen, welche zu einem oder mehreren kapselartigen Gehäusen, den **Fruchtknoten,** vereinigt sind. In den Fruchtknoten sind die **Samenanlagen** ein-

4*

geschlossen, aus denen nach der Befruchtung die Samen der Pflanze sich entwickeln.

Nicht in allen Blüten finden sich die drei Organgruppen: Blütenhülle, Androeceum und Gynaeceum, vollständig entwickelt. Häufig fehlt die Blütenhülle gänzlich oder es ist nur ein Teil derselben, entweder nur der Kelch oder nur die Krone, vorhanden. Blüten, welche zugleich ein Androeceum oder Gynaeceum besitzen, werden zwitterig (monoklin) genannt. Wenn nur eines der beiden, entweder nur das Gynaeceum oder nur das Androeceum, in einer Blüte vorhanden ist, so wird diese als eingeschlechtige (dikline), als weibliche oder als männliche Blüte bezeichnet. Selbstverständlich müssen in diesem Falle zum Zustandekommen der geschlechtlichen Fortpflanzung beiderlei Blüten, männliche und weibliche, bei derselben Pflanzenart vorhanden sein. Finden sich beiderlei Blüten, wie z. B. beim Haselstrauch und bei der Eiche auf derselben Pflanze, so nennt man die Art einhäusig (monözisch); sind die männlichen und weiblichen Blüten auf verschiedene Exemplare der Pflanzenart verteilt wie bei den Weiden, so wird die Art als zweihäusig (diözisch) bezeichnet.

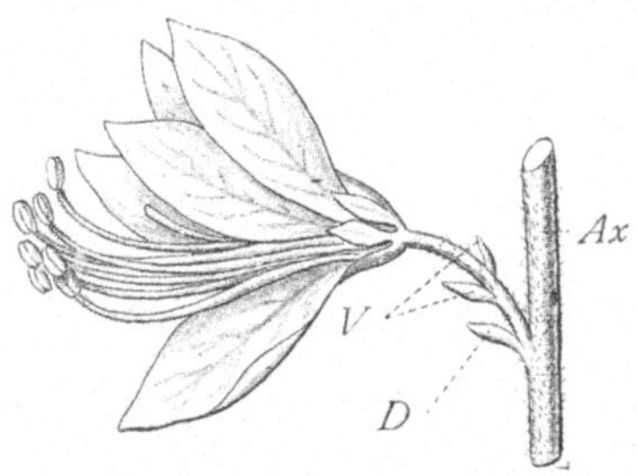

Abb. 81. Blüte von Dictamnus. Dieselbe steht an der Abstammungsachse *Ax* in der Achsel des Deckblattes *D* und besitzt zwei Vorblätter *V*.

Blüten, denen beiderlei Geschlechtsorgane fehlen, können natürlich die geschlechtliche Fortpflanzung nicht direkt vermitteln. Wir finden derartige Gebilde, abgesehen von gewissen, durch Kultur degenerierten Zierpflanzen, bei einigen Pflanzenfamilien neben vollständigen Blüten. So fehlt z. B. den mit großer Blumenkrone ausgestatteten Blüten am Rande des schirmförmigen Blütenstandes des wildwachsenden Schneeballs, Viburnum Opulus, jeglicher Geschlechtsapparat. Die vergrößerte Blütenhülle dient hier für die unscheinbaren geschlechtlichen Blüten als Schauapparat zur Anlockung der Insekten.

Nur bei wenigen Pflanzen nimmt die Blüte die Spitze des Hauptsprosses ein; meist stehen die Blüten als Seitensprosse an vegetativen Sprossen oder an anderen Blütensprossen. Das Blatt der Abstammungsachse, in dessen Achsel die Blüte steht, wird als **Deckblatt** oder Tragblatt bezeichnet (Abb. 81); es ist häufig ein in Form und Ausbildung von den Laubblättern verschiedenes Hochblatt. An dem Blütensproß stehen unterhalb der eigentlichen Blüte meist noch ein oder mehrere Hochblätter, welche als **Vorblätter** bezeichnet werden. Ihre Stellung an der Achse und ihre Zahl gehören mit zur Charakteristik der Blüten. Die seitlichen Blüten der Monokotylen haben in der Regel ein einziges, mit dem Rücken zum Hauptsproß hingewendetes (adossiertes) Vorblatt. Bei den Blüten der Dikotylen bilden zwei seitliche Vorblätter die Regel, welche man nach der Reihenfolge ihrer Entstehung als α (Alpha)- und β (Beta)-Vorblatt zu bezeichnen pflegt. . Bei mehrblütigen Pflanzen entspringen häufig in der Achsel der Vorblätter einer Blüte seitliche Blüten höherer Ordnung, so daß also die Vorblätter der einen Blüte zugleich Deckblätter für andere Blüten sind.

Die Stellung der Blütenteile. Bezüglich der Anordnung der Blattgebilde an der Blütenachse sind wie bei den Laubblättern die Quirlstellung und die Spiralstellung zu unterscheiden. Während aber die Stellung aller Laubblätter einer Pflanze immer die gleiche ist, können in den Blüten Quirlstellung und Spiralstellung miteinander abwechseln. Sind alle Organe einer Blüte in Quirlen angeordnet, so bezeichnet man die Blüte als **zyklisch.** Stehen alle Organe in Spiralstellung, so ist die Blüte azyklisch. Sind einzelne Organgruppen in Quirlen, andere spiralig gestellt, so wird die Blüte hemizyklisch genannt.

Die Zahl der zu einem ·Blattkreis vereinigten Organe bewegt sich innerhalb weiter Grenzen, ist indessen für die einzelne Art meistens konstant. Je nachdem ein, zwei, drei oder mehr Glieder in einem Blattkreis vorhanden sind, wird derselbe als ein-, zwei-, drei- oder mehrteilig, mono-, di-, tri- oder polymer bezeichnet. Wenn die aufeinanderfolgenden Blattkreise in der Blüte isomer sind, d. h. aus geichviel Gliedern bestehen, so sind zwei verschiedene Anordnungen möglich. Entweder liegen die Ansatzstellen der Glieder beider Kreise auf denselben Radien, es stehen also die Glieder des inneren Kreises in radialer Richtung gerade vor denen des äußeren; man sagt dann, die Glieder des inneren Kreises sind denen des äußeren **superponiert.** Im anderen,

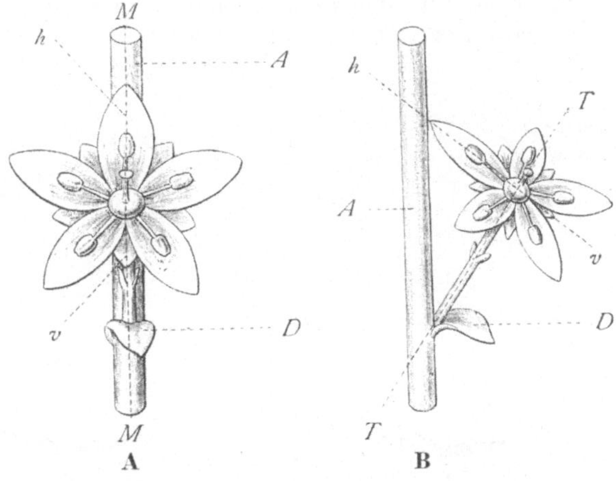

Abb. 82. Schema einer seitenständigen Blüte. **A** von vorne, **B** von der Seite, *A* Abstammungsachse. *D* Deckblatt. *h* hinten, *v* vorne. *M—M* die Medianebene. *T—T* Transversalebene, beide senkrecht zur Fläche des Papiers.

weitaus häufigeren Falle stehen die Glieder des inneren Kreises vor der Lücke zwischen zwei Gliedern des äußeren Kreises; dann bezeichnet man die Stellung derselben als **alternierend.** Sehr oft ist die Anzahl der Organe in den einzelnen Kreisen verschieden.

Zur Bezeichnung der Lage der einzelnen Blütenteile bedient man sich einiger leicht verständlicher Ausdrücke (vgl. die Schemata in Abb. 82). Die der Abstammungsachse zugekehrte Seite der Blüte ist **hinten,** die

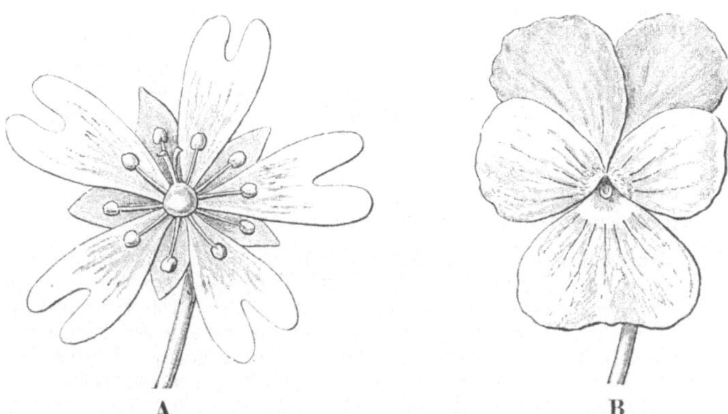

Abb. 83. **A** radiäre Blüte des Hornkrautes ($^5/_1$). **B** dorsiventrale Blüte des Stiefmütterchens ($^2/_1$).

von derselben abgewandte **vorne.** Die durch die Achse der Blüte und zugleich durch die Abstammungsachse gelegte Ebene ist die Medianebene oder **Mediane;** sie teilt die Blüten, entsprechend den Ausdrücken vorne und hinten, in eine rechte und linke Seite. Die Ebene, welche rechtwinkelig zu der Mediane durch die Blütenachse gelegt wird, ist die Transversalebene oder **Transversale.** Die beiden Ebenen, welche die rechten Winkel zwischen Mediane und Transversale halbieren, sind die **Diagonalebenen.**

Die Symmetrieverhältnisse in der Blüte. Viele Blüten sind vollkommen radiär gebaut; die Blätter der Blütenhüllen, die Staubblätter und die Fruchtblätter sind ringsherum gleichmäßig an der Achse verteilt und besitzen in den einzelnen Kreisen unter sich die gleiche Größe und Gestalt; derartige Blüten werden als radiäre oder **aktinomorphe** Blüten bezeichnet (Abb. 83 A). In anderen Blüten sind die Organe der einzelnen Kreise ungleichmäßig um die Achse verteilt und unter sich an Gestalt und Größe verschieden. Meist sind die nicht radiären Blüten dorsiventral gebaut, d. h. sie lassen sich durch eine Ebene in zwei symmetrische Hälften zerlegen, sie werden dann **dorsiventrale** oder **zygomorphe** Blüten genannt (Abb. 83 B).

Fällt die Symmetrieebene der dorsiventralen Blüten mit der Mediane zusammen, so nennt man die Blüten medianzygomorph. Es sind aber auch transversalzygomorphe und schrägzygomorphe Blüten nicht gerade selten. Gänzlich unsymmetrische Blüten kommen nur bei wenigen Gewächsen vor.

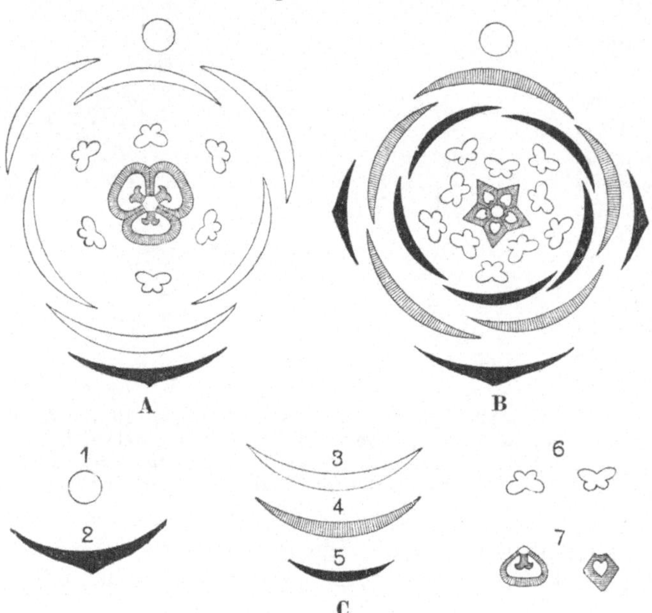

Abb. 84. Blütendiagramme. **A** Colchicum autumnale. **B** Geranium pratense (Erklärung im Text). **C** die Zeichen für die einzelnen Blütenteile: 1 Abstammungsachse, 2 Deck- oder Vorblatt, 3 Perigonblatt, 4 Kelchblatt, 5 Kronblatt, 6 Staubblätter, 7 Fruchtblätter.

Diagramm und Blütenformel. Man kann die Zahl-, Stellungs- und Symmetrieverhältnisse in einer Blüte leicht übersichtlich durch einen schematischen Grundriß, ein **Diagramm,** darstellen, in welchem die einzelnen Organe nach Übereinkunft durch besondere Zeichen wiedergegeben werden. Im allgemeinen werden Zeichen gewählt, welche annähernd dem Querschnitt der betreffenden Organe entsprechen. Verwachsungen der einzelnen Blütenteile werden durch graphische Verbindung der betreffenden Zeichen ausgedrückt.

Die Abb. 84A stellt das Blütendiagramm der Herbstzeitlose, die Abb. 84B dasjenige des Wiesenstorchschnabels dar. Mit Hilfe der auch für alle folgenden Diagramme gültigen Zeichenerklärung (Abb. 84C) sind aus denselben alle Einzelheiten des Blütenbaues ohne weiteres zu ersehen. Die Blüte von Colchicum ist radiär und steht seitlich am Sproß in der Achsel eines Deckblattes; Vorblätter sind nicht vorhanden. Das Perigon besteht aus zwei dreigliedrigen alternierenden Wirteln; die beiden ebenfalls dreigliedrigen Staubblattkreise setzen die Alternanz regelmäßig fort. Der Fruchtknoten wird von drei Karpellen gebildet, welche wieder mit dem inneren Kreise des Androeceums alternieren. Bei der ebenfalls radiären Blüte des Storchschnabels stehen an dem in der Achsel des Deckblattes entspringenden Blütenstiel zwei seitliche Vorblätter. Die fünf Kelchblätter stehen in einer Spirale in ⅖ Divergenz angeordnet. Die fünf Kronblätter stehen im Quirl und alternieren mit den Kelchblättern. Das Androeceum besteht aus zwei fünfgliedrigen, alternierenden Staubblattwirteln, deren äußerer dem Kreis der Kronblätter superponiert ist. Die fünf Glieder des Gynaeceums alternieren mit den inneren Staubblättern.

Außer den Diagrammen werden auch noch **Blütenformeln** für die kurze Charakterisierung der Blüten verwendet. In denselben werden die Organgruppen durch einzelne Buchstaben, die Zahl der Glieder in den einzelnen Kreisen durch Ziffern ausgedrückt. Sind einzelne Organe miteinander verwachsen, so werden die betreffenden Glieder eingeklammert. $P =$ Perigon, $K =$ Kelch, $C =$ Krone, $A =$ Androeceum, $G =$ Gynaeceum. Dem Diagramm der Abb. 84 **A** entspricht also die Formel

$$P\,3 + 3\,A3 + 3\,G(3).$$

Die Formel für das Diagramm der Abb. 84 **B** lautet

$$K\,5\,C5\,A5 + 5\,G(5).$$

Die Blütenformel gibt hauptsächlich nur die Zahlenverhältnisse in der Blüte an, während das Diagramm auch die Stellung der Glieder zueinander und die Symmetrieverhältnisse der Blüte erkennen läßt. Indem aber die Blütenformel nur die wesentlichsten Merkmale der Blüte zum Ausdruck bringt, von allen unwesentlichen Bauverhältnissen aber unbeeinflußt bleibt, lassen sich in derselben die prinzipiellen Übereinstimmungen und Verschiedenheiten im Blütenbau der verschiedenen Pflanzengruppen viel leichter überblicken als in dem spezialisierenden Diagramm.

2. Die Plastik der Blütenteile.

Die Blütenachse. Die Blütenachse besitzt ein begrenztes Wachstum; das embryonale Gewebe ihres Vegetationspunktes wird meist ganz zur Ausbildung der Blätter und der Geschlechtsorgane aufgebraucht, so daß die innersten Blattgebilde der Blüte direkt auf dem Sproßscheitel oder doch unmittelbar unter demselben entstehen. Der unter der Blüte liegende Teil der Blütenachse wird Blütenstiel genannt. Der obere Teil der Achse, der die Blattkreise der Blüte trägt, heißt der Blütenboden; an ihm sind in der Regel keine Internodien ausgebildet. Meist ist der Blütenboden kreisel-

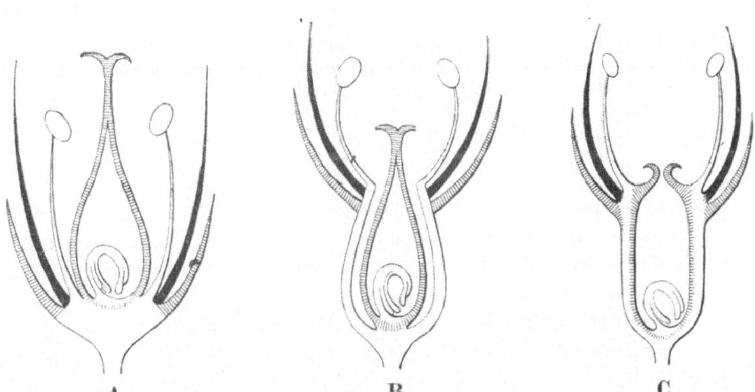

Abb. 85. Schematische Blütenlängsschnitte. Blütenachse und Staubblätter sind weiß, Kelch- und Fruchtblätter sind schraffiert, Kronblätter sind schwarz gezeichnet; im Innern des Fruchtknotens ist eine Samenanlage angedeutet. **A** hypogyne Blüte; Fruchtknoten oberständig. **B** perigyne Blüte; Fruchtknoten mittelständig. **C** epigyne Blüte; Fruchtknoten unterständig.

förmig verbreitert (Abb. 80 **B**, $A\,x$), so daß die einzelnen Organe nicht über- oder untereinander, sondern nebeneinander auf dem Ende der Achse stehen, wie aus dem schematischen Blütenlängsschnitt in Abb. 85 **A** ersichtlich ist. Man bezeichnet solche Blüten als **hypogyn**, das die Mitte der Blüte einnehmende Gynaeceum als **oberständig.** Indem nun bei manchen Blüten die Zone der Blütenachse, welche die Blütenhülle und den Staubblattkreis trägt, ein stärkeres

Wachstum erfährt und sich wie ein Ringwulst über das Zentrum der Blüte erhebt, wird die Achse zu einem schüssel-, becher- oder krugförmigen Gebilde (Unterkelch, Hypanthium), auf dessen Rande die Blütenhülle und die Staubblätter eingefügt sind, während das Gynaeceum frei im Grunde der Vertiefung steht. Diese Form der Blüte, welche als **perigyn** bezeichnet wird, ist durch das Schema in Abb. 85 B dargestellt. Die Fruchtknoten perigyner Blüten sind **mittelständig.** Sind endlich die Fruchtblätter mit dem von der Blütenachse gebildeten Becher verwachsen, so daß nur ihre oberen Teile frei über die Ansatzstelle der Blütenhülle und der Staubblätter hervorragen, wie es in Abb. 85 C

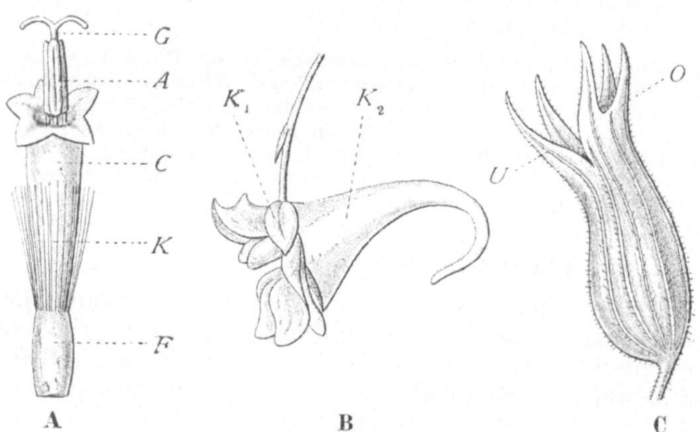

schematisch dargestellt ist, so heißt die Blüte **epigyn;** der Fruchtknoten ist unterständig oder **halbunterständig,** je nachdem ein kleineres oder größeres Stück der Karpelle über den Rand des Bechers emporragt.

Bei einigen Pflanzenarten trägt die Achse zwischen den Blattkreisen der Blüte schuppen- oder polsterförmige Auswüchse, **Nektarien,** die Honigsaft absondern. Bisweilen treten diese Auswüchse

Abb. 86. **A** Blüte einer Composite, deren Kelch *K* in haarförmige Zipfel aufgelöst ist. *F* der unterständige Fruchtknoten. *C* die Krone, *A* die Staubblätter. *G* der Griffel. **B** hängende Blüte der Balsamine. Das Kelchblatt K_2 ist gespornt und bedeutend größer als K_1. **C** zweilippiger verwachsenblättriger Kelch von Calamintha alpina. *U* Unterlippe, *O* Oberlippe.

zu einem Ringwulst oder **Discus** in der Blüte zusammen. Man unterscheidet intrastaminale und extrastaminale Lage des Discus, je nachdem derselbe innerhalb oder außerhalb des durch den Staubblattkreis umgrenzten Teiles des Blütenbodens liegt.

Die **Blütenhülle.** Die Blütenhülle wird, wie erwähnt, häufig von zwei Blattkreisen gebildet, von denen der äußere den Kelch, der innere die Krone darstellt. Die Kelchblätter (Sepalen) sind meist von derber Beschaffenheit, ganzrandig und laubgrün gefärbt. Eine Gliederung in Stiel und Spreite ist bei ihnen nicht vorhanden. Sie sitzen mit breiter Basis an der Blütenachse und sind nicht selten mehr oder minder weit miteinander verwachsen, so daß scheibenförmige, röhrenförmige, glockenförmige, trichterförmige Kelche entstehen, an denen nur die oberen Teile der Sepalen als freie Zipfel hervortreten.

Ungleichmäßige Ausbildung der Kelchblätter ist nicht gerade häufig. Gelegentlich zeichnet sich eines der Blätter durch besondere Form aus; so ist z. B. in der Blüte der Balsamine ein Kelchblatt bedeutend größer als die übrigen und gespornt, d. h. mit einer aus der Blattfläche nach außen vorspringenden, tutenförmigen Aussackung versehen (Abb. 86 B). Auch an verwachsenblättrigen Kelchen können derartige Unregelmäßigkeiten vorkommen; bei den Labiaten und Leguminosen sind z. B. die Kelche meist zweilippig, indem auf zwei gegenüberliegenden Seiten die Sepalen einander genähert sind und Gruppen bilden, zwischen denen die Verwachsung weniger weit hinaufreicht als zwischen den einzelnen Gliedern der Gruppe; häufig ist dann auch die Form der Kelchzipfel auf den gegenüberliegenden Seiten verschieden (Abb. 86 C). Bisweilen sind die Kelchblätter an den Blüten nur als kleine, wenig über die Oberfläche der Blütenachse hervortretende grüne Höckerchen entwickelt; in manchen Blüten fehlen sie gänzlich.

Im allgemeinen besteht die Funktion der Kelchblätter darin, daß sie an der jugendlichen Blüte in der Knospenlage mit ihren Rändern dachziegelartig übereinandergreifend oder klappenartig aneinanderschließend die inneren Blütenteile während ihrer Entwicklung schützend umhüllen. Vielfach haben die Kelchblätter auch noch an den geöffneten Blüten und selbst nach dem Verblühen an der sich entwickelnden Frucht als Schutzorgane zu fungieren. An manchen Blüten übernehmen sie andere Funktionen, indem sie die Wirkung der Kronblätter bei Zustandekommen der Befruchtung unterstützen oder bei der Ver-

breitung der Früchte zum Zweck der natürlichen Aussaat eine Rolle spielen. Bei vielen Compositen z. B. sind die Sepalen in feine, haarförmige Zipfel aufgelöst, welche nach dem Abfall der übrigen Blütenteile als Haarschopf (Pappus) an der Frucht erhalten bleiben und als Flugapparat die natürliche Aussaat der Frucht durch den Wind ermöglichen (Abb. 86 A).

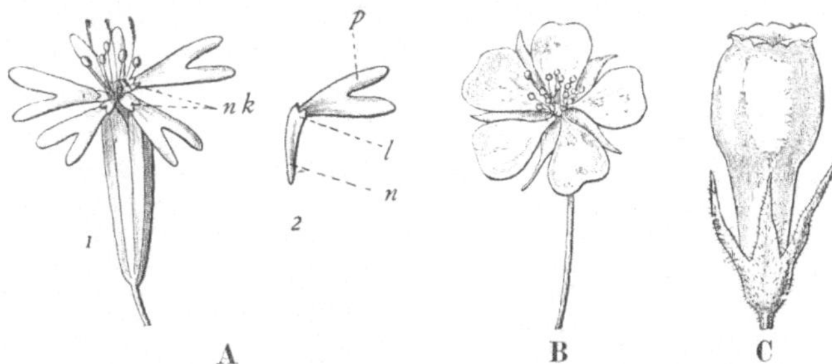

Abb. 87. **A** 1 Blüte der Nelke mit Nebenkrone *nk*. 2 ein Kronblatt: *n* Nagel, *p* Platte, *l* Ligula. **B** choripetale Blüte des Fingerkrautes. **C** sympetale Blüte des Beinwell.

Die Kronblätter oder **Petalen** übertreffen gewöhnlich die Kelchblätter an Größe und sind meist auffällig bunt oder weiß gefärbt. Gewöhnlich sind die Petalen flach blattartig und sitzen mit verschmälertem Grunde an der Achse. Oft ist der untere schmale Teil mehr oder minder lang ausgezogen, so daß man einen flächenförmigen Teil, die **Platte**, und einen stielförmigen Teil, den **Nagel**, an dem Kronblatt unterscheiden kann. Wo der Nagel in die Platte übergeht, findet sich manchmal eine Ligula; so wird z. B. in der Blüte von Silene durch die Ligulargebilde der Petalen eine **Nebenkrone** gebildet (Abb. 87 A). Blüten, in denen die Petalen frei nebeneinander stehen, heißen freikronblättrig (choripetal) (Abb. 87 B). Häufig sind die Petalen seitlich miteinander zu röhren-, glocken- oder trichterförmigen Gebilden verwachsen; die Blüten heißen dann verwachsenkronblättrig (gamopetal oder sympetal) (Abb. 87 C).

Dorsiventrale Ausbildung der Krone ist sowohl bei freikronblättrigen als bei verwachsenkronblättrigen Blüten weit verbreitet. Zwischen den einfachen Fällen, in denen einzelne Kronblätter durch geringe Abweichung in Gestalt und Größe eine Unregelmäßigkeit bedingen, und den komplizierten, absonderlich gebauten Kronen, wie sie z. B. bei manchen Polygaleen und Utrikularien sich finden, sind mancherlei Abstufungen vorhanden. Häufiger vorkommende Fälle sind das Auftreten einzelner gespornter oder kapuzenförmiger Kronblätter, ferner die Schmetterlingsblüten, die Zungenblüten und die Lippenblüten. Die **Schmetterlingsblüten** (Abb. 88 A), in der Pflanzenfamilie der Papilionaceen besitzen eine fünfteilige, freiblättrige Krone. Das hintere Blatt ist breit und meist flach; es wird **Fahne** (Vexillum) genannt. Die daranschließenden seitlichen Kronblätter heißen die Flügel (Alae); die beiden vorderen, welche dicht aneinanderliegen und oft miteinander verwachsen sind, bilden das **Schiffchen** (Carina). Die **Zungenblüten** (Abb. 88 B) treffen wir bei den Compositen an; sie sind verwachsenkronblättrig, und die oberen Teile einiger oder aller Kronblätter bilden einen schmalen, bandartigen Streifen, welcher mehr oder minder weit über den röhrenförmigen Teil der Krone emporragt. Bei den **Lippenblüten** (Abb. 88 C), die in mehreren Pflanzenabteilungen vorkommen, setzt sich der Rand der durch Verwachsung von fünf Kronblättern zustande gekommenen Kronröhre in zwei meist gewölbten, median gestellten Lappen fort. Der hintere

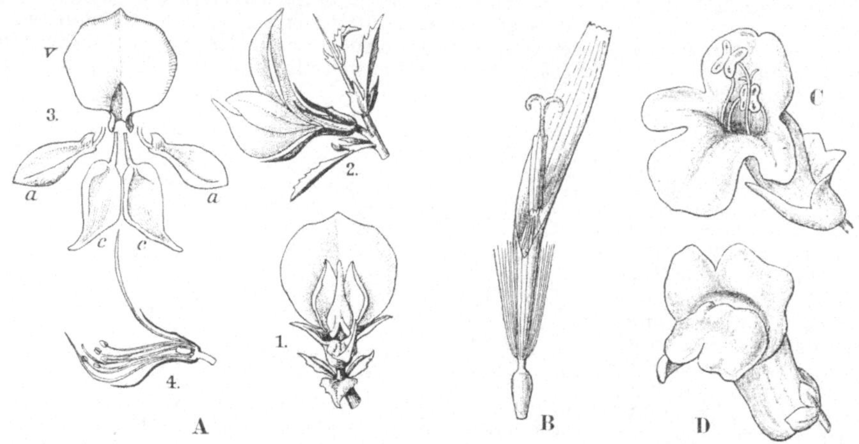

Abb. 88. **A** Schmetterlingsblüte. 1 von vorne, 2 von der Seite gesehen; 3 die einzelnen Kronblätter: *v* Fahne, *a* die Flügel, *c* die das Schiffchen bildenden beiden vorderen Kronblätter. **B** Zungenblüte des Löwenzahn. *C* Lippenblüte der Zitronenmelisse. **D** maskierte Lippenblüte des Löwenmaul.

Lappen, welcher hier von zwei Kronblättern gebildet wird, heißt Oberlippe; der vordere, an dessen Bildung drei Kronblätter teilnehmen, heißt Unterlippe. Wenn die Unterlippe eine blasenartige Vorwölbung besitzt, die den Schlund der Kronröhre verschließt, so wird die Krone als **maskiert** oder **personat** bezeichnet (Abb. 88 D). Unregelmäßigkeit der Krone kann auch dadurch zustande kommen, daß einzelne Kronblätter in der Entwicklung zurückbleiben oder gänzlich unterdrückt werden. An dieses Vorkommen schließen sich endlich Fälle an, in denen die Krone vollständig fehlt.

Abgesehen davon, daß die Blumenkrone an der geöffneten Blüte die Staub- und Fruchtblätter gegen Unwetter schützt und unnütze, auf Honig- oder Pollenraub ausgehende Insekten am Besuch der Blüte hindert, dient dieselbe in den meisten Fällen noch zur Beförderung der Fortpflanzung, indem sie durch Größe, Gestalt und Färbung die Aufmerksamkeit derjenigen honig- oder pollensammelnden Insekten erregt, welche die Übertragung des Blütenstaubes von Blüte zu Blüte bewirken, und indem sie durch die Form und Stellung ihrer Teile diese nützlichen Besucher zu Bewegungen und Körperstellungen nötigt, durch welche die unfreiwillige Aufnahme und Wiederabgabe von Blütenstaub bewirkt wird.

Ist die Blütenhülle ein Perigon, ist also kein Unterschied zwischen den einzelnen Blättern vorhanden, so können die letzteren in Form und Ausbildung entweder alle kelchartig (calycinisch) oder alle kronartig (corollinisch) sein. Bei einigen Pflanzen findet unter den spiralig angeordneten Blättern der Blütenhülle ein ganz allmählicher Übergang von calycinischen zu corollinischen Blättern statt. Seitliche Verwachsung der Perigonblätter zu einem röhren- oder glockenförmigen Gebilde ist nicht selten, selbst wenn dieselben in zwei alternierenden Kreisen angeordnet sind; so wird z. B. die sechszipfelige Perigonröhre der Hyazinthe von zwei alternierenden, dreigliedrigen Blattkreisen gebildet. Das Perigon besitzt zuweilen auch dorsiventrale Ausbildung oder ist selbst gänzlich unsymmetrisch gebaut.

Das Androeceum. Die Staubblätter sind diejenigen Blütenteile, welche in ihrer Form und Ausbildung im allgemeinen am wenigsten ihre Blattnatur verraten. Man unterscheidet an denselben das dem Blattstiel entsprechende Filament und das der Blattfläche entsprechende Connektiv. Das **Filament**

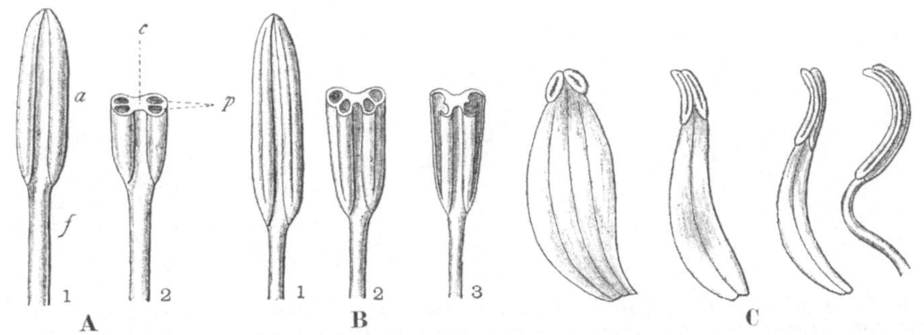

Abb. 89. **A₁** und **B₁** Staubblätter mit verschiedener Anordnung der Antherenhälften. *f* Filament, *a* Anthere, **A₂** und **B₂** dieselben mit durchschnittener Anthere. *c* Connektiv, *p* Pollensäcke. **B₃** Staubblatt nach der Öffnung der Antherenfächer quer durchschnitten. Je zwei Pollensäcke bilden ein Pollenfach. **C** verschieden geformte Staubblätter aus einer Blüte der Wasserrose.

ist gewöhnlich einfach faden- oder stabförmig, nur bei wenigen Pflanzen verzweigt oder blattartig verbreitert. Letzteres ist z. B. bei den meisten Wasserrosen der Fall, wo sich alle Übergänge zwischen kronblattartigen und fadenförmigen Filamenten finden (Abb. 89 C).

Das **Connektiv** ist gewöhnlich ein schmaler Gewebekörper, der die Pollensäcke trägt. Die Gesamtheit der Pollensäcke bildet die Anthere. Meist sind an jeder Seite des Connektivs zwei Pollensäcke zu einer Antherenhälfte vereinigt (Abb. 89). Die Eröffnung der Antheren erfolgt bisweilen durch aufspringende Klappen oder Poren, meistens aber durch einen Längsriß in jeder Antherenhälfte derart, daß die beiden Pollensäcke sich gemeinsam als ein einziges Pollenfach (Theca) öffnen (Abb. 89 B₃).

Die Lage der Eröffnungsstelle sowie die Gestalt des Staubblattes und die Anordnung seiner Teile stehen in Beziehung zu der Art der Pollenübertragung. So sind z. B. in der Blüte vieler Orchideen (Abb. 90 A, B) die Pollenmassen am unteren Ende der Antheren mit einem Klebscheibchen versehen, welches so angebracht ist, daß die Insekten, die den Honigsaft suchen, es mit ihrem Kopf berühren müssen. Die Pollenmassen werden dadurch an dem Kopf des Insekts festgeheftet und so zu anderen Blüten transportiert. Die Staubblätter des Wiesensalbei (Abb. 90 c) besitzen nur ein kurzes Filament (*f*). Das Connektiv ist dagegen zu einem langen, bogenförmig gekrümmten Stab ausgewachsen, welcher an dem oberen Ende eine Antherenhälfte (*a*) trägt. Das untere Ende ist zu einer gekrümmten

Platte (p) verbreitert, die den Eingang in den Röhrenteil der Blumenkrone verschließt. Das ganze Connektiv ist um seine Anheftungsstelle am Filament leicht drehbar. Schiebt eine Hummel ihren Rüssel in den Schlund der Blüte, so wird die Platte am Connektiv nach hinten gedrückt. Infolgedessen tritt der obere Teil des Connektivs unter der Oberlippe hervor und das an der Vorderseite durch einen Längsriß geöffnete Pollenfach berührt den behaarten Rücken des Insekts und beladet denselben mit Blütenstaub.

Bei einigen Pflanzen sind die Pollensäcke an den vier Kanten des Connektivs, zwei schräg nach innen und zwei schräg nach außen angeordnet, wie es Abb. 89 A zeigt. Oftmals sind dieselben durch das Wachstum des Connektivs alle nach der Innenseite oder nach der Außenseite des Staubblattes hin verschoben (Abb. 89 B); im ersteren Falle werden die Staubblätter als innenwendig, **intrors,** im letzteren als außenwendig, **extrors,** bezeichnet. Im Blütendiagramm läßt sich die Stellung der Pollensäcke an den Staubblättern durch die Form des

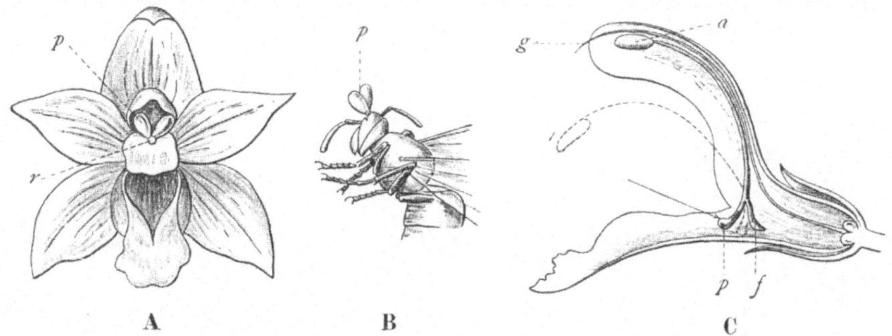

A   B   C

Abb. 90. **A** Blüte von Epipactis von vorne gesehen. p Pollen, r Klebscheibe. **B** Vorderleib einer Wespe mit den auf der Stirne festgeklebten Pollenmassen p. **C** Längsschnitt der Blüte des Wiesensalbei, f Filament des Staubfadens, a Antherenhälfte, p Platte am Connektiv, g der noch nicht völlig entwickelte Griffel. Der Pfeil deutet die Richtung an, in welcher die Platte durch den Rüssel der Insekten verschoben wird. Die punktierte Linie zeigt die Stellung des Staubblattes beim Insektenbesuch.

Antherenzeichens leicht ausdrücken; so sind in dem Diagramm in Abb. 84 A die Staubblätter extrors, in Abb. 84 B intrors.

Der in den Antherenfächern enthaltene Blütenstaub besteht aus mikroskopisch kleinen, kugelförmigen, eiförmigen oder eckigen Körperchen, den **Pollenkörnern** (Abb. 91). Bei Pflanzen, deren Blütenstaub durch den Wind verbreitet wird, sind die Pollenkörner trocken, staubartig und mit glatter Oberfläche versehen. Bei Pflanzen dagegen, deren Blütenstaub durch Insekten von Blüte zu Blüte übertragen wird, sind die Pollenkörner klebrig und an ihrer Oberfläche mit Höckern, Stacheln und anderen Vorsprüngen besetzt, welche das Haften am Insektenkörper erleichtern. Die Pollenkörner des Seegrases (Zostera marina), welche durch Wasserströmungen zu den weiblichen Blüten geführt werden, sind eigentümlich fadenförmig gestreckt. Gewöhnlich trennen sich die Pollenkörner bei der Reife leicht voneinander; selten bleiben sie zu vier in sog. Tetraden oder zu mehreren miteinander verbunden; bei Orchideen (Abb. 90 A, B) und Asklepiadeen bleiben alle Pollenkörner eines Antherenfaches miteinander in Verbindung und bilden ein Pollinium.

In den Blüten mancher Monokotylen und Dikotylen sind die Staubblätter in zwei Kreisen angeordnet, welche miteinander alternieren und ebenso viele Glieder haben, als die Kreise der Blütenhülle. Die Staubblätter, welche vor den Kelchblättern stehen, werden als Kelchstamina, die vor den Kronblättern stehenden als Kronstamina bezeichnet. Bilden die Kelchstamina den äußeren Kreis, ist also auch zwischen Blütenhülle und Androeceum regelmäßige Alter-

nanz vorhanden, so nennt man die Blüte hinsichtlich der Ausbildung des Androeceums **diplostemōn** (Abb. 92 A). Sind die Kronstamina die äußeren, so wird die Blüte als **obdiplostemōn** (Abb. 92 B) bezeichnet. **Haplostemōn** (Abb. 92 C) sind Blüten, bei denen nur ein Kreis von Staubblättern in regelmäßiger Alternanz mit den Kronblättern vorhanden ist. Häufig sind mehr als zwei Staubblattkreise in

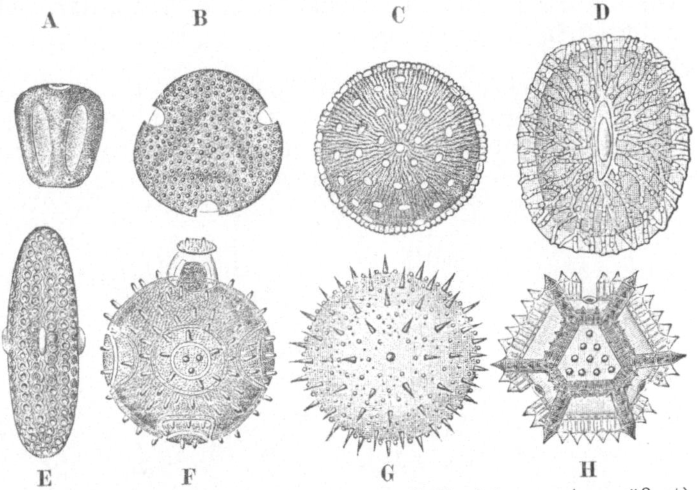

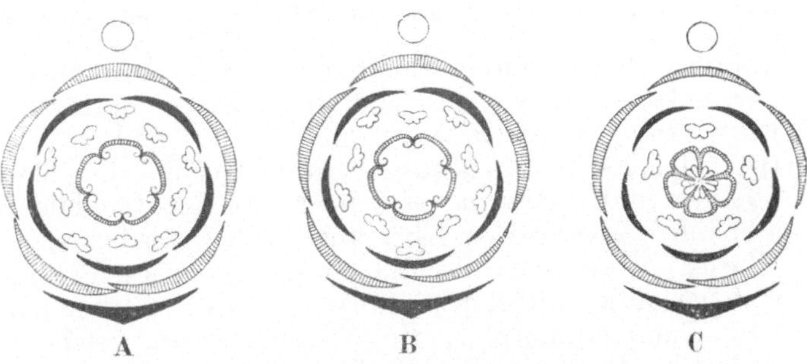

Abb. 91. Verschiedene Formen von Pollenkörnern (vergrößert). **A** von Alopecurus pratensis. **B** von Tilia platyphyllos. **C** von Polemonium coeruleum. **D** von Pelargonium. **E** von Ruella anisophylla. **F** von Cucurbita Pepo. **G** von Althaearosea. **H** von Tragopogon pratensis.

den Blüten vorhanden, oder es treten die Staubblätter in unbestimmter Anzahl in spiraliger Anordnung auf. In anderen Fällen wird die Regelmäßigkeit des Blütenbaues dadurch unterbrochen, daß in den Kreisen des Androeceums

andere Zahlenverhältnisse vorhanden sind als in der Blütenhülle.

Die Staubblätter stehen entweder einzeln frei auf dem Blütenboden oder sie sind an ihrer Basis mehr oder minder weit miteinander gruppenweise oder zu einer Röhre verwachsen.

Abb. 92. Schematische Diagramme: **A** diplostemon. **B** obdiplostemon. **C** haplostemon.

In manchen Blüten entspringen die Staubblätter scheinbar nicht direkt aus der Blütenachse, sondern sie sind auf die Blätter der Blütenhülle hinaufgerückt. Die Entwicklungsgeschichte lehrt, daß meist auch in solchen Fällen die Staubblätter im ersten Stadium frei neben den Primordien der Blätter der Blütenhülle auf der Oberfläche der Blütenachse hervortreten. Indem aber das Gewebe der letzteren an der Insertionszone der Staubblätter nachträglich ein interkalares Wachstum erfährt, wird die Ansatzstelle der Staubblätter verschoben, so daß sie im fertigen Zustande auf den Blütenblättern angeheftet sind (Abb. 93 C).

Auch Verwachsungen zwischen dem Androeceum und Gynaeceum kommen vor. In der Familie der Orchideen sind Staubgefäß und der untere Teil des unterständigen Fruchtknotens zu einer Säule (Gynostemium) verschmolzen (Abb. 93 A).

Die Größe der Staubblätter einer Blüte ist nicht immer die gleiche; in der Familie der Cruciferen sind z. B. vier längere und zwei kürzere Staubblätter vorhanden (Abb. 93 B), bei den meisten Labiaten und bei manchen Skrophulariaceen treffen wir zwei längere und zwei kürzere Staubblätter an (Abb. 93 C).

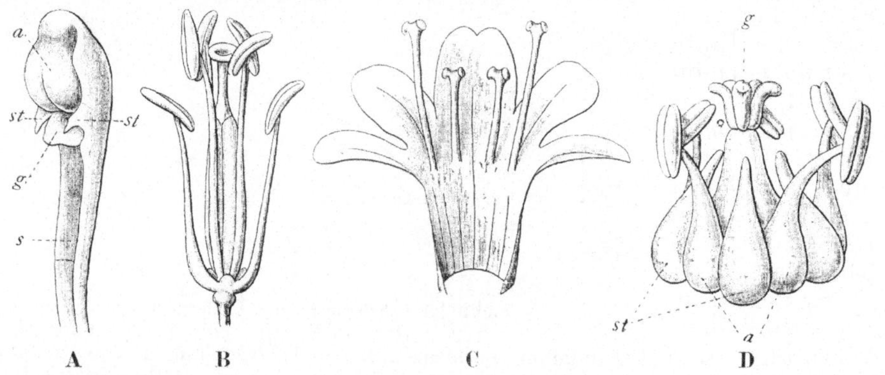

Abb. 93. **A** Gynostemium von Vanilla planifolia. *s* der durch Verwachsung des Androeceums mit dem Griffel entstandene säulenförmige Teil, *a* Anthere des einzigen fruchtbaren Staubblattes, *st* zwei Staminodien, *g* der obere freie Teil des Gynaeceums. **B** Blüte einer Crucifere nach Entfernung der Blütenhülle; das Androeceum besteht aus zwei kürzeren und vier längeren Staubblättern. **C** aufgeschnittene Blumenkrone einer Labiate; die Staubblätter sind eine Strecke weit mit der Blumenkrone verwachsen. **D** innere Blütenteile von Erodium cicutarium. *a* Staubblätter, *st* Staminodien, *g* Gynaeceum (vergrößert).

Formverschiedenheiten innerhalb desselben Androeceums kommen seltener vor und beruhen meistens darauf, daß einzelne Staubblätter nicht ihre volle Entwicklung erlangen, indem die Anthere fehlschlägt (Abb. 93 D). Derartige rückgebildete, unfruchtbare Staubblätter werden **Staminodien** genannt. Sie kommen in den verschiedensten Stadien der Rückbildung vor und bilden einen allmählich abgestuften Übergang zu der gänzlichen Unterdrückung einzelner Glieder des Androeceums und endlich zu der Ausbildung rein weiblicher Blüten, in denen oft kein Rest des Androeceums mehr vorhanden ist. In einzelnen Fällen trifft man metamorphosierte Staubblätter an, welche Form und Funktion verändert haben. So sind z. B. die äußeren Staubblätter bei Anemone Pulsatilla zu Nektardrüsen umgewandelt.

Das Gynaeceum. Das Gynaeceum schließt die Blüte ab; Fruchtblätter sind normalerweise die letzten seitlichen Organe, welche von dem Vegetationspunkt der Blütenachse aus gegliedert werden. Die Zahl der Fruchtblätter, welche zur Bildung des Gynaeceums zusammentreten, wechselt bei den verschiedenen Pflanzengruppen innerhalb weiter Grenzen. Häufig ist das Gynaeceum einfrüchtig, d. h. es ist nur ein einziger Fruchtknoten vorhanden. Derselbe kann einteilig sein oder aus mehreren Fruchtblättern bestehen; in letzterem Falle nennt man das Gynaeceum synkarp (Abb. 94 A, B, C). Wenn dagegen mehrere

Fruchtblätter in der Blüte jedes für sich einen einzelnen Fruchtknoten bilden, so ist das Gynaeceum mehrfrüchtig (apokarp) (Abb. 94 D).

Der **Fruchtknoten** ist in allen Fällen ein kapselartiges Gehäuse, in dessen Höhlung die Samenanlagen verborgen sind. Am oberen Teil des Fruchtknotens befindet sich die **Narbe.** Dieselbe stellt eine Einrichtung zum Auffangen und Festhalten der Pollenkörner dar. Sie besteht bei den Blüten, welche durch Insekten bestäubt werden, meistens aus einem mit zarten Wärzchen bedeckten Gewebepolster mit klebriger Oberfläche, während die Narben der Pflanzen, deren Blütenstaub durch den Wind übertragen wird, durch reichliche Federbusch- oder sprengwedelartige Verzweigung zum Auffangen der vom Wind

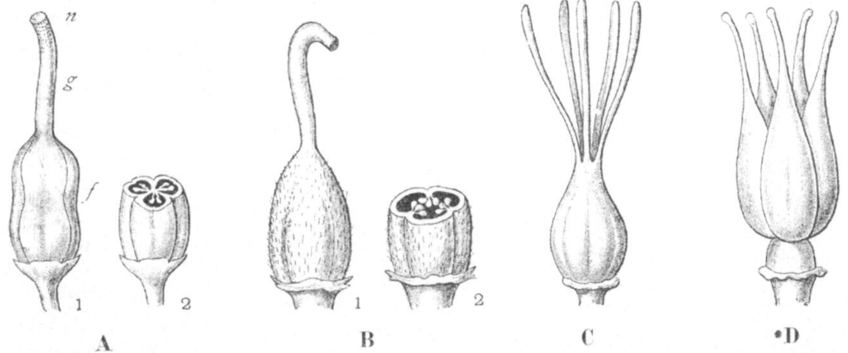

Abb. 94. **A** 1 synkarpes Gynaeceum der Meerzwiebel. *f* der dreiteilige Fruchtknoten, *g* der Griffel, *n* die Narbe. 2 der querdurchschnittene dreifächerige Fruchtknoten mit zentralwinkelständiger Placentation. **B** 1 synkarpes Gynaeceum des Veilchen mit dreiteiligem Fruchtknoten. 2 der querdurchschnittene einfächerige Fruchtknoten mit parietaler Placentation. **C** synkarpes Gynaeceum des Lein mit fünfteiligem Fruchtknoten und fünf freien Griffeln. **D** apokarpes Gynaeceum der Christrose.

zugeführten Pollenkörner geeignet sind. Bisweilen ist der obere Teil der Fruchtblätter zu einem säulenförmigen Gebilde, dem **Griffel,** ausgewachsen, von welchem die Narbe über den Fruchtknoten emporgehoben und in eine für die Aufnahme des Blütenstaubes günstige Lage gebracht wird. An mehrteiligen Fruchtknoten sind häufig ebensoviel Griffel als Karpelle vorhanden, doch sind auch oft die oberen Teile aller Karpelle zu einem einzigen Griffel verwachsen, und Übergangsstadien mit nur teilweise, mehr oder minder weit verwachsenen Griffeln sind gleichfalls nicht selten (Abb. 94).

Das Innere des Fruchtknotens stellt häufig einen einzigen Hohlraum dar; der Fruchtknoten ist einfächerig (Abb. 94 **B**). Indem aber die verwachsenen Ränder der Fruchtblätter in den Innenraum vorspringen, wird der Hohlraum gekammert, und wenn die eingeschlagenen Ränder der Fruchtblätter in ihrer ganzen Länge bis in die Mitte des Hohlraumes vorspringen und dort miteinander verwachsen sind, so daß der Hohlraum in mehrere völlig getrennte Fächer geteilt wird, so wird der Fruchtknoten mehrfächerig genannt (Abb. 94 **A**).

Auf den Fruchtblättern stehen im Innern des Fruchtknotens die Samenanlagen. Bisweilen ist nur eine einzige Samenanlage im Fruchtknoten vorhanden, häufig finden sich mehrere, oft außerordentlich viele. Der Teil der Fruchtblätter, an welchem die Samenanlagen angeheftet sind, wird **Placenta** genannt.

Gewöhnlich bildet der als leistenförmiges Gewebepolster hervortretende Blattrand die Placenta. In den einteiligen Fruchtknoten stehen die Samenanlagen meistens an der als Bauchnaht bezeichneten Verwachsungsstelle der Blattränder. Auch in mehrteiligen einfächerigen Fruchtknoten sind meist die Samenanlagen an der Fruchtknotenwand längs der Verwachsungsnähte angeordnet; man bezeichnet diese Stellung als wandständige (parietale)Placentation. Bisweilen stehen in einfächerigen Fruchtknoten die Samenanlagen direkt im Grunde der Höhlung oder auf einer zapfenförmig aus dem Grunde der Fruchtknotenhöhlung sich frei erhebenden Zentralplacenta, so daß der Eindruck erweckt wird, als seien sie direkt auf der Blütenachse eingefügt. Wie die Entwicklungsgeschichte lehrt, handelt es sich indes in diesen Fällen nur um eine teilweise Verwachsung des Gewebes der Fruchtblätter mit der Blütenachse. Die Stellung der Samenanlagen wird in diesen Fällen als zentrale Placentation bezeichnet. In den mehrfächerigen Fruchtknoten, in welchen die Ränder der Fruchtblätter bis in die Mitte des Fruchtknotens eingeschlagen und miteinander verwachsen sind, stehen die Samenanlagen auf den randständigen Placenten der Achse des Fruchtknotens genähert; man bezeichnet diese Stellung als axile oder zentralwinkelständige Placentation. Nur bei wenigen Pflanzen stehen die Samenanlagen statt an den Rändern der Fruchtblätter über die ganze innere Fläche derselben verteilt.

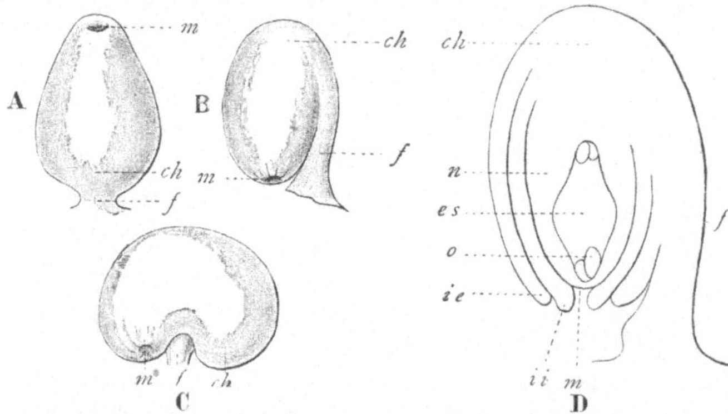

Abb. 95. **A** atrope Samenanlage. **B** anatrope Samenanlage. **C** kampylotrope Samenanlage (stark vergrößert). **D** schematischer Längsschnitt einer Samenanlage. *f* Funiculus. *ch* Chalaza. *m* Mikropyle. *ie* äußeres, *ii* inneres Integument. *n* Nucellus. *es* Embryosack. *o* Eizelle.

Der wichtigste Teil der **Samenanlage** ist der Samenknospenkern oder Nucellus mit dem Embryosack, welcher die Eizelle einschließt. Der Nucellus stellt einen rundlichen Gewebekörper dar; er wird von einer oder zwei enganliegenden Hüllen, den Integumenten, umgeben. Die Integumente lassen nur eine kleine Zugangsöffnung zu dem Nucellus, die Mikropyle frei. Das der Mikropyle gegenüberliegende Ende des Nucellus wird Chalaza genannt (Abb. 95 **D**).

Die Samenanlage wird durch einen kurzen, als Nabelstrang (Funiculus) bezeichneten Stiel an der Fruchtknotenwand befestigt. Man unterscheidet drei verschiedene Formen der Samenanlage (Abb. 95), zwischen denen es nicht an Übergängen fehlt: die gerade oder atrope Samenanlage ist am Chalaza-Ende gestielt, die Mikropyle ist von der Anheftungsstelle abgewendet; die umgewendete oder anatrope Samenanlage ist seitlich am Funiculus angewachsen und so gerichtet, daß die Mikropyle nach der Ansatzstelle des Stieles gewendet ist; die gekrümmte oder kampylotrope Samenanlage ist gebogen und schief am Stiel befestigt. Bezüglich ihrer Lage in dem Fruchtknotenfach werden die Samenanlagen als hängend oder aufrecht bezeichnet, je nachdem sich ihr Körper in dem aufrecht gedachten Fruchtknoten unter oder über der Anheftungsstelle befindet. Die verschiedenen Formen und Stellungen der Samenanlagen werden in der beschreibenden Botanik häufig mit zur Charakteristik von Pflanzengruppen verwendet.

Die Hochblätter. Die Deckblätter und die Vorblätter unterscheiden sich meistens durch ihre geringere Größe von den Laubblättern, in manchen Fällen sind sie zu kleinen Schüppchen reduziert, oft fehlen sie gänzlich. Bisweilen sind die Laubblätter laubblattartig, bisweilen aber ist ihre Form, Farbe und anatomische Beschaffenheit wesentlich verändert. So sind z. B. bei einigen einheimischen Arten des Wachtelweizens, Melampyrum nemorosum, arvense und cristatum, ferner bei Ajuga pyramidalis, Salvia Sclarea u. a. die Deckblätter schön blau oder rot gefärbt; sie bilden einen Schauapparat, durch den Insekten als Vermittler der Blütenbestäubung angelockt werden. Auch die Spatha, das weiße Blatt unterhalb des Blütenstandes der unter dem Namen Kalla als Zierpflanze allgemein bekannten Richardia aethiopica, ist ein solches blumenblattartig ausgebildetes Hochblatt (Abb. 96 A).

Die Vorblätter sind meist durch ein Internodium der Blütenachse von der Blütenhülle getrennt; nur bei wenigen Pflanzen sind sie so nahe an die Blüte herangerückt, daß sie fast als Teile der Blütenhülle erscheinen. Das ist z. B.

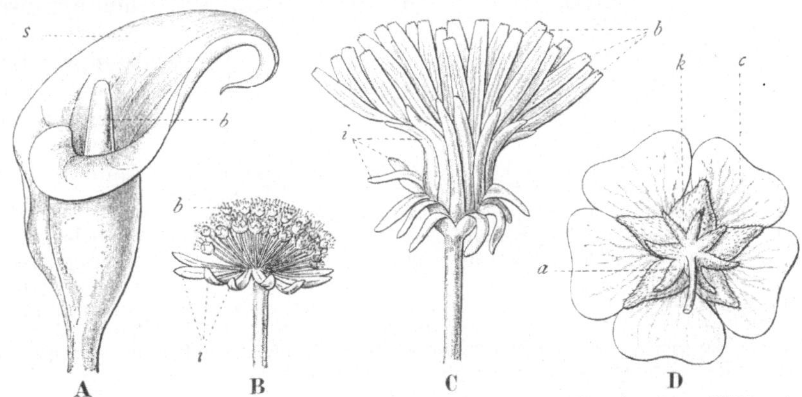

A   B   C   D

Abb. 96. **A** Blütensproß der Kalla (¹/₃). *s* die Spatha, *b* der die einzelnen Blüten tragende Kolben (Spadix). **B** Blütendolde von Astrantia major, *b* Einzelblüten. *i* das Involucrum. **C** Blütenköpfchen des Löwenzahn, *b* Einzelblüten, *i* das Involucrum. **D** Blüte von Althaea rosea von unten gesehen, *a* Außenkelch, *k* Kelch, *c* Krone.

der Fall bei den drei grünen Hochblättern des Leberblümchens, Hepatica triloba; auch bei den Malvaceen treten die Hochblätter unterhalb des eigentlichen Kelches zu einer verwachsenblättrigen Hülle zusammen, welche als Außenkelch (Involucrum) bezeichnet wird (Fig. 96 D). Bei der Buche, dem Haselstrauch u. a. m. bilden die Hochblätter schützende Hüllen für die einfach gebauten weiblichen Blüten. Nach dem Verblühen derselben beteiligen sie sich an der Fruchtbildung: sie bilden eine Fruchthülle (Cupula), welche die Früchte mehr oder minder weit umschließt.

Bei den Compositen sind die Blüten in größerer Anzahl zu köpfchenförmigen Blütenständen vereinigt; unterhalb jedes Köpfchens ist ein vielblättriges Involucrum von Hochblättern vorhanden (Abb. 96 C). Ebenso findet sich bei den Blütendolden vieler Umbelliferen ein Involucrum an der Ursprungsstelle der Doldenstrahlen (Abb. 96 B).

3. Blütenstände.

Bei einigen Pflanzen stehen die Blüten einzeln, bei vielen anderen aber sind mehr oder minder zusammengesetzte Verzweigungssysteme vorhanden, welche nur Blüten tragen und deshalb von dem vegetativen Teil der Pflanze sich auffällig unterscheiden. Sie werden Blütenstände (Inflorescenzen) genannt. Im allgemeinen ist die Sproßverkettung in den Blütenständen dieselbe wie in der vegetativen Region. Wir haben traubige (racemöse) und trugdoldige (cymöse) Blütenstände zu unterscheiden. Bei den traubigen Verzweigungssystemen ist der Hauptsproß am kräftigsten entwickelt und bildet zugleich die formale Achse des ganzen Systems; sein Vegetationspunkt bleibt häufig als solcher erhalten, während der Vegetationspunkt der Seitensprosse zur Blütenbildung verbraucht wird. In den cymösen Verzweigungssystemen wachsen die Seitensprosse über den mit einer Blüte abschließenden Gipfel des Hauptsprosses hinaus.

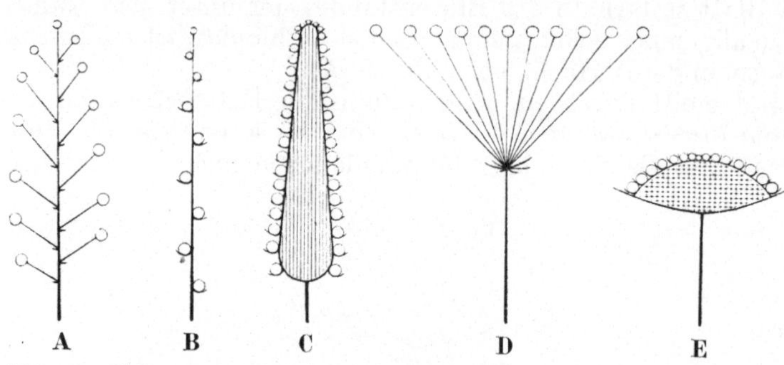

Abb. 97. Schemata einfacher traubiger Blütenstände; die Einzelblüten sind durch kleine Kreise angedeutet. **A** Traube. **B** Ähre. **C** Kolben (Längsschnitt, der angeschwollene Teil der Blütenstandsachse ist schraffiert). **D** Dolde. **E** Köpfchen (Längsschnitt, der verbreiterte Teil der Achse ist punktiert).

Durch verschiedenartige Ausbildung der Hauptachse und durch die Zahl und Stellung der Seitenachsen bekommen manche Blütenstände ein besonderes typisches Aussehen und sind deshalb mit besonderen Namen bezeichnet. Die wichtigsten derselben sind in der nachfolgenden Tabelle zusammengestellt und durch die Schemata in Abb. 97, 98 und 99 erläutert:

a) Traubige Blütenstände.

I. Die Hauptachse des Blütenstandes ist verlängert.
  1. Die seitlichen Blüten sind mehr oder weniger lang gestielt: die *Traube* (Abb. 97 **A**).
  2. Die seitlichen Blüten sind ungestielt:
     a) Die Hauptachse (Spindel) ist nicht fleischig: die *Ähre* (Abb. 97 **B**). Ährenförmige Blütenstände mit schlaffer, nach abwärts hängender Spindel werden *Kätzchen* genannt;
     b) die Spindel ist fleischig verdickt: der *Kolben* (Abb. 97 **C**).
II. Die Hauptachse des Blütenstandes ist stark verkürzt.
  1. Die deutlich gestielten Blüten entspringen scheinbar am Ende der Hauptachse aus einem Punkt: die *Dolde* (Abb. 97 **D**).
  2. Die ungestielten Blüten entspringen dichtgedrängt auf der Oberfläche der verbreiterten Hauptachse: das *Köpfchen* (Abb. 97 **E**).

Wenn sich die an der Hauptachse des Blütenstandes entspringenden Seitenachsen noch weiter verzweigen, so entstehen zusammengesetzte Blütenstände. Häufiger kommen vor: die zusammengesetzte **Traube** oder **Rispe,** bei welcher

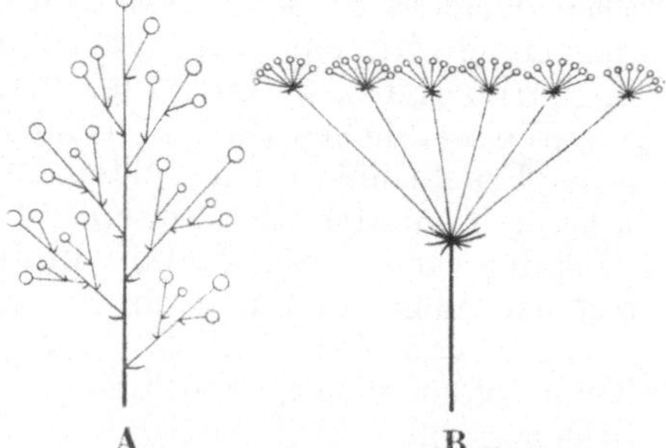

Abb. 98. **A** Schema der Rispe. **B** Schema der zusammengesetzten Dolde.

die Äste einer einfachen Traube wieder racemös verzweigt sind (Abb. 98 **A**) und die zusammengesetzte **Dolde,** eine Dolde, deren Strahlen statt mit einer einzelnen Blüte mit einem Döldchen abschließen (Abb. 98 **B**).

b) Trugdoldige Blütenstände.

1. Unter der Sproßspitze entspringt je ein Seitenast: das *Monochasium* oder *Sympodium* (Abb. 99 A bis D).

   a) Die aufeinanderfolgenden Seitensprosse stehen alle an derselben Seite der Abstammungsachse: die *Schraubel* (Abb. 99 A und B).

     Liegen alle Seitensprosse genau in derselben Ebene, so wird die Verzweigungsart als *Sichel* (Abb. 99 A) bezeichnet, stellen sich die Seitensprosse in die Verlängerung der Abstammungsachse, so entsteht ein *Schraubelsympodium* (Abb. 99 B).

   b) Die Seitensprosse stehen abwechselnd an verschiedenen Seiten: die *Wickel* (Abb. 99 C und D).

     Liegen alle Wickeläste in derselben Ebene, so entsteht eine *Fächel* (Abb. 99 C), stehen die Sprosse höherer Ordnung in der Verlängerung der Abstammungsachse, so daß eine gerade Scheinachse entsteht, so wird die Wickel als *Wickelsympodium* bezeichnet (Abb. 99 D).

2. Unter der Sproßspitze entspringen je zwei gegenüberstehende Seitensprosse: das *Dichasium* (Abb. 99 E).

3. Unter der Sproßspitze stehen je drei oder mehr Seitensprosse: das *Pleiochasium* (Abb. 99 F).

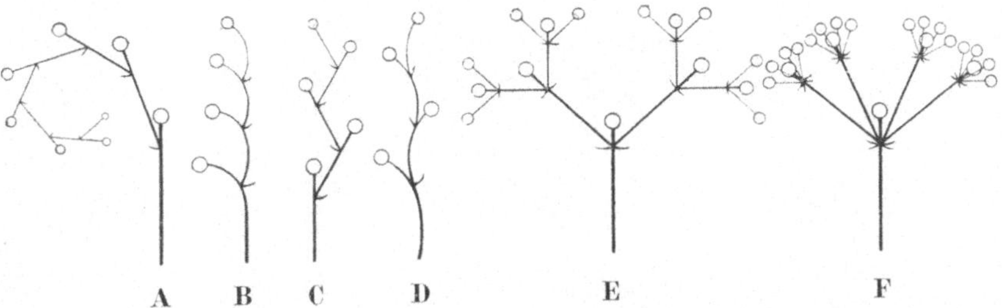

Abb. 99. Schema der trugdoldigen Verzweigung. **A** Schraubel und Sichel. **B** Schraubelsympodium. **C** Wickel und Fächel. **D** Wickelsympodium. **E** Dichasium. **F** Pleiochasium.

4. Die Beziehungen zwischen dem Blütenbau und der Blütenbestäubung.

Der Befruchtungsvorgang wird in der Blüte dadurch eingeleitet, daß ein auf die Narbe gelangtes Pollenkorn einen Pollenschlauch treibt, welcher in den Fruchtknoten hinein und bis zur Samenanlage vordringt. Die Blütenbestäubung, d. i. die Übertragung des Blütenstaubes aus den Pollensäcken auf die Narbe des Fruchtknotens, kann in verschiedener Weise erfolgen. Entweder wird die Befruchtung durch Selbstbestäubung, d. i durch die Bestäubung der Narbe mit dem Pollen der gleichen Blüte, angebahnt (Selbstbefruchtung), oder es tritt Fremdbestäubung ein, indem der Pollen einer Blüte auf die Narbe einer anderen Blüte der gleichen Art übertragen wird.

Abgesehen von wenigen Wasserpflanzen, in denen die Bewegung des Wassers den Transport der Pollenkörner vermittelt, kommen als Vermittler der Fremdbestäubung Wind und Tiere, und unter letzteren hauptsächlich die Insekten, viel seltener Schnecken, Vögel oder Fledermäuse in Betracht. Anordnung der männlichen Blüten in hängenden, leichtbeweglichen Kätzchen wie beim Haselstrauch, langfädige, hängende Staubblätter wie bei den Gräsern, explosionsartig sich öffnende Antheren wie bei der Nessel vermitteln bei windblütigen Pflanzen die Abgabe des Blütenstaubes an den Wind. Die insektenblütigen Pflanzen tragen meistens durch Gestalt, Farbe oder Geruch auffällige Blüten, in denen reiche Pollenmassen oder abgesonderter Nektar die Bestäubungsvermittler zum Besuch der Blüten veranlassen.

Die zur Samenbildung führende Fremdbestäubung zwischen den Blüten desselben Pflanzenindividuums wird als Nachbarbefruchtung (Geitonogamie) von der als Kreuzbefruchtung oder Kreuzung bezeichneten erfolgreichen Fremdbestäubung zwischen den Blüten verschiedener Pflanzenstöcke derselben Art unterschieden. Eine die Befruchtung bewirkende Fremdbestäubung zwischen den Blüten verschiedener Pflanzenarten, die ausnahmsweise in der Natur vorkommen oder durch das Experiment herbeigeführt werden kann, wird Bastardierung oder Hybridation genannt.

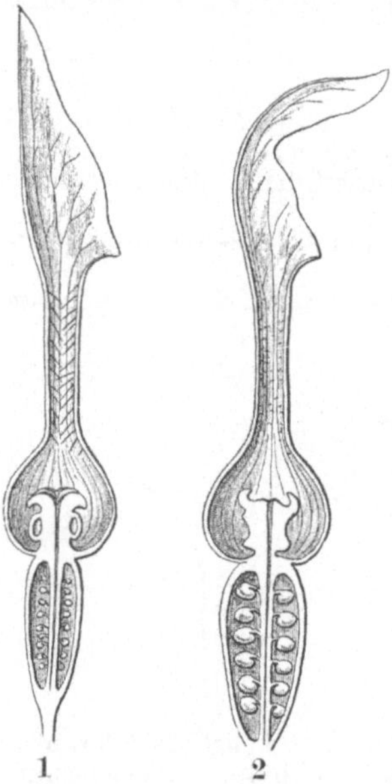

Zahlreiche Einrichtungen im Bau und in der Anordnung der Blüten und ihrer Teile dienen dazu, die Kreuzung oder überhaupt die Fremdbestäubung zu sichern. Dahin gehört vor allen Dingen die Verteilung der weiblichen und männlichen Blütenorgane auf verschiedene Blüten (Diklinie) oder selbst auf verschiedene Individuen (Dioecie). In Zwitterblüten sind häufig die Narben und Antheren so angeordnet, daß im normalen Verlauf der Dinge die Pollen überhaupt nicht auf die Narbe derselben Blüte gelangen kann. Sehr oft entwickeln sich ferner in den Zwitterblüten die männlichen und die weiblichen Geschlechtsorgane zu verschiedenen Zeiten. Man bezeichnet dieses Verältnis als Dichogamie; die Blüten sind dann entweder protandrisch oder protogyn.

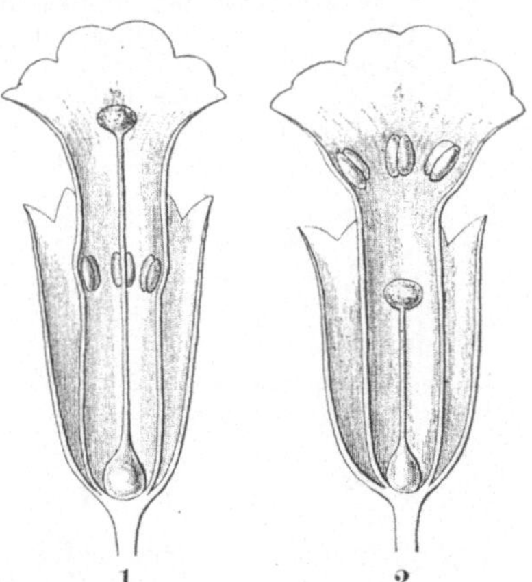

Abb. 100. Längsschnitt der protogynen Blüte von Aristolochia Clematitis. 1 weibliches, 2 männliches Stadium.

Abb. 101. Längsschnitt heterostyler Blüten von Primula officinalis. 1 langgrifflige, 2 kurzgrifflige Form.

In protandrischen Blüten, für welche die auf S. 59 beschriebene und in Abb. 90 C abgebildete Blüte von Salvia als Beispiel dienen kann, wird der Pollen schon gereift abgegeben, bevor die Narbe des Fruchtknotens empfängnisfähig geworden ist. Die protogynen Blüten entwickeln die Narbe des Griffels vor der Pollenreife; als Beispiel möge die in Abb. 100 abgebildete Blüte von Aristolochia Clematitis dienen. Die verwachsenblättrige Blütenhülle ist unten kesselförmig erweitert, darüber bildet sie eine enge Röhre, welche am oberen Rande in einen zungenförmigen Lappen ausläuft. An der Innenwand entspringen zahlreiche rückwärts gerichtete Haare. Von den inneren Blütenteilen entwickelt sich zuerst die Narbe; sie ist bereits empfängnisfähig, wenn die junge Blüte sich öffnet. Wenn Fliegen, welche mit Pollen aus einer älteren Blüte beladen sind, in die soeben geöffnete Blüte eindringen, so wird ihnen der Weg zu dem Blütenkessel durch die nach innen biegsamen Haare in der Röhre nicht versperrt, wohl aber verhindert der Haarbesatz die Insekten, auf dem gleichen Wege die Blüte zu verlassen. Die Tiere sind für einige Zeit gefangen; bei ihren Bewegungen im Innern der Blüte kommen sie mit der Narbe in Berührung und geben von dem mitgebrachten Pollen an dieselbe ab. Nach der Bestäubung rollen sich die Narbenlappen nach oben ein und die unter denselben der Griffelsäule angewachsenen Staubbeutel öffnen sich, um den reifen Pollen zu entlassen. Bei ihren Befreiungsversuchen werden die Insekten reichlich mit dem neuen Pollen bepudert, bis endlich die Haare in der Schlundröhre verdorren und den Insekten den Ausweg frei geben. Kaum aus dem Gefängnis befreit, dringen die Fliegen aufs neue in frischgeöffnete Blüten ein, in denen sich dann dasselbe Spiel wiederholt.

Bei einigen Pflanzenarten ist das Längenverhältnis zwischen Staubblättern und Griffeln der Blüten nicht an allen Exemplaren das gleiche. Neben Pflanzen, in deren Blüten die Griffel die Staubfäden überragen, stehen andere derselben Art, in deren Blüten die Narbe der Griffel tiefer steht als die Antheren. Diese als Heterostylie bezeichnete Eigentümlichkeit der Arten ist gleichfalls als ein Mittel anzusehen, welches zur Kreuzbefruchtung führt. Ein Beispiel aus der heimischen Flora möge das Verhältnis klarlegen. In Abb. 101 sind zwei Blüten von Primula officinalis im Längsschnitt dargestellt, von denen die eine langgrifflig, die andere kurzgrifflig ist. Die Antheren stehen bei der ersteren tief im Grunde, bei der letzteren dem oberen Rande der Kronröhre genähert. Ein Insekt, welches seinen Rüssel in eine kurzgrifflige Blüte einführt, wird von den am Schlunde der Blüte stehenden Antheren nur ganz oben mit Pollen beladen. Besucht das Insekt auch fernerhin kurzgrifflige Blüten, so kommt der aufgeladene Pollen niemals mit den tiefstehenden Narben in Berührung. Wohl aber findet die Bestäubung statt, sobald das Insekt zu einer langgrifflige Blüte kommt. Umgekehrt findet auch der aus einer langgrifflige Blüte aufgenommene Pollen nur für die Befruchtung einer kurzgrifflige Blüte Verwendung.

Endlich sei von den Einrichtungen zur Sicherung der Kreuzbefruchtung noch die Selbststerilität mancher Blüten erwähnt. Wenn in selbsterilen Blüten auch der Pollen der eigenen Staubblätter auf die Narbe gelangt, so tritt dennoch keine Befruchtung ein, bisweilen keimen die eigenen Pollenkörner auf der Narbe überhaupt nicht. Sobald aber Pollen aus einer anderen Blüte derselben Art auf die Narbe gelangt, tritt regelrechte Keimung der Pollenkörner und Befruchtung ein.

Die mannigfaltigen Einrichtungen zur Sicherung der Kreuzbefruchtung lassen erkennen, daß dieser Vorgang für viele Gewächse von Wichtigkeit ist, unumgänglich nötig aber ist die Kreuzbefruchtung zur Ausbildung entwicklungsfähiger Samen nur in wenigen Fällen. Bei vielen Blüten tritt Selbstbefruchtung ein, wenn die Kreuzbefruchtung ausgeblieben ist, und für manche Blüten ist sogar die Selbstbefruchtung die Regel. So finden sich z. B. bei einigen Veilchenarten, bei Sauerklee und vielen anderen neben den großen, sich öffnenden (chasmogamen) Blüten, welche durch auffällige Färbung, durch Honigabsonderung und durch die Form und Anordnung der Blütenteile als Insektenblüten mit obligatorischer Kreuzbefruchtung erscheinen, kleine unscheinbare Blüten, welche stets geschlossen bleiben und durch Selbstbestäubung zur Fruchtbildung kommen. Diese kleinen Blüten werden **kleistogame Blüten** genannt, ihr Auftreten erweist sich als Folge einer Entwicklungshemmung bei der Blütenbildung.

5. Frucht und Samen.

Die Frucht. Nach der Befruchtung werden Blütenhülle und Staubblätter in der Regel abgeworfen. Der Fruchtknoten aber entwickelt sich zur Frucht. Man unterscheidet an der Frucht die **Fruchtwand (Perikarp),** welche die durch Wachstum veränderte Fruchtknotenwand darstellt, und die **Samen,** welche aus den befruchteten Samenanlagen der Blüten hervorgegangen sind. Man kann nach der Beschaffenheit der Fruchtwand drei verschiedene Fruchtarten unterscheiden. Bei den **Beerenfrüchten** oder saftigen Früchten sind irgendwelche Gewebeschichten der Fruchtwand fleischig-saftig oder breiartig. Unter den Trockenfrüchten, deren Perikarp durchweg haut- oder lederartig oder selbst holzig hart ist, unterscheidet man die **Nußfrüchte** oder **Schließfrüchte,** welche einsamig sind und bei der Reife geschlossen bleiben, und die Kapselfrüchte oder **Springfrüchte,** welche sich zur Aussaat der reifen Samen selbsttätig in bestimmter Weise öffnen.

An dem Perikarp lassen sich drei oft verschieden ausgebildete Gewebeschichten unterscheiden: eine äußere, das Exokarp, eine mittlere, das Mesokarp, und eine innere, das Endokarp. Nach ihrer Ausbildung, nach der Gestalt und Zusammensetzung der Früchte und nach der Art des Aufspringens unterscheidet man verschiedene Fruchtformen, von denen in folgender Tabelle die häufigsten zusammengestellt sind.

I. Trockenfrüchte.
    A. Schließfrüchte oder Nußfrüchte.
        1. Fruchtwand holz- oder lederartig hart: die *Nuß.*
Beispiel: die Haselnuß.

2. Fruchtwand hautartig, nicht von der Samenschale getrennt: die *Schalfrucht* (*Karyopse*). Beispiel: das Weizenkorn.

3. Fruchtwand der aus einem unterständigen Fruchtknoten hervorgegangenen Frucht lederartig, nicht völlig mit dem Samen verwachsen: die *Achäne*. Beispiel: die Früchte der Compositen (Abb. 102, 1)

B. Springfrüchte oder Kapseln.

1. Der Fruchtknoten ist aus einem Fruchtblatt gebildet:

a) die Fruchtwand springt bei der Reife längs der Verwachsungsnaht auf: die *Balgfrucht*; Beispiel: die Frucht des Rittersporns (Abb. 102, 2).

b) die Fruchtwand trennt sich bei der Reife der Länge nach in zwei Klappen, welche den Längshälften des Karpells entsprechen: die *Hülse*. Beispiel: die Frucht der Erbse (Abb. 102, 3).

2. Der Fruchtknoten besteht aus zwei mit den Rändern verwachsenen Fruchtblättern, zwischen denen eine falsche Scheidewand vorhanden ist. Bei der Reife lösen sich die beiden Längshälften der Fruchtwand von einem stehenbleibenden Rahmen (Replum) ab: die *Schote*. Beispiel: die Frucht des Goldlacks [Cheiranthus Cheiri] (Abb. 102, 4)

3. Der Fruchtknoten wird von mehreren Fruchtblättern gebildet:

a) die Öffnung erfolgt durch Längsrisse, entweder längs der Verwachsungsnähte (septicid) oder in der Mitte zwischen denselben (loculicid): die *Kapsel*; Beispiel: die Frucht der Herbstzeitlose (Abb. 102, 5 u. 6).

b) die Öffnung erfolgt quer durch Ablösung eines Deckels: die *Deckelkapsel* (Pyxidium); Beispiel: die Frucht des Bilsenkrautes (Abb. 102, 7 u. 8).

c) die Öffnung erfolgt dadurch, daß einzelne scharf umschriebene Löcher in der Fruchtwand entstehen: die *Porenkapsel*. Beispiel: die Frucht des Mohns (Abb. 102, 9).

II. Saftige Früchte oder Beerenfrüchte:

1. Unter dem hautartigen Epikarp liegt das fleischig saftige Mesokarp. Das Endokarp ist holzartig hart; gewöhnlich ist nur ein einziger, weicher Same vorhanden: die *Steinfrucht*. Beispiel: die Zwetsche (Abb. 102, 10).

2. Das Epikarp bildet eine zähe Haut. Das Meso- und Endokarp bilden ein saftiges Fruchtfleisch oder einen weichen Brei (Pulpa), in welchem die harten Samen meist zu mehreren eingebettet sind: die *Beere*. Beispiel: die Stachelbeere.

Bei einigen Pflanzen gehen aus dem einzelnen Fruchtknoten durch spätere Zerspaltung mehrere samenhaltige Teile hervor, deren jeder scheinbar eine ganze Frucht bildet. Man bezeichnet in diesem Falle das ganze Gebilde als **Spaltfrucht** und die einzelnen Teile desselben als Teilfrucht oder **Merikarpium.**

Ein Beispiel für die Spaltfrucht bieten die Umbelliferen dar, bei denen der unterständige Fruchtknoten, an dessen Ausbildung zwei Karpelle teilnehmen, später in zwei Merikarpien sich spaltet, deren jedes eine Achäne darstellt. Man bezeichnet diese Spaltfrüchte deshalb als **Doppelachänium** (Abb. 105A).

Wenn in einer Blüte mehrere Fruchtknoten vorhanden waren, so gehen aus derselben auch mehrere Früchte hervor; das ganze Gebilde wird als Sammelfrucht **(Synkarpium)** bezeichnet. Die Brombeere ist ein solches Synkarpium aus einzelnen Steinfrüchten (Abb. 103). Bisweilen nimmt außer den Fruchtknoten auch noch die Blütenachse an der Ausbildung eines Synkarpiums teil; es entstehen dann **Scheinfrüchte.** Ein Beispiel bietet die Erdbeere (Abb. 103 B). Der eßbare Teil deselben wird von der fleischig angeschwollenen Blütenachse gebildet, auf deren Oberfläche die kleinen, harten nußartigen Einzelfrüchtchen sitzen. Auch die Hagebutte der Rose ist eine Scheinfrucht. Der rote oder gelbe urnenförmig ausgehöhlte Teil der Blütenachse bildet eine fleischige Hülle um die aus den Fruchtknoten hervorgegangenen nußartigen Einzelfrüchte (Abb. 105 B).

Man darf die Synkarpien, welche aus dem Gynaeceum einer einzigen Blüte hervorgegangen sind, nicht mit den ebenfalls als Scheinfrüchte bezeichneten Fruchtständen verwechseln, an deren Bildung die Gynaeceen mehrerer Blüten und nebenbei oft noch Teile der Blütenstandsachse beteiligt sind. Als typisches Beispiel derartiger Fruchtstände kann die Ananas (Abb. 104A) angeführt werden, bei welcher viele Blüten zu einer Ähre

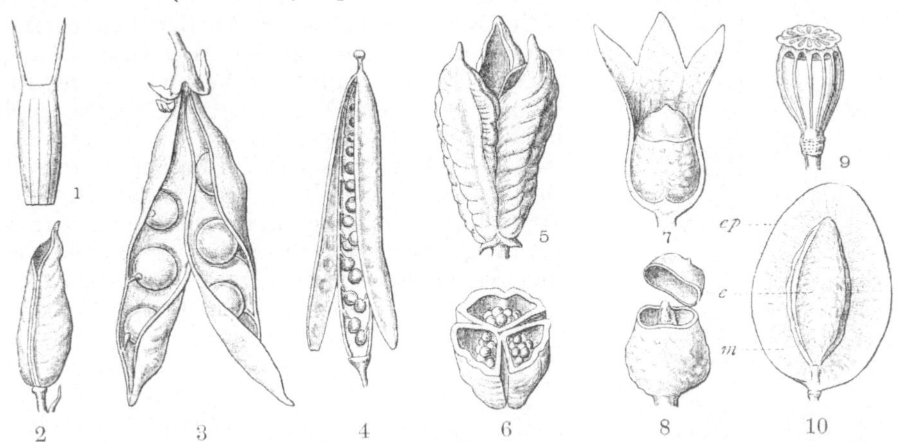

Abb. 102. Verschiedene Fruchtformen (meist nach Bischof). **1** Achäne des Zweizahn. **2** Balgfrucht des Rittersporn. **3** aufgesprungene Hülse der Erbse. **4** aufgesprungene Schote des Goldlack. **5** aufgesprungene Kapsel der Herbstzeitlose. **6** dieselbe quer durchschnitten, um zu zeigen, daß die Kapsel septicid aufspringt. **7** Deckelkapsel des Bilsenkrautes. **8** dieselbe nach dem Aufspringen. **9** Porenkapsel des Mohn. **10** Steinfrucht des Zwetschenbaumes: das hautartige Epikarp *ep* und das fleischige Mesokarp *m* sind in der vorderen Hälfte fortgeschnitten, so daß das harte Endokarp *e*, welches den Samen einschließt, sichtbar ist.

vereinigt sind; die Früchte der einzelnen Blüten treten heranwachsend miteinander in Berührung und bilden zusammen die bekannten Scheinfrüchte. Bei der Maulbeere sind selbst die erhalten gebliebenen und fleischig angeschwollenen Perianthblätter noch an der Ausbildung des scheinfruchtartigen Fruchtstandes beteiligt. Auch die Feige (Abb. 104B) ist eine Scheinfrucht, bei welcher der birnförmige, ausgehöhlte, fleischige Teil der Hauptachse des Blütenstandes eine große Anzahl von Einzelfrüchten umschließt.

Der Same. Aus der Samenanlage geht nach der Befruchtung der Same hervor. An dem reifen Samen unterscheidet man als wesentliche Teile: den Keimling oder **Embryo,** welcher aus der befruchteten Eizelle entstanden ist, und die **Samenschale (Testa),** welche aus einem Teil des Nucellus und den Integumenten hervorgegangen ist. Neben dem Embryo ist oft ein als Sameneiweiß (Endosperm oder Perisperm) bezeichnetes Nährgewebe im Samen enthalten (Abb. 105C). Äußerlich ist an dem

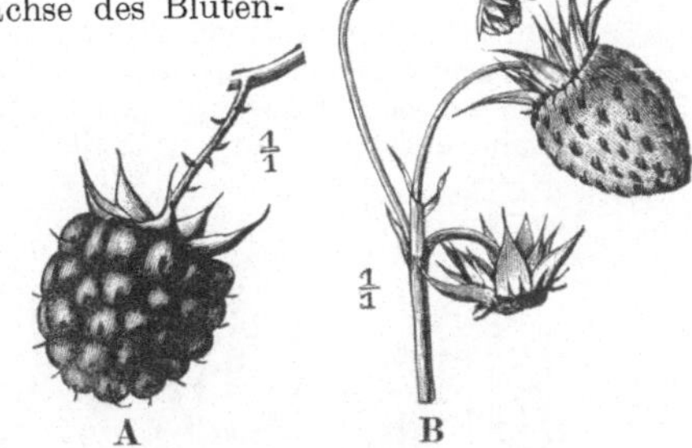

Abb. 103. **A** Brombeere. **B** Scheinfrucht der Erdbeere.

Samen leicht die Stelle zu erkennen, wo sich der Nabelstrang abgelöst hat; sie wird **Nabel** oder **Hilum** genannt (Abb. 105D*n*). Auch die nunmehr als **Samenmund** bezeichnete Mikropyle tritt meist noch deutlich hervor (Abb. 105D*m*). Durch nachträgliches Wachstum des Nabelstranges oder der ihm benachbarten Gewebepartien der Samenanlage entstehen an manchen Samen charakteristische Anhangsgebilde, die als **Samenschwiele** (Caruncula), oder wenn sie einen größeren

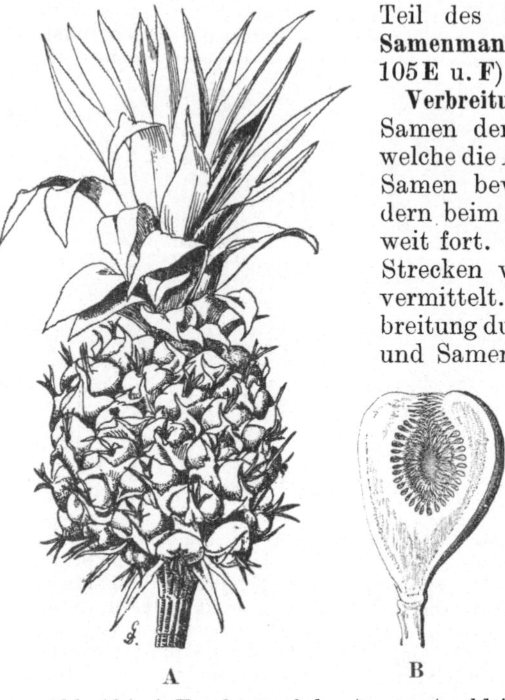

Abb. 104. **A** Fruchtstand der Ananas (verkleinert). **B** Scheinfrucht der Feige (verkleinert).

Teil des Samens mantelförmig umhüllen, als **Samenmantel** (Arillus) bezeichnet werden (Abb. 105 E u. F).

Verbreitungsausrüstung. An den Früchten und Samen der Pflanzen finden sich Einrichtungen, welche die Ausstreuung und Verbreitung der reifen Samen bewirken. Manche Springfrüchte schleudern beim Aufspringen die Samen mehrere Meter weit fort. Der Transport der Samen über weitere Strecken wird durch Wind, Wasser oder Tiere vermittelt. Als besondere Ausrüstung zur Verbreitung durch den Wind besitzen manche Früchte und Samen hautartige Flügel, Haarschöpfe oder Federkronen. Zur Verbreitung durch das Wasser sind die Früchte oder Samen mancher Uferpflanzen durch besondere Schwimmvorrichtungen befähigt. Die Verbreitung durch Tiere geschieht entweder dadurch, daß die Früchte oder Samen sich vermittelst hakenförmiger Anhängsel an dem Haar- oder Federkleid der Tiere festhängen oder es sind an der Umhüllung des Samens genießbare Teile vorhanden, um derentwillen die Tiere die ungenießbaren oder durch eine harte Hülle geschützten Samen aufsuchen und fortschleppen. Die genießbare Umhüllung des Samens, die Fruchtwand oder eventuell der Arillus, besitzt meist eine auffällige Färbung und erregt dadurch die Aufmerksamkeit der die Verbreitung vermittelnden Tiere.

Wenn alle Samen einer Pflanze neben dem Stamm der Mutterpflanze zur Keimung gelangten, so würden die Keimpflanzen sehr ungünstige Entwicklungsbedingungen finden. Einmal sind dem Boden an jener Stelle durch das Wachstum der Mutterpflanze schon Nährstoffe entzogen worden; sodann müßten die vielen nebeneinander aufgehenden Ge-

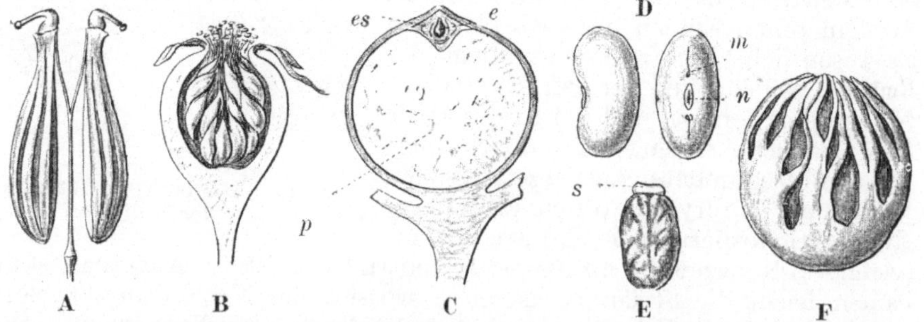

Abb. 105. **A** Doppelachänium von Carum Carvi ($^6/_1$). **B** Längsschnitt der Hagebutte. **C** Längsschnitt des Samens von Piper Cubeba. *e* Embryo, *es* Endosperm, *p* Perisperm. **D** Samen der Bohne von der Seite und von vorne, *m* Samenmund, *n* Nabel. **E** Same von Ricinus communis, *s* Samenschwiele (Caruncula). **F** Samen von Myristica, welcher von einem zerschlitzten Samenmantel (Arillus) umhüllt ist.

schwisterpflanzen, welche sich anfänglich gleichmäßig entwickeln würden, sich später den Raum, das Licht und die Nährstoffe des Bodens streitig machen. Alle würden gleichmäßig unter diesem Kampf ums Dasein zu leiden haben; nur selten würde eine zur normalen, kräftigen Entwicklung gelangen. Ein weiterer Nachteil würde endlich darin bestehen, daß bei den gedrängt nebeneinander wachsenden Geschwisterpflanzen die Befruchtung der Samenanlagen stets durch den Pollen eines nahe verwandten Individuums erfolgen müßte, wodurch im Laufe der Entwicklung eine Degeneration, eine Schwächung der Existenzfähigkeit der Art zustandekommen kann. Durch die Einrichtungen, welche die Verbreitung der reifen Samen in weiterem Umkreis ermöglichen, werden diese Nachteile vermieden.

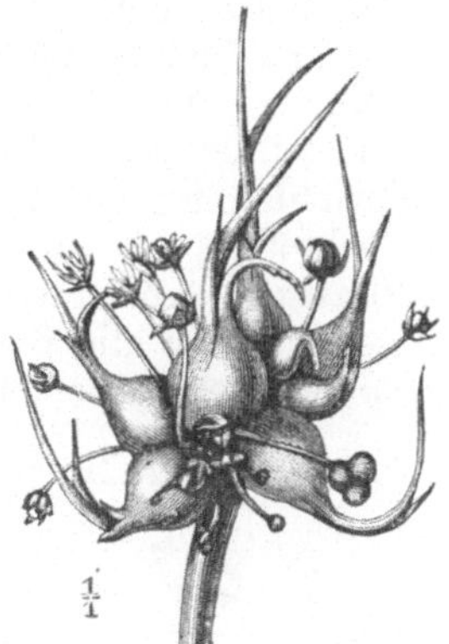

Abb. 106. Blütenstand von Allium Ampeloprasum. Acht Blütenknospen sind in Brutzwiebeln umgebildet.

Bei einigen Blütenpflanzen ist die Blüten- und Fruchtbildung ersetzt durch die Ausbildung vegetativer Vermehrungssprosse. In den Blütenständen des Knoblauchs und anderer Laucharten finden wir z. B. an Stelle einzelner Blüten kleine zwiebelartige Brutknospen (Abb. 106). Bei Polygonum viviparum entwickeln sich einzelne Blütenanlagen, bei Poa alpina die Achsen der Ährchen zu kleinen wenigblättrigen Laubsprossen, die sich später von der Mutterpflanze loslösen und zu selbständigen Stöcken heranwachsen.

B. Anatomie.[1])

I. Die Zellenlehre.

1. Der Begriff der Zelle.

Die Grundsubstanz des lebenden Pflanzenkörpers und zugleich der Träger des pflanzlichen Lebens ist das Protoplasma. Im wesentlichen haben wir uns dasselbe als eine feinkörnige, schleimflüssige Masse vorzustellen, in welcher einzelne, bestimmt geformte, mikroskopisch kleine Gebilde, Zellkerne und Chromatophoren, verteilt sind. Die Zellkerne stellen in gewissem Sinne die Zentralstelle für die Lebensverrichtungen in dem sie zunächst umgebenden flüssigen Protoplasma dar; sie bilden mit dem letzteren ein einheitliches Ganzes, eine mit gewissen Kräften ausgestattete Lebenseinheit im Organismus, welche von Sachs treffend als Energide bezeichnet worden ist. Als organisches Grundelement des Pflanzenleibes haben wir also die Energide anzusehen, d. h. einen winzigen Protoplasmatropfen mit seinem Zellkern.

Die Zahl der Energiden, welche den Pflanzenkörper zusammensetzen, ist außerordentlich wechselnd. Während manche Organismen aus einer einzigen Energide gebildet werden, bauen sich die höheren Pflanzen im Zustande größter Entfaltung aus vielen Tausenden oder Millionen von Energiden auf.

In der Regel sind die einzelnen Energiden oder je mehrere derselben zusammen in eine feste Hülle eingeschlossen, so daß also der ganze Pflanzenkörper

---

1) Für eingehendere Studien sind zu empfehlen: De Bary, A., Vergleichende Anatomie der Vegetationsorgane der Phanerogamen und Farne. Haberland, G., Physiologische Pflanzenanatomie; und als Anleitung zu anatomischen Untersuchungen mit dem Mikroskop: Strasburger, E., Das botanische Praktikum.

aus vielen kleinen Kammern zusammengesetzt erscheint, die je eine oder mehrere Energiden beherbergen. Diese Kammern mitsamt ihrem Inhalt werden als **Zellen** bezeichnet; die feste Wand derselben heißt die Zellwand.

Nur in seltenen Fällen, z. B. bei den Schleimpilzen, ist der Protoplasmaleib völlig nackt; man nennt derartige Gewächse nichtcelluläre Pflanzen im Gegensatz zu den aus Zellen gebauten cellulären Pflanzen. Da bei den letzteren die einzelnen Energiden durch die Zellwände hindurch miteinander in direkter Verbindung stehen, so besteht zwischen den cellulären und den nichtcellulären Pflanzen kein wesentlicher Unterschied.

Indem wir die nichtcellulären Pflanzen als Ausnahmen von der Regel gesondert betrachten, können wir im allgemeinen die Zelle als das formale, morphologische Grundelement des Pflanzenkörpers bezeichnen.

Mit Hilfe des Mikroskopes können wir an der Pflanzenzelle den **Zellinhalt** und die **Zellwand** unterscheiden (Abb. 107). Wichtigster Inhaltsbestandteil ist das **Protoplasma,** in dem als scharf umgrenzte Gebilde **Zellkern** und **Chromatophoren** hervortreten. In jugendlichen Zellen füllt das Protoplasma den ganzen von der Zellwand umschlossenen Hohlraum aus; später treten in demselben Tropfen von wässerigem Zellsaft auf, welche als **Vakuolen** bezeichnet werden. Neben den genannten wesentlichen Bestandteilen des Zelleibes treten bisweilen geformte Stoffwechselprodukte wie Stärkekörner, Aleuronkörner und Kristalle in den Pflanzenzellen auf.

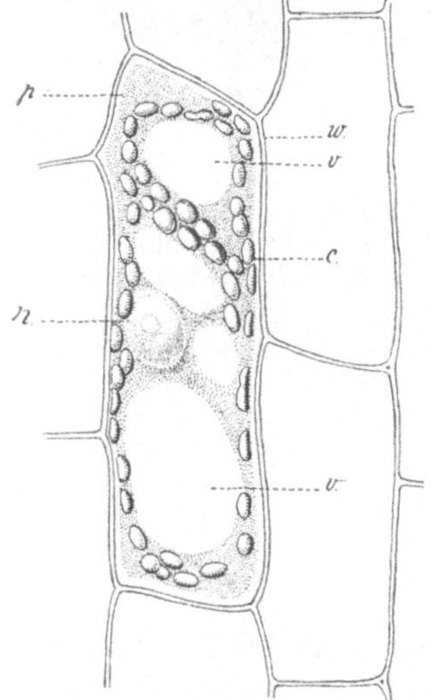

Abb. 107. Zelle aus dem Blatt einer Wasserpflanze. *w* Zellwand, *p* Protoplasma, *n* Zellkern, *c* Chromatophoren, *v* Vakuolen.

2. Der Zellinhalt.

Das Protoplasma. Das Protoplasma der Pflanzen, kurz auch Plasma genannt, besteht wie dasjenige des Tierleibes zum größten Teil aus Eiweißstoffen und Wasser. Wir können es als ein organisch verbundenes System von Kolloiden auffassen, dessen einzelne Komponenten in physikalischer und chemischer Wechselwirkung stehend ständigen Veränderungen unterworfen sind. Es ist bisher nicht gelungen, in das Spiel der molekularen Kräfte so weit Einblick zu gewinnen, daß dadurch auch nur die einfachste Lebensäußerung des Plasmas befriedigend erklärt werden könnte. Neubildung von Plasma aus anorganischen Stoffen kann nur dort stattfinden, wo bereits lebendes Plasma vorhanden ist, und nur in der Weise, daß das lebende Plasma wächst, indem es die der Zelle zugeführten Substanzen assimiliert.

Mit dem Mikroskop kann man in der zähflüssigen Plasmamasse der Zelle einen körnchenreichen, inneren Teil, das **Körnchenplasma,** und eine wasserhelle Schicht, das **Wandplasma,** unterscheiden, welch letzteres den Plasmakörper sowohl gegen die Zellwände hin als auch gegen die Vakuolen abgrenzt. Die Plasmakörper benachbarter Zellen stehen in sehr vielen Fällen durch zarte, von dem Wandplasma ausgehende Plasmafäden (Protoplasmaverbindungen oder Plasmodesmen) in Verbindung, welche die trennende Zellwand in äußerst feinen Poren durchsetzen (Abb. 108).

Da das Plasma der Träger aller Lebenserscheinungen ist, so müssen sich in demselben fortgesetzt chemische und physikalische Vorgänge abspielen, die sich größtenteils der direkten Beobachtung entziehen. Von außen aufgenommene Substanzen werden zu komplizierten chemischen Verbindungen verarbeitet, die in den Körperbestand des Plasmas eingebaut werden. Die in den Baustoffen gebundene chemische Energie wird durch Abbau in lebendige Kraft umgewandelt. Man bezeichnet den ganzen Komplex dieser Lebenserscheinungen als **Stoffwechsel** und als **Kraftwechsel** des Plasmas.

Eine sehr auffällige Eigenschaft des lebenden Plasmas ist die **Reizbarkeit**, d. h. die Fähigkeit, auf äußere Einwirkungen in besonderer Weise durch innere Veränderungen zu reagieren, die nicht als direkte physikalische oder chemische Fortwirkung der äußeren Reizursache angesehen werden können. Die eingehendere Betrachtung dieser Lebenserscheinungen gehört in die Physiologie, wo auch die auffälligen **osmotischen Eigenschaften** des Protoplasmas besprochen sind.

Unter den im Mikroskop sichtbaren Lebensäußerungen des Plasmas ist die als **Plasmaströmung** bezeichnete Bewegungserscheinung am auffälligsten. An günstigen Objekten, z. B. den Zellen mancher Wasserpflanzen, läßt sich eine Verschiebung der einzelnen Plasmateile gegeneinander und eine Änderung ihrer Lage zur Zellwand direkt beobachten.

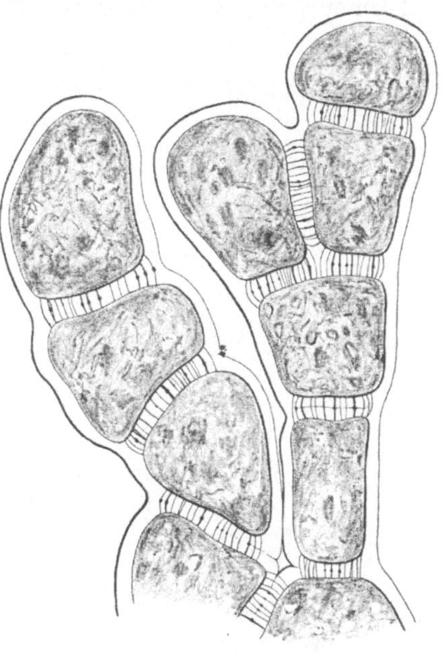

Abb. 108. Thallusabschnitt der Alge, Chaetopeltis. Die Innenwände der Zellen sind von zahlreichen Protoplasmaverbindungen durchbrochen. (Nach Kohl.)

In manchen Pflanzenzellen ist die Plasmaströmung eine normale Erscheinung, in andern kann sie durch äußere Eingriffe, z. B. durch Verwundung hervorgerufen werden; meistens aber vollzieht sich die Umlagerung der Teile des lebenden Plasmas so langsam, daß es nicht zu einer direkt wahrnehmbaren Strömung kommt. Wenn das der Zellwand angelagerte Plasma in einer Richtung den von einer großen Vakuole eingenommenen Innenraum der Zelle umströmt, so wird die Bewegung als **Rotation** bezeichnet. Häufig erfolgt die Strömung sowohl in dem der Zellwand angelagerten Plasma, als in Plasmasträngen, welche das Zellinnere durchziehen in allen möglichen, oft in direkt entgegengesetzten Richtungen. Man nennt diese Form der Bewegung **Zirkulation.** Die Springbrunnenbewegung, bei welcher das Plasma in einem die Zelle der Länge nach durchziehenden Strang aufwärts steigt, um längs der Wände zurückzufließen, und die Glitschbewegung, bei welcher ein einfaches Vor- und Rückwärtsgleiten der Teilchen im wandständigen Plasma stattfindet, sind seltener vorkommende Formen der Plasmaströmung.

Bei den nackten Plasmakörpern der nichtcellulären Pflanzen kommt neben der Plasmaströmung eine Ortsbewegung des ganzen Organismus zustande, welche als amöboide Plasmabewegung gekennzeichnet wird.

Der Zellkern. Der Zellkern ist ein bestimmt geformtes Plasmagebilde, welches durch eine derbere Hautschicht, die **Kernmembran,** gegen das umgebende flüssige Zellplasma abgegrenzt ist. Im Innern des Kerns befinden sich in einer dem Plasma ähnlichen Grundsubstanz ein Gerüstwerk aus gegliederten Strängen, welches kurz **Kerngerüst** genannt wird, und ein oder mehrere, stark lichtbrechende Körnchen, die man als **Kernkörperchen** oder Nukleolen bezeichnet. Die Fäden des Kerngerüstes enthalten zahlreiche Körnchen von einer den Eiweißstoffen nahestehenden Verbindung, dem Nuklein. Sie haben im toten Zustande die Eigenschaft, gewisse ihnen in Lösung zugeführte Farbstoffe begierig aufzunehmen und zu speichern, weshalb man sie als die chromatischen Elemente des Kerns bezeichnet.

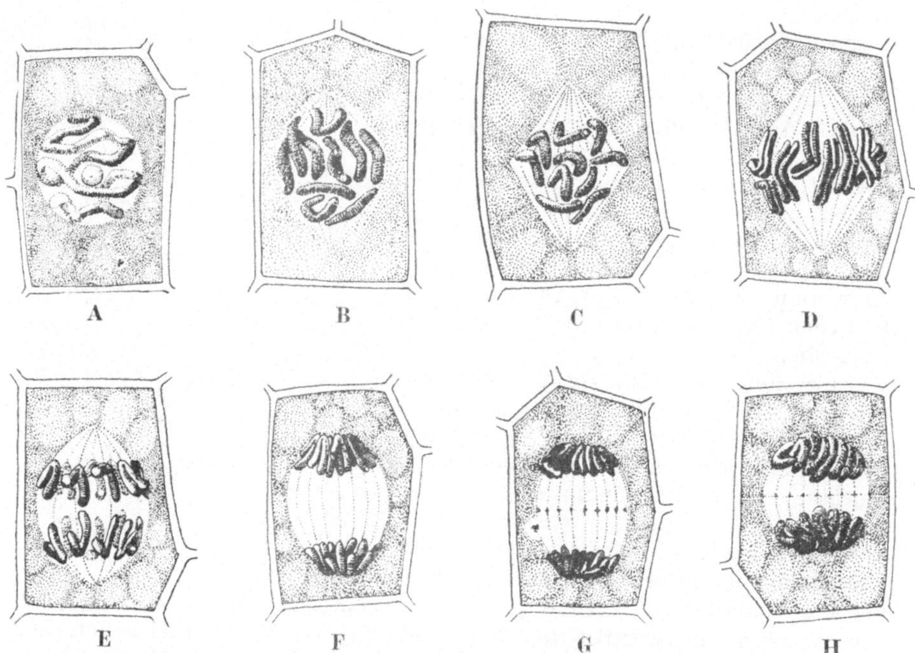

Abb. 109. Die wichtigsten Stadien der Kernteilung in einer Pflanzenzelle (halbschematisch sehr stark vergrößert).

Die Zellkerne vermehren sich durch Teilung; eine Neubildung von Zellkernen aus dem Plasma findet nicht statt, so daß also alle Kerne einer Pflanze aus dem einen Kern hervorgegangen sind, welcher nach der Befruchtung in der Eizelle vorhanden war.

Wenn der Zellkern sich zur Teilung vorbereitet (vgl. Abb. 109), so wird das Kerngerüst allmählich deutlicher und wandelt sich, während die Nukleolen verschwinden, in ein lockeres Knäuel um, welches in eine bestimmte Anzahl von Fadenstücken, die Kernsegmente oder **Chromosomen,** zerfällt. Die Fadenschleifen spalten sich im weiteren Verlauf der Teilung der Länge nach je in zwei Tochtersegmente. Ungefähr in diesem Stadium verschwindet die Kernmembran; von den Polenden der ganzen Kernfigur aus verlaufen strahlig angeordnete Plasmafäden nach dem Kerninnern, so daß eine spindelförmige oder zylindrische Figur, die **Kernspindel** entsteht. Die Segmente ordnen sich bald in der Äquatorialebene der Spindel an, sie bilden die **Kernplatte,** wobei sie paarweise, wie sie durch die Spaltung aus den ursprünglichen Fadenschleifen hervorgegangen sind, nebeneinander liegen. In dem folgenden Stadium rücken die Segmente auseinander nach den Polen der Spindel hin, und zwar in der Weise, daß von jedem Paar eine der Längshälften zu dem einen Pol, die andere zum anderen Pol hinwandert. Während die Fadenstücke in der Nähe der

Spindelpole zu Knäueln.zusammenrücken, bildet sich um jede der beiden Gruppen eine neue Kernmembran. Endlich bilden die Fäden in den neu entstandenen Kernen sich wieder zu einem dichten Knäuel um, und es tritt wieder ein Nukleolus auf, und die beiden Zellkerne zeigen dieselbe Beschaffenheit, welche der Mutterkern im Zustand der Ruhe besaß. Der soeben geschilderte Kernteilungsvorgang wird als **Karyokinese** oder **mitotische Kernteilung** bezeichnet; die Kernteilung in den tierischen Zellen verläuft im wesentlichen in gleicher Weise. Während bei der typischen Karyokinese in vegetativen Zellen die Tochterkerne die gleiche Zahl von Chromosomen erhalten wie die Mutterkerne, treten bei der geschlechtlichen Fortpflanzung auch heterotypische Kernteilungen auf, die eine Reduktion der Chromosomenzahl auf die Hälfte in den Tochter- oder Enkelkernen zur Folge haben.

Direkte oder amitotische Kernteilung, bei welcher der Kern durch Einschnürung in zwei oder mehr Teile zerfällt, kommt bei tierischen Zellen häufiger, im Pflanzenreich jedoch nur ausnahmsweise in alternden, einer weiteren Entwicklung nicht fähigen Zellen vor.

Die Chromatophoren. Als Chromatophoren bezeichnet man eine Reihe bestimmt geformter Gebilde in der Zelle, welche aus einer mit dem Plasma nahe verwandten Substanz bestehen. Sie sind häufig die Träger bestimmter Farbstoffe und haben insofern für die Lebenserscheinungen der Pflanzen eine hohe Bedeutung, als sich in ihnen der Prozeß der Stärkebildung abspielt. Im Hinblick auf diese Funktion werden die Chromatophoren wohl auch als Stärkebildner bezeichnet. Man unterscheidet unter den Chromatophoren die Chlorophyllkörper (Chloroplasten), die Leukoplasten und die Chromoplasten.

Die Chlorophyllkörper sind durch den als Blattgrün oder Chlorophyll bezeichneten Farbstoff grün gefärbt und finden sich meistens sehr zahlreich in allen Zellen grüner Pflanzenteile. Schon der Umstand, daß das Blattgrün die Grundfarbe aller Vegetation ist, läßt auf die hohe Bedeutung schließen, welche den Chlorophyllkörpern, den Trägern dieses allgemein verbreiteten Farbstoffes, im Leben der Pflanze zukommt. Sie stellen die Elementarorgane dar, in denen sich unter Einwirkung des Lichtes die Assimilation, d. i. die Bildung organischer Substanz aus anorganischen Stoffen vollzieht. Durch die Assimilation werden in der Zelle Kohlehydrate, zunächst Zuckerarten, gebildet; das erste sichtbare Produkt des Vorganges ist bei der großen Mehrzahl der Gewächse die Stärke.

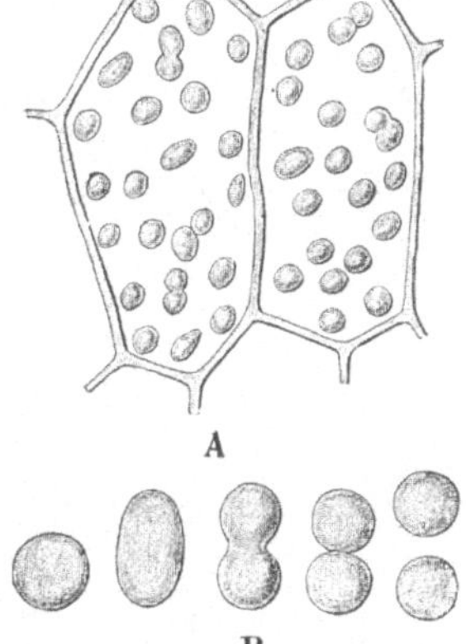

Abb. 110. **A** zwei Zellen mit Chlorophyllkörpern, aus einem Moosblatt. **B** aufeinanderfolgende Teilungsstadien eines scheibenförmigen Chlorophyllkörpers.

Die Form der Chlorophyllkörper ist meistens kugelig oder scheibenförmig (Abb. 110A); bei niederen Pflanzen, besonders bei den Algen, kommen auch band-, platten- oder sternförmige oder sonstwie abweichend geformte Chlorophyllkörper vor. Die Körperform ist übrigens bei den Chlorophyllkörpern nicht konstant, sondern es können unter dem Einfluß wechselnder Beleuchtung innerhalb gewisser Grenzen aktive Gestaltveränderungen an ihnen stattfinden. Sie vermehren sich durch direkte Teilung, indem sie sich durch Wachstum vergrößern, in der Mitte einschnüren und endlich in zwei gleiche Teile zerfallen, deren jeder die ursprüngliche Form annimmt (Abb. 110B).

In den jugendlichen Pflanzenteilen ist der grüne Farbstoff noch nicht in den Chlorophyllkörpern vorhanden; er bildet sich im Gange der Entwicklung meist unter dem Einfluß des Lichtes aus.

Seiner chemischen Natur nach ist der Chlorophyllfarbstoff eine komplexe Verbindung des Magnesiums. Der Farbstoff läßt sich durch Alkohol aus den Chlorophyllkörpern extrahieren. Die erhaltene Lösung zeigt deutliche Fluorescenz; sie ist grün im durchfallenden Licht, im auffallenden erscheint sie blutrot. Ihr Spektrum zeigt mehrere Absorptionsbänder, unter denen neben der Auslöschung des violetten Teiles ein breites Band im Rot besonders charakteristisch ist. In alternden Pflanzenteilen wird das Chlorophyll und der plasmatische Farbstoffträger meistens verändert und zerstört, eine Erscheinung, auf welcher z. B. die Herbstfärbung des Laubes und das Gelbwerden des reifenden Getreides beruht.

Die nicht ergrünten Farbstoffträger in den jugendlichen Pflanzenteilen werden **Leukoplasten** genannt. Es kommen aber auch in älteren Pflanzenteilen Leukoplasten vor. Sie stimmen in der Form mit den Chlorophyllkörpern überein und bilden wie diese Stärke in ihrem Innern aus. Die Stärke ist indes hier nicht das direkte Produkt der Leukoplasten, sondern es ist die von den chlorophyllhaltigen Zellen eingewanderte Assimilationsstärke, welche in den Leukoplasten in Form größerer Körner ausgeschieden wird. Es handelt sich dabei um eine vorläufige Speicherung der durch die Assimilation gewonnenen Stärke; später wird der Vorrat teilweise veratmet, teilweise zum Aufbau des Pflanzenkörpers aufgebraucht. Man bezeichnet deshalb die von den Leukoplasten ausgeschiedenen Stärkekörner als Reservestärke.

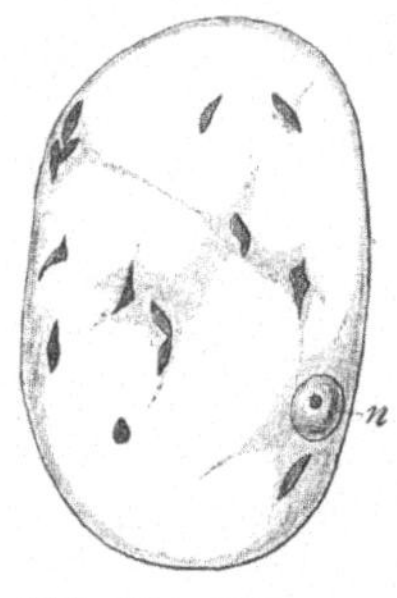

Abb. 111. Zelle aus dem Fruchtfleisch von Solanum mit spindelförmigen, orangeroten Chromoplasten. *n* Zellkern.

Die Chromoplasten sind Farbstoffträger, welche eine andere als grüne Färbung besitzen. Sie entstehen durch Umwandlung aus Leukoplasten oder aus Chlorophyllkörpern und finden sich vorwiegend in den Kronblättern der Blüten und in farbigen Früchten. Indes sind nicht alle bunten Farben der Blüten und Früchte auf Chromoplasten zurückzuführen; häufig kommen auch Farbstoffe im Zellsaft gelöst vor. Die Chromoplasten haben vorwiegend gelbe und gelbrote Farbe. Ihre Form ist entweder scheibenförmig rundlich, wie die der Chlorophyllkörper oder sie sind mehr tafelförmig eckig oder sonstwie unregelmäßig gestaltet (Abb. 111).

Die Stärke. Die in den Chlorophyllkörpern ausgebildete Assimilationsstärke ist meistens nur in der Form kleiner, unregelmäßiger Körnchen vorhanden. Sie wird bald wieder aufgelöst und zu den Stellen des Verbrauches als Baustoff oder Atmungsmaterial fortgeführt, oder sie wandert in chlorophyllose Zellen, um dort von den Stärkebildnern als Reservestärke zeitweilig abgelagert zu werden. Die Substanz des Stärkekornes, das Amylum, ist ein Kohlehydrat, an dessen Zusammensetzung Kohlenstoff, Wasserstoff und Sauerstoff in dem Verhältnis beteiligt sind, welches durch die Formel $C_6H_{10}O_5$ ausgedrückt ist. Stärke wird durch Jod blau gefärbt und ist durch diese Reaktion auch in kleinsten Spuren mit Hilfe des Mikroskopes in den Pflanzenzellen nachweisbar. Die Lösung in der Zelle erfolgt durch Fermente vom Protoplasma aus.

Die Körner der Reservestärke erreichen oft eine beträchtliche Größe. Häufig wird in jedem Stärkebildner nur ein einziges Stärkekorn ausgebildet. Es wächst, indem an seiner Oberfläche von dem Stärkebildner immer neue Stärkeschichten abgelagert werden, oft so mächtig heran, daß der Körper des Stärkebildners gänzlich deformiert wird und endlich nur noch wie ein dünner Überzug das Korn umgibt (Abb. 112A).

Gewöhnlich sind die Stärkekörner rundlich; nur wo sie in sehr großer Anzahl in einer Zelle zusammengedrängt sind, wie in den Zellen des Maiskornes, stellen sie unregelmäßig vielflächige Körper dar (Abb. 112C).

An manchen Stärkekörnern läßt sich eine deutliche Schichtung erkennen, welche dadurch zustande kommt, daß abwechselnd weichere und dichtere Schichten übereinandergelagert sind. Das Schichtenzentrum wird als Kern des Stärkekorns bezeichnet. Manche Körner sind aus ringsherum gleich dicken, konzentrischen Schichten aufgebaut. Andere dagegen sind exzentrisch geschichtet (Abb. 112**B**). Das beruht darauf, daß die Hauptmasse des durch das heranwachsende Stärkekorn auseinandergedrängten Stärkebildners sich an der einen Seite des Kornes anhäuft, so daß dort die Produktion der Substanz eine reichlichere ist als an den anderen Stellen des Umfanges. Wenn in einem Stärkebildner mehrere Stärkekörner gleichzeitig angelegt werden, entstehen zusammengesetzte Stärkekörner. Die Teilkörner zeigen dadurch, daß ihr Wachstum nach Maßgabe des vorhandenen Raumes erfolgt, ebene Berührungsflächen (Abb. 112**D**). Wenn ursprünglich getrennte Anlagen von Stärkekörnern innerhalb eines Stärkebildners nachträglich noch von gemeinschaftlichen Stärkeschichten umhüllt werden, so entstehen mehrkernige Körner.

Im allgemeinen ist die in Körnerform in den Pflanzenzellen auftretende Stärke als ein zu vorübergehender Speicherung abgelegtes Nährmaterial anzusehen. Daneben dienen,

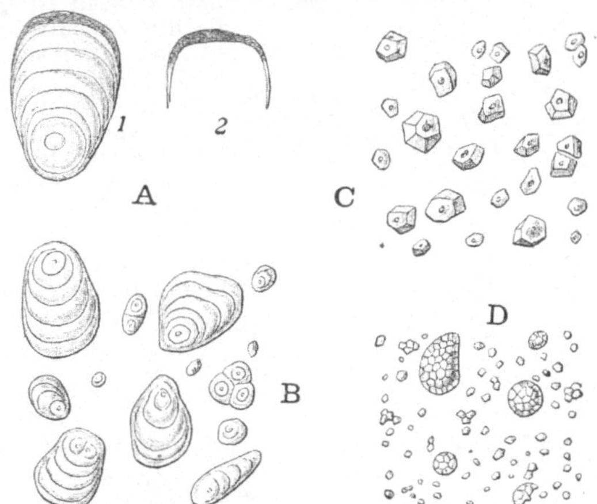

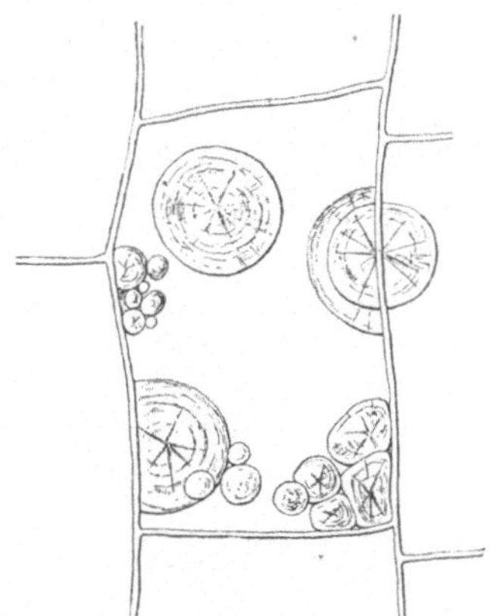

Abb. 112. **A** 1 Stärkekorn von Pellionia mit aufsitzendem Stärkebildner, 2 Teil eines Stärkebildners nach Entfernung des Stärkekorns. **B** Stärkekörner aus der Kartoffelknolle. **C** Maisstärke; die Körner sind infolge dichter Lagerung eckig. **D** Reisstärke; neben einzelnen größeren zusammengesetzten Stärkekörnern liegen viele eckige Teilkörner ($^{150}/_1$).

Abb. 113. Zelle aus der Knolle von Dahlia variabilis, in welcher sich nach längerem Liegen in Alkohol, Sphärokristalle von Inulin ausgeschieden haben.

wie in einigen Fällen wahrscheinlich gemacht worden ist, die spezifisch schwereren Körner im Plasma gewisser Zellen als ein Mittel, um der lebenden Substanz der Zelle die Richtung der Schwerkraftwirkung wahrnehmbar zu machen.

Die Vakuolen. Als Vakuolen bezeichnet man Hohlräume im Plasma, welche mit wässeriger Flüssigkeit, dem Zellsaft, erfüllt sind. In den jugendlichen Zellen sind keine Vakuolen vorhanden. Sie entstehen erst nachträglich, indem sich im Innern des Plasmas Tropfen von Zellsaft ausbilden, welche durch fortgesetzte Ausscheidungen des Plasmas sich vergrößern und endlich oft den ganzen Innenraum der erwachsenen Zelle ausfüllen, während das Plasma nur noch einen dünnen Belag der Zellwand bildet. Dieser plasmatische Wandbelag in der Zelle wurde früher als Primordialschlauch bezeichnet.

In dem Zellsaft der Vakuolen können sehr verschiedenartige Substanzen in Lösung vorhanden sein. Zum Teil sind es Exkrete, welche im Stoffwechsel der Pflanze keine Rolle mehr spielen, zum Teil sind es Reservestoffe, welche nur zeitweilig in der Zelle abgelagert sind. Eine Reihe von organischen und anorganischen Salzen sind im Zellsaft nachgewiesen worden, über deren Bedeutung für das Leben der Pflanze noch viele Zweifel bestehen. Sehr häufig kommen Gerbstoffe als Vakuoleninhalt vor, die als unbrauchbare Nebenprodukte beim Stoffwechsel der Pflanze anzusehen sind, die aber insofern noch eine Bedeutung für die Pflanzenteile haben, als sie dieselben gegen das Abgefressenwerden durch Tiere schützen. Die Farbstoffe, welche sich im Zellsaft mancher Oberflächenzellen finden, sind gleichfalls als Nebenprodukte des Stoffwechsels anzusehen. Sie verursachen die auffällige Färbung vieler Blüten und Früchte, welche die Aufmerksamkeit der die Pollenübertragung respektive die Samenverbreitung vermittelnden Tiere erregt. Auch in den Blattzellen der rotblättrigen Varietäten einiger Laubbäume, der Blutbuche, des Bluthasel u. a. m. ist gefärbter Zellsaft vorhanden. Nicht selten sind Pflanzensäuren, Alkaloide und andere wasserlösliche Stoffwechselprodukte im Zellsaft nachzuweisen.

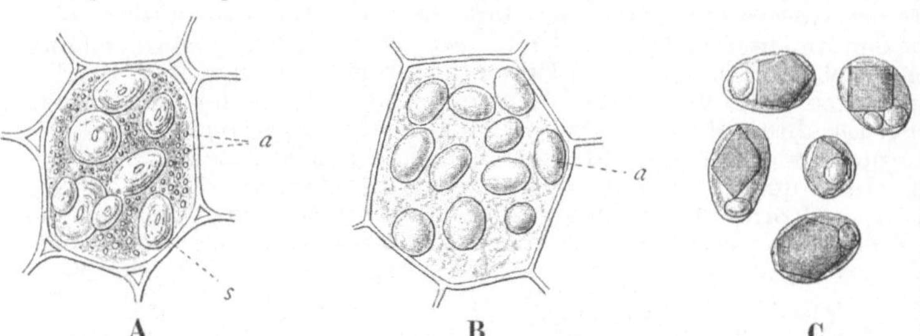

Abb. 114. **A** Zelle aus dem Kotyledon der Erbse, *s* Stärke, *a* Aleuron. **B** Zelle aus dem Endosperm von Rizinus, *a* Aleuron. **C** einzelne Aleuronkörner aus dem Endosperm von Rizinus nach Behandlung mit Jodjodkalium. In der Grundsubstanz des Kornes ist ein Kristalloid und ein Globoid erkennbar.

Als Reservestoffe sind die Zuckerarten anzusehen, welche im Zellsaft vieler Pflanzen, besonders reichlich in den Zellen des Zuckerrohrs, des Zuckerahorns, der Zuckerrübe und anderer für die Zuckergewinnung technisch verwerteter Pflanzen vorkommen; ferner das

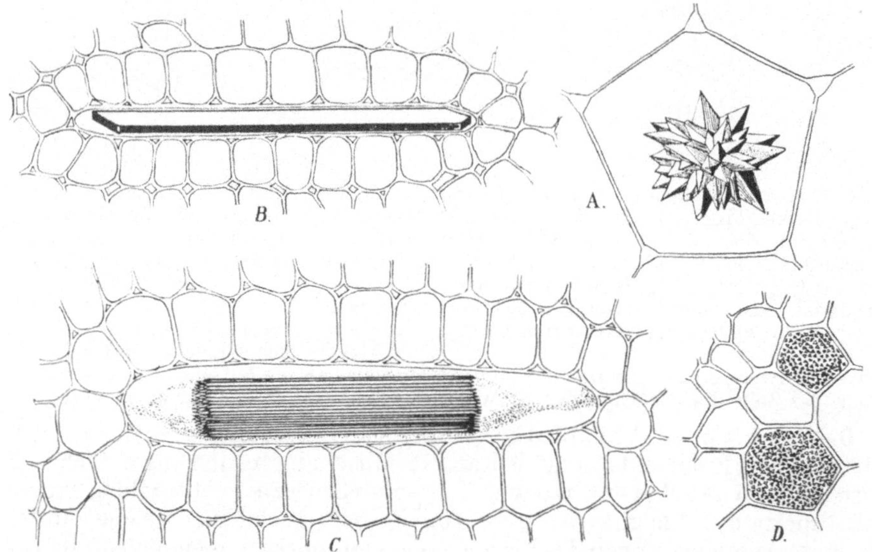

Abb. 115. **A** Zelle aus dem Blattstiel von Begonia mit einer Druse von oxalsaurem Kalk. **B** Zellen aus dem Blatt von Agave americana; in der einen langgestreckten Zelle ist ein stabförmiger Einzelkristall von oxalsaurem Kalk eingeschlossen. **C** Zelle aus dem Blatt von Agave americana mit Raphidenbündel. **D** Zellgruppe aus dem Blatt von Atropa Belladonna; zwei Zellen sind mit Kristallsand erfüllt.

Inulin, welches sich z. B. in den Zellen mancher Compositen in Menge findet und bei Behandlung mit Alkohol in Form von mikroskopischen Sphärokristallen ausgeschieden wird (Abb. 113). Eiweißstoffe finden sich häufig im Zellsaft vor. In reifenden Samen mancher Pflanzen werden die eiweißreichen Vakuolen durch Wasserentziehung zu festen Körpern verdichtet, die man als **Aleuronkörper** bezeichnet. Sie sind meist sehr kleine, rundliche Körnchen (Abb. 114**A**), nur in wenigen Fällen, z. B. im Endosperm der Rizinussamen und der Paranuß erreichen sie eine beträchtliche Größe (Abb. 114**B**); man kann in diesem

Falle bisweilen bestimmt geformte Einschlüsse in dem Aleuronkorn erkennen; ein Kristalloid einer Eiweißsubstanz und rundliche, amorphe Körper, die Globoide, welche neben organischer Substanz Phosphorsäure, Magnesium und Calcium enthalten (Abb. 114 C). Eiweißkristalloide treten übrigens gelegentlich auch im flüssigen Vakuoleninhalt auf; sie finden sich ferner in einzelnen Fällen im Zellkern und in den Chromatophoren.

Kristalle. In gewissen Vakuolen vieler Pflanzen wird Oxalsäure ausgeschieden, welche mit den in Lösung vorhandenen Kalksalzen Calciumoxalat bildet. Dieses wird in Kristallform in der Zelle abgelagert. Kristalle von kohlensaurem Kalk und von Gips kommen dagegen nur äußerst selten im Zellinhalt vor.

In manchen Pflanzen sind die oxalatführenden Zellen in Form und Größe von den anderen Zellen wesentlich verschieden; bei anderen treten die Kristalle in allen beliebigen Zellen auf. Häufig bilden sich große Einzelkristalle aus, oder es entstehen morgensternförmige Drusen (Abb. 115 A, B). Bei manchen Pflanzen findet sich der oxalsaure Kalk in Form schlanker Nadeln abgeschieden, welche, zu Bündeln vereinigt und mit einer Schleimhülle umgeben, in bestimmten Zellen abgelagert sind. Man bezeichnet diese Nadelbündel als Raphiden (Abb. 115 C).
Bestimmte Zellen einiger Blütenpflanzen z. B. der Tollkirsche und des Tabaks sind fast ganz mit kleinen, kristallinischen Körnchen erfüllt; sie werden Sandzellen genannt (Abb. 115 D).

3. Die Zellwand.

Struktur der Zellwand. Bei jugendlichen Zellen stellt die Zellwand ein dünnes, dehnbares Häutchen dar, welches mit Wasser durchtränkt ist und gleich anderen organischen Membranen osmotische Eigenschaften besitzt. An manchen Zellwänden sind äußerst feine Durchbohrungen (Poren) nachgewiesen worden, durch welche die lebenden Inhalte benachbarter Zellen mit feinen Plasmafäden (Plasmodesmen) in Verbindung stehen (Abb. 108).
Die Zellwand vergrößert sich mit der Zunahme des Zellinhaltes in der Fläche, sehr häufig findet aber auch ein Dickenzuwachs derselben statt, indem neue Zellwandsubstanz vom Protoplasma aus zu der vorhandenen hinzugefügt wird.

Dieser Prozeß kann in verschiedener Weise vor sich gehen. Entweder wird die vom Protoplasma abgegebene Substanz auf der Oberfläche der vorhandenen Zellwand abgelagert — ein solcher Wachstumsvorgang wird als **Apposition** bezeichnet — oder die neu gebildeten Molekeln wandern zwischen die Molekelverbände (Micelle), aus denen die Zellwand aufgebaut ist, hinein und lagern sich auf denselben oder zwischen ihnen ab, — man nennt diese Art des Wachstums **Intussusception.** Häufig werden vom Protoplasma aus ganze Schichten auf die vorhandene Wand aufgelagert. Es ist wahrscheinlich, daß bei diesem Vorgang in vielen Fällen ein Intussusceptions-Wachstum der einzelnen so entstandenen Wandschichten nebenher geht.

Die ausgewachsene Membran erscheint infolge des Zuwachses oft deutlich geschichtet (Abb. 116 A). An vielen nachträglich verdickten Zellwänden sind außerdem in der Fläche der Wand Systeme von zarten Schrägstreifen sichtbar, welche sich bisweilen kreuzen (Abb. 116 B). Die in verschiedener Richtung verlaufenden Streifen gehören dann verschiedenen Verdickungsschichten an. Schichtung und Streifung sind darauf zurückzuführen, daß lockere und dichte Schichten in der Wand miteinander abwechseln.
Gewöhnlich bleiben bei der nachträglichen Verdickung der Zellwand einzelne scharf umschriebene Wandstellen im Dickenwachstum hinter den anderen zurück, so daß in der verdickten Wand dünnere Stellen vorhanden sind, welche den Stoffverkehr zwischen den benachbarten Zellen vermitteln. Man bezeichnet die abweichend gebildete Stelle der Wand als Tüpfel. Der Zugang zu der dünnen Wandstelle wird Tüpfelkanal genannt (Abb. 117 A).

Häufig sind die Tüpfel kreisrundlich, bisweilen sind sie spaltenförmig. An manchen Wänden treten die Wandverdickungen gegenüber den unverdickt gebliebenen Wandteilen sehr zurück; sie bilden nur ringförmige Leisten oder Spiralbänder, zwischen denen die dünnen Wandstellen als breite Streifen liegen (Abb. 117 C). Eine eigenartige Tüpfelbildung zeigen die Wände gewisser Zellen der Nadelhölzer. Dort sind über der kreisrunden, dünnen Wandstelle (Schließhaut), die in ihrer Mitte eine geringe Anschwellung (Torus) zeigt, die Tüpfelkanäle nach dem Zellinneren hin stark verengert, so daß auf beiden Seiten der Schließhaut ein hofartiger Hohlraum gebildet wird. Diese Art der Tüpfel wird als Hoftüpfel oder gehöfter Tüpfel bezeichnet (Abb. 117 B).

Chemische Beschaffenheit der Zellwand. Die Zellwand besteht in den jungen Zellen der Hauptsache nach aus Wasser und **Cellulose,** einem Kohlehydrat, welches wie die Stärke die Formel $C_6H_{10}O_5$ hat. Mit Chlorzinkjod oder mit Schwefelsäure und Jod behandelt, nimmt die Cellulose eine blaue Färbung an, von konzentrierter Schwefelsäure und von Kupferoxydammoniak wird sie gelöst. Neben der Cellulose finden sich auch in der jugendlichen Zellwand

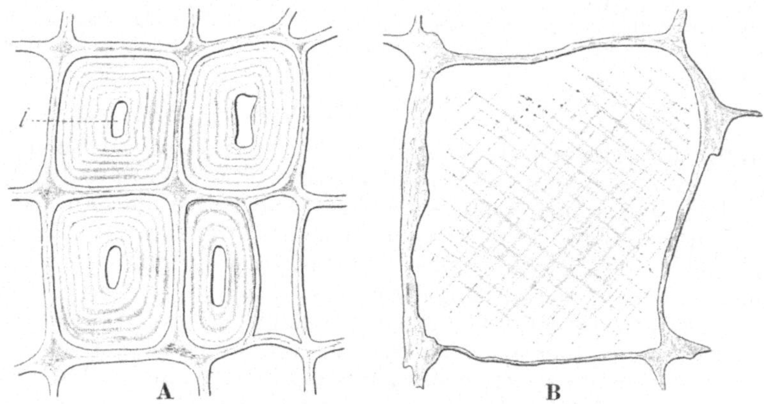

Abb. 116. **A** Teil eines Querschnittes durch die Wurzelrinde von Ginkyo biloba. Die Wände einiger Zellen sind stark verdickt und deutlich geschichtet. *l* der Hohlraum der Zelle. **B** Zellwand aus dem Mark von Dahlia variabilis mit sichtbarer Streifung (nach Strasburger).

stets Pektinverbindungen, welche sich mit Chlorzinkjod nicht blau färben und im Gegensatz zur Cellulose nach vorangegangener Einwirkung verdünnter Säuren in Kalilauge verhältnismäßig leicht löslich sind. In älteren Geweben mit sekundär verdickten Zellwänden besteht die sog. Mittellamelle, d. h. eine mittlere Membranlamelle zwischen je zwei benachbarten Zellen, vorwiegend aus derartigen Pektinstoffen. In den Wandungen vieler Zellen erleidet die Cellulose im Laufe der Entwicklung nachträgliche Veränderungen. Sehr häufig kommen **Verkorkung** und **Verholzung** vor.

Die **Verkorkung** trifft hauptsächlich solche Celluloseschichten, welche mit der Atmosphäre oder mit dem Wasser in Berührung sind, also alle Oberflächen der Gewächse; indessen kommen auch im Innern der Pflanzenkörper verkorkte Membranen vor. Die Verkorkung kommt durch Einlagerung eines fettartigen Körpers, des Suberins, zwischen die kleinsten Teile der Celluloselamellen zustande. Sie bewirkt, daß die Zellwände für Wasser schwer durchlässig werden. Die verkorkten Wände sind in Schwefelsäure nicht löslich; sie färben sich mit Chlorzinkjod gelb, ebenso mit konzentrierter Kalilauge. Durch Kochen in Kalilauge kann die fettartige Einlagerung aus der Cellulose entfernt werden.

Die **Verholzung** wird ebenfalls durch Einlagerung einer Substanz zwischen die Celluloseteilchen der Zellwände herbeigeführt. Man bezeichnet die eingelagerte Substanz als Lignin. Das Lignin ist kein einheitlicher chemischer Körper, sondern ein Gemisch verschiedener

Substanzen von noch nicht genügend aufgeklärter und wechselnder Zusammensetzung. Mit Chlorzinkjod färbt sich die verholzte Membran gelb; mit Phloroglucin und Salzsäure wird eine intensive Rotfärbung erzeugt.

Eine dritte Form nachträglicher Veränderung der Cellulose ist die Einlagerung mineralischer Substanzen. Bisweilen findet man oxalsauren Kalk in Form deutlicher Kristalle in die Grundsubstanz der Zellwand eingebettet. Häufiger aber ist die anorganische Substanz amorph in kleinsten Teilen der organischen Grundlage eingefügt. Das letztere ist bei der **Verkieselung** und **Verkalkung** der Zellmembranen der Fall.

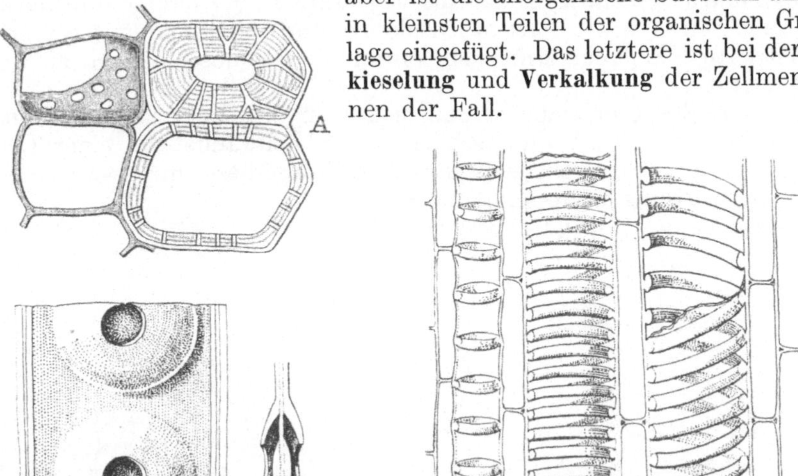

Abb. 117. **A** Querschnitt einiger Zellen mit getüpfelter Wand. **B** Stück einer Zellwand mit gehöftem Tüpfel, **Bt** ein gehöfter Tüpfel quer durchschnitten. **C**; *a, b, c* röhrenförmige Zellen, deren Wand ringförmige und spiralförmige Wandverdickungen in verschiedener Ausbildung aufweist.

Durch die Einlagerung der Kieselsäure wird die Härte und Festigkeit der Membranen bedeutend erhöht. Wenn man durch Glühen die organische Substanz zerstört, erhält man ein Kieselskelett der Membran, welches gewöhnlich noch die sichtbaren Strukturverhältnisse der letzteren genau aufweist. Die Verkieselung der Membranen ist im Pflanzenreiche sehr weit verbreitet; in auffälligem Maße ist sie bei den Kieselalgen oder Diatomeen, in der Oberhaut der Schachtelhalme und Gräser zu beobachten.

In ähnlicher Weise wie Kieselsäure ist bisweilen kohlensaurer Kalk in die Cellulose eingelagert, so in den Haaren der Asperifoliaceen, mancher Cruziferen u. a. m. Läßt man eine Säure auf die verkalkten Membranen einwirken, so wird der Kalk unter Gasentwicklung aufgelöst. Bei den Acanthaceen und Urticaceen sind in gewissen Zellen eigentümliche, der Zellwand angehörende Gebilde vorhanden, welche gleichfalls in der hauptsächlich von Cellulose gebildeten Grundsubstanz ihres Körpers massenhaft kohlensauren Kalk eingelagert enthalten. Besonders schön sind diese Gebilde, welche man als **Cystolithen** bezeichnet, in den Blättern des Gummibaumes, Ficus elastica, ausgebildet (Abb. 118). Sie stellen unregelmäßige, eiförmige, mit Warzen bedeckte Körper dar, welche mit einem dünnen, verkieselten Stiel an der Wand befestigt sind und die Zelle fast ganz erfüllen. Wenn man durch Essigsäure den kohlensauren Kalk aus dem Körper des Cystolithen entfernt, so bleibt ein zartes Cellulosegerüst zurück, an dem man erkennt, daß das Gebilde aus ziemlich gleichmäßigen Schichten zusammengesetzt ist, durch welche rechtwinklig sich gabelnde radiale Stränge zu den Spitzen der Warzen auf der Oberfläche verlaufen.

6*

Neben der typischen Cellulose, welche die Zellwände der meisten Gewächse bildet und welche auch die Grundsubstanz der verholzten, verkorkten, verkieselten und verkalkten Membranen ist, kommen im Pflanzenreich noch einige andere, nahe verwandte Stoffe vor, welche für sich allein oder in Verbindung mit Cellulose zur Zellwandbildung Verwendung finden. Die Zellwände der meisten Pilze bestehen aus Pilzcellulose, einer Substanz, welche viel dichter als die gewöhnliche Cellulose ist und im Gegensatz zu der letzteren durch Säuren nicht angegriffen wird. Erst wochenlange Vorbehandlung mit oft erneuter, konzentrierter Kalilauge ermöglicht an ihr die Cellulosereaktion mit Jod und Schwefelsäure.

In dem Endosperm mancher Samen und in den Kotyledonen einiger Embryonen sind die Verdickungsschichten der Zellwände aus einer Cellulosemodifikation gebildet, welche als **Reservecellulose** bezeichnet wird (Abb. 119). Bei der Entwicklung der Keimpflanze wird die Wandverdickung vollständig wieder aufgelöst

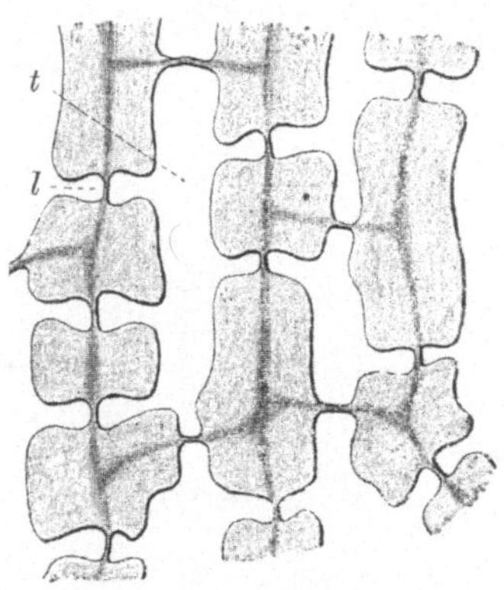

A   B

Abb. 118. **A** Teil vom Querschnitt des Blattes vom Ficus elastica mit einem Cystolithen. **B** optischer Längsschnitt eines entkalkten Cystolithen.

Abb. 119. Einige Zellen aus dem Endosperm der Dattel im Längsschnitt. *l* der Hohlraum einer Zelle. Die Zellwände sind durch Reservezellulose stark verdickt und mit weiten Tüpfeln *t* versehen.

und zum Aufbau der jungen Pflanze verwendet, nur die ursprüngliche Zellwand der Endosperm- oder Kotyledonarzellen bleibt erhalten. Die Substanz der Wandverdickungen, welche offenbar als Reservestoff abgelagert ist, verleiht besonders in manchen Palmsamen dem Gewebe eine hornartige Festigkeit, so daß der Endospermkörper als vegetabilisches Elfenbein zur Knopffabrikation verwendet werden kann.

Endlich sei noch als eine im Pflanzenreich häufiger auftretende Modifikation der Cellulose der **Pflanzenschleim** erwähnt, welcher sich an der Oberfläche mancher Samen und Früchte, aber auch im Innern anderer Pflanzenteile als Bestandteil der Zellwände vorfindet. Der Pflanzenschleim ist von der normalen Zellwandsubstanz dadurch unterschieden, daß er nur in der Trockenheit eine feste Konsistenz besitzt, bei Wasserzufuhr aber gallertartig aufquillt oder gänzlich zerfließt. Der Pflanzenschleim, welcher normalerweise im anatomischen Bau gewisser Pflanzenteile eine Rolle spielt, ist nicht zu verwechseln mit dem Schleim, der durch pathologische Veränderungen aus der Cellulose entstehen kann und den wir z. B. bei dem Gummifluß unserer Kernobstbäume auftreten sehen.

Nackte und leere Zellen. Bei der Fortpflanzung niederer Organismen ist der Fall nicht selten, daß der Inhalt einer Zelle zeitweilig seine Hülle verläßt, um nach kurzer Dauer sich mit einer neuen Zellwand zu umgeben. Der aus der Zellhülle ausgetretene Zellinhalt kann als nackte Zelle bezeichnet werden.

Ein Gegenstück zu den nackten Zellen bilden die leeren Zellen, aus welchen der größte Teil des Gewebes der Holzstämme gebildet wird. Ursprünglich enthalten auch diese Zellen einen lebenden Inhalt; im Verlaufe der Entwicklung aber stirbt das Plasma ab und verschwindet fast gänzlich, so daß von der Zelle nur die verholzten Zellwände übrig bleiben: die Höhlung der Zelle ist mit Wasser oder Luft erfüllt.

4. Die Entstehung der Zellen.

Zellteilung. Eine Neubildung von Zellen findet nur dort statt, wo lebendes Plasma zu ihrem Aufbau vorhanden ist: es handelt sich also meistens nur um die Vermehrung der Zahl der vorhandenen Zellen. Die einfachste und häufigste Vermehrungsweise der Zellen ist die Teilung. Die Zellteilung spielt sich gewöhnlich in der Weise ab, daß in der auf ihre Maximalgröße herangewachsenen Zelle der Zellkern sich mitotisch teilt. Dann tritt zwischen den Tochterkernen im Plasma eine Querwand auf, welche die Mutterzelle in zwei Tochterzellen zerteilt, deren jede einen Zellkern und einen Teil des Plasmas der Mutterzelle als Mitgift erhalten hat (Abb. 109). Gewöhnlich tritt die Teilungswand frei im Protoplasma auf und setzt sich erst nachträglich an die Mutterzellwand an; nur bei einigen Algen bildet sie anfangs ein ringförmiges Diaphragma an der Mutterzellwand, dessen Öffnung sich nachträglich schließt.

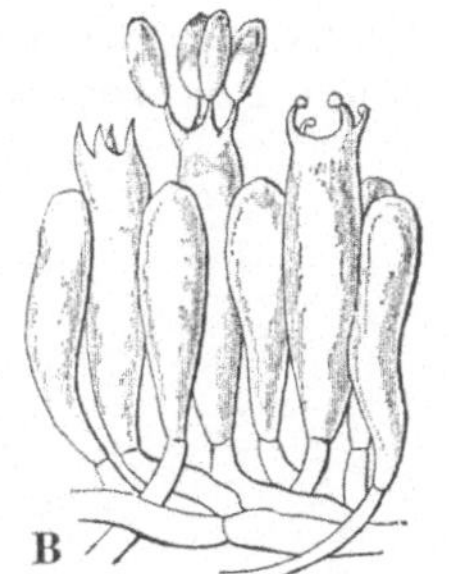
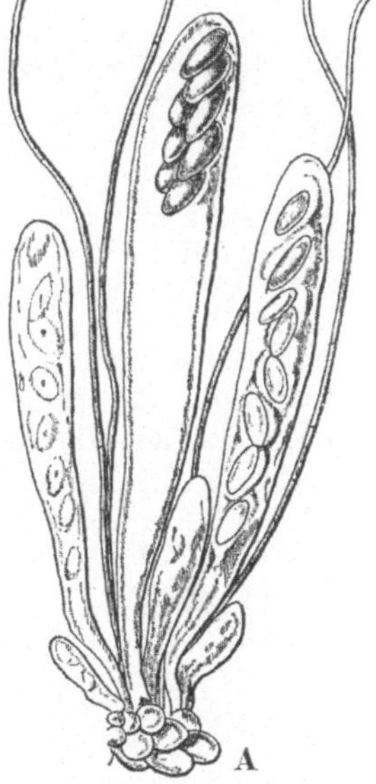

Abb. 120. **A** Verschieden alte Sporenschläuche eines Ascomyceten, in denen durch freie Zellbildung je 8 Sporen entstehen. **B** Basidien von einem Agaricus, an denen durch Sprossung je 4 Sporen entstehen. (Stark vergrößert.)

Bei der Verzweigung von Zellreihen, z. B. an den Rhizoiden der Laubmoose und den Zellfäden, die den Vegetationskörper der höheren Pilze und Algen zusammensetzen, kommt die der Zellteilung voraufgehende Vergrößerung der Mutterzelle dadurch zustande, daß sich ein seitlicher Auswuchs bildet. Ein Teil des Protoplasmas und ein Tochterkern wandert in den Auswuchs ein und wird durch eine sich bildende Teilungswand von der ursprünglichen Fadenzelle abgegrenzt. Dieser als **Sprossung** bezeichnete Vorgang spielt auch bei der Vermehrung der Zellen der Hefepilze und bei der Entstehung von Vermehrungszellen vieler Pilze eine Rolle (Abb. 120 **B**).

Freie Zellbildung. Bei der Zellteilung wird die Mutterzelle zur Bildung der Tochterzellen ohne Rest aufgeteilt; findet das nicht statt, bleiben also bei der Zellbildung die Membran und meistens auch ein Teil des Inhaltes der Mutterzelle als solche erhalten, so bezeichnet man den Vorgang als freie Zellbildung.

Ein Beispiel ist die Sporenbildung in den Sporenschläuchen vieler Schlauchpilze (Ascomyceten). Dort teilt sich der Zellkern wiederholt, bis acht Kerne vorhanden sind.

Um jeden derselben sammelt sich eine Portion Plasma an, und jede der so entstandenen Energiden umgibt sich im Innern der Mutterzelle mit einer neuen Zellwand (Abb. 120 A).

Zellverjüngung und Zellverschmelzung. Endlich mag hier noch einiger Umformungsvorgänge gedacht werden, welche besonders bei den Fortpflanzungserscheinungen der niederen Pflanzen auftreten. Bei der Zellverjüngung verläßt einfach der Plasmainhalt die alte Zellhülle, um sich früher oder später mit einer neuen Zellwand zu umgeben. Die Zellverschmelzung ist das wesentlichste und charakteristische Moment der geschlechtlichen Fortpflanzung; sie geht in der Weise vor sich, daß die wichtigsten Zellinhaltsbestandteile der einen Zelle in die andere hineinwandern und sich mit derselben völlig vereinigen.

II. Gewebelehre.

1. Die Zusammensetzung der Gewebe.

a) Die Entstehung der Gewebe am Vegetationspunkt.

Unter den niederen Pflanzen ist eine Anzahl von Arten bekannt, deren Vegetationskörper während der ganzen Lebenszeit aus einer einzigen Zelle besteht (Abb. 121 A). Bei den meisten Pflanzen sind indes mehrere, oft sehr viele Zellen

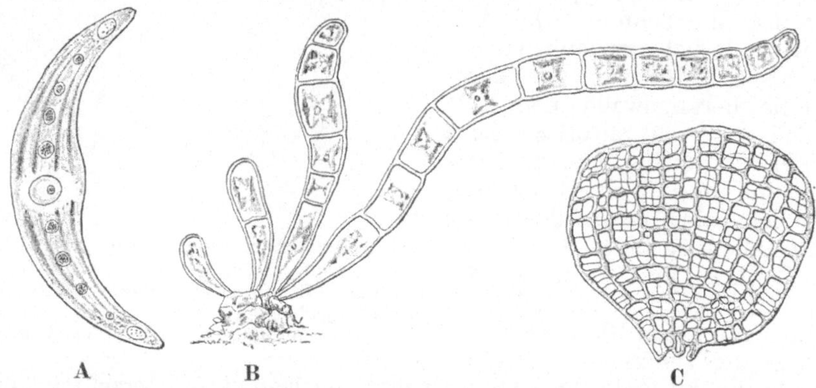

Abb. 121. **A** einzellige Alge, Closterium. **B** junge Pflänzchen der Fadenalge Ulothrix. **C** Prasiola, eine Alge, deren Vegetationskörper eine Zellfläche bildet.

am Aufbau des Vegetationskörpers beteiligt, welche durch Zellteilung aus einer Anfangszelle hervorgegangen sind. In den einfachsten Fällen teilt sich die Anfangszelle in zwei gleichwertige Tochterzellen, welche miteinander in Verbindung bleiben und sich in der gleichen Richtung und Weise weiter teilen. So entstehen Zellfäden aus gleichartigen Zellen (Abb. 121 B). Erfolgen die Teilungen in den Zellen nicht nur quer, sondern auch in einer dazu senkrechten Richtung, so entstehen Zellflächen (Abb. 121 C), und gehen endlich die Zellteilungen in allen Richtungen des Raumes vor sich, so kommen Zellkörper zustande.

In manchen Zellverbänden ist die Entstehung der neuen Zellen räumlich beschränkt; die unbegrenzte Teilbarkeit kommt nur einer einzigen Zelle, der **Scheitelzelle,** zu, während die von der Scheitelzelle abgegliederten Zellen direkt oder nach einigen weiteren Teilungen in den Dauerzustand übergehen.

Ein einfaches Beispiel für das Wachstum vermittels einer Scheitelzelle bietet der in Abb. 122 **A** abgebildete Thallusast der Meeresalge Stypocaulon. Die Scheitelzelle *s* teilt sich durch eine Querwand in zwei Zellen, von denen die nach der Spitze zu gelegene als Scheitelzelle erhalten bleibt und sich in gleicher Weise weiterteilt. Die nach rückwärts liegende Teilzelle dagegen erreicht nach einigen weiteren Teilungen den Abschluß ihrer Entwicklung. Ab und an wird von der Scheitelzelle seitlich eine Zelle als Vegetationsscheitel eines Seitenzweiges abgetrennt.

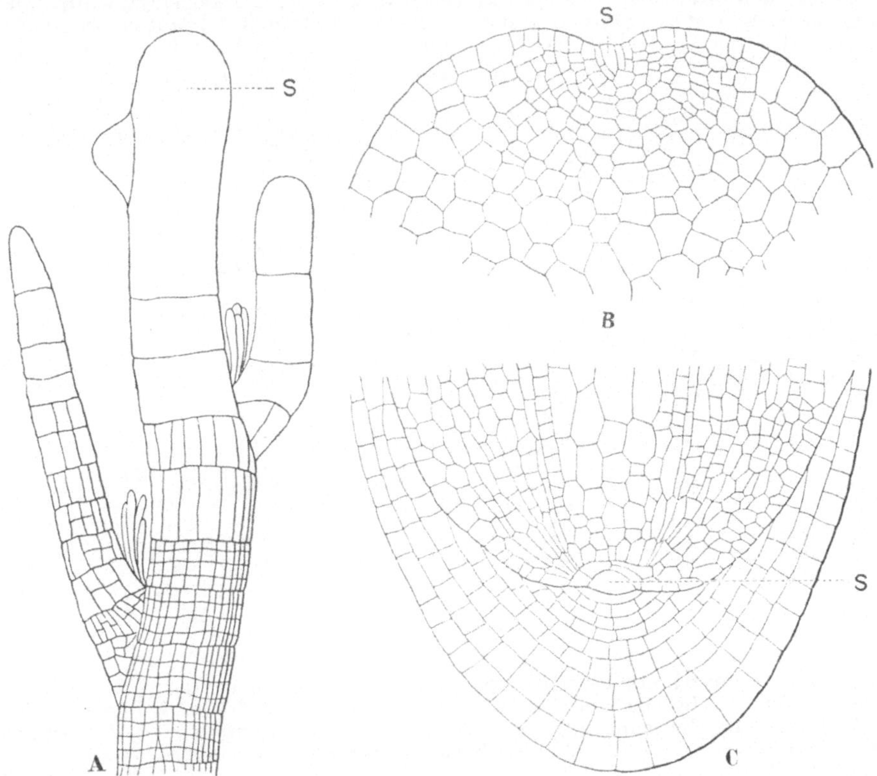

Abb. 122. **A** Thallusast der Meeresalge Stypocaulon (nach Geyler). **B** Zellanordnung an der Vegetationsspitze des bandartigen Sprosses des Lebermooses Metzgeria. **C** Medianer Längsschnitt durch die Wurzelspitze eines Farn (nach v. Tieghem). **S** Scheitelzelle.

Das Wachstum vermittels einer Scheitelzelle ist im Pflanzenreich sehr weit verbreitet; wir finden es bei Pilzen, Algen, Moosen (Abb. 122 **B**) und selbst unter den Gefäßpflanzen bei den Farnen. Bei Moosen und Farnen wechselt die Richtung der aufeinanderfolgenden Teilungswände schon innerhalb der Scheitelzelle regelmäßig ab; es kommen zweischneidige, dreiseitig und vierseitig pyramidenförmige Scheitelzellen an den Vegetationspunkten vor. An den Wurzeln der Gefäßkryptogamen gehen auch die Zellen, welche den Zuwachs der Wurzelhaube bilden, direkt aus der Scheitelzelle hervor (Abb. 122 **C**). Bei den Samenpflanzen ist es nicht eine einzelne Scheitelzelle, von welcher die Gewebebildung am Vegetationspunkt ausgeht, sondern eine Gruppe von Zellen, ein kleiner Gewebekomplex, den man als Bildungsgewebe oder **Meristem** bezeichnet (Abb. 123).

In dem Meristem vermehrt sich die Zahl der Zellen unausgesetzt durch Teilung, und die an die Oberfläche des Bildungsherdes gelangenden Zellen werden den vorhandenen Geweben hinzugefügt, während ein innerer Zellenkomplex von ungefähr gleichbleibender Größe den Charakter des Bildungsgewebes dauernd behält. Die Anordnung der Zellen in den vom Meristem ausgebildeten jungen Geweben zeigt eine gewisse Gesetzmäßigkeit, die zum Teil auf die Richtung der Teilungswand bei der Teilung der Zellen zurückzuführen ist. In zahlreichen Fällen haben die Teilungswände in den jungen Geweben die gleiche Richtung, welche an den Flüssigkeitslamellen in Schäumen beobachtet wird, d. h. die junge Teilungswand schließt sich an die betreffenden Zellwände der Mutterzelle so an, daß sie bei Halbierung des Hohlraumes die geringste zwischen ihnen mögliche Flächenausdeh-

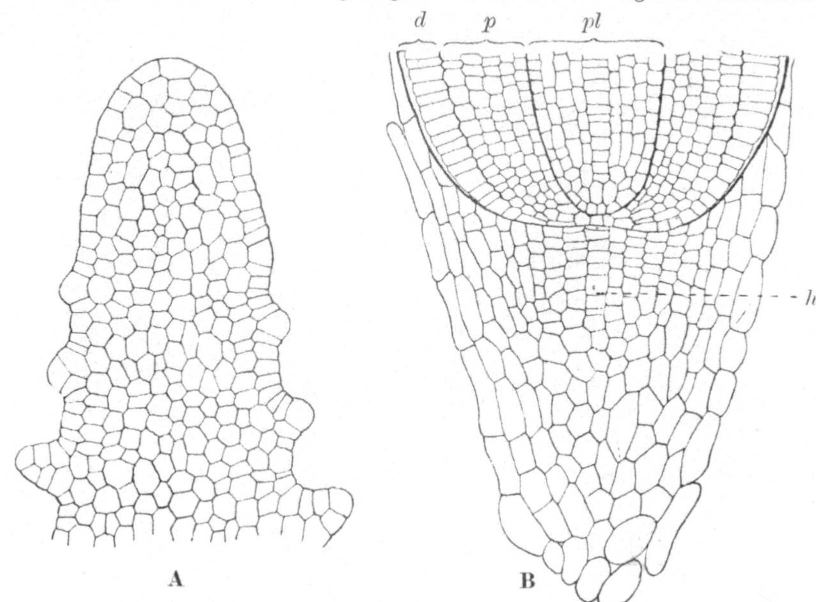

Abb. 123. **A** Längsschnitt des Sproßgipfels von Elodea canadensis (nach Kny); der Vegetationspunkt besteht aus einem Meristem von gleichartigen Zellen. **B** Längsschnitt der Wurzelspitze von Hordeum vulgare (nach Janczewski). *h* Wurzelhaube, *d* Dermatogen, *p* Periblem, *pl* Plerom.

nung besitzt. In einer würfelförmigen Mutterzelle steht also die junge Teilungswand parallel zu den Würfelflächen, in einer prismatischen Mutterzelle entweder senkrecht zur Längsachse oder parallel zu einer Seitenfläche, so daß sie die Längsachse in sich aufnimmt usf. In Schäumen ist die regelmäßige Anordnung mechanisch erklärt durch die Spannung in den Flüssigkeitslamellen. Die gleiche Erklärung ist für die Anordnung der Teilungswände in den Pflanzenzellen nicht anwendbar, da in jedem Falle die Lage der jungen Teilungswand bereits bestimmt ist, bevor noch die neuentstandene Membran sich an die Mutterzellwand angesetzt hat, also bevor sich in ihr Flächenspannung bemerkbar machen kann. Daß aber die mathematisch definierbare Gesetzmäßigkeit auch hier auf rein mechanische Ursachen zurückzuführen ist, unterliegt keinem Zweifel. Der Plasmaleib der Mutterzelle ist ein zähflüssiger Tropfen, der den Hohlraum vollkommen erfüllt und dadurch der deformierenden Wirkung der Schwerkraft entzogen ist. Durch den Vorgang der Zellteilung werden aus dem einen Flüssigkeitstropfen zwei gleich große, die beiden Plasmaleiber der Tochterzellen, die zusammen den Hohlraum der Mutterzelle erfüllen. Da eine deformierende Wirkung der Schwerkraft ausgeschlossen ist, wirkt auf die Gestaltung der beiden Tropfen, abgesehen von dem modellierenden Einfluß der Hohlform der Mutterzelle, nur das durch die Kohäsion erklärte Bestreben, die Gesamtoberfläche so klein als möglich werden zu lassen. In der Berührungsfläche der beiden Tochterzellen ist also das gleichsinnige Bestreben vorhanden, diese Berührungsfläche zu einer kleinsten Fläche werden zu lassen. Lag die Äquatorialebene der Kernteilungsfigur, in der ja die Trennung der beiden Tochterzellen angebahnt wird, ursprünglich nicht in der Richtung einer kleinsten Teilungswand, so führen die Plasmatropfen Bewegungen aus, durch welche die Trennungsfläche in eine solche Richtung gebracht wird. Die zwischen den Berührungsflächen der Tochterzellen nachträglich ausgeschiedene Teilungswand hat also von Anfang an die gesetzmäßige Lage.[1])

Unmittelbar am Vegetationspunkt sind die jungen Zellen alle annähernd gleich an Gestalt und Größe; bald aber treten Differenzierungen ein, welche den Anfang der Ausbildung verschiedener Gewebesysteme in dem Pflanzenkörper darstellen. Man kann an vielen Wurzeln und Sprossen schon kurz hinter dem fortwachsenden Scheitel eine Sonderung des Gewebes in drei Teile wahrnehmen. Ein axiler Teil, das **Plerom,** stellt den Anfang des die Leitbündel enthaltenden Achsenzylinders dar; er wird mantelartig umhüllt von dem **Periblem,** der jungen Rindenschicht der Achse; die äußerste Zellschicht endlich, die jugendliche Oberhaut, wird **Dermatogen** genannt (Abb. 123 B). Man kann den Ursprung dieser drei Meristemteile auf einige wenige Zellen am Vegetationspunkt zurückverfolgen, welche als Initialen bezeichnet werden. An den Vegetationspunkten der Wurzeln wird außerdem auch nach der Spitze hin ein Zellkomplex ausgegliedert, das **Kalyptrogen,** von dem der Zuwachs der Wurzelhaube abzuleiten ist.

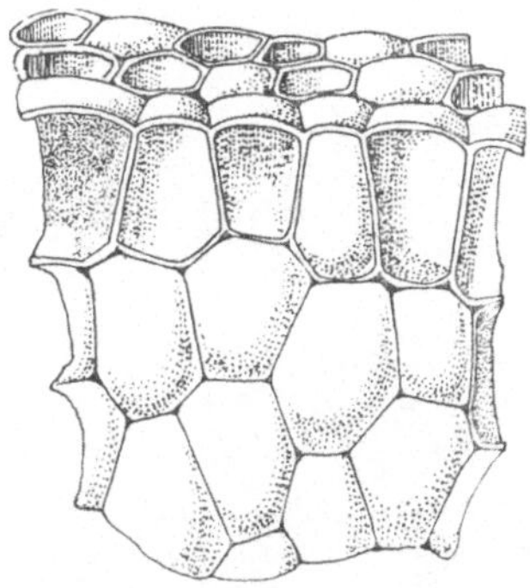

b) Formbestandteile der Gewebe.

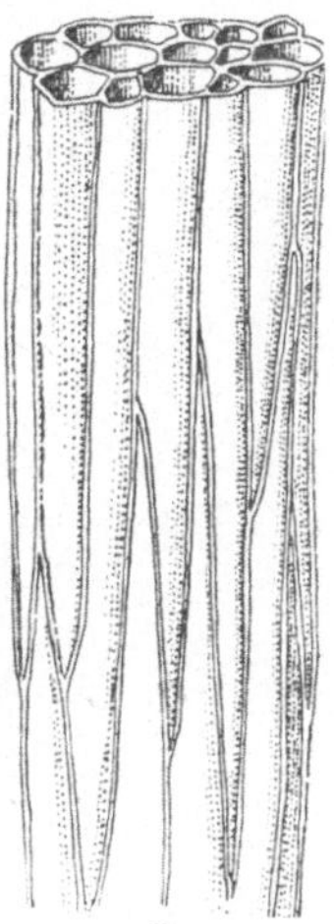

In den ausgewachsenen Teilen höherer Pflanzen ist die ursprüngliche Gleichmäßigkeit der die Gewebe am Vegetationspunkt zusammensetzenden Zellen vollständig verschwunden.

Abb. 124. Teile von dem Sproßgewebe einer dikotylen Pflanze. **A** Parenchym, die kurzen Zellen sind mit breiten Flächen aneinandergefügt. **B** Prosenchym, die faserartigen Zellen sind mit spitzen, lang ausgezogenen Enden zwischeneinander eingeschoben.

Die Zellen unterscheiden sich sowohl durch Form und Größe als auch durch Inhalt und Funktion wesentlich voneinander, und außerdem nehmen auch Gebilde an der Gewebeformation teil, welche wohl aus Zellen hervorgegangen, aber nicht mehr Zellen sind. Ferner sind zwischen den einzelnen Zellen Hohlräume, die Intercellularräume, entstanden, welche für die Lebensverrichtungen der Pflanze Bedeutung haben und oft eigenartige Ausbildung gewinnen, so daß sie als ein Bestandteil des ausgewachsenen Gewebes angesehen werden müssen. Im folgenden sollen die einzelnen Formbestandteile der Gewebe kurz besprochen werden.

Parenchym und Prosenchym. Man unterscheidet unter Berücksichtigung der Zellform zwei durch Übergänge verbundene Grundtypen der Gewebe: das **Parenchym,** dessen Zellen gewöhnlich nur wenig oder nicht gestreckt und mit breiten Flächen aneinandergefügt sind (Abb. 124 A), und das **Prosenchym,**

---

1) Das Problem von der Richtung der Teilungswand ist eingehender behandelt in Giesenhagen ,,Studien über Zellteilung‘‘, Stuttgart, Grubs Verlag.

dessen Zellen schmale, mit ihren langzugespitzten Enden zwischeneinander ein-
geschobene Fasern sind (Abb. 124 B).

Kollenchym und Sklerenchym. Die innere Festigkeit der Pflanzenteile beruht
häufig auf dem Vorhandensein eines derbwandigen Skelettgewebes. Das **Kollenchym** besteht aus prismatischen Parenchymzellen, deren Wände mit derberen Celluloseleisten besetzt sind (Abb. 125 A). In der Regel liegen die Verdickungsleisten in den Win-
kelkanten der Längswände,
deren Mittelbahnen für den

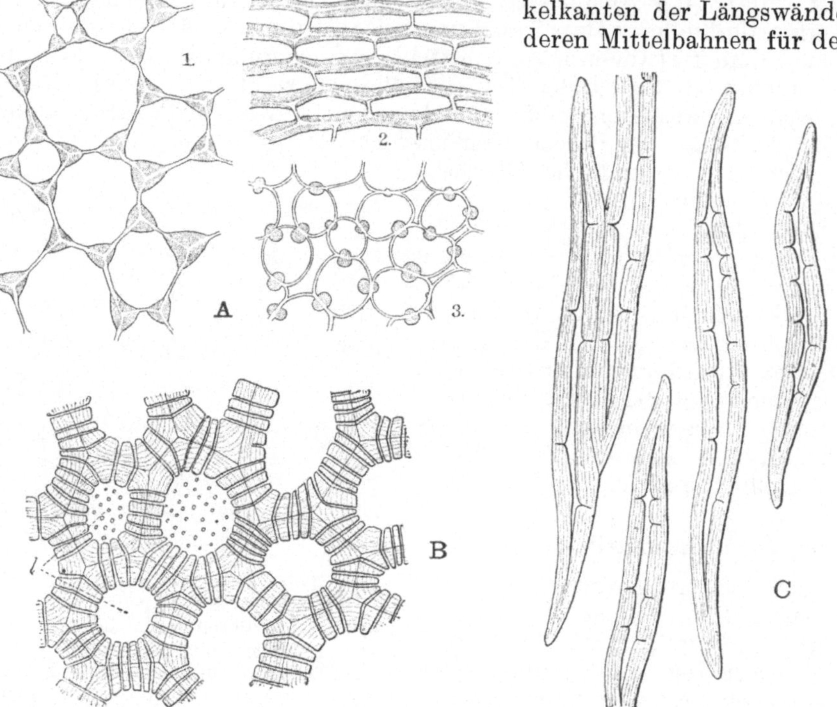

Abb. 125. **A** Querschnitt durch das Collenchym eines Dikotylenstengels. Die Zellwände
sind nur in den Winkelkanten verdickt. Der Zellinhalt ist nicht gezeichnet. **B** Steinzellen
von dem Querschnitt der harten Schale eines Kirschkerns. *l* Hohlraum der Zellen. Die
Wände der rundlichen Zellen sind stark verdickt und getüpfelt. **C** durch Präparation isolierte Sklerenchymfasern.

Stoffaustausch von Zelle zu Zelle freibleiben (Kantenkollenchym), oder sie sind
auf die Tangentialwände beschränkt (Plattenkollenchym). In den Palisadenzellen einiger Farnblätter nehmen die Verdickungsleisten die Mittelbahnen
der Längswände ein, so daß die in den Winkelkanten verlaufenden Luftkanäle
für das Zellplasma zugänglich bleiben (Palisadenkollenchym).

In den ausgewachsenen Geweben treffen wir dagegen häufig leere Zellen mit
verholzter, ringsum gleichmäßig verdickter, getüpfelter Wand als Skelettgewebe
an. Ein aus solchen Zellen bestehendes Gewebe wird als Sklerenchym bezeichnet.
Unter den Zellen des Sklerenchyms lassen sich zwei Formen unterscheiden:
die **Steinzellen** (Sklerenchymzellen), welche parenchymatisch, und die **Sklerenchymfasern,** welche prosenchymatisch sind (Abb. 125 B u. C).

Gefäße und Tracheïden. Die Gefäße sind ein charakteristischer Bestandteil der meisten bedecktsamigen Blütenpflanzen. Sie stellen lange Röhren dar, welche dadurch entstanden sind, daß in Reihen von übereinanderstehenden Zellen alle Querwände mit weiten Öffnungen durchbrochen wurden. Ein lebender Inhalt ist in den Gefäßen nicht mehr vorhanden, sie enthalten nur Wasser oder Luft und können als Reservoire im Pflanzenkörper angesehen werden, aus denen die benachbarten lebenden Zellen im Bedarfsfalle ihr Wasser beziehen. Die Wandung der Gefäße ist verholzt und meistens eigentümlich ausgebildet (Abb. 126 A). Zunächst ist an derselben eine Gliederung wahrzunehmen, welche dadurch hervorgerufen wird, daß die Querwand zwischen den einzelnen an der Gefäßbildung beteiligten Zellen nicht vollkommen verschwunden ist, sondern als ein ringförmiges Diaphragma oder auch als eine gitterartig durchbrochene Platte zurückbleibt. Sodann ist die auffällige Ver-

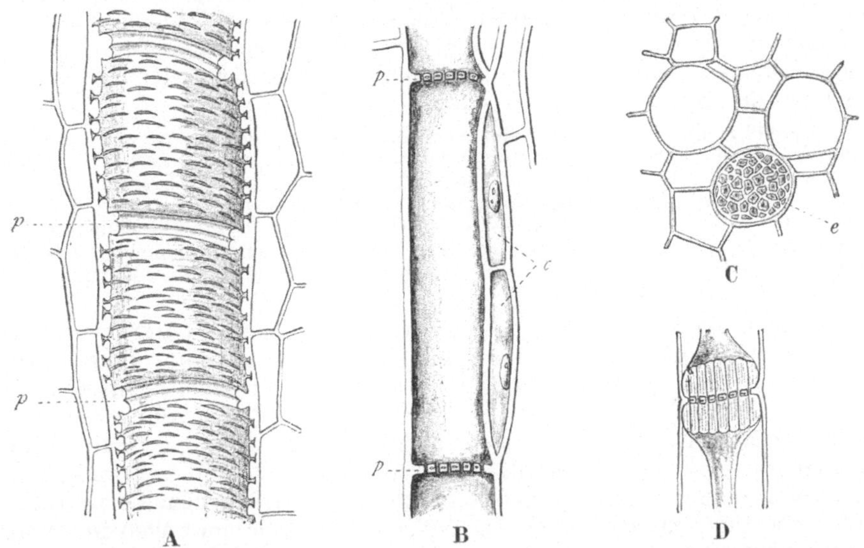

Abb. 126. **A** Teil eines Gefäßes im Längsschnitt, bei *d* die Überreste der aufgelösten Querwände. Die Gefäßwand ist mit spaltenförmigen Hopftüpfeln versehen. **B** Siebröhre von Cucurbita Pepo im Längsschnitt. *p* Siebplatten, *c* Geleitzellen. **C** Querschnitt einiger Siebröhren, bei *s* ist eine Siebplatte von der Fläche sichtbar. **D** Siebplatte mit Callus im Längsschnitt. Nach Alkoholmaterial. Der Inhalt der Siebröhre ist von der Zellwand zurückgetreten und hat sich in der Mitte der Zelle zu einem dicken Strang zusammengezogen.

dickung der Wandflächen zu bemerken, welche als ringförmige Leisten, als Spiralband, als leiterartiges oder netzförmiges Gitterwerk auftritt oder mehr gleichmäßig die Wand bekleidet, aber dann von zahlreichen gehöften Tüpfeln durchsetzt ist. Man unterscheidet danach Ringgefäße, Spiralgefäße, Treppengefäße, Netzgefäße und Tüpfelgefäße. In dem Holz der Dikotylen sind sehr häufig neben den Gefäßen auch Tracheïden vorhanden, einzelne prosenchymatische Zellen, welche in der Ausbildung der Zellwand mit den Gefäßen übereinstimmen und wie diese nur Wasser oder Luft enthalten. Bei den meisten Gefäßkryptogamen und Nadelhölzern fehlen die typischen Gefäße, statt derselben treten die Tracheïden ein.

Siebröhren und Geleitzellen. Die Siebröhren sind gleichfalls ein charakteristischer Bestandteil des Gewebes der höheren Pflanzen; sie werden aus prismatischen Zellen gebildet, welche der Länge nach zu Reihen angeordnet und mit breiter Fläche aufeinandergesetzt sind (Abb. 126 **B**). Die Querwände zwischen den einzelnen Gliedern sind siebartig durchlöchert; man bezeichnet sie deswegen als Siebplatten (Abb. 126 **C**). Gelegentlich kommen auch an den Längswänden zwischen zwei benachbarten Siebröhren solche Siebplatten zur Ausbildung. Durch die Löcher der Siebplatten hindurch steht der Inhalt der einzelnen Siebröhrenglieder in offener Verbindung. Bisweilen werden die Siebplatten durch die Auflagerung einer Wandverdickung von eigenartiger Beschaffenheit auffällig verändert. Man bezeichnet diese Auflagerung als Callus. Sie verengert die Zugänge zu den Poren der Siebplatte häufig zu engen Kanälchen oder verschließt dieselben ganz (Abb. 126 **D**).

Der Inhalt der Siebröhrenglieder besteht im frischen Zustande aus einem dünnen, der Zellwand anliegenden Protoplasmaschlauch, der eine sehr große Vakuole umschließt, in welcher sich gewöhnlich an dem einen Ende des Gliedes eine Schleimansammlung findet, die sich strangartig mehr oder minder weit in die Mitte des Gliedes hinein fortsetzt.

In Alkohol zieht sich der Inhalt der Siebröhrenglieder von der Längswand zurück und bildet einen von einer Siebplatte zur anderen reichenden Strang, welcher sich mit Jod braungelb färbt. Löst man an einem solchen Präparat durch Schwefelsäure die Zellwand fort, so kann man die durch die Poren der Siebplatten hindurchgehenden Protoplasmastränge als zwischen den Inhaltmassen der einzelnen Glieder zurückbleibende Verbindungsfäden deutlich erkennen. Die Siebröhren besitzen eine verhältnismäßig kurze Lebensdauer; in älteren Pflanzenteilen verlieren sie ihren Inhalt und werden zusammengedrückt (obliteriert).

Bei der Ausbildung der Siebröhren wird bei manchen Pflanzen von den zum Siebröhrenglied werdenden Zellen durch eine Längswand eine schmale Zelle abgetrennt, welche sich in eigenartiger Weise weiter entwickelt. Auf diese Weise entstehen in engster Verbindung mit den Siebröhren Reihen schmaler parenchymatischer Zellen mit zarter Wand und dichtem Protoplasmainhalt. Man bezeichnet diese Zellen als **Geleitzellen.** Wegen des Eiweißreichtums des Zellinhaltes ist man geneigt, die Siebröhren mit ihren Geleitzellen als die Bildungsstätte und die Leitbahn für einen Teil der Eiweißverbindungen im Pflanzenkörper anzusehen.

Milchröhren. In dem Gewebe einiger Samenpflanzen treffen wir ein System schlauchförmiger, verzweigter Röhren an, welche eine als Milchsaft bezeichnete, meistens weiß, seltener gelb oder rötlich gefärbte Flüssigkeit enthalten. Die Wand dieser Milchröhren besteht aus reiner Cellulose, in einzelnen Fällen erreicht sie eine beträchtliche Dicke. Mit Rücksicht auf die Entstehungsweise werden zwei Arten von Milchröhren unterschieden: die **gegliederten** Milchröhren (Abb. 127 **A**), welche in ähnlicher Weise wie die Gefäße durch die Auflösung der Zwischenwände aus Zellreihen hervorgegangen sind, und die **ungegliederten** Milchröhren (Abb. 127 **B**), welche durch Wachstum und Verzweigung einer schon in der jungen Pflanze vorhandenen, einzelligen Anlage entstanden sind. Gegliederte Milchröhren kommen z. B. bei dem Löwenzahn und beim Mohn vor, ungegliederte bei den Wolfsmilcharten.

Der Inhalt der Milchröhre besteht aus einem sehr zarten, wandständigen Protoplasmaschlauch mit Zellkernen, welcher einen den größten Teil des Röhrenlumens einnehmenden, von Milchsaft erfüllten Vakuolenraum umgibt. Der Milchsaft besteht aus wässerigem

Zellsaft, in welchem sehr viele kleine Körnchen, der Hauptsache nach Harze und Kautschuk, suspendiert sind. Der Milchsaft der Euphorbien enthält außerdem spindelförmige oder schenkelknochenförmige Stärkekörner. In der Flüssigkeit gelöst sind Gummi, Zucker, geringe Mengen Eiweiß, Gerbstoff, verschiedene Salze und Alkaloide beobachtet worden. Der Milchsaft steht in den Röhren unter Druck und wird bei Verletzungen des Gewebes aus der Wunde ausgepreßt. An der Luft gerinnt der Saft schnell und bildet einen Wundverschluß. Ob die im Milchsaft enthaltenen Stoffe zum Teil noch für die Ernährung der Pflanze in Betracht kommen, oder ob sie ausgeschiedene Endprodukte des Stoffwechsels darstellen, ist noch nicht in allen Fällen mit Sicherheit entschieden.

Sekretschläuche. Kalkkristalle, Öltropfen und Gerbstoffe, die gelegentlich als Inhalt beliebiger Zellen auftreten können, sind bei manchen Pflanzen auf

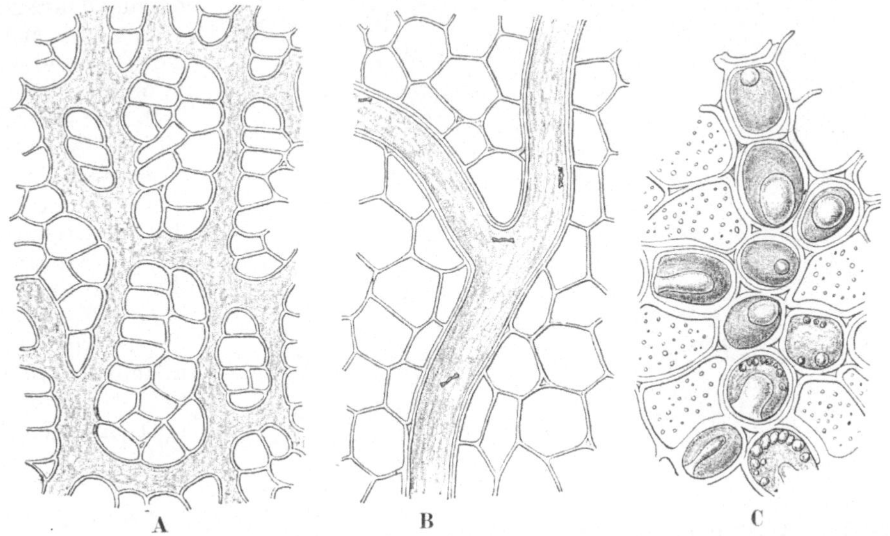

Abb. 127. **A** gegliederte Milchröhren aus der Wurzelrinde von Scorzonera hispanica. **B** Teil einer ungegliederten Milchröhre von Euphorbia splendens. **C** Gerbstoffschläuche aus der Rinde der Eiche (nach Hartig).

bestimmte Zellen beschränkt, welche sich dadurch und häufig auch durch ihre sonstige Ausbildung von den benachbarten Zellen unterscheiden. Hierher gehören die Kristallschläuche, in denen die Einzelkristalle und die in Schleim eingebetteten Raphidenbündel bei Agave und anderen enthalten sind: ferner die Ölzellen in den Lorbeerblättern, die Gerbstoffschläuche (Fig. 127 C) u. a. m.

Intercellularräume. Als Intercellularräume werden Hohlräume in den Geweben bezeichnet, welche zwischen den Zellen liegen. Sie können in verschiedener Weise in dem ursprünglich lückenlosen Gewebe zustande kommen. Sehr häufig sind die Intercellularräume **schizogen,** d. h. dadurch entstanden, daß die aneinandergrenzenden Zellen auseinander weichen, indem die gemeinsame Wand zwischen ihnen gespalten wird. Seltener ist die **lysigene** Entstehungsweise, bei welcher durch Auflösung ganzer Zellen in einem geschlossenen Gewebekomplex eine Höhlung gebildet wird. **Rhexigen** endlich nennt man die Intercellularräume, welche durch Zerreißen von Zellwänden zustande kommen. Die große Mehrzahl aller Intercellularräume enthält Luft. Die Räume zwischen den einzelnen Zellen stehen untereinander und durch bestimmte Ausgangs-

öffnungen mit der atmosphärischen Luft in Verbindung und bilden ein Durch-
lüftungssystem, durch welches den lebenden Zellen Atemluft zugeführt wird.

Bei einigen Pflanzen kommen neben den luftführenden auch sekrethaltige
Intercellularräume vor. Die Harzgänge der meisten Nadelholzgewächse und
die Ölstriemen der Doldengewächse sind z. B. derartige Sekreträume. Sie bilden
lange Röhren, welche mit zartwandigen Epithelzellen ausgekleidet sind, von
denen aus das Sekret in den Intercellularraum ausgeschieden wird. (Abb. 128 **A**).
Die Harzgänge sind schizogen. Im Querschnitt jugendlicher Gewebeteile findet

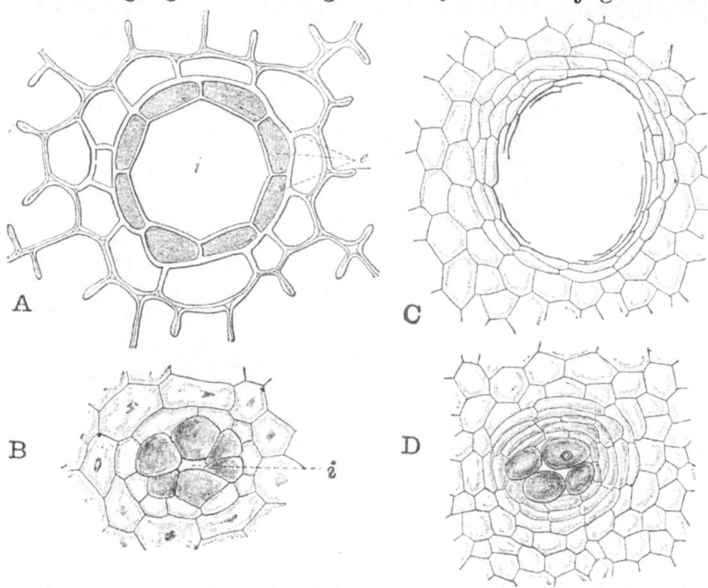

man an der Stelle, die später von einem Harzgang eingenommen wird, eine einzige inhaltsreiche Zelle, die sich später in vier oder sechs Zellen teilt; diese weichen an der Berührungskante auseinander, so daß ein enger Intercellulargang entsteht, in dem alsbald ein Sekrettropfen auftritt (Abb. 128 **B**). Später erweitert und rundet sich der Kanal, indem die secernierenden Epithelzellen heranwachsen und durch Teilung vermehrt werden.

Abb. 128. **A** Querschnitt durch einen Harzgang aus dem Blatt von
Pinus austriaca. *i* Intercellularraum, *e* die denselben auskleidenden
Epithelzellen. **B** jüngeres Stadium; zwischen den inhaltsreichen
Zellen ist der auftretende Harzgang als schmaler Spalt *i* sichtbar.
C lysigene Öllücke aus der Fruchtknotenwand von Citrus. **D** jüngeres
Stadium derselben.

Als ein Beispiel lysigener Sekreträume mögen die **Öllücken** der Fruchtschale
der Orangen dienen (Abb. 128 **C** u. **D**). In genügend jungen Stadien findet man
auf Schnitten rundliche Komplexe inhaltsreicher Zellen. Später lösen sich die
Zellen zunächst in der Mitte des Komplexes aus ihrem Verbande, indem die
Zellwände verschwinden. Aus dem Inhalt der aufgelösten Zellen geht das
Sekret hervor, welches den entstandenen Hohlraum erfüllt. Indem in der Folge
immer mehr Zellen der Auflösung anheimfallen, vergrößert sich die Öllücke
und die Menge des Sekretes. Im Blatt von Ruta, bei den Gewürznelken und
dem Piment, sind ähnliche lysigene Öllücken vorhanden.

c) Einteilung der Gewebe.

Die im vorstehenden aufgezählten Formelemente der Gewebe sind im Pflanzenkörper zu Gewebesystemen miteinander verbunden. Man kann die Gewebe
der höheren Pflanzen nach verschiedenen Gesichtspunkten einteilen. Nach der
Entstehungsfolge lassen sich primäre und sekundäre Gewebe unterscheiden.

Man kann ferner die Funktion zur Grundlage der Einteilung machen und Festigungsgewebe, Leitungsgewebe, Speichergewebe usw. nebeneinander betrachten. Eine Einteilung der Gewebearten nach ihrer Zusammensetzung und gegenseitigen Lage im Pflanzenkörper führt zur Unterscheidung von Hautgewebe, Leitbündel und Grundgewebe. Die letztere, gewissermaßen topographische Gewebeeinteilung hat den Vorzug, leicht übersichtlich zu sein, und soll deshalb zur Grundlage der folgenden Darstellung gemacht werden. Die physiologisch-anatomische Betrachtungsweise wird dabei durch den steten Hinweis auf die Beziehungen zwischen der Funktion und der Beschaffenheit der einzelnen Gewebesysteme ihre Rechnung finden.

Das **Hautgewebe** überzieht äußerlich alle Teile des Pflanzenkörpers; es ist durch diese Lage und durch das Vorkommen verkorkter Zellwände oder Wandteile am besten charakterisiert. Die **Leitbündel** durchziehen das Innere des Pflanzenkörpers strangartig; nie fehlende Elemente sind Gefäße oder Tracheiden und Siebröhren. Das **Grundgewebe** besteht der Hauptsache nach aus Parenchym in je nach der Funktion veränderter Ausbildung, dem vereinzelt oder in Gruppen andere Formelemente eingefügt sind.

2. Das Hautgewebe.

Das Hautgewebe schützt die Pflanzenteile gegen mechanische Verletzung und gegen das Eindringen von Parasiten, es vermittelt und regelt die Wasserverdunstung und den Gasaustausch im Pflanzenkörper.

a) Die Epidermis.

Die Blätter und die jugendlichen Sproß- und Wurzelteile der höheren Pflanzen sind von einer einfachen Schicht von Zellen überzogen, welche eine teilweise verkorkte Außenwand besitzen und meistens auch durch den Mangel an Chlorophyllkörpern von dem darunterliegenden Gewebe sich unterscheiden. Diese Hautschicht wird als Epidermis bezeichnet. Die **Epidermiszellen** schließen lückenlos aneinander; nur an bestimmten, mit der Luft in Berührung befindlichen Stellen sind Intercellularräume, die **Spaltöffnungen,** vorhanden, welche von abweichend gebauten Zellen, den Schließzellen, umgeben sind. Zu der Epidermis sind auch die mannigfaltigen **Haarbildungen** zu rechnen, welche sich auf jugendlichen Pflanzenteilen finden. In Ausnahmefällen wird die Epidermis mehrschichtig, indem in den ursprünglich einfachen Epidermiszellen Querwände parallel zur Oberfläche auftreten. Bisweilen wird das Hautgewebe in seiner Funktion von einer oder mehreren angrenzenden Zellschichten unterstützt, welche eine dementsprechende Ausbildung erfahren. Man bezeichnet derartige an der Hautbildung teilnehmende innere Schichten als **Hypoderm.**

Epidermiszellen. Die Epidermiszellen enthalten lebendes Protoplasma mit Zellkern, Leukoplasten und wässerigem Zellsaft. Chlorophyll ist meistens nicht vorhanden; bei Schattenpflanzen und bei untergetauchten Teilen der Wasserpflanzen finden sich auch in den Epidermiszellen Chlorophyllkörper vor.

Die Form der Epidermiszellen ist oft an den Teilen derselben Pflanze verschieden. Bisweilen sind die Zellen in der Längsrichtung des betreffenden Pflanzenteiles gestreckt, bisweilen sind die Durchmesser der Epidermiszellen parallel zur Oberfläche annähernd gleich. Die Höhe der Zellen, d. h. ihr Ausmaß senkrecht zur Oberfläche, ist meist geringer als die seitlichen Dimensionen, doch kommt auch der umgekehrte Fall, oder annähernde Gleichheit der Ausmaße nicht selten vor. Bei vielen Epidermiszellen ist die Außenwand mehr oder minder stark kuppelförmig nach außen vorgewölbt oder selbst in eine Papille vorgezogen. Die Seitenwände sind bisweilen wellig verbogen, wodurch die Festigkeit des Zellverbandes bedeutend erhöht wird (Abb. 129). Die Dicke der Seiten- und Innenwände ist meistens nicht sehr beträchtlich, gewöhnlich sind zahlreiche Tüpfel in den Wänden vorhanden. Im Gegensatz dazu finden wir die Außenwand häufig stark verdickt, besonders bei Gewächsen, deren Standortsverhältnisse eine Herabsetzung der Wasserverdunstung erfordern. Die äußerste Schicht der Außenwand wird überall von einer Korklamelle, der Cuticula, gebildet, wodurch die Durchlässigkeit der Wand für Wasserdampf verringert oder aufgehoben wird. Häufig sind auch die der Cuticula zunächst liegenden Schichten der Cellulosewand mit Korkstoff mehr oder weniger im-

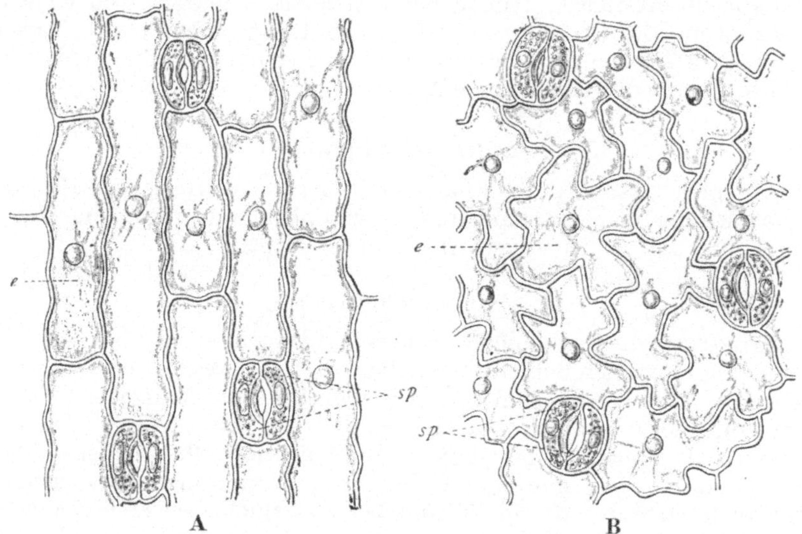

A   B

Abb. 129. **A** Stück der Epidermis der Blattunterseite von Lilium candidum. **B** Stück der Epidermis der Blattunterseite von Ranunculus Ficaria. *e* Epidermiszelle, *sp* Schließzellen einer Spaltöffnung.

prägniert. Bei Zusatz von Chlorzinkjod nimmt die Cuticula eine braungelbe, der aus Cellulose bestehende Teil der Wand eine blaue Farbe an; wenn man die Cellulose durch Schwefelsäure zerstört, so bleibt die Cuticula als dünnes Häutchen im Präparat zurück.

Bisweilen ist die Wirkung der Cuticula durch Einlagerung von Wachskörnchen erhöht oder es bildet sich auf der Oberfläche der Cuticula eine Wachsausscheidung, die entweder nur als zarter, bläulicher Reif erscheint, wie bei unseren Zwetschen und bei den Blättern mancher Sedumarten, oder eine mächtigere Ausbildung gewinnt und in dichter, aus Körnchen oder Stäbchen gebildeter Schicht die Oberfläche bedeckt. Der Wachsüberzug macht die Pflanzenteile zugleich unbenetzbar.

Spaltöffnungen. Die Verbindung zwischen dem Innern der jungen, von der Epidermis bedeckten Pflanzenteile und der Atmosphäre wird durch die Spaltöffnungen vermittelt. Jede Spaltöffnung besteht aus zwei im Verbande mit den Epidermiszellen stehenden Schließzellen, zwischen denen sich eine Spalte als Eingangsöffnung in das Innere des Gewebes befindet (Abb. 129). Unterhalb der Spaltöffnungen befindet sich im Gewebe meist eine größere Intercellularlücke, die Atemhöhle (Abb. 130). Die Schließzellen besitzen lebendes Plasma mit Zellkern und Chlorophyllkörpern und enthalten gewöhnlich auch Stärke. Sie

haben von oben gesehen meist Bohnenform; an ihren beiden Enden sind sie fest miteinander verwachsen, während der mittlere Teil der Berührungsseite an die Spalte grenzt. Auf dem Querschnitt erkennt man, daß die Zellwand an den verschiedenen Seiten ungleich stark verdickt ist. Häufig sind oberhalb und unterhalb des eigentlichen Spalteneinganges leistenförmige Vorsprünge an den Zellen vorhanden, welche auf dem Querschnitt als Zacken oder Hörnchen erscheinen (Abb. 130). Die Cuticula der Epidermis setzt sich über die Oberfläche der

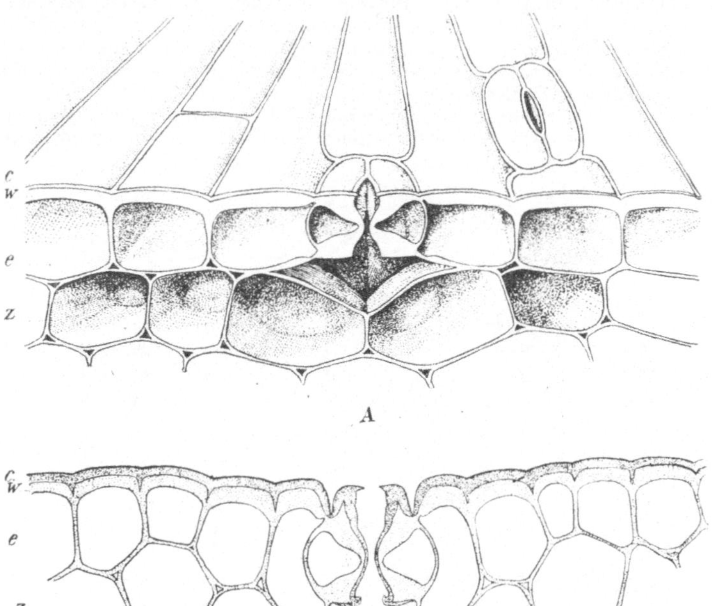

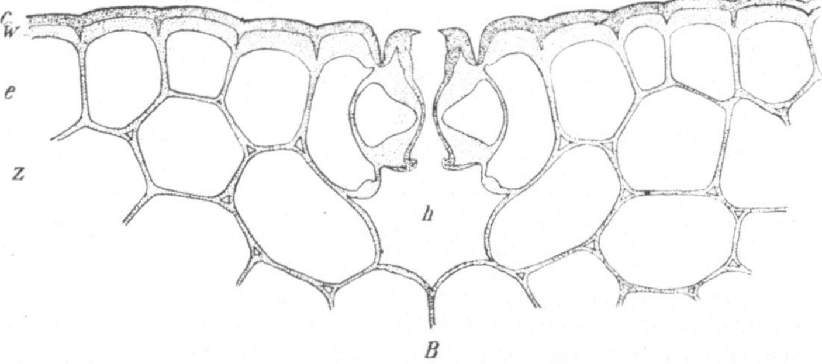

Abb. 130. **A** Teil des Oberflächengewebes des Tulpenblattes mit einer ganzen und einer quer durchschnittenen Spaltöffnung. **B** Teil eines Querschnittes des Blattes von Clivia nobilis. *e* Epidermiszelle, *c* Cuticula, *w* der aus Cellulose gebildete Teil der Zellwand, *s* Schließzelle der Spaltöffnung, *z* Zellen des inneren Blattgewebes, *h* Atemhöhle.

Schließzellen meist bis in die Atemhöhle hinein fort. Die ungleichmäßige Ausbreitung der Verdickungsschichten bewirkt, daß die Form der Schließzellen verändert wird, wenn der durch den Inhalt auf die Wand ausgeübte Druck sich ändert. Wenn der Saftdruck hoch ist, sind die Zellen stark gekrümmt; die Ränder der Spalte sind möglichst weit auseinandergerückt und lassen einen weiten Zugang zu der Atemhöhle und zum Blattinnern offen, so daß Wasserdampf ungehindert austreten kann. Wird der Saftdruck vermindert, so strecken die schlaff werdenden Zellen sich mehr und mehr gerade, die Ränder der Spalte rücken ganz nahe aneinander und vermindern, indem sie dem Wasserdampf den Ausweg erschweren, die Verdunstung.

Die den Schließzellen unmittelbar benachbarten Zellen (Nebenzellen) sind
bei manchen Pflanzen anders gebaut als die übrigen Epidermiszellen. Sie
stellen meistens Übergangsformen zwischen den gewöhnlichen Epidermiszellen
und den Schließzellen dar und wirken in manchen Fällen mit bei dem Öffnen
und Schließen der Spalte.

Die Spaltöffnungen finden sich hauptsächlich nur an solchen Pflanzenteilen, welche mit
der Luft in unmittelbarer Berührung stehen. Bei den Wasserpflanzen sind die untergetauchten Teile ganz oder fast ganz ohne Spaltöffnungen, die Schwimmblätter haben sie auf
ihrer Oberfläche. Bei den Landpflanzen ist dagegen die Zahl der Spaltöffnungen meist
auf der Blattunterseite größer als auf der Oberseite, häufig ist die Oberseite der Blätter
gänzlich von Spaltöffnungen frei.

Die Spaltöffnungen werden schon früh an dem jungen Blatte angelegt. Bei sehr jungen
Blättern von Iris (Abb. 131) erkennt man zwischen den mehr gestreckten Epidermiszellen

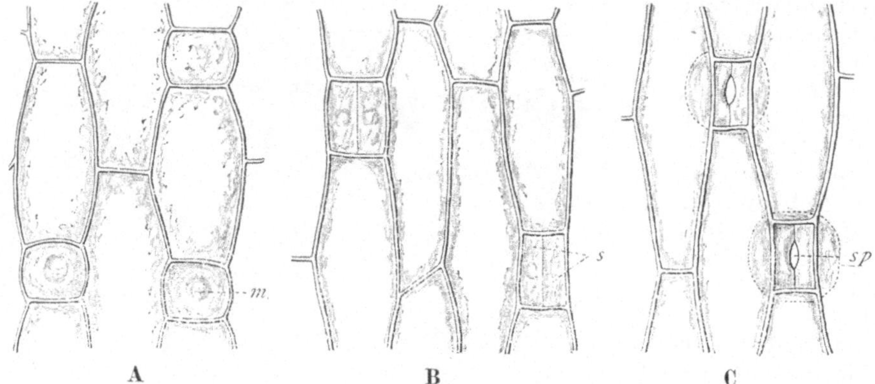

Abb. 131. Entwicklung der Spaltöffnungen in der Epidermis des Blattes der Schwertlilie.
A jüngstes Stadium; zwischen den gestreckten Epidermiszellen liegen die kurzen, inhaltsreichen Spaltöffnungsmutterzellen *m*. B durch eine zarte Längswand sind die Mutterzellen
in zwei Zellen *s*, die späteren Schließzellen der Spaltöffnung, geteilt. C durch Auseinanderweichen der Schließzellen ist die Spalte *sp* entstanden.

einzelne kurze, inhaltsreiche Zellen als die Mutterzellen der Spaltöffnungen. Die Mutterzellen teilen sich später durch eine Längswand. Die beiden Tochterzellen werden zu
Schließzellen, zwischen denen unter Spaltung der Trennungswand die Eröffnung der Spalte
erfolgt.

Neben den Spaltöffnungen, welche die Ausgänge der lufthaltigen Intercellularräume darstellen, finden sich bei vielen Pflanzen ähnliche Spaltöffnungen,
welche zur Ausscheidung von Wassertropfen eingerichtet sind. Dieselben werden
als **Wasserspalten** bezeichnet. Sie unterscheiden sich von den Luftspalten hauptsächlich durch ihre Größe und durch die Unbeweglichkeit der Schließzellen.
Die Wasserspalten liegen meist in der Nähe des Blattrandes über den Gefäß-
bündelendigungen; der Intercellularraum der Wasserspalte steht mit den luftführenden Intercellularräumen nicht in direkter Verbindung.

Haarbildungen. Indem einzelne Epidermiszellen oder Gruppen derselben
über die Oberfläche emporwachsen, entstehen Trichome, d. h. Haare oder haar-
ähnliche Gebilde, welche die Oberfläche der meisten jungen Pflanzenteile mehr
oder minder dicht bedecken. In vielen Fällen bleiben die zu Haaren auswachsenden Epidermiszellen ungeteilt, die Haare sind also einzellig. In anderen Fällen
treten Teilungswände auf, so daß Zellreihen, Zellflächen und Zellkörper ent-

stehen. Die äußere Gestalt der Haare ist häufig kegelförmig oder zylindrisch; nicht selten kommen Verzweigungen vor und zwar können, wie das Beispiel von Cheiranthus Cheiri (Abb. 132 **A**) beweist, auch einzellige Haare verzweigt sein. Bisweilen geht die Verzweigung des Haargebildes schon von der zum Haar auswachsenden Epidermiszelle aus. So werden z. B. bei Althaea rosea die Haarmutterzellen, noch bevor sie über die Epidermis hervortreten, in zwei, drei, vier oder mehr gleichwertige Zellen geteilt, die zu kegelförmigen Haaren auswachsen. Man bezeichnet diese Haarbildungen als Büschelhaare (Abb. 132 **C**). Zu den verzweigten Haaren sind auch die Sternhaare zu rechnen, bei denen vom oberen Ende eines wenig über die Epidermis hervortretenden Stieles eine größere

Anzahl von Seitenzweigen parallel zur Oberfläche des Pflanzenteils nach allen Richtungen hin ausstrahlt. Oft sind diese Strahlen dicht gedrängt und seitlich miteinander verwachsen, wie es z. B. bei den Schuppenhaaren des Sanddorns (Abb. 132 **B**) der Fall ist. An ihrem oberen Ende sind die Haare und ihre Äste meist spitz ausgezogen, bisweilen ist jedoch sowohl bei einzelligen als auch bei mehrzelligen Haaren das obere Ende abgerundet oder kopfig verdickt.

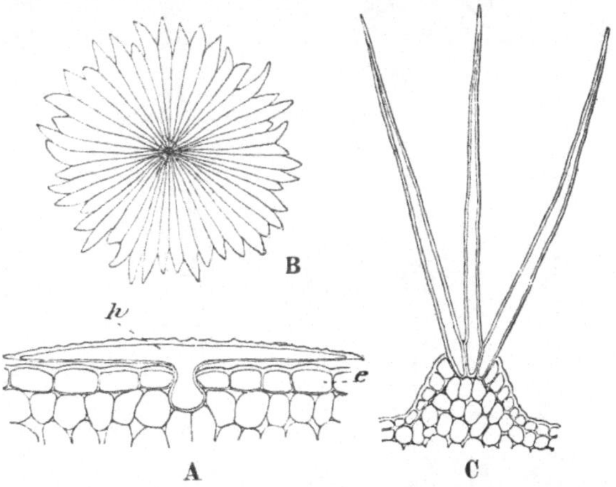

Bei manchen Haargebilden bleibt der lebende Inhalt dauernd erhalten, bei anderen geht er bald zugrunde, und an seine Stelle tritt Luft in den Hohlraum der Haarzellen ein. Die

Abb. 132. **A** Stück vom Längsschnitt des Blattes von Cheiranthus Cheiri; e Epidermis, h einzelliges, zweiarmiges Haar, welches mit einem kurzen Stiel zwischen den Epidermiszellen eingefügt ist. **B** Sternhaar von Hippophaë rhamnoides von oben gesehen. **C** Schnitt durch die Basis eines Büschelhaares von Althaea rosea.

Lebensdauer der Haare ist sehr verschieden; während bei einzelnen Pflanzen die Haare für die ganze Lebensdauer der Epidermis erhalten bleiben, sind bei anderen die ganz jugendlichen, noch nicht ausgewachsenen Teile mit Haaren bedeckt, welche später abgeworfen werden; so sind z. B. die Blätter der Buchen in der frühen Jugend silberhaarig, im ausgewachsenen Zustande aber völlig kahl.

Manche Haarbildungen haben für die Lebensverrichtungen der Pflanze eine leicht erkennbare Bedeutung, man kann nach der Funktion verschiedene Trichomarten unterscheiden, von denen einige häufiger auftretende im folgenden kurz besprochen werden sollen.

Als **Wollhaare** bezeichnet man lange, zylindrische, mit Luft erfüllte Haare, welche in dichtem Filz die Oberfläche der Epidermis überziehen. Sie bilden ein Mittel zur Herabsetzung der Wasserverdunstung in der Pflanze, indem sie über der Epidermis ein System ruhender Luftschichten abschließen, durch welches die Abgabe des Wasserdampfes an die Atmosphäre nur langsam erfolgen kann. Eine gleiche Funktion erfüllen die Schuppenhaare und die Sternhaare, deren Form oben beschrieben worden ist.

An den Sprossen des Hopfens stehen zweiarmige Haare mit sehr fester Wand. Dieselben haken sich leicht in die Unebenheiten der Gegenstände ein, mit denen die Sprosse in Berührung kommen. Sie unterstützen dadurch den windenden Sproß der Pflanze, indem sie denselben an der umschlungenen Stütze befestigen. Man bezeichnet diese hakenförmigen Haare, die sich auch bei anderen Pflanzen finden, als **Klimmhaare** (Abb. 133 **A**).

Die **Drüsenhaare,** welche bei sehr vielen Pflanzen, z. B. bei den Labiaten, den Primeln, den Pelargonien u. a. m., sich finden, sondern Sekrete, meistens ätherische Öle ab. Auf kürzerem oder längerem zylindrischem Stiel ist bei ihnen eine kugelförmige Endzelle oder eine Zellgruppe vorhanden, die das Sekretionsorgan darstellt (Abb. 133 **B**). Das Sekret wird in der Zellwand und zwar zwischen der Cuticula und der Cellulosemembran der Außenwand abgelagert. Indem die Menge des Sekretes sich allmählich vergrößert, wird die Cuticula mehr und mehr von der Zelle abgehoben, bis sie endlich zerreißt und das Sekret entläßt. Den Drüsenhaaren sind die **Leimzotten** in ihrer Funktion ähnlich. Sie bilden schuppenartige Zellflächen oder Zellkörper, die aber ebenfalls aus einzelnen Epidermiszellen hervorgegangen sind. Leimzotten kommen an den Winterknospen mancher Bäume, z. B. der Roßkastanie, vor. Ihr harziges Sekret überzieht beim Austreiben der Knospen die jugendlichen Blätter und schützt sie gegen zu starke Wasserverdunstung. Bisweilen sind die als Sekretionsorgane diendenen Zellen der Oberhaut überhaupt nicht haarartig über die Fläche emporgehoben. Sie stellen dann Zellen oder Zellgruppen dar, welche im Verbande der übrigen Epidermiszellen liegend durch die Beschaffenheit ihres Inhaltes und ihrer Außenwand von letzteren verschieden sind. Man bezeichnet sie je nach ihrem Umfang als Drüsenflächen oder Drüsenflecken. Die den Honigsaft abscheidenden Drüsenflecken, welche in zahlreichen Blüten, aber gelegentlich auch außerhalb derselben, auftreten, werden Nektarien genannt. Bei der Pechnelke und andern schützt das von Drüsenflächen des Stengels abgeschiedene klebrige Sektret gegen den Besuch kriechender Tiere, die dem Blüten-

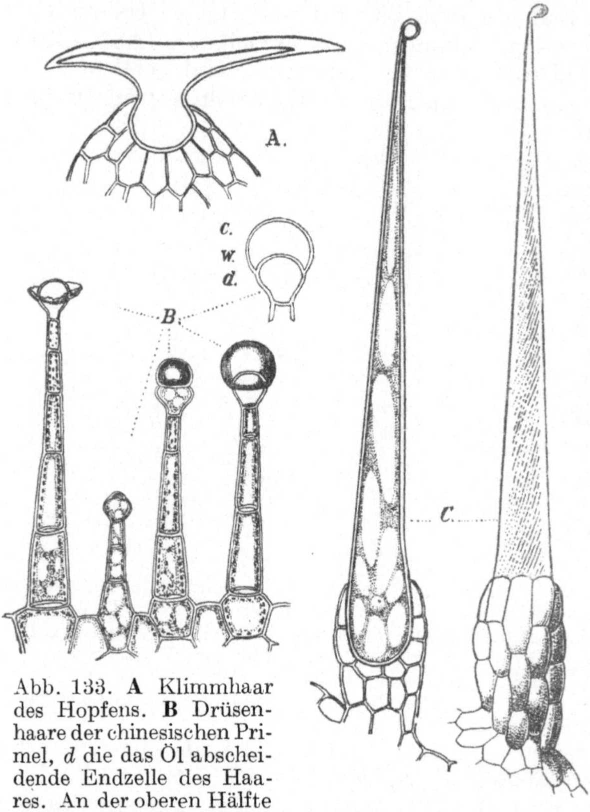

Abb. 133. **A** Klimmhaar des Hopfens. **B** Drüsenhaare der chinesischen Primel, *d* die das Öl abscheidende Endzelle des Haares. An der oberen Hälfte derselben ist die Cuticula *c* von der Zellulosewand *w* abgehoben, der Hohlraum zwischen den beiden Wandschichten enthält das abgeschiedene Öl. **C** Brennhaar der Brennessel rechts von außen, links im Längsschnitt.

honig nachstellen. In der Epidermis vieler Blätter treten Wasser und Kalk absondernde. als Hydathoden bezeichnete Drüsenflecken auf.

Den Drüsenhaaren ähnlich sind auch die **Schleimhaare** der Wasserpflanzen. Sie sondern an ihrer knopf- oder keulenförmigen Endzelle einen zähen Schleim ab, der die jungen. noch nicht ausgewachsenen Teile der Wasserpflanzen einhüllt und gegen die Auslaugung ihres Inhalts durch das umgebende Wasser schützt. Auch bei einzelnen Landpflanzen kommen ähnliche Schleimhaare zur Ausbildung.

Als Schutz gegen Tierfraß sind die **Brennhaare** anzusehen, welche z. B. bei den einheimischen Brennesseln in typischer Ausbildung auftreten (Abb. 133 **C**). Die Brennhaare sind einzellig und kegelförmig. Ihre Basis ist stark angeschwollen und steckt in einer von den umgebenden Epidermiszellen gebildeten Tasche. Das obere allmählich verjüngte Ende schließt mit einem kugelförmigen Knöpfchen ab. Die Zellwand ist gegen die Spitze des Haares hin verkieselt und infolgedessen sehr zerbrechlich. Bei der Berührung der mit

Brennhaaren besetzten Pflanzenteile bricht die Spitze der in die Haut eindringenden Brennhaare ab, der Zellsaft fließt aus und erzeugt das lästige Jucken der unsichtbaren Verletzungen.

Gleichfalls zum Schutz gegen Tierfraß, zugleich aber auch als Haft- und Klimmorgane dienen die **Stacheln,** für die wir bei den Rosen und Brombeeren typische Beispiele finden. Die Stacheln sind feste, holzharte Zellkörper, welche mit breiter Basis den Pflanzenteilen aufsitzen, nach oben hin sich schnell verschmälern und in einer scharfen, bisweilen hakenförmig gekrümmten Spitze endigen. Sie sind, wie ihre Entwicklungsgeschichte lehrt, aus Epidermiszellen durch Wachstum und Zellteilung hervorgegangen und unterscheiden sich dadurch wesentlich von den Dornen, die durch Umwandlung von Sprossen und Blättern entstehen.

Die langen Haare, welche die Samenschale mancher Pflanzen bedecken, z. B. die Wollhaare am Samen der Baumwollpflanze, der Pappeln und Weiden (Abb. 3) bilden einen **Flugapparat,** welcher die Verbreitung des Samens durch den Wind ermöglicht.

Ein besonderes Interesse erwekken die als Sinnesorgane zur Wahrnehmung von Berührungsreizen dienenden **Fühlborsten** und **Fühlpapillen** reizbarer Pflanzenteile. Auf den für den Tierfang eingerichteten Blattflächen der Dionaea und Aldrovandia (Abb. 134 **A**) stehen z. B. vereinzelte Borsten, welche derart mit einer Gelenkstelle versehen sind, daß ein schwacher Druck durch den als langer Hebelarm wirkenden starren Teil der Borste verstärkt auf einige an der Gelenkstelle liegende dünnwandige Zellen übertragen wird und damit in dem lebenden Protoplasma dieser Sinneszellen Vorgänge auslöst, welche schließlich zu einer selbsttätigen ruckartigen Bewegung der Blattfläche führen. An den gegen Berührung empfindlichen Staubfäden einiger Blüten, z. B. bei Berberis vulgaris und Opuntia (Abb. 134 **B**), sind die Epidermiszellen zu kurzen Höckern oder Papillen ausgewachsen, welche eine dünnere Wandstelle derart über die Oberfläche emporheben, daß ein leiser Druck oder Stoß von dem in die Papille hinaufreichenden lebenden Zellinhalt direkt wahrgenommen werden kann.

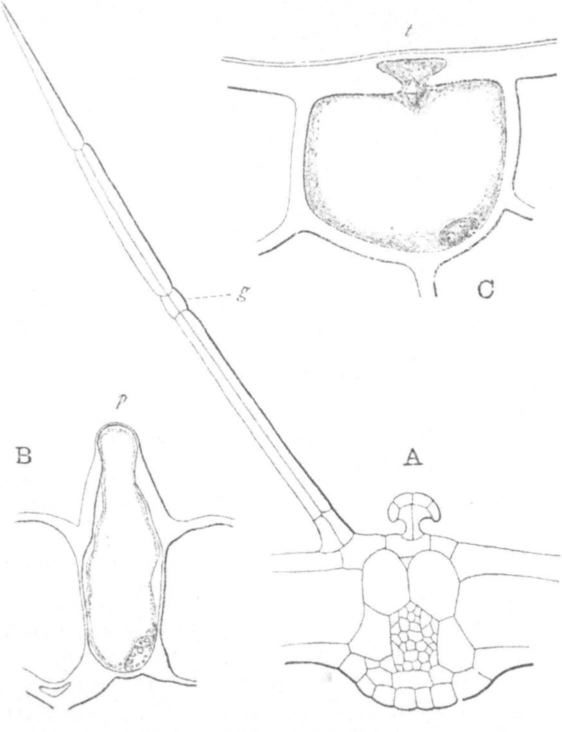

Abb. 134. **A** Teil des Blattquerschnittes von Aldrovandia vesiculosa mit einer Fühlborste, *g* Gelenkzellen der Fühlborste. **B** Oberhautzelle eines Staubfadens von Opuntia vulgaris mit einer Fühlpapille *p*. **C** Oberhautzelle einer Ranke von Cucurbita Pepo mit einem Fühltüpfel *t*. (Nach Haberlandt.)

wie z. B. des Kürbis, ist die zartere Wandstelle der Epidermiszellen nicht über die Oberfläche emporgerückt, so daß sie nur als eine Tüpfelbildung in der verdickten Außenwand der Epidermiszellen erscheint, die als **Fühltüpfel** bezeichnet wird (Abb. 134 **C**).

Endlich sind auch die aus der Epidermis der jungen Wurzelteile entspringenden **Wurzelhaare** (Abb. 21) hier zu erwähnen, welche als Aufnahmeorgane für Wasser und Nährstoffe dienen.

Es kommen bei den Pflanzen, wenn auch vereinzelt, Haarbildungen vor, die nicht der Epidermis angehören, sie werden als **innere Haare** bezeichnet. Einige Beispiele (Abb. 135) mögen hier anhangsweise Erwähnung finden. Bei manchen Wasserpflanzen, z. B. den Seerosen, finden wir im Innern des Sprosses und des Blattes einzelne Parenchymzellen zu

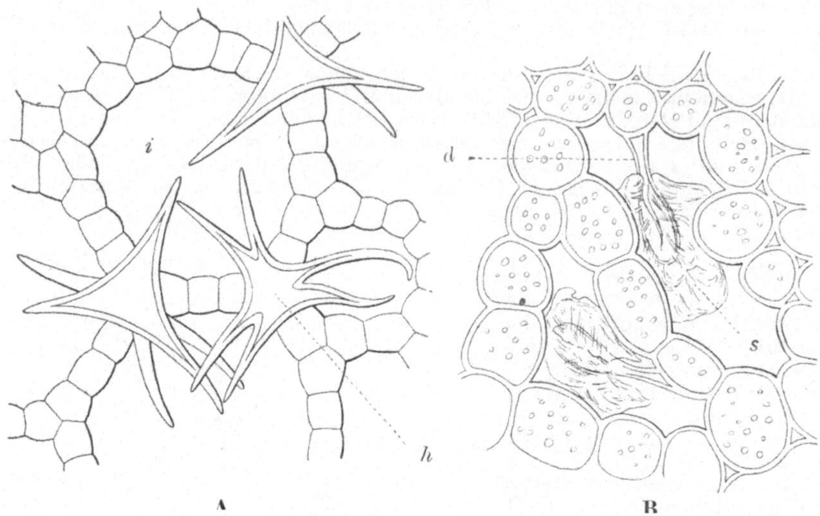

Abb. 135. Innere Haare **A** aus dem Querschnitt des Sprosses von Limnanthemum cristatum.
i großer Intercellularraum, *h* vielarmige Haarzelle, deren Arme in verschiedene Intercellularräume hineinreichen, **B** aus dem Längsschnitt durch eine Blattbasis von Aspidium
Filix mas (nach Tschirch). *d* inneres Drüsenhaar, dessen Kopf mit dem erhärteten Sekret *s*
überzogen ist.

geweihartig verzweigten Haaren ausgewachsen, welche in die weiten Intercellularräume
hineinragen. In dem Rhizom des Wurmfarns, Aspidium Filix mas treten Drüsenhaare auf,
die sich als Auswüchse einzelner Parenchymzellen in den Intercellularräumen entwickeln.
Eine Cuticula ist bei ihnen nicht vorhanden, das Sekret tritt frei an der Außenseite des
kopfigen Zellendes hervor.

b) Das Korkgewebe.

An ausdauernden Pflanzenteilen, welche in die Dicke wachsen, geht die
Epidermis mit allen zu ihr gehörenden Bildungen früher oder später zugrunde.
An ihrer Stelle finden wir dann eine mehr oder minder mächtige graue oder
bräunliche Gewebeschicht, deren Zellwände verkorkt sind und deren äußerste
Zellen meist Luft enthalten. Diese, die älteren Pflanzenteile umhüllende Ge-
webeschicht wird als **Korkschicht** bezeichnet. Die Korkzellen sind ziemlich

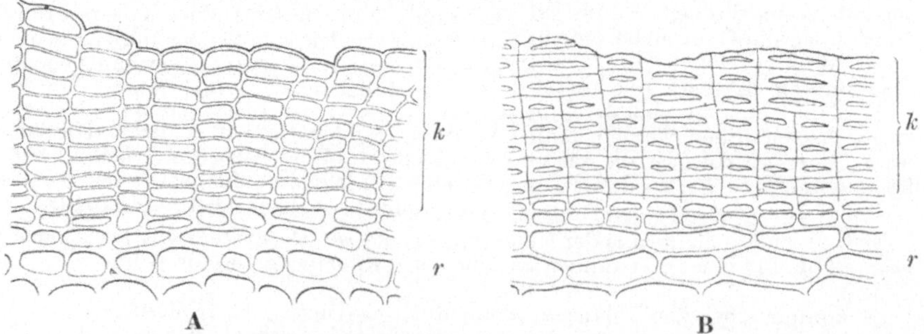

Abb. 136. **A** Querschnitt durch die äußere Rinde von Rhamnus Frangula. **B** Querschnitt
durch die äußere Rinde von Cytisus Laburnum. *k* Korkschicht, *r* Rindenparenchym. Der
Zellinhalt ist nicht gezeichnet.

gleichmäßig tafelförmig und in regelmäßigen radialen Reihen angeordnet (Abb. 136). Sie schließen, wie die Epidermiszellen, lückenlos aneinander und bilden dadurch sowie durch die Beschaffenheit ihrer Wände und durch den Luftgehalt für die Pflanzenteile eine schützende Hülle gegen Verwundung, gegen das Eindringen von Parasiten, gegen Wärmeverlust und gegen Wasserverdunstung. In manchen Fällen ist die Wand der Korkzellen dünn, bisweilen, z. B. bei Cytisus Laburnum (Abb. 136 **B**), erreicht sie dagegen eine beträchtliche Dicke, und man kann mit Hilfe geeigneter Reagentien erkennen, daß die Wand aus mehreren Schichten von verschiedener Beschaffenheit besteht. Die Mittellamelle ist verholzt, jederseits grenzt an sie eine breitere verkorkte Schicht, welche nach dem Zellinnern zu von einer Lamelle aus reiner Zellulose überkleidet ist.

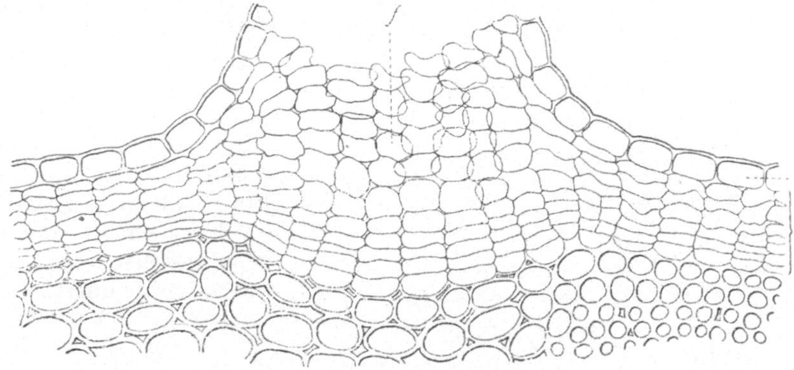

Abb. 137. Lenticelle im Kork des Sprosses von Sambucus nigra. *e* Epidermis, *c* Korkschicht, *f* Füllzellen.

Die Korkschicht, welche die älteren Pflanzenteile umgibt, ist an bestimmten Stellen von Durchlaßöffnungen, den **Rindenporen** oder **Lenticellen**, durchbrochen (Abb. 137). Sie sind z. B. an der weißen Birkenrinde als strichförmige braune Korkwarzen sichtbar. Die Lenticellen sind eng umschriebene Partien des Korkgewebes, in welchen die Zellen nicht lückenlos aneinanderschließen, sondern Intercellularräume zwischen sich lassen, die sich als Luftkanäle in radialer Richtung bis in das Innere des Pflanzenteiles fortsetzen und sein Intercellularsystem mit der atmosphärischen Luft in Verbindung bringen. Die Zellen der Rindenporen werden Füllzellen genannt; sie haben einen lebenden Plasmainhalt und eine zarte, unverkorkte Wand. An der äußeren Mündung der Rindenporen gehen die Füllzellen durch Vertrocknen zugrunde.

Die Entstehung des Korkgewebes an den älteren Pflanzenteilen geht in der Regel von einer unterhalb der Epidermis, bisweilen etwas tiefer im Gewebe liegenden Zellschicht aus; bisweilen bilden die Zellen der Epidermis selber den Ursprung. Im ersten Anfangsstadium sieht man in den betreffenden Ursprungszellen Querwände parallel zur Oberfläche des Pflanzenteiles auftreten (Abb. 138). Die dadurch entstehenden Tochterzellen vergrößern sich durch Wachstum und je eine derselben teilt sich fortgesetzt durch gleichgerichtete Teilungswände. Auf diese Weise geht aus jeder dieser Zellen nach außen hin eine radiale Zellreihe hervor, deren Zellwände verkorken und deren Zellinhalt später durch Luft ersetzt wird. Die Schicht der sich fortgesetzt teilenden Zellen wird als

Korkcambium oder **Phellogen** bezeichnet. Zur Bezeichnung der Korkschicht samt dem dazu gehörigen Korkcambium ist der Ausdruck **Periderm** in Gebrauch. Bei den meisten Pflanzen werden von den Zellen des Korkcambiums nicht nur nach außen, sondern auch nach dem Innern des Pflanzenkörpers hin neue Zellen abgeschnitten. Die dadurch entstehenden Zellschichten, welche **Phelloderm** genannt werden, schließen sich in ihrer Ausbildung den Zellen des nach innen zu unmittelbar an sie grenzenden Grundgewebes an; ihre Wände bleiben unverkorkt.

Durch die Ausbildung einer Korkschicht unterhalb der Epidermis wird die letztere von dem Zusammenhang mit dem lebenden Gewebe des Pflanzenteiles abgeschnitten und geht zugrunde. Entsteht das .Korkcambium in tieferen Schichten der Rinde, so werden dadurch alle weiter außen gelegenen Rindenteile zum Absterben gebracht und endlich als **Borke** abgeworfen. Bei manchen Holzpflanzen, z. B. der Buche, bleibt das zuerst auftretende Korkcambium dauernd erhalten und erzeugt fortgesetzt neue Korkzellen.

Die Korkschicht erreicht in einigen Fällen beträchtliche Dicke; die mächtige Korkbildung bei der Korkeiche, Quercus suber, liefert den Flaschenkork. Bisweilen werden aber die äußersten Korkzellen in dem Maße abgestoßen, wie von innen her ein Zuwachs erfolgt, so daß, wie z. B. am Buchenstamm, auch im. hohen Alter die Korkschicht nicht viel mächtiger erscheint als in den ersten Lebensjahren. Die meisten Holzgewächse bilden später von Zeit zu Zeit in tiefer gelegenen Rindenschichten neue Korklagen aus; alles außerhalb derselben gelegene Gewebe stirbt ab und wird zur Borke.

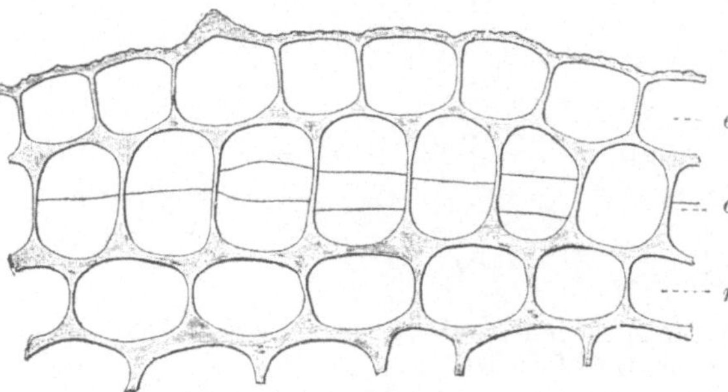

Abb. 138. Beginnende Korkbildung in der Zellschicht unter der Epidermis des Sprosses von Habrothamnus corymbosus. *e* Epidermis, *c* Zellschicht, aus welcher der Kork hervorgeht, *r* parenchymatische Rindenzellen.

Bei den Arten, deren erste Korkschicht in tiefer gelegenen Zellschichten der Rinde angelegt wurde, treten auch die späteren Korklagen als zusammenhängende Schicht in tieferen Rindenschichten auf, so daß also jedesmal ein mantelförmiger Teil der Rinde abgeschnitten und der Borke hinzugefügt wird. Man bezeichnet diese Borkenbildung z. B. beim Weinstock als **Ringelborke.** Bei anderen Pflanzen schneiden die später auftretenden Korkschichten, indem sie mit ihrem Rande sich an die äußerste Korklage ansetzen, nur kleinere, schuppenförmige Stücke aus der Mitte heraus; die so gebildete Borke wird **Schuppenborke** genannt, ein auffälliges Beispiel bietet der Stamm der Platane.

Kork tritt bisweilen auch als Verschluß von Verletzungen, besonders an saftreichen Teilen des Pflanzenkörpers auf. Wenn z. B. ein Blatt verwundet wird, so werden von den an die Wunde grenzenden unverletzten Zellen einige tafelförmige Zellen durch Wände abgeteilt und zu Korkzellen ausgebildet; ebenso bildet sich an einer zerschnittenen Kartoffel auf der Schnittfläche eine dünne Korkschicht als Wundverschluß aus. Auch' die Narben, welche durch das Abfallen der Blätter an unseren Laubbäumen entstehen, sind durch Korkgewebe verschlossen, dessen Zellen schon vor der Ablösung des Blattes angelegt wurden.

3. Das Grundgewebe.

Das Grundgewebe füllt den Raum zwischen dem Hautgewebe und den Leitbündeln der Pflanzenteile aus. In den Sprossen mancher höheren Pflanzen sind die Leitbündel zu einem Netzwerk von zylindrischer Gestalt verbunden, sie bilden mit dem von ihnen eingeschlossenen Grundgewebe, welches als Mark bezeichnet wird, einen massiven Achsenzylinder **(Stele)**, welcher aus dem Plerom des Vegetationskegels hervorgegangen ist (Abb. 139). Die mantelförmige Grundgewebemasse, welche den Raum zwischen dem Leitbündelzylinder und dem Hautgewebe ausfüllt, heißt **primäre Rinde** oder **Außenrinde.** Die Grundgewebepartien, welche durch die Maschen des Leitbündelzylinders hindurch die Verbindung zwischen der Außenrinde und dem Mark herstellen, werden **Markverbindungen** genannt. In den Wurzeln, in denen die Leitbündel zu einem zentralen Strang zusammentreten, kann also kein Mark, sondern nur Außenrinde als Grundgewebe vorhanden sein.

Das Grundgewebe besteht gewöhnlich zum größten Teil aus parenchymatischen Zellen verschiedener Ausbildung, indes kommen auch prosenchymatische Elemente in größerer Menge vor. Man kann nach der Art der physiologischen Leistungen verschiedene Gewebesysteme im Grundgewebe unterscheiden, von denen das Assimilationsgewebe, das Speichergewebe und das Festigungsgewebe die wichtigsten sind und im folgenden eingehender besprochen werden sollen. Die Sekretbehälter, welche häufig einen Bestandteil des Grundgewebes darstellen, die Milchsaftschläuche, Harzgänge, Öllücken, Kristallzellen usw. sind in der Regel nicht zu beträchtlichen Gewebemassen miteinander verbunden, sondern mehr vereinzelt zwischen die übrigen Elemente des Grundgewebes eingebaut.

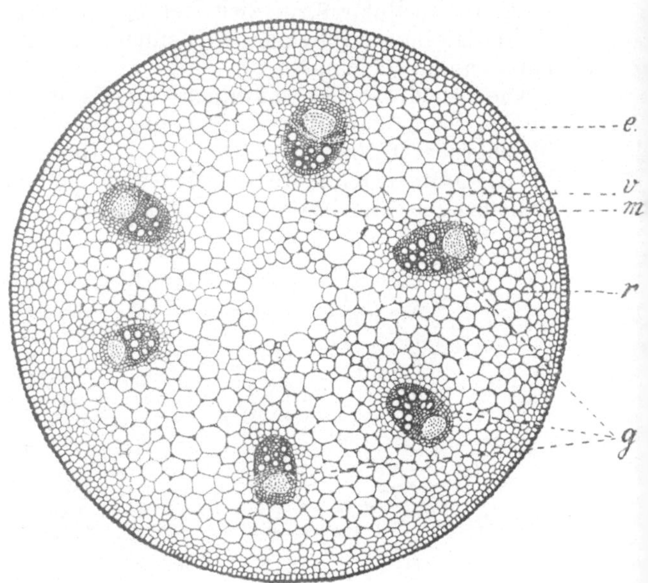

Abb. 139. Querschnitt eines dikotylen Sprosses, welcher die Anordnung der Gewebesysteme zeigt. *e* das Hautgewebe, *g* die Gefäßbündel. Der übrige Teil des Querschnittes wird vom Grundgewebe eingenommen. *m* Mark, *r* Rinde, *v* Markverbindung.|

Das Assimilationsgewebe. Die Zellen des Assimilationsgewebes sind durch den Chlorophyllgehalt scharf charakterisiert; da die Assimilation nur bei Durchleuchtung der chlorophyllhaltigen Zellen erfolgt, so findet sich das Assimilationsgewebe nur an denjenigen Stellen des Pflanzenkörpers, welche dem Lichte zugänglich sind, d. h. nahe der Oberfläche, in der Regel unmittelbar unter dem Hautgewebe. In den Sprossen der Pflanzen sind dementsprechend nur die äußersten Lagen der primären Rinde als Assimilationsgewebe ausgebildet. Dünne, flächenförmige Pflanzenteile dagegen, wie die meisten Laubblätter, bestehen zum größten Teil aus chlorophyllhaltigen Zellen. Den im Erdboden dem Lichte entzogenen Wurzeln fehlen sie ganz.

Das Assimilationsgewebe wird von Parenchym mit lufthaltigen Intercellularräumen gebildet. In den Blättern sind häufig die Blätter des Assimilationsparenchyms nach ihrer Lage zum einfallenden Licht verschiedenartig ausgebildet (Abb. 140). An der dem Licht zugekehrten Oberseite des Blattes sind die mit zahlreichen Chlorophyllkörpern versehenen Zellen senkrecht zur Blattfläche gestreckt und besitzen also eine prismatische oder zylindrische Gestalt; sie schließen zu einem dichten Lager zusammen und lassen meist nur an den Längskanten schmale Luftkanäle zwischen sich frei. Man bezeichnet diese Ausbildungsform als Palisadenparenchym. An der Blattunterseite dagegen sind weite Intercellulargänge zwischen den mehr rundlichen oder unregelmäßig gestalteten Chlorophyllzellen vorhanden. Diese Gewebeform wird als Schwammparenchym bezeichnet.

Die Zellen des Schwammparenchyms sind verhältnismäßig arm an Chlorophyllkörpern; darauf und auf dem reichen Luftgehalt des Gewebes beruht die bleichgrüne Färbung, welche die Unterseite mancher Laubblätter von der kräftig grünen Oberseite unterscheidet. Neben den bifacialen Blättern mit verschieden gebauter Ober- und Unterseite kommen,wenn auch seltener, isolaterale

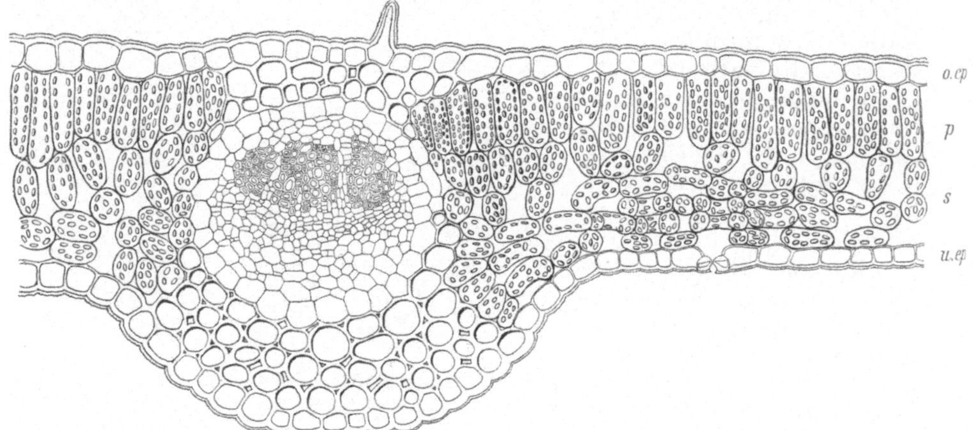

Abb. 140. Blattquerschnitt von Ligustrum vulgare. *o. ep* Epidermis der Blattoberseite, *p* Palisadenparenchym, *s* Schwammparenchym, *u. ep* Epidermis der Blattunterseite, *g* Leitbündel des querdurchschnittenen Blattnerven.

und zentrisch gebaute Blätter vor, bei denen ringsherum Palisadenparenchym gebildet wird.

Das Speichergewebe. Wie das Assimilationsgewebe durch seinen Chlorophyllgehalt, so ist das Speichergewebe durch den Gehalt an Reservenahrungsstoffen wie Stärke, Aleuron, Reservecellulose usw. charakterisiert. Seiner Funktion entsprechend finden wir das Speichergewebe stets als vorwiegenden Bestandteil aller Reservestoffbehälter, der Wurzelknollen, der Sproßknollen, des Samenendosperms, mancher Kotyledonen u. a. m.; aber auch in den Sproßachsen der nicht metamorphosierten Pflanzenteile und in den Blättern ist Speichergewebe ausgebildet. Es besteht meist aus polyedrischen Parenchymzellen, zwischen denen die Intercellularräume nur sehr schwach entwickelt sind oder gänzlich fehlen. In den Laubblättern besteht das Speichergewebe oft nur aus einer einfachen Schicht von Parenchymzellen, welche die Gefäßbündel überkleidet, sie wird als Parenchym- oder Stärkescheide bezeichnet und stellt zugleich die Leitbahn dar, in welcher die im Blatt erzeugten Assimilationsprodukte von

Zelle zu Zelle in den Sproß hinabwandern. Die mit Stärkekörnern versehenen Zellen der Stärkescheide im Sproß gewisser Gelenkpflanzen und in der aus Grundgewebe bestehenden Wurzelhaube der Gefäßpflanzen werden als Sinnesorgane zur Wahrnehmung des durch die Schwerkraft ausgeübten Reizes gedeutet.

Zum Speichergewebe muß auch das Wassergewebe gerechnet werden, ein wasserreiches Parenchym, welches das Innere sukkulenter Pflanzenteile erfüllt und ein Wasserreservoir darstellt, aus welchem in Zeiten der Trockenheit die übrigen Gewebe die zur Unterhaltung ihrer Lebenstätigkeit nötige Feuchtigkeit beziehen. In manchen Wassergeweben sind die Längswände der Parenchymzellen so gebaut, daß sie bei der Wasserabgabe sich in regelmäßige Harmonikafalten legen und bei Wasseraufnahme wieder gestreckt werden können.

Das Festigungsgewebe. In lebenden Pflanzenzellen sind infolge des Saftdruckes, welcher im Innern vorhanden ist, die Zellgewebe straff gespannt. Die innere Festigkeit, welche die Gewebe dadurch erhalten, genügt, um jugendliche Pflanzenteile von geringer Ausdehnung entgegen dem eigenen Gewicht und den Angriffen äußerer Kräfte aufrecht zu erhalten. Die Erscheinung des Welkens beruht darauf, daß bei starker Wasserverdunstung der Saftdruck in den Parenchymzellen verloren geht. Wenn durch Wasseraufnahme der Verdunstungsverlust wieder aufgehoben wird, nehmen die durch Welken schlaffen Pflanzenteile ihre Haltung wieder an. In älteren Pflanzenteilen finden wir eigene Festigungsgewebe ausgebildet, welche vorwiegend die innere Festigkeit der Organe bedingen und sie instand setzen, sich aufrecht zu erhalten

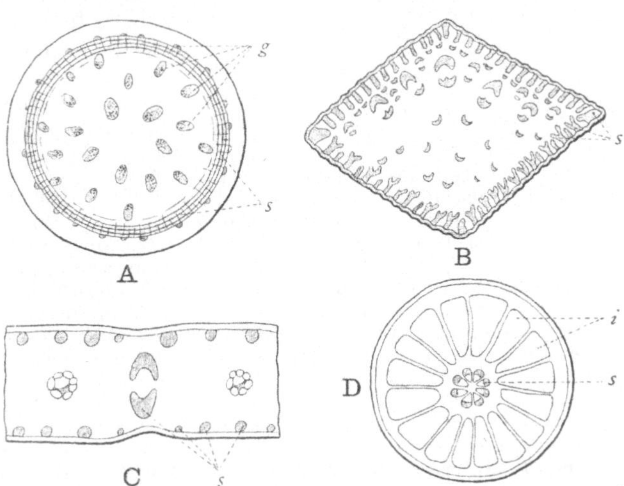

Abb. 141. Verteilung des Festigungsgewebes in den Organen. **A** Querschnitt des Blütenschaftes von Ornithogalum Eclonii — das mechanische Gewebe *s* schließt zu einem ununterbrochenen Ringe zusammen, *g* die Gefäßbündel. **B** Querschnitt des Blattes von Dasylirion junceum und **C** Teil des Blattquerschnittes von Phoenix (Haberlandt), *s* das aus strangartigen Faserbündeln bestehende mechanische Gewebe. **D** Querschnitt des Stammes von Myriophyllum spicatum. Der Sproß besteht der Hauptsache nach aus Parenchym, in welchem große Lufträume *i* vorhanden sind. Das mechanische Gewebe *s* ist der Achse des Organs genähert. **A, B** und **C** sind biegungsfeste Konstruktionen, **D** ist zugfest gebaut.

und den durch Wind und Regen ausgeübten Zug-, Druck- und Biegungswirkungen zu widerstehen. Die Zellen der Festigungsgewebe besitzen verdickte Wände und stehen untereinander und mit dem Grundgewebe in festem Verbande.

Selten sind einzelne Sklerenchymzellen (Idioblasten) wie Stützbalken zwischen die Zellen des Grundgewebes eingebettet (Abb. 142). Meistens werden strangartige Gewebestreifen gebildet, welche bisweilen innerhalb der Elastizitätsgrenze die Zugfestigkeit des Schmiedeeisens erreichen oder gar noch übertreffen. In Pflanzenteilen, die noch im Wachstum begriffen sind, wird das Festigungsgewebe von Kollenchymsträngen gebildet, welche, da die Zellen einen lebenden Inhalt und wachstumsfähige Wände haben, der Streckung des Organs durch

Wachstum zu folgen vermögen. In ausgewachsenen Pflanzenorganen dagegen, die eine längere Lebensdauer besitzen, besteht das Festigungsgewebe aus Sklerenchym, welches in einzelnen Fällen durch Umwandlung aus dem Kollenchym entsteht, meist aber durch besondere Ausbildung einzelner Grundgewebepartien zustande kommt. Vorwiegend spielen dabei Sklerenchymfasern eine Rolle; Gruppen von Steinzellen kommen meist nur vereinzelt vor und sind von untergeordneter Bedeutung. Nur in den Steinschalen mancher Samen und Früchte, z. B. in der Wandung der Kirsch- und Zwetschenkerne, sind die Steinzellen in dichtem Gefüge zu gewölbeartigen Konstruktionen vereinigt, welche eine hohe Festigkeit gegen Druck und Stoß besitzen.

Die Gesamtheit des Festigungsgewebes einer Pflanze wird als das mechanische System derselben bezeichnet. Die einzelnen Teile des mechanischen Systems sind im Pflanzenkörper in der Weise angeordnet, daß mit möglichst geringem Material die größte Leistungsfähigkeit erreicht wird (Abb. 141). In den freigestreckten oberirdischen Pflanzenteilen, welche vorwiegend der durch den Wind, durch Regen und Schneedruck und durch das eigene Gewicht veranlaßten Biegung zu widerstehen haben, sind die Stränge des Festigungsgewebes möglichst weit an die Peripherie der Organe verlegt.

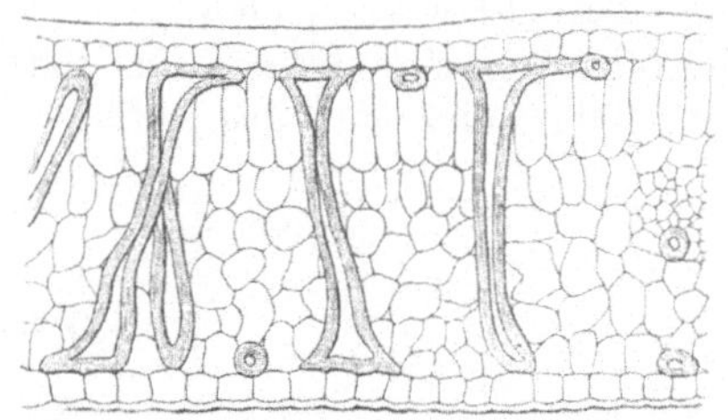

Abb. 142. Teil des Blattquerschnittes von Roupala villosa. Dem assimilierenden Gewebe sind einzelne Sklerenchymzellen eingefügt.

In derselben Weise, wie in der Ingenieurtechnik T-förmige Eisenbalken und Röhren zur Herstellung von biegungsfesten Konstruktionen Verwendung finden, sehen wir in manchen oberirdischen Pflanzenteilen die Biegungsfestigkeit dadurch erreicht, daß einzelne Streifen von Festigungsgewebe an gegenüberliegenden Seiten des Organes nahe der Oberfläche verlaufen (Abb. 141 **B** u. **C**), oder daß das Festigungsgewebe im Innern eines zylindrischen Pflanzenteiles einen röhrenförmigen Mantel darstellt, welcher auf dem Querschnitt als ein mit dem Umfange konzentrischer, der Oberfläche genäherter Ringe erscheint (Abb. 141 **A**). Die neuerdings in der Technik vielfach verwendeten Piloten von Eisenbeton, bei denen ein röhrenförmiges Gitter mit Eisendraht in eine Betonsäule eingebettet ist, ahmen geradezu die Festigungskonstruktion eines jungen Dikotylensprosses nach, in dessen Grundgewebe der durch Sklerenchymstränge gefestigte Leitbündelzylinder eingebettet ist (Abb. 143 **A**).

Viele unterirdische Pflanzenteile, Wurzeln und Rhizome, ferner die Sprosse der flutenden Wasserpflanzen werden durch die Wirkung der äußeren Kräfte nicht auf Biegung, sondern hauptsächlich auf Zug in Anspruch genommen. Dementsprechend ist in ihnen das Festigungsgewebe der Achse genähert und meist mit dem Leitungsgewebe zu einem axialen Strang vereinigt (Abb. 141 **D**).

4. Die Leitbündel.

Der Verlauf der Bündel. Die Leitbündel oder Gefäßbündel stellen die Leitungsbahnen für Wasser und Nährstoffe im Pflanzenkörper dar. Sie durchziehen strangartig alle Teile des Pflanzenkörpers, Wurzeln, Sproßachsen und Blätter. Am einfachsten ist die Anordnung der Leitbündel in den Wurzeln; dort ist ein einziger zentraler Leitbündelstrang vorhanden, von dem aus ähnliche Stränge in die Seitenwurzeln abgehen. Im Sproß ist der Verlauf der Leitbündel bei den einzelnen Pflanzen sehr verschieden und oft außerordentlich kompliziert. Bei einigen einfacher organisierten Formen ist nur ein einziges Bündel im Sproß vorhanden, das ihn der Länge nach durchzieht und Äste in die seitlichen Organe entsendet. Gewöhnlich verlaufen viele Leitbündel nebeneinander im Sproß und bilden dadurch, daß sie sich wiederholt verzweigen oder miteinander verschmelzen, ein maschenartiges Gerüstwerk, dessen äußerste Verzweigungen in die Blätter hinein verlaufen (Abb. 143). Die im Sproß befindlichen Strecken der zu den Blättern abbiegenden Stränge werden als Blattspuren bezeichnet. Meist

ist das ganze Leitbündelnetz des Sprosses aus Blattspursträngen gebildet; stammeigene Bündel, d. h. solche Bündel, welche nur dem Sproß angehören, kommen selten vor. In den Sproßachsen der Dikotylen ist das von den Leitbündeln gebildete Maschenwerk meist in Form eines Zylindermantels angeordnet, welcher das Mark umhüllt und seinerseits von der Außenrinde und dem sie bedeckenden Hautgewebe umkleidet wird (Abb. 143 A). Auf dem Querschnitt des Sprosses der Dikotylen stehen also die Querschnitte der Bündel in einem Kreise (Abb. 139). Auch bei den Gymnospermen und bei manchen Farnen ist die Verteilung der Bündel in der Sproßachse eine ähnliche.

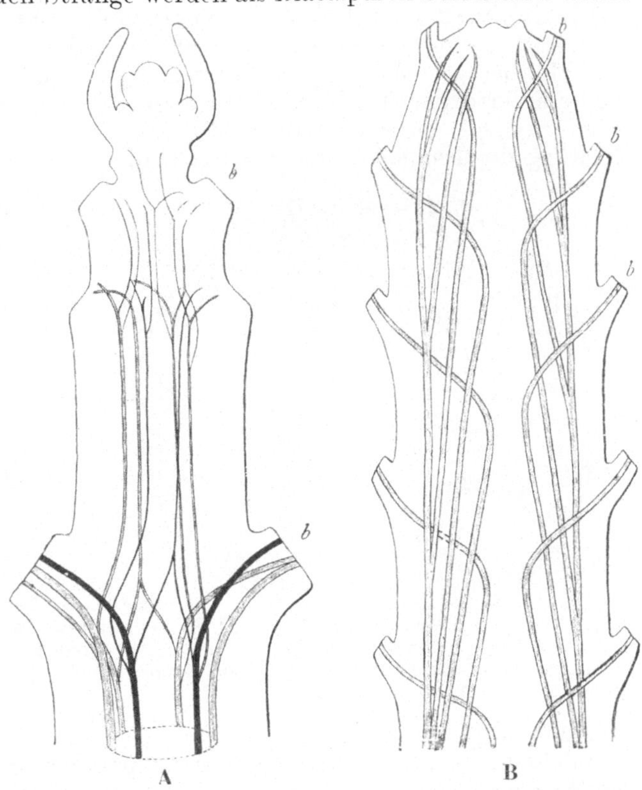

Abb. 143. **A** Schema des Leitbündelverlaufes in einer dikotylen Pflanze (nach Nägeli). **B** Schema des Leitbündelverlaufes in einer monokotylen Pflanze (nach Falkenberg). *b, b* Blattbasen.

Die meisten Monokotylen weisen dagegen einen anderen Typus des Bündelverlaufes auf (Abb. 143 **B**). Die Bündel vereinigen und verzweigen sich auch hier, wenngleich nicht so häufig als bei den Dikotylen. Die freien Endverzweigungen treten aber nicht direkt in die Blätter ein, sondern sie durchziehen noch eine größere Strecke weit den Sproß, indem sie schräg aufsteigend sich zuerst der Sproßmitte nähern und dann bogenförmig zurückgekrümmt zur Blattinsertion verlaufen. Auf dem Querschnitt findet man infolge dieses Verlaufes die Bündelquerschnitte ungleichmäßig verteilt (Abb. 144). Da die Bündel nicht alle gleichweit bis zur Sproßmitte vordringen, bevor sie sich zum Eintritt in das Blatt zurückkrümmen, so sind verhältnismäßig wenig Bündel in der Nähe der Sproßmitte sichtbar, während sie am Rande dichter gedrängt erscheinen. Eine scharfe Scheidung des Grundgewebes in Mark- und Außenrinde tritt bei dem Leitbündelverlauf der Monokotylen nicht hervor, indes pflegt man auch hier den die Sproßmitte einnehmenden bündelarmen Teil als Mark, die peripherische Schicht unterhalb des Hautgewebes als Außenrinde zu bezeichnen.

Bisweilen tritt nur ein Bündel in jedes Blatt ein, um sich in der Blattfläche mehr oder minder reichlich zu verzweigen, gewöhnlich aber zweigen sich zu jedem Blatt mehrere Bündel ab, welche gemeinsam mehr oder minder weit die Blattmitte durchziehen, um von dort in die Blattspreite auszustrahlen oder Seitenäste dahin abzugeben. Die Leitbündel des Blattes verlaufen im Innern der Blattnerven. Was bei der Besprechung des Laubblattes über den Verlauf und die Verteilung der Blattnerven gesagt worden ist, gilt demnach auch von der Ausbreitung der Bündel in den Blattflächen.

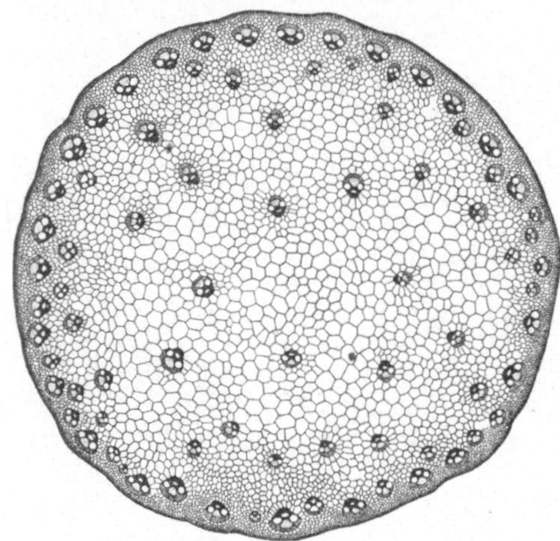

Abb. 144. Querschnitt des Sprosses einer monokotylen Pflanze.

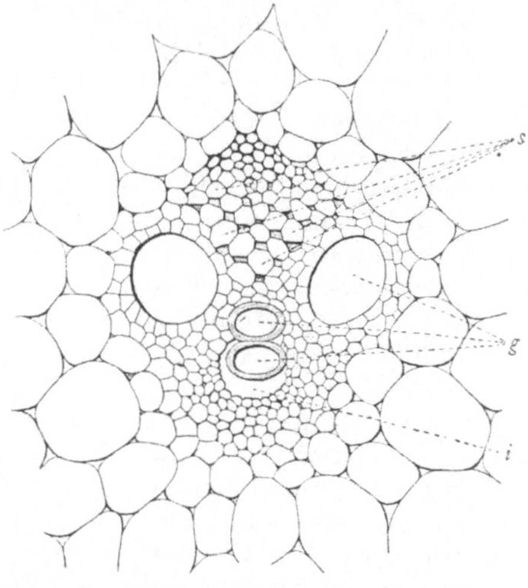

Abb. 145. Querschnitt durch das collaterale Gefäßbündel von Saccharum officinarum. *s* Siebröhren, *g* Gefäße. Der Siebteil liegt nach außen zu vor dem Gefäßteil. *i* Intercellularraum.

Die Mittelrippe und stärkere Seitennerven schließen bisweilen mehrere Leitbündel ein, die zarteren Auszweigungen höherer Ordnung enthalten stets nur ein einziges Bündel, die äußersten Enden der Blattnerven und Leitbündel endigen entweder frei in dem als Mesophyll bezeichneten Grundgewebe der Laubausbreitung oder sie schließen sich anderen Nerven an.

Die Zusammensetzung der Bündel. Die wichtigsten Bauelemente der Leitbündel, Gefäße oder Tracheïden einerseits und Siebröhren andererseits, sind nicht regellos im Bündel verteilt, sondern sie sind mit anderen Elementen zu Gruppen vereinigt, welche als Gefäßteile bzw. als Siebteile des Bündels bezeichnet werden.

Neben den Siebröhren mit ihren Geleitzellen und neben den Gefäßen sind im Siebteil und im Gefäßteil der Bündel meist noch Sklerenchymfasern und Parenchymzellen anzutreffen. Im Siebteil werden die Sklerenchymfasern als **Bastfasern**, die Parenchymzellen als **Bastparenchym** bezeichnet, im Gefäßteil werden sie **Holzfasern** bzw. **Holzparenchym** genannt.

Gewöhnlich ist in jedem Bündel ein Gefäßteil und ein Siebteil vorhanden. Sie sind in den Sproßachsen meist so angeordnet, daß der Gefäßteil nach der Sproßmitte zu, der Siebteil nach außen hin gelegen ist. Man bezeichnet diese Anordnung als **collateral** (Abb. 145). Da die Leitbündel ohne Drehung aus der Sproßachse in die Blätter ausbiegen, so muß in den Blattnerven der Siebteil des Leitbündels nach der Unterseite, der Gefäßteil nach der Blattoberseite zu gelegen sein. In einigen dikotylen Pflanzenfamilien, z. B. den Kürbis- und

Nachtschattengewächsen, ist an der Innenseite des Gefäßteils ein zweiter Siebteil ausgebildet; derartige Bündel werden **bicollateral** genannt (Abb. 146). **Konzentrisch** nennt man die Leitbündel, bei denen der eine Teil rings um den anderen herumgreift. Bei den Leitbündeln mancher Farne bildet der Gefäßteil den zentralen Teil des Bündels. Es kommt aber z. B. bei Cykadeen und Monokotylen auch der umgekehrte Fall vor, daß der Siebteil von dem Gefäßteil eingehüllt wird.

Der zentrale Bündelstrang (Zentralzylinder) der Wurzeln ist als eine Vereinigung mehrerer Leitbündel anzusehen; es sind meist mehrere Siebteile und mehrere Gefäßteile vorhanden, sie liegen aber nicht wie im Sproß von außen nach innen nebeneinander, sondern die Gefäßteile sind radial um den Mittelpunkt des Sproßquerschnittes angeordnet und zwischen je zweien derselben liegt ein Siebteil (Abb. 147). Zwischen den Siebteilen und den Gefäßteilen ist eine schmale Schicht von Parenchymzellen, das Verbindungsgewebe, eingeschoben. Ebenso ist auch der ganze Bündelstrang von einer ununterbrochenen, meist einschichtigen Lage von zarten pris-

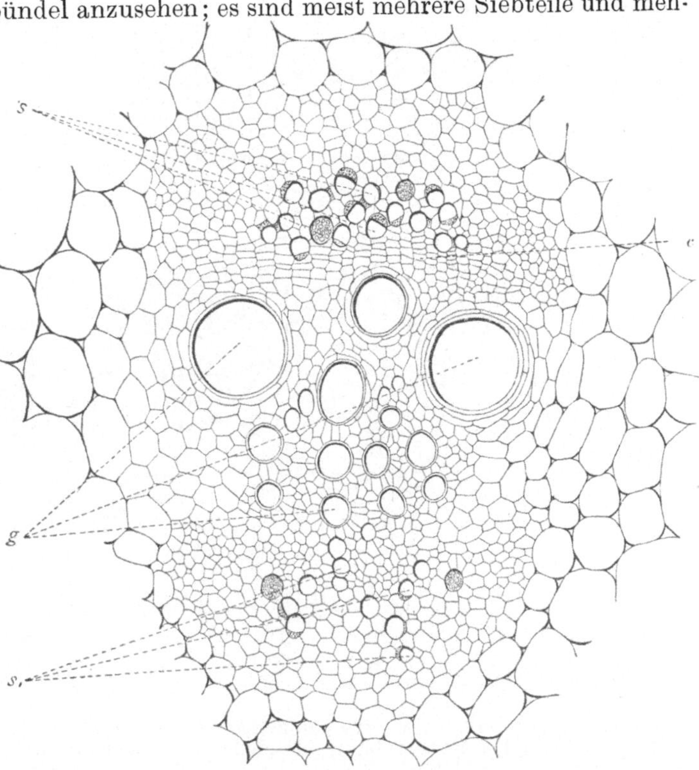

Abb. 146. Querschnitt durch das bicollaterale Leitbündel von Cucurbita Pepo. *s* Siebröhren des äußeren, s_1 Siebröhren des inneren Siebteils, *g* Gefäße, *c* Cambium.

matischen Parenchymzellen umhüllt, welche als **Pericambium** (Pericykel) bezeichnet wird. Die Zellen des Pericambiums bleiben lange Zeit in entwicklungsfähigem Zustande. Sie geben den Anlagen der Seitenwurzeln im Innern des Wurzelkörpers den Ursprung.

In den Wurzeln der Dikotylen ist die Zahl der Siebteile und Gefäßteile meist gering; es kommen zwei bis sechs, seltener mehr Gefäßgruppen und ebensoviele Siebteile vor. Man bezeichnet die Bündelstränge dementsprechend als zweimächtig, dreimächtig usw. (diarch, triarch usw.). In dem vielmächtigen (polyarchen) Zentralzylinder der Monokotylenwurzel kommen bisweilen 50 und mehr Gruppen von Gefäßteilen und Siebteilen vor (Abb. 147).

Die an den Bündelstrang der Wurzel grenzenden Zellen des Rindenparenchyms bilden eine als **Endodermis** bezeichnete Schutzscheide. Ihre Zellwände sind häufig stark verdickt und teilweise verkorkt; nur dort, wo die radialen Gefäßteile sich der Endodermis nähern, bleiben in vereinzelten Zellen die Wände unverdickt. Diese Durchlaßzellen vermitteln hauptsächlich den Stoffverkehr zwischen Bündelstrang und Wurzelrinde. Das Vorkommen einer Endodermis

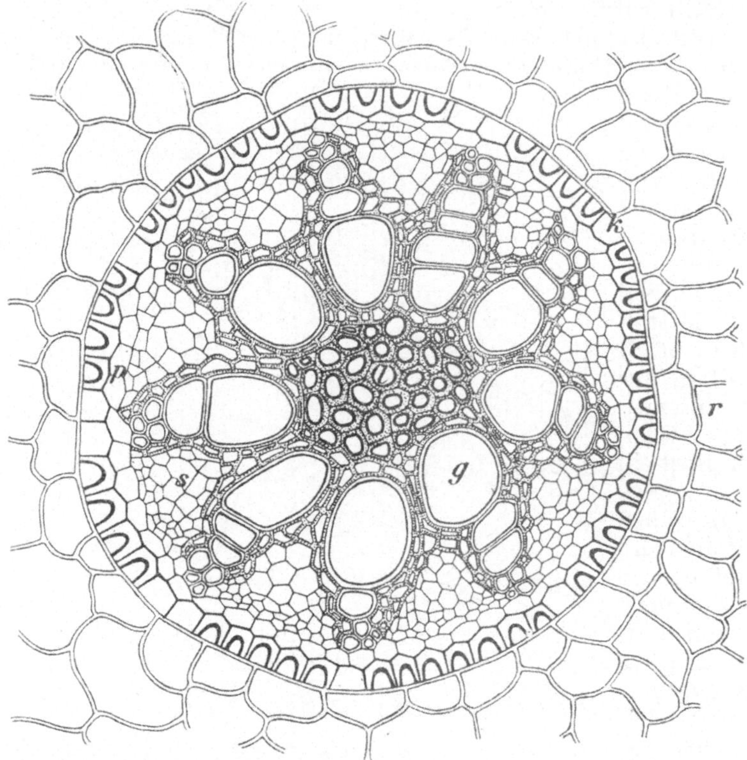

Abb. 147. Querschnitt durch den Bündelstrang der Wurzel von Veratrum album. *g* ein Gefäß, *s* ein Siebteil, *p* Pericambium, *k* Endodermis, *r* die Rinde der Wurzel. (Nach Tschirch.)

ist übrigens nicht auf den Bündelstrang der Wurzeln beschränkt, die Gefäßbündel der Farne z. B. besitzen ebenfalls eine Endodermis und ebenso manche Rhizome von Blütenpflanzen. In den oberirdischen Sproßachsen und in den Blättern der Blütenpflanzen tritt die Stärkescheide an die Stelle der Endodermis (Abb. 149 *gs*).

5. Das sekundäre Dickenwachstum.

Das Kambium. In den Sprossen mancher Gewächse. z. B. bei den Farnen und den Monocotylen, erreichen die Leitbündel nach einer gewissen Zeit eine endgültige Ausbildung, welche normalerweise nachträglich nicht mehr verändert wird. Solche Leitbündel werden als geschlossene Bündel bezeichnet. Ihnen stehen die offenen Leitbündel gegenüber (Abb. 146), bei denen zwischen dem Siebteil und dem Gefäßteil ein Bildungsgewebe, das Kambium. vorhanden ist, welches neue Zellen zu dem Siebteil und zu dem Gefäßteil hinzufügt. Das Kambium besteht aus einer Schicht prismatischer, inhaltsreicher Zellen, welche die Fähigkeit haben, fortgesetzt durch Teilung nach beiden Seiten hin neue Zellen zu erzeugen. Die nach dem Gefäßteil hin gelegenen neuen Zellen bilden sich bald zu Gefäßgliedern oder Tracheïden oder zu Holzfasern oder Holzparenchym aus, die nach dem Siebteil zu von Kambium erzeugten jungen Zellen werden zu Siebröhren, zu Bastfasern oder zu Bastparenchym. Die Gesamtproduktion des Kambiums an Gefäßen, Holzfasern und Holzparenchym wird als **sekundäres Holz,** die Gesamtproduktion an Siebröhren, Bastfasern und Bastparenchym wird als sekundäre **Rinde** bezeichnet (Abb. 148).

An denjenigen Sprossen, welche einen netzförmigen Leitbündelzylinder besitzen, treten bald nach Beginn der Kambiumtätigkeit in den Bündeln, auch in den die Maschen des Bündelzylinders durchsetzenden Markverbindungen des Grundgewebes Kambiumzellen auf, so daß das Kambium in seiner Gesamtheit einen ununterbrochenen Zylindermantel darstellt, welcher auf dem Sproßquerschnitt als Kambiumring erscheint. Das Kambium der Markverbindungen wird im Gegensatz zu dem in den Bündeln auftretenden

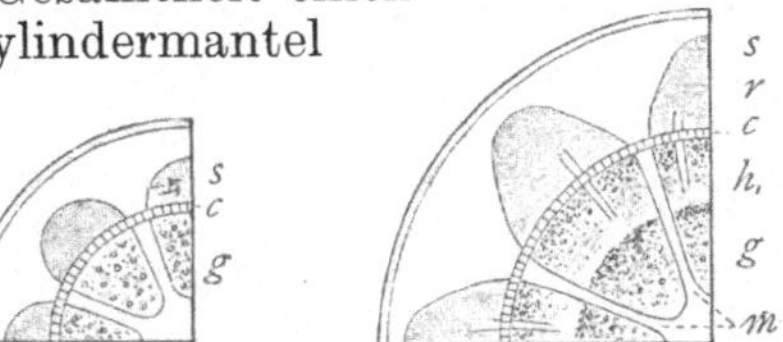
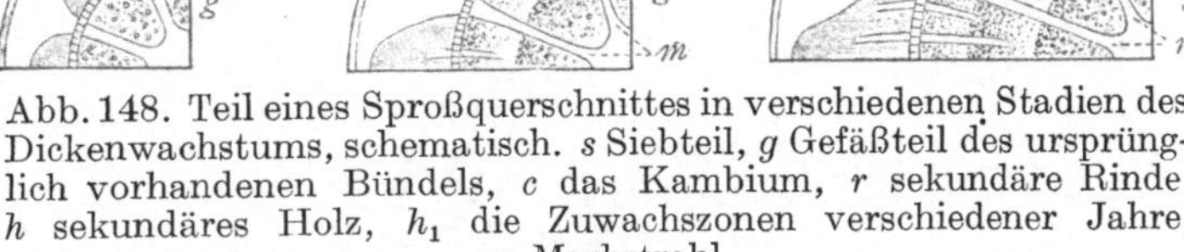

Abb. 148. Teil eines Sproßquerschnittes in verschiedenen Stadien des Dickenwachstums, schematisch. *s* Siebteil, *g* Gefäßteil des ursprünglich vorhandenen Bündels, *c* das Kambium, *r* sekundäre Rinde, *h* sekundäres Holz, h_1 die Zuwachszonen verschiedener Jahre, *m* Markstrahl.

Fascikularkambium als Interfascikularkambium bezeichnet (Abb. 149); es setzt durch Erzeugung neuer Parenchymzellen die Markverbindungen instand, dem Dickenwachstum der Leitbündel zu folgen, und läßt aus ihnen im Laufe der Entwicklung lange, schmale Streifen von parenchymatischem Gewebe hervorgehen, welche den durch die Tätigkeit des Kambiums verdickten Sproß von der Rinde bis zum Mark durchsetzen und als **Markstrahlen** bezeichnet werden. Andere Markstrahlen entstehen dadurch, daß gewisse Zellen des Fascikularkambiums, nachdem sie eine Zeit hindurch Holz- und Rindenelemente erzeugt haben, nur noch Markstrahlenparenchym ausbilden. Die so entstandenen Markstrahlen reichen entsprechend dieser Entstehungsweise nicht ganz bis zum Mark in das Innere des Sprosses hinein, sondern endigen mehr oder minder weit vom Sproßzentrum entfernt im Holzkörper. Sie werden als sekundäre Markstrahlen bezeichnet.

In den Wurzeln der Dikotylen und der Nadelhölzer tritt zwischen den Siebteilen und Gefäßteilen des Zentralzylinders gleichfalls ein Kambium auf und die einzelnen Partien verbinden sich dann seitlich zu einem Ringe, der auf dem Querschnitt anfangs als wellig verbogene Kreislinie erscheint (Abb. 150 A). Später gleichen sich durch das Wachstum die Undulationen des Kambiumringes mehr und mehr aus, so daß endlich ebenso wie in den Sprossen mit ringförmiger Anordnung der Gefäßbündel ein gleichmäßiger Kambiumgürtel ringsum vorhanden ist, welcher nach innen neues Holz, nach außen neue Rinde erzeugt. Markstrahlen kommen hier ebenso wie dort dadurch zustande, daß gewisse Gruppen von Kambiumzellen entweder von Anfang an, oder nachdem sie eine Zeitlang Holz- und Rindenelemente gebildet haben, nur Markstrahlenparenchym erzeugen. Indem die in den verschiedenen Abschnitten der Vegetationsperiode von Kambium erzeugten Zellen eine verschiedenartige Ausbildung erfahren, kommt in dem sekundär gebildeten Holzkörper langlebiger Pflanzenachsen eine auf dem Querschnitt makroskopisch wahrnehmbare Zonenbildung zustande. Da bei unseren einheimischen Holzgewächsen die aufeinanderfolgenden ringförmigen Zonen in der Regel je einer Jahresproduktion des Kambiums entsprechen, so werden sie als **Jahresringe** bezeichnet.

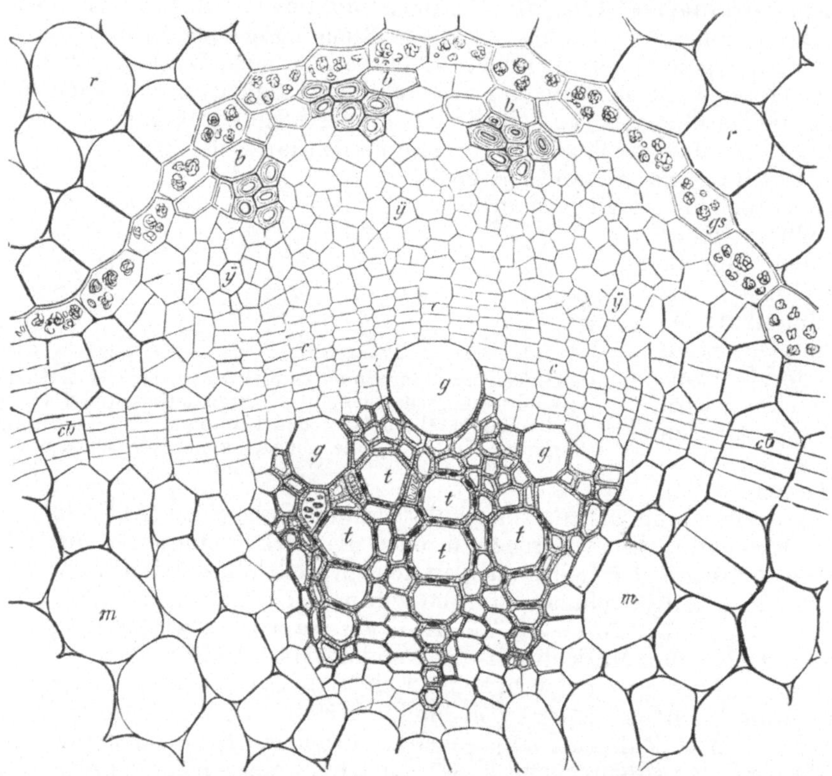

Abb. 149. Teil vom Sproßquerschnitt einer Rizinuskeimpflanze. *m* Parenchymzellen des Markes, *r* Parenchymzellen der Rinde, *b* und *y* Zellen des Siebteils, *g* und *t* Gefäße, *c* Fascikularkambium, *cb* Interfascikularkambium, *gs* Stärkescheide. (Nach Sachs.)

Holz und Rinde. Wie sich aus dem Vorgang des sekundären Dickenwachstums ohne weiteres ergibt, besteht die sekundäre Rinde der Hauptsache nach aus den Siebröhren und ihren Geleitzellen, den Bastfasern und dem Bastparenchym, während das sekundäre Holz im wesentlichen aus den Gefäßen oder Tracheïden, den Holzfasern und dem Holzparenchym aufgebaut ist. Die prosenchymatischen Elemente, Bastfasern und Holzfasern stellen in ihrer Gesamtheit ein Festigungsgewebe dar, die Siebröhren der Rinde und die Gefäße und Tracheïden des Holzes bilden ein Leitungsgewebe, die lebenden Zellen des Bast- und Holzparenchyms kommen hauptsächlich als Speichergewebe in Betracht, zwischen denen die ebenfalls lebenden Parenchymzellen der Markstrahlen die Verbindung herstellen. In einigen Hölzern finden sich Übergangsbildungen zwischen Holzfasern und Holzparenchym, nämlich Prosenchymzellen, deren Wand die Ausbildung der Holzfasern aufweist, während der lebende Inhalt dauernd erhalten und zur Speicherung von Nährmaterialien geeignet bleibt. Derartige, als **Ersatzfasern** bezeichnete Elemente vereinigen in sich die Funktion des Festigungs- und des Speichergewebes. Das Mengenverhältnis der Festigungs-, Leitungs- und Speichergewebe wechselt von Fall zu Fall. So überwiegt in den Holzstämmen der Laub-

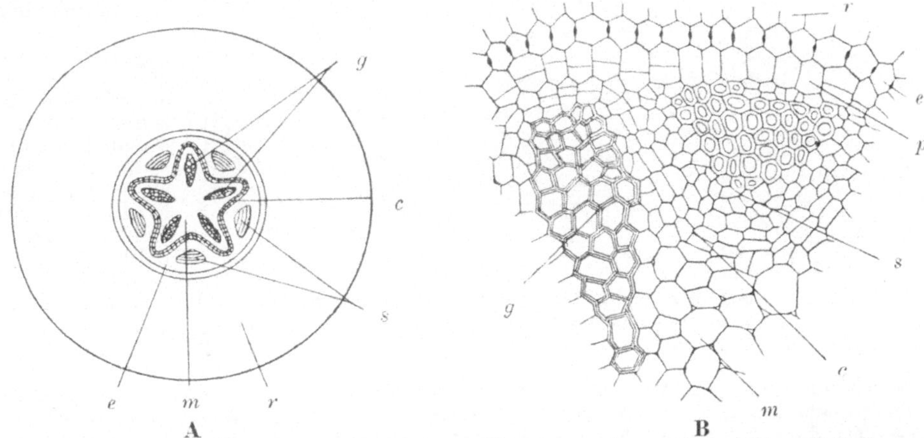

A   B

Abb. 150. **A** Schematischer Querschnitt der Hauptwurzel von Vicia Faba. **B** Teil vom Querschnitt des Leitbündelstranges der Hauptwurzel von Vicia Faba nach Ausbildung des Kambiums (nach Haberlandt). *g* Gefäßteil, *s* Siebteil, c Kambium, *e* Endodermis, *r* Rinde, *m* Mark, *p* Pericykel.

bäume gewöhnlich das Festigungsgewebe, d. h. die Holzfasern, während in dem Holz der Wurzeln das Leitungsgewebe, d. h. Gefäße und Tracheïden, eine größere Rolle spielt. Im Holzkörper, der aus Sproßachsen oder Wurzeln hervorgegangenen Reservestoffbehälter oder Wasserspeicher übertrifft oftmals das Speichergewebe in dem Grade die übrigen Gewebe, daß die Gefäße und Holzfasern nur als isolierte Gruppen in den mächtigen Parenchymmassen eingebettet erscheinen.

Einzelne parenchymatische Zellen in Rinde, Holz und Markstrahlen sind nicht selten als Sekretschläuche ausgebildet. Besonders häufig trifft man in der Begleitung der Sklerenchymfaserbündel in Holz und Rinde sogenannte Kammerfasern an, quer gefächerte Fasern, welche in jeder Zelle einen Kristall von oxalsaurem Kalk enthalten. Auch intercellulare Sekretbehälter, wie z. B. die Harzgänge, treten bisweilen in Holz und Rinde auf.

In den ausgewachsenen Gewebeelementen des Körpers langlebiger Pflanzen pflegen sich in späteren Jahren noch nachträgliche Veränderungen zu vollziehen, die man in ihrer Gesamtheit als die **Verkernung** des Holzes bezeichnet. Im wesentlichen besteht die Verkernung in einer Ablagerung von Harzen, Holzgummi, Gerbstoffen oder Farbstoffen in den Wandungen sowohl als in den Hohlräumen

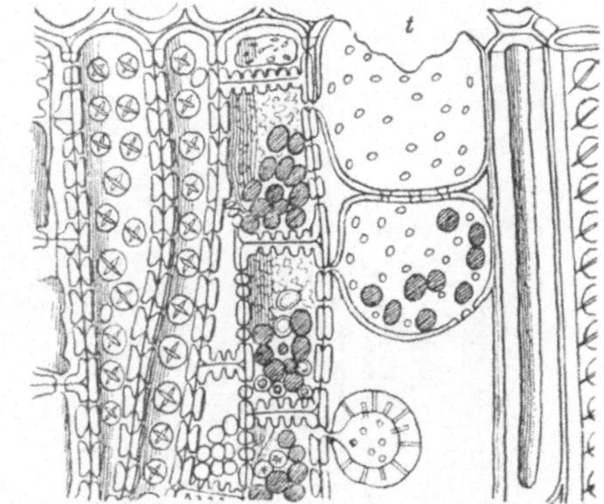

Abb. 151. Längsschnitt aus dem Holz der Eiche. *t* Hohlraum eines Gefäßes mit Tyllenbildung. (Nach Hartig.)

der Zellen und Gefäße. Das durch die Einlagerung gebildete Kernholz ist meistens bedeutend dunkler, schwerer und fester als die nicht verkernte äußere Zone des Holzkörpers, welche als Splintholz bezeichnet wird; es ist durch die Einlagerung für die Emporleitung des Wassers untauglich gemacht, gewinnt aber für die mechanische Festigkeit des Holzstammes an Bedeutung. Neben der Verkernung tritt in dem älteren Holz vieler Bäume und Sträucher häufig noch eine andere sekundäre Erscheinung auf, die Tyllenbildung. Die Schließhäute einzelner Tüpfel zwischen den Gefäßen und den angrenzenden Holzparenchym-

8*

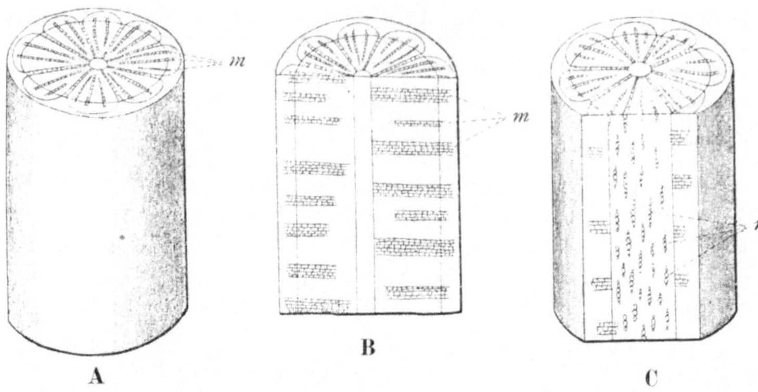

Abb. 152. Schemata eines Sproßstückes einer dikotylen Pflanze. Bei **A** ist nur eine Querschnittfläche sichtbar, in **B** ist außerdem eine radiale und in **C** eine tangentiale Schnittfläche hergestellt. *m* Markstrahlen.

zellen wölben sich in den Hohlraum der Gefäße hinein und werden zu blasenartigen Ausstülpungen **(Tyllen),** in welche der Zellinhalt der Parenchymzellen hineinreicht. Der Hohlraum der Gefäße wird endlich oft ganz von den Tyllen erfüllt (Abb. 151).

Bisweilen wird der Bau des Holzes in Sproß- und Wurzelknollen dadurch sekundär verändert, daß nachträglich im Innern des ausgebildeten Holzkörpers neue Bildungsherde (sekundäre Kambien) auftreten, von denen aus neues Holz und neues Rindengewebe zwischen die schon vorhandenen Gewebselemente eingeschoben wird. Auf solche Weise kommt z. B. die Maserbildung in dem Rhizom der offizinellen Rhabarberpflanze zustande.

Um von dem Bau und der Anordnung der einzelnen Teile in den durch sekundäres Wachstum verdickten Sprossen und Wurzeln eine räumliche Vorstellung zu gewinnen,

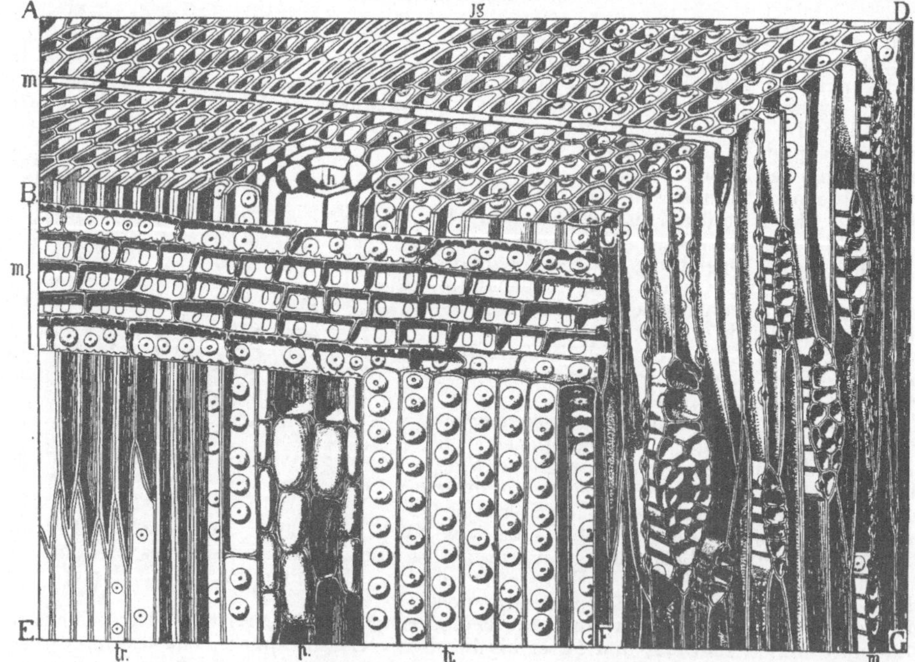

Abb. 153. Kiefernholz, stark vergrößert. **A B C D** Querschnitt. **B C F E** radialer Längsschnitt. **C D G F** tangentialer Längsschnitt des Holzkörpers. *m* Markstrahl, *tr* Tracheïden, *jg* Jahresringgrenze, *h* Harzgang, *p* Parenchymscheide des Harzganges.

genügt die Betrachtung dreier zueinander senkrechter Schnittflächen des Gewebekörpers: des Querschnittes, des radialen und des tangentialen Längsschnittes. Der Querschnitt verläuft rechtwinklig zur Längsachse und stellt eine annähernd kreisförmige Fläche dar, deren Umfang von der Epidermis oder von dem Periderm gebildet wird. Der Längsschnitt verläuft parallel mit der Achse des Organes, schneidet also die Querschnittfläche unter rechtem Winkel. Entsprechend der kreisförmigen Ausbildung des Querschnittes bezeichnet man einen Längsschnitt als radial, wenn die Linie, in welcher er die Querschnittfläche schneidet, einen Radius der letzteren darstellt, wenn also die Schnittfläche die Längsachse des Organs in sich aufnimmt. Ein tangentialer Längsschnitt dagegen verläuft in einiger Entfernung von der Achse des Organes; die Linie, in welcher er die Querschnittfläche schneidet, stellt eine Sehne in dem von der letzteren gebildeten Kreise dar. Da die Markstrahlen als schmale Streifen die sekundären Zuwachsschichten der Sprosse und Wurzeln in radialer Richtung durchziehen, so werden sie von den radialen und tangentialen Längsschnitten in verschiedener Weise getroffen, und geben durch die Figur, welche sie auf einer beliebigen Schnittfläche darbieten, ein Erkennungsmerkmal dafür ab, in welcher Richtung der betreffende Schnitt geführt worden ist (Abb.152). Auf dem Querschnitt sind die Markstrahlen meist mit bloßem Auge oder mit der Lupe als schmale Streifen sichtbar, welche nach dem Mittelpunkt des Schnittes konvergieren. Auf dem radialen Längsschnitt stellen die Markstrahlen sich als schmale, parallel laufende Bänder aus gestreckten Parenchymzellen dar. Der tangentiale Längsschnitt zeigt die Querschnitte der Markstrahlen als meist kurze, strichförmige Gruppen von rundlichen Zellen. Als Beispiele für die Zusammensetzung des durch sekundäres Dickenwachstum entstandenen Holzkörpers sollen im folgenden das Kiefernholz und das Lindenholz an der Hand einiger Abbildungen näher besprochen werden.

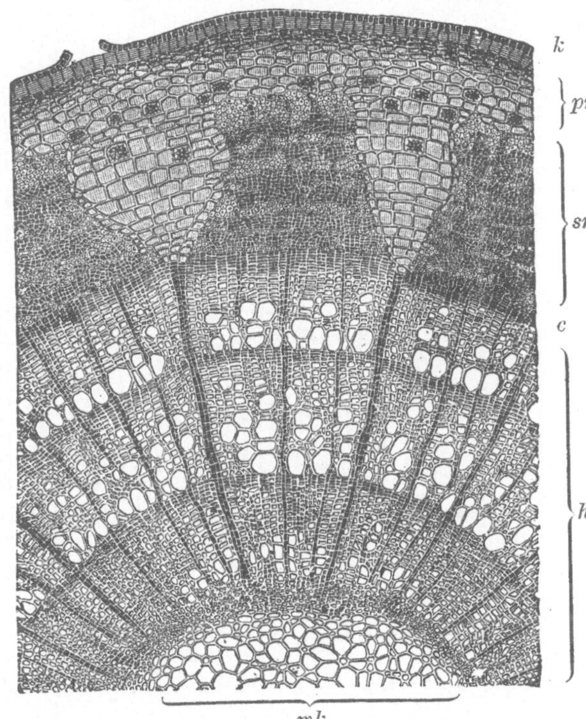

Abb. 154. Querschnitt eines dreijährigen Lindenzweiges (nach Kny), *mk* Mark, *pr* primäre Rinde, *c* Kambium, *h* sekundäre Holzkörper, *sr* sekundäre Rinde, *k* Korkschicht.

Das Kiefernholz ist wie alle Nadelhölzer sehr einfach gebaut. Dasselbe besteht, abgesehen von den Harzgängen und den sie begleitenden Parenchymzellen, nur aus Tracheïden mit hofgetüpfelten Wänden, deren Lagen von zahlreichen Markstrahlen durchsetzt werden. Die letzteren stellen in ihrer Gesamtheit das Speichergewebe dar, während die Funktionen der Wasserleitung und der Festigung den Tracheïden zukommen. Die Abb. 153 stellt ein Stück Kiefernholz, mit den drei regelmäßigen Schnittflächen dar. Der Querschnitt **A B C D** zeigt einen einreihigen Markstrahl (*m*) als schmalen radialen Streifen. Die Tracheïden des Frühjahrsholzes sind weiter und haben weniger stark verdickte Wände als diejenigen, welche zu Ende der Jahresperiode gebildet werden. Wo das dünnwandige, weitlumige Frühjahrsholz an das dickwandige, englumige Herbstholz des Vorjahres anschließt, markiert sich eine scharfe Grenze (*jg*) zwischen den aufeinanderfolgenden Jahresringen. Vereinzelt verlaufen Harzgänge (*h*) mit den zu ihnen gehörenden Parenchymzellen (*p*) durch das Holz. In der Abb. 153 ist ein Harzgang im Querschnitt gezeichnet.

Die gehöften Tüpfel befinden sich meistens auf den radialen Wänden der Tracheïden. Auf dem radialen Längsschnitt **B C F E** sehen wir also die Tüpfel von oben als Doppelkreise. Der innere Kreis wird von dem Eingang in den Tüpfelkanal gebildet, der äußere Kreis markiert den Umfang der hofartigen Erweiterung desselben.

Die Tracheïden (*tr*) sind sehr langgestreckt und an den Enden allmählich zugespitzt und zwischeneinander eingeschoben. In der Abbildung sind nur kurze Abschnitte der Tracheïden sichtbar. Ein Markstrahl ist der Länge nach getroffen und erscheint als ein Parenchymband quer zur Längsrichtung der Tracheïden. Die mittleren Zellreihen dieses Parenchymbandes bestehen aus typischen Markstrahlzellen mit lebendem Inhalt, an sie schließt sich nach oben und unten ein Saum von Tracheïden an. Häufig bestehen die

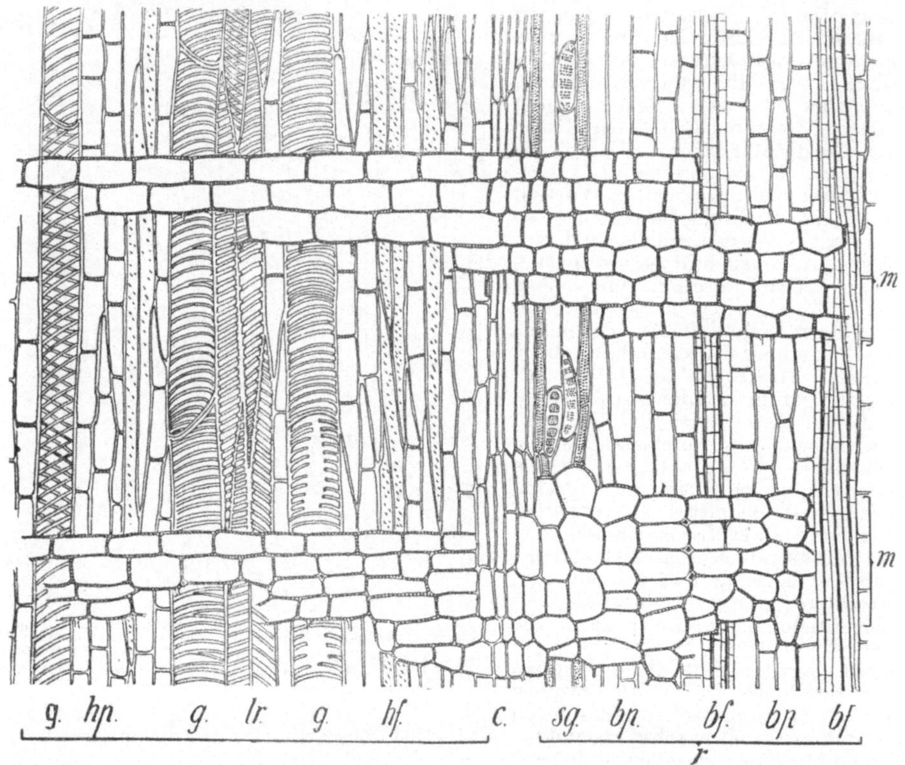

Abb. 155. Teil vom radialen Längsschnitt eines Lindenzweiges. *r* das Gewebe der sekundären Rinde. *sg* Siebröhren mit Geleitzellen, *bf* Bastfasern, *bp* Bastparenchym, *c* Kambium. *h* das Gewebe des Holzkörpers, *g* Gefäße, *tr* Tracheïden, *hf* Holzfasern, *hp* Holzparenchym, *m* Teil eines angeschnittenen Markstrahls.

Markstrahlen aus einer weit größeren Anzahl von Zellreihen. Die Tracheïdensäume fehlen in vielen Fällen gänzlich. Anatomische Verschiedenheiten dieser Art, wie auch die Anordnung und Zahl der Hoftüpfel, die Ausbildung der Harzgänge u. a. m., gestatten dem Mikroskopiker selbst an einem kleinen Holzsplitterchen zu bestimmen, von welcher Baumart das Holz stammt.

Der tangentiale Längsschnitt **C D G F** zeigt die Querschnitte der meist einreihigen Markstrahlen. In einem breiteren Markstrahl verläuft ein Harzgang. An den Wänden der Tracheïden sind zahlreiche Hoftüpfel quer getroffen.

Der Bau des Lindenzweiges, der im folgenden betrachtet werden soll, bietet uns ein Beispiel für den Bau der dikotylen Holzstämme. Abb. 154 stellt einen Teil des Zweigquerschnittes dar. Das Zentrum des Querschnittes wird von großzelligem Mark eingenommen. An dasselbe grenzen zunächst die Gefäßteile der Bündel, welche vor Beginn des sekundären Dickenwachstums im Sproß vorhanden waren. Darauf folgt ein breiter sedkunärer Holzkörper *h* mit Jahresringen, der von den Markstrahlen in radialer Richtung durchzogen wird. Während das Frühlingsholz viele Gefäße und weite Holzfasern und Holzparenchymzellen enthält, besteht das am Ende der jährlichen Zuwachsperiode gebildete Holz fast nur aus engen, schmalen Holzfasern. Im Frühling des nächtsen Jahres setzt die Tätigkeit des Kambiums ohne Übergang wieder mit der Ausbildung von Frühjahrsholz ein, so daß zwischen den einzelnen Jahresringen eine scharfe Grenze entsteht.

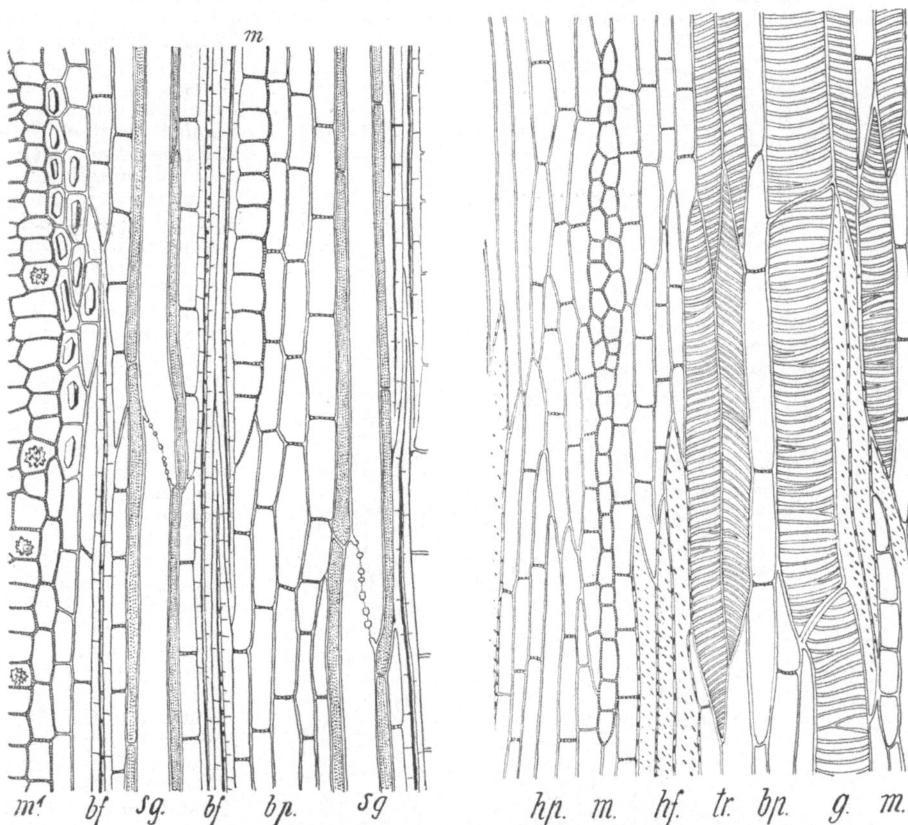

Abb. 156. Tangentialer Längsschnitt durch die Rinde eines Lindenzweiges. *sg* Siebröhren mit Geleitzellen, *bf* Bastfasern, *bp* Bastparenchym, *m* Querschnitte schwacher Markstrahlen, *m'* Teil eines verbreiterten primären Markstrahls.

Abb. 157. Tangentialer Längsschnitt durch das Holz eines Lindenzweiges. *g* Gefäße, *tr* Tracheïden, *hf* Holzfasern, *hp* Holzparenchym, *m* Querschnitt eines Markstrahls.

An der äußeren Grenze des Holzkörpers liegt der Kambiumring *c*, leicht erkennbar an der Zartheit der Zellwände und der Regelmäßigkeit der Zellanordnung in seiner Nachbarschaft. Nach außen hin schließt sich an den Kambiumring die sekundär gebildete Rinde *sr* an, in welcher Bastfasern und dünnwandige Elemente, Siebröhren und Rindenparenchym ohne besondere Regelmäßigkeit der Anordnung miteinander abwechseln. Die Markstrahlen setzen sich zum Teil als schmale Zellreihen auch durch die Rinde fort, zum Teil verbreitern sie sich ganz bedeutend und zerteilen den Querschnitt der sekundären Rinde in einzelne trapezförmige Abschnitte (Rindenstrahlen), an deren äußerer, schmaler Seite die ältesten Teile der sekundären Rinde, d. h. die Siebzellen und Bastfasern, liegen, welche vor Beginn des Dickenwachstums in dem Sproß vorhanden und mit den unmittelbar an das Mark grenzenden Gefäßen und Holzfasern zu Leitbündeln vereinigt waren.

Außerhalb der sekundären folgt dann die primäre Rinde *pr*, welche aus einigen Schichten parenchymatischer Zellen gebildet wird. Sowohl in der primären Rinde als auch im Markstrahlenparenchym der sekundären Rinde liegen einzelne Kristallzellen mit morgensternförmigen Drusen von oxalsaurem Kalk.

An die primäre Rinde schließt sich nach außen hin das Korkkambium und die aus demselben erzeugte mehr oder minder mächtige Korkschicht k an, welche im vorliegenden Beispiel außen noch von der schon stellenweise zersprengten Epidermis überkleidet ist.

Der radiale Längsschnitt, von dem in Abb. 155 ein Teil dargestellt ist, zeigt uns zunächst die Markstrahlen als mehr oder minder breite Parenchymbänder, die quer zu der Längsrichtung der übrigen Gewebselemente verlaufen. In dem Holz erkennt man leicht die meist ziemlich weiten Gefäße und die Tracheïden an den mit spiraligen Verdickungsleisten versehenen und meist (besonders in den von Kambium entfernteren Teilen) behöft getüpfelten Wänden. Die Holzfasern stellen sich als lange, an beiden Enden spitz ausgezogene Sklerenchymfasern dar, die Zellen des Holzparenchyms lassen in ihrer Form und Anordnung erkennen, daß sie durch Querteilungen aus prosenchymatischen Zellen entstanden sind. Ihre Wände sind fein getüpfelt. Im ausgewachsenen Holze enthalten nur die Markstrahlzellen und die Holzparenchymzellen einen lebenden Protoplasmainhalt, alle übrigen Elemente, die Gefäße, die Tracheïden und die Holzfasern sind mit Luft oder Wasser erfüllt. In der Rinde läßt uns der radiale Längsschnitt die Siebröhren mit ihren Geleitzellen, die Bastfasern und das Bastparenchym unterscheiden. Die Wände der Bastfasern sind fast bis zum Verschwinden der Zellhöhlung verdickt, infolgedessen besitzen die Bastfaserstränge der Lindenrinde eine sehr hohe Festigkeit, worauf die technische Verwendbarkeit des Lindenbastes beruht.

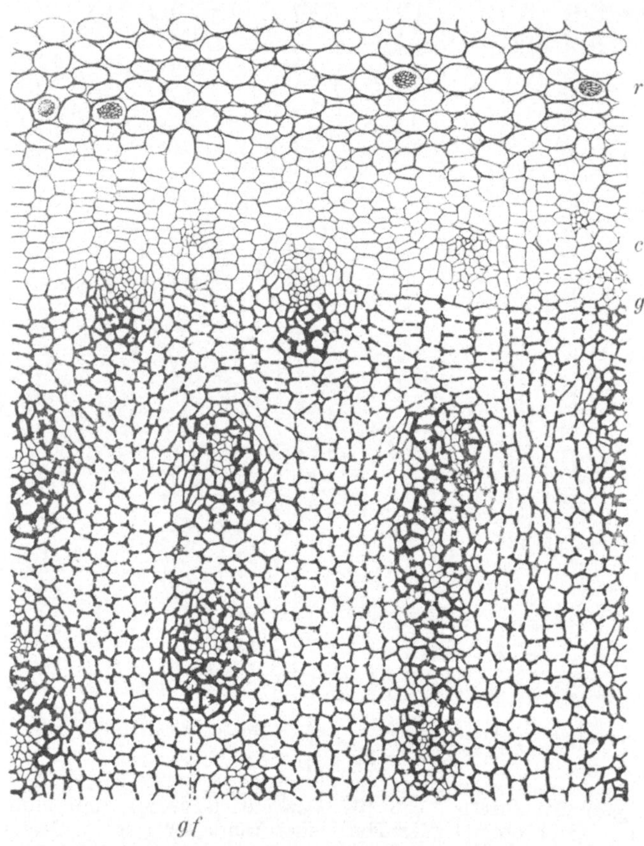

Abb. 158. Querschnitt durch den Stamm von Dracaena. r die Rinde mit einzelnen Raphidenzellen, c das Kambium, gf ein konzentrisches Leitbündel, gf' Leitbündelanlagen im Kambium (nach Kny).

Der tangentiale Längsschnitt des Lindenzweiges zeigt, je nachdem er mehr oberflächlich nur durch das Rindengewebe geführt ist oder, tiefer eindringend, den Holzkörper getroffen hat, ein verschiedenes Aussehen. Der Tangentialschnitt der Rinde (Abb. 156) enthält neben den Querschnittflächen der stark verbreiterten primären Markstrahlen auch die aus kürzeren oder längeren Reihen rundlicher Zellen bestehenden Querschnitte sekundärer Markstrahlen. Im übrigen zeigen die Elemente der Rinde, die Siebröhren mit den Geleitzellen, die Bastfasern und das Rindenparenchym gleiches Aussehen wie auf dem Radialschnitt.

Im Tangentialschnitt durch das Holz (Abb. 157) sind alle Markstrahlen als ein- oder wenigreihige vertikale Streifen von rundlichen Zellen sichtbar. In ihrer Nähe liegen meist einige Holzparenchymzellen, ferner Holzfasern, Gefäße und Tracheïden wie auf dem Radialschnitt.

Eine besondere Art sekundärer Veränderungen in der Zusammensetzung des Achsengewebes ist bei gewissen krautigen Dikotylen aus den Gruppen der Rosifloren und Myrtifloren beobachtet worden, bei denen das unter der Endodermis liegende Perikambium der Wurzel und unterirdischer Sprosse periodisch nach außen einige Schichten von Parenchymzellen und eine neue Endodermis hervorbringt. Auf diese Weise entstehen um den Gefäßbündelzylinder mehrere Lagen, in denen Parenchymschichten mit Endodermen abwechseln. Man hat dieses neugebildete Gewebe als Polyderm bezeichnet.

6. Das Dickenwachstum der Monokotylen und Pteridophyten.

In der Abteilung der Monokotylen ist das sekundäre Dickenwachstum nicht so allgemein verbreitet als bei den Dikotylen; nur bei verhältnismäßig wenigen Formen, den baumartigen Liliaceen, wie z. B. Dracaena, werden ausdauernde Stämme gebildet, die ihren Umfang sekundär vergrößern. Der Dickenzuwachs geht dabei von einem unterhalb der primären Rinde gelegenen Kambiumring, einer Zone von meristematischen Zellen, aus (Abb. 158). In diesem verhältnismäßig breiten Gewebestreifen werden fortgesetzt Grundgewebezellen und vereinzelte neue Gefäßbündel ausgebildet. Der Querschnitt des sekundär erzeugten Gewebes zeigt also ebenso wie der Querschnitt des primären Monokotylenstammes eine große Anzahl von Leitbündeln, welche scheinbar regellos im Grundgewebe verteilt sind.

Bei den Gefäßkryptogamen ist nur in zwei Fällen, bei Isoëtes und Botrychium, ein sekundäres Dickenwachstum bekannt. Im Sproß der ersteren Pflanze ist ein Kambiumring vorhanden, welcher aber hauptsächlich nur parenchymatisches Rindengewebe produziert. Bei Botrychium findet sich in dem dünnen Stämmchen zwischen dem Siebteil und dem Gefäßteil der Bündel ein Kambium, welches einen geringen Dickenzuwachs zustande bringt. Eine wirkliche Holzbildung findet auch hier nicht statt. Die fossilen Überreste von den Gefäßkryptogamen früherer Erdepochen lassen oft ein sehr mächtiges Dickenwachstum erkennen. Wir können also annehmen, daß das Dickenwachstum bei Isoëtes und Botrychium Überreste einer vormals allgemeiner verbreiteten Erscheinung sind.

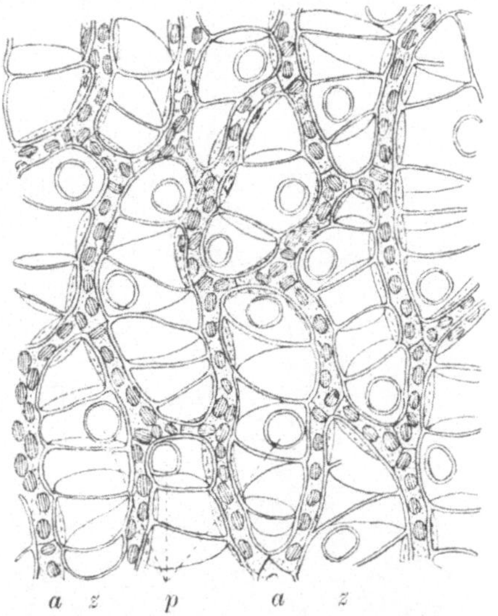

Abb. 159. Teil von der Blattfläche eines Torfmooses. Stark vergrößert. a die chlorophylhaltigen Zellen, z die leeren Zellen mit spiralförmigen Verdickungsleisten an der Wand, p die Öffnungen, durch welche das Wasser eindringt.

7. Das Gewebe der gefäßlosen Pflanzen.

Die niederen Pflanzen besitzen einen bei weitem einfacheren anatomischen Bau als die Gefäßpflanzen. Bei den Formen, deren Vegetationskörper aus einzelnen Zellen, einfachen Zellreihen oder Zellflächen besteht, kann ja von einer Gewebebildung und Gewebedifferenzierung nicht die Rede sein. Aber schon unter den Pilzen, deren Vegetationskörper von verzweigten Fäden, den Hyphen, gebildet wird, kommt durch die enge Verflechtung und Verwachsung der Hyphenäste die Ausbildung von Gewebekörpern zustande, deren Zusammensetzung trotz der gänzlich abweichenden Entstehungsweise mit dem Parenchym der höheren Pflanzen Ähnlichkeit besitzt. Man bezeichnet derartige Gewebe als Pseudoparenchym. Einzelne Bildungen, wie die zähen, dickwandigen Fasern und die weitlumigen wasserführenden Schläuche in den Mycelsträngen des Hausschwammpilzes, die Milchsaftschläuche im Fruchtkörper des Reizkers und seiner Verwandten weisen darauf hin, daß auch schon auf dieser niederen Stufe der Gewebebildung Differenzierung und Arbeitsteilung eintreten kann. Bei manchen Algen läßt sich die Entstehung der Gewebekörper gleichfalls auf eine Verschmelzung verzweigter Fäden zurückführen. Andere Formen zeigen Übereinstimmung mit den Gefäßpflanzen, indem Scheitelzellen oder Meristeme mit fortgesetzt teilungsfähigen Initialen die Gewebebildung vermitteln. Häufig wird eine Hautschicht von festeren Zellen ausgebildet und die Zellen des Innern lassen bisweilen große Unterschiede in ihrer Ausgestaltung erkennen. So finden sich bei der riesenhaften Meeresalge Macrocystis Zellen, welche in Form und Ausbildung den Siebröhren der höheren Pflanzen sehr nahe kommen. Die Laminarien, Meeresalgen, welche wie die vorhin genannte Form zu den Braunalgen gehören, haben ein sekundäres Dickenwachstum ihrer zylindrischen Achsen. Es ist ein peripherisches Kambium vorhanden, welches Jahr um Jahr neue Gewebezonen zu den vorhandenen hinzufügt und zu einer Ausbildung typischer Jahresringe Veranlassung gibt.

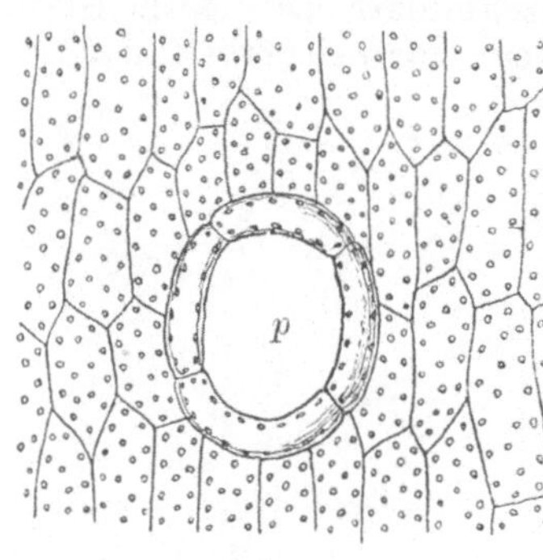

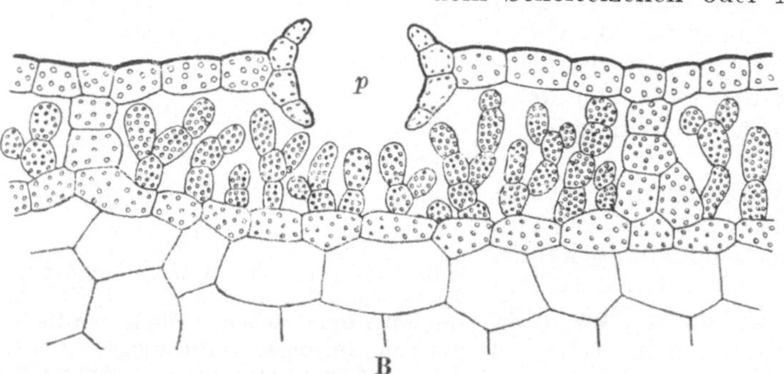

Abb. 160. **A** Stück der Oberfläche des thallosen Sprosses von Marchantia. **B** Querschnitt durch den thallosen Sproß. *p* Atemporus, *e* Epidermis, *a* Assimilationszellen.

Die Gewebebildung der Moose steht gleichfalls noch auf ziemlich niederer Stufe. Die Stämmchen, soweit es sich um beblätterte Formen handelt, bestehen oft aus gleichmäßigen Parenchymzellen; bei einigen Laubmoosen ist eine derbere Rindenschicht und ein zentraler Strang dünnwandiger, langgestreckter Zellen vorhanden, die wahrscheinlich bei der Stoffleitung im Stämmchen eine Rolle spielen. Die Blätter sind meist einschichtig, höchstens findet sich ein mehrschichtiger Mittel- oder Randnerv. An der Oberfläche des Stämmchens und in den Blattflächen der Torfmoose sind neben den Zellen mit lebendem Inhalt größere leere Zellen vorhanden, deren durchlöcherte Wandung eine spiralbandartige Wandverdickung aufweist (Abb. 159). Diese porösen leeren Zellen, welche miteinander in Verbindung stehen, versorgen, indem sie kapillar Wasser aufnehmen und fortleiten, den Sproßgipfel mit Feuchtigkeit und dienen, indem sie das Wasser längere Zeit gegen Verdunstung geschützt festhalten, zugleich als Wasserreservoir für die lebenden Zellen der Pflanze. Ähnliche Einrichtungen sind von einer Anzahl anderer Laubmoose, z. B. von dem bei uns in Wäldern häufigen Leucobryum, bekannt.

Unter den thallosen Lebermoosen aus der Reihe der Marchantiaceen sind einige durch höhere Gewebedifferenzierung ausgezeichnet. Die Gattungen Marchantia und Fegatella z. B., die auch in der einheimischen Flora vertreten sind, haben eine scharfbegrenzte Epidermis mit Atemporen an der Oberseite ihres Thallus (Abb. 160). Unter der einschichtigen Epidermis liegen kammerartige Intercellularräume, aus deren Boden kurze Reihen rundlicher, chlorophyllhaltiger Zellen hervorsprossen, welche das Assimilationsgewebe repräsentieren. Der untere, dem Erdboden zugekehrte Teil des Vegetationskörpers wird von großen Parenchymzellen gebildet, zwischen denen einzelne Schleimzellen liegen.

Endlich möge hier noch das Vorkommen von Spaltöffnungen an den Sporenkapseln der Laubmoose Erwähnung finden. Die Wand der Laubmooskapseln, in denen die Sporen ausgebildet werden, ist im jugendlichen Zustande aus grünen Zellen gebildet, welche zwischen sich ein System von Intercellularräumen haben. Die Ausgangsöffnungen, durch welche diese lufthaltigen Hohlräume mit der Außenluft kommunizieren, sind Spaltöffnungen, die in der Ausbildung der sie umgebenden Zellen der Hautschicht in manchen Fällen durchaus an die Spaltöffnungen der Gefäßpflanzen mit ihren Schließzellen erinnern.

Die Physiologie der Pflanzen.[1])

Die Physiologie ist die Lehre von den Lebenserscheinungen der Pflanzen. Wir können zwei Gruppen von Lebensvorgängen unterscheiden: das vegetative Leben und die Fortpflanzung. Als vegetatives Leben bezeichnen wir die Lebensäußerungen, welche sich auf die Ausgestaltung und Erhaltung des Pflanzenindividuums beziehen; unter dem Begriff der Fortpflanzung sind alle Vorgänge zusammengefaßt, welche die Neubildung von Individuen und damit die Erhaltung der Pflanzenart bewirken.

I. Das vegetative Leben.

1. Die äußeren Lebensbedingungen.

Alle Lebensäußerungen des Pflanzenkörpers sind als das Resultat des Zusammenwirkens zweier Faktoren anzusehen. Die äußeren Umstände, unter denen der Pflanzenkörper sich befindet, liefern Kraft und Stoff für die Lebensvorgänge; die innere Struktur des Pflanzenkörpers ist maßgebend für die Form, in welcher die Lebensäußerung in die Erscheinung tritt. Jeder Lebensvorgang ist als das Endglied einer im Pflanzenkörper sich abspielenden komplizierten Reihe chemischer und physikalischer Vorgänge anzusehen, zu denen der Anstoß von den in der Außenwelt gegebenen Lebensbedingungen ausgeht. Wie aber der Bau der lebenden Substanz der Pflanzen durch die Komplikation ihrer organischen Struktur von der bloßen Molekularstruktur der organischen Materie sich unterscheidet, so treten auch in den Lebenserscheinungen der Organismen Kraftformen auf, welche nicht in ihrer Gesetzmäßigkeit, wohl aber in ihrer Wirkungsweise von den in der organischen Natur wirksamen physikalischen und chemischen Kräften verschieden sind. Die Reizbarkeit der lebenden Substanz, ihre Fähigkeit, sich zu bewegen, zu wachsen und sich zu teilen, ferner Anpassungserscheinungen, Regeneration, Fortpflanzung und Vererbung sind Vorgänge, in denen die Wirkungsweise komplexer physiologischer Kräfte zum Ausdruck kommt. Sie sind in ihren letzten Gründen vorerst ebenso wie das geistige Element in den Lebensäußerungen der Tiere einer rein mechanischen Erklärung durch das Spiel einfacher chemischer und physikalischer Kräfte unzugänglich.

---

1) Für eingehendere Studien sind zu empfehlen: Pfeffer, W., Pflanzenphysiologie, und Jost, L., Vorlesungen über Pflanzenphysiologie, und als Anleitung zu experimentellen pflanzenphysiologischen Untersuchungen: Detmer, W., Das pflanzenphysiologische Praktikum.

Unter den äußeren Umständen, welche für das Leben der Pflanze als Quellen
von Kraft und Stoff Bedeutung haben, sind als die wichtigsten zu nennen:
die Wärme, das Licht, das Vorhandensein von Wasser und Nährstoffen und
von Sauerstoff. Die den Pflanzen in der atmosphärischen Luft dargebotene
Sauerstoffmenge ist in der Natur als konstante Größe gegeben. Nur durch
das Experiment ist es uns möglich, ihre Einwirkung auf den Pflanzenkörper
zu modifizieren. Licht und Wärme, Wasser und Nahrungszufuhr schwanken
aber hinsichtlich der Intensität auch unter natürlichen Verhältnissen innerhalb weiter Grenzen. Die verschiedenen Intensitätsgrade, in denen die äußeren
Lebensbedingungen der Pflanze dargeboten werden, üben auf ihre Lebensäußerungen ganz verschiedene, oft geradezu entgegengesetzte Wirkungen aus.

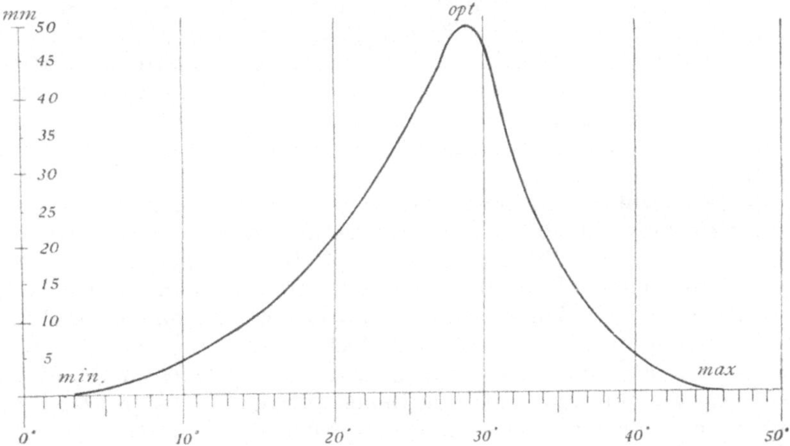

Abb. 161. Kurve, welche das Längenwachstum der Wurzel einer dikotylen Pflanze in
gleichen Zeiträumen unter dem Einfluß verschieden hoher Temperatur darstellt.

Während z. B. ein mittlerer Wärmegrad dem Wachstum der Pflanzen förder-
lich ist, sehen wir bei sehr niederen und bei sehr hohen Temperaturen das
Wachstum gänzlich erlöschen. Man unterscheidet deshalb hinsichtlich der
Einwirkung der äußeren Umstände auf die Lebensfunktionen der Pflanzen drei
Intensitätsgrade als sog. Kardinalpunkte, das Minimum, das Optimum und das
Maximum. Das Minimum ist derjenige niederste Intensitätsgrad des Lichtes, der
Wärme oder der Stoffzufuhr, bei welchem die Lebensäußerungen der Pflanze
überhaupt beginnen. Sinkt der Intensitätsgrad unter das Minimum herab, so
tritt zunächst eine Unterbrechung der Lebensäußerungen und endlich der
Tod ein. Als Optimum bezeichnet man denjenigen mittleren Stärkegrad der
äußeren Einflüsse, der für die Lebensvorgänge am zuträglischsten ist. Das
Maximum endlich gibt diejenige Intensität der äußeren Einwirkung an, oberhalb welcher keine Lebensäußerung mehr wahrnehmbar ist.

Man pflegt die Einwirkung der äußeren Umstände auf die Lebenstätigkeit der Pflanze
in einer auf rechtwinklige Koordinationen bezogenen Kurve darzustellen, für welche die
Intensität der äußeren Lebensbedingungen die Abszissen, die Intensität der Lebensvorgänge in der Pflanze die Ordinaten liefern. In Abb. 161 ist z. B. die Einwirkung der Wärme
auf das Wachstum der Wurzel einer einheimischen Pflanze in dieser Weise dargestellt. Der
Verlauf der Kurve ergibt, daß etwa bei + 4 Grad das Wachstum beginnt, daß bei 28 Grad
die Wurzel am kräftigsten wächst, und daß bei Temperaturen von 45 Grad und darüber

das Wachstum gänzlich aufhört. Die einzelnen Pflanzenarten zeigen hinsichtlich der Lage der drei Kardinalpunkte individuelle Verschiedenheiten, welche aus dem Bau des Pflanzenkörpers und der Organisation der lebenden Substanz erklärt werden müssen. Es sollen im folgenden die Wirkungen der verschiedenen äußeren Umstände mit Beziehung auf diese Tatsache kurz besprochen werden..

Die Wärme. Die Teile des Pflanzenkörpers haben im allgemeinen annähernd dieselbe Temperatur, wie die sie umgebenden Medien, Erde, Wasser und Luft. Temperaturunterschiede können einmal dadurch entstehen, daß die Wärme des Mediums, wie es ja bei der Luft nicht selten ist, plötzlich wechselt. Sodann aber werden auch durch chemische und physikalische Prozesse im Innern des Pflanzenkörpers Temperaturschwankungen erzeugt, die imstande sind, eine Temperaturdifferenz zwischen der Pflanze und ihrer Umgebung zu unterhalten. So wird z. B. von den oberirdischen Teilen der Pflanzen durch Strahlung Wärme abgegeben, ferner wird in ihnen bei dem Prozeß der Wasserverdunstung Wärme gebunden, so daß häufig die Eigenwärme des Pflanzenkörpers um eine meßbare Größe hinter der Außenwärme zurücksteht. Dagegen kann der intensive Atmungsprozeß in keimenden Samen, in aufblühenden Blütenknospen u. a. m. eine zeitweilige Erhöhung der Temperatur gegenüber der Umgebung bewirken.

Der Skalenabschnitt des hundertteiligen Thermometers von 0 Grad bis zu 50 Grad bezeichnet ungefähr die Temperaturgrenzen, innerhalb welcher bei unseren einheimischen Pflanzen überhaupt Lebensvorgänge sich abspielen können. Nehmen wir die Pflanzen anderer Himmelsstriche mit in Betracht, so verschieben sich die Zahlen etwas. An arktischen Algen sind z. B. selbst in dem einige Grade unter 0 abgekühlten Meerwasser noch Lebenserscheinungen beobachtet worden, und bei vielen Pflanzen des tropischen und subtropischen Gebietes liegt das Minimum der zum Leben nötigen Wärme mehr oder minder weit über dem Gefrierpunkt. Eine entsprechende Verschiebung kann auch bezüglich des Wärmemaximums stattfinden, und während das Optimum, die Temperatur, in welcher die gedeihlichste Entwicklung stattfindet, für die einheimischen Gewächse zwischen 25 und 30 Grad liegt, ergeben sich für die arktischen und für die tropischen Pflanzen entsprechend niedrigere bzw. höhere Zahlen. Gewisse Spaltpilze und Spaltalgen können noch bei Temperaturen von 70^0 und darüber Lebensäußerungen zeigen.

Gegen die Temperaturen, welche unterhalb des Minimums liegen, verhalten sich die einzelnen Pflanzen verschieden. Die Flechten, viele Pilze und Moose, die Bäume und Sträucher im Winterzustande, die Rhizome der Stauden und die Sporen und Samen der Pflanzen können ziemlich hohe Kältegrade ertragen, ohne zu sterben. Sie nehmen bei Wiedereintritt wärmerer Witterung ihre Lebenstätigkeit wieder auf. Saftige Pflanzenteile dagegen, wie die Blätter und Blüten der Bäume und Sträucher, die krautartigen Teile der Stauden und die Kräuter erleiden schon meist bei Temperaturen wenig unter dem Gefrierpunkt Veränderungen, welche ihr Absterben herbeiführen.

Meistens ist dabei der Mangel an genügender Wasserzufuhr als direkte Todesursache anzusehen. Während nämlich die Wasseraufnahme durch die Wurzeln in der Kälte aufhört, geht die Wasserverdunstung aus den saftigen Organen ungehindert fort, so daß ein Vertrocknen und damit der Tod der Zellen eintritt. Wirkliche Eisbildung findet im Inneren der Pflanzen erst statt, wenn die Temperatur einige Grade unter den Gefrierpunkt gesunken ist. Es tritt dann ein Teil des Wassers aus den Zellen in die Intercellularräume und erstarrt dort zu nadelförmigen Kristallen. Dieser Vorgang tötet an sich die Zellen noch nicht, und es gelingt bisweilen, wenn man durch langsames Auftauen den Zellen Gelegenheit gibt, das ausgeschiedene Wasser wieder aufzunehmen, gefrorene Pflanzenteile wieder ins Leben zu bringen. Im gewöhnlichen Verlauf der Dinge geht aber das abgegebene Wasser durch Verdunstung verloren, oder es erfüllt bei plötzlichem Auftauen die Intercellularräume und bringt dadurch die Pflanzenteile zum Absterben.

Temperaturgrade, welche über dem Maximum liegen, bewirken in saftigen Pflanzenteilen ein Gerinnen des Protoplasmas und damit den Tod der Zellen. Trockene Pflanzenteile können dagegen ohne Schaden höhere Wärmegrade ertragen. Trockene Sporen und Samen verlieren bisweilen selbst bei Erhitzen auf 100 Grad ihre Keimfähigkeit nicht. Die Sporen einiger Spaltpilze halten sogar längere Einwirkung kochenden Wassers ohne Schaden aus.

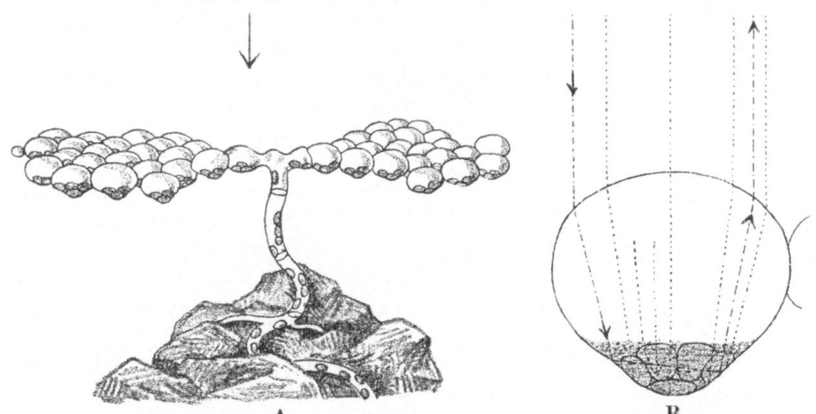

Abb. 162. **A** Vorkeim des Leuchtmooses Schistostega osmundacea. **B** Schema des Strahlenganges in einer einzelnen Vorkeimzelle. Die Pfeile deuten den Gang der Lichtstrahlen an (nach Noll).

Das Licht. Wie bei der Besprechung der Wärme können wir auch hier zunächst die Frage aufstellen, ob die Pflanzen imstande sind, eigenes Licht zu erzeugen. Im allgemeinen ist das nicht der Fall, nur bei einigen niederen Pflanzen, Bakterien und Pilzen, ist ein Selbstleuchten nachgewiesen worden.

So leuchtet z. B. das Mycel des Hallimasch, eines einheimischen, im Holz der Bäume schmarotzenden Hutpilzes im Dunkeln mit schwachem, phosphorartigem Scheine. Das Leuchten toter Fische und des abgelagerten Fleisches der Schlachttiere in den Vorratsräumen der Metzger und Schlachthäuser ist auf das Vorhandensein selbstleuchtender Spaltpilze zurückzuführen. Auch die Erscheinung des Meeresleuchtens wird zum Teil durch selbstleuchtende Bakterien verursacht.

In anderen Fällen, in denen eine Lichtausgabe von Pflanzen beobachtet werden kann, handelt es sich um Reflexion des aufgenommenen Tageslichtes.

So finden wir an den Vorkeimen des in Felshöhlen wachsenden Leuchtmooses Schistostega osmundacea wasserhelle, kugelförmige Zellen, in denen an der vom einseitig einfallenden Lichte abgewendeten Seite einige Chlorophyllkörper liegen (Abb. 162). Die Lichtstrahlen werden infolge der Strahlenbrechung im vorderen Teil der Zelle auf die Gruppe der Chlorophyllkörper vereinigt und kehren von dort, soweit sie nicht absorbiert werden, auf dem gleichen Wege zurück, so daß die Pflänzchen dem Auge des Beschauers in smaragdgrünem Glanze erscheinen.

Für das Lichtbedürfnis der Pflanzen gilt der allgemeine Satz, daß alle grüngefärbten Pflanzenteile wenigstens zeitweilige Beleuchtung erfordern, um ihre Funktionen erfüllen zu können.

Lassen wir Samen einer grünen Pflanze unter Lichtabschluß keimen, so entwickeln sich die Keimlinge nicht in normaler Weise. Es entstehen bleichgelbliche Pflanzen von abnormer Gestalt, welche nach kurzer Entwicklungsdauer zugrunde gehen. Man bezeichnet solche Pflanzen als etiolierte Pflanzen, die Gesamtheit der durch die Verdunkelung an ihnen hervorgerufenen Erscheinungen als Etiolement. Die auffälligste Erscheinung an etiolierten Pflanzen ist das Ausbleiben der Chlorophyllbildung in den Zellen des Assimilationsgewebes, nur in wenigen Ausnahmefällen, z. B. bei Keimpflanzen der Nadelhölzer, bildet sich der grüne Farbstoff auch im Dunkeln aus.

Der Nachteil, welchen erwachsene, mit Chlorophyll versehene Pflanzen durch den gänzlichen Lichtabschluß erleiden, beruht, abgesehen von der Etiolierung der im Dunkeln sich entwickelnden Teile, hauptsächlich darin, daß die Kohlensäurezersetzung, ein wichtiger Faktor bei dem Aufbau der organischen Substanzen im Pflanzenkörper, gänzlich unterbleibt, — eine tiefgreifende Ernährungsstörung, durch welche endlich der Tod der Pflanze herbeigeführt werden muß.

Für die grünen Pflanzen liegt demnach das Minimum der Lichtintensität über dem Nullpunkt. Das Belichtungsoptimum, der Grad der Helligkeit, welcher die Lebensfunktionen am meisten begünstigt, ist für die einzelnen mit Chlorophyll versehenen Gewächse verschieden. Viele Rotalgen gedeihen in großen Meerestiefen, zu denen nur ein gedämpftes Licht hinabdringt. Viele Moose und Farne und auch manche Blütenpflanzen wachsen im tiefsten Waldesschatten oder im Halbdunkel von Felsspalten und Höhlen. Die meisten höheren Pflanzen dagegen bedürfen zu ihrer gedeihlichen Entwicklung zeitweiliger Beleuchtung durch direktes Sonnenlicht, und dem Pflanzenwuchs sonniger Berghänge, den Steppenpflanzen und Wüstenpflanzen ist selbst eine täglich wiederkehrende Einwirkung grellsten Sonnenlichtes zuträglich. Entsprechend der wechselnden Lage des Optimums ist

Abb. 163. Kulturplatte von Typhusbazillen, welche nach der Aussaat teilweise dem Sonnenlicht ausgesetzt war. Einzelne Stellen waren dabei durch aufgelegte Stanniolstreifen, welche das Wort Typhus bildeten, beschattet. Nur dort haben sich Bakterienkolonien entwickelt, so daß die Buchstaben jetzt in der durchsichtigen Platte deutlich hervortreten (nach Hans Buchner).

auch das Helligkeitsmaximum für die einzelnen Pflanzenarten verschieden. Den Schattenpflanzen schadet längere Einwirkung des direkten Sonnenlichtes. Für die Pflanzen, welche diesen höchsten in der Natur dargebotenen Helligkeitsgrad ertragen, ist es schwer, ein Maximum der Beleuchtungsintensität festzustellen. Versuche, welche mit konzentriertem Sonnenlicht angestellt wurden, machen es wahrscheinlich, daß eine zeitweilige Steigerung der Lichtstärke dauernde Schädigung des Chlorophyllapparates hervorrufen kann.

Die nicht grün gefärbten Pflanzen, z. B. die Pilze, verhalten sich in Beziehung auf das Lichtbedürfnis verschieden. Während einige bei dauerndem Lichtabschluß ein in Gestaltveränderungen oder in funktionellen Störungen sich äußerndes Etiolement erfahren, können andere ohne Schaden im Dunkeln wachsen. Manche chlorophyllfreien Pflanzen erfahren durch die Beleuchtung sogar eine Verzögerung ihrer Entwicklung oder werden gar durch Licht von gewisser Intensität getötet.

Setzt man z. B. einen festen Nährboden, in welchem entwicklungsfähige Typhusbakterien gleichmäßig verteilt sind, in einzelnen Teilen dem direkten Sonnenlicht aus, während man andere Teile etwa durch darübergelegte Stanniolstreifen beschattet, so werden die Keime in den von der Sonne beschienenen Teilen getötet. Nur in den beschatteten Teilen des Nährbodens entwickeln sich die Spaltpilze zu makroskopisch erkennbaren Kolonien (Abb. 163).

Neben der Intensität ist auch die Richtung der Lichtstrahlen von Bedeutung. Wenn der Pflanzenkörper einseitig beleuchtet wird, können in demselben Bewegungserscheinungen hervorgerufen werden, deren Endresultat zu der Richtung der Lichtstrahlen in bestimmter Beziehung steht. Man bezeichnet die Fähigkeit der Pflanzen, durch Bewegungen auf die Einwirkung einseitiger Beleuchtung zu reagieren, als Phototropismus. Da hierbei die Art der Lichteinwirkung nur den Anstoß zu der Lebensäußerung gibt, die dadurch ausgelöste Reihe von Lebensvorgängen, welche die phototropische Bewegung bewirken, aber nicht als direkte Fortwirkung des Lichteinflusses angesehen werden kann, so gehört der Phototropismus in das Gebiet der Reizerscheinungen, welches später im Zusammenhang behandelt werden soll.

Wasser und Nährstoffe. Das Wasser gehört zu den wichtigsten Lebensbedingungen der Pflanzen, ohne Wasser müssen alle Lebenserscheinungen aufhören. Die Menge des zum Leben nötigen Wassers ist aber für die einzelnen Pflanzen sehr verschieden. Während sehr viele Wasserpflanzen mit ihrem ganzen Vegetationskörper im Wasser leben und oft schon durch kurze Unterbrechung des vollen Wassergenusses getötet werden, sind die meisten Landpflanzen imstande, auch einem verhältnismäßig trockenen Erdboden mit ihren Wurzeln die nötige Wassermenge zu entziehen. Manche Arten sind mit Einrichtungen versehen, die ihnen gestatten, Wasser in ihrem Innern aufzuspeichern; sie werden dadurch in den Stand gesetzt, auch zu Zeiten, in denen ihnen von außen kein Wasser zugeführt wird, ihre Lebensprozesse zu unterhalten. Wieder andere Formen, z. B. die meisten Moose und Flechten, können ohne dauernden Schaden zeitweilige Austrocknung ertragen.

Pflanzen, die infolge ihrer besonderen Organisation mit sehr geringen Mengen von Feuchtigkeit auszukommen vermögen, wie die Gewächse der Wüsten und Steppen, werden als Xerophyten bezeichnet; ihnen stehen die Hydrophyten gegenüber, z. B. die Wasser- und Sumpfpflanzen und die Krautvegetation der tropischen Regenwälder, die an eine große Feuchtigkeit ihrer Umgebung angepaßt sind. Die meisten Vertreter unserer einheimischen Flora sind Mesophyten, die sich mit einer mittleren Feuchtigkeit begnügen.

Mit dem Wasser werden von der Pflanze die anorganischen Nährsalze aufgenommen, außer ihnen kommt als Nährstoff noch die Kohlensäure (Kohlendioxyd) der Luft in Betracht. Das Mengenverhältnis, in welchem die Nährsalze und die Kohlensäure den aufnehmenden Pflanzenorganen zur Verfügung stehen, ist für die Lebensverrichtungen der Pflanze nicht ohne Bedeutung. Zu geringe Mengen der Nährstoffe schädigen selbstverständlich den Ernährungsprozeß; aber auch zu große Mengen können die Lebenstätigkeit der Pflanzen ungünstig beeinflussen.

Pflanzen, die einen verhältnismäßig hohen Salzgehalt des Bodenwassers ohne Schaden ertragen, wie die Gewächse am Meeresstrande und in der Umgebung salzhaltiger Quellen des Binnenlandes, werden als Halophyten bezeichnet.

Auf nahrungsarmen Böden, oder wenn sonst ungünstige Ernährungsbedingungen gegeben sind, stellt sich bei vielen Pflanzen statt der normalen Form Zwergwuchs (Nanismus) ein, indem die Zahl und Größe der zur Ausbildung gelangenden Glieder auf ein Minimum beschränkt ist; umgekehrt kann bei überreichlicher Ernährung Riesenwuchs auftreten. In der Landwirtschaft und im Gartenbau muß der Mangel an Nährstoffen im Boden künstlich durch Düngung ersetzt werden.

Der Sauerstoff. Der Sauerstoff ist allen höheren und den meisten niederen Pflanzen zur Unterhaltung ihrer Lebensprozesse unbedingt nötig. Nur einige

9

gärungerregende Pilze und Bakterien sind imstande, bei Sauerstoffabschluß zu leben, bei allen übrigen werden durch Entziehung des Sauerstoffes die Lebensäußerungen sistiert, es tritt ein Zustand latenten Lebens ein, den man als Asphyxie bezeichnet. Wird nach einer nicht zu langen Zeit der Pflanze wieder Sauerstoff zugeführt, so weicht der Starrezustand und die Lebensfunktionen setzen allmählich wieder ein; längeres Verbleiben im sauerstofffreien Raum führt den Tod der Pflanze herbei.

Den Wasserpflanzen steht der im Wasser absorbierte Sauerstoff zur Verfügung. Den Landpflanzen liefert für ihre oberirdischen Organe die atmosphärische Luft den Sauerstoff, aber auch die unterirdischen Teile bedürfen des Gases. Gewöhnlich findet sich in den Hohlräumen zwischen den einzelnen Bodenpartikelchen und in dem den Boden durchtränkenden Wasser absorbiert eine genügende Sauerstoffmenge vor. In luftarmem Sumpfboden, oder wenn durch Verschlemmung des Bodens — etwa durch zu reichliches Begießen einer Topfpflanze — die Luft aus dem Boden verdrängt wird, können die unterirdischen Organe der Pflanzen nicht gedeihen, es sei denn, daß sie, wie die meisten Sumpf- und Wasserpflanzen, durch intercellulare Lufträume mit Atemluft versorgt werden, oder daß sie, wie die auf S. 20 (Abb. 29) erwähnte Jussiaea, besondere Organe besitzen, welche einen Zutritt der atmosphärischen Luft auch zu den im Boden steckenden Teilen ermöglichen.

Die Menge des Sauerstoffes, welche den Pflanzen in der Atmosphäre dargeboten ist, beträgt ungefähr 21%. Wenn man den Sauerstoffgehalt der Luft künstlich steigert, so wird zunächst die Lebenstätigkeit der Pflanze noch gefördert, steigt die absolute Sauerstoffmenge über ein bestimmtes Maß hinaus, so treten Störungen im Stoffwechsel ein, welche endlich die Pflanze zum Absterben bringen.

2. Der Stoffwechsel.

Die Ernährung. Die Stoffe, aus denen der Körper der Pflanzen zusammengesetzt ist, sind außer dem Wasser der Hauptsache nach Kohlehydrate, Eiweißsubstanzen und Fette. Die grünen Gewächse vermögen die organischen Verbindungen im Innern ihres Körpers aus den anorganischen Elementarstoffen aufzubauen, so daß also zu ihrer Ernährung nur die Aufnahme von anorganischen Substanzen nötig ist. Die aufgenommenen Stoffe werden als Nährstoffe bezeichnet. Die Pflanzen, denen der grüne Farbstoff mangelt, sind bei ihrer Ernährung auf die Aufnahme organischer Verbindungen angewiesen. Sie gewinnen die für sie nötigen organischen Nährstoffe in verschiedener Weise. Die Fäulnisbewohner (Saprophyten) eignen sich Teile von abgetöteten, in Zerfall begriffenen Tier- und Pflanzenkörpern an, die Schmarotzer (Parasiten) befallen lebende Tiere oder Pflanzen und berauben sie unter mehr oder minder erheblicher Schädigung der zum eigenen Gedeihen nötigen Stoffe. Als Insektivoren bezeichnet man Pflanzen, welche mit Hilfe besonderer Baueinrichtungen imstande sind, lebende Tiere einzufangen und zu töten, und ihre lösliche Körpersubstanz zur eigenen Ernährung zu verwenden. Wir werden im folgenden zunächst die Ernährungsverhältnisse der chlorophyllhaltigen Pflanzen besprechen und später auch auf die Eigentümlichkeiten der Saprophyten und Parasiten und der Insektivoren kurz eingehen.

Die Herkunft der Nährstoffe. Wenn wir die Substanzen, aus welchen der Pflanzenkörper besteht, durch chemische Analyse in ihre elementaren Bestandteile zerlegen, so erhalten wir in allen Fällen Kohlenstoff, Sauerstoff, Wasserstoff, Stickstoff, Kalium, Calcium, Magnesium, Eisen, Phosphor und Schwefel.

Außerdem treten in vielen Fällen noch Silicium, Natrium, Lithium, Aluminium, Zink, Mangan, Chlor, Jod, Brom und seltener auch Nickel, Kobalt, Kupfer, Strontium und Baryum in Pflanzen-
aschen auf. Nur die erstgenannten zehn Elemente sind demnach im allgemeinen als wesentliche Be-standteile des Pflanzenkörpers zu bezeichnen. Es müssen also durch die Ernährung diese Elemente in den Pflanzenkörper eingeführt wer-den. Mit dem Wasser, welches den Erdboden durchtränkt, nehmen die Landpflanzen durch ihre Wurzeln zugleich die darin in kleinen Mengen gelösten phosphorsauren, schwefelsauren und salpetersauren Salze des Kalium, Calcium, Magne-sium und Eisens auf und erlangen damit alle die Elementarsubstanzen, welche für ihre Ernährung wesent-lich sind, mit alleiniger Ausnahme des Kohlenstoffes. Der letztere stammt aus dem Kohlendioxyd der Luft und wird direkt von den oberirdischen grünen Teilen der Pflanzen aufgenommen und zum Aufbau der organischen Verbin-dungen verarbeitet.

Um die Bedeutung der einzelnen an-organischen Nährstoffe der Pflanze nachzuweisen, bedient man sich der künstlichen Ernährung in Wasserkul-turen. Ein hoher, mehrere Liter fassen-der Glaszylinder wird mit destilliertem Wasser angefüllt, in welchem die an-organischen Pflanzennährstoffe in ge-ringer Menge gelöst sind. In Nähr-lösungen, welche alle wesentlichen Nähr-

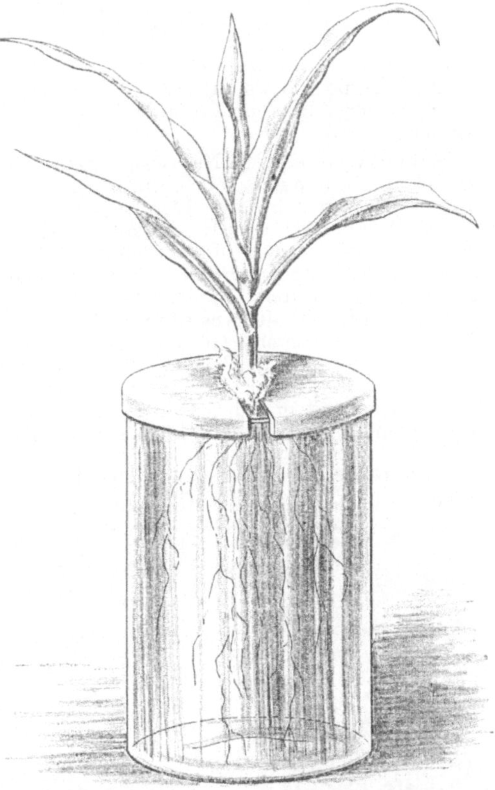

Abb. 164. Wasserkultur einer Maispflanze. Um die Einrichtung des Deckels und das Innere des Gefäßes erkennbar zu machen, sind das zum Verschließen des Spaltes im Deckel dienende Papier und die Papphülse des Glaszylinders in der Zeichnung fortgelassen.

stoffe enthalten, entwickeln sich die Pflanzen normal bis zur Samenbildung. Fehlt da-gegen der Nährlösung einer der wesentlichen Nährstoffe, so ergibt sich als bemerkens-wertestes Resultat, daß die Keimlinge sich nur so lange normal entwickeln, als die im Samen vorhandenen Reservestoffe ausreichen.

Das Mengenverhältnis der einzelnen Substanzen kann innerhalb ziemlich weiter Grenzen verschieden sein, da die Pflanzen infolge eines spezifischen Wahlvermögens stets nur so viel aus der Lösung aufnehmen, als zu ihrem Gedeihen erforderlich ist. Indes ist eine stärkere Konzentration der Nährsalze zu vermeiden, da dieselbe die Pflanzen schädigt. Als eine brauchbare Nährlösung kann die folgende empfohlen werden:

<table>
<tr><td>1000 g destilliertes Wasser,</td><td>0,2 g phosphorsaurer Kalk,</td></tr>
<tr><td>0,5 „ Salpeter,</td><td>0,2 „ schwefelsaure Magnesia,</td></tr>
<tr><td colspan="2" align="center">0,1 g Eisenvitriol.</td></tr>
</table>

Auch das folgende Rezept wird als brauchbare Nährlösung für Wasserkulturen empfohlen:

1000 g destilliertes Wasser, 0,25 g Chlorkalium,
1 ,, salpetersaurer Kalk, 0,25 ,, schwefelsaure Magnesia,
0,25 g phosphorsaures Kali,
einige Tropfen einer schwachen Eisenchloridlösung.

Das in dieser Lösung neben den unerläßlichen Nährstoffen noch vorhandene Chlor ist nicht unbedingt notwendig für die Pflanzen, indes scheint es, daß in manchen Fällen die Basen in der Form von Chloriden besser von der Pflanze aufgenommen und verarbeitet werden können.

Den mit einer solchen Nährlösung gefüllten Zylinder bedecken wir mit einem Porzellandeckel oder mit einem mit Paraffin überzogenen Korkstopfen, welcher einen etwa 1 cm breiten Einschnitt bis zur Mitte besitzt (Abb. 164). In dem Einschnitt befestigen wir mit einem Wattebausch eine Keimpflanze etwa von Zea Mais so, daß die Wurzel in die Nährlösung taucht, während die Sproßspitze über dem Deckel emporragt. Der von der Maispflanze nicht eingenommene Teil des Einschnittes wird, um Staub und Pilzkeime fernzuhalten, mit weißem Papier überklebt, das zugleich zur Etikettierung der Versuchspflanze dient. Um die Ansiedlung von Algen in der Nährlösung zu verhindern, setzt man den Glaszylinder in eine Hülse von lichtdichter Pappe. Die in der Nährlösung vorhandenen Stoffe genügen, um die Pflanze, auch nachdem die im Samen vorhandenen Reservestoffe verbraucht sind, dauernd zu ernähren; man muß nur dafür sorgen, daß die Lösung ab und an erneuert wird und daß von Zeit zu Zeit ein Luftstrom durch die Nährlösung geleitet wird, damit es den sich reichlich entwickelnden Wurzeln nicht an Atemluft fehlt.

Aufnahme der Nährstoffe. Der Körper der Landpflanzen ist, wie wir früher gesehen haben, überall mit einer Hautschicht umgeben, die für Wasser schwer durchlässig ist. Der Eintritt des Wassers und der darin gelösten anorganischen Stoffe kann deshalb nur an ganz bestimmten Stellen des Pflanzenkörpers, nämlich an den jüngsten Teilen der Wurzeln, vor sich gehen.

Die Erde, in welcher die Pflanzen wachsen, besteht zum größten Teil aus kleinsten Gesteinstrümmern von verschiedener chemischer Beschaffenheit. Zwischen diesen unregelmäßig gestalteten ·Bodenteilchen

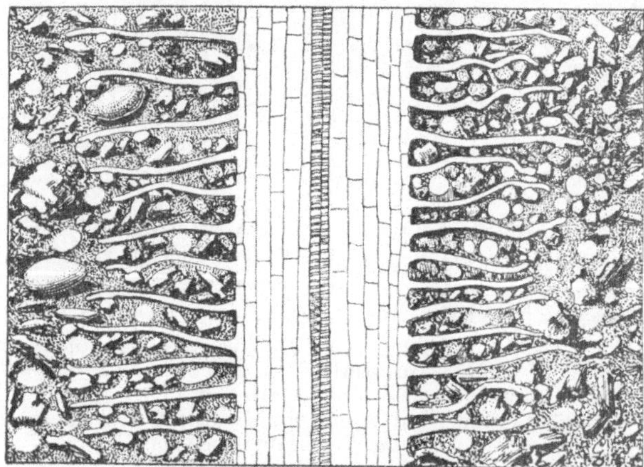

Abb. 165. Längsschnitt einer Wurzel mit Wurzelhaaren im Erdreich. (Vergrößert.)

bleiben kleine Hohlräume, welche zum Teil mit Luft erfüllt sind. Das im Boden enthaltene Wasser überzieht in mehr oder minder mächtiger Schicht die einzelnen Bodenteilchen und kleidet also gewissermaßen die Hohlräume zwischen denselben aus (Abb.165).

An den jüngsten Teilen vieler Wurzeln wachsen die Oberflächenzellen zu Wurzelhaaren aus, diese schieben sich bei ihrem Wachstum zwischen die kleinsten Gesteinsteilchen des Erdbodens hinein und verwachsen innig mit ihnen. Wenn man eine Wurzel vorsichtig aus dem Boden herausnimmt, so findet man die jüngsten Teile derselben mit Erdteilen bedeckt, welche durch die Wurzelhaare festgehalten werden. Die Oberflächenzellen der Wurzelspitze wie auch die Wurzelhaare besitzen eine dünne Cellulosewand, welche dem Wasser den Durchtritt auf osmotischem Wege ermöglicht.

Die Aufnahme des Wassers durch die Wurzeln der Pflanzen läßt sich durch ein einfaches Experiment erläutern, welches zugleich über die Menge des aufgenommenen Wassers Aufschluß gibt. Die in Abb. 166 dargestellte weithalsige Flasche besitzt unten seitlich ein kurzes Ansatzrohr, in welches die rechtwinklig gebogene graduierte Röhre mit einem Gummistopfen wasserdicht eingefügt ist. In die ganz mit Wasser angefüllte Flasche wird eine Pflanze mit Hilfe eines halbierten Korkstopfens so eingesetzt, daß die Wurzel sich im Wasser befindet, der Sproß aber über den Hals der Flasche hervorragt. Die Einfügungsstelle im Hals der Flasche wird ringsherum vermittelst eines aus Wachs und Kolophonium zusammengeschmolzenen Kittes luftdicht verkittet. Der Wasserspiegel in der graduierten Röhre wird mit einer Ölschicht bedeckt und dadurch vor Verdunstung geschützt. Nach Einsetzung der Pflanze wird das Niveau des Wassers in der graduierten Röhre an der Teilung abgelesen. Nach einiger Zeit ist das Wasser in dem Rohr gesunken und die erneute Ablesung ergibt die Menge des von der Pflanze aufgenommenen Wassers.

In dem mit den Bodenteilen in steter Berührung befindlichen Wasser sind die für die Pflanze nötigen anorganischen Stoffe in geringer Menge gelöst, so daß mit der Aufnahme des Wassers zugleich auch die Nährsalze dem Pflanzenkörper zugeführt werden. Indes sind auch die Wurzeln der Pflanze imstande, durch Ausscheidung einer Säure gewisse feste Bodenbestandteile zu lösen und dadurch zur Aufnahme durch die Wurzelhaare vorzubereiten.

Legt man z. B. in die Erde eines Blumentopfes, in welchem eine Pflanze kultiviert wird, eine polierte Marmorplatte, so findet man nach einiger Zeit die polierte Platte überall dort, wo sie mit dem Wurzelsystem der Pflanze in Berührung kam, deutlich angeätzt.

Ist die Gesamtmenge der im Bodenwasser gelösten Salze zu groß, so leidet die Pflanze durch die Erschwerung der osmotischen Wasseraufnahme. Aus einer nicht zu großen Konzentration der Bodensalze entnimmt die Pflanze die einzelnen Nährstoffe in der ihr zusagenden Menge. Sinkt die Konzentration eines der nötigen Nährstoffe im Bodenwasser unter das für die Pflanze erforderliche Minimum herab, so wird dadurch das Gedeihen der Pflanze begrenzt, wenn auch die übrigen Nährstoffe im Überfluß vorhanden sind.

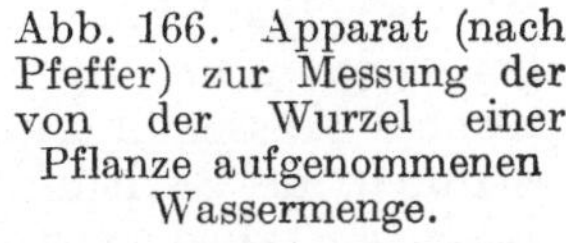

Abb. 166. Apparat (nach Pfeffer) zur Messung der von der Wurzel einer Pflanze aufgenommenen Wassermenge.

In dem zum Anbau von Kulturpflanzen verwendeten Ackerboden geraten am leichtesten der Stickstoff, der Phosphor und das Kali ins Minimum. Sie müssen deshalb durch Düngung dem Boden wieder zugeführt werden. Man unterscheidet in Landwirtschaft und Gartenbau natürlichen Dünger wie Stallmist, Jauche, Kompost, in dem alle Pflanzennährstoffe in zusagender Menge enthalten sind und künstlichen Dünger wie Chilesalpeter, Kalkstickstoff für Stickstoff; Guano für Stickstoff und Phosphor; Superphosphat, Thomasschlackenmehl, Knochenmehl für Phosphor; Kalisalze wie die Staßfurter Abraumsalze für Kali.

Die Düngung ist aber nicht lediglich als ein Ersatz der mangelnden Nährstoffe im Boden anzusehen, sie bezweckt vielmehr gleichzeitig eine Verbesserung der physikalischen Bodenbeschaffenheit. Deshalb kann der natürliche Dünger nicht vollständig durch Kunstdünger ersetzt werden.

Als Öffnungen für den Eintritt des Kohlendioxyds in den Pflanzenkörper sind bei den höheren Gewächsen die Spaltöffnungen anzusehen. Sie stellen eine offene Verbindung zwischen der in den Intercellularräumen enthaltenen inneren und der äußeren Luft her. Die an die Intercellularräume grenzenden Zellen des Assimilationsgewebes entnehmen das Kohlendioxyd direkt aus der Luft der Intercellularen, und durch die Spaltöffnungen hindurch findet fortgesetzt ein Ausgleich des Kohlendioxydgehaltes der inneren und äußeren Luft statt.

Die atmosphärische Luft enthält nur etwa 0,03 % Kohlendioxyd. Eine künstliche Steigerung ihres Kohlendioxydgehaltes vermehrt den Ertrag der Assimilation. In kohlendioxydfreier Luft findet keine Assimilation statt.

Bei Wasserpflanzen, deren Oberhaut nicht durch eine starke Cuticula unwegsam gemacht wird, treten Wasser, Nährsalze und Kohlensäure direkt aus der Umgebung in die Zellen ein.

Bei gewissen als Wurzelschmarotzer bezeichneten Gefäßpflanzen haben die Wurzeln die Befähigung zur Aufnahme der anorganischen Nahrung aus dem Erdboden teilweise oder gänzlich verloren. Sie gewinnen ihren Bedarf an Wasser und Nährsalzen dadurch, daß ihre verkümmerten Wurzeln durch Saugwurzeln (Haustorien) mit den normalen Wurzeln benachbarter Pflanzen verwachsen und sich die von diesen gewonnenen Nahrungssäfte aneignen. Die einheimischen Gattungen Wachtelweizen, Klappertopf und Augentrost in der Familie der Braunwurzgewächse liefern dafür zahlreiche Beispiele. Bei wurzellosen Schmarotzern, wie der Kleeseide und ihren Verwandten, treten ähnliche Haustorien an den oberirdischen Organen auf. Die Mistel und viele tropische Schmarotzer aus der Familie der Loranthaceen, Balanophoraceen und Rafflesiaceen dringen mit ihren wurzelähnlichen Organen direkt in das Gewebe der Wirtspflanze ein.

Der Transport des Wassers und der Nährsalze im Pflanzenkörper. Der Vorgang, durch welchen im Pflanzenkörper aus der Kohlensäure und dem aus dem Boden entnommenen Wasser unter dem Einfluß des Lichtes die Kohlenstoffverbindungen erzeugt werden, wird Assimilation genannt. Die Assimilation findet in dem Assimilationsgewebe der oberirdischen Pflanzenteile, vor allen Dingen in den Blättern, statt. Während die Kohlensäure der Luft direkten Zutritt zu diesen Organen hat, ist es nötig, daß das von der Wurzel aufgenommene Wasser mit den darin gelösten Nährsalzen zu ihnen transportiert wird.

Die Menge des bei der Assimilation zum Aufbau der Kohlehydrate verbrauchten Wassers ist gering. Viel bedeutender ist die Wassermenge, welche durch Verdunstung von den Zellen abgegeben wird. Man bezeichnet die Abgabe von Wasserdampf durch die Pflanze als Transpiration. Wir können uns den Vorgang im allgemeinen so vorstellen, daß die Zellen des Assimilationsgewebes Wasser in Dampfform in die Intercellularräume abscheiden, von wo es durch die Spaltöffnungen in die Atmosphäre gelangt. Der dadurch entstehende Verlust wird zunächst aus den weiter rückwärts liegenden Zellen gedeckt, welche ihrerseits aus den Leitbündeln ihren Wasserbedarf entnehmen. Die Wasserbewegung, welche in dieser Weise gewissermaßen durch eine von den transpirierenden Zellen ausgehende Saugung veranlaßt ist, wird als Transpirationsstrom bezeichnet.

Die Abgabe von Wasser in Dampfform durch die Pflanze läßt sich leicht durch einige Versuche zeigen. An einer Topfpflanze werden die Wände des Topfes und die Oberfläche der Erde durch Überbinden mit Guttaperchapapier gegen Wasserverdunstung geschützt und die Pflanze mit einer Glasglocke überdeckt. Durch die Transpiration der Pflanze wird die unter der Glocke abgeschlossene Luftmenge mit Wasserdampf gesättigt, der sich teilweise in Form von Wassertropfen an den Wänden der Glocke niederschlägt.

Um über die Menge des durch Transpiration von der Pflanze abgegebenen Wassers eine Vorstellung zu gewinnen, dient der folgende Versuch.

Man bringt eine beblätterte Topfpflanze, bei welcher Topf und Erde in ähnlicher Weise wie oben gegen Abgabe von Wasser an die Luft geschützt sind, auf die eine Schale einer

Waage und stellt durch Auflegen von Gewichten auf die andere Schale das Gleichgewicht her. Schon nach kurzer Zeit hat sich, hauptsächlich durch die Transpiration, das Gewicht der Pflanze so weit vermindert, daß die Schale mit den Gewichten nach unten sinkt (Abb. 167). Indem man durch Auflegen von Gewichten auf die Schale mit der Pflanze das Gleichgewicht wieder herstellt, kann man bestimmen, wieviel die Gewichtsabnahme einer Pflanze in einer bestimmten Zeit beträgt. Indes ist die gefundene Gewichtsdifferenz nicht ganz auf die Rechnung der Transpiration zu setzen, da während der Versuchszeit auch noch durch andere Vorgänge, durch Assimilation und durch Atmung eine, wenn auch geringe Beeinflussung des Gewichtes der Pflanze im positiven oder negativen Sinne stattgefunden haben kann. Zu genaueren Untersuchungen über den Wasserverbrauch transpirierender Pflanzenteile verwendet man das Potometer (Abb. 168), ein gebogenes dünnes Glasrohr, in dessen kurzen aufrechtstehenden Schenkel ein frisch abgeschnittener Pflanzenteil wasserdicht verkittet wird, während der lange horizontale Schenkel mit einer genauen Skala versehen ist. Zu Anfang des Versuches wird die Röhre ganz mit Wasser gefüllt. Durch den Wasserverbrauch des Pflanzenteiles verringert sich die Wassermenge, indem die Endfläche der Wassersäule in dem horizontalen Teil des Potometerrohres sich längs der Skala verschiebt.

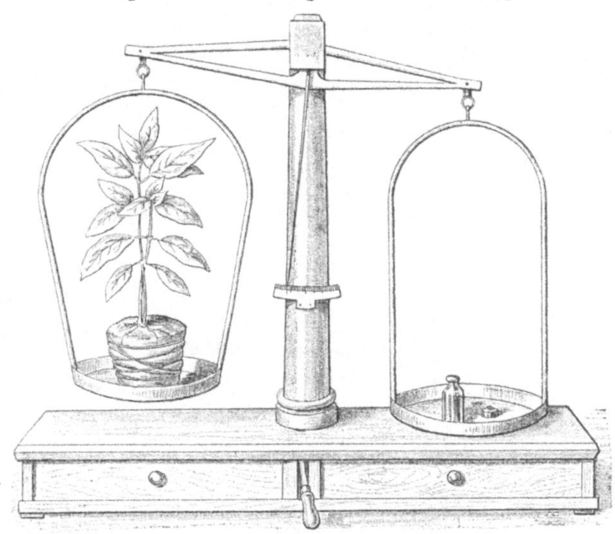

Abb. 167. Versuch zur Bestimmung der von einer Pflanze in einer gewissen Zeit verdunsteten Wassermenge.

Die Menge des durch Verdunstung von der Pflanze abgegebenen Wassers ist von den äußeren Umständen abhängig. Wenn der Wassergehalt der Atmosphäre sich dem Sättigungsgrade nähert, wird die Transpiration der Pflanzen auf ein Minimum beschränkt.

Die Spaltöffnungen können durch Änderung der Spaltweite die Transpiration beeinflussen. Wenn die Spalten geschlossen sind, so wird das Ausströmen des die Intercellularräume erfüllenden Wasserdampfes sehr verlangsamt und infolgedessen auch die Wasserabgabe der Zellen bedeutend erschwert. Im Lichte sind, wenn den Pflanzen genügende Wassermengen zur Aufnahme zur Verfügung stehen, die Spaltöffnungen weit offen und gestatten eine reichliche Transpiration.

Zum Nachweis der Tatsache, daß die Abgabe des Wasserdampfes hauptsächlich durch die Spaltöffnungen erfolgt, dient die von Stahl angegebene Kobaltprobe. Kobaltpapier, d. h. Fließpapier, welches mit Kobaltchlorür getränkt worden ist, zeigt in völlig trockenem Zustande eine blaue Farbe, bei Zutritt feuchter Luft nimmt es je nach der zugeführten Feuchtigkeitsmenge früher oder später eine rote Farbe an. Befestigt man auf beiden Blattseiten einer Camellia- oder einer anderen großblättrigen Pflanze, die nur auf der Blattunterseite Spaltöffnungen führt, je eine Scheibe Kobaltpapier, die zur Abhaltung der Luftfeuchtigkeit mit einer dünnen Scheibe von Marienglas bedeckt wird, so tritt an der Blattunterseite schnell Rötung des Kobaltpapiers ein, während die Scheibe auf der Blattoberseite ziemlich lange die blaue Farbe behält.

Die Pflanzen der Wüsten und Steppen, die Pflanzen, welche auf einem sehr salzhaltigen Boden oder in kaltem, sauerstoffarmem Sumpfboden wachsen, sind auf eine geringe

Wasseraufnahme angewiesen. Wir finden dementsprechend bei ihnen besondere Einrichtungen, welche geeignet sind, die Transpiration herabzusetzen. In dem Abschnitt über die Morphologie der Pflanzen haben wir in der Ausbildung von Rollblättern und Schuppenblättern, in der Unterdrückung der Blattbildung bei den Stammsukkulenten, in der Entwicklung einer dicken Cuticula, deren Wirkung oft noch durch Auf- oder Einlagerung von Wachs erhöht wird, und in der Bedeckung der Pflanzenteile mit Woll- oder Schuppenhaaren derartige Einrichtungen kennengelernt. Auch die Verlagerung der Spaltöffnungen in tiefe Gruben und die Beschränkung ihrer Zahl und Größe dienen zur Herabminderung der verdunsteten Wassermenge.

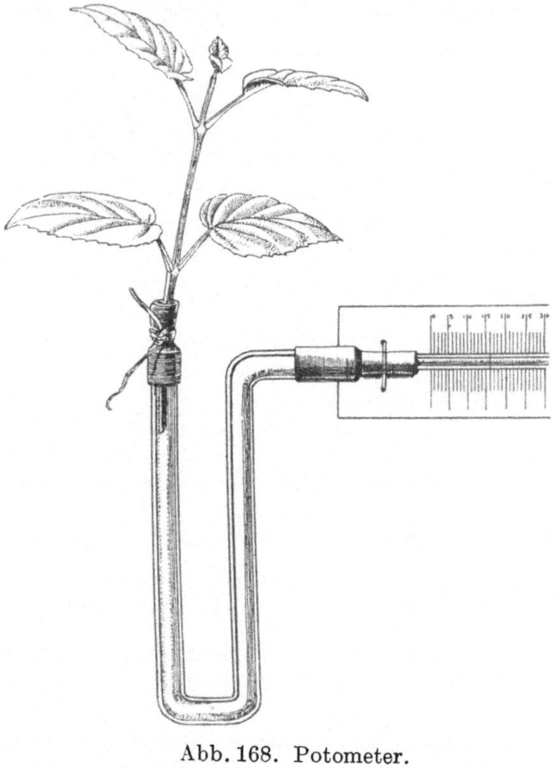

Die Erfahrung, daß in kühlen Frühlingsnächten die jungen Triebe der Bäume vertrocknen, weil die Wurzeln in dem stark abgekühlten Boden nicht die genügende Wassermenge aufzunehmen vermögen, beweist, daß die Menge des durch die Wurzel aufgenommenen Wassers von dem Wasserverbrauch in den oberirdischen Organen nicht direkt bestimmt wird. Umgekehrt wie hier kann auch die Menge des von der Wurzel aufgenommenen Wassers den Bedarf in dem Sprosse bedeutend übersteigen. Das Wasser wird dann von der Wurzel her mit einer gewissen Kraft in den Sproß hineingepreßt (Wurzeldruck) und kann in Tropfenform an den Blättern hervorgepreßt werden (Guttation).

Abb. 168. Potometer.

Bei vielen Gewächsen erfolgt die Ausscheidung des tropfbaren Wassers durch besondere, als Hydathoden bezeichnete Organe, deren Ausgangsöffnungen häufig in Gestalt von Wasserspalten an den Blättern auftreten. In anderen Fällen werden an zarteren Stellen der Oberhaut aus der mit Wasser durchtränkten Zellwand Tropfen hervorgepreßt.

Wenn wir ein in einem Topf ausgepflanztes Exemplar von Alchemilla vulgaris um die Transpiration möglichst zu verringern, mit einer gut schließenden Glasglocke überdecken und durch Erwärmung vom Boden her die Tätigkeit der Wurzel in dem gut durchfeuchteten Erdreich möglichst steigern, so sehen wir schon nach kurzer Zeit an den Blattzähnen Wassertropfen hervortreten. Im Sommer kann man, wenn nach warmen Nächten durch hohen Feuchtigkeitsgehalt der Luft die Transpiration der Gewächse vermindert ist, bei zahlreichen Kräutern, z. B. der Gartenerdbeere diese Erscheinung auch in der freien Natur beobachten; sie darf nicht verwechselt werden mit der Taubildung, welche darauf beruht, daß die in der Luft enthaltene Feuchtigkeit sich auf den infolge der Wärmestrahlung unter die Temperatur der Luft abgekühlten Pflanzenteilen niederschlägt.

Daß der Austritt des tropfbaren Wassers wirklich durch Druckkräfte veranlaßt werden kann, lehrt der folgende einfache Versuch. In den kurzen Schenkel eines ungleichschenkligen **U**-Rohres wird ein abgeschnittener Sproß von Impatiens noli tangere oder Fuchsia luftdicht eingekittet, so daß seine Schnittfläche in das in der Röhre befindliche Wasser taucht (Abb..169). In den langen Schenkel des Rohres wird Quecksilber geschüttet. Um die Transpiration des Sproßstückes herabzusetzen, wird der ganze Apparat in einen Glaszylinder gesetzt. Der durch eine Quecksilbersäule von ca. 30 cm Höhe ausgeübte Druck genügt, um in kurzer Zeit an den Blattzähnen Wasser hervortreten zu lassen.

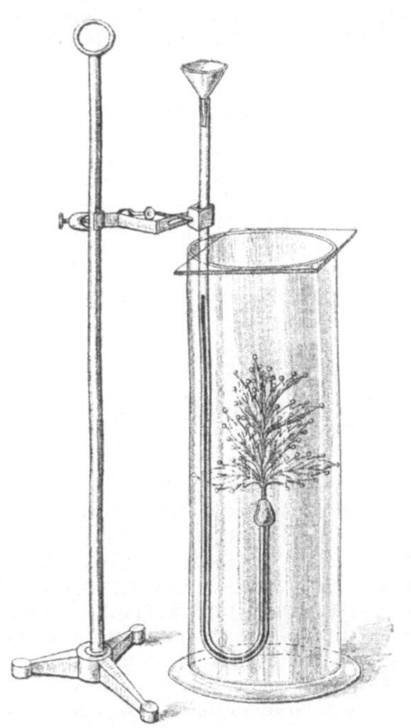

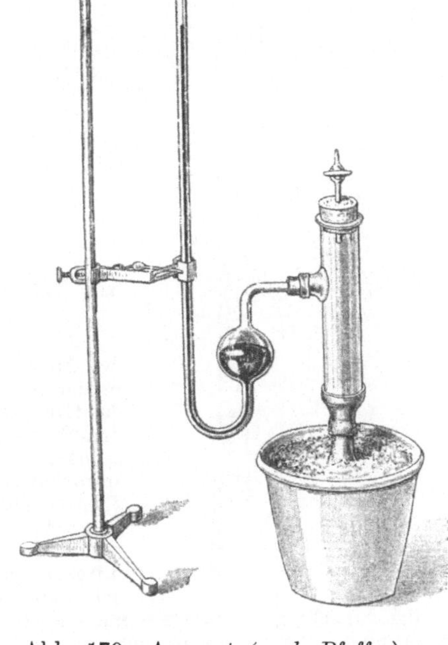

Abb. 169. Apparat zum Nachweis der Tatsache, daß durch Druckkräfte Wasser durch den Sproß und in Tropfenform aus den Blättern hervorgepreßt werden kann.

Abb. 170. Apparat (nach Pfeffer) zur Bestimmung des Wurzeldruckes.

Um von der Größe des Wurzeldruckes eine Vorstellung zu gewinnen, schneiden wir von einer gutbewurzelten Topfpflanze den Sproß ab und fügen an den Stumpf wasserdicht ein weites Glasrohr an, welches an der Seite ein Ansatzrohr besitzt (Abb. 170). An das Ansatzrohr wird eine ungleichschenklige **U**-Röhre, deren kurzer Schenkel nochmals rechtwinkelig gebogen und zwischen den Biegungsstellen kuglig aufgeblasen ist, wasserdicht befestigt. Das obere Ende der weiten Glasröhre wird mit einem gutschließenden Gummistopfen verschlossen, in dem ein kurzes Glasrohr mit Zweiweghahn wasserdicht eingesetzt ist. Wir füllen sodann das weite Rohr mit Wasser und lassen den Apparat einige Stunden stehen, bis die im Innern des Pflanzenstumpfes vorhandenen Differenzen hydrostatischen Druckes ausgeglichen sind, die durch den Unterschied zwischen Transpirationsstrom und Wurzeldruck veranlaßt worden waren. In den langen Schenkel des **U**-Rohres füllen wir sodann Quecksilber ein und schließen, sobald alle Luft aus dem weiten Rohr verdrängt und die am **U**-Rohr vorhandene Kugel größtenteils mit Quecksilber gefüllt ist, den Glashahn. Die fortgesetzte Wasseraufnahme durch die Wurzel bewirkt nun, daß das Quecksilber in dem langen Schenkel der Röhre emporsteigt, und die Länge der gehobenen Quecksilbersäule ermöglicht eine zahlenmäßige Bestimmung der Druckhöhe. In einzelnen Fällen übersteigt der Wurzeldruck den Atmosphärendruck, in anderen ist er sehr viel geringer. In kräftig transpirierenden Pflanzen hat der Wurzeldruck für die Wasserbewegung keine Bedeutung, er wird durch den Transpirationsstrom aufgehoben oder gar negativ gemacht.

Den Weg, auf welchem das Wasser von den Wurzeln zu den Blättern emporsteigt, bilden in krautigen Pflanzen die verholzten Zellen der Leitbündel und in den Stämmen der Bäume die jüngsten Jahresringe des Holzes.

Den Nachweis, daß der aufsteigende Saftstrom nicht in der Rinde, sondern im Holzkörper fortschreitet, liefert der folgende bereits von Hales (geb. 1671) angestellte Versuch. Man macht an dem Stamm oder an einem Ast eines Baumes zwei Ringschnitte nahe übereinander, welche die ganze Rinde durchtrennen und löst den zwischen beiden Ringschnitten gelegenen Rindenstreifen von dem Holzkörper ab (Abb. 171). Die bloßgelegte Oberfläche

Abb. 171. Geringelter Zweig des Hollunder
(nach Oels).

des Holzes wird durch Überbinden mit Guttaperchapapier gegen Verdunstung geschützt. Falls nun nicht das Holz, sondern die Rinde den Weg für den aufsteigenden Wasserstrom bildete, müßten die über der Ringelungsstelle gelegenen Teile des Baumes infolge der Transpiration schnell vertrocknen und zugrunde gehen. Es zeigt sich aber, daß diese Teile ebenso wie die unter dem Ringschnitt gelegenen frisch bleiben und weiterwachsen.

Die Frage, auf welche Weise das Wasser den Holzkörper durchströmt, ist von verschiedenen Forschern in der verschiedensten Weise beantwortet worden. Nach der herrschenden Ansicht geht die Bewegung des Wassers der Hauptachse nach im Hohlraum der Gefäße und der Tracheïden vor sich. Die Kraftquelle liefert die Transpiration, deren saugende Wirkung sich von den verdunstenden Oberflächen aus nach rückwärts fortsetzt, wobei die Kohäsion ununterbrochener Wasserfäden im Pflanzenkörper die Wirkung der Saugkraft vom Sproßgipfel bis zur Wurzel zur Geltung kommen läßt. Mit dem Holzkörper des Stammes stehen die verholzten Elemente der Leitbündel im Zusammenhang, welche in die Blätter eintreten. In der Blattfläche verteilen sich die Leitbündel und führen den Wasserstrom bis in die nächste Nähe des transpirierenden Gewebes. In dem letzteren findet die Bewegung des Wassers von Zelle zu Zelle auf osmotischem Wege statt. Die Fortleitung des Wassers in den gefäßlosen Pflanzen wird gleichfalls durch Diosmose bewirkt. Es handelt sich dort immer nur um Beförderung des Wassers auf kurze Strecken, zu einer schnellen Bewegung des Wassers auf weite Strecken reicht dieser Vorgang nicht aus.

Die Geschwindigkeit, mit welcher der Wasserstrom in dem Holz der Gefäßpflanzen vorrückt, hängt von der Intensität der Transpiration ab. An stark transpirierenden Pflanzen findet man, daß der Weg, den ein Wasserteilchen in einer Stunde zurücklegt, bis zu 100 und mehr Zentimeter betragen kann.

Man benützt zum Nachweis dieser Tatsache eine 1—2prozentige Lithiumlösung, mit welcher man die Versuchspflanze begießt. Das Lithium steigt mit dem Lösungswasser in der Pflanze empor und kann mit Hilfe des Spektralapparates in den Pflanzenteilen auch in kleinsten Mengen leicht nachgewiesen werden.

Die Verarbeitung der aufgenommenen Nährstoffe. Der wichtigste Schritt bei dem Aufbau der organischen Verbindungen des Pflanzenkörpers aus den aufgenommenen Substanzen ist die Assimilation, d. h. die Bildung der Kohlehydrate aus dem Kohlendioxyd und dem Wasser. Die Organe, in denen dieser Vorgang unter der Einwirkung des Lichtes sich abspielt, sind die Chlorophyllkörper in den Zellen des Assimilationsgewebes. Dabei wird Zucker gebildet, der entweder im Wasser der Zelle gelöst bleibt oder im Chlorophyllkorn zu mikroskopisch sichtbaren Stärkekörnern wird.

Man kann den Assimilationsvorgang in einer chemischen Gleichung darstellen:

$$6\,CO_2 \quad + \quad 5\,H_2O \quad = \quad C_6H_{10}O_5 \quad + \quad 6\,O_2$$
(Kohlendioxyd) + (Wasser) = (Kohlenhydrat) + (Sauerstoff).

Von dem Kohlendioxyd tritt nur der Kohlenstoff in die organische Verbindung ein, der Sauerstoff und Wasserstoff der letzteren stammt aus dem Wasser. Der Sauerstoff des Kohlendioxyd wird während des Assimilationsprozesses von der Pflanze nach außen hin wieder abgegeben. Das Volumen der abgeschiedenen Sauerstoffmenge stimmt mit dem des zersetzten Kohlendioxyd überein.

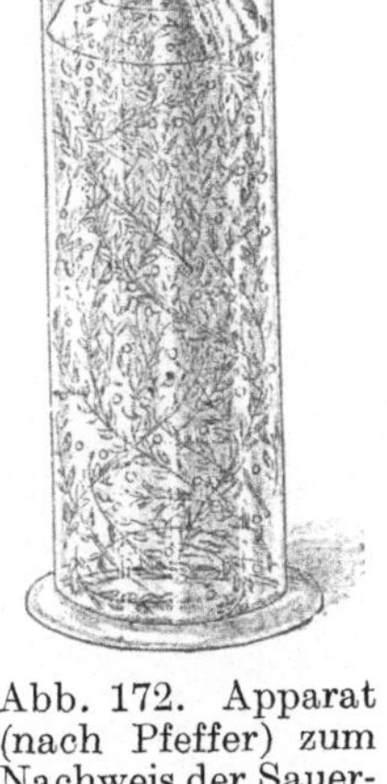

Die Sauerstoffausscheidung der Pflanzen bei der Assimilation ist durch das Experiment nachweisbar. Wir bringen in einen hohen Glaszylinder mit Wasser eine größere Anzahl von Sproßstücken der Wasserpflanze Elodea canadensis. Oben in den Zylinder wird ein am Tubus mit Glashahn versehener Glastrichter mit der Trichteröffnung nach unten eingesetzt und bei geöffnetem Hahn so weit in das Wasser versenkt, bis alle Luft bis zu dem Glashahn aus dem Trichter verdrängt ist. Darauf wird der Hahn geschlossen und der Trichter mittels eines Blechstreifens an dem Rand des Zylinders in seiner Lage befestigt (Abb. 172). Im Lichte assimilieren nun die Pflanzen sehr lebhaft und man sieht aus den Schnittflächen der Sprosse Gasblasen hervortreten, welche im Wasser aufwärtssteigen und unter dem Trichter aufgefangen werden. Das angesammelte Gas ist Sauerstoff. Wenn wir einen glimmenden Span in den Gasstrom halten, welcher beim Öffnen des Glashahnes aus der Spitze des Trichters hervortritt, so fängt er augenblicklich Feuer.

Abb. 172. Apparat (nach Pfeffer) zum Nachweis der Sauerstoffausscheidung bei der Assimilation.

Daß die Assimilation nur unter der Einwirkung des Lichtes erfolgt, zeigt der folgende Versuch. Auf ein abgeschnittenes Blatt einer Tabakpflanze, welche einige Tage vorher

Abb. 173. Stärkebildung in einem teilweise verdunkelten Tabakblatt. Es ist nur die eine Hälfte des Blattes gezeichnet.

im Dunkeln gestanden hatte, legen wir eine Schablone von Stanniol, in welcher ein Zeichen oder ein Wort, etwa das Wort „STÄRKE", ausgeschnitten ist. Blatt und Schablone werden auf feuchtes Fließpapier zwischen zwei Glasplatten gelegt und der Besonnung ausgesetzt. Am Abend legen wir das Blatt in kochendes Wasser und darauf in mehrmals zu erneuernden Alkohol, wodurch nach einiger Zeit der Chlorophyllfarbstoff herausgezogen wird, so daß das Blatt bleichgelblich erscheint. Alsdann bringen wir es in eine flache Schale mit alkoholischer Jodlösung und sehen nun nach kurzer Zeit das Wort „STÄRKE" in dunkelbrauner Farbe auf der bleichen Blattfläche deutlich und scharf hervortreten (Abb. 173). In den von der Schablone bedeckten Teilen des Blattes hat keine Assimilation stattgefunden.

Die ausgeschnittenen Stellen der Schablone dagegen gestatteten dem Sonnenlicht freien Durchgang, infolgedessen ist dort Stärke gebildet worden, welche durch die Jodlösung tief dunkel gefärbt wurde.

Die Leistungsgröße der Assimilation steigt und fällt mit der Lichtstärke.

Um diese Tatsache festzustellen, befestigen wir mit Hilfe eines Glasstabes einen abgeschnittenen Sproß von Elodea umgekehrt in einem mit frischem Wasser gefüllten Glaszylinder (Abb. 174). Wird der Apparat im hellen Tageslicht an einem Fenster aufgestellt, so tritt infolge der Assimilation ein kontinuierlicher Strom von Sauerstoffblasen aus der Schnittfläche des Stengels hervor. Rücken wir dann den Apparat von dem hellen Fenster in das Zimmer hinein, so wird der Blasenstrom entsprechend der Abnahme des Lichtes verlangsamt und hört in einer gewissen Entfernung vom Fenster ganz auf.

Untersuchungen über den Einfluß des einfarbigen Lichtes auf die Assimilationsgröße bei gleichbleibender Lichtintensität haben ergeben, daß die Assimilation vom roten Licht am stärksten gefördert wird, und daß demnächst blaue Strahlen am günstigsten wirken, während im gelben und grünen Licht bei gleicher Lichtstärke die Assimilation weniger lebhaft vor sich geht. Im Spektrum des Sonnenlichtes wirken infolge ihrer größeren Lichtstärke diejenigen Strahlen am kräftigsten, die unserem Auge als die hellsten erscheinen, d. h. die gelben Strahlen und die benachbarten Teile des Spektrums.

Die Stärkekörner als erstes sichtbares Produkt der Assimilation treten im Innern der Chlorophyllkörper auf.

Wenn wir die Blätter eines Mooses oder ein Farnprothallium, welche längere Zeit belichtet wurden, mit heißem Alkohol behandeln, so wird der Chlorophyllfarbstoff aus den Chlorophyllkörpern entfernt. Um die in jeden Chlorophyllkörper eingeschlossenen, meist sehr kleinen Stärkekörner sichtbar zu machen, lassen wir dieselben durch sehr verdünnte Kalilauge etwas aufquellen und legen die Blätter darauf in Jodlösung. Alsbald sehen wir unter dem Mikroskop in jedem der gebleichten Chlorophyllkörper die Stärke als tiefblaue Körnchen hervortreten (Abb. 175).

Die in den Chlorophyllkörpern gebildeten Stärkekörnchen verschwinden allmählich, wenn die Assimilation unterbrochen wird, die Stärke wird zu den Stätten des Verbrauches oder in die Reservestoffbehälter fortgeführt.

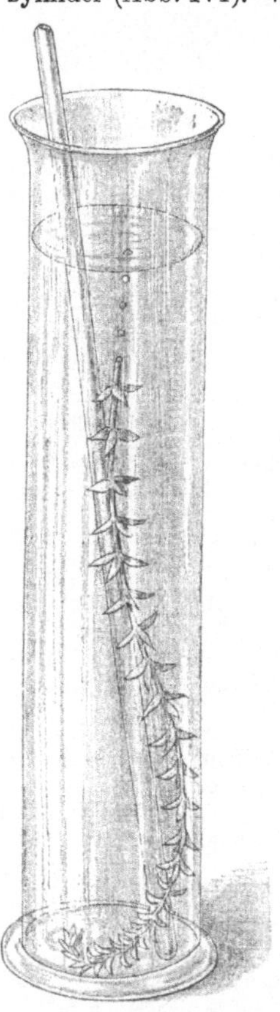

Abb.174. Apparat (nach Pfeffer) zur Messung der relativen Assimilationsintensität durch Zählung der Sauerstoffblasen.

Wir können uns davon leicht überzeugen, wenn wir eine grüne Pflanze in kohlendioxydfreie Luft bringen und dadurch die Assimilation unterdrücken. Diesem Zwecke dient der in Abb. 176 abgebildete, von Pfeffer angegebene Apparat. Auf einer geschliffenen Glasplatte steht luftdicht schließend eine oben mit einem Rohransatz versehene Glasglocke, über deren Rohransatz ein beiderseits offener Glaszylinder geschoben ist, welcher mit Kalilauge getränkte Bimssteinstücke enthält. Um zu verhindern, daß Kalilauge von dem Bimsstein nach unten tropft, ist unter dem Ansatz die kleine Schale i angebracht. Unter der Glocke steht eine Schale mit Kalilauge. Wir bringen in diesen Apparat eine grüne Pflanze, in deren Blättern wir vorher durch die mikroskopische Untersuchung einen reichlichen Stärkevorrat in den Chlorophyllkörpern nachgewiesen haben. Durch die Kalilauge unter der Glocke wird das Kohlendioxyd absorbiert, die von außen zuströmende Luft wird bei dem Passieren der Kalilauge in dem mit Bimsstein gefüllten Zylinder gleichfalls ihres Kohlendioxyds beraubt. Die Pflanze kann infolgedessen selbst im Licht keine neue Stärke bilden, und wenn wir nach einiger Zeit die Blätter mikroskopisch untersuchen, so zeigt sich, daß die Stärke aus den Chlorophyllkörpern gänzlich verschwunden ist.

Da neben dem Vorhandensein des Kohlendioxyds auch das Licht eine unerläßliche Bedingung für das Zustandekommen der Assimilation ist, so muß in der Dunkelheit die Stärke aus den Chlorophyllkörpern allmählich verschwinden. Im natürlichen Verlauf der Dinge sehen wir daher im Laufe des Tages bis zum Abend hin die Menge der Stärke in den Blättern der Pflanzen sich steigern.

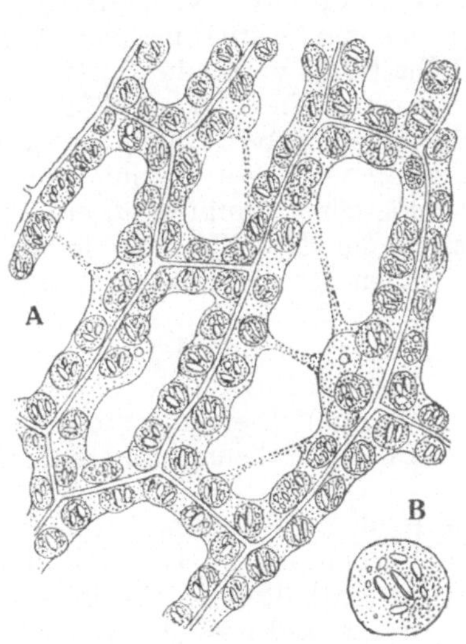

Abb. 175. Entstehung der Stärke in den Chlorophyllkörpern eines Moosblattes.

A Einige Zellen des Blattes von Mnium mit zahlreichen Chlorophyllkörpern, welche Stärkeeinschlüsse enthalten.

B Ein einzelnes Chlorophyllkorn stärker vergrößert (nach Sachs).

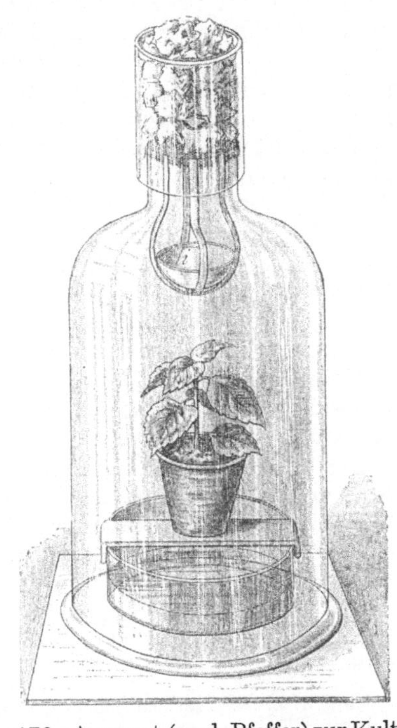

Abb. 176. Apparat (nach Pfeffer) zur Kultur einer Pflanze in kohlendioxydfreier Luft.

Während der Nacht nimmt sie dagegen ab und erreicht gegen Morgen ihr Minimum, bis mit beginnender Tageshelle durch Assimilation wieder neue Stärke erzeugt wird.

Außer den Kohlehydraten sind als wichtige Baustoffe des Pflanzenkörpers Fette und Eiweißstoffe anzusehen. Die Bildung dieser Substanzen geht von den durch die Assimilation erzeugten Kohlehydraten aus. Fette können direkt durch Umwandlung der Assimilationsprodukte erzeugt werden. Sie treten häufig in reifenden Samen auf und entstehen auch dann, wenn die mit Stärke erfüllten Samen vor der Reife von der Pflanze genommen werden, so daß eine Einwanderung von Fett ausgeschlossen ist. Für die Bildung der Eiweißstoffe sind Stickstoff und Schwefelverbindungen nötig, welche in den durch die Wurzel aufgenommenen salpetersauren und schwefelsauren Salzen der Pflanze zur Verfügung stehen. In welcher Weise Stickstoff und Schwefel im Pflanzenkörper aus den Salzen befreit werden und wie sich der Aufbau der komplizierten Eiweißkörper vollzieht ist völlig unbekannt. Man schließt aus der Art und Menge des Auftretens gewisser Amide, besonders des Asparagins, daß diese Körper eine Zwischenstufe in dem Aufbau der Eiweißsubstanzen darstellen.

Da die Eiweißsubstanzen bei ihrer Entstehung im Pflanzenkörper nicht wie die Stärke in geformten Massen innerhalb besonderer Organe auftreten, so ist es nicht leicht, den Ort der Eiweißbildung bestimmt zu bezeichnen. Es ist sicher, daß der Prozeß der Eiweißbildung von dem Vorhandensein des Chlorophylls unabhängig ist; die Pilze, denen das Chlorophyll vollständig fehlt, bilden in ihren Zellen Eiweißstoffe, wenn sie zur Aufnahme von Kohlehydraten, sowie von stickstoff- und schwefelhaltigen Verbindungen Gelegenheit haben. Anderseits kann die Eiweißbildung auch in chlorophyllführenden Zellen vor sich gehen; das beweisen manche Algen, deren Vegetationskörper nur aus chlorophyllführenden Zellen zusammengesetzt ist. In den Geweben der höheren Pflanzen, welche bei allen physiologischen Funktionen eine weitgehende Arbeitsteilung aufweisen, dürfte auch die Eiweißbildung lokalisiert sein. Es ist nicht unwahrscheinlich, daß bei ihnen der Siebröhrenapparat der Leitbündel der Ort der Eiweißbildung ist.

Aus dem Vorstehenden ist ersichtlich, welche Verwendung der Kohlenstoff, Sauerstoff, Wasserstoff, Stickstoff und Schwefel bei der Bildung der organischen Substanz im Pflanzenkörper finden. Außer diesen fünf Elementarstoffen sind, wie wir gesehen haben, noch Phosphor, Eisen, Kalium, Calcium und Magnesium bei der Ernährung unerläßlich.

Der Phosphor spielt bei der Bildung der in den Zellkernen vorhandenen Nukleïnkörper eine Rolle, welche aus einer Verbindung eines eiweißartigen Körpers mit einem organischen, Phosphorsäure enthaltenden Atomkomplex bestehen. Das Magnesium ist ein wichtiger Bestandteil des Chlorophyllfarbstoffes.

Das Eisen ist gleichfalls für die Bildung des Chlorophyllfarbstoffes nötig, wenn es auch an der chemischen Zusammensetzung des Farbstoffes nicht beteiligt ist.

Eine in eisenfreier Nährlösung gezogene Pflanze bildet nur so lange grünen Farbstoff in ihren Blättern aus, als der geringe Eisenvorrat im Samen ausreicht, die später gebildeten Blätter sind bleichgelblich gefärbt. Man bezeichnet die durch den Eisenmangel veranlaßte Erkrankung der Pflanze als Chlorose. Sobald einer chlorotischen Pflanze Eisen zugeführt wird, ergrünen die bleich gebliebenen Blätter nachträglich.

Kalium und Calcium treten bei der Zusammensetzung der organischen Substanzen nicht als Baustoffe auf. Da indes das Experiment der Pflanzenkultur in Nährlösungen, denen einer dieser Stoffe fehlt, die unbedingte Notwendigkeit dieser Stoffe zur Ernährung der Pflanzen ergibt, so ist anzunehmen, daß sie bei gewissen fundamentalen Vorgängen des Stoffwechsels eine bisher noch nicht genügend aufgeklärte Aufgabe erfüllen.

Wanderung der organischen Stoffe. Die in der Pflanze erzeugten organischen Stoffe treten, soweit sie nicht durch die Atmung als Kraftquelle ausgenützt und wieder in ihre elementaren Bestandteile zerlegt werden, zum Teil in die Körpersubstanz der Pflanze ein, d. h. sie werden zum Wachstum und zur Ausbildung der Zellwände, des Protoplasmas und seiner Inhaltsbestandteile verbraucht. Zum Teil werden sie zeitweilig als Reservestoffe in bestimmten Organen des Pflanzenkörpers abgelagert und für den späteren Verbrauch aufbewahrt. Endlich kann auch ein Teil der Stoffe durch Sekretion aus dem Pflanzenkörper ausgeschieden werden. Als die Orte des Verbrauches sind die wachsenden Vegetationsspitzen der Sprosse und Wurzeln und ihrer Seitenachsen das Kambiumgewebe der älteren Sproßteile, die jungen, noch im Wachstum begriffenen Blätter, überhaupt alle Teile des Pflanzenkörpers anzusehen, in denen Neubildung und Ausgestaltung von Zellen und Zellgeweben vor sich geht. Ablagerung von organischen Stoffen findet vorzugsweise in dem Speichergewebe der Sprosse und Wurzeln oder in den reifenden Früchten oder Samen statt. Die Sekretion organischer Substanzen endlich geht entweder an der Oberfläche des Pflanzenkörpers in Nektarien, an Drüsenflecken, Drüsenhaaren, Leimzotten, Schleimhaaren vor sich, oder sie vollzieht sich im Innern der Gewebe, indem einzelne Zellen, Zellverbände oder Intercellularräume zu Sekretbehältern werden.

Da nun die Stellen des Verbrauches, der Lagerung und der Sekretion entfernt von den Entstehungsorten der organischen Substanzen im Pflanzenkörper gelegen sind, so muß notwendig eine Wanderung der organischen Stoffe stattfinden, deren Mittel und Wege im folgenden kurz zu besprechen sind.

Es ist leicht verständlich, daß die durch die Assimilation in den Chlorophyllkörpern erzeugten Stärkekörner nicht direkt im festen Zustande durch die Wände der assimilierenden Zelle hindurch fortgeführt werden können. Es findet vielmehr vor der Wanderung eine Lösung der Stärke statt. Durch Einwirkung eines im Pflanzenkörper gebildeten Fermentes, welches man als Diastase bezeichnet, wird die Stärke in eine im Wasser lösliche Zuckerart übergeführt, welche die Zellmembranen und das Protoplasma auf osmotischem Wege zu durchwandern vermag.

Von den assimilierenden Zellen der Blätter aus gelangt die Stärke in die Leitungsbahnen der Blattnerven und von dort in die den Leitbündelzylinder des Sprosses begrenzenden Parenchymzellen des Grundgewebes, durch welche sie bis zu den Stellen des Verbrauches oder der Lagerung vordringt. In den Stämmen mit sekundärer Holzbildung wandern die Kohlehydrate auch innerhalb des Holzkörpers durch die Markstrahlen und das Holzparenchym, um in den Zellen dieser Gewebe als Reservestoff abgelagert zu werden.

Die übrigen als Baustoffe im Pflanzenkörper auftretenden nicht wasserlöslichen Kohlehydrate werden gleichfalls vor der Wanderung durch ein Ferment in Zucker umgewandelt. Die Fette werden in der Regel zum Zweck der Wanderung in wasserlösliche Kohlehydrate umgesetzt.

Über die Weise, in welcher die eiweißartigen Baustoffe im Pflanzenkörper wandern, ist wenig Sicheres bekannt. Die Eiweißsubstanzen sind meistens nicht für die Durchwanderung fester Zellwände geeignet. Zum Teil erfolgt ihre Fortleitung durch die Siebröhren der Leitbündel, deren siebartig durchbrochene Querwände ihrem Vordringen kein Hindernis entgegenstellen. Um aber direkt zu den Stellen des Verbrauchs zu gelangen, müssen die Eiweißkörper auch durch geschlossene Zellwände wandern. Der Durchtritt durch die Membran wird dann durch eine vorübergehende Zerspaltung der Eiweißsubstanzen ermöglicht, bei welcher als Spaltungsprodukt häufig das Asparagin auftritt.

Die Richtung, in welcher die Baustoffe in den von ihnen eingehaltenen Bahnen im Pflanzenkörper wandern, ist nicht immer die gleiche. Während z. B. bei den meisten Stauden im Sommer die Assimilationsprodukte aus den Blättern zu den unterirdischen Sproßteilen abwärts wandern, um dort als Reservestoffe abgelagert zu werden, findet im Beginn der neuen Vegetationsperiode die Wanderung in umgekehrter Richtung zu den sich entwickelnden oberirdischen Sprossen statt. Ebenso müssen die im Sommer von den Blättern an den Stamm abgegebenen Baustoffe im nächsten Frühjahr aus dem Stamm in die Achselknospen transportiert werden.

Die Aufnahme organischer Nährstoffe. Im ersten Jugendstadium, bevor eine Ausbildung assimilierenden Gewebes stattgefunden hat, sind alle Pflanzen auf die Ernährung durch organische Stoffe angewiesen. Wenn nicht das organische Nährmaterial schon während der ersten Entwicklung des Embryos direkt aus der Mutterpflanze in die Kotyledonen eingewandert ist, so findet die junge Pflanze die Nahrungsstoffe in dem Endosperm oder Perisperm des Samens vor. Gewöhnlich dienen dann die Kotyledonen als Saugorgane, welche die organischen Nährstoffe in den Organismus einführen. Die Fäulnisbewohner und Schmarotzer behalten während der ganzen Lebenszeit die Fähigkeit, organische Stoffe aufzunehmen und als Nahrung zu verwerten. Dahin gehören vor allen Dingen die Pilze, welche kein Chlorophyll besitzen und deshalb keine Kohlehydrate aus Kohlendioxyd und Wasser aufbauen können.

Einige wenige Spaltpilze haben die Befähigung, trotz des Chlorophyllmangels den Kohlenstoffbedarf aus dem Kohlendioxyd der Luft zu decken.

Auch unter den Blütenpflanzen gibt es chlorophyllfreie Arten und andere, deren mangelhaft entwickelter Chlorophyllapparat allein zur Ernährung der Pflanze nicht hinreicht. Als Beispiele können unter den einheimischen Gewächsen die Würger und die Seidearten genannt werden, ferner der Fichtenspargel und die Schuppenwurz und die durch ihre wachsbleiche Färbung ausgezeichneten Orchideen, Neottia, Coralliorrhiza und Epipogon.

Endlich sind auch noch die Insektivoren, denen der Chlorophyllgehalt eine selbständige Ernährung ermöglicht, zur Aufnahme organischer Stoffe befähigt. Unter ihnen gehören Arten von Sonnentau, Fettkraut und Wasserhelm und die seltene Aldrovandia der einheimischen Flora an.

Die Zusammensetzung der von den Saprophyten, Parasiten und Insektivoren aufgenommenen organischen Substanzen ist wenig erforscht. Nur von den Bakterien und gewissen niederen Pilzen wissen wir, daß sie in der Auswahl ihrer Nährstoffe meist wenig wählerisch sind; sämtliche Kohlehydrate, verschiedene organische Säuren, Eiweißstoffe, Asparagin, selbst hinreichend verdünnter Alkohol und anderes mehr, können, jedes für sich, als Nahrungsquelle dienen. Die parasitischen Pflanzen scheinen meistens weniger anspruchslos zu sein. Manche von ihnen können nur auf einer einzigen oder auf wenigen Pflanzenarten als Schmarotzer gedeihen, und wenn dabei häufig wohl auch die anatomische Beschaffenheit der Wirtspflanze eine Rolle spielt, so ist doch die stoffliche Zusammensetzung des Pflanzenkörpers gleichfalls von Bedeutung. Die Kultur der parasitischen Pilze mit künstlichen Nährlösungen gelingt nur unter besonderen Umständen.

Die organischen Stoffe müssen, wenn sie als Nährmaterial in die Zellen der Pflanzen hinein gelangen sollen, sich in einem löslichen Zustande befinden. In vielen Fällen werden sie den Saprophyten und Parasiten in der von ihnen bewohnten Unterlage direkt in löslichem Zustande dargeboten. In anderen Fällen sind die Pflanzen imstande, durch Ausscheidung von Fermenten die organischen Nährmittel in lösliche Form überzuführen und zur Aufnahme vorzubereiten. Die Ausscheidung lösender Fermente ermöglicht den parasitischen Pilzen und phanerogamen Parasiten zugleich die Durchbohrung der Zellwände der Wirtspflanze und das Eindringen in das Innere der Zellen. Die Vegetation einiger saprophytischer Pilze und der Bakterien ruft in den Nährsubstraten infolge der Fermentausscheidung weitgehende Zerspaltung und Zersetzungen hervor, welche als Gärung und als Fäulnis bezeichnet werden, und ähnliche Erscheinungen sind es, durch welche parasitische Bakterien in dem Körper der von ihnen befallenen lebenden Pflanzen, Tiere und Menschen verheerende Krankheiten erregen. Die meisten Insektivoren scheiden ein peptonisierendes Ferment aus, durch welches die Eiweißsubstanzen des Körpers der gefangenen Tiere in lösliche Form gebracht werden.

Die chlorophyllführenden Saprophyten und Parasiten und die Insektivoren bedürfen selbstverständlich einer Aufnahme von Mineralstoffen zu ihrem Gedeihen. Aber auch die nicht assimilierenden gänzlich chlorophyllosen Pflanzen können diese Stoffe nicht entbehren.

Die Bakterien und manche Pilze nehmen die Nährstoffe mit ihrer gesamten Körperoberfläche aus der Umgebung.auf, bei anderen sind besondere Organe zur Nahrungsaufnahme vorhanden, welche als Haustorien bezeichnet werden.

Bei manchen pilzlichen und phanerogamen Parasiten finden wir Haustorien vor, welche in das Gewebe und in die Zellen der Wirtspflanze hineinwachsen und so mit den aufzunehmenden Substanzen in unmittelbare Berührung treten. In Abb. 177 ist ein Stück von dem Vegetationskörper eines parasitischen Pilzes gezeichnet, welches Haustorien in die Zellen der Wirtspflanze hineinsendet, und Abb. 31 zeigt ein Stück von dem Wurzelsystem des phanerogamen Parasiten Viscum, welches an den horizontal im Zweig des bewohnten Baumes hinziehenden Wurzeln gleichfalls Haustorien trägt. Bei den Cuscutaarten bilden sich an dem windenden Stamme, wo er mit dem Wirt in direkte Berührung tritt, napfförmige Saugorgane aus, von denen aus zarte Zellfäden tief in den Sproß der Wirtspflanze hineindringen. Ebenso bilden sich an den Wurzeln der Rhinantheen und der Thesiumarten, sobald sie mit der Wurzel der Wirtspflanze in Berührung kommen, ähnliche Haustorien aus.

Die Organe der Insektivoren, welche zum Fangen der Tiere und zur Aufnahme der organischen Nahrung dienen, sind eigenartig umgebildete Blätter oder Blatteile. Bei einigen Pflanzen stellen diese Organe Fallgruben dar, aus denen die gefangenen Tiere nicht wieder entrinnen können, in anderen Fällen dient ein an den Organen ausgeschiedener Klebstoff zum Festhalten der Tiere, und endlich kommen Fälle in Betracht, bei denen die Fangorgane infolge des durch ein Tier ausgeübten Reizes energische Bewegungen machen, welche zur Ergreifung des Tieres führen.

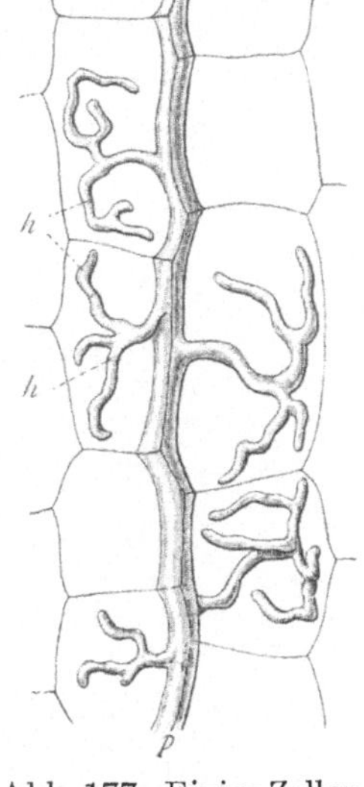

Abb. 177. Einige Zellen aus dem Sproß von Asperula odorata. In dem Intercellularraum zwischen denselben verläuft ein Pilzfaden $p—p$ eines parasitischen Pilzes, Peronospora calotheca, welcher verzweigte Haustorien h in die Zellen der Wirtspflanze hineinsendet (nach Zopf).

Die Klappfallen an den Blättern der wasserbewohnenden Utrikularien (Abb. 178) sind nach Bau und Wirkungsweise bereits auf S. 143 kurz beschrieben worden. Sie führen infolge einer Unterdruckspannung im Blasenhohlraum bei Berührung der Klappe oder der an ihr stehenden Borsten eine „Schluckbewegung" aus, durch welche die vor der Mündung befindlichen Wassertierchen eingeschlürft werden. Nach dem Fang wird die Vorrichtung wieder gespannt, indem die Zellen der Blasenwand durch Wasserentnahme aus dem Innern den Unterdruck wieder herstellen. Zum Vordringen an die Blasenmündung werden die Tiere, besonders kleine Crustaceen, veranlaßt durch das Vorhandensein von Schleimhaaren an der Mündung der Blase, welche ihnen schmackhafte Nährstoffe zu liefern scheinen. Die in Abb. 70b und c abgebildeten Kannen der Nepenthes und der Sarracenien sind Fallgruben. Die Außenseite derselben ist mit zahlreichen honigabsondernden Drüsenhaaren besetzt, welche die Tiere zum Emporklimmen veranlassen. Der obere äußerst glatte Rand der Kannen bietet den Tieren keinen Halt, sie stürzen hinab und werden durch die nach unten gerichteten Haare im Innern der Kanne am Emporklettern verhindert. Im Grunde der Kanne findet sich eine von der Kannenwandung ausgeschiedene Flüssigkeit, in welcher die Tiere umkommen und verdaut werden. Ähnlich sind die Verhältnisse bei Darlingtonia, Cephalothus und anderen mehr.

Durch ausgeschiedene Klebstoffe fangen die Droseraarten Tiere ein. Die Blätter von Drosera sind sowohl am Rande, als auch auf der oberen Fläche mit starken gestielten Drüsen (Tentakeln) besetzt, welche an ihrem kopfförmigen oberen Ende einen klaren Tropfen einer zähen, klebrigen Flüssigkeit ausscheiden. Insekten, welche sich auf ein solches Blatt setzen, bleiben kleben; sie geraten bei ihren Befreiungsversuchen mit immer mehr Drüsenköpfen in Berührung und sind endlich nicht mehr imstande, sich zu bewegen. Infolge des von dem Insekt ausgeübten Reizes tritt in dem Blatt allmählich eine Krümmungsbewegung ein, welche bewirkt, daß endlich alle Drüsen, in deren Bereich das Insekt liegt, über den Körper desselben hergekrümmt sind (Abb. 179 A). Der letztere wird dadurch gänzlich von dem Sekret der Drüsen eingehüllt und von dem darin enthaltenen Ferment soweit als möglich gelöst. Nach Beendigung der Verdauung kehren die Blattfläche und die Drüsen in ihre ursprüngliche Lage zurück.

Auch bei Drosophyllum ist ein von gestielten Drüsen abgeschiedener Klebstoff das Fangmittel der Insekten; bei dieser Pflanze führen indes die Blätter keine Reizkrümmungen aus. Die Peptonisierung und Aufsaugung der organischen Nahrung erfolgt einfach durch die Drüsen, mit welchen das Insekt durch seine eigenen Bewegungen in Berührung gekommen ist. Die Fangvorrichtung ist trotzdem sehr leistungsfähig, man findet oft an einer einzigen, kräftig wachsenden Drosophyllumpflanze Hunderte von Insektenleichen festgeklebt.

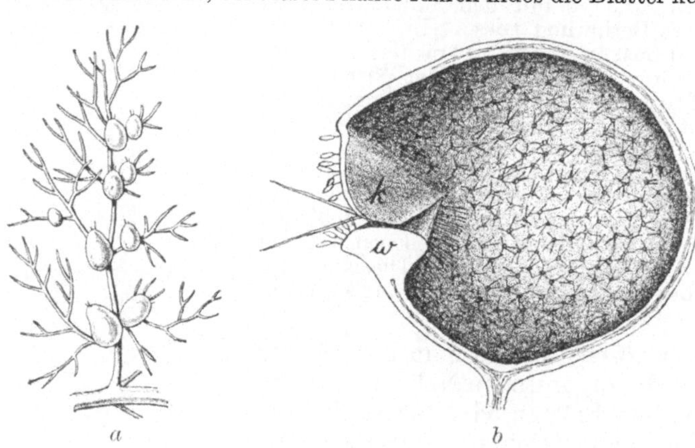

Abb. 178. *a* Blattstück des Wasserhelm, Utricularia mit Blasen, *b* halbierte Blase vergrößert (nach Goebel), *k* die Klappe der Blasenmündung, *w* das Widerlager derselben.

Insektenfangende Pflanzen, welche ihre Beute durch plötzliche Bewegungen erhaschen, sind wenig zahlreich. Die bekannteste unter ihnen ist die Venus-Fliegenfalle, Dionaea muscipula. Die beiden Hälften der Blattfläche sind gegen Berührung reizbar, sie klappen plötzlich zusammen, wenn ein Insekt eine der auf der Blattfläche stehenden Fühlborsten berührt. Lange, eingekrümmte Borsten, welche den Blattrand einnehmen, verhindern ein Entrinnen des Insekts auch schon, bevor die Reizkrümmung der Blattflächen bis zur gänzlichen Berührung fortgeschritten ist (Abb. 179 B und C). Ähnliche Einrichtungen bewirken bei Aldrovandia vesiculosa, einer in einheimischen Gewässern sehr selten vorkommenden Wasserpflanze, den Fang kleiner Wassertiere.

Wenn Pflanzen von parasitischen Pilzen befallen werden, so kann das Verhältnis zwischen dem Parasiten und der Wirtspflanze von Fall zu Fall verschieden sein. Bisweilen tötet der Schmarotzer den Wirt. So werden z. B. oft große Waldbäume durch einen bei uns nicht seltenen Hutpilz, den Hallimasch, Agaricus melleus, zum Absterben gebracht, dessen Myzel vom Boden aus durch die Wurzeln in die Wirtspflanze eindringt und die oberirdischen Gewebe durchwuchert. Vielfach werden besonders durch parasitische Pilze nur lokale Erkrankungen des Wirtes erzeugt, die ohne den Wirt zu töten, seine Entwicklung mehr oder minder weitgehend beeinträchtigen. Die zahlreichen Krankheiten unserer Kulturpflanzen wie Rost, Brand, Mehltau, Blattflecken, Schorf, Hexenbesen sind zum größten Teil hierher gehörige Erscheinungen. Während in solchen Fällen immer noch von einer erheblichen Schädigung des Wirtes durch den Pilz gesprochen werden muß, gibt es andere Beispiele, in denen die

Ernährung des Parasiten ohne ersichtlichen Nachteil für den Wirt erfolgt, und endlich Fälle, in denen beide zusammenlebende Gewächse einen Vorteil aus dem gegenseitigen Verhältnisse ziehen. Im letzteren Falle kann man nicht mehr zwischen Wirt und Parasit unterscheiden, man bezeichnet die beiden Gewächse als Symbionten und ihr Verhältnis zueinander als Symbiose.

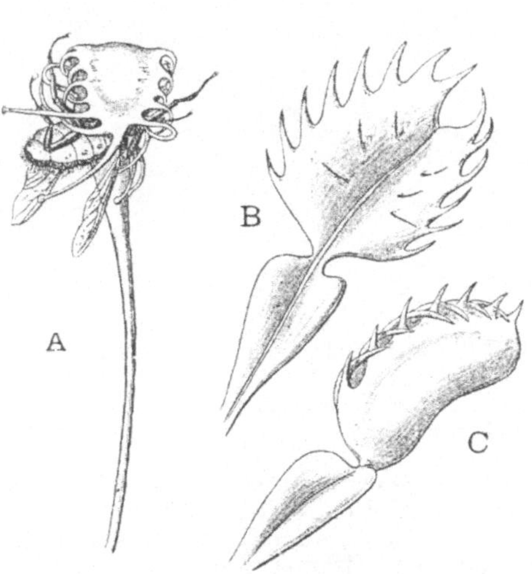

Abb. 179. **A** Blatt von Drosera longifolia, welches eine große Fliege gefangen hat (nach Goebel). **B** Blatt von Dionaea muscipula im ungereizten Zustande. **C** Blatt von Dionaea, welches ein Tier gefangen hat.

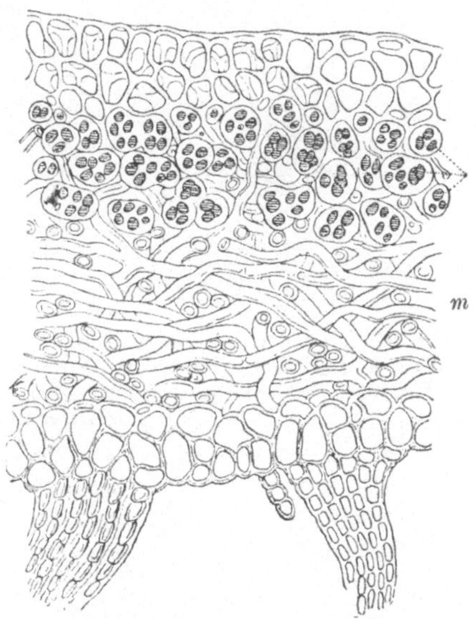

Abb. 180. Querschnitt durch einen Flechtenthallus (nach Sachs). *g* die Algenzellen, *m* die Pilzfäden.

Einige auffällige Beispiele von Symbiose mögen hier kurze Erwähnung finden. Der Vegetationskörper der Flechten besteht aus zwei leicht voneinander unterscheidbaren Elementen, aus einem Geflecht von Pilzfäden, in welches Gruppen von grünen oder blaugrünen Algen eingebettet sind, die als Gonidien bezeichnet werden (Abb. 180). Das ernährungsphysiologische Verhältnis der beiden Symbionten ist hier leicht zu übersehen. Die Algen bedürfen im allgemeinen einer größeren Feuchtigkeitsmenge zu ihrem Gedeihen. Indem nun die Pilzhülle den Algen Wasser in ausreichender Menge zuführt und sie bei zeitweiligem, äußerem Wassermangel vor dem Absterben bewahrt, ermöglicht die Symbiose den Algen, als Flechtengonidien an Orten zu leben, wo freilebende Algen nicht mehr gedeihen können. Andererseits sind die Pilze auf eine Ernährung mit organischen Substanzen angewiesen. Sie finden dieselben in den Stoffwechselprodukten der infolge ihres Chlorophyllgehaltes assimilierenden Algen dargeboten und werden dadurch instand gesetzt, selbst auf Sandboden oder an Felsen und Mauern zu wachsen, wo anderweitige organische Nährstoffe nicht vorhanden sind.

Eine andere Form der Symbiose besteht zwischen Pilzen und zahlreichen höheren Pflanzen aus den verschiedensten Verwandtschaftsformen. Die äußersten Spitzen der Wurzel der meisten Waldbäume z. B. sind in humosem Boden immer mit einer dichten Hülle von Pilzfäden umschlossen, welche das Wachstum der Wurzel eigentümlich beeinflußt; und bei Orchideen und anderen Humusbewohnern, selbst bei Prothallien und Moospflanzen, finden sich regelmäßig in den unterirdischen Organen im Innern der Zellen der Rinde Knäuel von lebenden Pilzfäden vor. Man bezeichnet derartige mit Pilzen vergesellschafteten Wurzelbildungen als Mycorrhiza und unterscheidet, je nachdem der Pilz wie bei Fagus (Abb. 181**A** und **B**) die Wurzeln äußerlich umhüllt oder wie bei Calluna (Abb. 181**C**) im Innern der Gewebe der höheren Pflanze lebt, ektotrophe und endotrophe Mycorrhizen. Der Nutzen, welchen die höhere Pflanze durch die Mycorrhizenbildung erfährt, dürfte im wesentlichen darin bestehen, daß die zur Zersetzung der im Humus vorhandenen Eiweißverbindungen befähigten Pilze den Bäumen eine neue Stickstoffquelle erschließen. Die Keimpflanzen der Orchideen, in deren winzigen Samen keine organischen

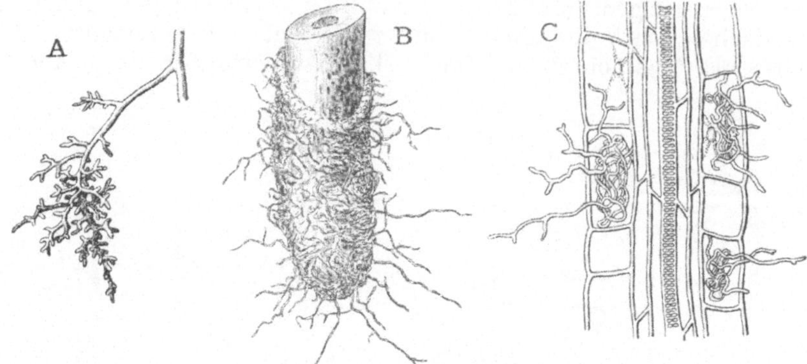

Abb. 181. Mycorrhiza (nach Pfeffer). **A** Ein Teil des von Pilzfäden umsponnenen Wurzelsystems der Buche. **B** Eine Wurzelspitze mit ektotropher Mycorrhiza. Oben ist der Pilzmantel teilweise entfernt worden. **C** Längsschnitt einer Wurzel von Calluna vulgaris mit endotropher Mycorrhiza.

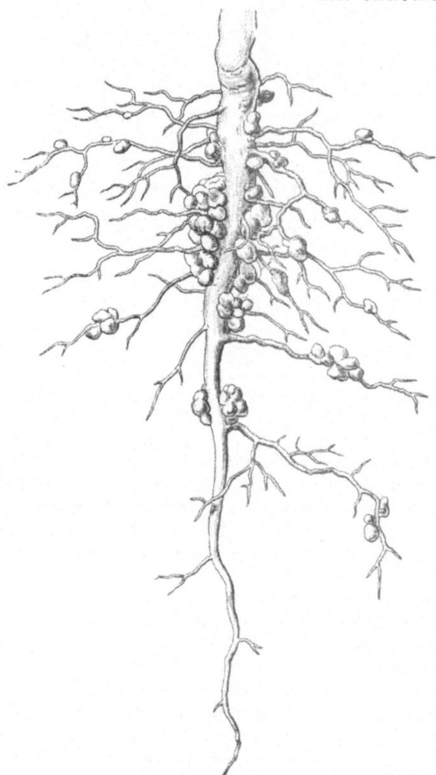

Abb. 182. Wurzelsystem von Lupinus luteus m. zahlreichen Wurzelknöllchen (n. Pfeffer).

Nährstoffe gespeichert sind, die chlorophyllfreien Humusbewohner, wie Neottia nidus avis, Epipogon Gmelini, Coralliorrhiza innata, die Vorkeime der Bärlappgewächse u. a. m. sind in bezug auf die Gewinnung organischer Verbindungen für den Stoffwechsel und für die Vermehrung ihrer Körpersubstanz ganz auf die Mitwirkung der in ihnen lebenden Mycorrhizapilze angewiesen.

Die Leguminosen besitzen mit ganz vereinzelten Ausnahmen an ihren Wurzeln zahlreiche knollige Auftreibungen, sogenannte Wurzelknöllchen, in deren Innerem bestimmte Bakterien leben, welche den Stickstoff der atmosphärischen Luft zu binden vermögen. Durch Versuche ist festgestellt worden, daß das Gedeihen der Leguminosen wesentlich durch das Vorhandensein der von den Bakterien verursachten Wurzelknöllchen befördert wird. Da andererseits die Knöllchenbakterien offenbar in dem Gewebe der Leguminosenwurzeln zunächst günstige Lebensbedingungen finden, so muß auch hier das Verhältnis zwischen Wirt und Gast als Symbiose bezeichnet werden. Für die Landwirtschaft hat die Symbiose zwischen den Leguminosen und den Knöllchenbakterien eine große praktische Bedeutung. Einmal gedeihen die Leguminosen Erbsen, Bohnen, Wicken, Klee, Luzerne usw. als Feldfrüchte noch auf einem Boden, dessen Stickstoffgehalt bereits durch den vorhergegangenen Getreidebau verringert worden ist, und ferner erfährt der Ackerboden durch die in ihm nach dem Anbau von Leguminosen zurückbleibenden Wurzeln und Knöllchen eine Bereicherung an Stickstoff, die der nächstfolgenden Pflanzenkultur zunutze kommt. Zur Gründüngung verwendet, ersparen die Leguminosen dem Landmann beträchtliche Mengen teurer künstlicher Düngerstoffe oder des ebenfalls kostbaren stickstoffhaltigen Stalldüngers.

Es kommt auch Symbiose zwischen Pflanzen und niederen Tieren vor. In dem Körper des grünen Armpolypen, Hydra viridis, der überall bei uns in Wassertümpeln sich findet, leben grüne Algen, welche in der schützenden durchsichtigen Zelle des Tierkörpers lebhaft assimilieren und deren Stoffwechselprodukte das Tier als Nährstoffe verwendet.

3. Der Kraftwechsel.

Die meisten physiologischen Vorgänge im Pflanzenkörper, die Aufnahme und die Fortleitung des Wassers und der Nährstoffe, ihre Verarbeitung zu organischen Substanzen, die Wanderung der letzteren und anderes mehr, erfordern einen gewissen Aufwand an lebendiger Kraft. In den Samen der Pflanze ist schon eine gewisse Summe von Spannkräften vorhanden, welche bei der Keimung in lebendige Kraft umgesetzt wird und die beginnende Lebenstätigkeit der Keimpflanze bedingt. Das Maß der Kräfte, welche in der sich entwickelnden Pflanze zur Verwendung kommen, steigt aber fortgesetzt, und es ergibt sich also, daß der Pflanze von außen her Energie zugeführt werden muß.

Die hauptsächlichste Menge der Kraft wird mit der Nahrung als Spannkraft in den Pflanzenkörper eingeführt und erst später durch innere oder äußere Ursachen in lebendige Kraft umgewandelt und für die Unterhaltung der Lebensfunktionen zur Verfügung gestellt. Hierzu kommen als wesentliche Kraftquellen noch die Arbeitsleistungen, welche durch die Schwerkraft und durch Licht und Wärme von außen her im Pflanzenkörper verrichtet werden. Als Vorgänge, welche in der Pflanze eine Umsetzung der durch die Ernährung gewonnenen Spannkraft in lebendige Kraft verursachen, kommen hauptsächlich die Imbibition, die Osmose und die Atmung in Betracht.

Die Imbibition. Als Imbibition bezeichnet man ganz allgemein die Durchtränkung eines festen Körpers mit einer Flüssigkeit. Bei unorganischen Körpern erfolgt die Imbibition hauptsächlich infolge der Kapillarwirkung kleinster, mit Luft erfüllter Hohlräume in der Substanz. Bei organischen Substanzen spielt aber die Kapillarwirkung vorhandener Hohlräume eine untergeordnete Rolle bei der Imbibition; hauptsächlich handelt es sich um eine von kleinsten Massenteilchen ausgeübte Adhäsionswirkung, deren Zustandekommen durch die Molekularstruktur der organisierten Substanzen bedingt wird. Um diesen speziellen, für die Physiologie besonders wichtigen Vorgang zu verstehen, müssen wir zunächst eine Vorstellung von der feineren Struktur der organisierten Substanzen zu gewinnen suchen. Da unsere optischen Hilfsmittel bei weitem nicht ausreichen, um über die Molekularstruktur direkten Aufschluß zu geben, so bewegen wir uns hierbei auf dem Gebiete der Hypothese und dürfen es nicht als ausgeschlossen betrachten, daß die Wissenschaft früher oder später einmal eine andere, der Natur der Dinge noch besser entsprechende Erklärung für die Beobachtungstatsachen finden könnte.

Die Chemie lehrt, daß alle Substanzen aus Molekeln aufgebaut sind, die im chemischen Sinne die kleinste denkbare Menge der betreffenden Substanz darstellen. In den organisierten Substanzen des Pflanzen- und Tierkörpers sind diese chemischen Einheiten, die Molekeln, zu gleichartigen Gruppen miteinander vereinigt, die gewissermaßen als die mechanischen Einheiten, als die Bausteine der organisierten Substanzen anzusehen sind. Wir bezeichnen diese Molekelgruppen als Micelle. Die Micelle sind jedes für sich mit einer Wasserhülle umgeben, welche, je nachdem weniger oder mehr Wasser zur Verfügung

steht, geringer oder mächtiger sein kann, niemals aber über ein bestimmtes
Maß hinaus zunimmt. Die Anziehungskraft, welche die einzelnen Micelle auf
das Wasser in ihrer Nähe ausüben, ist wohl im Anfang stärker als die Anziehungskraft der Micélle zueinander, sie nimmt aber mit der Entfernung sehr schnell
ab, und wenn die Wasserhülle eine gewisse Mächtigkeit erreicht hat und dadurch die benachbarten Micelle auf eine gewisse Entfernung auseinandergedrängt
worden sind, so hält die Anziehungskraft der Micelle zueinander der Anziehungskraft zum Wasser das Gleichgewicht und verhindert eine weitere Zunahme der
Wasserhüllen. Die Organisation der Substanz bewirkt also, daß bei Gegenwart von Wasser eine Imbibition erfolgt, durch welche die Substanzteilchen
bis zu einer bestimmten Entfernung, die dem Gleichgewichtszustande der
Kräfte entspricht, auseinandergedrängt werden.

Wird der bis zur Sättigung mit Wasser durchtränkten organischen Substanz durch
äußere Kräfte, etwa durch Wasserverdunstung an irgendeiner Stelle Wasser entzogen,
so ist dadurch das vorhandene Gleichgewicht gestört und es muß eine Wasserbewegung
zwischen den Micellen erfolgen, die zur Wiederherstellung des Gleichgewichts führt. Die
dabei geleistete Arbeit ist ein Resultat der Adhäsionskraft zwischen den Micellen und dem
Wasser. Ist der Wassergehalt der organischen Substanz auf ein Minimum herabgesunken,
so bewirkt die Adhäsion bei Hinzutritt von Wasser eine Quellung der Substanz, die sich
gleichfalls als eine zur Überwindung größter Widerstände geeignete Arbeitsleistung darstellt. Quellende Samen vermögen schwere Steine emporzuheben, durch quellende Holz-
keile können Felsen auseinandergesprengt werden. Diese Beispiele zeigen ohne weiteres,
daß durch die Imbibition eine beträchtliche Menge lebendiger Kraft verwendbar gemacht
werden kann. Die organischen Substanzen, wie Zellwände, Stärkekörner usw. sind nach
der von Nägeli aufgestellten Micellarhypothese also Kolloide im Gelzustande. Aus Quel-
lungs- und optischen Erscheinungen schloß Nägeli, daß die Micelle anisodiametrisch, doppel-
brechend und krystallinisch sein müssen. Auch diese Annahmen stehen mit der Kolloid-
lehre in ihrer heutigen Entwicklung nicht im Widerspruch.

Die Osmose. Wenn man eine Schweinsblase, welche mit einer starken Rohrzuckerlösung gefüllt ist, fest zubindet und in reines Wasser legt, so schwillt
sie allmählich auf und wird straff. Die Flüssigkeitsmenge im Innern der Blase
hat sich bedeutend vergrößert, indem Wasser auf der Umgebung die geschlossene
Membran durchwandert hat. Diesen Vorgang bezeichnet man als Osmose oder
Diosmose, er erscheint als Ausdruck der Anziehungskraft zwischen zwei Substanzen, die sich durch eine imbibierte Membran hindurch geltend macht. Die
physikalische Chemie erklärt den osmotischen Druck wie die Expansionskraft
der Gase aus dem Stoß der im Lösungsmittel isolierten Molekeln. Nehmen wir
den einfachsten Fall, daß von den zu beiden Seiten einer organischen Membran
befindlichen Flüssigkeiten nur die eine imbibiert werden kann, so kann auch
nur diese die Membran durchwandern, es kommt also nur eine einseitige Diosmose zustande. In der Mehrzahl der Fälle wird die Diosmose eine doppelseitige
sein, indem beide Flüssigkeiten, wenn auch vielleicht in ungleichem Maße, im-
bibierbar sind, so daß ein Austausch von Substanz nach beiden Seiten hin erfolgen kann. In dem oben geschilderten Versuch tritt z. B. nicht nur Wasser
aus der Umgebung in die mit Zuckerlösung gefüllte Schweinsblase ein, sondern
umgekehrt wandert auch Zucker aus der Blase in das umgebende Wasser.
Durch die Osmose können beträchtliche mechanische Arbeitsleistungen vermittelt werden.

Um diese Tatsache durch das Experiment nachzuweisen, verwenden wir denselben
Apparat, welcher früher zum Nachweis des Wurzeldruckes benutzt wurde. Das weite
Rohr a (Abb. 183) wird an seinem unteren Ende mit einer osmotisch wirksamen Membran,
etwa mit einem Stück Schweinsblase, fest überbunden und sodann von oben her eine

konzentrierte Rohrzuckerlösung in dasselbe gegossen, so daß auch der angrenzende Schenkel des Manometerrohres bis zur Oberfläche des Quecksilbers davon erfüllt wird. Nachdem das weite Rohr oben wieder dicht verschlossen worden ist, taucht man es mit dem unteren Ende in reines Wasser. Infolge der Osmose dringt Wasser durch die Membran in den Apparat, welches das Quecksilber in der offenen Manometerröhre emportreibt. Die Höhe, bis zu welcher die osmotische Kraft den Druck im Innern des Apparates zu steigern vermag, ist abhängig von der Beschaffenheit der Flüssigkeit und der Membran. Würde der Druck eine gewisse Höhe übersteigen, so müßte endlich der Filtrationswiderstand der Membran überwunden und die Lösung durch dieselbe aus dem Apparat herausgepreßt werden. Es wird sich also bei längerer Versuchsdauer ein Gleichgewichtszustand herausstellen.

Wenn wir uns den Bau der Pflanzenzelle vergegenwärtigen, so werden wir leicht erkennen, welch hohe Bedeutung die osmotischen Prozesse für den Stoffverkehr in dem Pflanzenkörper haben müssen. Die ausgewachsene Zelle stellt eine von organischer Substanz gebildete, ringsum geschlossene Blase dar, deren Inneres von dem Zellsaft, d. h. von einer wässerigen Lösung verschiedener Salze, Säuren, Zucker, Farbstoffe usw., erfüllt ist.

Die Wand der Blase wird gebildet von der imbibierten Zellmembran und von dem die Zelle auskleidenden Protoplasmaschlauch. Das Imbibitionsvermögen der Zellhaut und des lebenden Protoplasmas sind nicht gleich und außerdem sind auch die osmotischen Eigenschaften der beiden wesentlich voneinander verschieden.

Die Zellwand besitzt die größere Durchlässigkeit, durch sie diosmieren manche Substanzen, welche das Protoplasma nicht zu durchwandern vermögen. Legt man z. B. Epidermiszellen des Blattes von Tradescantia in eine mit rotem Kirschsaft gefärbte Zuckerlösung, so wird durch den Zucker dem Zellsafte Wasser entzogen, das Protoplasma zieht sich zusammen und weicht von den Zellwänden zurück.

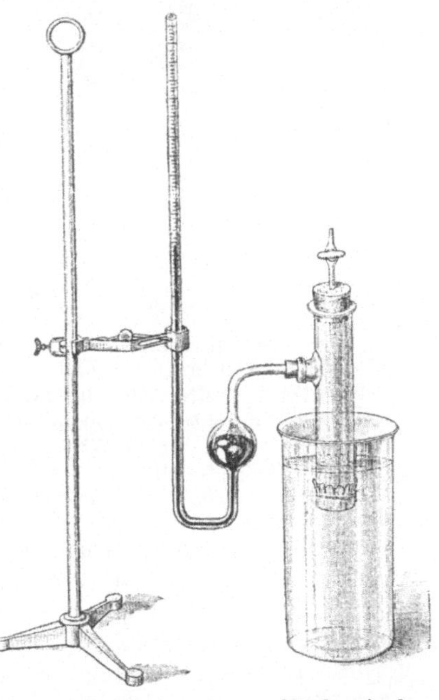

Abb. 183. Apparat zum Nachweis der durch Osmose erzeugten Druckwirkung.

In den Raum, welcher dadurch zwischen Zellwand und Protoplasma in jeder Zelle entsteht, dringt auf osmotischem Wege die gefärbte Lösung ein, das Protoplasma und der von ihm eingeschlossene Zellsaft bleiben dagegen ungefärbt.

Die geringere Durchlässigkeit des lebenden Protoplasmas verhindert nicht nur, daß gewisse Stoffe von außen her in die Zelle eindringen, sondern sie hält auch Stoffe, welche im Zellsaft gelöst sind, in der Zelle zurück. Legen wir eine sorgfältig abgespülte Scheibe einer roten Rübe in klares Wasser, so bleibt das Wasser lange Zeit ungefärbt, ein Beweis, daß der in den Zellen vorhandene rote Farbstoff nicht durch das lebende Protoplasma diosmieren kann. Eine Prüfung des Wassers mit Fehlingscher Lösung ergibt, daß auch von dem in den Zellen abgelagerten Zucker nichts durch das Protoplasma hindurchgedrungen ist. Tötet man aber durch Eintauchen in heißes Wasser das Protoplasma in den Zellen des Rübenstückes, so gelangen sowohl Farbstoff als Zucker leicht in das umgebende Wasser.

Es muß erwähnt werden, daß auch nicht alle Zellwände gleiche diosmotische Eigenschaften besitzen, besonders zeigen die verkorkten Membranen geringe Durchlässigkeit für Wasser. Auch das Protoplasma der verschiedenen Zellen dürfte sich hinsichtlich der diosmotischen Fähigkeiten verschieden verhalten; ja es ist sogar wahrscheinlich, daß innerhalb derselben Zelle die einzelnen Teile des Protoplasmakörpers besondere diosmotische Eigenschaften zeigen und daß diese Eigenschaften während des Lebens dem Wechsel unterworfen sein können.

Die spezifische osmotische Befähigung der pflanzlichen Membranen und des Protoplasmas gibt uns eine Erklärung dafür, warum nicht alle im Bodenwasser gelösten Substanzen in die Pflanze eindringen und weshalb das Mengenverhältnis, in welchem die einzelnen Nährstoffe von der Pflanze aufgenommen werden, unabhängig ist von dem Mengenverhältnis, in welchem sie im Nährboden vorhanden sind.

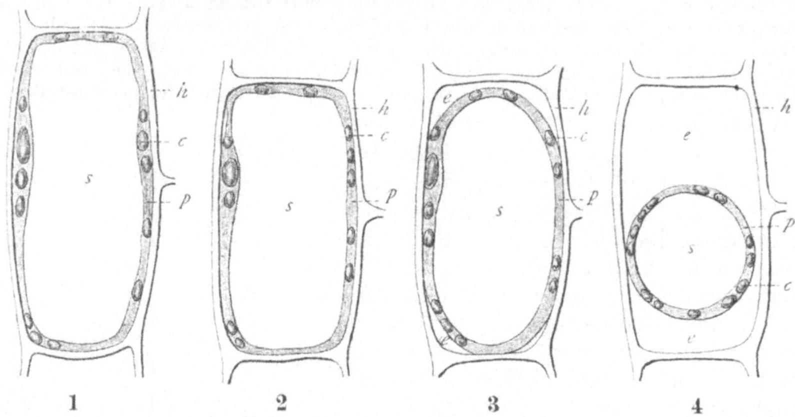

Abb. 184. Parenchymzelle aus der Rinde des Blütenstiels von Cephalaria leucantha im optischen Längsschnitt. *h* Zellhaut, *p* Protoplasma, *c* Chlorophyllkörper, *s* Zellsaft. In **1** ist die Zelle turgescent, in **2** ist durch Einwirken einer vierprozentigen Salpeterlösung der Turgordruck bis zur Entspannung der Zellhaut verringert. **3** und **4** zeigen verschiedene Stadien der Plasmolyse, veranlaßt durch stärkere Salpeterlösungen, wobei die plasmolysierende Lösung in den mit *e* bezeichneten Raum zwischen Zellwand und Protoplasma eindringt (nach de Vries).

Die verschiedenen Stoffe, welche im Zellsaft gelöst sind, veranlassen eine Wasserzufuhr von außen her auf diosmotischem Wege. Dadurch wird, wenn genügende Wassermengen zur Aufnahme vorhanden sind, von dem Protoplasma aus ein Druck auf die feste Zellwand bewirkt. Sie wird elastisch gespannt und verhindert endlich durch den ausgeübten Gegendruck eine weitere Wasseraufnahme. Der Saftdruck, d. i. die Spannung zwischen Zellwand und Zellinhalt wird als **Turgor** oder Turgescenz der Zelle bezeichnet. Auf dem Saftdruck der Zellen beruht vielfach die innere Festigkeit saftiger Pflanzenteile. Wenn für eine Pflanze Wassermangel eintritt, so daß der Transpirationsverlust aus dem im Innern der Pflanze vorhandenen Wasser gedeckt werden muß, so sinkt der Saftdruck in den Zellen, die saftigen Pflanzenteile werden welk und schlaff, bis erneute Wasserzufuhr den Turgor wieder herstellt.

Wenn man die Zellen mit Lösungen in Berührung bringt, welche stärker wasseranziehend wirken als die im Zellinnern vorhandenen, wenn man etwa turgeszente Zellen in genügend starke Salz- oder Zuckerlösung oder in verdünntes Glyzerin legt, so wird durch die Wasserentziehung ebenfalls der Turgor herabgesetzt bis zur gänzlichen Entspannung der Zellwand. Wirkt das wasserentziehende Mittel noch weiter fort, so löst sich der Protoplasmaleib der Zelle von der Zellwand ab und zieht sich entsprechend dem Wasserverlust auf einen kleinen Raum zusammen. Dieser Vorgang wird als **Plasmolyse** bezeichnet (Abb. 184). Ersetzt man das wasserentziehende Mittel rechtzeitig durch Wasser, so wird die Plasmolyse wieder aufgehoben und der Turgor wieder hergestellt. Indem man zur Herbeiführung der Plasmolyse in Pflanzenzellen Salzlösungen verwendete, deren osmotische Leistungsfähigkeit zahlenmäßig bekannt war, konnte man konstatieren, daß der Saftdruck im Innern der Zellen häufig die Höhe von drei bis fünf Atmosphären erreicht und in einzelnen Fällen selbst über 20 Atmosphären hinaus steigt.

Die Atmung. Nicht alle durch den Ernährungsprozeß erzeugten organischen Stoffe treten dauernd als Baustoff in die Körpersubstanz des Pflanzenleibes ein, ein Teil derselben wird im weiteren Verlaufe des Stoffwechsels wieder zerstört. Es handelt sich dabei um einen in jeder lebenden Zelle fortgesetzt sich langsam abspielenden Verbrennungsvorgang, durch welchen Betriebskräfte für die Unterhaltung der Lebenstätigkeit der Zelle gewonnen werden. Äußerlich macht sich dieser Vorgang in einer Aufnahme von Sauerstoff und in einer Abgabe von Kohlendioxyd durch die Pflanze bemerkbar, man bezeichnet den Vorgang als Atmung.

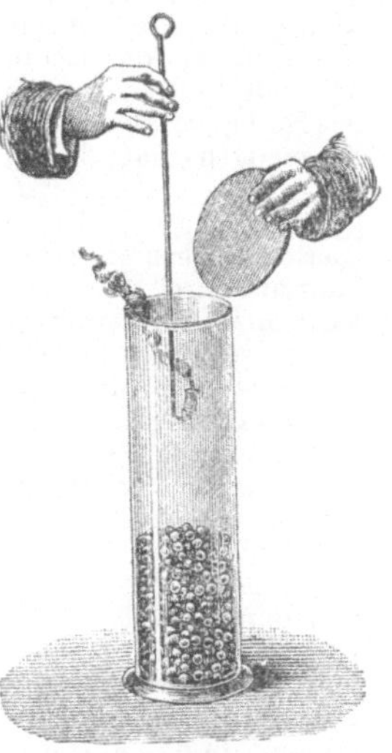

Wir können den Sauerstoffverbrauch atmender Pflanzen durch ein einfaches von Sachs angegebenes Experiment nachweisen. In einen oben abgeschliffenen Glaszylinder bringen wir einige in lebhaftem Wachstum begriffene Hutpilze, oder wir füllen denselben etwa zu einem Drittel mit Erbsen an, in welchen durch eintägiges Liegen in Wasser der Keimungsprozeß angeregt worden ist (Abb. 185). Wir schließen die Öffnung des Zylinders durch eine aufgelegte Glasplatte und lassen den Apparat etwa 24 Stunden unberührt stehen. Nach Verlauf dieser Zeit ist der Sauerstoff des im Zylinder abgeschlossenen Luftquantums verbraucht, ein brennendes Licht, welches wir mittelst einer Drahtstange in den Zylinder bringen, erlischt sofort. Ein auf gleiche Weise hineingebrachtes Gläschen mit Barytwasser zeigt durch die Trübung der Flüssigkeit das Vorhandensein von Kohlendioxyd an. Da indes die Luft

Abb. 185. Versuch zum Nachweis des Sauerstoffverbrauchs durch atmende Pflanzen (nach Öls).

in dem Zylinder von Anfang an einen, wenn auch geringen Prozentsatz von Kohlendioxyd enthielt, so ist zum exakten Nachweis der Kohlendioxydausscheidung eine andere Anordnung des Versuches nötig, welche durch die Abb. 186 veranschaulicht wird.

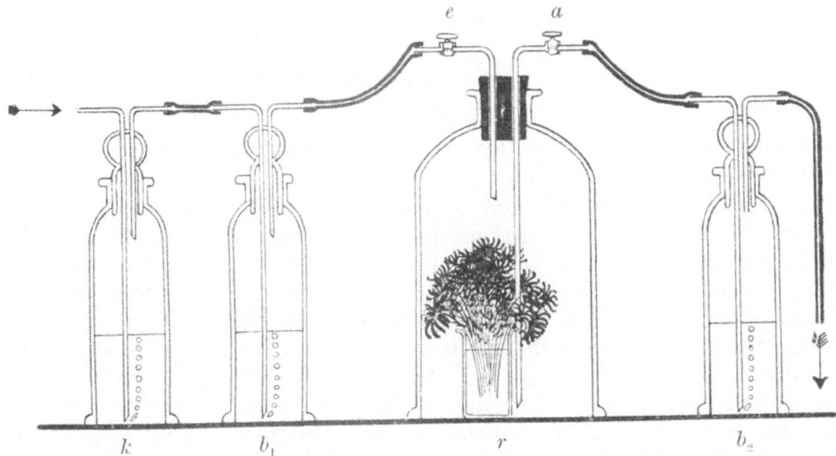

Abb. 186. Apparat nach Sachs zum Nachweis der Kohlensäureausscheidung. Die von links her eintretende Luft wird in dem Gefäß k, welches Bimssteinstücke mit Kalilauge enthält, kohlendioxydfrei gemacht und strömt durch das in b_1 enthaltene Barytwasser, ohne es zu trüben, in den Rezipienten r. Dort befinden sich lebende Keimpflanzen, welche Kohlendioxyd ausscheiden. Die von dort durch das Rohr a kommende Luft trübt daher das Barytwasser in b_2.

In der unten abgeschliffenen Glasglocke r, welche luftdicht auf eine Glasplatte aufgesetzt ist, befindet sich ein in Wasser gestellter frischer Blumenstrauß. Durch die obere flaschenhalsartige Öffnung der Glocke sind luftdicht zwei mit Glashähnen versehene gebogene Röhren geführt. Durch die eine derselben e soll Luft in die Glocke hineingeleitet werden, durch die andere a soll die Luft aus der Glocke herausgesaugt werden. Die durch e eintretende Luft wird vorher durch das Gefäß k geleitet. Die in ihm vorhandene Flüssigkeit ist Kalilauge, welche der durchströmenden Luft das Kohlendioxyd entreißt. Um uns zu überzeugen, daß die Luft nach dem Verlassen des Gefäßes k wirklich kohlendioxydfrei geworden ist, leiten wir sie, bevor sie in die Glasglocke einströmt, in das mit Barytwasser gefüllte Gefäß b_1. Etwa noch vorhandenes Kohlendioxyd würde durch Trübung des Barytwassers angezeigt werden. Wenn aber die Einrichtung so getroffen wird, daß die Luft nur langsam durch das Gefäß k streicht, so bleibt das Barytwasser in b_1 völlig klar; nötigenfalls kann man den Luftstrom zuvor noch durch ein zweites Gefäß mit Kalilauge leiten. Es kann also zu den lebenden Blumen unter der Glocke r nur kohlendioxydfreie Luft gelangen. Bevor wir nun den Apparat weiter zusammensetzen, saugen wir mit Hilfe einer Wasserstrahlluftpumpe, welche mit dem freien Ende der Röhre a verbunden ist, einige Zeit hindurch kohlendioxydfreie Luft durch die Glocke r, bis wir sicher annehmen dürfen, daß das ursprünglich vorhandene Quantum atmosphärischer Luft in der Glocke r durch die hinzuströmende Luft verdrängt worden ist. Sodann schließen wir die beiden Glashähne in den Röhren a und e und schalten zwischen der Röhre a und der Luftsaugpumpe das Gefäß b_2 ein, welches klares Barytwasser enthält. Setzen wir nun nach Öffnung der Glashähne die Luftpumpe in Tätigkeit, so strömt fortgesetzt kohlendioxydfreie Luft in die Glasglocke r ein, die dort befindlichen Pflanzen aber scheiden bei der Atmung Kohlendioxyd aus. Die Luft, welche aus der Glasglocke in das Gefäß b_2 gelangt, ist also wieder kohlendioxydhaltig und trübt infolgedessen das Barytwasser. Um den Versuch als Unterrichtsdemonstration in der Ferne sichtbar zu machen, setzt man dem Barytwasser Phenolphtalein zu, die dadurch rotgefärbte Flüssigkeit wird von dem zugeführten Kohlendioxyd entfärbt.

Bei der Atmung der meisten Blütenpflanzen ist das Volumen des aufgenommenen Sauerstoffes gleich dem Volumen des abgeschiedenen Kohlendioxyd. Das veratmete Material ist Stärke oder Zucker, aus denen unter Hinzutritt von Sauerstoff Kohlendioxyd und Wasser entsteht:

$$\text{Kohlehydrat} + \text{Sauerstoff} = \text{Kohlendioxyd} + \text{Wasser}$$
$$C_6 H_{10} O_5 + 6 O_2 = 6 (CO_2) + 5 (H_2O).$$

Fettreiche Samen nehmen bei der Keimung viel mehr Sauerstoff auf als Kohlendidoxyd ausgeatmet wird, weil in ihnen bei der Umwandlung der sauerstoffarmen Fette in Kohlehydrate Sauerstoff gebunden wird. Bei sukkulenten Pflanzen bleibt die Menge des ausgeschiedenen Kohlendioxyd hinter dem Volumen des eingeatmeten Sauerstoffs zurück, weil als Zwischenstufen bei der Oxydation organische Säuren gebildet werden, die in dem Zellsaft gelöst zurückgehalten werden.

Wenn man lebende Pflanzen in eine sauerstofffreie Atmosphäre, etwa in Wasserstoff oder in einen luftleeren Raum, bringt, so hört die Ausscheidung von Kohlendioxyd nicht augenblicklich auf, sondern sie dauert bisweilen noch mehrere Stunden lang fort. Die Zerlegung der organischen Substanzen in den Zellen, welche zu der Kohlendioxydbildung führt, findet also auch unabhängig von der Einwirkung des äußeren Sauerstoffes statt. Der dabei zu der Kohlendioxydbildung nötige Sauerstoff stammt aus dem Molekularverbande des Pflanzenkörpers. Dieser Vorgang, welcher demnach auf einer molekularen Änderung der organischen Substanzen des Pflanzenkörpers beruht, wird als intramolekulare Atmung bezeichnet. Er ist eigentlich der wichtigste Schritt bei dem Atmungsprozeß. Die Sauerstoffaufnahme von außen her ist nur die Folge des durch die intramolekulare Atmung geschaffenen Sauerstoffbedürfnisses.

Die Atmung setzt sich demnach aus zwei Vorgängen zusammen, der Spaltung der organischen Substanz und der Oxydation der Spaltungsprodukte. Den Anstoß für die

Spaltung liefert die Einwirkung gewisser in der Pflanzenzelle vorhandener Enzyme, komplizierter Eiweißkörper, über deren chemische Natur nichts Sicheres bekannt ist.

Wir haben in der Atmung einen Lebensprozeß vor uns, der in seinen äußeren Erscheinungen dem Prozesse der Assimilation genau entgegengesetzt ist. Bei der letzteren werden unter Aufwand der von Licht und Wärme gelieferten Kräfte organische Verbindungen zusammengesetzt, indem Kohlendioxyd aufgenommen und Sauerstoff abgegeben wird; es wird also die Summe der im Pflanzenkörper vorhandenen Spannkräfte erhöht: bei der Atmung dagegen werden organische Verbindungen unter Sauerstoffzufuhr verbrannt und Kohlendioxyd abgegeben; ein Teil der durch die Assimilation gewonnenen Spannkraft wird dadurch in lebendige Kraft umgesetzt und für die Unterhaltung der Lebensvorgänge in den Zellen zur Verfügung gestellt.

Die Menge des von einer assimilierenden Pflanze aufgenommenen Kohlendioxyd überwiegt bedeutend die Menge, welche durch die Atmung von derselben Pflanze abgegeben wird. Die Folge davon ist, daß während der Assimilation die Ausatmung von Kohlendioxyd der Beobachtung entzogen wird; wir haben deshalb für die Versuche über die Atmung Objekte gewählt, welche kein Chlorophyll besitzen und also nicht assimilieren. Will man grüne Pflanzen für die Experimente benützen, so ist es nötig, die Versuchspflanzen zu verdunkeln, um die Assimilation und den dadurch bedingten Gasaustausch zu verhindern. Im natürlichen Verlauf der Dinge überwiegt nach dem Gesagten bei den grünen Pflanzen am Tage die Sauerstoffabgabe; in der Nacht dagegen, wo der Atmungsprozeß allein zur Geltung kommt, scheiden die Pflanzen Kohlendioxyd aus.

Daß bei der Atmung der Pflanzenzelle Spannkraft in lebendige Kraft übergeführt wird, geht aus der dabei nachweisbaren Wärmeerzeugung hervor. Unter gewöhnlichen Umständen ist freilich der als äußere Wärme bemerkbare Überschuß an lebendiger Kraft gering und wird durch die Strahlung und durch den Wärmeverbrauch bei der Transpiration leicht ausgeglichen, bei vorsichtiger Versuchsanstellung gelingt es indes auch, die Erwärmung atmender Pflanzenteile direkt nachzuweisen.

Wir füllen einen Glastrichter, der in einem Becherglase mit etwas Kalilauge steht, mit keimenden Erbsen oder Getreidekörnern an und überdecken ihn mit einer tubulierten Glasglocke, durch deren Tubulus ein genaues Thermometer so weit eingeschoben ist, daß die Quecksilberkugel sich zwischen den Erbsen oder Getreidekörnern befindet (Abb. 187). Die Glocke darf nicht dicht schließen, damit Luft in den Raum strömen kann; die Kalilauge in dem Becherglase ist bestimmt, das produzierte Kohlendioxyd aufzunehmen, um eine die Atmung beeinträchtigende Ansammlung desselben zu verhüten. In einem ganz gleichen Apparat füllen wir den Trichter mit einer gleichen Menge derselben keimenden Samen an, die vorher durch Abbrühen getötet worden sind. Beide Apparate werden so nebeneinander aufgestellt, daß alle äußeren Bedingungen für beide möglichst gleich sind. Nach einiger Zeit zeigt das Thermometer in dem mit lebenden Keimlingen beschickten Apparat eine um einige Grade höhere Temperatur an als dasjenige des Kontrollapparates. Als Ausnahme von der Regel sind die Fälle zu betrachten, in denen durch sehr intensive Atmung ein so starker Wärmeüberschuß in Pflanzenteilen erzielt wird, daß die Erwärmung schon äußerlich durch das Gefühl bemerkbar ist. So ist z. B. an dem Kolben der aufblühenden Infloreszenzen von Arumarten bisweilen eine Selbsterwärmung bis zu 15 und mehr Graden Celsius zu beobachten. Ebenso ist auch die Umsetzung der durch die Atmung frei werdenden Kraft in strahlende Energie bei der Phosphoreszenz der selbstleuchtenden Pflanzen, des Agaricus melleus u. a. m., als ein seltenes Vorkommnis ohne allgemeine Bedeutung zu betrachten.

In einem früheren Abschnitt ist gesagt worden, daß mit Ausnahme einer geringeren Anzahl niederer Organismen alle Pflanzen ebenso wie die Tiere eine Sauerstoffzufuhr zur Unterhaltung ihrer Lebensprozesse nötig haben. Wenn wir Pflanzen in eine sauerstofffreie Atmosphäre bringen, so werden bald alle

Lebensäußerungen unterbrochen, und wenn die Sauerstoffentziehung von längerer Dauer ist, so tritt der Tod ein. Auch für die beginnende Lebenstätigkeit keimfähiger Samen ist die Sauerstoffatmung ein unbedingtes Erfordernis: wenn wir keimfähige Samen in einer Wasserstoffatmosphäre oder im luftleeren Raum unter sonst günstige Keimungsbedingungen bringen, so bleibt die Keimung aus.

Wir füllen, um den Versuch anzustellen (Abb. 188), in einen nicht zu hohen Glaszylinder mit luftdicht schließendem Stopfen etwas Pyrogallussäure, durch welche dem darüber

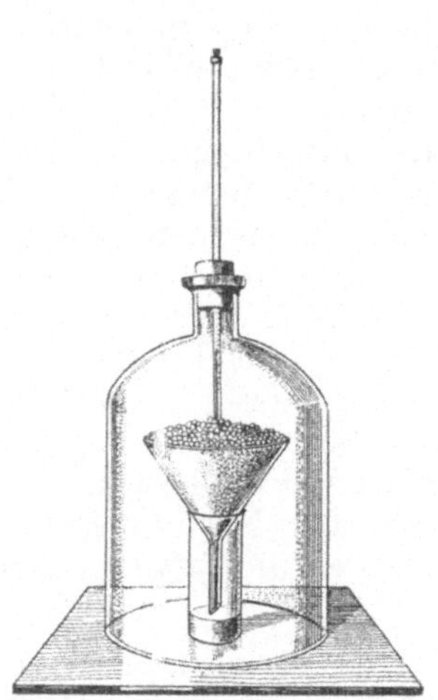

Abb. 187. Apparat zum Nachweis der Wärmeerzeugung bei der Atmung.

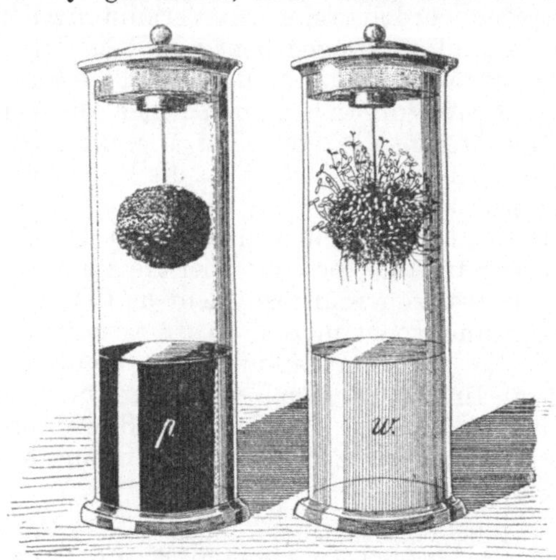

Abb. 188. Apparat zum Nachweis der Tatsache, daß Samen nicht keimen, wenn Sauerstoff fehlt. *p* Pyrogallussäure, *w* Wasser.

verbleibenden Luftquantum der Sauerstoff entzogen wird. An dem Stopfen befestigen wir ein feuchtes Schwämmchen, auf das einige Kressesamen ausgesät sind. Zur Kontrolle wird ein gleiches Gefäß in gleicher Weise hergerichtet, nur mit dem Unterschiede, daß statt der Pyrogallussäure Wasser eingefüllt wird. Nach kurzer Zeit keimen die Samen in dem Kontrollapparat, während die Samen über der Pyrogallussäure ungekeimt bleiben.

Verwenden wir bei dem Versuch Keimpflanzen, deren Wurzel schon eine gewisse Länge erreicht hat, so läßt sich durch die direkte Messung konstatieren, daß in sauerstofffreiem Raume kein Wachstum stattfindet. Bleiben die Versuchspflanzen nicht zu lange dem Sauerstoffmangel ausgesetzt, so können sie später unter normalen Bedingungen sich auch wieder normal weiterentwickeln.

4. Das Wachstum.

Das Wachstum der Pflanzen beruht im wesentlichen darauf, daß die durch den Ernährungsprozeß gewonnenen organischen Verbindungen in die Körpersubstanz der Organismen eingefügt werden. Wir können das Wachstum im allgemeinen definieren als Volumvermehrung, welche bleibende Gestaltveränderungen veranlaßt. Der Verlauf des Wachstums in den einzelnen Entwicklungsstadien der Pflanze und ihrer Organe sowie auch die durch das Wachstum erreichte Gestalt der Pflanze und ihrer Teile sind in gewissem Grade von dem Einfluß der äußeren Umstände abhängig, in ihren Grundzügen aber sind sie anzusehen als der Ausdruck innerer, erblich erworbener Eigenschaften.

Das Wachstum der Zellen. Bei den aus Zellen aufgebauten Gewächsen haben wir zwei das Wachstum bedingende Vorgänge zu unterscheiden, die Vermehrung der Zellenzahl und die Vergrößerung der einzelnen Zellen. Die Vermehrung der Zellenzahl findet, wie wir früher gesehen haben, hauptsächlich in den jugendlichen Pflanzenteilen, in dem meristematischen Gewebe der Vegetationspunkte und im Kambium der älteren Organe statt. Sie braucht nicht

direkt ein Wachstum, d. i. eine bleibende Gehaltsveränderung der betreffenden Pflanzenteile, zu bewirken, denn die durch die Zellteilung entstehenden neuen Zellen nehmen vorerst keinen größeren Raum ein als die Mutterzelle, aus der sie hervorgegangen sind. Sie behalten indes ihre ursprüngliche Dimension nicht dauernd bei. Die jugendlichen Zellen sind ganz oder fast ganz von Protoplasma erfüllt; später vergrößern sie sich wesentlich, indem die organische Substanz der Zellwand und des Protoplasmas durch Aufnahme geeigneter Baustoffe vermehrt wird und indem im Protoplasma Vakuolen auftreten, welche sich mehr und mehr vergrößern und endlich den mittleren Teil der Zellhöhlung ganz einnehmen (Abb. 189). Nachdem die Zellen ihre endgültige Größe erreicht haben, findet noch eine besondere Ausgestaltung derselben statt. Wir können also in dem Entwicklungsvorgange einer Zelle drei Phasen erkennen: 1. den embryonalen Zustand, 2. die Phase der Streckung, die zur Erreichung der endgültigen Größe und Gestalt führt, und 3. die Phase der inneren Ausbildung. Die regelmäßige Aufeinanderfolge dieser drei Wachstumsphasen bezeichnet man als die große Periode.

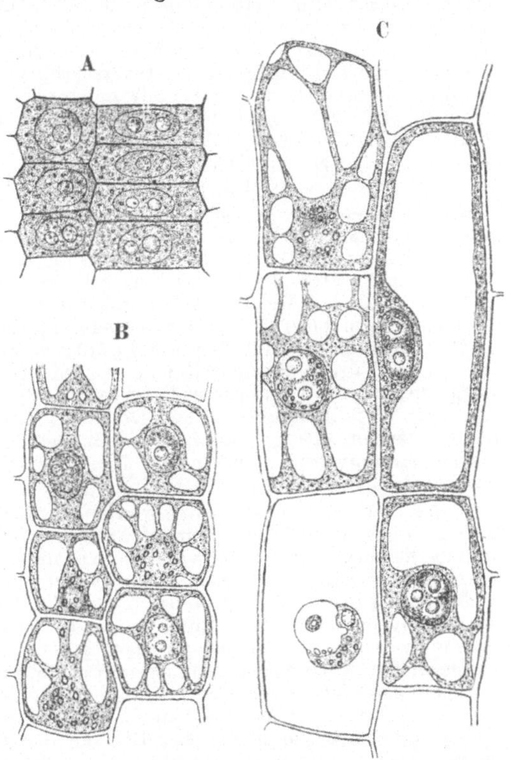

Abb. 189. Parenchymzellen aus der Wurzelrinde der Kaiserkrone in verschiedenen Wachstumsstadien. **A** Embryonales Stadium. **B** und **C** in Streckung begriffene Zellen (nach Sachs).

Ein direkter Einblick in die Mechanik des Wachstums der organischen Substanzen des Protoplasmas und seiner Teile und der Zellwand ist selbst mit den besten optischen Hilfsmitteln unmöglich. Wir sind bezüglich derselben wieder auf eine Hypothese angewiesen, die an die Vorstellung über den molekularen Bau der organisierten Substanz anknüpft. Das Protoplasma ist der eigentliche Träger des Lebens. In seinem Innern vollziehen sich fortgesetzt verwickelte Stoffwechselvorgänge; Aufbau und Zertrümmerung von Molekülen gehen nebeneinander her. Zu jeder Zeit werden Stoffe aufgenommen und ausgeschieden. Wenn die Aufnahme die Ausgabe übersteigt, so muß eine Volumvermehrung zustande kommen, im entgegengesetzten Fall tritt eine Volumverminderung ein. Die beiden Fälle können zu jeder Zeit miteinander abwechseln, so daß also hier von einer bleibenden Volumveränderung nicht gesprochen werden kann. Bestimmtere Vorstellungen lassen sich schon gewinnen, wenn wir nicht das gesamte Protoplasma einer Zelle, sondern einzelne bestimmt geformte Teile, wie die Chlorophyllkörper, oder organische Einschlüsse wie die Stärkekörner ins Auge fassen, oder wenn wir unsere Betrachtung auf die Cellulosewand der Zelle beziehen.

Alle diese Gebilde denken wir uns aus Micellen aufgebaut, welche von Flüssigkeitshüllen umgeben sind. Diese Struktur ermöglicht es, daß Moleküle der Baustoffe in das Innere der Substanz zwischen die vorhandenen Micelle einwandern können. Sie können dort entweder sich an die Micelle ansetzen, oder aber sie vereinigen sich an einzelnen Punkten in den Intermicellarräumen zu neuen Micellen, die sich mit eigener Flüssigkeitshülle umgeben. Es ist klar, daß dadurch die vorhandenen Micelle auseinandergerückt werden müssen und daß also die Substanzvermehrung eine bleibende Volumvergrößerung des Gesamtkörpers zur Folge hat. Man bezeichnet diesen Wachstumsvorgang, dessen Vorbedingung die Imbibition ist, als Intussusception. Neben diesem Wachstum kann nun bei den Stärkekörnern und bei den Zellwänden noch eine andere bleibende Volumvergrößerung vor sich gehen dadurch, daß vom Protoplasma neue Lamellen der betreffenden Substanz gebildet und auf die vorhandenen aufgelagert werden. Dieser Vorgang wird als Apposition bezeichnet. Durch Apposition kann nur eine Dickenzunahme, nicht aber die Flächenvergrößerung der Zellwand erklärt werden.

Bei der Streckung der Zellen ist es hauptsächlich die Ausbildung der Vakuolen im Zellinnern und das Flächenwachstum der Zellwand, durch welches die bleibende Volumveränderung bewirkt wird. Die Einlagerung neuer Substanz in die Zellwand bedingt wie erwähnt ein Auseinanderdrängen der vorhandenen Micelle, es muß also dabei die Kohäsionskraft zwischen den Micellen überwunden werden. In kräftig wachsenden Zellen ist durch die vom Turgor bewirkte elastische Dehnung der Zellwand schon ein Teil der Kohäsionskraft überwunden, so daß dadurch die Intussuszeption erleichtert wird. Früher nahm man an, daß der Turgor die unerläßliche Vorbedingung für das Zustandekommen des Flächenwachstums der Zellwand sei, es ist aber von Pfeffer durch exakte Versuche gezeigt worden, daß auch, unabhängig von der Dehnung, ein beträchtliches Flächenwachstum durch Intussuszeption erfolgen kann und daß auch normalerweise im Pflanzenkörper stärkste Turgorspannung und ausgiebigstes Flächenwachstum der Zellwand nicht überall nebeneinander hergehen.

In der dritten Wachstumsphase erlangen die Zellen ihre definitive Ausbildung. Diese kann sich sowohl auf den Zellinhalt, als auch auf die Zellwand beziehen. Unter der Umbildung des Inhaltes haben wir die Chlorophyllbildung in den Zellen des Assimilationsgewebes, ferner die Ablagerungen von Reservestoffen und Sekreten zu verstehen, die sich in den Zellen des Speichergewebes und in den Sekretzellen vollziehen; auch das gänzliche Schwinden des lebenden Zellinhaltes in den Holzfasern, in den Zellen, welche zu Gefäßgliedern werden, u. a. m. gehört hierher. Die häufigsten Umbildungen, welche die Zellwände in der dritten Wachstumsphase erfahren, bestehen in der Ausbildung der Wandverdickungen und in chemischen Veränderungen der Wandsubstanz durch Verholzung oder Verkorkung. Endlich ist auch die Auflösung von Zellwänden oder von einzelnen Teilen derselben, wie sie bei der Bildung der Gefäße und bei der Entstehung mancher Sekretbehälter eintritt, hier anzuführen.

Das Wachstum der Organe. Wir können am Pflanzenkörper bezüglich der Wachstumsverhältnisse zwei Gruppen von Organen unterscheiden: einmal solche Organe, die längere Zeit unbegrenzt fortwachsen, z. B. die Wurzeln und die vegetativen Sproßachsen, — und zweitens Organe, welche nach einiger Zeit eine abschließende Größe und Gestalt erreichen, z. B. die Blätter und die Blüten. Bei Organen der letzteren Art ist leicht, ebenso wie bei den Zellen, eine große Periode des Wachstums zu erkennen. Jedes Blatt, jede Blüte tritt zuerst als ein aus embryonalem Gewebe bestehendes Höckerchen auf, welches alsbald in die zweite Wachstumsphase, in die Periode der Streckung, eintritt und zu seiner endgültigen Größe und Gestalt heranwächst. Innere Veränderungen in den Zellen und Geweben der Organe führen endlich zu dem Zustande des Ausgewachsenseins. Aber auch bei den Organen mit unbegrenztem Wachstum können wir von einer großen Periode des Wachstums reden, wenn wir die Betrachtung auf einen beliebigen Abschnitt beschränken. Dieser ist aus dem embryonalen Gewebe am Vegetationspunkt hervorgegangen, hat durch Streckung seine definitive Größe und durch innere Veränderungen seine endgültige Ausbildung erreicht.

Wir tragen auf die Keimwurzel einer großen Bohne, Vicia Faba, von der Spitze anfangend, Tuschmarken in gleichen Abständen auf und befestigen die Bohne in einen Glaszylinder so, daß die Wurzelspitze senkrecht abwärtsgekehrt ist (Abb. 190 **A**). Durch Anbringung von Fließpapierstreifen, welche in das den Boden des Zylinders bedeckende Wasser tauchen, wird die Luft im Gefäße feucht erhalten. Um jeden Einfluß des Lichtes auf das Wachstum der Wurzel fernzuhalten, stellen wir den Apparat ins Dunkle. Nach einiger Zeit sehen wir, daß die Wurzel sich durch Wachstum verlängert hat und daß ein Teil der Tuschmarken dadurch ungleichmäßig auseinandergerückt worden ist (Abb. 190 **B**). Es ergibt sich daraus, daß das kräftigste Wachstum der Wurzel auf eine kurze Strecke beschränkt ist, welche wenige Millimeter hinter der Spitze liegt. Das unmittelbar an der Wurzelspitze gelegene Gewebe zeigt geringe Zunahme. Es ist die Zone des embryonalen Gewebes, in welchem die Zellvermehrung durch fortgesetzte Teilung erfolgt. Darauf folgt ein in lebhafter Streckung befindlicher Abschnitt der Wurzel, die Streckungszone, auf welchem die Tuschmarken den weitesten Abstand erreicht haben. Der noch weiter rückwärtsliegende Teil der Wurzel hat keine Streckung mehr erfahren, er hatte beim Beginn des Versuches schon seine definitive Größe erreicht und befindet sich in der letzten Wachstumsphase der inneren Ausbildung, zu der auch die Entstehung von Wurzelhaaren gehört. Der Unterschied der fortwachsenden Organe von denjenigen, welche ein begrenztes Wachstum besitzen, beruht also nur darin, daß bei den letzteren alles embryonale Gewebe gleichmäßig in Streckung und innere Ausbildung übergeht, während bei den ersteren an der Spitze ein Teil des embryonalen Gewebes erhalten bleibt, um fortgesetzt nach rückwärts hin Gewebeteile abzugeben, welche zunächst in Streckung übergehen und dann durch innere Ausbildung den Endzustand erreichen.

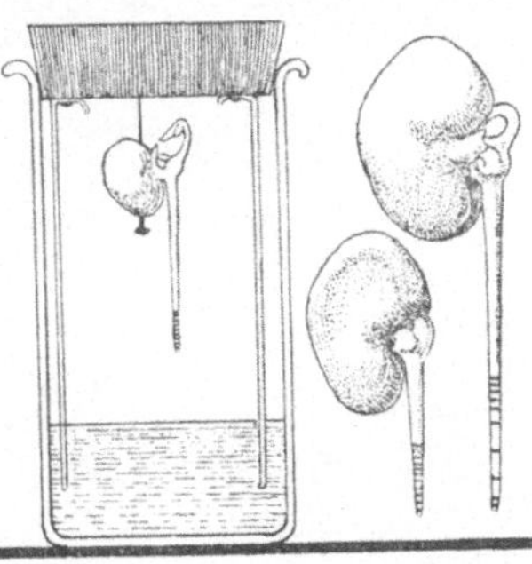

Abb. 190. **A** Apparat zur Beobachtung des Wachstums der Wurzel einer Bohne. **B** Die Spitze einer mit Tuschmarken versehenen Bohnenwurzel zu Anfang und zu Ende des Versuchs.

Das Experiment mit der durch Tuschmarken bezeichneten Wurzel kann uns auch Auskunft geben über den zeitlichen Gang des Längenwachstums in der Periode der Streckung. Wir sehen, daß an dem der Wurzelspitze zunächstliegenden Teil der Streckungszone nur wenig Wachstum stattgefunden hat. An den nächstälteren Teilen nimmt die Wachstumsgröße schnell zu, weiter oben aber werden die Abstände zwischen den Tuschmarken wieder geringer bis zu der Zone, in welcher überhaupt kein Auseinanderrücken der Marken mehr bemerkbar ist. An den soeben aus dem embryonalen Zustande heraustretenden Zonen der Wurzel setzt also die Streckung langsam ein, sie wird dann allmählig beschleunigt, bis sie in einer gewissen Entfernung von der Wurzelspitze ihr Maximum erreicht, und nimmt von dort aus allmählich wieder ab, um endlich mit dem Abschluß der zweiten Wachstumsphase ganz zu erlöschen.

Wir haben nun zunächst auf die drei Wachstumsphasen der Organe noch etwas näher einzugehen. Wir haben gesehen, daß in dem embryonalen Gewebe des Pflanzenkörpers fortgesetzt Zellteilungen erfolgen und daß die dadurch gebildeten Zellen nachträglich eine erhebliche Streckung erfahren. Es darf aus dieser zeitlichen Aufeinanderfolge der Zellteilung und der Streckung nicht gefolgert werden, daß die Teilungsvorgänge unabhängig von dem Wachstum etwa aus inneren Ursachen erfolgten. Vielmehr ist die Zellteilung eine Folge des Wachstums. Sobald eine teilungsfähige embryonale Zelle durch Wachstum eine gewisse Maximalgröße erlangt hat, tritt in ihr Kern- und Zellteilung ein und die entstandenen Tochterzellen wachsen erst wieder bis zu ihrer Maximalgröße heran, bevor weitere Teilungen erfolgen. Wird das Wachstum des embryonalen Gewebes durch mangelhafte Ernährung gehemmt, so bleibt auch die Zahl der Zellteilungen geringer, als in normalen, gut genährten Vegetationspunkten.

Die Richtung, in welcher die Teilung der embryonalen Zellen erfolgt, wird durch innere und äußere Umstände bedingt. Die Stellung der jungen Teilungswand entspricht, wie oben auf S. 85 dargelegt wurde, einer Gleichgewichtslage der Berührungsfläche der beiden Tochterzellen; im allgemeinen gilt für die Zellen der embryonalen Gewebe das Gesetz, daß die neue Wand die Mutterzelle in annähernd gleiche Hälften teilt und sich rechtwinklig an die vorhandene Zellwand ansetzt.

In Gewebekörpern, wie sie die Vegetationspunkte der höheren Pflanzen darbieten, lassen sich diese Verhältnisse nicht mehr so leicht übersehen, indes ist sehr häufig schon aus den zwischen der Zellanordnung und der äußeren Form des Gewebekörpers vorhandenen einfachen geometrischen Beziehungen auf eine mechanisch bedingte Gesetzmäßigkeit in der Folge und Richtung der Zellteilungen zu schließen. Man bezeichnet die Zellwände, welche der Oberfläche des Organs parallel verlaufen, als Periklinen, diejenigen, welche zur Oberfläche hin gerichtet sind, als Antiklinen. In dem sehr häufigen Fall, daß der Vegetationspunkt eines Sprosses annähernd die Form eines Paraboloides

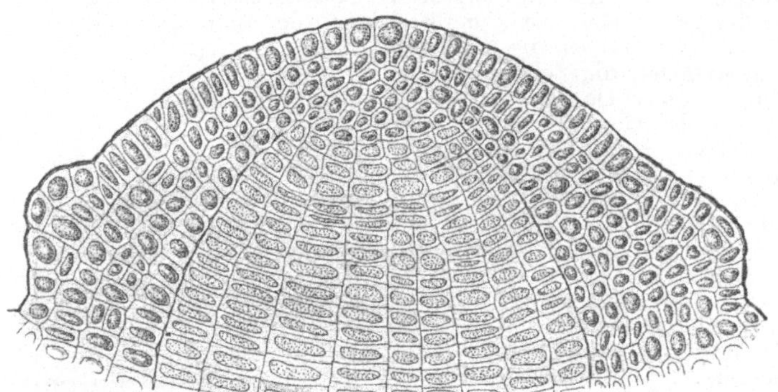

Abb. 191. Längsschnitt durch den Vegetationspunkt einer Winterknospe der Edeltanne. Die Zellwände lassen, soweit nicht durch die Anlagen seitlicher Organe eine Störung veranlaßt wird, eine regelmäßige Anordnung zu konfokalen Parabeln erkennen. (Nach Sachs.)

besitzt, finden wir infolge des gesetzmäßigen Verlaufes der Zellteilungen die Periklinen und Antiklinen auf dem Längsschnitt des Vegetationskegels anfangs zu zwei Scharen konfokaler Parabeln angeordnet (Abb. 191). Später geht durch Verschiebung der Zellen während der Streckung die Regelmäßigkeit der Anordnung meistens verloren.

Eine Abweichung von der die Teilungsrichtung und die Größe der Teilzelle beherrschenden Regel findet im allgemeinen dann statt, wenn die durch den Teilungsprozeß entstehenden Tochterzellen ungleichwertig sind. Z. B. am Vegetationspunkt vieler Kryptogamen, wo die eine der Teilzellen die Natur einer fortgesetzt teilungsfähigen Scheitelzelle behält, während die andere die Anlage vegetativer Organe mit begrenztem Wachstum bildet, — oder bei der Anlage von Geschlechtsorganen, wo die eine der Tochterzellen vegetativ bleibt, während die andere zur Bildung von Fortpflanzungszellen befähigt ist.

Wir dürfen uns den Vorgang der Streckung in dem in der zweiten Wachstumsphase begriffenen Abschnitt eines Pflanzenorganes nicht so vorstellen, als ob die Gesamtmasse der Zellen gleichmäßig an Ausdehnung gewinnt, sondern jede Zelle verlängert sich selbständig nach Maßgabe des in ihr stattfindenden Flächenwachstums der Zellwand und der durch den Turgor bewirkten Dehnung. Die Bildsamkeit der organischen Substanz gestattet es, daß die ungleichmäßig sich vergrößernden Zellen aneinander hingleiten und Raum gewinnen, ohne daß es durch entstehende Spannungen zur Zerreißung des Gewebeverbandes zu kommen braucht. Man bezeichnet diesen Vorgang als gleitendes Wachstum. Infolge des Turgordruckes hat jede wachsende Parenchymzelle das Bestreben, ihren Gesamtumriß möglichst abzurunden. Auch diesem Bestreben wird durch die Plastizität der organischen Substanz der Wände Rechnung getragen, indem die Zellwände an den Kanten der Zellen sich spalten, so daß

Intercellularräume entstehen, welche schließlich durch den ganzen Körper der erwachsenen Pflanze ein zusammenhängendes System von lufterfüllten Hohlräumen darstellen.

Die Spannungen zwischen den einzelnen Zellen eines Gewebes werden durch das gleitende Wachstum und durch die Ausbildung von Intercellularräumen ziemlich vollständig ausgeglichen; indem aber ganze Gewebeverbände ein ungleichmäßiges Wachstum betätigen oder auch nur infolge der Verschiedenheit des Turgors in ihren Zellen ungleiche Dehnung erfahren, kommen im Pflanzenkörper Gewebespannungen zustande, welche wesentlich zur Festigung krautartiger Pflanzenteile beitragen.

An den Sprossen ist die äußere Gewebeschicht durch das stärkere Wachstum der inneren Teile passiv gedehnt. Wenn wir z. B. von einem Internodium eines krautartigen Stengels einen Gewebestreifen der Länge nach abschälen, so zieht sich derselbe augenblicklich zusammen und verkürzt sich so weit, daß er nicht mehr zur Bedeckung der durch das Abschälen entstandenen Wunde ausreicht. An den Wurzeln zeigen umgekehrt die äußeren Gewebepartien das stärkste Wachstum. Halbieren wir eine junge Wurzel der Länge nach, so krümmen die Hälften sich einwärts, weil entsprechend der bestehenden Spannung der Zentralzylinder sich zusammenzieht, die Rinde dagegen sich auszudehnen strebt.

Die passive Dehnung, welche die oberflächlichen Gewebepartien der Sprosse erfahren, bezieht sich nicht nur auf die Längsrichtung des Organes, sondern die Gewebe sind auch quer gespannt. Schneiden wir eine Querscheibe aus einem krautartigen Internodium heraus und führen durch dieselbe einen Schnitt in der Richtung eines Radius bis zur Mitte, so klafft der Schnitt auseinander, weil die äußeren Gewebe, das Hautgewebe und die daran grenzenden Teile der Rinde, sich zusammenziehen.

Als einen Ausdruck von Querspannungen in den Geweben der Sprosse müssen wir ferner das Hohlwerden vieler Internodien und Blattstiele ansehen. Das Markgewebe vermag in ihnen der starken Querausdehnung der äußeren Gewebeschichten durch Wachstum nicht mehr zu folgen und zerreißt. Vielleicht sind nebenbei noch andere, innere Ursachen bei der Entstehung der hohlen Internodien beteiligt.

Das Wachstum des Gesamtorganismus. Die Periodizität, welche wir in dem Wachstum der Zelle und der einzelnen Pflanzenorgane kennen gelernt haben, spiegelt sich im großen und ganzen auch in der Lebensgeschichte des ganzen Pflanzenindividuums wieder. Betrachten wir zunächst eine einjährige Pflanze. Die Anlage des jungen Pflänzchens in dem von der Mutterpflanze gebildeten Samen besteht ganz aus embryonalem Gewebe. Sie hat in den sie umgebenden Gewebeschichten des Samens oder in den Zellen ihrer Keimblätter einen Vorrat von Nährstoffen mitbekommen, die für die ersten bei der Keimung eingeleiteten Wachstumsprozesse das Material liefern. Mit der Keimung tritt die Pflanze in die Phase der Streckung, des vegetativen Wachstums, ein. Ein anfangs langsames, allmählich schneller werdendes Wachstum erfolgt, durch welches die Pflanze die ihr eigentümliche Form und Größe erlangt. Gegen das Ende der Vegetationszeit wird der Zuwachs allmählich geringer, bis er endlich ganz aufhört, so daß alle Kräfte und Stoffe für die Frucht- und Samenbildung zur Verfügung stehen. An der erwachsenen einjährigen Pflanze läßt sich häufig aus der Größe und Verteilung der seitlichen Glieder noch nachträglich der geschilderte Gang der Entwicklung ersehen. Am unteren Ende sind die Blätter klein, die Internodien kurz, weiter oben folgt eine Region mit großen Laubblättern, welche durch lange Internodien getrennt sind, und zum Gipfel hin nimmt die Blattgröße und die Länge der Internodien wieder schrittweise ab.

Wir dürfen uns den Verlauf des Wachstums der einjährigen Pflanze nun freilich nicht so vorstellen, als ob von der Keimung bis zu der Periode kräftigsten Wachstums eine kontinuierliche Steigerung der Zuwachsgröße und von dort

bis zum Aufhören des Wachstums eine beständige Verminderung derselben
stattfände. Der Einfluß der äußeren Umstände, besonders der Wechsel von
Tag und Nacht, bewirkt vielmehr, daß die Zuwachsgröße unausgesetzt schwankt.
Die Kurve, durch welche wir uns die Periodizität des Wachstums versinnlichen
können, stellt also nicht eine einfache, nach oben gekrümmte Bogenlinie dar,
sondern eine vielfach gewellte Linie, deren höchste Erhebung über die Abszissen-
achse dem Wachstumsmaximum der großen Periode entspricht. Die durch die

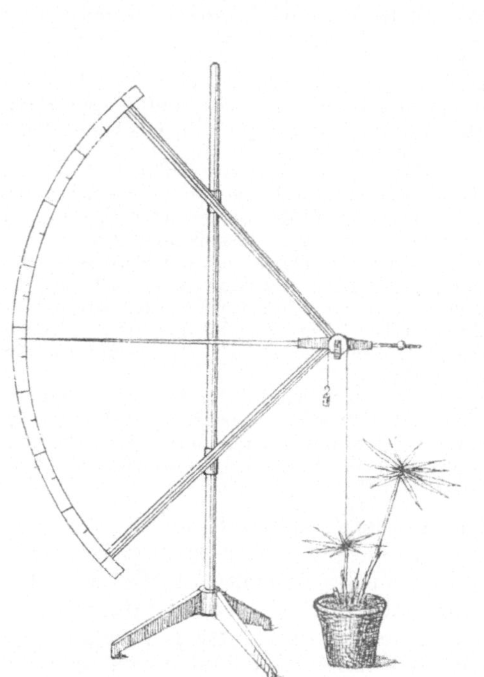

Abb. 192. Zeiger am Bogen.

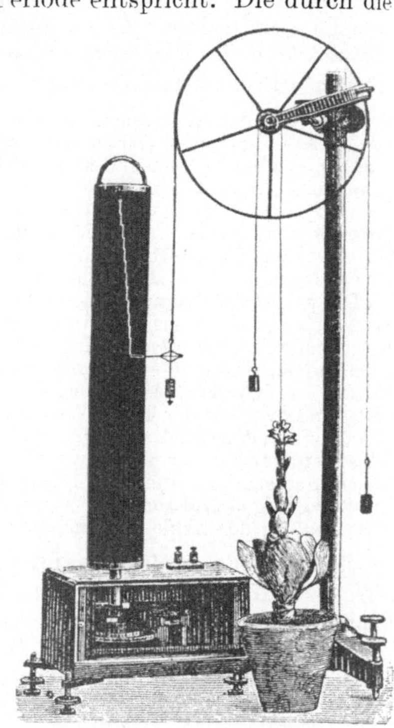

Abb. 193. Auxanometer.

Wellung angedeuteten sekundären Maxima und Minima entsprechen Wachstumsschwankungen, welche sich innerhalb eines Tages abspielen. Man bezeichn
ihren Verlauf als die Tagesperiode des Wachstums. Das Wachstum steigert
sich während der Nacht bis gegen Morgen hin und nimmt im Laufe des Tages
wieder ab.

Wir haben in dem auf S. 159 beschriebenen Versuch mit der Bohnenwurzel, welche in
gleichen Abständen mit Tuschmarken versehen worden war, eine Methode kennen gelernt,
welche uns gestattet, über den Verlauf der Streckung in den einzelnen Querscheiben eines
Organs Aufschluß zu gewinnen. Wollen wir den Verlauf der Zuwachsbewegung eines ganzen
Pflanzenteiles beobachten, so können wir uns dazu eines von Sachs konstruierten Apparates, des Zeigers am Bogen, bedienen, welcher in Abb. 192 abgebildet ist. An einem festen
Eisenstativ ist ein graduierter Kreisbogen mit großem Radius befestigt, über dem ein um
den zugehörigen Kreismittelpunkt drehbarer Zeiger spielt. Der letztere ist leicht beweglich
und mit einem Gegengewicht versehen, so daß sein Schwerpunkt in die Drehungsachse fällt
und der Zeiger sich also in jeder Lage im Gleichgewicht befindet. Auf der Achse des Zeigers
ist eine Rolle mit geringem Durchmesser befestigt. Um einen Versuch mit dem Apparat
anzustellen, setzen wir eine Pflanze, deren Organe im Wachstum begriffen sind, unter

die Achse des Zeigers. Ein Faden, welcher mittelst einer Schlinge am Gipfel eines Sprosses befestigt ist, wird über die Rolle geleitet und durch ein daran gehängtes Gewichtchen leicht gespannt. Die Zuwachsbewegung des Sprosses wird nun durch den Faden auf die Rolle übertragen und durch die Spitze des Zeigers vielfach vergrößert an dem Kreisbogen angezeigt.

Wenn man den Apparat vor Erschütterungen bewahrt und einen Faden verwendet, der nicht zu sehr durch den wechselnden Feuchtigkeitsgehalt der Luft beeinflußt wird, so kann man mit Hilfe des Zeigers am Bogen hinreichend genaue Beobachtungen machen. Für genauere Untersuchungen hat man feinere, selbstregistrierende Apparate konstruiert, welche als Auxanometer bezeichnet werden. Im Prinzip stimmen sie mit dem Zeiger am Bogen überein. Bei dem in Abb. 193 abgebildeten Auxanometer wird die Zuwachsbewegung

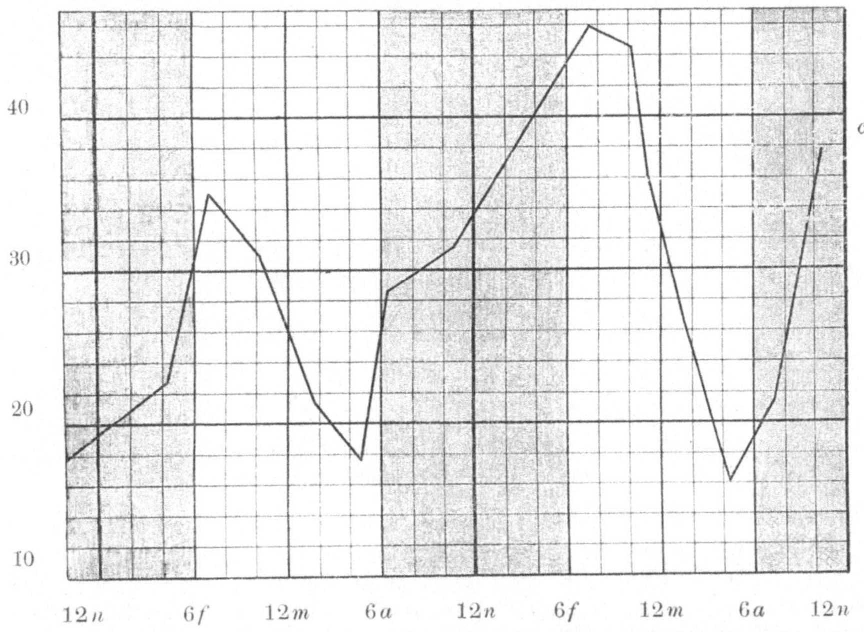

Abb. 194. Zuwachsbewegungen des Stengels einer Dahlia variabilis während zweier Tage (nach Sachs).

der Pflanze mittelst eines Fadens auf eine Rolle übertragen. Eine an derselben Achse befestigte Rolle mit bedeutend größerem Radius gibt an ihrem Umfange die Bewegung stark vergrößert wieder und teilt sie einem Zeiger mit, welcher an einem um die Rolle geschlungenen Faden befestigt ist. Der Zeiger zeichnet dann den Gang der Bewegung auf einem berußten Zylinder auf, der durch ein Uhrwerk von Stunde zu Stunde um ein kleines Stück seines Umfanges gedreht wird. Durch einen solchen Apparat wird also der Wachstumsverlauf selbsttätig registriert, und man kann am Ende des Versuchs den Zuwachs in den einzelnen Zeitabschnitten genau vergleichen.

Wir wollen zunächst die mit einem der vorstehend geschilderten Apparate gewonnenen Resultate benutzen, um den Verlauf der Tagesperiode in einem konkreten Fall kennen zu lernen. In Abb. 194 ist eine auf rechtwinklige Koordinaten bezogene Kurve gezeichnet, welche den Verlauf des Längenwachstums eines Sprosses von Dahlia variabilis während zweier Tage darstellt. Als Abszissen sind die Tagesstunden aufgetragen; die Teile des Systems, welche den Nachtstunden von 6 Uhr abends bis 6 Uhr früh entsprechen, sind schattiert. Die Kurve wurde in der Weise konstruiert, daß jedesmal der dreistündige Zuwachs mit dem Zeiger am Bogen bestimmt und in vierundzwanzigfacher Vergrößerung als Ordinate für die betreffende Tagesstunde eingetragen wurde. Wir ersehen aus dem Verlauf der Kurve ohne weiteres, daß sich das Wachstum während der Nacht steigert, bis es

11*

in den frühen Morgenstunden sein Maximum erreicht. Dann nimmt tagsüber die Wachstumsgeschwindigkeit wieder ab. Am Nachmittag wird das Minimum erreicht; mit der beginnenden Dämmerung tritt wieder eine Steigerung ein.

Die Allgemeinheit, mit welcher die tägliche Wachstumsschwankung bei den Gewächsen sich geltend macht, berechtigt zu dem Schluß, daß die Tagesperiode des Wachstums als das Resultat eines direkten Einflusses der äußeren Umstände anzusehen ist. Tag und Nacht sind aber nicht einfache Faktoren, sondern ganze Komplexe wechselnder äußerer Umstände. Mit der Beleuchtung können auch die Temperatur und der Feuchtigkeitsgehalt der Luft wechseln und ihren

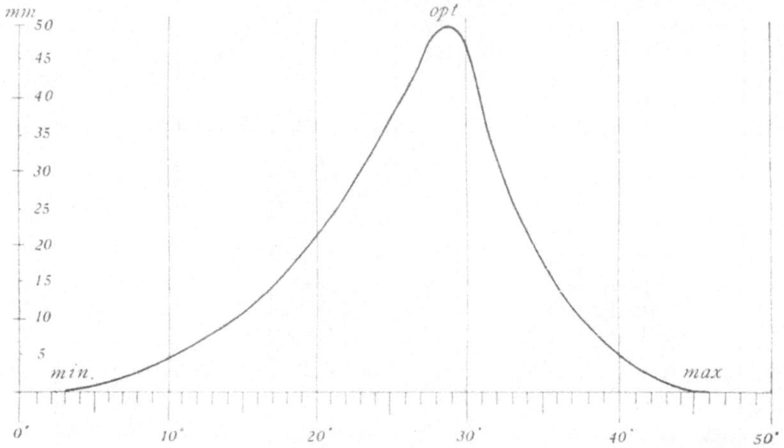

Abb. 195. Kurve, welche das Längenwachstum der Wurzel von Pisum sativum in gleichen Zeiträumen unter dem Einfluß verschieden hoher Temperatur darstellt.

veränderten Einfluß auf das Wachstum geltend machen. Wir haben also, um das Wesen der Wachstumsperioden eingehender zu erforschen, den Einfluß jedes einzelnen dieser Faktoren für sich allein zu studieren.

Was zunächst den Einfluß der Temperatur auf den Verlauf des Längenwachstums der Pflanzen anbetrifft, so haben zahlreiche exakte Untersuchungen ergeben, daß ganz allgemein die Steigerung der Wärme innerhalb gewisser, für die einzelnen Pflanzen individuell verschiedener Grenzen eine stetige Zunahme des Wachstums zur Folge hat, daß aber nach Überschreitung des Temperaturoptimums die Zuwachsgröße wieder stetig abnimmt, bis bei einer gewissen Temperatur das Wachstum gänzlich erlischt. Die in Abb. 195 dargestellte Kurve, welche den Einfluß verschiedener Temperaturgrade auf das Längenwachstum der Wurzel von Pisum sativum darstellt, kann als Beispiel für diese Tatsache gelten. Für die Beeinflussung des Wachstums durch das Licht läßt sich kein allgemein gültiges Gesetz auffinden. Es gibt Pflanzen, für deren Wachstum das Licht ohne jeden Einfluß ist, bei der Mehrzahl der Gewächse aber vermindert sich das Wachstum in der Helligkeit, während die Verdunkelung, auch wenn alle übrigen äußeren Umstände konstant erhalten werden, eine Beschleunigung des Wachstums zur Folge hat. Man könnte versucht sein, den Einfluß des Lichtes auf den Verlauf des Längenwachstums der Pflanzen mit der Assimilation in Beziehung zu setzen, indessen ist die Wachstumsverzögerung durch Beleuchtung bei manchen chlorophyllfreien Pflanzen ebenso stark ausgeprägt als bei den grünen Gewächsen. Der Wechsel des Feuchtigkeitsgehaltes der Luft endlich beeinflußt hauptsächlich die Transpiration der Pflanzen und durch diese den Turgor der Zellen und die Menge des Imbibitionswassers, welche zu dem Wachstum der Zellen in Beziehung stehen. Im allgemeinen äußert sich dieser Einfluß dadurch, daß bei Verminderung der Luftfeuchtigkeit eine Verlangsamung, bei Erhöhung derselben eine Beschleunigung des Längenwachstums der Sprosse erzielt wird.

Wenn nun auch feststeht, daß der mannigfache Wechsel der äußeren Umstände den Verlauf der Tagesperiode wesentlich beeinflußt, so darf nicht übersehen werden, daß auch unabhängig von äußeren Einflüssen aus inneren Ursachen unbekannter Art Schwankungen des Wachstums vor sich gehen, welche bei dem Zustandekommen der täglichen Periodizität mit beteiligt sind. Hält man Pflanzen, welche die Tagesperiode des Wachstums zeigen, in konstanter Dunkelheit, unter gleichmäßigen äußeren Bedingungen, so verschwindet die Periodizität nicht sofort, ihre Schwankungen, die Lagen des Maximums und Minimums, werden aber zeitlich mehr und mehr gegen den Ablauf der Tageszeiten verschoben. Es erscheint daher so, als ob der Wechsel der äußeren Umstände, der äußerlich in Tag und Nacht zum Ausdruck kommt, hauptsächlich die zeitliche Dauer der einzelnen Wachstumsschwankungen reguliert, während die Amplitude der Schwankungen wesentlich mit durch innere Ursachen bestimmt wird.

Bei mehrjährigen Gewächsen ist neben der Tagesperiode auch eine Jahresperiode des Wachstums vorhanden. Die einheimischen Holzgewächse machen während der Winterzeit eine Ruheperiode durch, während welcher das Wachstum gänzlich unterbrochen wird, worauf unter anderem auch die Ausbildung von Jahresringen im sekundären Holz beruht. Besonders auffällig macht sich bei unseren meisten Laubhölzern und unter den Nadelhölzern bei der Lärche die Jahresperiode durch den Laubwechsel bemerkbar. An den winterkahlen Sprossen beginnt mit dem Laubausbruch im Frühling die neue Wachstumsperiode, der Laubfall im Herbst zeigt ihren Abschluß an. Bei immergrünen Gewächsen vollzieht sich der Laubwechsel meist wenig auffällig, indem die alternden Blätter einzeln abgestoßen werden, doch kommen selbst im immergleichen Klima tropischer Länder Bäume mit periodischem Laubfall vor.

Diese Tatsache und der Umstand, daß bei unseren laubwechselnden Bäumen und Sträuchern das Ruhestadium auch dann eintritt, wenn wir sie dem Einfluß der Winterkälte rechtzeitig entziehen, beweist, daß die Periodizität nicht einfach als eine direkte Folge des Einflusses der äußeren Umstände angesehen werden darf, sondern daß hier wie bei der Tagesperiode des Wachstums die Wirkung innerer Ursachen in ausschlaggebender Weise zur Geltung kommt.

Ursachen für die Gestaltungsvorgänge beim Wachstum. Die Formgestaltung, welche die Pflanze durch das Wachstum erlangt, wird im Grunde durch innere Ursachen erblicher Natur bestimmt; normalerweise entwickelt sich die Pflanze aus dem Samen zu einem Gebilde, das in allen Teilen nach Form und Funktion den Elternpflanzen ähnlich ist und in gleicher Weise Nachkommen von ähnlicher Ausbildung erzeugt. Wir sind nicht imstande, die Wirkungsweise der inneren Ursachen, auf denen die erbliche Ähnlichkeit in der Formbildung der einzelnen Pflanzenarten beruht, mechanisch zu erklären; indes ist ein kausales Verständnis der Erscheinung angebahnt durch die Erkenntnis der Tatsache, daß das befruchtete Ei, aus dem die neue Pflanze hervorgeht, einen Teil von der lebenden Substanz der Elternpflanzen darstellt. Diese Substanz vergrößert sich durch Wachstum, das heißt, sie vermag von außen her zugeführte Baustoffe in sich aufnehmen, ohne dadurch ihre spezifischen Eigenschaften zu ändern. Da nun alle Zellen des Pflanzenkörpers durch Zellteilung aus der einen Eizelle hervorgegangen sind, so enthält auch jede derselben einen Teil des Keimplasmas, auf dessen Vorhandensein die Übertragung der spezifischen Formgestaltung von den Eltern auf die Nachkommen beruht.

Man hat die Wiedererstehung der ererbten Eigenschaften an dem aus dem Keim hervorgehenden Organismus durch die Annahme erklären wollen, daß in der lebenden Substanz der Keimzelle, speziell in der chromatischen Substanz ihres Zellkerns, bereits die Anlagen aller einzelnen, an dem erwachsenen Organismus auftretenden Formelemente gegeben seien und daß in dem Entwicklungsgange des Individuums diese Anlagen nur zur Entfaltung gebracht werden. Ein mit allen Anlagen versehener Teil des Keimplasmas, welcher unzerteilt erhalten bleibt und sich durch Wachstum vergrößert, soll dabei das Material für die Fortpflanzungszellen liefern und die unveränderte Übertragung der elterlichen Eigenschaften auf die weitere Nachkommenschaft vermitteln. Dieser Hypothese der Evolution steht die Hypothese der Epigenesis gegenüber, die Anschauung, daß die spezifische Organisation des Keimplasmas gewissermaßen nur die Richtung bestimmt, welche der Entwicklungsgang einschlägt, während die Erreichung der für den betreffenden Organismus charakteristischen Formverhältnisse bedingt wird einmal durch die Wechselbeziehung, in welche die Zellen des Organismus und die aus ihnen aufgebauten Organe während des Entwicklungsganges zueinander treten und zweitens durch die Einwirkung der den Organismus umgebenden Außenwelt.

Die Wechselbeziehungen oder Korrelationen, welche zwischen den Teilen des Organismus bestehen, entziehen sich im normalen Entwicklungsgange unserer Wahrnehmung, es ist gewissermaßen in jedem Stadium des Entwicklungsganges bezüglich der gegenseitigen Beeinflussung der Organe ein Gleichgewichtszustand vorhanden. Wird aber durch einen operativen Eingriff das bestehende Verhältnis gestört, so werden unter dem Einfluß der Korrelationen Entwicklungsvorgänge veranlaßt, welche zur Wiederherstellung des Gleichgewichtszustandes führen.

Bisweilen mögen ernährungsphysiologische Vorgänge die Erklärung für die Korrelationserscheinungen bieten. So besteht z. B. ein bestimmtes Verhältnis zwischen der Entwicklung der Laubkrone und des Wurzelsystems vieler Gewächse. Kann sich aus irgendwelchen Gründen das Wurzelsystem nur schwach entwickeln, so gewinnt auch die Laubkrone nur geringe Ausdehnung, und umgekehrt veranlaßt eine Beschränkung der Laubbildung durch äußere Umstände auch eine Schwächung des Wurzelvermögens. Zufuhr der Nährstoffe und Assimilation sind eben in gleicher Weise bei dem Zustandekommen einer kräftigen Ernährung beteiligt. In den Infloreszenzen mancher Blütenpflanzen, z. B. vieler Asperifoliaceen, bleiben die zuletzt gebildeten Blütenanlagen unentwickelt, alle verfügbaren Baustoffe werden für die Entwicklung der ersten Blüten und für die Ausbildung ihrer Früchte aufgebraucht. Werden aber die ersten Blütenanlagen frühzeitig entfernt, so gelangen die späteren Anlagen, denen nunmehr die Baustoffe zuströmen, zur Entwicklung und Fruchtbildung.

Ein ähnliches Verhältnis, wie hier zwischen den verschieden alten Blütenanlagen, besteht auch zwischen den Achselknospen an den Trieben der Laubbäume. Im allgemeinen sind die an dem Spitzenende der Triebe gelegenen Achselknospen in der Ernährung bevorzugt, nur sie gelangen im normalen Verlauf des Wachstums zum Austreiben, während die weiter rückwärts stehenden Knospen unentwickelt bleiben. Entfernt man vor dem Austreiben der Knospen durch Beschneiden die Triebspitzen mit den bevorzugten Knospen, so werden die rückwärts liegenden Knospen zum Austreiben gebracht, und selbst schlafende Augen, welche schon jahrelang im Ruhestand verharrt haben, können auf diese Weise noch zur Entwicklung gebracht werden, ein Umstand, der für den Gärtner bei der Erziehung von Formbäumen und Spalierbäumen große Bedeutung hat. Offenbar werden beim Beschneiden der Bäume durch die Beseitigung der konkurrierenden bevorzugten Knospen die vorhandenen Bildungsstoffe für die ruhenden Knospen disponibel, wodurch die Entwicklung der letzteren ermöglicht und veranlaßt wird.

In vielen Fällen können indes, wie die folgenden Beispiele zeigen, Ernährungsverhältnisse allein nicht die Erklärung für die Korrelationserscheinungen liefern. Wenn man den senkrecht stehenden Gipfeltrieb einer Fichte abschneidet, so wenden sich einer oder einige der unterhalb des Gipfels stehenden, horizontal gerichteten Seitentriebe senkrecht nach oben und nehmen die Eigenschaft von Haupttrieben an. Das Vorhandensein des Gipfeltriebes bildet also durch eine Verknüpfung unbekannter innerer Ursachen den Grund für die horizontale Stellung und dorsiventrale Ausbildung der Seitensprosse. Ein ähnliches Beispiel bietet die Kartoffelpflanze. An der Basis des Laubsprosses derselben entspringen Ausläufer, welche normalerweise an ihrer Spitze zu stärkereichen Knollen anschwellen. Schneidet man aber frühzeitig den Laubtrieb fort, so unterbleibt die Knollenbildung an den Ausläufern; diese richten sich mit ihrer Spitze nach oben und werden zu Laubsprossen. Die Achselknospen, welche in den Blattachseln der Laubbäume stehen, entwickeln sich normalerweise erst im Jahr nach ihrer Anlage. Wird aber ein Sproß im Frühjahr der Blätter beraubt, so gelangen die Achselknospen schon in demselben Jahr zur Entfaltung, wobei auch die ersten Blätter, welche normal zu Knospenschuppen geworden wären, laubblattartig ausgebildet werden.

Die Korrelationen, welche zwischen der Basis und der Spitze der Pflanzen und ihrer Organe bestehen, bedingen in vielen Fällen eine physiologische Polarität, welche selbst in kleinen Teilstücken des Pflanzenkörpers bemerkbar ist und die Gestaltbildung an denselben in bestimmter Weise beeinflußt. Unabhängig von den äußeren Umständen wird bei der Entwicklung des Embryos der Gefäßpflanzen allein durch die Lage, welche das Ei in dem Körper der Mutterpflanze hat, der Ort bestimmt, an welchem sich die Basis und die Spitze, die Wurzel und der Sproß ausbilden, und mit der Beziehung der seitlichen Organe zu ihrer Abstammungsachse ist für diese die Lage der Basis und der Spitze unwandelbar bestimmt. Wenn wir z. B. ein abgeschnittenes Stück von dem Sproß einer höheren Pflanze, etwa von einem Weidenzweig, in feuchter Luft zum Austreiben bringen, so entwickeln sich zuerst an dem zur Spitze hin gekehrten Ende Seitensprosse, während an dem entgegengesetzten Ende Adventivwurzeln ausgebildet werden, gleichviel ob wir bei dem Versuch die organische Spitze des Zweigstückes nach aufwärts oder nach unten kehren (Abb. 196). Es zeigt sich also, daß in diesem Falle die Polarität nicht das Resultat eines direkten Einflusses der Schwerkraft ist, sondern daß die durch die ererbte Organisation bedingte Wechselbeziehung der einzelnen Teile zueinander die Ursache der Erscheinung ist.

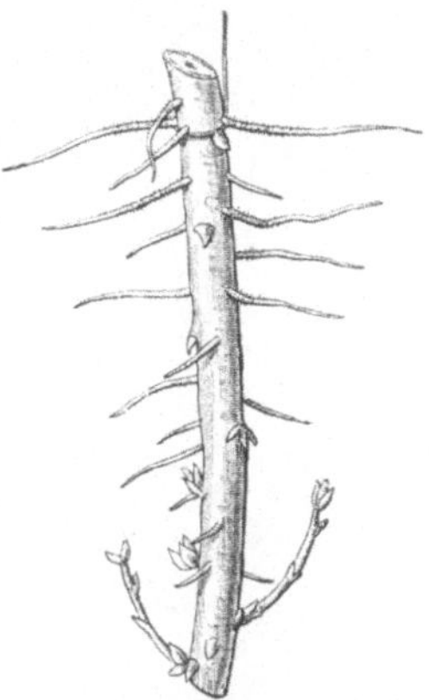

Abb. 196. Sproß- und Wurzelbildung an einem in umgekehrter Lage aufgehängten Zweigstück der Weide (nach Hansen).

Außer den in den Korrelationserscheinungen zum Ausdruck gelangenden inneren Ursachen für die Formbildung kommen die gestaltenden Einflüsse der Außenwelt in Betracht. Der ganze Gang der Entwicklung und damit auch die als Endresultat erreichte Form der Pflanze und ihrer Organe stehen unter dem Einfluß der äußeren Lebensbedingungen. Wir können die inneren gestaltbildenden Wachstumsursachen, soweit sie nicht durch Korrelationen gegeben sind, definieren als die mit der Organisation des Keimplasmas ererbte Eigenschaft der Pflanzen, auf die äußeren Einflüsse in spezifischer Weise zu reagieren.

Die äußeren Einflüsse bilden dabei nur eine Anregung für das innere Geschehen, sie wirken als auslösende Reize, etwa in der Weise wie ein Druck auf den Knopf einer elektrischen Klingel die Auslösung eines von dem Druck gänzlich unabhängigen physikalischen Vorganges bewirkt, der das Ertönen der Glocke veranlaßt. Wir haben demnach bei der formgestaltenden Einwirkung äußerer Umstände zweierlei zu unterscheiden: den äußeren physikalischen oder chemischen Anstoß und die Reihe innerer, durch die spezifische Organisation des Pflanzenkörpers bedingter Vorgänge, deren Wirksamkeit in der Gestaltung des Pflanzenkörpers äußerlich wahrnehmbar wird.

Sehr auffällig macht sich der gestaltsbildende Einfluß der äußeren Umstände bemerkbar, wenn man von gleichen Stecklingen einer Stammpflanze die einen auf Bergeshöhe, die anderen in der Talebene zur Entwicklung kommen läßt. Bei vielen Pflanzenarten bilden sich unter diesen Umständen wesentlich voneinander verschiedene Berg- und Talformen aus

(Abb. 197). Vielfach weichen die ersteren von ihren im Tal erwachsenen Schwesterpflanzen dadurch ab, daß ihre unterirdischen Teile, Wurzeln und Rhizome, sich verdicken, verlängern und stärker verzweigen, während die oberirdischen Teile mit Ausnahme der Blüten in der Größe zurückbleiben, und großblütige Zwergformen mit kürzeren Internodien und kleineren aber derberen Blättern bilden. Die Bergformen nähern sich dadurch in ihrer Gesamtgestalt der Wuchsform der typischen Alpenpflanzen, deren habituelle Eigentümlichkeiten dadurch ebenfalls als durch die äußeren Umstände wesentlich beeinflußt erscheinen.

Die dabei zur Wirkung gelangenden Veränderungen der äußeren Umstände sind komplexe Erscheinungen. Eine Zurückführung der veränderten Formverhältnisse auf die Wirkungsweise der einzelnen klimatischen Faktoren begegnet großen Schwierigkeiten. In anderen Fällen gelingt es leichter, die Natur des eine bestimmte Formveränderung bedingenden Reizes experimentell festzustellen.

Man bezeichnet die durch mechanische Reize beeinflußte Formbildung als **Mechanomorphose.** Ein gutes Beispiel bietet das Verhalten der Ranken bei gewissen Ampelopsisarten. Die Zweigenden ihrer Sproßranken bilden sich, sobald sie mit einem festen Körper in Berührung kommen. zu flachen Haftscheiben aus, welche sich allen Unebenheiten des berührenden Körpers anschmiegen und sich

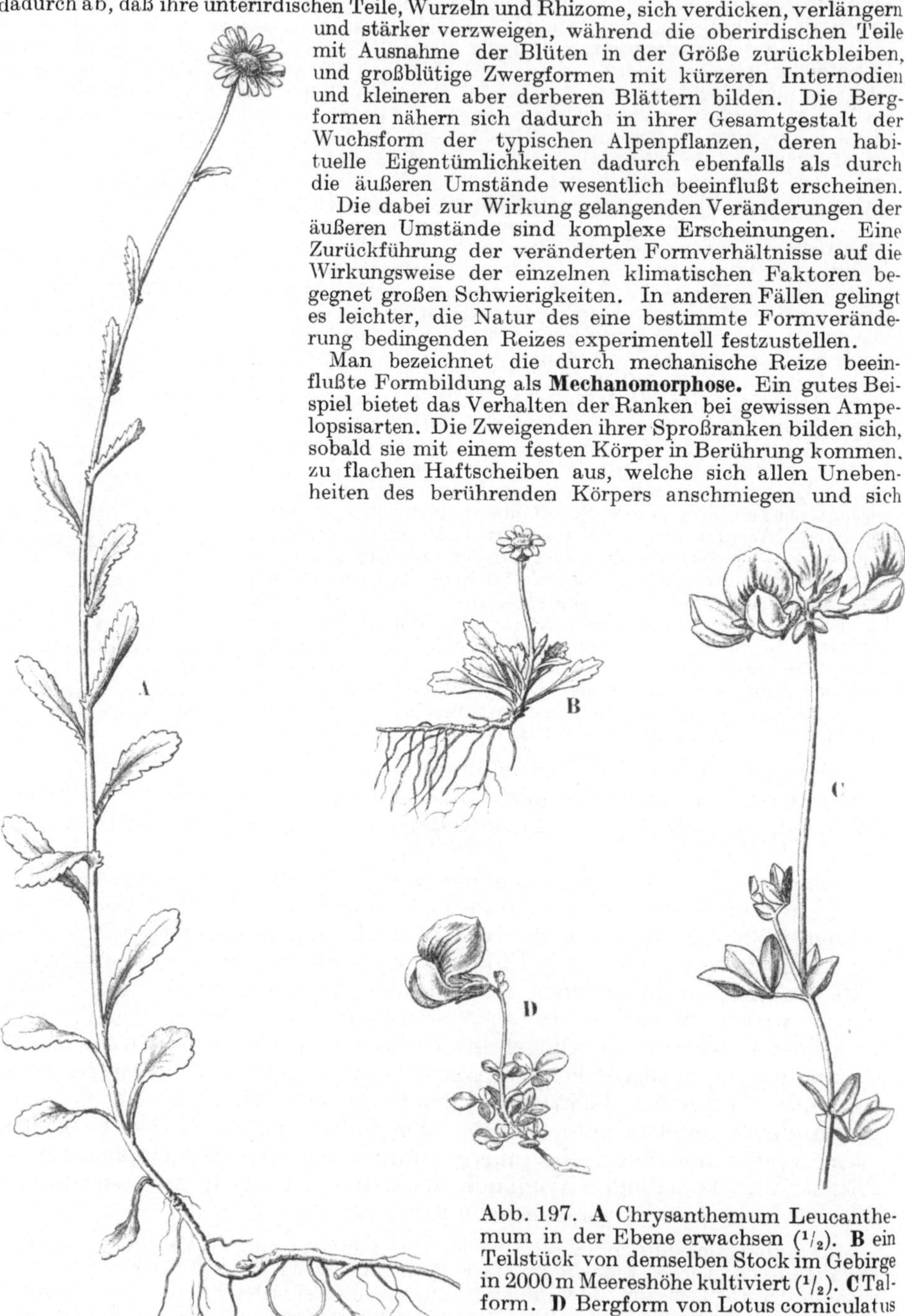

Abb. 197. **A** Chrysanthemum Leucanthemum in der Ebene erwachsen (¹/₂). **B** ein Teilstück von demselben Stock im Gebirge in 2000 m Meereshöhe kultiviert (¹/₂). **C** Talform. **D** Bergform von Lotus corniculatus (nach Bonnier).

mittels einer ausgeschiedenen Klebsubstanz ankitten. Bei Ranken, welche nicht mit einem festen Körper in Berührung kommen, unterbleibt die Ausbildung der Haftscheiben.

In ähnlicher Weise verändern sich die Uhrfederranken der tropischen Bauhinien, wenn sie mit einer Stütze in Berührung kommen, zu dicken, holzigharten Klammerhaken, während sie ohne den Berührungsreiz unverändert bleiben (Abb. 198). Infolge eines Berührungsreizes bilden sich an den Fäden gewisser Spirogyraarten rhizoidartige Haftorgane und an den Sprossen von Cuscuta eigentümliche, die parasitische Nahrungsaufnahme vermittelnde, napfartige Haustorien.

Sehr zahlreich sind die nachweisbar durch Lichtreize induzierten Formgestaltungen, welche als **Photomorphosen** bezeichnet werden. Wir müssen uns hier mit der Anführung

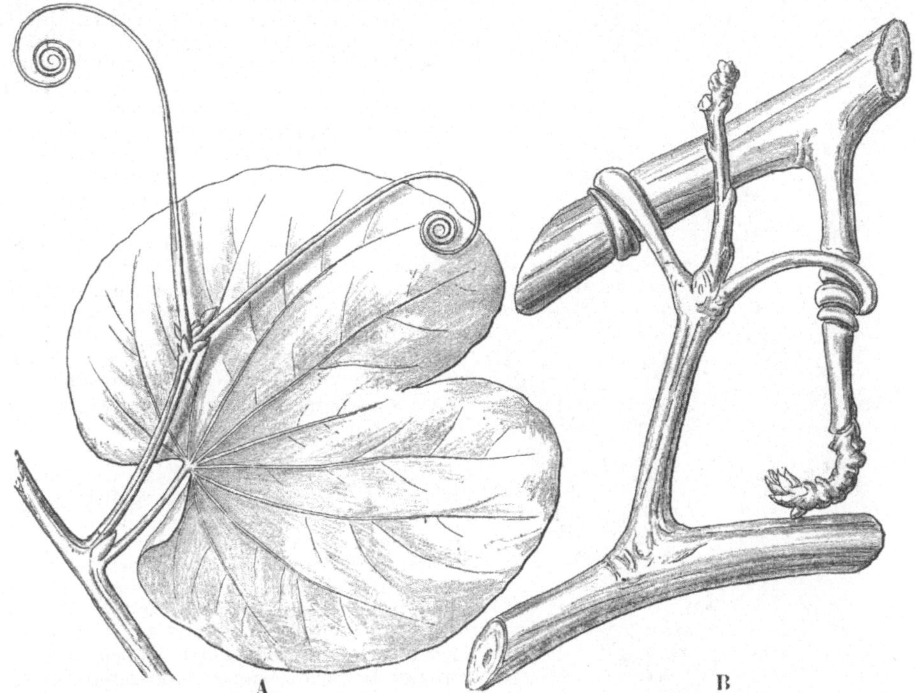

Abb. 198. Uhrfederranken von Bauhinia ($^1\!/_2$). **A** Teil eines jungen Sprosses, welcher in der Blattachsel einen Seitensproß mit Uhrfederranken trägt. **B** ein älterer Sproß, dessen Uhrfederranken nach Ergreifung einer Stütze stark in die Dicke gewachsen und verholzt sind.

einiger auffälliger Beispiele begnügen. An den auf beiden Seiten gleichgebauten baßgeigenförmigen Brutknospen von Marchantia (Abb. 221 **C**) wird die beleuchtete Seite zu der mit einem besonderen Assimilationsgewebe ausgestatteten Rückenseite des sich entwickelnden Thallus, während die vom Lichte abgewendete Seite Haarwurzeln und Schuppen hervorbringt. An den dorsiventralen Vorkeimen vieler Farne (Abb. 232 **A**) entstehen die Archegonien und Haarwurzeln nur an der vom Licht abgewendeten Seite, gleichviel ob sie die morphologische Ober- oder Unterseite ist. Die Klettersprosse des Efeus bilden die Haftwurzeln nur auf der Schattenseite aus (Abb. 27). Die Sprosse einiger Opuntien gewinnen ihre flach scheibenförmige Gestalt unter dem Einfluß des Lichtes; im Finstern erwachsene Sprosse dieser Pflanzen sind stielrund (Abb. 199). Dorsiventralität und Anisophyllie sind in manchen Fällen als Folge von Lichtreizen nachgewiesen worden. Die bilateralen Sprosse von Lycopodium complanatum wachsen im Dunkeln radiär weiter und ihre Anisophyllie geht völlig verloren. Bisweilen zeigt sich das Auftreten bestimmter Organe an eine gewisse Intensität der Lichtwirkung gebunden. Bei Campanula rotundifolia bilden sich die normalerweise nur im Frühling auftretenden, meist langgestielten Rundblätter, welche später durch kurzgestielte Langblätter abgelöst werden, auch im Sommer aus, wenn man die Beleuchtung entsprechend herabmindert. Zur normalen Blütenbildung ist eine gewisse Lichtintensität erforderlich, deren Stärke für die einzelnen Pflanzenarten verschieden ist, im allgemeinen aber höher liegt als die zur normalen Entwicklung der vegetativen Organe hinreichende Lichtmenge. Sinkt die Beleuchtung unter das erforderliche Maß, so treten bei vielen Versuchspflanzen zunächst kleinere oder unvollständige Blüten auf, bis endlich bei weiterem Sinken der Lichtintensität die Anlage von Blüten überhaupt unterbleibt. Lichtmangel ist in der Regel der Grund dafür, wenn Pflanzen, welche in Gewächshäusern oder Zimmern gehalten werden, dauernd blütenlos bleiben.

Der in bestimmter Richtung gleichmäßig wirkende Einfluß der Schwerkraft kommt bei der Gestaltbildung ebenfalls in Betracht. Wird z. B. ein Weidensteckling in feuchter Luft horizontal aufgehängt, so werden neue Sprosse außer an dem infolge der Polarität bevorzugten apikalen Ende nur auf der oberen Längshälfte des Stecklings gebildet, während die Adventivwurzeln aus der nach unten gerichteten Längshälfte hervorgehen. Horizontal gerichtete (plagiotrope) Sprosse zeigen häufig insofern eine auffällige Beziehung zur Richtung der Schwerkraft, als ein verstärktes Dickenwachstum entweder an ihrer Unterseite (Hyponastie) oder an ihrer Oberseite (Epinastie) eintritt. Man nennt derartige Beeinflussungen der Gestalt durch die Schwerkraft **Barymorphosen.**

Als **Chemomorphosen** können endlich die Gestaltbildungen bezeichnet werden, welche sich unter dem Einfluß von äußeren Verhältnissen chemischer Natur, wie Zusammensetzung und Aggregatzustand des umgebenden Mediums, Feuchtigkeitsgehalt der Luft, Gehalt des Bodenwassers an gelösten Stoffen usw. vollziehen. Die Länge des Blattstiels bei der Wasserrose richtet sich nach der Tiefe des Wassers. Die schwammigen Atemwurzeln von Jussiaea (Abb. 29) treten nur dann auf, wenn die Pflanze im überschwemmten Boden wächst. An den mit der Basis im Wasser stehenden Stengeln der einheimischen Lythrum salicaria, Lycopus europaeus u. a. m. wird ein als Aërenchym bezeichnetes schwammiges Atemgewebe ausgebildet, welches bei den auf trockenem Boden wachsenden Pflanzen fehlt. Wurzeln von Weiden und anderen Uferbewohnern bilden sich, wenn sie in das freie Wasser oder in wasserführende Drainsröhren gelangen, zu roßschweifartigen Wurzelzöpfen um. Bei Wasser-

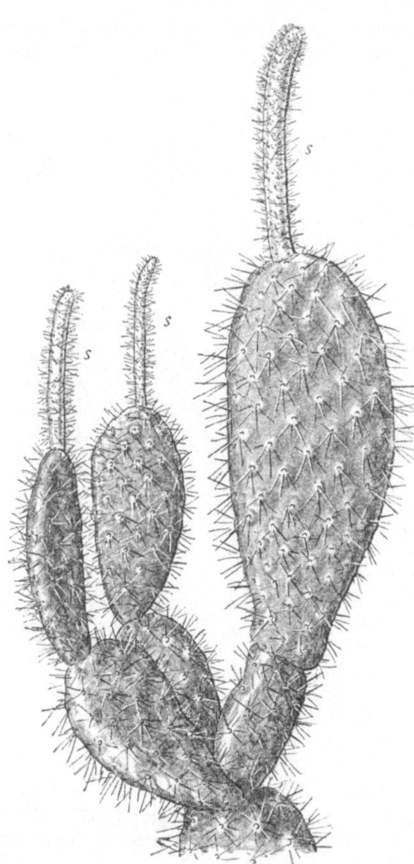

Abb. 199. Flachsprosse von Opuntia leucotricha, welche im Dunkeln zylindrische Triebe *s* gebildet haben (nach Goebel).

pflanzen sind vielfach die untergetauchten Blätter von anderer Gestalt als diejenigen, welche sich über den Wasserspiegel erheben. Diese Heterophyllie läßt sich in einigen Fällen auf eine direkte Wirkung des Mediums zurückführen, während sie in anderen durch die Beleuchtung induziert wird oder als eine erblich gewordene Anpassung erscheint. Amphibische Gewächse haben häufig eine von der Landform wesentlich verschiedene Wasserform, deren Entstehung dem direkten Einfluß des Wassers zuzuschreiben ist. Lotus corniculatus, Plantago major und andere bilden, wenn sie in salzhaltigem Boden, etwa am Meeresstrande wachsen, Formen mit fleischigeren Blättern aus, Salsola Kali und andere, gewöhnlich auf salzhaltigen Standorten wachsende Pflanzen bekommen auf salzfreiem Boden dünnere Blätter. Selbstverständlich spielt auch die Reichlichkeit, in welcher die Nährstoffe der wachsenden Pflanze zur Verfügung stehen, eine gewisse Rolle. Manche Pflanzen bilden bei üppiger Ernährung Riesenformen, bei kärglicher Nahrungszufuhr Zwergformen aus, welche sich habituell von den normalen Exemplaren wesentlich unterscheiden. Bei vielen Pilzen gelingt es, durch die Quantität und Qualität der dargebotenen Nahrung die Ausbildung bestimmter Fortpflanzungsorgane hervorzurufen oder zu verhindern. Als Chemomorphosen sind in sehr vielen Fällen auch die Gallenbildungen zu betrachten, bei denen unter dem Einfluß gewisser vom Gallenerzeuger ausgehender Stoffe lokale, bestimmt geformte Mißbildungen, wie z. B. die Galläpfel der Eichenblätter, an den Pflanzenteilen auftreten.

Polarität, spezifische Korrelationen und die ererbte Fähigkeit, auf den Einfluß der Umwelt in spezifischer Weise durch ·Gestaltungsvorgänge zu reagieren, prägen den Habitus, d. i. die Gesamtgestalt des heranwachsenden Pflanzenindividuums und verleihen z. B. den Baumformen unserer Flora in der Hauptsache ihr charakteristisches Aussehen. Die außerordentliche Bildsamkeit des Pflanzenkörpers ermöglicht es aber durch operative Eingriffe die natürliche Gestalt in mannigfacher Weise abzuändern. Die Gärtner machen davon bei der Erziehung von Hecken und Formbäumen Gebrauch, indem sie durch Beschneiden, d. h. Abtrennen von Gliedern der Baumkrone die gewünschte Gestalt aufzwingen. Es gelingt auch Glieder von verschiedenen artgleichen oder doch nahe verwandten Pflanzenindividuen durch Verwachsung zu vereinigen. So können z. B. auf dem Stamm eines Apfelwildlings die Krone einer wertvollen Apfelsorte, an einem wilden Rosenstock Zweige einer schönblühenden Edelrose erzogen werden. Die als Pfropfen und Okulieren bezeichneten Operationen, durch welche derartige Vereinigungen erzielt werden können, sind für den Gartenbau, besonders für die Obstbaumzucht von außerordentlicher Bedeutung.

In ganz vereinzelten Fällen sind durch Pfropfen sogenannte Pfropfbastarde entstanden, in denen die Gewebe artverschiedener Pflanzen derart innig miteinander vereinigt sind und in Wechselwirkung treten, daß das Produkt der Vereinigung in Blattgestalt, Blütenform und Fruchtbildung keiner der beiden Stammarten gleicht.

Beim Pfropfen wird das Pfropfreis, d. h. ein unten keilförmig geschnittener Zweiggipfel mit einigen Augen in einen Spalt des entgipfelten Sprosses oder Seitenastes der Unterlage so eingesetzt, daß die Kambien sich berühren. Die freien Wundflächen von Pfropfreis und Unterlage werden durch Umwickelung oder durch Verstreichung mit harzigem oder wachsartigem Material gegen Vertrocknen und gegen das Eindringen von Schädlichkeiten geschützt. Die infolge des Wundreizes eintretende Wucherung der an die Wundflächen grenzenden lebenden Zellen führt zur innigen Verwachsung der Gewebe. Das gleiche gilt für das Okulieren, bei dem ein mit einem schildförmigen Rindenstück versehenes Auge unter die T-förmig eingeschnittene und gelockerte Rinde der Unterlage eingeschoben wird.

Wenn man auf den entgipfelten Sproßstumpf einer Tomate den Sproßgipfel des schwarzen Nachtschattens pfropft und nach dem Verwachsen des Pfropfreises mit der Unterlage die Pflanze quer durch die Pfropfstelle durchschneidet, so bildet sich eine Wundwucherung, an deren Zusammensetzung Gewebszellen beider Pflanzen beteiligt sind. Aus dieser Wundwucherung entspringen reichlich Adventivsprosse, die zum Teil ebenfalls beiderlei Gewebselemente in sich enthalten. Die aus solchen Adventivsprossen hervorgehenden Pflanzen werden als Chimären bezeichnet. Besteht der Vegetationspunkt der Chimäre zur einen Hälfte aus Tomatenzellen, zur anderen aus Nachtschattengewebe, so weist auch ihr Sproß in bezug auf Oberflächenbeschaffenheit, Blattgestalt, Blütenform und -farben und Fruchtbildung in der einen Längshälfte die Charaktere der Tomate, in der anderen die des Nachtschattens auf. Sind die beiden Gewebarten in ungleicher Menge am Aufbau des Vegetationspunktes beteiligt, so ist auch dementsprechend der Sproß aus ungleichbreiten Längsstreifen beider Komponenten zusammengesetzt. Blattanlagen, Seitensprosse und Blüten, die gerade in dem Grenzbezirk beider Gewebearten entspringen, zeigen in ihrer Gestaltung wieder die Beteiligung beider Formelemente an ihrem Aufbau an. Nur sehr selten treten bei den Versuchen Adventivknospen auf, bei denen die beiden Gewebearten zufällig derart verteilt sind, daß der innere Kern des Vegetationspunktes aus Tomatengewebe besteht, während die Oberflächenschicht von Nachtschattengewebe gebildet wird oder umgekehrt. Die aus solchen Adventivknospen erwachsenden Sprosse werden Periklinalchimären oder Pfropfbastarde genannt. Sie weichen in ihrer Form in allen Beziehungen von den Formen der beiden Stammpflanzen ab und sind unter sich verschieden, je nachdem Kern und Mantel von der einen oder andern Gewebeart gebildet sind und je nachdem die den Mantel bildende Gewebart in einfacher oder mehrfacher Zellenlage auftritt. Ähnliche Pfropfbastarde, wie sie von dem Botaniker Winkler durch das oben beschriebene Experiment erlangt wurden, sind auch von einigen andern Pflanzen bekannt geworden; so ist z. B. der den Gärtnern seit längerer Zeit bekannte Cytisus Adami als eine Periklinalchimäre von Cytisus laburnum und Cytisus purpureus erkannt worden.

Bisweilen treten auch in der freien Natur Organismen verschiedener Art miteinander in so innige Verbindung, daß durch die Wechselbeziehung zwischen ihren Zellen und Geweben die Formgestaltung des aus ihrer Vereinigung resultierenden Vegetationskörpers weitgehend beeinflußt wird. Die aus Pilz und Alge aufgebauten Flechtenkörper zeigen meistens eine für die Art charakteristische Körperform, die weder dem Pilz noch der Alge an sich zukommen würde. Die von Schmarotzerpilzen durchsetzten Sprosse vieler Pflanzen nehmen Formen an, die von der normalen Sproßform in bestimmter Weise abweichen.

5. Die Bewegungserscheinungen.

Freie Ortsbewegung. Die meisten Pflanzen in der freien Natur sind an den Standort, den sie bei der Keimung erlangt haben, dauernd gebunden; nur bei einigen niederen Pflanzen, welche im Wasser oder in anderen flüssigen Substraten leben, treffen wir Ortsbewegung an, die sich von der Beweglichkeit gewisser niederer Tiere nicht unterscheiden läßt. Als Bewegungsorgane finden wir bei manchen Bakterien und niederen Algen, bei den Schwärmsporen vieler Algen und einzelner Pilze, sowie bei den beweglichen Geschlechtszellen der meisten Kryptogamen Geißelfäden oder Cilien vor, die in Ein- oder Mehrzahl an der Zelle vorhanden sind und durch die Lebensäußerung des Protoplasmas in schwingende Bewegung versetzt werden. Bei einigen beweglichen Organismen sind besondere Bewegungsorgane nicht bekannt; dahin gehören die Kieselalgen und die Desmidieen, welche im Wasser an der Oberfläche fester Gegenstände in der Richtung der Längsachse ihres Körpers hinzugleiten vermögen oder sich frei im Wasser schwimmend fortbewegen, wobei in einigen Fällen die Ausscheidung eines stark quellbaren Schleimes an dem einen Körperende als Bewegungsursache erkannt worden ist. Auch manchen blaugrünen Fadenalgen kommt freie Ortsbewegung zu. Von den Pflanzen, die feste Substrate bewohnen, zeigen nur die Schleimpilze oder Myxomyceten freie Ortsbewegung. Der als Plasmodium bezeichnete Vegetationskörper dieser Pflanzen besteht aus einer nackten Plasmamasse, die in faulendem Holz, zwischen modernden Laubblättern, in Gerberlohe oder in ähnlichen lockeren Unterlagen lebt. Die Teile des Protoplasmas verschieben sich fortgesetzt gegeneinander, es werden pseudopodienartige Fortsätze ausgestreckt und eingezogen, die Pseudopodien vereinigen sich netzartig oder fließen zu größeren Plasmaansammlungen ineinander, und indem die Körpermasse durch die Pseudopodienstränge von einem Ort zum anderen strömt, bewegt sich der ganze Organismus gleichsam kriechend in oder auf der Unterlage fort.

Die Richtung, in welcher die freie Ortsbewegung pflanzlicher Organismen sich vollzieht, ist häufig von äußeren Einflüssen abhängig. Die Richtung des einfallenden Lichtes, die Konzentrationsverhältnisse der Nährstoffe oder anderer chemischer Substanzen, die Sauerstoffzufuhr und anderes mehr, können einen Reiz auf das Protoplasma ausüben, durch welchen die Bewegungsrichtung und Schnelligkeit bestimmt wird.

Man bezeichnet diese Orientierungsbewegungen der frei beweglichen Organismen als Taxieen. **Phototaxis,** d. h. die Befähigung, durch freie Ortsbewegung eine zusagende Lichtintensität aufzusuchen, zeigen zahlreiche freischwimmende Grünalgen wie die Volvocineen und die grünen Schwärmzellen vieler Fadenalgen. Als **Chemotaxis** bezeichnet man die Beeinflussung der Ortsbewegung niederer Organismen durch ungleichmäßige Verteilung chemischer Stoffe in der Umgebung. In einem Wassertropfen unter dem Deckglase streben zahlreiche Bakterienarten dem Tropfenrande zu, der in bezug auf die Sauerstoffzufuhr am günstigsten liegt. Die Spermatozoiden der Moose und Farne werden durch gewisse aus dem Archegonienhals in den Wassertropfen diffundierende Substanzen chemotaktisch zu der Eizelle gelockt.

Für die in festen Substraten lebenden Plasmodien der Myxomyceten kommt die ungleiche Verteilung der Feuchtigkeit als chemotaktischer Reiz in Betracht. Ferner besteht zwischen der Ortsbewegung der Plasmodien und der Wasserströmung im Substrat eine als Rheotaxis bezeichnete Beziehung, welche in der merkwürdigen Tatsache zum Ausdruck kommt, daß die Plasmodien auf einem Substrat, dessen kapillare Hohlräume von einem kontinuierlichen Wasserstrom durchzogen werden, stets gegen die Richtung des strömenden Wassers sich ortbewegen.

Die Bewegung des Zellenplasmas. In dem lebenden Plasma der Zellenpflanzen finden fortgesetzt chemische und physikalische Prozesse statt, die molekulare Umlagerungen und Bewegungserscheinungen zur Folge haben müssen. In den meisten Fällen entziehen sich diese molekularen Bewegungen der direkten Beobachtung, in anderen dagegen resultiert aus ihnen eine sichtbare beständige Verschiebung der Plasmateilchen gegeneinander und gegen die Zellwand, welche als Plasmaströmung bezeichnet wird. Wir haben die morphologische Seite dieser Erscheinung in einem früheren Abschnitte des Buches (S. 75) kennengelernt. Für die Mechanik des Vorganges ist eine für alle Fälle ausreichende Erklärung bisher nicht gegeben worden. Die Plasmaströmung findet sich nur in solchen Zellen, deren Plasma eine oder mehrere Zellsaftvakuolen umschließt. Der Umstand, daß die der Zellwand anliegende Hautschicht des Plasmas nicht an der Bewegung teilnimmt, läßt schließen, daß die bewegenden Kräfte nicht von außen her einwirken, sondern im Innern der Zelle selbst ihren Sitz haben. Die Flüssigkeit der Vakuolen wird durch das strömende Plasma mit in die Bewegung hineingezogen und strömt, wenn auch verlangsamt, in derselben Richtung wie das letztere. Daraus ergibt sich, daß auch der Stoffaustausch zwischen Vakuolen und Plasma nicht als Bewegungsursache angesehen werden darf, daß vielmehr die bewegenden Kräfte im Innern des Körnchenplasmas zur Wirkung kommen. Auch in Zellen, deren Plasma normalerweise keine Strömung zeigt, kann bisweilen durch äußere Eingriffe, durch mechanische Verletzung der benachbarten Zellen, durch Veränderung des Wassergehaltes u. a. m. lebhafte Bewegung hervorgerufen werden. Übrigens sind auch in dem nicht strömenden Plasma zeitweilig Bewegungen wahrnehmbar, welche in der Verschiebung der einzelnen Bestandteile gegeneinander bestehen; so findet z. B. bei der Kernteilung, welche auf S. 76, 77 eingehender erörtert worden ist, eine Reihe von Umlagerungen statt, auch der Teilungsvorgang der Chlorophyllkörper bedingt ein Verrücken der Teile des Plasmas. In diesem Zusammenhang ist auch der Lagenänderung zu gedenken, welche die Chlorophyllkörner bei wechselnder Beleuchtung erfahren.

Ein günstiges Objekt für die Beobachtung dieser Erscheinung bieten die grünen Zellen im Blatt des Laubmooses Funaria hygrometrica. Unter günstigen Vegetationsbedingungen im diffusen Tageslichte sind die scheibenförmigen Chlorophyllkörper dieser Zellen an den zur Fläche des Blattes parallelen Außenwänden der Zellen angelagert, sie bieten also dem einfallenden Lichte die breite Fläche dar (Abb. 200 **A**). Wenn aber das Laub von direktem Sonnenlicht getroffen wird, so nehmen die Chlorophyllscheiben die Profilstellung ein, d. h. sie werden von ihrem Platze fortgeführt und lagern sich an den Seitenwänden der Zellen so, daß sie mit dem schmalen Rande zur Lichtquelle hingekehrt sind (Abb. 200 **B**). Bei Verdunkelung nehmen sie gleichfalls nach einiger Zeit die Profilstellung an. Es ist leicht ersichtlich, daß die Pflanze in der Reizbarkeit ein Mittel hat, sich den verschiedenen Graden der Lichtintensität anzupassen. Eine ähnliche biologische Bedeutung hat die bei vielen Pflanzen beobachtete Formveränderung der Chlorophyllkörper. In den Palisadenzellen des Assimilationsgewebes mancher Laubblätter stehen die Chlorophyllkörper immer in der Profilstellung. In diffusem Licht zieht sich aber jeder Chlorophyllkörper unter Verminderung seines Scheibendurchmessers mehr oder weniger halbkugelig zusammen, so daß seine Profilansicht an Fläche gewinnt, im direkten Sonnenlichte dagegen flacht er sich zu einer scharfrandigen Scheibe ab.

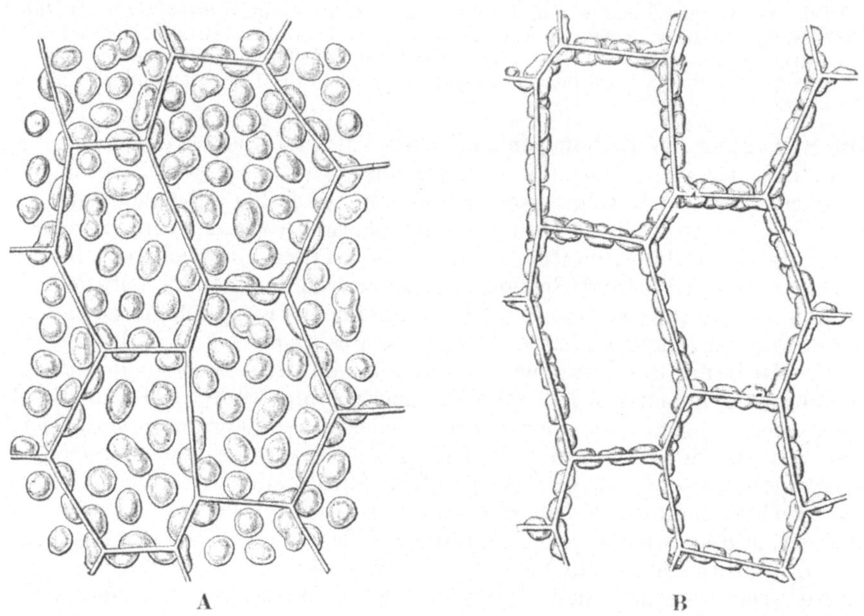

A   B

Abb. 200. Einige Zellen aus dem Blatt von Funaria hygrometrica (stark vergrößert). A zeigt die Chlorophyllkörper in der Tagesstellung. B zeigt die Stellung, welche die Chlorophyllkörper im Dunkeln und bei intensiver Beleuchtung annehmen.

Spontane Krümmungsbewegungen der Organe. Wenn wir über dem fortwachsenden Gipfel einer Kürbispflanze eine Glasplatte in horizontaler Lage befestigen und von Zeit zu Zeit die Lage, welche die Spitze des etwas überhängenden Sproßgipfels einnimmt, mit einem Farbstift auf der Platte markieren, so ergibt sich meist schon nach einigen Stunden aus der gegenseitigen Lage der aufeinanderfolgenden Marken, daß der Sproßgipfel der Pflanze fortgesetzt herumschwingt und mit seiner Spitze annähernd eine Kreislinie oder eine Ellipse beschreibt. Man bezeichnet diese Erscheinung als die revolutive Nutation oder Circumnutation des Sprosses. Sie kommt dadurch zustande, daß nacheinander die verschiedenen Seiten des Sprosses stärker in die Länge wachsen als die entgegengesetzte Sproßseite. Die Erscheinung ist im Pflanzenreich weit verbreitet und an vielen Pflanzenorganen beobachtet worden. Während meistens die Stelle stärksten Längenwachstums allmählich das Organ umkreist und nacheinander alle Seiten desselben trifft, wechseln in manchen Fällen nur zwei gegenüberliegende Seiten in der Wachstumsintensität, so daß also die Spitze des Organes pendelartig hin und her schwingt.

Die revolutive Nutation hat besonders für die Ranken der Kletterpflanzen eine große Bedeutung. Die langüberhängenden Gipfelenden junger Ranken werden durch die Cirkumnutation im Kreise herumgeführt und dadurch leicht mit einer in der Nähe befindlichen Stütze in Berührung gebracht. Als Circumnutation muß auch die auffällige Bewegung bezeichnet werden, welche die Blätter des zu den Papilionaceen gehörenden ostindischen Halbstrauches Desmodium (Hedysarum) gyrans zeigen. Die in unseren Gewächshäusern gedeihende Pflanze hat unpaarig gefiederte Blätter mit nur einem Paar schmaler Fiederblättchen und einem größeren Endblättchen. Alle drei Blättchen führen bei genügend hoher Temperatur ruckweise schwingende Bewegungen aus in der Art, daß die Blättchenspitze im Lauf weniger Minuten eine Ellipse beschreibt. Die Bedeutung dieser Bewegungen will man in der Beschleunigung der durch den Wasserreichtum der Luft behinderten Wasserverdunstung und in der schnelleren Trockenlegung der Blattspreite nach Regenfall sehen. Ähnliche, wenn auch viel langsamere Bewegungen der Fiederblättchen lassen sich übrigens auch an einheimischen Gewächsen, z. B. an Oxalis- und Trifoliumarten, beobachten. Gegenüber der Nutation wachsender Sprosse und Ranken zeigt die spontane Nutation der Blättchen von Desmodium und anderen insofern eine Verschiedenheit, als die Bewegungen hier nicht mit einem Wachstumsprozeß verknüpft sind. Die Blättchen besitzen an ihren Stielchen eine knotenförmige Anschwellung, welche als Gelenk bezeichnet wird. Durch periodische Schwankungen des Turgors in dem Gelenkgewebe wird eine Krümmung des Gelenkes und damit die Bewegung der Blättchen veranlaßt. Da indes auch bei der Nutation der wachsenden Sproßspitzen eine Erhöhung des Turgors die einseitige Förderung des Wachstums einleitet, so ist ein wesentlicher Unterschied zwischen den beiden Formen spontaner Bewegung nicht vorhanden.

Reizbewegungen. Gegenüber den lediglich aus inneren Ursachen erfolgenden spontanen oder autonomen Bewegungen der Organe bezeichnet man als Reizbewegungen oder paratonische Bewegungen diejenigen, welche durch äußere Faktoren ausgelöst und in ihrem Verlaufe beeinflußt werden. Zum Teil sind sie wie die Taxieen der freibeweglichen Organismen Orientierungsbewegungen, welche die Organe des Pflanzenkörpers zu der Richtung der einwirkenden äußeren Faktoren in bestimmte räumliche Beziehungen bringen; sie werden Tropismen genannt. Zum Teil werden sie nur zeitlich durch die äußere Reizursache beeinflußt, während der räumliche Ablauf der Bewegung durch die Organisation des Pflanzenteiles bestimmt wird. Die letzteren Reizbewegungen werden als Nastieen oder nastische Bewegungen zusammengefaßt.

Der **Geotropismus** ist die Eigenschaft der Pflanzenorgane, sich zu der Richtung der Schwerkraft in eine bestimmte Lage zu stellen. Den einfachsten Ausdruck findet der Geotropismus darin, daß bei den meisten Pflanzen die Hauptwurzel in der Richtung der Schwerkraft senkrecht abwärts, der Hauptsproß gegen die Schwerkraft senkrecht aufwärts wächst. Andere Organe, wie die Seitenwurzeln und Seitensprosse und die Blätter, stellen sich schräg oder quer zu der Richtung der Schwerkraft. Man unterscheidet nach der Wachstumsrichtung, welche den Organen infolge des Geotropismus zukommt, des positiven Geotropismus, der die Organe senkrecht abwärts richtet, den negativen Geotropismus, der das aufrechte Wachstum bedingt, und den Transversalgeotropismus oder Diageotropismus, durch den die Organe mit ihrer Längsachse quer oder schief zu der Richtung der Schwerkraft orientiert werden.

Bringt man ein wachsendes Organ aus der Lage, die ihm infolge seines spezifischen Geotropismus eigen ist, so krümmt sich dasselbe, bis der fortwachsende Teil die normale Wachstumsrichtung wieder erreicht hat. An der Keimpflanze der Bohne ist die Hauptwurzel positiv, der Sproß negativ geotropisch. Befestigen wir eine solche Keimpflanze in horizontaler Lage, ohne im übrigen die Wachstumsbedingungen zu ändern, so krümmt sich in kurzer Zeit die Wurzel senkrecht abwärts, der Sproßteil senkrecht nach oben. Während an den Sproßachsen der meisten Pflanzen nur der fortwachsende Gipfelteil geotropische Krümmungen auszuführen vermag, erweisen sich die Halme der Gräser und die Stengel anderer Gelenkpflanzen, auch in den einzelnen Abschnitten, zu geotropischen Krümmungen befähigt. Die Aufrichtung der durch schweren Regen niedergedrückten Halme eines Getreidefeldes beruht vorwiegend auf der geotropischen Krümmung der unteren Halmknoten.

Daß in der Tat die Richtung der Schwerkraft es ist, welche den Anlaß für die geotropischen Wachstumskrümmungen gibt, läßt sich durch das Experiment mit Hilfe des Klinostaten erweisen (Abb. 201). Der Klinostat besteht der Hauptsache nach aus einem Uhrwerk, durch welches eine horizontale Achse in langsame, gleichmäßige Umdrehung versetzt wird. Auf der Achse wird ein feuchter Torfwürfel befestigt, welcher mit Kressesamen besät ist. Um die Austrocknung der Samen zu verhindern, wird ein weiter Glaszylinder über den Würfel geschoben und mit Korkscheiben an der Achse befestigt. Die Keimpflanzen, die sich aus den schnell keimenden Samen entwickeln, sind der Wirkung der Schwerkraft entzogen.

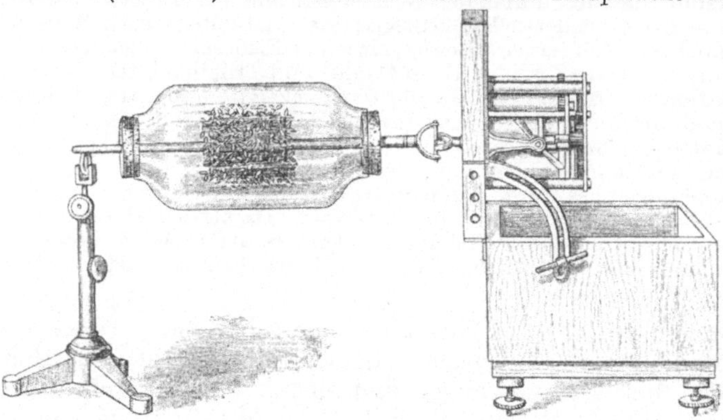

Abb. 201. Klinostat mit Kressekeimlingen.

Da nämlich durch die Umdrehung alle Seiten der Pflänzchen ihre Lage zur Richtung der Schwerkraft kontinuierlich ändern und jede augenblickliche Lage nach einiger Zeit in die entgegengesetzte übergeht, so heben sich die zeitweiligen Wirkungen der Schwerkraft auf den Organismus gegenseitig auf. In der Tat wachsen die Wurzeln und die Sprosse der Kressepfänzchen auf dem Torfwürfel, wenn man anderweitige, die Richtung beeinflussende Einwirkungen vermeidet, nach jeder beliebigen Richtung, wie sie ihnen durch die zufällige Lage des Samenkorns gegeben war.

Den Transversalgeotropismus können wir am einfachsten an den Seitenwurzeln der Gefäßpflanzen kennenlernen. Zur Anstellung von Versuchen dient ein Zinkkasten mit schrägen Glaswänden, wie er in Abb. 202 dargestellt ist. Wir füllen den Kasten mit lockerer Gartenerde, legen dicht an der Glaswand einen Samen von Vicia Faba aus und stellen den Apparat, um den Einfluß des Lichtes auszuschließen, ins Dunkle. Infolge des positiven Geotropismus wächst die Hauptwurzel der Keimpflanze, der schwach geneigten Glasfläche angeschmiegt, gerade nach abwärts. Von den entstehenden Seitenwurzeln sind einige gleichfalls an der Glaswand sichtbar. Dieselben richten sich infolge ihres spezifischen Geotropismus seitlich, so daß sie mit der Hauptwurzel einen Winkel von etwa 70—80 Grad bilden. Kehren wir nach einiger Zeit den Zinkkasten um, so daß die Hauptwurzel mit ihrer Spitze nach oben gerichtet ist, so krümmen sich zugleich mit der Hauptwurzel, die sich senkrecht abwärts wendet, auch die Seitenwurzeln und bringen ihre fortwachsende Spitze wieder in dieselbe Richtung zum Horizont, die sie vor der Umkehrung hatte. Bei wiederholter Umkehrung wird durch nochmalige Krümmung die ursprüngliche Wachstumsrichtung wieder eingenommen.

Als eine eigentümliche Äußerung des Geotropismus ist das Winden der Schlingpflanzen anzusehen. Manche Pflanzen, deren Sproß nicht genügende innere Festigkeit besitzt, um sich selbst aufrecht zu erhalten, gewinnen dadurch eine günstige und feste Lichtlage für ihre Belaubung, daß sie sich um aufrechtstehende Stützen herumwinden. Die Ackerwinde und der Hopfen sind allbekannte Beispiele aus der einheimischen Flora. Die aus der Keimpflanze hervorgehende Sproßachse wächst zuerst aufrecht, bald aber neigt sich der Gipfel über und beginnt nach Art nutierender Sproßgipfel im Kreise herumzuschwingen. Dieses Herumschwingen kommt dadurch zustande, daß infolge der Schwerkraftwirkung die eine Flanke des überhängenden Sproßgipfels im Wachstum gefördert wird. Erreicht der Sproßgipfel eine aufrechtstehende Stütze, so legt sich derselbe infolge des einseitig geförderten Wachstums um die Stütze herum. Die gewundenen Sproßabschnitte zeigen später negativen Geotropismus und suchen

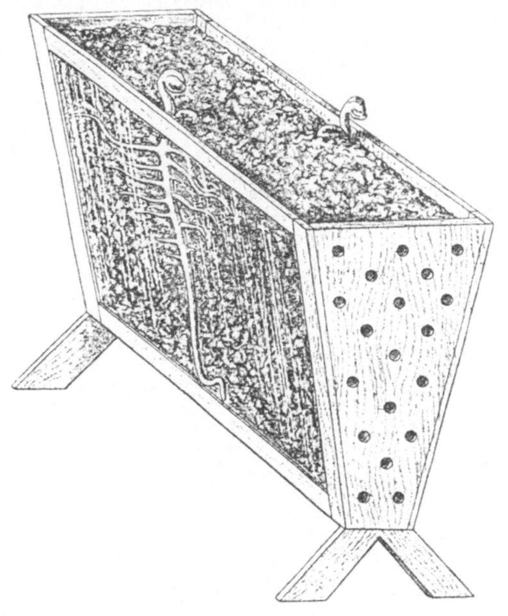

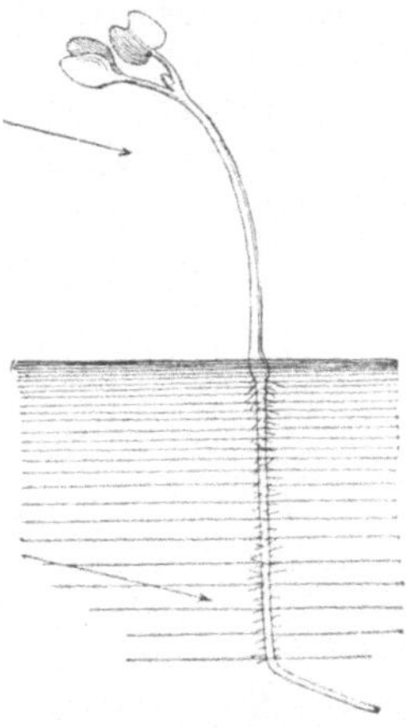

Abb. 203. Keimpflanze vom weißen Senf, Sinapis alba, bei einseitiger Beleuchtung. Die Sproßachse zeigt positiven, die Wurzel negativen Heliotropismus. Die Pfeile deuten die Richtung des einfallenden Lichtes an (nach Sachs).

Abb. 202. Apparat nach Sachs zur Demonstration des Diageotropismus der Nebenwurzeln von Vicia Faba.

sich gerade zu strecken. Dadurch werden die Windungen fest an die Stütze angezogen und befestigt, wobei oft noch ein Besatz der Sproßoberfläche mit rauhen Haaren oder Klimmborsten gute Dienste leistet.

Man unterscheidet Rechtswinder, bei denen der herumschwingende Sproßgipfel von oben gesehen sich in der gleichen Richtung wie der Uhrzeiger bewegt, und Linkswinder, bei denen die Bewegung und demnach auch die Richtung der Windungen entgegengesetzt läuft. Die Gartenbohne, die Ackerwinde, sowie die in Abb. 38 abgebildete Dioscorea sind Linkswinder, zu den viel selteneren Rechtswindern gehört z. B. der Hopfen. Daß die von der Sproßspitze einer Schlingpflanze ausgeführte Bewegung, welche zum Umschlingen der Stütze führt, von der Richtung der Schwerkraft abhängig ist, geht aus den folgenden Versuchen hervor. Kehrt man eine im Topf erzogene Bohnenpflanze, deren Sproßgipfel sich um einen daneben gesteckten Stab herumgelegt hat, samt Topf und Stütze mit der Spitze nach abwärts, so geht die kreisende Bewegung der Sproßspitze in die entgegengesetzte Richtung über und die noch wachstumsfähigen Windungen wickeln sich wieder von der Stütze ab. Versetzt man eine in gleicher Weise gezogene Pflanze in horizontaler Lage am Klinostaten in langsame Umdrehung, so daß die einseitige Einwirkung der Schwerkraft aufgehoben ist, so hört die kreisende Bewegung des Sproßgipfels auf. Die letzten Windungen, welche noch wachstumsfähig sind, wickeln sich ab und strecken sich gerade.

Der **Phototropismus** (Heliotropismus) ist die Fähigkeit der Pflanzen, ihre Organe zu der Richtung des Lichtes in eine bestimmte Lage zu bringen. Wir

unterscheiden den positiven Phototropismus, welcher bewirkt, daß die Organe
zum Licht hin wachsen, den negativen Phototropismus, durch welchen die
Organe veranlaßt werden, sich vom Licht fortzuwenden, und den Transversalphototropismus, kraft dessen die Organe eine seitliche Lage zu der Richtung
der Lichtstrahlen einnehmen.

Läßt man eine Keimpflanze vom weißen Senf mit der Wurzel in Wasser wachsen und
stellt dieselbe so auf, daß sie nur von einer Seite vom Tageslicht getroffen wird, so krümmt
sich der wachsende Sproßgipfel dem Lichte zu, während die fortwachsende Wurzelspitze
sich vom Lichte fortwendet (Abb. 203). Es zeigt sich also, daß der Sproß positiv, die Wurzel
negativ phototropisch ist. Auf positivem Phototropismus beruht ebenso die an Zimmer-

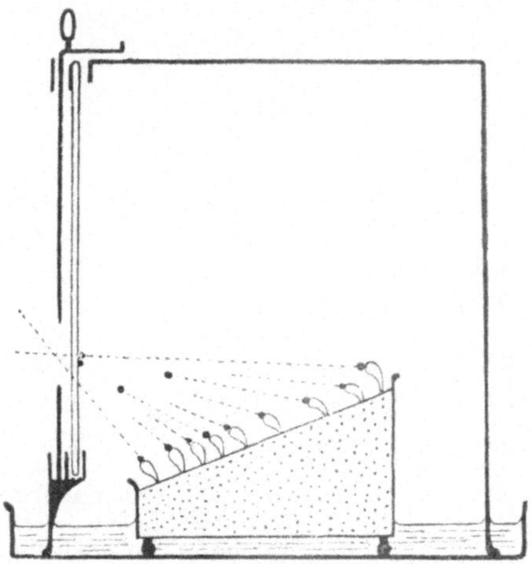

Abb. 204. Apparat zum Nachweis des positiven
Heliotropismus der Fruchtträger von Pilobolus
(nach Noll).

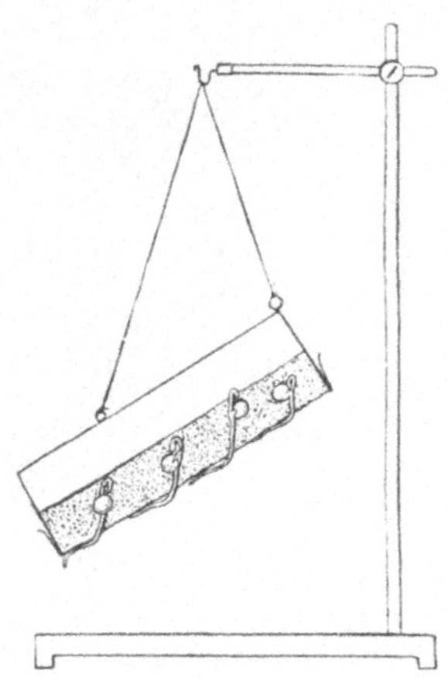

Abb. 205. Apparat zum Nachweis des Hydrotropismus der
Wurzeln von Pisum.

pflanzen häufig zu beobachtende Erscheinung, daß alle Sproßgipfel dem Fenster zugekehrt
sind. Die Blätter der meisten Pflanzen zeigen Transversalphototropismus, sie richten ihre
Blattflächen so, daß dieselben von den Lichtstrahlen annähernd senkrecht getroffen werden.
Infolgedessen finden wir meistens an Zimmerpflanzen alle Blätter schräg zum Fenster
hingewendet. Drehen wir eine solche Pflanze um, so daß die Blattoberseiten vom Lichte
abgewendet sind, so wird oft durch energische Krümmungen des Blattstiels die vorige
Lage der Blattfläche vom Lichte meist schon in kurzer Zeit wieder eingenommen.
Um den Phototropismus einzelliger Gebilde zu zeigen, bedienen wir uns eines von Noll
vorgeschlagenen Apparates, dessen Durchschnitt in Abb. 204 dargestellt ist. Auf einem vier-
eckigen Zinkteller steht ein würfelförmiger, unten offener Kasten. Die eine Seitenwand wird
von einer Glasscheibe gebildet, die übrigen Teile sind aus Zinkblech gefertigt und innen ge-
schwärzt. Vor der Glaswand ist ein Schieber aus Zinkblech angebracht, welcher in der Mitte
eine kreisrunde Öffnung von 2—3 cm Durchmesser besitzt. Wenn der Schieber geschlossen
ist, so kann nur durch die runde Öffnung Licht in das Innere des Kastens gelangen. In
dem Kasten ist ein kleiner, schräger Zinkbehälter aufgestellt, der mit Pferdedünger gefüllt
ist. Unter den Pilzen, welche sich nach kurzer Zeit spontan auf diesem Nährboden ein-
finden, ist regelmäßig auch der zu den Mucoraceen gehörige Pilobolus. Derselbe besteht
aus einem im Substrat verteilten fadenförmigen Mycel, welches keulenförmige Fruchtträger
an der Oberfläche hervortreten läßt. Auf dem Gipfel des Fruchtträgers entwickelt sich ein
rundliches, dunkelgefärbtes Sporangium, welches bei der Reife fortgeschleudert wird und
mit seiner klebrigen Oberfläche an benachbarten Gegenständen hängen bleibt. Die Fruchtträger des Pilobolus sind stark phototropisch, sie wenden sich in dem Zinkkasten alle mit
der Spitze nach der Lichtöffnung in dem Schieber hin. Die Sporangien werden bei der Reife
infolgedessen alle nach der gleichen Richtung hin geschleudert und kleben massenhaft an

dem vor der Lichtöffnung liegenden Teil der Glasplatte, während der verdunkelte Teil der Glasplatte ganz frei bleibt.

Geotropismus und Phototropismus sind im Pflanzenreich weit verbreitet, weniger auffällig tritt uns die Erscheinung entgegen, welche als **Hydrotropismus** bezeichnet wird. Sie besteht darin, daß Pflanzenteile, in deren Umgebung die Feuchtigkeit ungleichmäßig verteilt ist, sich von trockenen Stellen zu feuchteren hinkrümmen oder umgekehrt von den feuchteren fortwachsen.

In einen weiten Ring aus Zinkblech, welcher an einer Seite mit weitmaschigem Tüll überbunden ist, füllen wir feuchtes Sägemehl ein und hängen den Apparat schief gegen den Horizont auf. Erbsen, welche in dem Apparat zur Keimung gebracht werden, richten infolge des Geotropismus ihre Keimwurzeln zunächst senkrecht abwärts. Sobald aber die Wurzeln mit ihrer Spitze durch die Maschen des Tüllüberzuges nach außen wachsen, wirkt außer der Schwerkraft auch die ungleichmäßige Verteilung der Feuchtigkeit auf sie ein und veranlaßt sie, sich nach der feuchten Oberfäche der Sägespäne hin zu krümmen und derselben angeschmiegt weiter zu wachsen, wie es in Abb. 205 dargestellt ist. Die Wurzeln haben also positiven Hydrotropismus und werden dadurch instand gesetzt, günstigere Wachstumsbedingungen aufzusuchen. Negativer Hydrotropismus ist von Sachs an den Fruchtträgern von Phycomyces nachgewiesen worden. Dieser einzellige Schimmelpilz welcher leicht zu kultivieren ist, entwickelt aus einem fadenförmigen Mycel schlanke, mehrere Zentimeter hohe Fruchtträger, die am oberen Ende ein kugelförmiges Sporangium tragen. Sporen des Pilzes werden auf einen feuchten Brotwürfel ausgesät. Um den sich schnell entwickelnden Pilz dem Einfluß des Lichtes und der Schwerkraft zu entziehen, wird der Brotwürfel im Finstern gehalten und vermittelst des Klinostaten um eine horizontale Achse gedreht. Der negative Hydrotropismus bewirkt dann, daß alle Fruchtträger des Pilzes direkt von der feuchten Oberfläche des Brotwürfels fortstrebend senkrecht aus den Flächen hervorwachsen. Fruchtträger, welche zufällig auf einer Kante des Würfels hervortreten, stellen sich so, daß sie mit den benachbarten Oberfächen annähernd gleiche Winkel bilden.
Positiver Hydrotropismus befördert bei manchen parasitischen Pilzen das Eindringen der Keimfäden in die Wirtspflanze. Wenn z. B. die auf den Blättern der Berberitze erzeugten Aecidiensporen des Getreiderostes auf ein Grasblatt und zur Keimung gelangen, so wachsen die Mycelfäden gewöhnlich auf dem kürzesten Wege zu den benachbarten Spaltöffnungen hin und gelangen durch dieselben in das Innere des Blattes. Der durch die Spaltöffnungen hervordringende Wasserdampf bildet hier den richtenden Reiz für die Keimschläuche.

Die Bewegungsrichtung wachsender Pilzfäden kann auch beeinflußt werden durch ungleichmäßige Verteilung gewisser chemischer Substanzen im Substrat. Auch an Wurzeln und an Pollenschläuchen läßt sich in vielen Fällen eine von der Verschiedenheit des Konzentrationsgrades chemischer Substanzen im Substrat abhängige Richtungsbewegung konstatieren, welche als **Chemotropismus** bezeichnet wird.

Der Chemotropismus wird durch folgende Versuche demonstriert. Ein frisches Blatt von Tradescantia discolor wird unter der Luftpumpe mit einer zweiprozentigen Chlorammoniumlösung injiziert, mit destilliertem Wasser abgespült und mit der Unterseite nach oben in eine mit feuchtem Fließpapier ausgekleidete Glasdose gelegt. Sät man nun auf der mit Spaltöffnungen versehenen Unterseite des Blattes Sporen von Mucor stolonifer aus, so wachsen die Keimschläuche, sobald sie in die Nähe einer Spaltöffnung gelangen, in die mit Chlorammoniumlösung gefüllten Intercellularräume hinein (Abb. 206). Auf einem nicht injizierten Tradescantiablatt wird die Wachstumsrichtung der Mucor-Keimschläuche durch die Lage der Spaltöffnungen nicht beeinflußt.

Kurz erwähnt werden mag noch in diesem Zusammenhange, daß auch durch ungleiche Erwärmung eine Beeinflussung der Wachstumsrichtung einzelner Pflanzenorgane erfolgen kann, welche man als **Thermotropismus** bezeichnet hat. Vielleicht erklärt sich die Sonnenwendigkeit gewisser Blüten und Blütenstände durch ungleiche Wärmewirkung; im allgemeinen spielt der Thermotropismus bei der Seltenheit der ihn verursachenden Vorbedingung in der freien Natur keine besonders wichtige Rolle im Pflanzenleben.

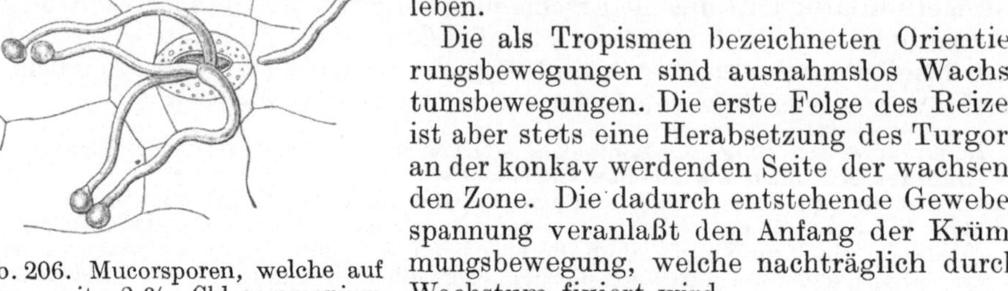

Abb. 206. Mucorsporen, welche auf einem mit 2 % Chlorammonium durchtränkten Tradescantiablatt gekeimt sind. Alle Keimschläuche wachsen zu der Spaltöffnung hin. (Nach Mioshi.)

Die als Tropismen bezeichneten Orientierungsbewegungen sind ausnahmslos Wachstumsbewegungen. Die erste Folge des Reizes ist aber stets eine Herabsetzung des Turgors an der konkav werdenden Seite der wachsenden Zone. Die dadurch entstehende Gewebespannung veranlaßt den Anfang der Krümmungsbewegung, welche nachträglich durch Wachstum fixiert wird.

Die Orientierungsbewegungen der Tropismen verlaufen verhältnismäßig langsam. Unter den nastischen Bewegungen von Pflanzenorganen sind dagegen einige Fälle bekannt, in denen die Bewegung plötzlich und ruckartig erfolgt und in ihrer äußeren Erscheinung durchaus an gewisse tierische Reflexbewegungen erinnert. Seit langer Zeit bekannt und bewundert sind namentlich die raschen Bewegungen der Blätter und Blättchen der Sinnpflanze, Mimosa pudica, mit denen die Pflanze auf mechanische Erschütterungen reagiert.

Mimosa pudica ist eine in Brasilien einheimische, jetzt auch über die Tropen der alten Welt verbreitete einjährige Unkrautpflanze. Ihre Blätter besitzen sowohl an der Basis des Blattstieles, als auch an den Stielen der einzelnen Fiedern und der an diesen stehenden lanzettlichen Fiederblättchen Gelenkpolster, durch deren Beweglichkeit das ganze Blatt schon bei schwacher Erschütterung ziemlich plötzlich in die Reizstellung gebracht wird (Abb. 207). Es legen sich dabei in schneller Aufeinanderfolge die Fiederblättchen der einzelnen Fiedern nach obenhin paarweise mit ihren Oberflächen aneinander, die Fiedern nähern sich und das ganze Blatt senkt

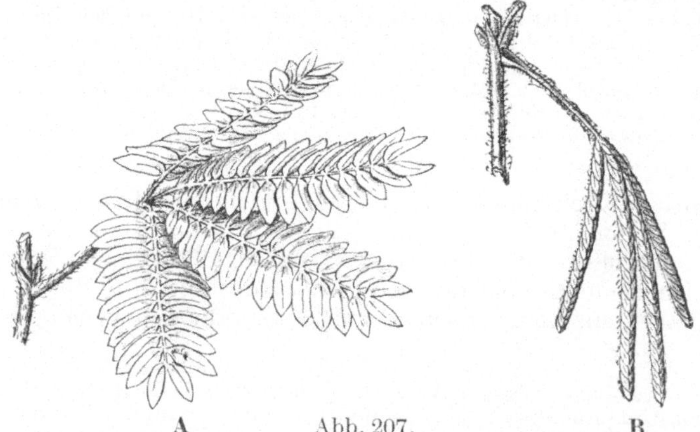

A   Abb. 207.   B

Blatt von Mimosa pudica. **A** im ungereizten Zustande. **B** in der Reizstellung.

sich nach abwärts. Außer mechanischen Erschütterungen vermögen auch starke Erhitzung oder Abkühlung einer Blattstelle die Reizbewegung des Mimosablattes hervorzurufen. Nach einiger Zeit kehrt das Blatt in seine ursprüngliche Stellung zurück und ist aufs neue für Reize empfänglich. Die biologische Bedeutung der hohen Empfindlichkeit des Mimosablattes beruht wohl darin, daß die Pflanze in der Reizstellung gegen die Kraft aufschlagender Regentropfen geschützt ist. Käfer und ähnliche tierische Feinde werden durch die Reizbewegungen verscheucht.

An die plötzlichen Bewegungen des Mimosablattes schließen sich in ihrer äußeren Erscheinung die Bewegungen der Insektivoren Dionaea und Aldrovandia an, bei denen sich die beiden Hälften des ungeteilten Blattes infolge mechanischer Erschütterung ruckweise nach oben hin aneinanderlegen. Es ist indes hier nicht eine besondere Partie des Blattes als Gelenk ausgebildet, sondern das Gewebe des Blattes ist in größerem Umfange an dem Zustandekommen der Bewegung beteiligt. Dasselbe ist bei den auf chemische Reize reagierenden gestielten Drüsen der Droseraarten der Fall, deren Krümmung in einem viel langsameren Tempo erfolgt, als die Fangbewegungen der Dionaea und Aldrovandia.

Ferner sind hier noch die bei einigen Pflanzen beobachteten Bewegungen gewisser Blütenteile zu erwähnen, welche bei dem Zustandekommen der Befruchtung mitwirken.

Die Staubfäden der Blüte des Sauerdorns, Berberis vulgaris, liegen im Zustand der Pollenreife den Kronblättern an, so daß die Antheren so weit als möglich von dem im Zentrum der Blüte stehenden Griffel entfernt sind. Berührt man den fadenförmigen Teil eines Staubblattes, so krümmt es sich im Ruck nach innen herüber, so

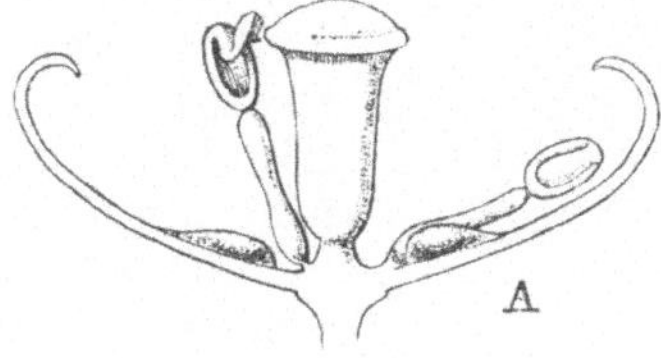

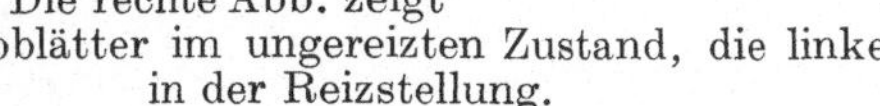

Abb. 208. Die inneren Blütenteile des Sauerdorns; von den beiden gezeichneten Staubblättern ist eine rechts im reizempfänglichen Zustande, das andere befindet sich in der Reizstellung. **B** Die inneren Blütenteile von Centaurea jacea (nach Pfeffer). Die rechte Abb. zeigt die Staubblätter im ungereizten Zustand, die linke in der Reizstellung.

daß seine Anthere den Griffel berührt (Abb. 208**A**). Wenn nach einiger Zeit die Bewegung langsam rückgängig gemacht worden ist, vermag ein neuer Reiz erneute Krümmung hervorzurufen. In der Blüte der zu den Compositen gehörigen Cynareen sind fünf Staubblätter vorhanden, deren Antheren zu einer den Griffel umfassenden Röhre vereinigt sind. Die Filamente sind im ungereizten Zustande bogenförmig nach außen gekrümmt. Findet Berührung statt, so verkürzen sich die Staubblätter sehr stark, wobei die Filamente sich dem Griffel nähern und die Antherenröhre nach abwärts ziehen (Abb. 208**B**).

Auch am Gynaeceum sind bisweilen Reizbewegungen zu beobachten, so klappen z. B. die Narbenlappen in der Blüte der Gauklerblume, Mimulus, bei leichter Berührung schnell zusammen und legen sich dicht aneinander an, so daß Insekten, welche die Blüte besuchen, wohl den aus einer fremden Blüte mitgebrachten Pollen an der inneren Narbenfläche abstreifen können, mit derselben aber nicht mehr in Berührung kommen, wenn sie aufs neue mit Pollen beladen aus dem Schlunde der Blüte zurückkehren.

Zu den durch mechanische Reize ausgelösten Krümmungsbewegungen haben wir auch die Einkrümmung der Ranken zu rechnen. Die Rankenpflanzen sind ähnlich wie Schlinggewächse darauf angewiesen, ihren an sich nicht tragfähigen Sproß an benachbarten Stützen zu befestigen. Sie benutzen dazu die Ranken, welche, wie früher gezeigt worden ist, ihrer morphologischen Natur nach metamorphosierte Blätter oder Sproßachsen sind. Starke Circumnutation erleichtert den Ranken das Auffinden passender Stützen in der Umgebung. Sobald eine wachsende Ranke mit der rauhen Oberfläche einer Stütze in Berührung tritt, vermindert sich der Turgor in den Zellen der berührten Seite. Die Seite bleibt in der Folge im Wachstum hinter der entgegengesetzten Seite wesentlich zurück, und es entsteht eine scharfe Einkrümmung, durch welche die Spitze der Ranke um die Stütze herumgeschlungen wird. Indem sich die Wachstumsverzögerung später auch auf die basalen Teile der Ranke fortsetzt, entsteht zwischen den gegenüberliegenden Seiten eine starke Gewebespannung, welche bewirkt, daß sich die Ranke in ihrem freien Teil korkzieherartig einrollt. Da Basis und Spitze der Ranke festgelegt sind, so kann die Einrollung nur in der Weise vor sich gehen, daß ein Teil nach rechts, ein Teil nach links gewunden ist (Abb. 209). Durch die nachträgliche Einrollung der Ranke wird der die Ranke tragende Sproßteil fester an die Stütze herangezogen.

Gewisse periodische Bewegungen, wie das Öffnen und Schließen der Blüten, das Heben und Senken der Blattflächen, welche sich zeitlich an den Wechsel von Tag und Nacht anschließen, werden als **Schlafbewegungen** bezeichnet. Bei den sich bewegenden Blütenblättern und bei vielen Laubblättern wird die Auf-oder Abwärtskrümmung durch ein ungleichseitiges Längenwachstum bewirkt. Bei den mit Gelenkpolster versehenen Blättern beruht die Bewegung der Blattflächen ausschließlich auf einer ungleichseitigen Änderung des **Turgors** in dem Gelenkpolster.

Die Blätter der Gartenbohne, Phaseolus vulgaris, bestehen aus drei Blättchen, welche am Tage in gleicher Fläche gegen das Licht ausgebreitet sind (Abb. 210 **A**). Am Abend ändert sich der Turgor in den gegenüberliegenden Längshälften der Gelenkpolster am Grunde der Blättchen derart, daß die Oberseite der Gelenkpolster gedehnt, die Unterseite dagegen verkürzt wird. Die Flächen der Blättchen werden also nach abwärts bewegt (Abb. 210 **B**). Mit dem Eintritt der Morgendämmerung beginnt der umgekehrte Prozeß; die Gelenkpolster strecken sich gerade und heben die Blättchenfläche in ihre Lichtlage. An dem Zustandekommen der Schlafbewegungen können die verschiedenen im Tageswechsel kombinierten Faktoren, Licht, Wärme, Luftfeuchtigkeit als Reize beteiligt sein. Die Blütenköpfe des Wiesenbocksbart Tragopogon, die Wasserrosen und andere öffnen sich bei heller Beleuchtung und schließen sich bei Eintritt der Dunkelheit, auch wenn die übrigen Faktoren gleichbleiben; eine geschlossene Tulpe, welche in einem kühlen Raum gehalten wurde, blüht in wenigen Minuten auf, wenn man sie in ein warmes Zimmer bringt. Die Periodizität der Erscheinung ist aber nicht immer als eine direkte Folge des Tageswechsels anzusehen, manche Schlafbewegungen dauern auch im Finstern bei gleichbleibender Luftwärme und Feuchtigkeit fort, nur verschiebt sich die Periode gegenüber dem Ablauf der Tageszeiten. Die periodische Bewegung erfolgt also aus inneren Gründen, sie wird aber durch den Tageswechsel der äußeren Umstände zeitlich reguliert.

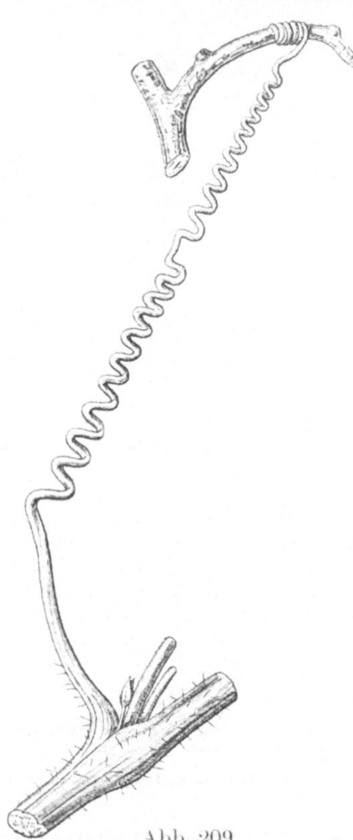

Abb. 209.

Ranke von Bryonia dioica, welche eine Stütze ergriffen hat (n. Sachs).

Wie im Vorstehenden angedeutet wurde haben die Bewegungsvorgänge bei den Pflanzen in vielen Fällen insofern eine biologische Bedeutung, als sie für die Erhaltung des Individuums oder für die Erzeugung einer Nachkommenschaft vorteilhaft wirken. Das darf aber nicht so verstanden werden, als ob die Bewegungserscheinungen in jedem Falle als zweckmäßige, im Kampf ums Dasein erworbene Anpassungen an die äußeren Verhältnisse aufzufassen seien. Wie Goebel[1]), der geniale Altmeister der Pflanzenmorphologie und Entwicklungs-

1) Goebel, Die Entfaltungsbewegungen der Pflanzen. Jena 1920.

geschichte, gezeigt hat, erweisen sich die teleologischen Deutungen, welche die Bewegungserscheinungen der Pflanzen in älterer und neuerer Zeit gefunden haben, gegenüber einer wissenschaftlichen Prüfung vielfach als falsch oder als unbewiesene Vermutungen.

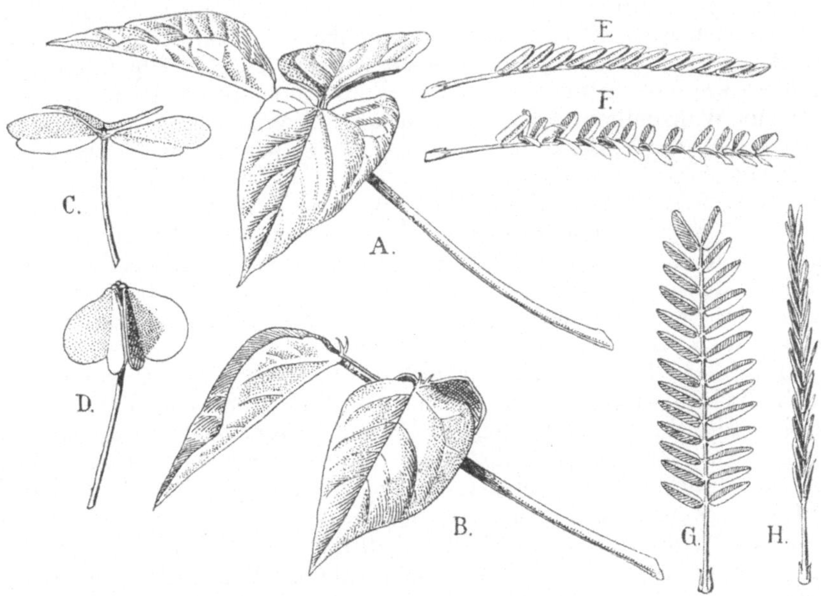

Abb. 210. Tagesstellung (**A C F G**) und Schlafstellung (**B D E H**) des Blattes von Phaseolus (**A B**), Oxalis (**C D**), Acacia (**E F** von der Seite **G H** von oben).

6. Das Empfindungsvermögen der Pflanzen.

Die in der Umgebung des Pflanzenkörpers vorhandenen äußeren Umstände kommen für die Lebensvorgänge in verschiedenen Beziehungen in Betracht. Einmal liefern sie als die äußeren Lebensbedingungen der Pflanze die Quelle für Kraft und Stoff; ihre Quantität beeinflußt die Lebenserscheinungen direkt in demselben Sinne, wie etwa die Temperatur und Konzentration der Mutterlauge des Wachstum eines Kristalles beeinflussen. Sodann aber können die äußeren Umstände auch noch als Reize im Pflanzenkörper die Auslösung innerer Lebensvorgänge veranlassen, bei denen der erfolgende Kraft- und Stoffwechsel nicht eine direkte Fortwirkung der äußeren Reizursache ist. Die Reizwirkung, d. h. das durch die ausgelösten Lebensvorgänge herbeigeführte wahrnehmbare Endresultat, steht zu der Reizursache ebensowenig in direktem Verhältnis, wie etwa die Durchschlagung einer Panzerplatte mit dem Zug an der Zündvorrichtung eines Geschützes. Es ist also bei den Reizerscheinungen am Pflanzenkörper zu unterscheiden: 1. die Reizung, d. i. der Auslösungsvorgang, für den die Konstellation der äußeren Umstände die direkte Ursache bildet, 2. die Reaktion der Pflanze, d. i. der im Innern des Pflanzenkörpers sich abspielende Vorgang, dessen Verlauf und Endresultat nicht durch die Reizursache, sondern lediglich durch die Organisation des Pflanzenkörpers und den in ihm wirksamen Kraft- und Stoffwechsel bestimmt wird.

Die Reizbarkeit, d. i. die Empfänglichkeit der lebenden Pflanze für äußere Reize, kann direkt mit der Sinneswahrnehmung der Tiere verglichen werden.

In den vorhergehenden Abschnitten, bei der Besprechnung des Einflusses der äußeren Umstände auf die Formgestaltung und bei der Schilderung der Bewegungen, sind zahlreiche Beispiele für die Reizerscheinungen am Pflanzenkörper gegeben worden, in denen die ursächliche Verknüpfung von Reiz und Reizwirkung experimentell nachgewiesen worden ist. Im folgenden soll kurz geschildert werden, unter welchen Umständen der äußere Reiz im Pflanzenkörper zur Wahrnehmung gelangt und welche Vorstellungen man über das innere Wesen der Verknüpfung zwischen Reizursache und Reizwirkung gewonnen hat.

Die als Reizerscheinungen am Pflanzenkörper auftretenden Veränderungen können sehr verschiedener Natur sein. An freibeweglichen Organismen, wie bei gewissen niederen Algen und Pilzen, bei Schwärmsporen und bei den Spermatozoiden der Moose und Farne treten Veränderungen in der Lebhaftigkeit und Richtung der Bewegung hervor. In den Zellen höherer Pflanzen werden durch Reize sichtbare Umlagerungen des Zellinhaltes herbeigeführt, z. B. bei der Wanderung der Chlorophyllkörper im Moosblatt (s. 174). Eigenbewegungen, wie z. B. die Einnahme der Tag- und Nachtstellung durch die Blätter vieler Gewächse, werden durch äußere Reize in ihrer Intensität und ihrem zeitlichen Verlauf reguliert. In manchen Fällen werden vorübergehende oder dauernd durch Wachstum fixierte Krümmungen oder Streckungen einzelner Organe veranlaßt, oder es wird direkt die durch das Wachstum erreichte Formgestaltung oder die Natur der auftretenden Organe durch äußere Einflüsse induziert.

Nicht selten erscheinen die durch den äußeren Reiz hervorgerufenen Veränderungen als eine vorteilhafte Anpassung an die den Reiz auslösende Konstellation der äußeren Umstände, bisweilen aber ist eine solche Beziehung nicht erkennbar, oder die durch den Reiz veranlaßte Veränderung erscheint direkt als schädlich.

Als vorteilhafte Anpassungen müssen offenbar die Wanderung oder Formänderung der Chlorophyllkörper unter dem Einfluß des Beleuchtungswechsels, die Schlafbewegungen der Blätter, die heliotropische Krümmung einseitig beleuchteter Sprosse, die Annahme der fixen Lichtlage der Blätter, die geotropische Aufrichtung der Sprosse und die Abwärtskrümmung der Wurzeln, die Einkrümmung der Ranken, die Fangbewegungen gewisser Insektivoren, die der Pollenübertragung förderlichen Reizbewegungen an Staubfäden und Narbenlappen u. a. m. angesehen werden. Dagegen ist z. B. kein Nutzen ersichtlich, wenn die Plasmodien der Myxomyceten durch die Richtung des Wasserstromes im Substrat bestimmt werden, die entgegengesetzte Richtung einzuschlagen. Und direkt schädigend erscheint die Reizwirkung für den Organismus, wenn selbstbewegliche Bakterien durch den chemischen Reiz gewisser für sie giftiger Substanzen veranlaßt werden, dem todbringenden Medium zuzustreben, oder wenn der von einem Pilze oder von einem Gallentier ausgehende Reiz eine Hypertrophie des Gewebes oder eine Kräuselung der Blattfläche hervorruft, welche das Blatt zur Assimilationsarbeit ungeeignet macht.

Die äußeren Reizursachen, welche vom Pflanzenkörper wahrgenommen und durch Reaktionen beantwortet werden, sind zum großen Teil physikalischer Natur, besonders kommen Licht- und Wärmewirkungen, mechanische Erschütterung oder Berührung und die Wirkung der Schwerkraft in Betracht, doch spielen nicht selten auch Einwirkungen stofflicher Natur, wie die Konzentration und die Verteilung chemisch definierter Substanzen in der Umgebung der Pflanze eine wichtige Rolle.

Da eine gewisse Lichtmenge zu den wichtigsten Lebensbedingungen der grünen und auch mancher chlorophyllfreien Pflanzen gehört, so können Intensitätsschwankungen derselben an ihnen durch direkte Beeinflussung des Kraft- und Stoffwechsels Veränderungen hervorrufen. Außerdem aber können solche Schwankungen der Lichtintensität auch als auslösende Reize von der Pflanze wahrgenommen werden, wie der folgende von Oltmanns angegebene Versuch beweist (Abb. 211). In einer Glaswanne wird durch einen vorgesetzten flachen Keil von Rauchglas die Beleuchtung von einem bis zum anderen Ende hin allmählich abgestuft. Man kann statt des Rauchglaskeiles auch eine aus zwei Glastafeln in Metallfassung hergestellte flach keilförmige Cuvette verwenden, welche mit einer durch chinesische Tusche gleichmäßig schwach getrübten Gelatinemasse ausgegossen ist. Füllt man in die Glaswanne Wasser ein, welches die kugelförmigen Kolonien von Volvox in größerer Zahl enthält, so sieht man nach einiger Zeit, daß sich alle Volvoxkolonien in einer Zone bestimmter, gleicher Helligkeit angesammelt haben. Verschiebt man den Rauchglaskeil vor der Glaswanne, so daß die Algenansammlung in hellere oder dunklere Beleuchtung

versetzt wird, so tritt aufs neue eine Wanderung zu der Zone der ihnen zusagenden Helligkeit ein. Oltmanns bezeichnet die Bewegung der Organismen zur Aufsuchung eines Lichtes von bestimmter Intensität als photometrische Bewegung. Ein Wahrnehmungsvermögen für die Richtung, in welcher direktes Licht die Pflanze trifft, betätigt sich einmal bei den phototaktischen Bewegungen vieler mit freier Ortsbewegung versehene · niederer Pflanzen, indem dieselben infolge der einseitigen Beleuchtung veranlaßt werden, der Lichtquelle direkt zuzustreben oder dieselbe zu fliehen —, und ferner beim Zustandekommen der phototropischen Wachstumskrümmungen bei höheren Pflanzen. Für den Unterschied zwischen dem gewöhnlichen und dem polarisierten Licht scheinen die Pflanzen ebenso wie das menschliche Auge unempfindlich zu sein. Dagegen werden die Lichtstrahlen von verschiedener Wellenlänge wenigstens in gewissen Fällen verschieden wahrgenommen, wie der folgende Versuch zeigt. Bringt man in einen Nollschen Zinkkasten (Abb. 204) einen Topf mit

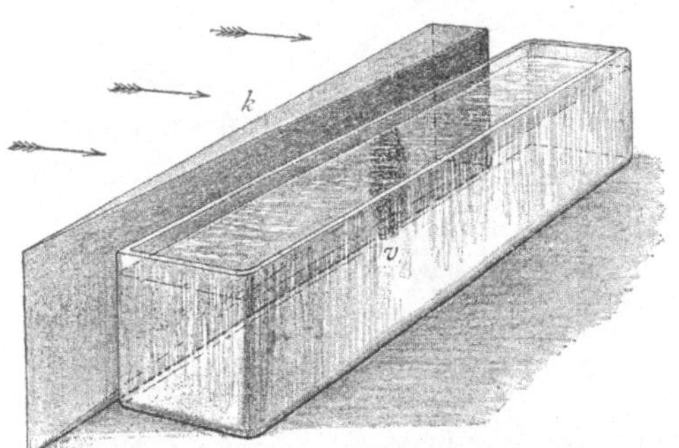

Abb. 211. Apparat nach Oltmanns zur Demonstration der photometrischen Bewegungen frei schwimmender Algen. Die Pfeile deuten die Richtung des einfallenden Lichtes an. Hinter dem Rauchglaskeil *k* steht eine Glaswanne, welche Wasser mit Volvox enthält. Die Algen haben sich bei *v* an der Wand der Wanne angesammelt. Der Deutlichkeit wegen ist der die Wanne gegen direktes Licht von oben abschließende undurchsichtige Deckel in der Abbildung fortgelassen worden.

keimenden Kressesamen, so richten alle Keimpflanzen ihre Spitze gegen die Lichtöffnung in dem die Glaswand bedeckenden Schieber. Befestigt man vor der Lichtöffnung eine Glaskuvette, welche eine Lösung von Kupferoxydammoniak enthält, so daß nur blaues Licht zu den Keimlingen im Kasten gelangen kann, so findet die Krümmung in gleicher Weise statt. Füllt man dagegen die Glascuvette vor der Lichtöffnung des Kastens mit einer Lösung von doppeltchromsaurem Kali, welche nur gelbes Licht passieren läßt, so bleibt die phototropische Krümmung der Keimpflanzen aus. Chlorophyllfreie Gewächse verhalten sich bezüglich ihrer Reizbarkeit durch Lichtstrahlen verschieden. Manche Pilze, z. B. der auf S. 178 besprochene Pilobolus und Phycomyces, krümmen sich bei einseitiger Beleuchtung und zeigen im Dunkeln Etiolierungserscheinungen, andere dagegen, wie z. B. der als Kulturpflanze vielfach in finsteren Kellern angebaute Champignon, wachsen im Dunkeln ebenso normal wie im Tageslicht.

Wärmeschwankungen üben, da sie eine Änderung der Energiezufuhr bedeuten, einen direkten Einfluß auf alle Lebenserscheinungen aus. Daß daneben auch von der Pflanze die Wärmedifferenzen reizauslösend wahrgenommen werden, beweisen die experimentell erwiesenen Fälle von Thermotropismus und das durch Wärmeschwankungen beeinflußte Öffnen und Schließen der Blüten von Tulipa, Crocus u. a. m.

Als mechanische Reizursachen kommen einmal die Stöße und Erschütterungen in Betracht, welche bei Mimosa, Dionaeae, Aldrovandia u. a. m. ruckweise Bewegungen und

an den Staubfäden und Narbenlappen in manchen Blüten Krümmung oder Streckung
hervorrufen, ferner kann auch einfache Berührung die Reizauslösung herbeiführen, wie
bei den auf S. 168 geschilderten Mechanomorphosen und bei den kontaktempfindlichen
Ranken der Kletterpflanzen. Das Empfindungsvermögen der Ranken für Berührungsreize
unterscheidet genau den Aggregatszustand des berührenden Körpers. Nur feste Körper
vermögen durch ihre Berührung den Reizvorgang auszulösen. Ein Quecksilberstrom,
der gegen die reizbare Flanke einer solchen Ranke gerichtet wird, führt keine Reizkrümmung herbei; ein über die Ranke gehängter kurzer Seidenfaden dagegen, dessen Gewicht
wenige Milligramm beträgt, löst den Krümmungsvorgang aus. Die Berührung mit völlig
verflüssigter Kakaobutter reizt die Ranke nicht, läßt man aber das Fett durch Erniedrigung
der Temperatur langsam erstarren, so bewirken die in der Flüssigkeit auftretenden Fett-
kriställchen bei empfindlichen Ranken eine deutliche Reaktion. Zu den mechanischen
Reizen können endlich auch die Verwundungen des Pflanzenkörpers gerechnet werden,

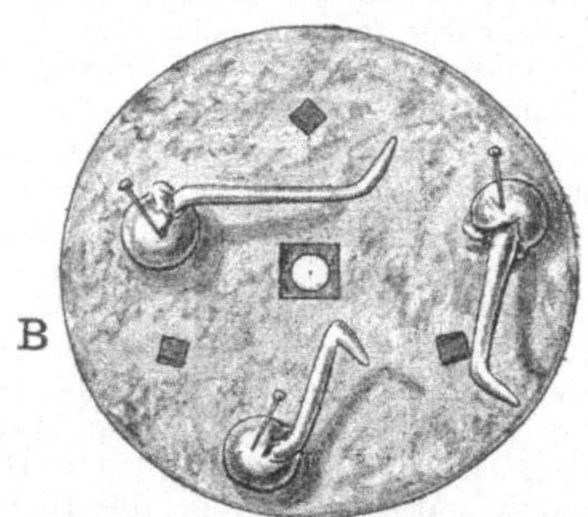

Abb. 212. **A** Zentrifugalapparat zum Nachweis der Tatsache, daß die durch die Zentrifugalkraft bewirkte Massenbeschleunigung in gleicher Weise wie die Schwerkraft Reizkrümmung
geotropischer Organe veranlaßt. **B** Korkscheibe mit drei Erbsenkeimlingen, deren Wurzel-
spitzen die durch die Rotation hervorgerufenen Krümmungen zeigen.

welche die Atmung steigern und auch in den nicht direkt verletzten Zellen Umlagerungen
des Inhaltes hervorrufen und zu Wachstums- und Neubildungsprozessen den Anstoß
geben können.

   Die Intensität der Schwerkraft ist konstant und überall auf der Erde annähernd die
gleiche. Die geringen Unterschiede, welche in verschiedenen Meereshöhen und in verschiedenen Breiten bemerkbar sind, lassen keinen Einfluß auf die Pflanzenwelt erkennen.
Dagegen kommt den allermeisten Pflanzen ein sehr feines Empfindungsvermögen zu für
die Richtung, in welcher die Schwerkraft auf sie einwirkt, wie die verschiedenartigen Erscheinungen des Geotropismus zeigen. Daß dabei die Schwerkraft nur als Massenanzie-
hung in Betracht kommt, wird wahrscheinlich durch den Umstand, daß sie in ihrer Wirkung als Reizursache durch die Zentrifugalkraft ersetzt werden kann. Befestigt man locker
in feuchte Watte gehüllte Erbsenkeimlinge, deren Wurzel etwa 2 cm lang ist, in beliebiger
Anordnung auf einer im feuchten Raume an horizontaler Achse rotierenden Scheibe, welche
in der Minute etwa 200 Umdrehungen macht, so zeigt die wachsende Wurzelspitze aller
Keimlinge nach einigen Stunden eine deutliche Ablenkung in radialer Richtung nach außen
(Abb. 212). Da die einseitige Wirkung der Schwerkraft durch die Rotation aufgehoben
ist, so macht sich in der Richtungsänderung der Wurzeln ausschließlich die Wirkung der
Zentrifugalkraft bemerkbar.

   Chemische Beschaffenheit und Konzentration der mit dem Pflanzenkörper in Berührung tretenden Stoffe kommen, abgesehen von der Bedeutung, welche manche Substanzen
als Nährstoffe oder Gifte für die Pflanze besitzen, auch als Reizursachen in Betracht.
Häufig bilden sie, wie früher (S. 170) erwähnt, den Anlaß zum Auftreten besonderer Gestaltungsverhältnisse, welche als Chemomorphosen bezeichnet werden, ferner wird durch
derartige stoffliche Reize bei gewissen insektenfressenden Pflanzen ein Verdauungsvorgang
veranlaßt. Die am Blattrande und auf der Blattfläche von Drosera rotundifolia stehenden
gestielten Drüsen sind gegen Berührung fester Körperchen empfindlich. Legt man auf das
Köpfchen einer solchen Drüse ein Glassplitterchen, so führt der Drüsenstiel eine Krüm-

mungsbewegung gegen die Blattmitte hin aus und auch die benachbarten Drüsen werden
zur Einkrümmung veranlaßt. Nach kurzer Zeit aber werden die Krümmungen der Drüsenstiele wieder rückgängig gemacht. Wird statt des Glassplitters ein Stückchen Hühnereiweiß
oder Fibrin oder von einer anderen stickstoffhaltigen Substanz zur Reizung verwendet, so
wird es durch die Einkrümmung der Blütenstiele allmählich mit zahlreichen Drüsenköpfen
in Berührung gebracht und endlich ganz eingeschlossen; es tritt dann die Absonderung
eines Verdauungssekretes auf, welches die Eiweißsubstanzen löst und die Resorption derselben durch die Drüsen ermöglicht. Erst nach Beendigung dieses Verdauungsvorganges
beginnt die Geradestreckung der Drüsenstiele. Das Blatt ist also offenbar mit einem
feinen Empfindungsvermögen für die chemische Beschaffenheit des reizenden Körpers
ausgestattet. Darwin schloß aus einer außerordentlich großen Zahl von Versuchen mit
Drosera, daß die Blätter mit beinahe irrtumsfreier Sicherheit die Gegenwart von Stickstoff entdecken. — Ungleichmäßige Verteilung chemischer Substanzen in Lösungen wirkt
in vielen Fällen als richtender Reiz bei Bewegungen. Besonders auffällig äußerst sich das
Empfindungsvermögen für Konzentrationsunterschiede bei freibeweglichen Organismen,
Bakterien, Volvocineen, Schwärmsporen, Spermatozoen, welche von verschiedenen organischen und anorganischen Substanzen, die in Lösung im Flüssigkeitstropfen ungleichmäßig verteilt sind, angezogen oder abgestoßen werden. Man bezeichnet ihre Fähigkeit,
die Bewegung zu dem Konzentrationszentrum hin zu richten oder von demselben abzu-
wenden, als Chemotaxis. Die Substanz, welche die Farnspermatozoiden veranlaßt, zu
einem im gleichen Wassertropfen befindlichen geöffneten Archegonium hinzuschwimmen,
ist nach Pfeffers klassischen Untersuchungen die Apfelsäure, welche aus dem Archegonienhals hervordringend sich durch Diffusion im Wasertropfen ausbreitet. Bringt man unter
dem Mikroskop in einen Wassertropfen, welcher frei und ziellos herumschwimmende
Farnspermatozoiden enthält, eine Glaskapillare, die mit einer wenigprozentigen Lösung
eines apfelsauren Salzes gefüllt ist, so sieht man die Spermatozoiden nach kurzer Zeit in
die Öffnung der Kapillare hineinschwärmen.

Der Vorgang der Reizaufnahme (die Perception) ist wie jede andere Lebens-
erscheinung der Pflanzen abhängig von dem durch die äußeren Lebensbedingungen bewirkten Zustand des Organismus, unter günstigen Lebensbedingungen steigert sich die Empfindlichkeit gegen äußere Reize, unter ungünstigen
nimmt sie ab. Außerdem aber wird die Empfindlichkeit der Pflanzen gegen
äußere Reize noch wesentlich beeinflußt durch voraufgegangene Reizungen derselben Art. Man bezeichnet diejenige geringste Intensität einer Reizursache,
welche eben noch den Reizvorgang auszulösen vermag, als die Reizschwelle.
Der durch die Lage der Reizschwelle definierte jeweilige Grad der Empfindlichkeit wird als Reizstimmung bezeichnet.

Wie ein vorübergehend im Dunkeln gehaltenes menschliches Auge für viel geringere
Helligkeitsunterschiede empfänglich ist als ein an Licht gewöhntes, so werden auch Pflanzen, welche vorher verdunkelt waren, schon durch Lichtschwankungen zur Reaktion veranlaßt, welche für die im Licht stehenden Pflanzen noch unterhalb der Reizschwelle
liegen. Im Dunkeln erwachsene Keimpflanzen vermögen nach Wiesners Angaben noch
Helligkeitsunterschiede zweier Lichtquellen wahrzunehmen, zu deren Konstatierung die
Empfindlichkeit eines Bunsenschen Photometers nicht mehr ausreicht. Verwendet man
in dem auf S. 185 beschriebenen und in Abb. 211 abgebildeten Versuch Volvoxkolonien,
welche vorher der Sonne ausgesetzt waren, so suchen sie in der Glaswanne hinter dem Rauchglaskeil eine viel hellere Stelle auf als solche, die vorher im Schatten gehalten waren.
Die fortgesetzten gleichmäßigen Erschütterungen, welche die fallenden Tropfen eines
Regenschauers einer Mimosa pudica zufügen, schwächen die Empfindlichkeit der Pflanze
für diese Reizursache derart ab, daß die beim Beginn des Regens in Reizstellung ver-
setzten Blätter sich wieder ausbreiten und geöffnet bleiben, wenn nicht eine Verstärkung
des Tropfenfalles oder ein anders gearteter Reiz aufs neue den Reizvorgang auslöst.

Ähnlich wie der Tastsinn des Menschen scheint das Wahrnehmungsvermögen
der Pflanzen für äußere Reize in manchen Fällen ziemlich gleichmäßig über alle
Teile des Pflanzenkörpers verbreitet zu sein. In anderen Fällen aber finden wir
die Reizempfindlichkeit an bestimmten Stellen des Pflanzenkörpers auffällig

gesteigert oder gar auf bestimmte Organe beschränkt. Es liegt nahe, derartige der Reizperzeption dienende Organe mit den Sinnesorganen der Tiere zu vergleichen und in ihrem Bau Strukturen zu vermuten, die geeignet sind, die Übertragung des von der Reizursache ausgehenden Anstoßes auf die lebende Substanz des Pflanzenkörpers mechanisch zu erklären.

Als Sinnesorgane zur Perzeption von Berührungsreizen sind die Fühlborsten anzusehen, welche auf den Blättern von Dionaea und Aldrovania stehen (Abb. 213 A). Unterhalb der verlängerten, starren Spitze dieser Borsten liegt eine Gelenkstelle, an welcher dünnwandige, plasmareiche Zellen eingeschaltet sind. Eine geringe Berührung wird durch den als Hebelarm wirkenden starren Teil der Borste verstärkt auf den lebenden Inhalt dieser Zellen übertragen. In den Epidermiszellen der reizempfindlichen Ranken von Cucurbita und anderen Kletterpflanzen finden sich an der Außenwand dünne Stellen, sogenannte Fühltüpfel, welche ermöglichen, daß der Druck eines sie berührenden Körpers direkt auf das darunterliegende Plasma wirkt. Kleine in der Nähe oder am Eingang des Tüpfelkanals liegende Kriställchen scheinen dabei bisweilen die Wirksamkeit des von außen kommenden Druckes zu erhöhen (Abb. 213 C). An den ebenfalls gegen Berührung empfindlichen Staubfäden von Opuntia sind die dünnen Stellen der Außenwand als Fühlpapillen zapfenartig über die Oberfläche der Epidermiszellen emporgewachsen (Abb. 213 B).

Die Reizempfindlichkeit gegen die einseitige Wirkung der Schwerkraft ist bei den Wurzeln der höheren Pflanzen auf die äußerste Spitze beschränkt, während die infolge der Reizung auftretende geotropische Krümmung sich in der hinter der Spitze liegenden Zone stärkster Streckung be-

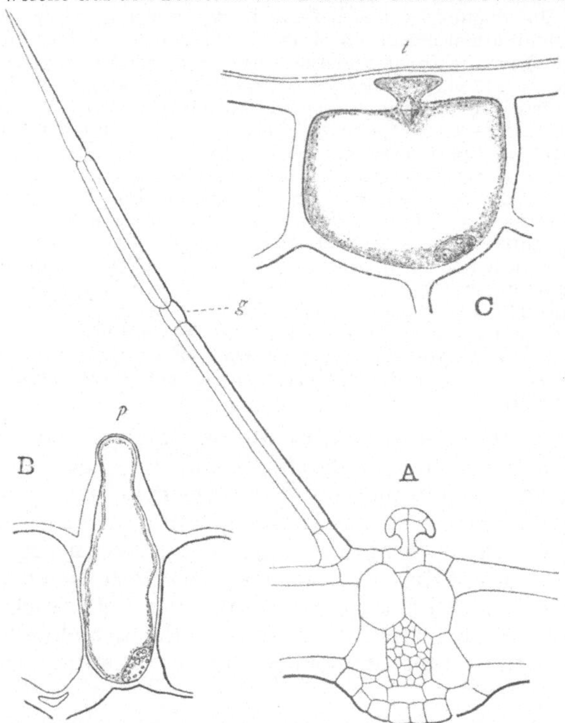

Abb. 213. **A** Teil des Blattquerschnittes von Aldrovandia vesiculaosa mit einer Fühlborste. *g* Gelenkzellen der Fühlborste. **B** Oberhautzelle eines Staubfadens von Opuntia vulgaris mit einer Fühlpapille *p*. **C** Oberhautzelle einer Ranke von Cucurbita Pepo mit einem Fühltüpfel *t*. (Nach Haberlandt.)

merkbar macht, welche selbst nicht direkt reizbar ist. Als Organ zur Wahrnehmung der durch die Schwerkraft bewirkten Massenbeschleunigung ist in jüngster Zeit die zentrale Zellengruppe der Wurzelhauben gedeutet worden. Die Zellen dieses Teiles der Wurzelhaube enthalten Stärkekörner, die spezifisch schwerer sind als der flüssige Zellinhalt und sich deshalb bei normaler Lage der Wurzelspitze an der zum Erdmittelpunkt gekehrten Wand der Zelle in Ruhelage befinden (Abb. 214 A). Man kann sich vorstellen, daß das Plasma an der unteren Zellwand gegen den Druck der Stärkekörner unempfindlich ist und durch die Aufhebung des Druckes in einen Reizzustand versetzt wird, während das den seitlichen Zellwänden anliegende und das den oberen Teil der Zelle erfüllende Plasma einen solchen Druck als Reiz empfindet. Wenn die Wurzel aus ihrer geotropischen Ruhelage gebracht wird, so tritt infolge der Schwerkraftwirkung in jeder der Zellen des Perzeptionsorganes eine Lagenänderung der Stärkekörner und damit eine Auslösung des Reizes ein (Abb. 214 C). Die Struktur der Zellen in dem zentralen Teil

der Wurzelhaube erscheint demnach geeignet, die von der Schwerkraft ausgehende Massenbeschleunigung direkt in eine mechanische Druckwirkung auf das sensible Protoplasma
umzusetzen. Ähnliche Strukturen sind auch in der Keimscheide der Gräser (Abb. 214B),
in der Stärkescheide der Sproßspitzen, der geotropisch empfindlichen Stengelteile von
Gelenkpflanzen und der Blattstiele nachgewiesen und als Einrichtungen zur Perzeption
des Schwerkraftreizes gedeutet worden.

Aus dem Umstande, daß phototropische Wachstumskrümmungen nur an Sproßspitzen
oder an Knoten der Gelenkpflanzen und anderen noch wachstumsfähigen Organen wahrnehmbar sind, darf nicht gefolgert werden, daß auch die Empfindlichkeit des Pflanzenkörpers für einseitige Beleuchtung nur auf diese Teile beschränkt sei. Es ist sehr wohl

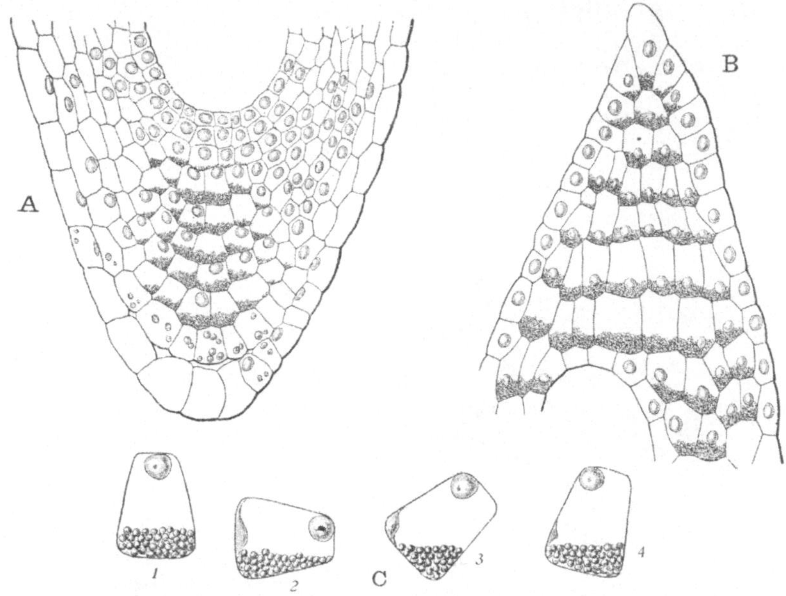

Abb. 214. Einige als Sinnesorgane für die Aufnahme des Schwerkraftreizes gedeutete
Strukturen. Vom Zellinhalt sind nur der Zellkern und die Stärkekörner gezeichnet
(nach Němec). **A** Längsschnitt einer Wurzelhaube von Roripa. **B** Längsschnitt durch
die Spitze der Keimscheide eines Grases. **C** Schematische Darstellung einer einzelnen
Zelle des Sinnesorganes: *1* Die geotropische Ruhelage. Die Stärkekörner sind der Unterseite der Zelle aufgelagert. *2* In der horizontal gelegten Zelle sind die Stärkekörner durch
die Schwerkraftwirkung auf die Seitenwand der Zelle umgelagert, deren Plasmabelag durch
den Druck direkt gereizt wird. *3* und *4* infolge der Reizwirkung eingenommene Über-
gangslagen, durch welche die Zelle in die Ruhelage zurückgeführt wird.

denkbar, daß auch an den ausgewachsenen Pflanzenteilen der Lichtreiz von dem lebenden
Zellenplasma empfunden wird, daß aber die sichtbare Reaktion ausbleibt, weil dem be-
treffenden Organ die zu ihrem Zustandekommen nötige Wachstumsfähigkeit gebricht.
Daß aber in der Tat, wenigstens in gewissen Fällen, auch die Reizempfänglichkeit für
Lichtwirkung am Pflanzenkörper auf bestimmte Teile beschränkt ist, beweist der folgende
Versuch: In einer Treibschale werden keimfähige Samen der Hirse (Panicum miliaceum
oder Panicum sanguinale) nicht zu dicht ausgesät und im Dunkeln zur Keimung gebracht.
Noch bevor das erste Blatt die den Gipfel der jungen Keimpflanzen einnehmende Keimscheide durchbricht, wird ein Teil der Keimpflänzchen mit Stanniolkäppchen, die über
einer entsprechend dicken Stricknadel geformt worden sind, derart überdeckt, daß die etwa
4—6 mm lange Keimscheide gänzlich verhüllt wird, während das mehrere Zentimeter
lange Sproßglied, welches die Keimscheide über den Erdboden emporträgt, freibleibt.
Setzt man die Treibschale einseitiger Beleuchtung aus, so ist schon nach wenigen Stunden
an allen Keimpflänzchen, welche kein Stanniolkäppchen bekommen haben, das untere

Sproßglied deutlich eingekrümmt, so daß die Spitze des Keimlings gegen die Lichtquelle
hingewendet ist. Diejenigen Keimpflanzen aber, deren Keimscheide durch das Stanniolkäppchen verdunkelt war, zeigen keinerlei Reaktion auf die einseitige Einwirkung des
Lichts, obwohl auch hier der zur Ausführung der Krümmung befähigte Sproßabschnitt
in seiner ganzen Länge der einseitigen Beleuchtung ausgesetzt war. Als Lichtsinnesorgane
zur Wahrnehmung der Richtung des einfallenden Lichtes sind von Haberlandt in neuerer
Zeit gewisse Strukturen besonders an Laubblättern beschrieben worden, durch welche das

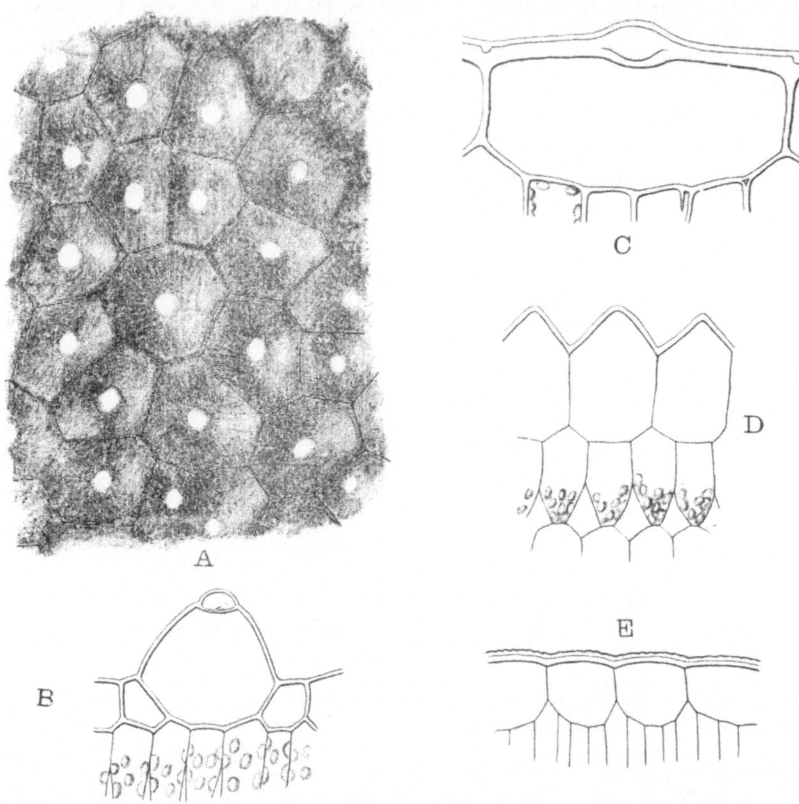

Abb. 215. Einige Strukturen, welche als Lichtsinnesorgane der Pflanzen gedeutet worden
sind (nach Haberlandt). **A** Epidermiszellen des Blattes von Anthurium Maximiliani, die
infolge der Linsenwirkung ihrer hervorgewölbten Außenstände nur im Mittelpunkt der
Innenwand hell beleuchtet sind. **B** Epidermis des Blattes von Fittonia Verschaffeltii mit
einer vorspringenden zweizelligen augenartigen Papille. **C** Epidermiszelle von Campanula
persicifolia mit verkieselter Sammellinse in der Außenwand. **D** Epidermiszellen von Begonia Rex, deren kegelförmige Vorwölbung die Lichtstrahlen im Zellinnern konvergiert.
E Epidermiszellen von Franciscea macrantha mit hohlspiegelartig gewölbter Innenwand.

Licht bei veränderter Lage des Organes auf einen Teil des Zellenplasmas konzentriert wird.
der bei der normalen Lage zum Licht nicht direkt beleuchtet wird (Abb. 215). Die Voraus-
setzung, daß der bei normaler Lichtlage beleuchtete Teil des Plasmas indifferent, der nicht
beleuchtete aber für den Lichtreiz empfänglich sei, läßt derartige Strukturen geeignet erscheinen, der Pflanze die Perzeption der Richtung des Lichtes zu vermitteln.

Das der Reizperzeption dienende Organ (Sinnesorgan) und der Teil des
Pflanzenkörpers, an dem die Reizwirkung für uns wahrnehmbar wird, sind, wie

aus dem Vorstehenden erhellt, häufig räumlich voneinander getrennt, es muß
also in dem dazwischen liegenden Teil des Pflanzenkörpers eine Fortleitung des
Reizes (Reizleitung) stattfinden. Abgesehen von einigen Fällen, z. B. bei den
Staubfäden der Cynareen und bei Mimosa pudica, in denen man mechanisch
wirkende reizleitende Strukturen gefunden zu haben glaubte, nahm man bisher
an, daß der durch die Reizung hervorgerufene Zustand des Plasmas durch die
Plasmaverbindungen direkt von Zelle zu Zelle bis an den Ort der Reizwirkung
übertragen werde. Sorgfältige Experimente haben neuerdings zu der Erkenntnis
geführt, daß in gewissen Fällen durch die Reizung in den reizperzipierenden
Zellen eine chemische Veränderung hervorgerufen wird, welche durch Diffusion
chemisch definierter Substanzen (Hormone) zu den Stellen der Reizwirkung übertragen wird und dort die Veränderung des Saftdruckes und des Wachstums
bewirkt, aus welcher die Reizwirkung sich ergibt. Es gelang zu zeigen, daß die
Reizleitung auch über abgetötete Zellen in der Leitungsbahn fortschreitet und
daß selbst Fremdkörper, welche zwischen dem Sinnesorgan und dem Orte der
Reizwirkung eingeschaltet werden, wenn sie die Diffusion gestatten, die Reizleitung nicht unterbrechen.

An den Keimlingen von Avena-Arten ist nur die Spitze der Keimscheide für die einseitige Beleuchtung empfindlich. Die Reizwirkung wird an dem unteren Teil der Keimscheide wahrnehmbar, der sich gegen die Seite hinkrümmt, von welcher her das Licht die
Spitze trifft, auch wenn er selbst durch Umhüllung mit Stanniol gegen das einseitige Licht
geschützt ist. Wenn man von einer im Dunkeln aufrecht wachsenden Keimscheide die
reizempfängliche Spitze mit scharfem Schnitt abtrennt, sie einseitig beleuchtet und darauf
wieder auf den im Dunkeln verbliebenen Stumpf aufsetzt, so krümmt sich der
letztere nachträglich stets nach der Seite, an welcher die vorher belichtete Flanke der auf-
gesetzten Spitze liegt. Die Krümmung tritt auch dann ein, wenn bei dem Versuch zwischen
Stumpf und Spitze ein mit Gelatine durchtränktes Scheibchen von spanischem Rohr eingeschaltet wird.

II. Die Fortpflanzung.

Die Pflanzen besitzen eine sehr verschiedene Lebensdauer. Bei den Blütenpflanzen unterscheidet man monokarpische (hapaxanthische) Arten, welche
ihre vegetative Entwicklung mit der Blütenbildung abschließen und nach der
Ausbildung der Früchte zugrunde gehen — und polykarpische Arten, welche
wiederholt blühen und Früchte tragen. Monocarpisch sind die Kräuter. Wenn
sie ihren Entwicklungsgang innerhalb einer Vegetationsperiode durchlaufen, so
bezeichnet man sie als einjährige oder annuelle Kräuter. Die zweijährigen oder
biennen Kräuter entwickeln im ersten Jahre nur vegetative Organe, während
Blüten und Früchte erst im Laufe des zweiten Jahres erscheinen. Nur wenige
monokarpische Gewächse gebrauchen zu ihrer vollen Entwicklung bis zur Blüten-
und Fruchtbildung mehr als zwei Jahre; Beispiele bieten die Sagopalme, die
Talipotpalme und Agave americana, die oft erst nach dreißig und mehr Jahren
blüht.

Zu den polykarpischen Gewächsen, die man mit Bezug auf ihre Lebensdauer
gegenüber den Annuellen und Biennen auch wohl als Perennen bezeichnet,
gehören Stauden, Sträucher und Bäume. Die Stauden entwickeln aus einem
meist unterirsdich wachsenden Rhizom blütentragende Laubsprosse, die nach
der Fruchtreife absterben. Das Rhizom aber lebt fort und entwickelt in jeder
neuen Vegetationsperiode neue Laub- und Blütensprosse. Die Sträucher und
Bäume erfahren alljährlich einen Zuwachs ihres Verzweigungssystems, dessen

jüngste Teile Blätter und Blüten tragen, während die älteren Teile durch einen
Dickenzuwachs an Umfang und Festigkeit zunehmen.

Während bei den monokarpischen Pflanzen die Entwicklung des Samens
die normale Veranlassung für das Absterben bildet, scheint bei Bäumen,
Sträuchern und Stauden in der Organisation des Körpers überhaupt keine
natürliche Todesursache gegeben zu sein, so daß diesen Gewächsen eine unbegrenzte Lebensdauer zukommt, wenn nicht äußere Einflüsse eine Zerstörung
des Lebens bewirken. In der Tat ist eine Reihe von Beispielen dafür bekannt,
daß Bäume ein mehrtausendjähriges Alter erreichten. Bekannt ist der alte
Lindenbaum bei Neuenstadt am Kocher, der schon im 13. Jahrhundert als der
große Baum an der Heerstraße erwähnt wird. Als Beispiel höchsten Alters
wird gewöhnlich der Affenbrotbaum, Adansonia digitata, in Senegambien angeführt, von dem einige noch lebenskräftige Exemplare bis zu 30 m im Stamm-
umfang messen. Ihr Alter berechnet sich danach auf 5000—6000 Jahre. Derartige Beispiele stehen indes vereinzelt da; im allgemeinen wird auch dem
Lebensalter der polykarpischen Gewächse durch die Tätigkeit des Menschen und
der Tiere, durch Pilze oder durch elementare Gewalten wie Blitzschlag, Sturm,
Erdbeben, früher oder später eine Grenze gesetzt.

Unter den niederen Pflanzen gibt es gleichfalls neben langlebigen Formen
solche, deren Entwicklungsgang von der Entstehung des Individuums bis zu
seinem Tode sich in kurzen Zeiträumen abspielt. Manche Moose, wie die Torfmoose, manche Meeresalgen, wie Laminaria und Macrocystis, manche Flechten
und Pilze, wie die Bartflechte unserer Gebirgswälder und die baumbewohnenden
Polyporeen, werden viele Jahre alt, andere überdauern den Ablauf eines Jahres
nicht, oder die Lebensdauer der Individuen ist gar nur nach Wochen oder
Tagen bemessen.

Der Ersatz für die absterbenden Individuen wird durch die Fortpflanzungserscheinungen vermittelt. Wir können unter ihnen zwei Gruppen von Erscheinungen unterscheiden, welche unabhängig voneinander und nebeneinander her-
gehend, oft bei demselben Pflanzenindividuum gefunden werden oder auch im
Laufe der Generationen bei derselben Art regelmäßig miteinander abwechseln:
die Erzeugung neuer Individuen auf ungeschlechtlichem Wege und die geschlechtliche Fortpflanzung. Die charakteristische Eigentümlichkeit der geschlechtlichen Fortpflanzung besteht darin, daß die Erzeugung der neuen Individuen durch eine Vereinigung zweier Zellen eingeleitet wird; zwei aus dem
Vegetationskörper der Elternpflanzen hervorgehende Geschlechtszellen (Gameten), welche durch besondere Ausbildung von den vegetativen Zellen verschieden sind, vereinigen sich zu einem einheitlichen Zellgebilde, das durch
Wachstumsvorgänge zur Entstehung eines neuen Individuums führt. Bei der
Entstehung neuer Individuen auf ungeschlechtlichem Wege stellt dagegen eine
Zelle oder eine Gruppe von Zellen, die rein zufällig oder durch Wachstumsvorgänge
aus dem Verbande des Mutterindividuums gelöst wurde, ohne weiteres den Anfang eines neuen Individuums dar. Die Zellen oder Zellgruppen, von denen in
solchen Fällen die Neubildung von Individuen ausgeht, sind häufig durch besondere Ausbildung von den übrigen Zellen der Mutterpflanze unterschieden
und durch ihre Organisation dem Zwecke der Fortpflanzung und Vermehrung
besonders angepaßt. Bisweilen aber sind es irgendwelche Teile des Pflanzenkörpers, die von den gleichnamigen vegetativen Organen nicht unterschieden
sind. Man bezeichnet im letzteren Falle den Vorgang der Neubildung als vegetative Vermehrung.

1. Die ungeschlechtliche Fortpflanzung.

Die vegetative Vermehrung. Am einfachsten ist der Vorgang der vegetativen Vermehrung bei den einzelligen Spaltpilzen und Spaltalgen. Dort teilt sich das erwachsene Zellindividuum, welches die Form einer Kugel oder eines geraden oder gekrümmten Stäbchens hat, durch eine Querwand in zwei Zellen von annähernd gleicher Gestalt und Größe; jede dieser Zellen stellt ein selbständiges Individuum dar, das sich durch Wachstum vergrößert und im ausgewachsenen Zustande durch erneute Teilung in gleicher Weise zu weiterer Vermehrung führen kann. Auch bei gewissen Grünalgen ist ein ähnlicher Vorgang vorhanden. Die einzelligen Konjugaten, zu denen das in Abb. 216 A abgebildete Cosmarium gehört, haben einen sehr regelmäßig geformten Körper. Die Zellwand ist aus zwei symmetrischen Hälften zusammengesetzt, welche, wie in der Abbildung, oft nur durch eine schmale Verbindungsstelle, den Isthmus, miteinander in Zusammenhang stehen; der lebende Zellinhalt, das Plasma, in dem ein Zellkern und Chlorophyllkörper vorhanden sind, reicht durch den Isthmus hindurch von einer Zellhälfte zur anderen. Die vegetative Vermehrung geht nun in der Weise vor sich, daß zunächst der Zellkern, welcher gewöhnlich an der Verbindungsstelle der Zellhälften seinen Platz hat, sich teilt. Zwischen den beiden Tochterkernen tritt dann im Isthmus eine Querwand auf und jede der dadurch entstandenen Teilzellen stellt ein neues Individuum dar. Indem an der Berührungsstelle ein starkes Wachstum in den beiden Tochterzellen vor sich geht (Abb. 216 **B**) ergänzt sich jede derselben allmählich zu der symmetrischen Gestalt, welche die Mutterpflanze besaß.

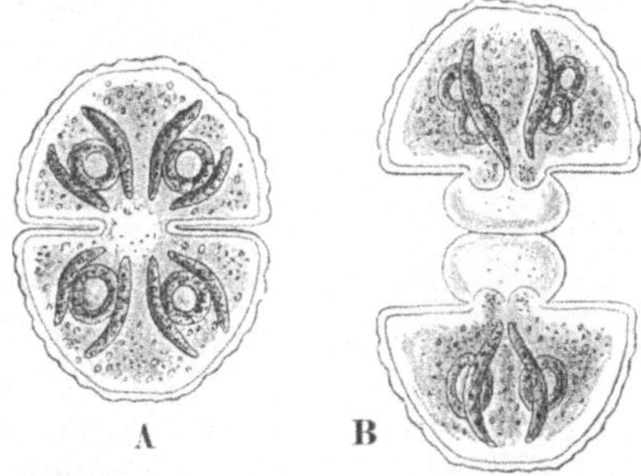

Abb. 216. **A** Cosmarium Botrytis, eine einzellige Grünalge ($^{500}/_1$). **B** dieselbe in Zweiteilung begriffen.

Für die Spaltalgen, deren Vegetationskörper einen Zellfaden darstellt, wie die Oscillarien und Nostocaceen, bedeutet die Teilung der einzelnen Zellen nur eine Verlängerung des Fadens. Die Vermehrung der Fäden kommt dadurch zustande, daß sie in kurze Teilstücke, Hormogonien, zerfallen, die zu neuen Fäden auswachsen. Für die Auflösung des Vegetationskörpers in Teilstücke, die sich zu selbständigen Individuen entwickeln, haben wir auch bei den Moosen Beispiele. Manche Lebermoose mit thallosem Sproß verzweigen sich sehr reichlich dichotomisch. Indem nun der Vegetationskörper von hinten her allmählich abstirbt, werden die einzelnen Thallusäste isoliert und wachsen als selbständige Pflanzen weiter. Ein ähnlicher Vorgang findet sich unter anderem auch bei den mit beblätterten Sprossen versehenen Torfmoosen, die den Moorboden oft auf weite Strecken in dichtgedrängten Rasen überdecken. Die Stämmchen wachsen hier aufrecht und bilden Seitensprosse, die sich gleichfalls nach oben wenden. Von unten her stirbt der Hauptsproß allmählich ab. Indem dadurch die Seitensprosse frei werden und sich wie neue Hauptsprosse verhalten, geht aus einem einzigen Stämmchen der Pflanze mit der Zeit ein ganzes ausgedehntes Moospolster hervor.

Bei vielen Gefäßpflanzen ist gleichfalls die Regeneration eines Seitensprosses zur selbständigen Pflanze möglich. Darauf beruht z. B. die von den Gärtnern sehr oft benutzte Methode der Vermehrung von Gewächsen durch Stecklinge. Ein Zweigstück einer Pflanze wird in Wasser oder feuchten Sand gesteckt, es bewurzelt sich nach einiger Zeit und wächst selbständig weiter. In der freien Natur findet eine Vermehrung in ähnlicher Weise bei den mit Ausläufern versehenen Pflanzen statt. An den Ausläufern der Erdbeerpflanzen z. B. entwickeln sich die durch lange Internodien von der Mutterpflanze und voneinander getrennten Seitensprosse ganz wie selbständige Pflanzen; ihre Sproßspitze richtet sich nach oben, an ihrer Basis werden Adventivwurzeln ausgebildet, und indem nach einiger Zeit die Internodien des Ausläufers absterben, wird die junge Pflanze aus dem Verbande mit der Mutterpflanze gelöst. Die Bildung von Ausläufern stellt einen Übergang zu der ungeschlechtlichen Fortpflanzung dar, insofern als sich die Ausläufer meistens in der äußeren Gestalt wie in der inneren Ausbildung von den gewöhnlichen, rein vegetativen Sprossen unterscheiden. Oft geht die Differenzierung der Ausläufer noch weiter, als in dem gewählten Beispiel. Bei der Kartoffel und beim Topinambur schwellen ihre Spitzen zu reservestoffreichen Knollen an, die erst nach einer Ruheperiode austreiben und neue Pflanzen hervorbringen (vgl. S. 30).

Sporen und Conidien. Die bei den niederen Gewächsen am häufigsten sich findende Form der ungeschlechtlichen Fortpflanzung ist die Sporenbildung. Im Innern einzelner besonders gestalteter Zellen (Sporangien) werden durch freie Zellbildung isolierte Fortpflanzungszellen (Sporen) gebildet, die, aus dem Sporangium befreit, zur Bildung neuer Pflanzen führen.

Nach der Beschaffenheit der Sporen können wir unterscheiden zwischen Schwärmsporen (Zoosporen, Planosporen), die mit eigenen Bewegungsorganen Ortsbewegungen ausführen, und Sporen ohne Bewegungsorgane (Aplanosporen).

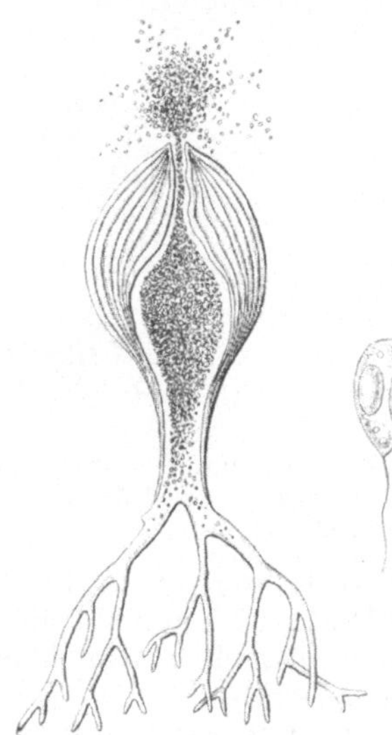

Abb. 217. Schwärmsporenbildende Pflanze von Botrydium granulatum. Die Schwärmsporen treten am Gipfel aus ($^{20}/_1$ nach Woronin). Daneben eine einzelne Schwärmspore stärker vergrößert.

Bei vielen Algen und auch bei einigen im Wasser lebenden Pilzen werden Schwärmsporen gebildet. Sie sind nackte Zellen, meist von birn- oder kugelförmiger Gestalt, ihre Bewegungsorgane sind feine Wimperfäden, Cilien, die einzeln oder zu mehreren an einem Punkt entspringen oder in größerer Anzahl die Oberfläche des Körpers bedecken. Bei den Algen enthalten die Schwärmsporen Chlorophyll und besitzen meistens an einer Seite einen kleinen roten Fleck, der als Augpunkt bezeichnet wird. Das eine Ende der Schwärmspore ist gewöhnlich hyalin, d. h. frei von Farbstoffen. Mit diesem Ende setzen sich die Schwärmsporen, nachdem sie sich einige Zeit im Wasser fortbewegt haben, an einer Unterlage fest und wachsen zu einer neuen Pflanze aus.

Als Beispiel möge die Schwärmsporenbildung bei Botrydium granulatum angeführt werden (Abb. 217). Der ganze Vegetationskörper dieser kleinen einzelligen Alge wird zum Sporangium. Der Plasmainhalt des oberirdischen kugelförmigen Teiles wird in zahlreiche gleichartige Portionen zerlegt, die zu Schwärmsporen werden. Infolge starker Quellung der Sporangienwand werden die Schwärmsporen bei der Reife durch einen am Scheitel entstehenden Riß aus der Mutterzelle herausgedrängt. Die einzelne Schwärmspore ist birnförmig, besitzt Chlorophyll und eine an dem hyalinen, spitzen Ende eingefügte Cilie. Die letztere geht nach einiger Zeit verloren; der Körper der Schwärmspore aber setzt sich an einem Gegenstand fest und wächst, wenn die Vegetationsbedingungen an dem gewonnenen Standorte günstige sind, zum neuen Pflänzchen heran. Das hyaline Ende der Spore stellt dabei den Anfang des Würzelchens, das chlorophyllhaltige Ende den Anfang des kugeligen Sprosses dar.

Sporen ohne Cilien finden sich sowohl bei Algen und Pilzen, als auch bei Moosen und Farnen. Ein einfaches Beispiel für die Sporenerzeugung gibt uns der gemeine Köpfchenschimmel, ein Pilz aus der Gattung Mucor, welcher überall auf feuchten organischen Substanzen sich einfindet. Der Pilz besteht aus einem zarten, vielfach verzweigten Mycel, das sich in und auf dem Substrat ausbreitet (Abb. 218A). Von dem Mycel erheben sich einzelne senkrecht gestellte Äste, die an ihrem oberen Ende eine kugelförmige Zelle als Sporangium abgliedern. Der Inhalt dieser Zelle teilt sich in zahlreiche Portionen, die Sporen, die sich mit einer Membran umgeben (Abb. 218B). Bei der Reife der Sporen wird die Sporangienwand zersprengt und die Sporen können direkt zu neuen Mycelien auswachsen.

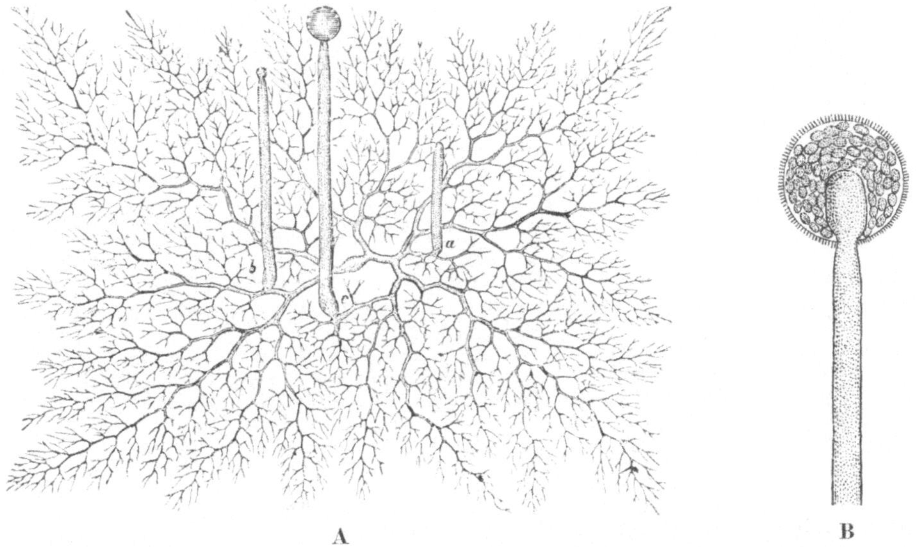

A   B

Abb. 218. **A** ein junges Exemplar von Mucor; *a, b, c* Sporangienäste in verschiedenen Entwicklungsstadien (nach Kny). **B** ein Sporangium im optischen Längsschnitt (stärker vergrößert).

Die Zahl der Sporen in einem Sporangium ist in vielen Fällen unbestimmt und oft sehr groß; in anderen Fällen ist die Menge der ausgebildeten Sporen auf eine bestimmte Zahl beschränkt. Endlich kommen auch Fälle vor, in denen das Sporangium nur eine einzige Spore enthält. Wir finden Beispiele dafür bei den Bakterien und Spaltalgen (Abb. 219), deren sehr ausgiebige Vermehrung, wie wir gesehen haben, durch vegetative Zweiteilung erfolgt. Die Sporenbildung hat hier für die Vermehrung der Individuenzahl keine Bedeutung, indem aber die Spore durch ihre Ausbildung größere Widerstandskraft gegen ungünstige äußere Einflüsse besitzt als die vegetativen Zellen, ermöglicht die Sporenbildung die Erhaltung der Art auch über ungünstige Zeiten hinaus.

Bei sehr vielen Pilzen treffen wir neben den Sporen, oder auch für sich allein, sporenähnliche Fortpflanzungsorgane an, welche äußerlich von dem Vegetationskörper des Pilzes abgegliedert werden; man bezeichnet sie gegenüber dem in Innern eines Sporangiums sich bildenden Sporen als Conidien.

Für die Conidienbildung finden wir wieder unter den gewöhnlichsten Schimmelformen ein typisches Beispiel. Der Pinselschimmel, Penicillium, erzeugt an seinem weitverzweigten, vielzelligen Mycel, welches das Substrat durchsetzt, zahlreiche aufwärts wachsende Äste, die zu Conidienträgern werden. Jeder Träger verzweigt sich an seinem oberen Ende kandelaberartig und an der Spitze jeder Endverzweigung wird eine rundliche Conidie abgeschnürt. Durch Wachstum verlängert sich danach die Endverzweigung auf ihre ursprüngliche Größe, und es entsteht unter der ersten Conidie eine zweite. In der gleichen Weise setzt sich der Prozeß fort, so daß ganze Ketten von kugelförmigen Conidien aus jedem Ast hervorgehen (Abb. 220). Bei der Reife fallen die Conidien nacheinander von dem Träger ab und lassen, wenn sie in günstige Keimungsbedingungen gelangt sind, ein neues Mycel aus sich hervorgehen.

Brutknospen. Bei Moosen und Farnen erfolgt in manchen Fällen eine ungeschlechtliche Vermehrung durch Brutknospen. Gruppen von Zellen, welche

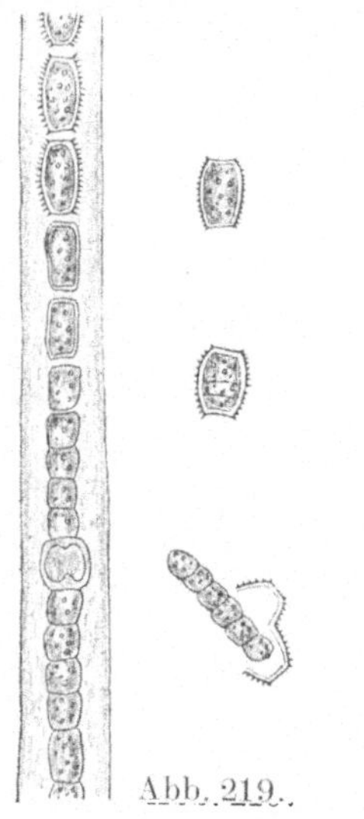

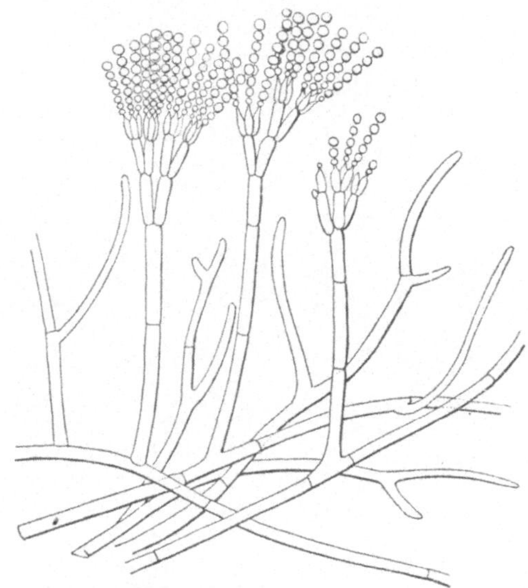

Abb. 219.

Fadenstück der Spaltalge Spermosira hallensis; die oberen Zellen bilden Dauersporen. Rechts daneben einzelne Sporen in verschiedenen Keimungsstadien ($^{490}/_1$ nach Janczewski).

Abb. 220. Ein Teil eines Schimmelrasens stark vergrößert Die kriechenden Fäden des Schimmelpilzes (Penicillium) tragen aufrechte Äste, an denen graugrüne, perlschnurartig aneinandergereihte Conidien in ungeheurer Menge abgeschnürt werden.

sich durch ihre Ausbildung von den vegetativen Organen der Pflanzen unterscheiden, werden an einer beliebigen oder an einer bestimmt umgrenzten Stelle des Vegetationskörpers abgegliedert und wachsen, nachdem sie isoliert worden sind, unter günstigen Bedingungen zu neuen Pflanzen aus.

Als Beispiel mögen die Brutknospen des überall verbreiteten Lebermooses, Marchantia polymorpha, dienen. Auf der Oberfläche des thallosen Sprosses stehen vereinzelt kleine becher- oder schüsselförmige Organe, die Brutbecherchen (Abb. 221 A b), aus deren Grunde fortgesetzt Zellreihen hervorwachsen, die sich unter Zellteilung an ihrem oberen Ende stark verbreitern und zu baßgeigenförmigen Zellkörpern werden (Abb. 221 C), die sich bei der Reife leicht von dem zarten Stiel ablösen. In den seitlichen Einschnürungen dieser Brutknospen liegen Vegetationspunkte, von denen nach der Isolierung der Gebilde das Wachstum ausgeht. Die Stoffzufuhr wird durch Haarwurzeln vermittelt, die sich an der vom Licht abgewendeten Seite aus dem Körper der Brutknospen entwickeln. Manche beblätterten Lebermoose entwickeln aus den Zellen der Blattspitze zahlreiche wenigzellige Brutknospen. Bei den Laubmoosen treffen wir kugelige, braune Brutknospen schon an dem als Jugendform der Moospflanze zu bezeichnenden fadenförmigen Protonema, aber auch die erwachsene Pflanze trägt bei manchen Arten Brutknospen, die wie bei Tetraphis in Bau und Entwicklung einige Ähnlichkeit mit den Brutknospen von Marchantia haben oder wie bei Aulacomnium leicht als umgewandelte Blätter zu erkennen sind.

Die Brutknospen, welche sich bei manchen Blütenpflanzen bil-

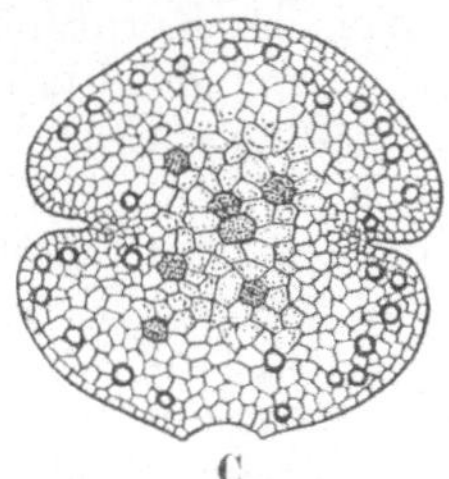

Abb. 221. **A** und **B** Sprosse von Marchantia. Bei *b* Brutbecherchen, welche Brutknospen enthalten. **C** eine einzelne Brutknospe stark vergrößert.

den, sind in allen Fällen umgewandelte Sprosse, die entweder direkt in ihren Zellen oder in irgendwelchen mit ihnen verbundenen Gliedern Reservestoffe zur Verfügung haben und deren Vegetationspunkt nach der Trennung der Brutknospe von der Mutterpflanze zum Sproßscheitel der neuen Pflanze auswächst.

Die Brutknospen in der Achsel der Blätter von Lilium bulbiferum sind zwiebelähnliche Achselknospen. Die sogenannte Zwiebelbrut vieler Zwiebelgewächse besteht aus ähnlichen, in größerer Zahl in den Achseln der Zwiebelschuppen entstehenden Brutknospen. Die Knöllchen in den Blattachseln bei Dentaria bulbifera (Abb. 222) sind gleichfalls Achselknospen, deren Achse und Blattanlagen zum Reservestoffbehälter umgewandelt sind. Ebenso sind bei den in Abb. 45 abgebildeten unterirdischen Brutknospen von Saxifraga granulata die Reservestoffe in der Sproßachse und in den Blattanlagen abgelagert.

Abb. 222. Sproßstück von Dentaria bulbifera mit Brutknospen.

2. Die geschlechtliche Fortpflanzung.

Das charakteristische Merkmal der geschlechtlichen Fortpflanzung besteht in dem Vorgang der Verschmelzung zweier Geschlechtszellen (Gameten). Die näheren Umstände, unter denen dieser als Befruchtung bezeichnete Vorgang sich vollzieht, die Beschaffenheit der Geschlechtszelle und die Form und Ausbildung der besonderen Organe, Geschlechtsorgane, in oder an denen die Geschlechtszellen entstehen, ist in den verschiedenen Gruppen des Gewächsreiches außerordentlich verschieden. Durch die Verschmelzung der beiden Geschlechtszellen entsteht eine Keimzelle mit zwei Zellkernen, die im weiteren Verlaufe der Entwicklung früher oder später zu einem einzigen Kern verschmelzen. Die wesentlichen Elemente des Kerngerüstes, die Chromosomen, sind in diesem Kern in doppelter Anzahl enthalten. Man bezeichnet demnach den durch Verschmelzung entstandenen Kern der Keimzelle als diploid im Gegensatz zu den haploiden Kernen der Geschlechtszellen. Da bei der normalen Kernteilung jedes Chromosom sich in zwei Teile spaltet und also jeder Tochterkern die gleiche Chromosomenzahl enthält, die der Mutterkern besaß, so sind auch alle durch typische Kernteilungen von dem diploiden Kern der Keimzelle abgeleiteten Kerne gleichfalls diploid. Es treten aber in dem Entwicklungsgang als regelmäßiges Korrelat der Kernverschmelzung atypische Kernteilungen auf, durch welche aus einem diploiden Kern meist vier haploide Enkelkerne mit einfacher Chromosomenzahl gebildet werden. Der Entwicklungsvorgang, durch welchen aus Zellen mit diploidem Kern solche mit haploidem Kern entstehen, wird als Chromosomenreduktion oder als Reduktionsteilung bezeichnet. Es findet demnach bei der geschlechtlichen Fortpflanzung ein regelmäßiger **Phasenwechsel** statt. Die Gesamtheit der Zellen mit haploidem Kern mit Einschluß der von ihnen abgeleiteten Geschlechtszellen bildet die Haplophase, durch die Kernverschmelzung im Sexualakt entsteht eine Zelle mit diploidem Kern, die mit allen ihren durch typische Zellteilung entstandenen Abkömmlingen die Diplophase repräsentiert. Die Chromosomenreduktion führt wieder zur Haplophase zurück. Die Dauer der Phasen und die Organisationshöhe der sie darstellenden Vegetationsgebilde ist bei den einzelnen Pflanzengruppen außerordentlich verschieden.

Bei den niederen Pflanzen folgt häufig der Zell- und Kernverschmelzung unmittelbar die Chromosomenreduktion, die Diplophase ist also auf eine einzige Zelle beschränkt, während die Haplophase den ganzen Vegetationsapparat bildet. Es kommt auch der Fall vor, daß der Chromosomenreduktion die Kernverschmelzung unmittelbar folgt; der Vegetationsapparat gehört dann ganz der Diplophase an. Wenn sowohl die Haplophase als auch die Diplophase in sich abgeschlossene selbständige Vegetationsgebilde darstellen, so bezeichnet man die regelmäßige Aufeinanderfolge dieser Lebensformen im Entwicklungsgang als **Generationswechsel.**

a) Die geschlechtliche Fortpflanzung der Lagerpflanzen.

Bei den Algen und Pilzen herrscht die größte Mannigfaltigkeit der Erscheinungen. Neben Fällen, in denen die Gameten an Gestalt und Größe völlig gleich bis zur Verschmelzung den gleichen Entwicklungsgang durchlaufen, finden wir solche, in denen schon frühzeitig eine weitgehende Differenzierung zwischen den zu Gameten werdenden Zellen eingeleitet wird, so daß ein deutlicher Unterschied zwischen männlicher Geschlechtszelle (Spermatozoid, Sperma) und weiblichem Ei (Oosphaere) erkennbar wird. Wir können danach die Befruchtungsvorgänge der Thallophyten in zwei durch Übergänge verbundene Gruppen bringen. 1. Die isogame Befruchtung besteht in der Verschmelzung zweier an Gestalt, Größe und Ausbildung gleicher Gameten, das Verschmelzungsprodukt derselben wird Zygote, und wenn sie die Form einer zur Vegetationsruhe befähigten Dauerzelle annimmt, Zygospore genannt. 2. Bei der oogamen Befruchtung sind verschieden gebildete männliche und weibliche Gameten vorhanden. Erstere treten gewöhnlich als freibewegliche

Schwärmzellen (Spermatozoiden) auf, die in besonderen Zellen (Antheridien) gebildet werden. Letztere stellen ein meist unbewegliches oder nur passiv bewegliches Ei (Oosphaere) dar, das aus dem Inhalt einer als Oogonium bezeichneten Zelle hervorgeht. Das bei der Befruchtung entstehende Verschmelzungsprodukt heißt Oospore.

Es ist im hohen Grade wahrscheinlich, daß auch bei der isogamen Befruchtung die miteinander verschmelzenden Gameten innerlich stets wesensungleich, also geschlechtlich verschieden sind.

Ein Beispiel für isogame Befruchtung bietet uns die Kraushaaralge, Ulothrix (Abb. 223 A). Die kurzen Zellen, aus denen ihre zylindrischen, unverzweigten Fäden bestehen, enthalten im vegetativen Zustande in ihrem Plasma einen band- oder plattenförmigen Chlorophyllkörper. Eine ungeschlechtliche Fortpflanzung wird durch birnförmige Schwärmsporen mit vier Cilien vermittelt, welche zu zweien in einer vegetativen Zelle entstehen. Wenn die Pflanze zur geschlechtlichen Fortpflanzung schreitet, so teilt sich der gesamte Inhalt der zu Gametenbehältern (Gametangien) werdenden Zellen nach voraufgegangenen Kernteilungen in sechzehn Portionen, die durch eine Öffnung in der Zellwand nach außen gelangen. Jede derselben stellt einen selbstbeweglichen Gameten (Planogameten) dar, welcher Birnform besitzt, am spitzen hyalinen Ende zwei Cilien trägt, im runden Teil mit Chlorophyll und seitlich mit einem roten Augpunkt versehen ist. Mit Hilfe des Mikroskopes kann man beobachten, daß einzelne der im Wassertropfen schwärmenden Gameten sich mit ihren Cilien verflechten und zunächst mit ihren spitzen Enden in Berührung treten (Abb. 223, 1). Sie legen sich dann mit den Längsseiten aneinander (2) und verschmelzen zu einem einzigen Körper, der zunächst noch vier Cilien und zwei Augpunkte besitzt (3 und 4). Später verliert die Zygote die Cilien. Sie umgibt sich mit einer neuen Zellwand (5) und überdauert als Zygospore die Zeit der Vegetationsruhe. Bei der Keimung bringt sie ungeschlechtliche Schwärmsporen hervor, die sich festsetzen und zu neuen Fäden auswachsen.

In Fällen, in denen, wie bei dem vorliegenden Beispiel, selbstbewegliche Sexualzellen vorhanden sind, pflegt man den Befruchtungsvorgang wohl auch kurz als Gametenkopulation zu bezeichnen; ein weiteres Beispiel möge zeigen, daß auch eine Verschmelzung unbeweglicher Zellen zur Zygosporenbildung führen kann. Die Schimmelpilze aus der Gattung Mucor vermehren sich sehr ausgiebig durch die auf S. 195 geschilderte Sporenbildung;

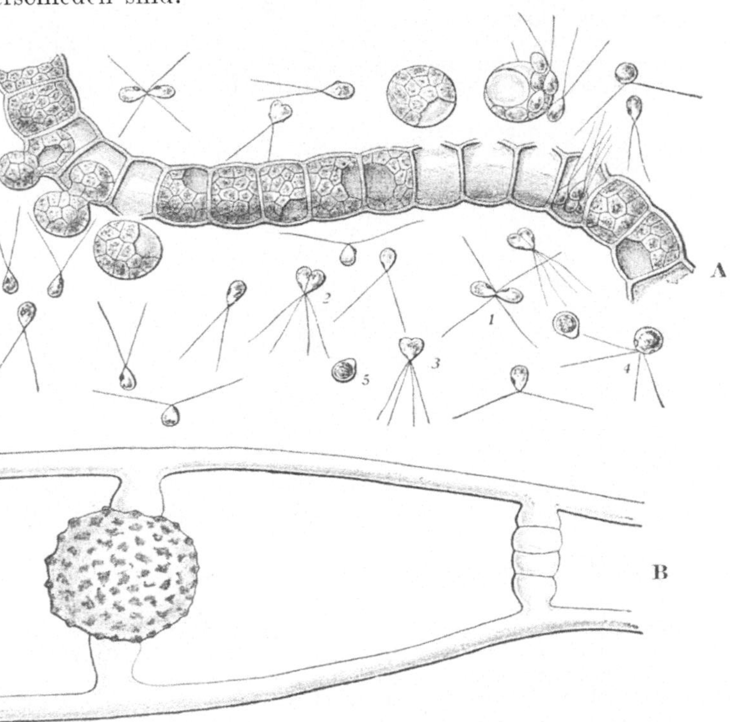

Abb. 223. **A** Gametenkopulation bei Ulothrix. **B** Zygosporenbildung bei Mucor.

gelegentlich aber kommt bei ihnen eine geschlechtliche Fortpflanzung zustande (Abb. 223B).
Zwei Äste des verzweigten Myceliums, welche sehr reichlich mit Plasma versehen sind,
wachsen direkt gegeneinander, bis sie sich mit den Spitzen berühren. Ihre keulenförmigen
Enden, die durch eine Querwand von dem übrigen Mycel abgegrenzt werden, schwellen an,
und indem an der Berührungsstelle die Zellwand aufgelöst wird, verschmelzen diese beiden
Zellen zur Zygote, die sich kugelförmig abrundet und nach Ausbildung starker Wand-
verdickungen die ausgewachsene Zygospore darstellt. Durch die kräftige Ausbildung der
Wand wird die Zygospore instand gesetzt, ungünstige äußere Umstände leichter zu ertragen.
Sie keimt, wenn wieder günstige Wachstumsbedingungen eingetreten sind. Der Keim-
faden bildet sehr bald ein Sporangium mit ungeschlechtlichen Sporen, aus denen neue
Mycelien hervorgehen.

Unter den Grünalgen bieten einige zur Abteilung der Konjugaten gehörige Fadenalgen
gute Beispiele für die Zygosporenbildung unbeweglicher Gameten. Die zylindrischen
Zellen der grünen Fadenalge Spirogyra (Abb. 224A) enthalten in ihrem Plasma einen Zell-

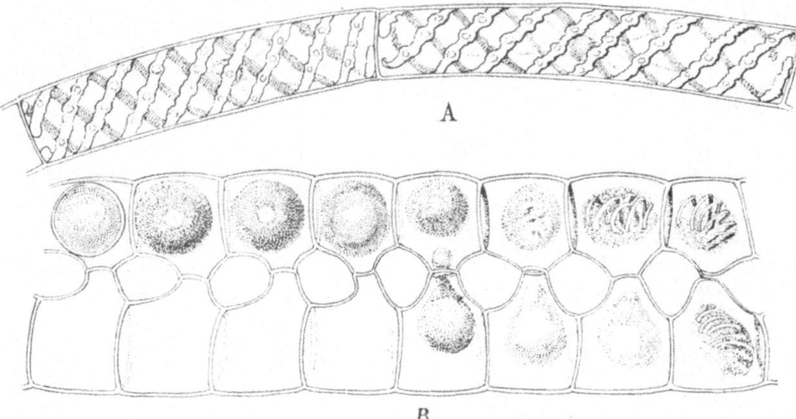

Abb. 224. Fadenstücke von Spirogyra. vergrößert. **A** Zellen im vegetativen Zustande.
B Zellen zweier benachbarter Fäden in verschiedenen Stadien der geschlechtlichen Vereinigung.

kern und ein oder mehrere spiralig gewundene, der Wand anliegende Chlorophyllbänder.
Bei der Zygosporenbildung (Abb. 224**B**) werden in typischen Fällen an den Zellen der parallel nebeneinanderliegenden Fäden Ausstülpungen gebildet, welche gegeneinander wachsen,
bis sie sich berühren und nach Auflösung der Zellwand an der Berührungsstelle ein offenes
Verbindungsrohr zwischen je zwei Zellen darstellen. Durch Wasserabgabe verringern die
Plasmakörper der Zellen ihren Umfang und je einer derselben wandert durch das Verbindungsrohr in die andere Zelle, um dort mit dem Inhalt zu verschmelzen. Die dadurch
entstehende Zygospore rundet sich gleichmäßig ab und umgibt sich mit einer festen Membran. Die in ihr enthaltenen beiden Sexualkerne verschmelzen zum Keimkern. Bei der
Keimung wird die äußere Hülle von dem hervordrängenden Inhalt durchbrochen und der
letztere bildet sich zum neuen Faden aus, dessen Zellenzahl durch fortgesetzte Zellteilung
vermehrt wird. Der diploide Keimkern teilt sich vor der Keimung unter Reduktion der
Chromosomen in vier Enkelkerne, von denen drei zugrunde gehen, so daß also nur ein
haploider Kern in der Keimzelle zurückbleibt, von dem alle Kerne der Fadenzellen abzuleiten sind.

Insofern als der eine der Gameten hier in seiner Zelle bleibt, während der andere sich zu
ihm hinbewegt, und da auch die Inhaltsbestandteile der beiden Gameten sich bei der Verschmelzung nicht völlig übereinstimmend verhalten, finden wir bei Spirogyra schon eine
geringe Gegensätzlichkeit zwischen den beiden Gameten angedeutet und können den
soeben geschilderten Befruchtungsvorgang als eine Zwischenstufe zwischen isogamer und
oogamer Fortpflanzung ansehen. Deutlich ausgesprochene oogame Befruchtung unbeweglicher Gameten findet sich indes nur bei gewissen Pilzen, die danach als Oomyceten bezeichnet werden. Bei den hierher gehörenden Peronosporeen und Saprolegnien bildet die kugelig

anschwellende Endzelle eines Mycelfadens das Oogonium, in dem sich eine oder mehrere Eizellen entwickeln. Das Antheridium ist ein kleiner, unterhalb des Oogoniums entspringender Seitenast, welcher gleichfalls durch eine Querwand von dem übrigen Mycel abgetrennt ist. Der Antheridenast legt sich dem Oogonium dicht an und treibt an der Berührungsstelle einen Schlauch, der die Wand des Oogoniums durchbricht und bis zum Ei vordringt. Die durch den geöffneten Befruchtungsschlauch in das Ei hinübertretende Substanz bewirkt in den typischen Fällen die Befruchtung, durch welche das Ei zu weiterer Entwicklung angeregt wird (Abb. 225).

Sehr deutliche Übergänge von isogamer zu oogamer Befruchtung mit sanfter Abstufung in zahlreichen Beispielen finden wir in der Abteilung der Braunalgen. Bei ihnen steigt die geschlechtliche Fortpflanzung von der Kopulation gleichgestalteter Schwärmzellen (Planogameten) mit allen Übergangsstufen bis zur Befruchtung ruhender Eizellen durch Spermatozoiden, wobei oft ganz nahe verwandte Formen verschiedenes Verhalten zeigen.

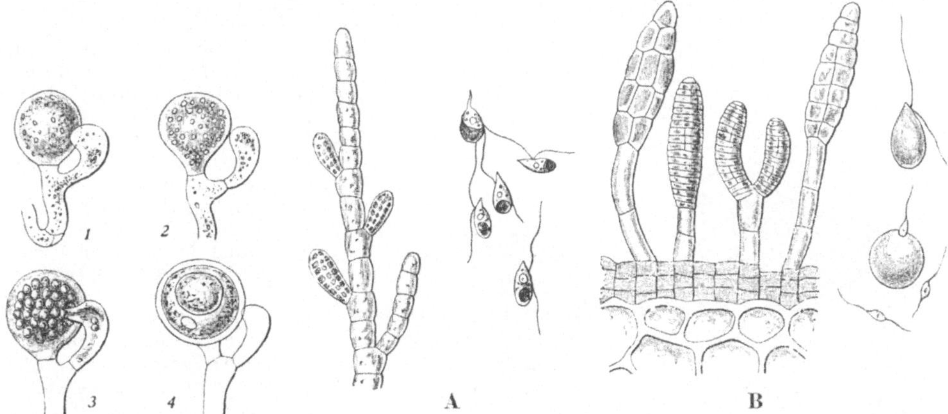

Abb. 225. 1—4 aufeinanderfolgende Stadien der Oosporenbildung bei Pythium gracile (ca. $^{800}/_1$ nach De Bary).

Abb. 226. **A** Fadenast von Ectocarpus mit Gametenbehältern. Rechts daneben ein weiblicher Gamet, der von männlichen umschwärmt wird. **B** Stück der Oberfläche des Thallus von Zanardinia mit Gametenbehältern. Rechts daneben männliche und weibliche Gameten.

In der Gattung Ectocarpus, deren Vertreter meist kleine fadenförmige, rasenbildende Vegetationskörper besitzen, zeigen einige Arten typische, isogame Befruchtung. Die mit zwei seitlich eingefügten Cilien versehenen birnförmigen Gameten verschmelzen paarweise wie bei Ulothrix zur Zygote. Andere Arten derselben Gattung haben zweierlei Gameten, welche an Größe ein wenig verschieden sind und ein verschiedenes Verhalten zeigen (Abb. 226 A). Die etwas größeren weiblichen Gameten setzen sich, nachdem sie eine Zeitlang geschwärmt haben, mit der einen Cilie, welche sich zu einer Art Stiel verkürzt, an einer Unterlage fest. Die kleineren männlichen Gameten aber, welche ihre Beweglichkeit länger behalten, umschwärmen die zur Ruhe gekommenen. Indem endlich je ein männlicher und ein weiblicher Gamet verschmelzen, werden Zygoten gebildet.

In der den Ectocarpeen sehr nahestehenden Familie der Cutleriaceen sind die Differenzen zwischen den männlichen und weiblichen Gameten schon weiter ausgebildet. Bei der hierher gehörenden Zanardinia (Abb. 226 B) bilden sich die Enden einzelner Fadenäste des zu einem flachen Thallus verschmolzenen Vegetationskörpers zu Gametangien aus. Einige derselben teilen sich durch zahlreiche Quer- und Längswände in kleine Zellen, deren Inhalt je einen männlichen Gameten liefert. Andere Äste erfahren nur wenige Teilungen, so daß die aus ihrem Inhalt hervorgehenden weiblichen Gameten die männlichen vielmals an Größe übertreffen. Die weiblichen Gameten besitzen, wie die männlichen, zwei Cilien an ihrem birnförmigen Körper. Sie behalten diese aber nur kurze Zeit und kommen bald zur Ruhe, indem sie sich zu einem kugelförmigen Ei abrunden, an dem ein farbloser Fleck, der Empfängnisfleck, die Stelle bezeichnet, an welcher bei der Befruchtung ein männlicher Gamet in den Körper des Eies eindringt. Bei Zanardinia kann von einem Generationswechsel gesprochen werden insofern, als die aus dem befruchteten Ei erwachsende diploide Pflanze nur ungeschlechtliche haploide Sporen erzeugt, während die aus der keimenden Spore hervorgehende · haploide Pflanze wiederum Geschlechtsorgane hervorbringt. Die ungeschlechtliche und geschlechtliche Pflanze haben hier die gleiche Gestalt. Bei verwandten Formen sind die beiden Generationen auch in ihrer Formgestaltung verschieden. So gehört z. B. zu Cutleria die früher als Aglaozonia unterschiedene Alge als zweite Generation.

Deutlicher tritt der Generationswechsel hervor bei den ebenfalls zu den Braunalgen gehörigen Laminariaceen, bei denen die aus der ungeschlechtlichen Spore entstandene geschlechtliche Pflanze mit haploiden Kernen meist winzig klein und von sehr kurzer Lebensdauer ist, während die Sporen erzeugende ungeschlechtliche Pflanze mit diploiden Kernen, welche aus der befruchteten Eizelle hervorgeht, oft riesenhafte Dimensionen erreicht.

Bei den Laminarien ist auch ein weiterer Fortschritt in der Entwicklung des Sexualaktes zu erkennen insofern, als die Eizelle von Anfang an ohne Bewegungsorgane ist. Das gleiche gilt für die Braunalgenfamilie der Fucaceen. Die Arten der Gattung Fucus sind hochentwickelte Meeresalgen, welche einen laubartigen, reichlich dichotomisch verzweigten Thallus und ein wurzelähnliches Haftorgan besitzen. Die Geschlechtsorgane befinden sich am Ende einzelner Thalluslappen in grubigen Vertiefungen (Conceptacula). Es sind zweierlei Arten von Geschlechtsorganen vorhanden, die Antheridien, in denen Spermatozoiden entstehen, und die Oogonien, in denen sich die Eizellen ausbilden. Die Antheridien sind die einzelligen Enden verzweigter Fadenäste,

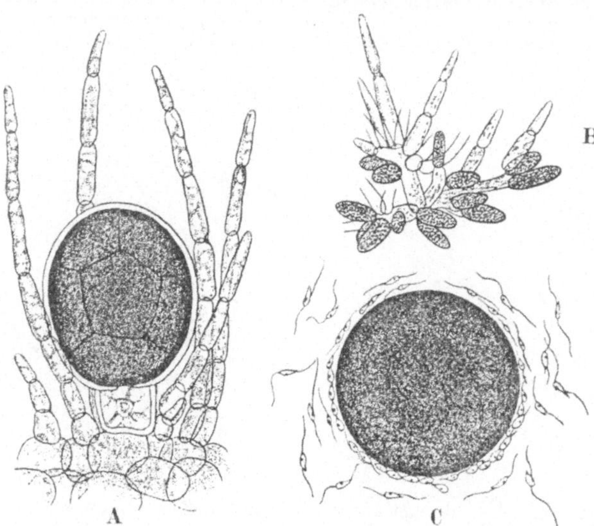

Abb. 227. Geschlechtsorgane von Fucus (nach Thuret). A Oogonium, in welchem acht Eizellen gebildet werden. $(^{160}/_1)$ B verzweigte Fäden mit Antheridien aus einem Conceptaculum. $(^{160}/_1)$ C ein reifes Ei, welches von Spermatozoiden umschwärmt wird (stärker vergrößert).

welche aus der Wand des Conceptaculums entspringen. Der Inhalt derselben zerteilt sich in sehr zahlreiche Portionen, die je einen sehr kleinen männlichen Gameten darstellen, welcher zwei seitlich stehende Cilien trägt. Die Oogonien sind kugelig angeschwollene Zellen, die auf einem kurzen Stiel zwischen verzweigten Haaren an der Wand des weiblichen Conceptaculums stehen. Ihr Inhalt teilt sich in acht nackte Zellen, die, solange sie im Oogonium liegen, durch gegenseitigen Druck polygonal erscheinen. Später werden die Zellen aus dem Oogonium befreit und vor die Öffnung des Conceptaculums hinausgedrängt und stellen dann jede ein kugelig abgerundetes Ei dar. Ganze Scharen der vielmals kleineren Spermatozoiden umschwärmen alsbald jedes Ei und setzen sich an demselben fest. Das durch Eindringen eines Spermatozoids befruchtete Ei umgibt sich mit einer Membran und wächst, indem es sich an einer Unterlage festsetzt, zum neuen Algenthallus aus. Soweit die Kernverhältnisse geprüft worden sind, läßt sich annehmen, daß der gesamte Vegetationsapparat von Fucus die Diplophase darstellt. Bei der Bildung der Gameten in den Oogonien und Antheridien tritt die Chromosomenreduktion ein und bei der Befruchtung wird aus Eikern und Spermatozoidkern alsbald wieder ein diploider Kern gebildet, aus dem durch normale Teilungen die diploiden Kerne der Körperzellen des Algenthallus hervorgehen. Von einem Generationswechsel kann also hier nicht mehr gesprochen werden.

Als nächsten Schritt in der Ausbildung des Sexualaktes können wir die Tatsache ansehen, daß bei manchen Thallophyten das Ei überhaupt nicht aus dem Oogonium herausbefördert wird, sondern bis zu der Ausbildung der Oospore an dem Ort seiner Entstehung liegen bleibt. Wir finden diesen Fall bei der Grünalge Coleochaete pulvinata, bei welcher sich zugleich noch in anderer Beziehung eine weitergehende Organisation der Fortpflanzungserscheinungen erkennen läßt (Abb. 228).

Der Thallus von Coleochaete besteht aus verzweigten Zellfäden, die zu einer flachen Scheibe angeordnet sind; aus einzelnen vegetativen Zellen entspringen Borstenhaare, welche am unteren Ende von dem äußeren Teil der Zellwand wie von einer Scheide umhüllt werden. Ungeschlechtliche Fortpflanzung erfolgt, indem die Endzellen einzelner Thallusäste zu Sporangien werden, in denen je eine kugelige Schwärmspore mit zwei Cilien gebildet wird. Die Geschlechtsorgane gehen gleichfalls aus Endzellen der Fadenäste hervor.

Die Antheridien werden gebildet, indem aus einer Endzelle zwei oder drei Ausstülpungen entstehen, die sich durch eine Querwand abgrenzen. Der gesamte Inhalt jeder so gebildeten Zelle wird zu einem ovalen Spermatozoid mit zwei Cilien. Die Oogonien entstehen dadurch, daß eine Endzelle kugelförmig anschwillt und an ihrem vorderen Ende in einen schmalen Schlauch auswächst, der sich später an seiner Spitze öffnet und einen farblosen Schleimtropfen austreten läßt. Der mit Chlorophyll versehene Inhalt des kugelförmigen Teiles des Oogoniums bildet die Eizelle. Nach der Befruchtung umgibt sich die Eizelle mit einer eigenen

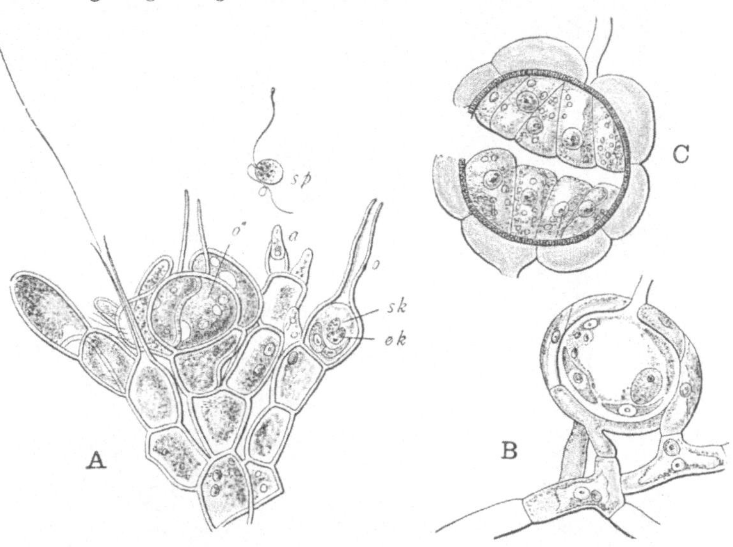

Abb. 228. Fortpflanzung von Coleochaete, stark vergrößert (nach Pringsheim). **A** Ein Stück des Vegetationskörpers der Alge mit Oogonien o', o'' und Antheridien a. sp ein Spermatozoid. In dem Oogonium o' ist neben dem Eikern ek noch der Kern des durch den Halsfortsatz eingedrungenen Spermatozoids sk sichtbar. **B** Befruchtetes Oogonium mit den Berindungsästen. **C** Gekeimte Oospore; der Inhalt hat sich in 8 einkernige Zellen geteilt.

Zellhaut und vergrößert sich noch beträchtlich durch Wachstum. Aus der das Oogonium tragenden Zelle sprossen seitliche Äste hervor, die sich dicht an den Bauchteil des Oogoniums anschmiegen und die Oospore mit einer zelligen Rinde umgeben, in deren Schutz sie den Winter über ruht. Im nächsten Frühjahr beginnt die Keimung, indem die diploide Oospore die Berindung zersprengt und sich unter Chromosomenreduktion in acht Zellen teilt, die als Planosporen ausschwärmen und zu neuen Pflanzen heranwachsen.

Auch bei dieser in bezug auf den Sexualakt hochstehenden Form der Grünalgen ist noch kein Generationswechsel bemerkbar, da die Diplophase allein durch die Oospore dargestellt wird.

Bei den Rotalgen oder Florideen wird der dem Oogonium homologe weibliche Geschlechtsapparat Prokarp genannt. Er besteht im einfachsten Falle (Abb. 229) aus einer einzigen Zelle, die in ihrem unteren kugelförmig angeschwollenen Teil die weibliche Sexualzelle, das Karpogon, enthält, während das obere Ende zu einem Schlauch ausgezogen ist. Dieser schlauchförmige Teil, der als Empfängnisapparat dient, wird Trichogyn genannt. In anderen Fällen werden Trichogyn und Karpogon von verschiedenen Zellen gebildet. Die Antheridien sind entweder einzelne Endzellen der Thalluszweige, oder sie bilden dicht gedrängt stehende Zellgruppen am Ende einzelner Thallusäste. In ihnen entstehen in Einzahl oder Mehrzahl die männlichen Gameten, hier Spermatien genannt, deren Plasma mit einer Membranhülle umgeben ist und zum Unterschied von den Spermatozoiden der früher besprochenen Formen keine Bewegungsorgane besitzt. Die Befruchtung erfolgt dadurch, daß die Spermatien zu dem Trichogyn geschwemmt werden und sich an ihm festsetzen. Durch Auflösung der Zellwände an der Berührungsstelle wird eine offene Verbindung hergestellt, so daß der befruchtende Inhalt der Spermatien in das Trichogyn gelangen und von diesem zu dem Karpogon geleitet werden kann. Bei den Formen mit einzelligem Prokarp wird das Karpogon nachträglich durch eine Querwand von dem Trichogyn abgegrenzt. Das befruchtete Karpogon teilt sich darauf durch Zellwände und wächst an seinem Umfange zu Fäden aus, die sich in einzelne zu Sporen werdende Zellen teilen oder am Ende je eine Spore abgrenzen. Das ganze aus dem befruchteten Karpogon erzeugte

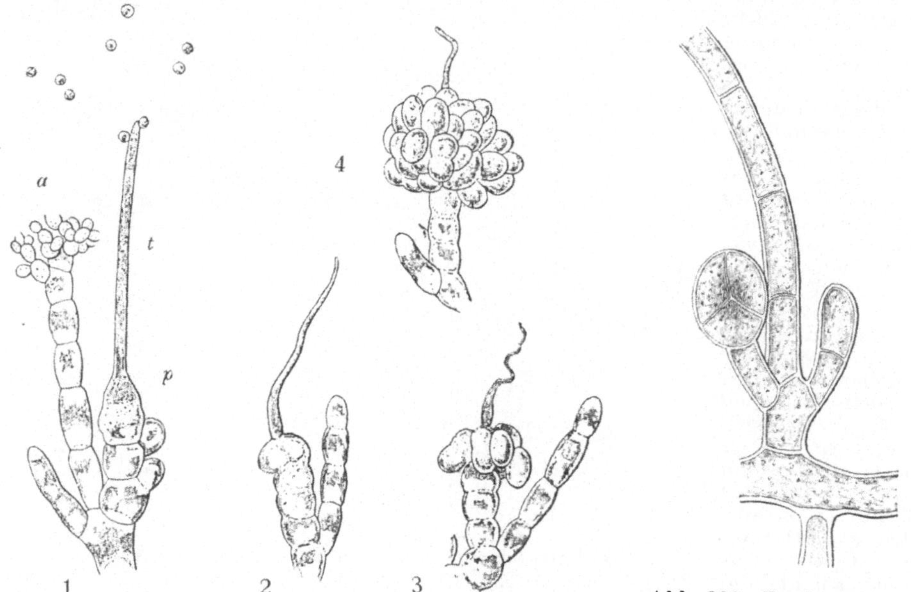

Abb. 229. Nemalion multifidum. 1 Thallusäste mit Antheridien *a* und Prokarp; *p* Karpogon, *t* Trichogyn desselben. 2—4 Entwicklung des Prokarps nach der Befruchtung (400/1 nach Bornet und Thuret).

Abb. 230. Zweigstück von der Floridee Lejolisia mediterranea, an welchem links ein Tetrasporangium steht (250/1 nach Bornet).

Gebilde wird als Sporenfrucht bezeichnet, die einzelnen Sporen heißen Karposporen; aus ihnen entstehen später durch Keimung neue Pflanzen.

Der Phasenwechsel der Florideen bereitete bisher der Erforschung große Schwierigkeiten. Nach sehr sorgfältigen Untersuchungen schwedischer Forscher darf angenommen werden, daß die mit Geschlechtsorganen versehene Pflanze immer der Haplophase angehört. Mit der Befruchtung beginnt die Diplophase. Sie bleibt bei einfacheren Formen wie z. B. bei dem in Abb. 229 abgebildeten Nemalion auf die befruchtete Karpogonzelle beschränkt. Auf die Kernverschmelzung folgt unmittelbar eine Reduktionsteilung. Die Karposporen sind also haploid und bilden den Anfang einer neuen haploiden Pflanze mit Geschlechtsorganen. Bei der Mehrzahl der Florideen teilt sich der Kern der befruchteten Karpogonzelle typisch. Die Zellen der Sporenfrucht und demnach auch die Karposporen sind diploid. Die aus ihnen hervorgehende diploide Pflanze trägt keine Geschlechtsorgane sondern nur Sporangien, meist Tetrasporangien (Abb. 230), in denen aus einer Mutterzelle unter Chromosomenreduktion je vier haploide Sporen, sogenannte Tetrasporen, gebildet werden aus denen wiederum haploide Geschlechtspflanzen hervorgehen. Die einfacheren Formen der Rotalgen haben demnach keinen Generationswechsel. Die höheren Formen dagegen bilden zwei oft beträchtlich voneinander verschiedene Generationen aus, von denen die eine Geschlechtsorgane, die andere Tetrasporangien trägt. Der Generationswechsel fällt hier aber nicht direkt mit dem Phasenwechsel zusammen, da ja die mit der haploiden Geschlechtspflanze vegetativ verbundene Sporenfrucht bereits der Diplophase angehört.

Bei den höheren Pilzen, denen zeitweilig eine geschlechtliche Fortpflanzung gänzlich abgesprochen wurde, ist gleichfalls ein Phasenwechsel im Entwicklungsgang nachzuweisen. Pyronema confluens ist ein Pilz, der auf Brandstellen in Wäldern kleine gesellig gedrängte fleischrote Fruchtkörper bildet. Sein Vegetationskörper entsteht durch Keimung aus einer haploiden Spore. Er trägt als männliche Geschlechtsorgane vielkernige Antheridien. Die weiblichen Geschlechtsorgane werden als Askogon bezeichnet. Das Askogon ist eine sackartig aufgeschwollene vielkernige Zelle. Indem Antheridium und Askogon an ihrer Berührungsstelle verschmelzen, mischt sich ihr vielkerniger Inhalt. Die männlichen und weiblichen Kerne ordnen sich zu Paaren, die, ohne zu verschmelzen, in die aus dem befruchteten Askogon hervorsprossenden Zellfäden einwandern. Bei den Zellteilungen, die alsbald in den Zellfäden eintreten, teilen sich die beiden Kerne des Paares immer gleichzeitig derart, daß jede Fadenzelle wieder ein Kernpaar empfängt. Schließlich verschmelzen in gewissen Endzellen des Verzweigungssystems die beiden Kerne zu einem einzigen diploiden Kern, wodurch diese Endzellen zu Sporenschläuchen werden. In dem Sporenschlauch oder Ascus finden weiterhin Kernteilungen statt, durch welche der diploide Ascuskern in der Regel in acht haploide Urenkelkerne geteilt wird. Die acht Kerne werden zum Ausgangspunkt für die Bildung von haploiden Askosporen. Da der achtsporige Ascus (Abb. 120 **A**) in der großen Pilzgruppe der Schlauchpilze überall wiederkehrt und da auch bei zahlreichen Schlauchpilzen Entwicklungsstadien mit zweikernigen Zellen beobachtet worden sind, so darf wohl angenommen werden, daß der Vorgang der Kernpaarung mit nachfolgender Verschmelzung (Karyogamie) hier weiteste Verbreitung hat. Auch bei den Basidiomyceten ist die Karyogamie nachgewiesen worden. Es treten aber hier in der Regel keine besonderen Geschlechtsorgane mehr in Funktion. Die Kernpaarung erfolgt einfach dadurch, daß sich benachbarte Zellen des einkernigen Mycels zu einer zweikernigen Zelle vereinigen oder dadurch, daß die Tochterkerne eines Einzelkernes in der vorerst ungeteilt bleibenden Zelle ein Kernpaar bilden. Die so entstandenen Zellen mit Kernpaaren werden zum Ausgang eines paarkernigen Mycels, an dem die Anlagen der Basidien auftreten. In ihnen findet die Kernverschmelzung und darauf die Reduktionsteilung statt, durch die vier haploide Enkelkerne gebildet werden. Diese vier haploiden Kerne wandern in die vier Basidiosporen hinein, die sich als Auswüchse an der Basidie bilden (Abb. 120 **B**).

b) Die geschlechtliche Fortpflanzung der Archegoniaten.

Bei den Moosen, Gefäßkryptogamen und Nacktsamigen (Gymnospermen) treffen wir hinsichtlich des Befruchtungsvorganges in allen wesentlichen Punkten große Übereinstimmung. Auch die Form und Entwicklung des weiblichen Geschlechtsorganes, welches hier Archegonium genannt wird, zeigt bei allen Arten weitgehende Ähnlichkeit, so daß man deshalb diese drei Abteilungen des Pflanzenreiches als die Gruppe der Archegoniaten zusammenfassen kann. Das Archegonium zeigt in den typischen Fällen die Form eines flaschenförmigen Zellgebildes, in dessen Bauchteil die Eizelle liegt (Abb. 231). Der halsförmige Teil öffnet sich bei der Reife des Eies an seiner Spitze und stellt einen schlauchartigen Kanal dar, durch welchen die männlichen Sexualzellen zum Ei gelangen. Die männlichen Sexualzellen sind bei den Moosen und Farnen Spermatozoiden, welche sich von den gleichnamigen Gebilden einiger Algen nicht wesentlich unterscheiden und wie diese im Wassertropfen schwimmend das Ei aufsuchen. Ihr Körper ist meist langgestreckt und spiralig eingerollt und trägt als Bewegungsorgane Cilien. Die meist kapselartigen Zellkörper, in denen die Spermatozoiden entstehen, werden auch hier als Antheridien bezeichnet. Bei den Nacktsamigen tragen die männlichen Gameten nur in ganz vereinzelten Fällen noch einen Cilienbesatz. Sie werden als Spermazellen bezeichnet und erreichen die Eizelle dadurch, daß die Zelle, welche das Antheridium einschließt, zu einem Schlauch auswächst, der direkt mit dem Archegonium in Berührung tritt.

Ein Generationswechsel ist bei allen Archegoniaten deutlich darin ausgesprochen, daß das aus der befruchteten Eizelle hervorgehende Gebilde, welches die Diplophase des Entwicklungsganges darstellt, nicht direkt wieder Geschlechtsorgane, sondern ungeschlechtliche Sporen erzeugt, aus denen durch Keimung neue geschlechtliche Pflanzen hervorgehen. Die ungeschlechtlichen Sporen sind haploid; sie entstehen je zu vier durch Reduktionsteilung aus der diploiden Sporenmutterzelle. Das Organ, welches den sporenbildenden Gewebekomplex einschließt, heißt Sporensack oder Sporangium.

Bei den Moosen, den Farnen, Schachtelhalmen und Bärlappgewächsen haben alle Sporen einer Art die gleiche Größe und die gleiche Befähigung zur Hervorbringung von Pflanzen mit männlichen und weiblichen Geschlechtsorganen. Die Wasserfarne und Selaginellen und die Nacktsamigen haben zweierlei Sporen von verschiedener Größe: kleinere, Mikrosporen, aus denen nur männliche Pflanzen, und größere, Makrosporen, aus denen nur weibliche Pflanzen werden können. Bei den Nacktsamigen werden die Mikrosporen als Pollenkörner, die Makrosporen als Embryosäcke bezeichnet. Je mehr wir in der Reihe der Archegoniaten emporsteigen, desto mehr wird der Entwicklungsgang vereinfacht, indem die Ausbildung und die Lebensdauer der geschlechtlichen Generation mehr und mehr zusammengedrängt wird, während umgekehrt die ungeschlechtliche Generation zu immer höherer Entwicklung gelangt.

Bei den Moosen ist die geschlechtliche Generation noch wohl entwickelt. Den Ausgangspunkt der Entwicklung bildet die ungeschlechtlich entstandene Spore. Sie besteht aus einer Zelle mit doppelter Wand und haploidem Kern. Bei der Keimung der Spore wird die äußere Wand, das Exosporium, gesprengt, die innere Wand, das Endospor, folgt dem Wachstum des Zellinhaltes. Es entsteht zunächst ein fadenförmiger Keimschlauch, aus dem sich bei den Laubmoosen erst eine algenähnliche Jugendform der geschlechtlichen Moospflanze, das Protonema entwickelt. Das Protonema ist durch Rhizoiden im Substrat befestigt und vermag sich mit Hilfe seiner chlorophyllhaltigen Zellen selbständig zu ernähren. Aus der Spitze oder aus seitlichen Verzweigungen der Protonemafäden entsteht später durch Wachstum die eigentliche Pflanze.

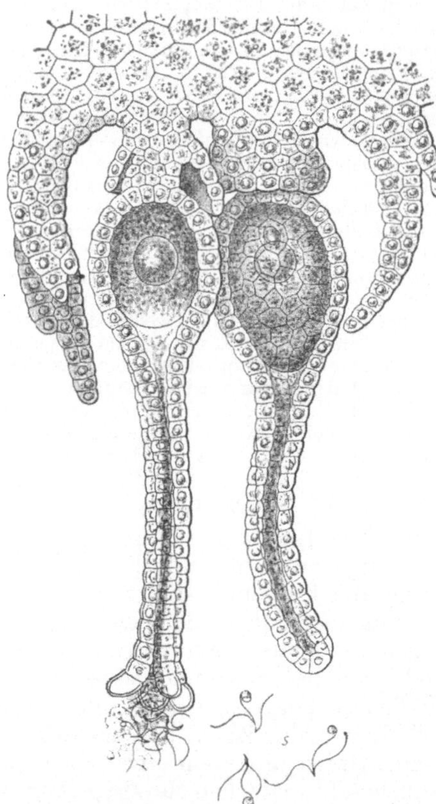

Abb. 231. Zwei Archegonien von Marchantia, stark vergrößert (nach Dodel), das eine ist noch geschlossen, das andere wird an seiner geöffneten Halsmündung im Wassertröpfen von Spermatozoiden *s* umschwärmt.

lichen Verzweigungen der Protonemafäden entsteht später durch Wachstum die eigentliche Pflanze. Sie stellt meist einen bewurzelten Sproß mit Scheitelwachstum dar, welcher bei den Laubmoosen und bei vielen Lebermoosen eine deutliche Gliederung in Sproßachse und Blätter erkennen läßt.

Archegonien und Antheridien entstehen erst, wenn die vegetative Ausbildung der Pflanze eine beträchtliche Entwicklung erlangt hat. Für den Befruchtungsvorgang ist die Gegenwart von Wasser in der Umgebung der reifen Geschlechtsorgane eine unerläßliche Bedingung. Aus dem eröffneten Hals der reifen Archegonien tritt Schleim hervor, welcher, sich im Wasser ausbreitend, einen richtenden Reiz auf die in der Nähe befindlichen Spermatozoiden ausübt und sie veranlaßt, in den Halskanal des Archegoniums hinein und bis zum

Ei vorzudringen. Durch die Verschmelzung eines Spermatozoids mit der Eizelle wird die Befruchtung ausgeführt. Die ungeschlechtliche Generation, die sich aus dem befruchteten Ei entwickelt, wird Sporogonium genannt. Sie stellt bei den Lebermoosen eine einfache Kapsel dar, die ihren Entwicklungsgang im Innern des erweiterten Archegonienbauches durchläuft. Bei Riccia (Abb. 232) bleibt das reife Sporogonium in dem Archegonienbauch eingeschlossen, bis die Sporen durch Zerfall des Gewebes frei werden. Bei anderen Lebermoosen wird die reife Kapsel durch einen sich schnell streckenden Stiel aus dem Archegonienbauch herausgeschoben und entläßt die Sporen durch regelmäßige Spaltung der · Wand, wobei meistens hygroskopisch bewegliche Faserzellen, Elateren, die in dem Sporenbehälter neben den Sporen gebildet werden, die Ausstreuung der Sporen bewirken. Bei den Laubmoosen bleibt das Sporogonium mit seinem unteren, meist stielförmigen Ende in dem Bauch des Archegoniums stecken und wird von dorther ernährt. Das obere Ende des Sporogoniums, die Kapsel, wächst aus dem Archegonium heraus, indem es die obere Hälfte desselben als Mütze mit emporhebt. Die reife Kapsel ist keulenförmig oder kugelig angeschwollen und schließt das sporenbildende Gewebe ein (Abb. 233). Meist bleibt in ihr ein zentraler Teil des Gewebes steril und bildet die Columella, d. h. ein Säulchen, welches, von der Basis des Hohlraumes entspringend, mehr oder minder weit bis zu der oberen Seite desselben emporragt. Die Eröffnung der Kapsel erfolgt nach der Sporenreife, bei den Laubmoosen gewöhnlich durch das Abspringen eines

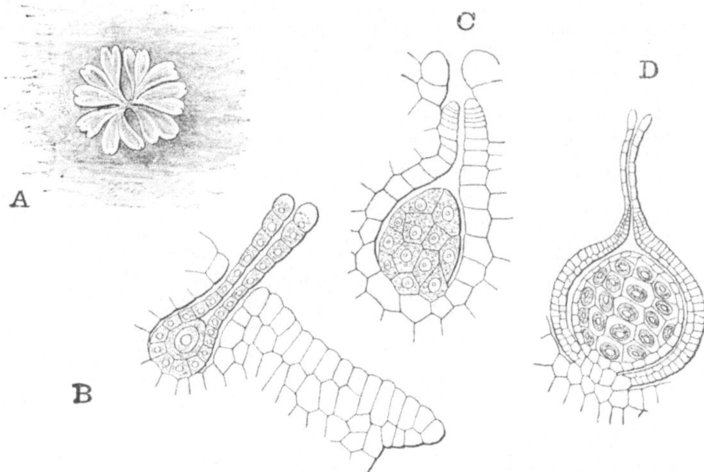

Abb. 232. Das Lebermoos Riccia. **A** Vegetationskörper, schwach vergrößert. **B** Schnitt durch den Vegetationskörper, der ein bereits geöffnetes Archegonium getroffen hat. **C** Desgleichen mit einem in einer Grube versenkten Antheridium. **D** Längsschnitt eines Archegoniums, in dessen erweiterten Bauchteil ein junges Sporogonium eingeschlossen ist. **B—D** stark vergrößert.

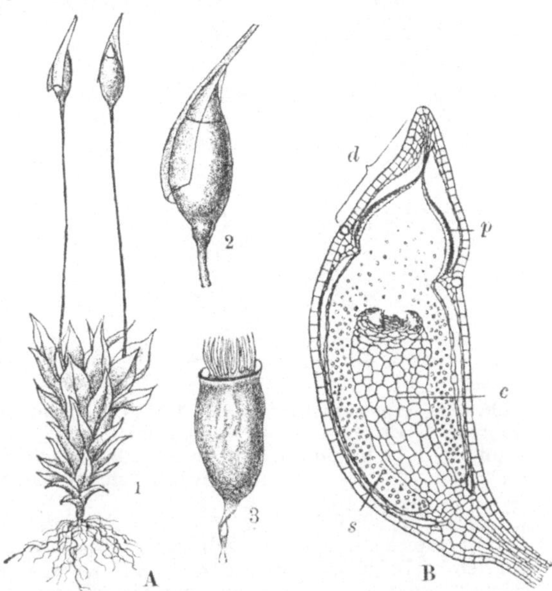

Abb. 233. **A** Anacalypta. **1** ein Moospflänzchen, welches zwei Sporogonien trägt. **2** die Kapsel eines Sporogoniums mit Deckel und Haube, stärker vergrößert. **3** dieselbe nach dem Aufspringen. An dem Rande der Kapsel ist das Peristom sichtbar. **B** Längsschnitt durch ein reifes Sporogon von Rhynchostegium. *d* Deckel, *p* Peristom, *c* Calumella, s Sporen.

Deckelchens. Der Rand der so entstandenen Mündung ist dann oft noch mit einer regelmäßigen Anzahl zierlicher Zähnchen besetzt, welche man als den Mundbesatz (Peristom) der Kapsel bezeichnet. In vielen Fällen vermittelt und reguliert das Peristom die Sporenausstreuung. Nach der Ausstreuung der Sporen geht das Sporogonium bald gänzlich zugrunde.

Bei der Mehrzahl der Farne stellt die aus der Spore durch Keimung entstehende geschlechtliche Generation, das Prothallium, ebenfalls noch ein selbständig lebendes, be-

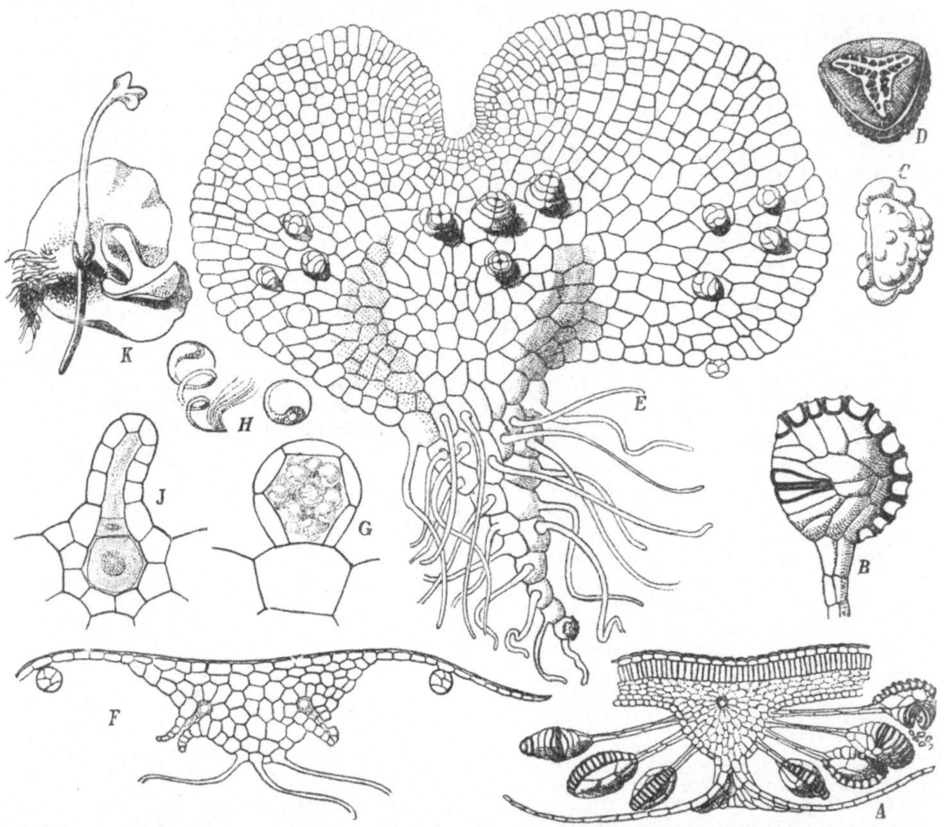

Abb. 234. Aspidium Filix mas. **A** Blattquerschnitt mit Sorus. **B** Sporangium. **C und D** Sporen. **E** Prothallium. **F** Querschnitt des Prothalliums. **G** Antheridium. **H** Spermatozoiden. **I** Archegonium mit Eizelle. **K** Prothallium mit Keimpflanze. **AEFK** schwach, die übrigen Figuren stärker vergrößert.

wurzeltes Sproßgebilde dar. Es erreicht aber, indem das durch eine Scheitelzelle vermittelte Spitzenwachstum früh eingestellt wird, nur geringe Ausdehnung und ist selbst bei den höchstentwickelten Formen nur ein wenige Millimeter langes und breites, grünes Schüppchen von herzförmiger oder nierenförmiger Gestalt ohne weitere Gliederung. An der Unterseite des Prothalliums stehen zwischen zahlreichen Haarwurzeln die Archegonien und Antheridien (Abb. 234). Die ersteren sind hier mit ihrem Bauchteil in das Gewebe eingesenkt, nur der Hals ragt frei hervor. Die Antheridien sind kleine wenigzellige Erhebungen, deren innere Zelle zu Spermatozoidmutterzellen wird. Die Befruchtung erfolgt hier wie bei den Moosen durch Vermittlung eines Wasserstropfens, in welchem die Spermatozoiden, durch den aus dem eröffneten Archegonienhals hervordringenden Schleim gereizt, sich zu dem Ei fortbewegen. Nach erfolgter Befruchtung entwickelt sich die Eizelle zum Embryo, an dem als wichtigste Organanlagen die Sproßspitze, die Keimwurzel und das erste Blatt sehr bald erkennbar sind.

Mit einem als Embryofuß bezeichneten Haustorium bleibt der Embryo vorerst in dem erweiterten Archegonienbauch stecken und bezieht von dorther seine erste Nahrung. Das Prothallium geht früher oder später zugrunde, nachdem sich der Embryo zum selbständigen Pflänzchen entwickelt hat. Die Keimpflanze, welche den Anfang der ungeschlechtlichen Generation darstellt, wächst zu einem hochorganisierten Pflanzengebilde, der eigentlichen Farnpflanze, aus; sie entwickelt einen bewurzelten, bisweilen regelmäßig

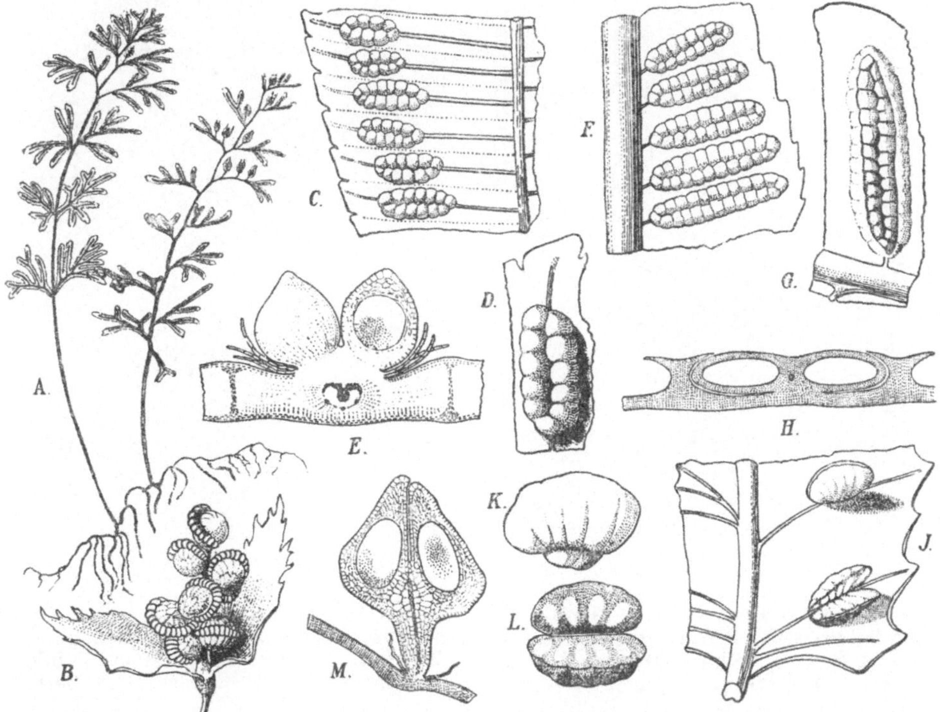

Abb. 235. **A** Hymenophyllum Tunbridgense. **B** Sorus von Hymenophyllum mit Indusium. **C** Blattstück von Angiopteris mit Sori. **D** Sorus stärker vergrößert. **E** Blattquerschnitt mit Sorus. **F** Blattstück von Danaea mit Sori. **G** Sorus stärker vergrößert. **H** Sorus in Querschnitt. **I** Blattstück von Marattia mit Sori. **K** und **L** Einzelner Sorus. **M** Sorus im Querschnitt.

verzweigten Sproß mit fortwachsender Vegetationsspitze und mit wohl ausgebildeten, oft reich verzweigten Blättern. In anatomischer Beziehung schließt sie sich durch den Besitz typischer Leitbündel an die Blütenpflanzen an. Die Sporen werden in kapselartigen Sporangien gebildet, welche meist an der Unterseite normaler oder wenig umgewandelter Blätter stehen.

Selten sind die Sporangien einzeln über die Blattfläche verteilt, gewöhnlich bilden je mehrere eine Gruppe, Sorus genannt (Abb. 234 **A** u. 235). Die Sori sind bei vielen Farnen nackt, bei anderen sind sie durch den umgebogenen Blattrand bedeckt, oder sie besitzen eine häutige Schutzhülle, das Schleierchen (Indusium). An den Sporangien, die entweder gestielt oder sitzend sind, unterscheidet man die Sporangienwand und das sporenbildende Gewebe oder Archespor. Die Sporangienwand besteht aus einer einfachen (selten mehrfachen) Schicht von Zellen, unter denen oft eine meist ringförmig angeordnete Zellgruppe, der Annulus, durch die Ausbildung ihrer Wände ausgezeichnet ist (Abb. 234 **B**). Der Annulus bewirkt das Aufspringen der reifen Sporangien. Die Stelle, an welcher der Riß in der Kapselwand entsteht, ist durch abweichend geformte Zellen im Annulus, das sogenannte Stomium, vorbezeichnet. Das Archespor teilt sich in mehrere Sporenmutterzellen, deren jede vier Sporen erzeugt. Aus den Sporen gehen durch Keimung neue Prothallien hervor.

Bei den Wasserfarnen und Selaginellen, die als heterospore Gefäßkryptogamen den homosporen Farnen, Schachtelhalmen und Bärlappgewächsen an die Seite gestellt werden, treffen wir zwei verschiedene Arten von Sporen an, die Makrosporen und die Mikrosporen;

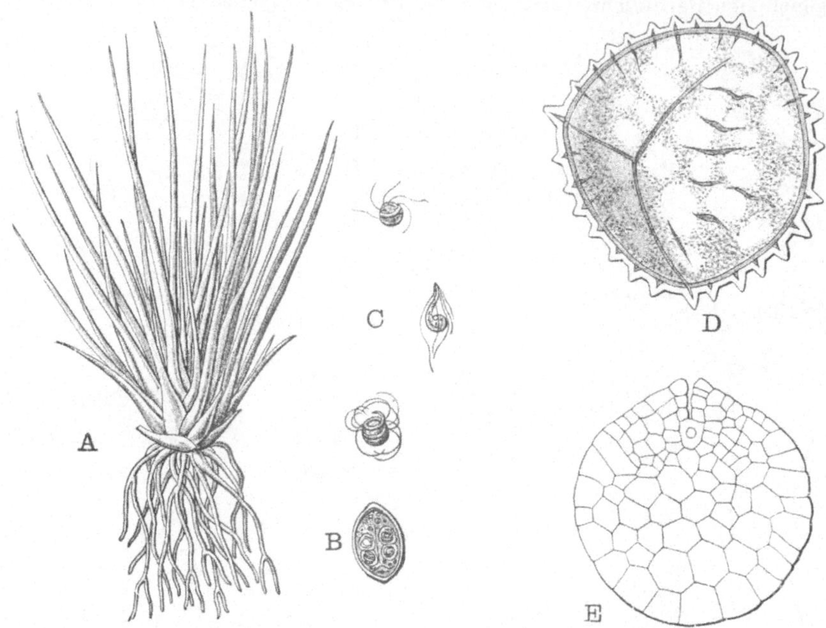

Abb. 236. Das Brachsenkraut, Isoëtes lacustris. **A** Ganze Pflanze in natürlicher Größe (nach Luerssen). **B** Eine Mikrospore, in der sich das rudimentäre Antheridium gebildet hat. **C** Spermatozoiden. **D** Eine Makrospore. **E** Der im Innern der Makrospore gebildete weibliche Vorkeim mit dem Archegonium im Längsschnitt (**B—E** stark vergrößert).

aus den ersteren gehen Prothallien hervor, die nur Archegonien erzeugen, aus den letzteren solche, die nur Antheridien tragen (Abb. 236). Die Prothallien sind hier meist sehr rudimentär und stellen in manchen Fällen nur einen wenigzelligen Gewebekörper dar, der bisweilen während seiner ganzen Entwicklung in der Spore eingeschlossen bleibt oder doch nur wenig über die zersprengte Sporenhaut hervortritt. Die Archegonien sind tief eingesenkt, so daß auch der kurze Hals nur wenig oder gar nicht über die Oberfläche des Prothalliums hervorragt. Die Antheridien an den oft auf eine einzige Zelle reduzierten männlichen Prothallien sind meist aus wenigen Zellen gebildet, bisweilen bestehen sie nur noch aus einer einzigen Zelle, deren Inhalt zu Spermatozoidmutterzellen wird. Der Vorgang der Befruchtung bietet nichts Abweichendes dar. Die Embryoentwicklung geht ähnlich wie bei den Farnen vor sich. An den erwachsenen Pflanzen stehen die Sporangien, welche je nach der Form der in ihnen erzeugten Sporen als Makrosporangien und Mikrosporangien unterschieden werden. Die Blätter, welche die Sporangien tragen, die Sporophylle, sind bei dem Brachsenkraut wie bei den Selaginellen nicht oder wenig von den Laubblättern verschieden, bei letzteren sind sie an den Gipfeln einzelner Sprosse zu Sporangienständen vereinigt. Bei den Wasserfarnen entwickeln sich die Sporophylle oder einzelne Teile derselben zu kugeligen oder bohnenförmigen Körpern, den Sporenfrüchten oder Sporokarpien, welche die ursprünglich auf ihrer Oberfläche angelegten Sporangiengruppen vollständig umwachsen und einschließen. Die Mikrosporen entstehen zu je vier aus einer Mutterzelle, die Makrosporen werden in gleicher Weise angelegt, nur bleiben viele der aus dem Archespor des Makrosporangiums hervorgegangenen Mutterzellen gänzlich unentwickelt, während die Tochterzellen einzelner zu stattlicher Größe heranwachsen und Makrosporen bilden. Im extremsten Falle, z. B. bei Salvinia und Marsilia, kommt nur eine einzige Sporenmutterzelle in dem Makrosporangium zur Entwicklung und von den in ihr gebildeten vier Enkelzellen wächst nur eine einzige unter Verdrängung der drei anderen zu voller Größe heran. Ein Unterschied zwischen den Sporophyllen, welche Mikrosporangien tragen, und denen, an welchen Makrosporangien stehen, ist nirgends vorhanden, bisweilen stehen beiderlei Sporangien auf denselben Blättern, selbst in demselben Sorus.

Bei den Gymnospermen, der höchststehenden Gruppe der Archegoniaten, sind die Blattorgane, welche die Mikrosporangien, d. i. die Pollensäcke, tragen (Staubblätter), von denen, an welchen die Makrosporangien, d. i. die Samenanlagen, entstehen (Fruchtblätter), in der Form und Ausbildung verschieden. Fast immer sind sowohl die Staubblätter als auch die Fruchtblätter für sich zu Sporangienständen, den männlichen oder weiblichen Blüten, vereinigt (Abb. 77), deren Morphologie früher besprochen worden ist. In den Pollensäcken entstehen je zu vier aus der diploiden Mutterzelle die haploiden Mikrosporen, hier Pollenkörner genannt. Dieselben bestehen aus einer einzigen Zelle und besitzen wie die Sporen der Farne und Moose eine doppelte, aus Exine und Intine zusammengesetzte Wand. In den Samenanlagen entwickeln sich aus einer einzigen Mutterzelle vier haploide Enkelzellen, von denen drei zugrunde gehen, während die vierte zur Makrospore wird, die hier den Namen Embryosack führt. Bei der Reife werden die aus den aufspringenden Pollensäcken befreiten Pollenkörner durch den Wind zu den weiblichen Blüten und in die Nähe der Samenanlagen geführt.

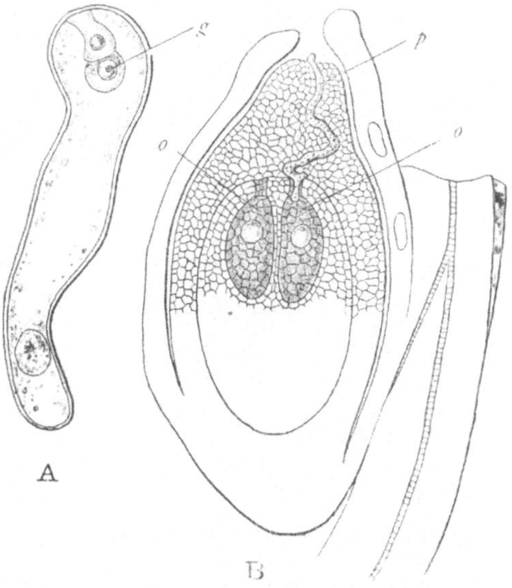

Die Prothalliumentwicklung vollzieht sich hier stets innerhalb der Sporen. Bei den Pollenkörnern ist sie auf die Entstehung einer oder weniger kleiner Zellen im Innern jedes Pollenkorns beschränkt (Abb. 237 A). Die zuletzt in der Pollenzelle abgetrennte Zelle, welche als generative Zelle bezeichnet wird, stellt das Antheridium dar. Die etwaigen früher abgetrennten Zellen werden sehr bald resorbiert; sie sind zusammen mit dem übrigbleibenden Teil der Pollenzelle als rudimentäres Prothallium anzusehen. Die generative Zelle löst sich im weiteren Verlauf der Entwicklung von der Wand der Pollenzelle los und wandert in den von der letzteren gebildeten Pollenschlauch hinein, der bis zu dem in dem Embryosack der Samenanlage liegenden weiblichen Prothallium vordringt.

Abb. 237. **A** keimendes Pollenkorn von Juniperus, *g* generative Zelle. **B** Längsschnitt durch die Samenanlage eines Nadelholzbaumes. Der Embryosack *e* ist ganz von Endospermgewebe erfüllt. In seinem oberen Ende sind zwei Archegonien sichtbar. Jedes derselben besteht aus einer sehr großen Eizelle *o* und aus wenigen Halszellen. In dem eingedrungenen Pollenschlauch *p* hat sich die generative Zelle in zwei Spermazellen geteilt, von denen die eine die Befruchtung ausführt.

Am vorderen Ende des Pollenschlauches liegend teilt sich die generative Zelle in zwei Tochterzellen, die Spermazellen, welche die männlichen Sexualzellen repräsentieren. Bei einigen Gymnospermen, z. B. bei Cycas revoluta und bei Ginkgo biloba, zeigen die Spermazellen im Innern des gekeimten Pollenkorns auch äußerlich große Ähnlichkeit mit den Spermatozoiden der höheren Farne insofern, als sie noch mit spiralig angeordneten Cilien versehen und zu freier Ortsbewegung im Innern des Pollenschlauchs befähigt sind (Abb. 238).

Der Embryosack stellt anfangs im Innern der Samenanlage eine einzige Zelle dar, welche sich durch ihre Größe und durch reicheren Protoplasmainhalt von den übrigen Zellen des Nucellus unterscheidet; er bleibt auch während der weiteren Entwicklung von dem

Gewebe der Samenanlage eingeschlossen (Abb. 237 **B**). Sein Inhalt teilt sich in eine Anzahl von Prothalliumzellen, die mit Nährstoffen für den Embryo erfüllt sind und als Endosperm bezeichnet werden. An dem zur Mykropyle gekehrten Ende dieses Prothalliums entwickelt sich eine Gruppe von rudimentären Archegonien.

Jedes Archegonium (früher hier Corpusculum genannt) besteht der Hauptsache nach aus einer Eizelle, an deren vorderem Ende einige kleine Zellen als Rudiment des Archegonienhalses vorhanden sind.

Der Befruchtungsvorgang erfolgt dadurch, daß aus dem Ende des zum Archegonium vorgerückten Pollenschlauches eine Spermazelle in das Ei hinübertritt. Aus dem befruchteten Ei geht durch Zellteilung ein Embryo hervor, an welchem die Keimwurzel, das hypokotyle Glied mit der Stammknospe, und einige erste Blätter, die Kotyledonen, unterschieden werden können. Der Embryo macht im Samen eine Ruheperiode durch und entwickelt sich später bei der Keimung des Samens zur selbständigen Pflanze, die meist erst, nachdem sie ein mehrjähriges Alter erreicht hat, wieder männliche und weibliche Blüten oder doch eins von beiden hervorbringt.

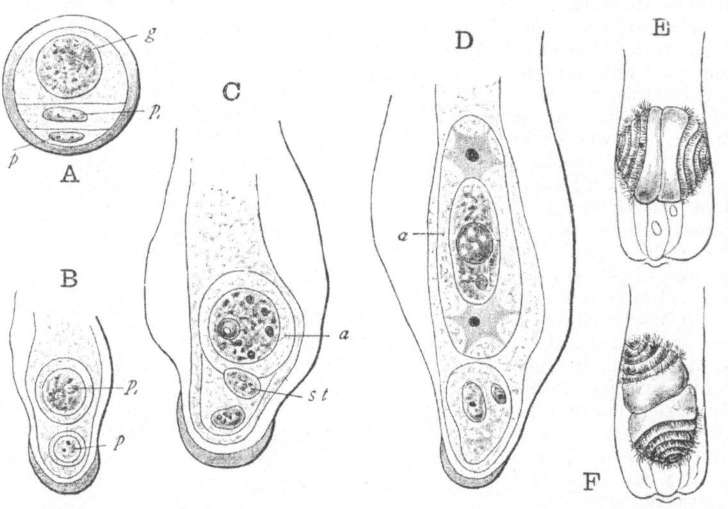

Abb. 238. Die Entwicklung der Spermatozoiden in dem Pollenkorn einer Cycadee (Cycas), stark vergrößert (nach Ikeno). **A** Pollenkorn im Beginn der Keimung. *g* der vegetative Kern des Pollenkorns, *p* und *p*, zwei von ihm durch successive Teilung abgeleitete Kerne, *p* repräsentiert den Rest des männlichen Prothalliums, p_1 ist der Kern der generativen Zelle. **B** Die Prothalliumszelle *p* und die generative Zelle p_1 liegen frei im Plasma des aus dem Pollenkorn hervorgegangenen Schlauches. **C** Die generative Zelle hat sich in die Stielzelle *st* und in die Antheridienzelle *a* geteilt. **D** Prothalliumzelle und Stielzelle gehen allmählich zugrunde, das Antheridium *a* vergrößert sich und bildet die Spermatozoidmutterzelle. **E** und **F** Aus der Antheridienzelle sind zwei Spermatozoiden gebildet worden.

Überblicken wir zum Schluß die Fortpflanzungsvorgänge bei den Archegoniaten, so zeigt sich, daß auch bei den Gymnospermen noch die gleichen Schritte in dem Entwicklungsgange erkennbar sind wie bei den Moosen und Farnen. Indem aber die die Geschlechtsorgane tragende Generation, welche bei den Moosen vegetativ am mächtigsten entwickelt ist, im Verlauf der aufsteigenden Reihe ihre Selbständigkeit mehr und mehr einbüßt und indem dafür die sporenbildende Pflanze, die bei den Moosen ein unselbständiges Anhängsel der Geschlechtsgeneration darstellt, zu voller Selbständigkeit und weitgehender morphologischer Gliederung gelangt, schrumpft bei den Gymnospermen der ganze Generationswechsel in nur mehr mikroskopisch wahrnehmbare Vorgänge zusammen, die sich unauffällig in den Organen der Blüte abspielen. Eine gedrängte Übersicht der Homologie in dem Generationswechsel der Archegoniaten ist in der nachstehenden Tabelle gegeben.

<table>
<tr><th rowspan="2"></th><th rowspan="2">Bryophyten
(Laubmoos)</th><th colspan="3">Pteridophyten</th><th rowspan="2" colspan="2">Gymnospermen
(Conifere)</th></tr>
<tr><th>a) homospore
(Farn)</th><th colspan="2">b) heterospore
(Brachsenkraut)</th></tr>
<tr><td rowspan="4" style="writing-mode:vertical-lr">Geschlechtliche Generation</td><td>Spore</td><td>Spore</td><td>Mikrospore</td><td>Makrospore</td><td>Pollenkorn</td><td>Embryosack</td></tr>
<tr><td>Protonema mit Moosstämmchen</td><td>Prothallium</td><td>männliches Prothallium</td><td>weibliches Prothallium</td><td>Zellbildung im Pollenkorn</td><td>Endosperm</td></tr>
<tr><td>Antheridien — Archegonien</td><td>Antheridien — Archegonien</td><td>Antheridien</td><td>Archegonien</td><td>Generative Zelle</td><td>Archegonien</td></tr>
<tr><td>Spermatozoid — Eizelle</td><td>Spermatozoid — Eizelle</td><td>Spermatozoid</td><td>Eizelle</td><td>Sperma</td><td>Eizelle</td></tr>
<tr><td></td><td>Kernverschmelzung</td><td>Kernverschmelzung</td><td colspan="2">Kernverschmelzung</td><td colspan="2">Kernverschmelzung</td></tr>
<tr><td rowspan="4" style="writing-mode:vertical-lr">Ungeschlechtliche Generation</td><td>Embryo</td><td>Embryo</td><td colspan="2">Embryo</td><td colspan="2">Embryo</td></tr>
<tr><td>Sporogonium</td><td>Farnpflanze</td><td colspan="2">Brachsenkraut</td><td colspan="2">Conifere</td></tr>
<tr><td>Sporensack</td><td>Sporangien</td><td>Mikro-sporangien</td><td>Makro-sporangien</td><td>Pollensäcke</td><td>Samenanlagen</td></tr>
<tr><td>Reduktionsteilung</td><td>Reduktionsteilung</td><td colspan="2">Reduktionsteilung</td><td colspan="2">Reduktionsteilung</td></tr>
<tr><td></td><td>Sporen</td><td>Sporen</td><td>Mikrosporen</td><td>Makrosporen</td><td>Pollenkörner</td><td>Embryosäcke</td></tr>
</table>

Haplophase (Spore … Kernverschmelzung) — Diplophase (Embryo … Reduktionsteilung)

c) Die geschlechtliche Fortpflanzung der Angiospermen.

Bei den Bedecktsamigen (Angiospermen) hat die Reduktion der geschlechtlichen Generation den höchsten Grad erreicht. Durch Vergleichung mit den Gymnospermen ist es trotzdem leicht, die Homologie ihrer Geschlechtsorgane mit den Organen der Archegoniaten festzustellen. Die Pollensäcke der Staubblätter entsprechen auch hier den Mikrosporangien, die Pollenkörner, welche zu vier aus einer diploiden Pollenmutterzelle entstehen, sind die Mikrosporen. Sie sind einzellig, haploid, und mit Exine und Intine, ausgestattet. Die im Fruchtknoten eingeschlossenen Samenanlagen sind Makrosporangien, in denen mit Unterdrükkung je dreier haploider Enkelzellen der diploiden Embryosackmutterzelle je eine haploide Makrospore, der Embryosack, ausgebildet wird (Abb. 240 A).

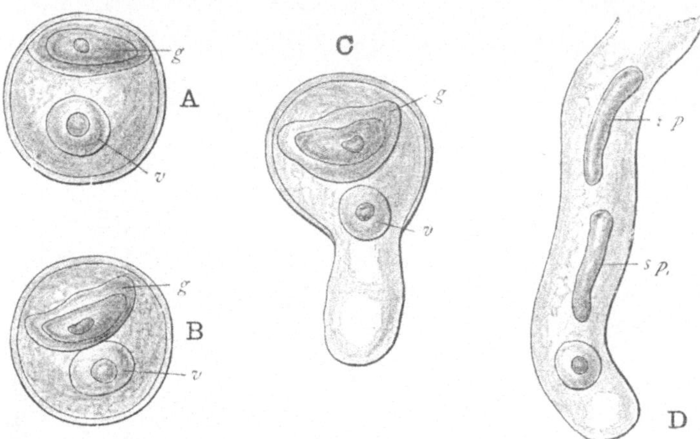

Die sporangientragenden Blattorgane, die Staubblätter und Fruchtblätter,

Abb. 239. **A—D** Entwicklung des Sperma im Pollen einer angiospermen Blütenpflanze. *v* vegetative, *g* generative Zelle, *sp* und *sp*₁ die aus dem Kern der letzteren hervorgegangenen Spermakerne.

stehen, wie früher erörtert worden ist, in Blüten, an deren Zusammensetzung meistens außer ihnen noch sterile Blätter als Blütenhülle beteiligt sind. Staub- und Fruchtblätter stehen häufig in einer Blüte nebeneinander. Die Pollenkörner werden durch äußere Kräfte, meist durch Wind oder Insekten, auf die Narben der Fruchtknoten übertragen.

In der Pollenzelle der Angiospermen wird schon früh eine kleine generative Zelle abgetrennt. Sie ist anfangs durch eine Plasmahautschicht von der vegetativen Zelle getrennt; diese Membran wird aber sehr bald aufgelöst, so daß dann die generative Zelle frei in dem Plasma der vegetativen Zelle liegt (Abb. 239). Die Pollenzelle treibt auf der Narbe des Fruchtknotens einen Pollenschlauch, der durch den Griffel bis in die Mikropyle der Samenanlage vordringt und das aus der generativen Zelle gebildete Sperma in die Nähe der Eizelle leitet (Abb. 240 A).

In dem Verhalten der Pollenkörner besteht, wie man sieht, noch eine gewisse Ähnlichkeit mit den Erscheinungen, die wir bei den Gymnospermen kennen gelernt haben; die Vorgänge im Embryosack dagegen, welche zur Ausbildung des Eies führen, sind von der Endosperm- und Archegoniumbildung in jener Pflanzengruppe wesentlich verschieden (Abb. 241). In einem gewissen Jugendstadium stellt der Embryosack der Bedecktsamigen eine plasmareiche Zelle mit einem einzigen Zellkern dar, die von dem Gewebe des Nucellus umhüllt ist. Der Embryosackkern teilt sich alsbald; die Tochterkerne rücken auseinander zu den Enden des meist etwas gestreckten Embryosackes und erfahren dort noch zwei aufeinanderfolgende Teilungen, so daß endlich vier Kerne an jedem Ende des Embryosackes liegen. Je drei Kerne jeder Gruppe umgeben sich mit Protoplasma und die so entstandenen Energiden grenzen sich durch Ausbildung einer Hautschicht gegeneinander und gegen den übrigen Inhalt des Embryosackes ab. Die übrigbleibenden zwei Kerne, welche als oberer und unterer Polkern bezeichnet werden, wandern in dem Plasma des Embryosackes zur Mitte hin. Später verschmelzen sie dort zu einem einzigen Kern, den man

weiterhin als sekundären Embryosackkern bezeichnet. Von den drei Zellen, die an dem zur Mikropyle hin gerichteten Ende des Embryosackes gebildet wurden, ist die eine das Ei (Abb. 241, 5 o). Die beiden anderen Zellen werden als Gehilfinnen oder Synergiden bezeichnet, sie spielen bei dem Vorgang der Befruchtung insofern eine Rolle, als sie den Übertritt des Spermas aus dem Pollenschlauch in das Ei vermitteln. Die drei Zellen am entgegengesetzten Ende des Embryosackes bezeichnet man als die Antipoden (Abb. 241, 5 a). Sie sind rudimentäre Organe, vielleicht letzte Reste eines Prothalliums, und haben für den Befruchtungsprozeß keine

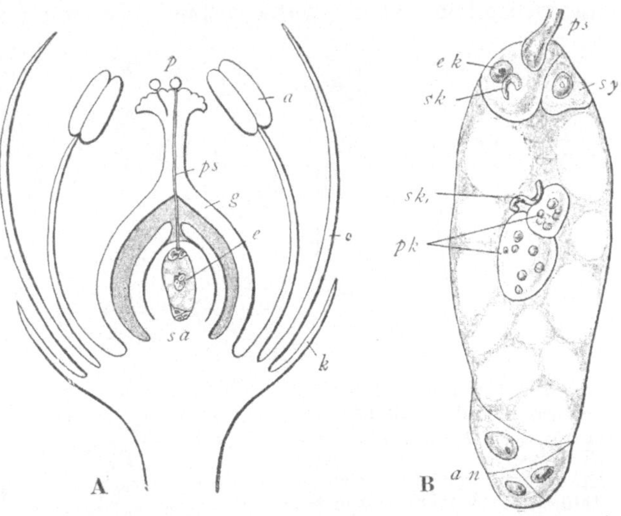

Abb. 240. **A** Längsschnitt einer Angiospermenblüte (Schema). *k* Kelch, *c* Blumenkrone, *a* Anthere, *g* Wand des Fruchtknotens, *sa* die im Hohlraum des Fruchtknotens eingeschlossene Samenanlage mit einem Integument, *e* Embryosack mit Eiapparat, Polkerngruppe und Antipoden, *p* Pollenkörner auf der Narbe des Fruchtknotens, *ps* Pollenschlauch. **B** Embryosack im Stadium der Befruchtung stark vergrößert (nach Guignard). *an* Antipoden, *pk* Polkerne, *sy* eine Synergide, *ek* Kern der Eizelle, *ps* Pollenschlauch, *sk* der in die Eizelle eingedrungene Spermakern, sk_1 der zweite Spermakern, welcher sich mit den Polkernen vereinigt.

weitere Bedeutung. In gewissen Fällen aber gewinnen die Antipoden eine Bedeutung für die Ernährung des Embryosackes und des in ihm erwachsenden Embryos, indem sie die Zuleitung von Baustoffen aus dem angrenzenden Nucellargewebe vermitteln. Statt ihrer fungieren bisweilen als Organe der Nahrungsaufnahme haustorienartige Auswüchse des Embryosackes, welche in das Nucellargewebe oder durch die Mikropyle in die Placenta oder andere nährstoffreiche Gewebekörper in der Nachbarschaft der Samenanlagen eindringen. Die Befruchtung der empfängnisfähigen Eizelle wird nun im allgemeinen dadurch eingeleitet, daß ein Pollenschlauch durch die Mikropyle der Samenanlage in den Embryosack eindringt (Abb. 240 B *ps*) und die an seiner Spitze liegenden, aus der generativen Zelle hervorgegangenen beiden Spermakörper in den Embryosack entläßt. Der eine dieser Spermakörper dringt in der Regel in die Eizelle ein (Abb. 240 B *sk*) und führt, indem er mit dem Eikern verschmilzt, die Befruchtung aus. Der zweite Spermakörper (sk_1 der Abb.) rückt zur Mitte des Embryosackes und verschmilzt mit den sich vereinigenden Polkernen zum sekundären Embryosackkern. Dieses eigentümliche Verhalten des zweiten Spermakörpers der Bedecktsamigen, welches bei den Archegoniaten kein Analogon findet, wird als Doppelbefruchtung bezeichnet. Man hat die sehr schwierig zu konstatierende Doppelbefruchtung erst bei verhältnismäßig wenigen Pflanzen aus den Familien der Liliaceen, Orchidaceen, Ranunkulaceen, Kompositen u. a. m. beobachtet. Es ist aber wahrscheinlich, daß sie weiter verbreitet ist, wenn auch vergebliches Suchen in einigen Fällen erkennen läßt, daß sie keine allgemeine Erscheinung ist.

Durch die Befruchtung werden der sekundäre Embryosackkern und die Eizelle zu weiterer Entwicklung angeregt, während die Synergiden und Antipoden gewöhnlich alsbald zugrunde gehen. Der Embryosackkern teilt sich succesive in viele Kerne, welche sich in dem Plasma des Embryosackes verteilen, und durch freie Zellbildung wird der ganze

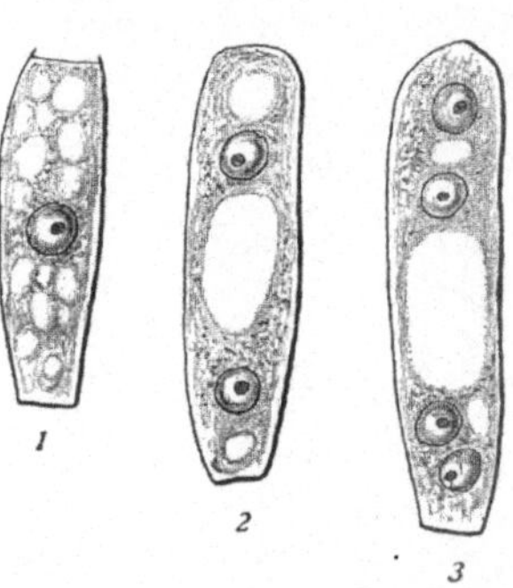

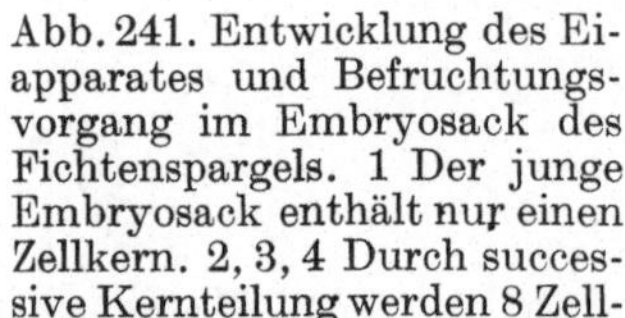

Abb. 241. Entwicklung des Eiapparates und Befruchtungsvorgang im Embryosack des Fichtenspargels. 1 Der junge Embryosack enthält nur einen Zellkern. 2, 3, 4 Durch successive Kernteilung werden 8 Zellkerne gebildet. 5 In der zur Mikropyle gewendeten Spitze des Embryosackes ist der Eiapparat, bestehend aus der Eizelle o und den Synergiden s gebildet worden, im Chalazaende liegen 3 Antipodenzellen a. Die beiden Polkerne pk des Embryosackes sind gegen die Mitte hin zusammengerückt. Aus dem in den Embryosack eingedrungenen Ende des Pollenschlauches p sind zwei Spermakerne sp ausgetreten, von denen der eine mit dem Eikern o verschmilzt, während der zweite sp_1 sich mit den beiden Polkernen pk zum sekundären Embryosack vereinigt.

Raum des Embryosackes, soweit er nicht von dem sich entwickelnden Embryo eingenommen wird, mit parenchymatischen Zellen erfüllt, in denen sich Nährstoffe ablagern. Das so gebildete Nährgewebe wird Endosperm genannt; es liefert die Nährstoffe für das Wachstum des Embryos und wird entweder bei der Ausbildung des Samens gänzlich aufgebraucht oder es bleibt teilweise bis zur Samenreife erhalten und liefert bei der Keimung die Nahrung für die junge Pflanze.

Die Entwicklung der befruchteten Eizelle zum mehrzelligen Embryo geht meistens in der Weise vor sich, daß die Eizelle zunächst zu einem kurzen Zellfaden auswächst, welcher an seinem, von der Mikropyle abgewandten Ende durch Zellteilungen in einen Zellkörper übergeht, an dem bald die Sproßspitze und die Anlage der ersten seitlichen Organe, der Kotyledonen, erkennbar werden (Abb. 242).

Durch den Befruchtungsvorgang werden auch an außerhalb des Embryosacks liegenden Organen Entwicklungsvorgänge angeregt. Die Samenanlage entwickelt sich zum Samen, indem das Gewebe des Nucellarkerns, soweit es nicht als ein nährstoffreiches Perisperm im Samen erhalten bleibt, allmählich vollständig von dem wachsenden Embryosack verdrängt wird und indem die Integumente durch Wachstum und innere Ausgestaltung ihrer Gewebe zur Samenschale sich umbilden. Auch auf die Wandung des Fruchtknotens greift der durch

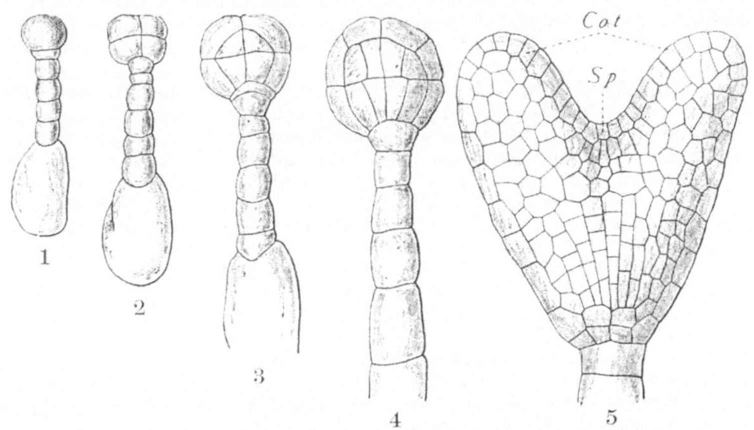

Abb. 242. 1—5 Aufeinanderfolgende Entwicklungsstadien eines dikotylen Embryos. *Sp* die Anlage der Stammknospe. *Cot* die Anlage der Kotyledonen. (Stark vergrößert.)

die Befruchtung gegebene Entwicklungsanstoß über und veranlaßt die ebenfalls mit Wachstum und anatomischer Veränderung der Gewebe verbundene spezifische Ausbildung der Fruchtwand. Der ausgereifte Same macht meist eine Ruheperiode durch und keimt später, wobei der wachsende Embryo als Keimpflanze aus der zersprengten Schale hervortritt.

3. Die biologische Bedeutung der Fortpflanzung.

In der Einleitung dieses Kapitels ist darauf hingewiesen, daß der Ersatz der alternden und dem Tode verfallenden Individuen durch eine Nachkommenschaft eine unerläßliche Forderung für den Fortbestand des Lebens auf der Erde bildet. Die biologische Bedeutung der Fortpflanzungserscheinungen beruht also zum Teil darin, daß durch sie an Stelle der alternden Individuen, welche ihren Entwicklungsgang bereits bis zu einem gewissen Stadium durchlaufen haben, junge, lebenskräftige Organismen gesetzt werden. Indem die Fortpflanzung in der allergrößten Mehrzahl der Fälle zugleich eine Vermehrung bedeutet, erscheint einmal der Ersatz für den absterbenden Mutterorganismus gegen ungünstige Zufälle nach Möglichkeit gesichert; und ferner wird dadurch unter den zahlreichen Keimen ein Wettbewerb um den freiwerdenden Platz herbeigeführt, der eine Auslese des Tüchtigsten für die Erhaltung der Art bewirkt. Man wird die Bedeutung dieses Umstandes richtig schätzen, wenn man bedenkt, daß die Zahl der Individuen der freilebenden, nicht durch die Bodenkultur beeinflußten Pflanzen Jahr für Jahr annähernd konstant bleibt, obschon alljährlich jedes einzelne Individuum Hunderte oder Tausende von entwicklungsfähigen Keimen hervorbringt. Endlich aber ist auch die Fortpflanzung das Mittel für die Fortbildung der Organismen, für die Entstehung neuer Arten, welche für die Mannigfaltigkeit der lebenden Formen und für die an ihnen erkennbare verwandtschaftliche Ähnlichkeit die Erklärung gibt.

Die Deszendenztheorie, das ist die Anschauung, daß die jetzt lebenden Organismen sich im Laufe der Erdgeschichte aus einfachen Anfängen heraus allmählich entwickelt haben, bildet die Grundlage für das Verständnis der natürlichen Verwandtschaft im Pflanzenreich. Ihre Begründung ist das wesentlichste Resultat der biologischen Forschung des neunzehnten Jahrhunderts. Gewichtige Beweise für diese Theorie liefert vor allen Dingen die Paläontologie. Sie zeigt, daß besonders in der Stammesgeschichte des Tierreiches eine Entwicklung von einfacheren zu höher organisierten Formen stattgefunden hat. Auch in der durch fossile Funde belegten Stammesgeschichte der Pflanzen läßt sich ein solcher Fortschritt von einfacheren zu höher organisierten Formen erkennen. Man unterscheidet nach dem relativen Alter der von ihnen herrührenden Ablagerungen in der Erdrinde drei Abschnitte der Erdgeschichte, die paläozoische, mesozoische und känozoische (neozoische) Periode. Die im Sedimentgebirge einander überdeckenden Ablagerungen aus diesen drei Perioden setzen sich wiederum aus verschiedenen Schichtenformationen zusammen, deren relatives Alter aus der Aufeinanderfolge bestimmt werden kann. Die älteste Formation des paläozoischen Systems, welche sicher erkennbare Überreste von Pflanzen erhält, ist das Silur. In ihm wurden nur algenartige Gewächse und keinerlei Anzeichen für das Vorkommen von Gefäßpflanzen gefunden. In dem darauffolgenden Devon treten Landpflanzen auf, die, soweit überhaupt eine Angliederung an jetztlebende Formengruppen möglich erscheint, in den Kreis der Archegoniaten gehören. In der Steinkohlenperiode (Karbon) und im Perm gewinnen besonders die Pflanzenreste aus der Gruppe der Gefäßkryptogamen eine Mannigfaltigkeit, eine Individuenzahl und eine Mächtigkeit der vegetativen Ausbildung, welche diejenige der heute lebenden Gefäßkryptogamen bei weitem übertrifft. Neben den in jüngeren Epochen gänzlich verschwindenden Formengruppen der Sigillarien, Lepidodendren, Calamiten treten auch zahlreiche Arten auf, die in dem Bau ihres Vegetationskörpers und besonders in der Ausbildung der Blattformen und in der Gestalt und Anordnung der Fortpflanzungsorgane sich den jetzt lebenden Formen mehr anschließen, ohne daß eine völlige Identifizierung einer Art möglich wäre. Die in jenen Epochen ebenfalls zahlreich vertretene, später verschwindende Gruppe der Cordaiten gliedert sich in ihrer Organisation den heutigen Gymnospermen an. In der Trias und im Jura, den ersten Perioden des mesozoischen Abschnitts der Erdgeschichte, herrschen noch die Archegoniaten, unter denen allmählich die Gymnospermen gegenüber den Gefäßkryptogamen den Vorrang gewinnen. Erst in der darauffolgenden Kreide kommen sicher angiosperme Pflanzen vor, die dann in dem mit dem Tertiär beginnenden känozoischen Abschnitt der Erdgeschichte mehr und mehr das Übergewicht über die Archegoniaten erlangen. In der Gegenwart ist die Zahl der bekannten lebenden Arten etwa bei den Gefäßkryptogamen auf 7000, bei den Gymnospermen auf 530, bei den Angiospermen auf 135000 zu schätzen.

Als weitere Stütze für die Deszendenztheorie kommt ferner in Betracht die Übereinstimmung gewisser von den äußeren Umständen unabhängiger Organisationsmerkmale bei großen Gruppen des Gewächsreiches. Die Gliederung aller höheren Pflanzen in Sproß und Wurzel, die Übereinstimmung in der Anordnung und Entstehungsfolge der Blätter, die gleiche Abhängigkeit der Verzweigung von der Blattstellung bei ihnen, der übereinstimmende Bau der Spaltöffnungen und der Leitbündel und vieles andere mehr erklärt sich zwanglos durch die Abstammung von gemeinsamen Ahnen.

Auch darin, daß im Entwicklungsgange des einzelnen Individuums bei höheren Pflanzen, wenn auch abgekürzt, die gleichen Stadien durchlaufen werden, wie bei den Vertretern einer niederen Gruppe, selbst wenn sie zur Erreichung des Endresultates überflüssig sind, kann eine Bestätigung der Deszendenztheorie erblickt werden. So findet z. B. das Auftreten einiger alsbald wieder verschwindender vegetativer Zellen bei der Ausbildung der generativen Zellen im Pollenkern der Gymnospermen seine einfachste Erklärung darin, daß dieser Entwicklungsschritt von Vorfahren ererbt ist, bei denen wie bei den Farnen eine selbständige Prothalliumbildung der Anlage der spermatogenen Zelle voraufging.

Die Tatsache, daß aus dem bei der Fortpflanzung gebildeten Keim stets ein in seinen wesentlichen Zügen den Eltern ähnliches Tochterindividuum hervorgeht, bezeichnet man als Vererbung. Bei der ungeschlechtlichen Fortpflanzung charakterisiert sich die Vererbung als ein Regenerationsprozeß. Der als Ableger oder als Brutknospe oder Spore abgetrennte Teil der Mutterpflanze besitzt die Fähigkeit, den ganzen Organismus durch Wachstumsvorgänge aus sich zu regenerieren. Bei der geschlechtlichen Fortpflanzung ist der Prozeß dadurch kompliziert, daß der zur Regeneration befähigte Keim in sich körperliche Bestandteile zweier verschiedener Individuen vereinigt.

Die erblichen Anlagen, welche die beiden Gameten von den Eltern mitbringen, gleichen sich nie vollkommen, ebenso wie ja auch die einzelnen Individuen einer Art niemals an Form und Ausbildung völlig gleich sind. Indem nun in dem Befruchtungsvorgang die Substanz der Sexualzellen und damit auch die von ihnen getragenen erblichen Eigenschaften sich mischen, findet ein Ausgleich der differenten Anlagen statt. Hervortretende Merkmale, in denen die beiden Komponenten sich abweichend verhalten, werden abgeschwächt, dagegen treten an dem Verschmelzungsprodukt, welches den Anfang des neuen Individuums bildet, diejenigen Eigenschaften deutlich hervor, die beiden Komponenten gemeinsam sind und die die charakteristischen Merkmale der Art bilden.

Die Art, in welcher die Vermischung der elterlichen Eigenschaften an den Nachkommen zum Ausdruck kommt, wechselt von Fall zu Fall. Geht man von einem einzelnen Merkmal aus, in dem die beiden Eltern voneinander abweichen, so zeigt sich, daß das entsprechende Merkmal bei den Nachkommen entweder eine Mittelbildung zwischen den elterlichen Merkmalen ist, oder daß die Tochterindividuen dem einen der Eltern folgen. Im letzteren Fall bezeichnet man das an den Tochterpflanzen hervortretende Merkmal als das dominierende, das scheinbar verschwundene Merkmal als das rezessive. Benutzt man die erste Generation der Nachkommen, die ausnahmslos das dominierende Merkmal aufweisen, zur weiteren Züchtung, so tritt bei einer bestimmten Anzahl, nämlich bei einem Viertel der Enkelpflanzen auch das rezessive Merkmal wieder hervor. Von den drei übrigen Vierteln der Enkel zeigt das eine in seiner Nachkommenschaft das dominierende Merkmal unverändert, während die anderen zwei Viertel wohl auch das dominierende Merkmal aufweisen, aber Mischlingsnatur besitzen, und in der nächsten Generation wieder ein Viertel der Nachkommen mit den rezessiven Merkmal, ein Viertel mit dem konstant dominierenden Merkmal und zwei Viertel mit Mischlingsnatur liefern.

Urtica pilulifera hat grobgesägte, Urtica Dodartii dagegen fast ganzrandige Blätter. Bei Tochterpflanzen, welche durch Kreuzung der beiden Arten entstanden, sind alle Blattränder gesägt wie bei pilulifera. Die Nachkommen der Tochterpflanzen zeigen zu drei Vierteln die Blattgestalt der pilulifera, ein Viertel dagegen besitzen das Blatt der Dodartii und behalten auch in ihren weiteren Nachkommen konstant diese Blattform. Von den drei Vierteln der Enkel mit pilulifera-Blättern behält nur das eine Viertel die grobgesägten Blätter konstant auch in der Nachkommenschaft, die beiden anderen Viertel besitzen dagegen Mischlingsnatur und zeigen in ihren Nachkommen dieselbe Spaltung wie die Tochterpflanzen der gekreuzten Eltern.

Als Träger der erblichen Eigenschaften bei der geschlechtlichen Fortpflanzung ist die Substanz der Gameten, anzusehen. Der Umstand, daß bei der Zellverschmelzung die Chromosomen der Sexualkerne als Einheiten erhalten bleiben und bei den folgenden Kernteilungen wieder zum Vorschein kommen, hat zu der Annahme geführt, daß die chromatische Substanz der Kerne in erster Linie als Träger der erblichen Eigenschaften anzusehen sei. Eine bedeutsame Stütze hat diese Annahme durch die Erkenntnis bekommen, daß die Verteilung eines in den Tochterindividuen gemischten elterlichen Merkmalpaares unter die Nachkommen zweier Tochterindividuen genau in dem Zahlenverhältnis erfolgt, in dem zwei gleiche Chromosomenpaare aus ungleichen Paarlingen kombiniert werden können.

Die Entstehung der Sexualzellen, d. i. der Pollenkörner und der Embryosäcke erfolgt an der geschlechtlichen Pflanze unter Reduktion der Chromosomenzahl. Durch die Zellverschmelzung bei der Befruchtung wird die Chromosomenzahl im Keimkern wieder auf die ursprüngliche Höhe gebracht. Empfing der Keimkern mit einem väterlichen Chromosom v die substantielle Grundlage eines dominierenden Merkmals, mit einem mütterlichen Chromosom m die Anlage für das entsprechende rezessive Merkmal, so wird das daraus hervorgehende Individuum mit der Chromosomenkombination vm, die bei der typischen Kernteilung auf alle vegetativen Zellen übergeht, das dominierende Merkmal in seinem Habitus aufweisen. Bei der Bildung der Sexualzellen werden in der heterotypischen Teilung die Chromosomen wieder auf verschiedene Sexualzellen verteilt derart, daß die eine Hälfte in ihrer Kernmasse das Chromosomelement v, die andere Hälfte der Sexualzellen das Chromosomelement m enthält. Bei der Befruchtung werden dann die Sexualkerne zu zweien kombiniert. Nach der Wahrscheinlichkeitsrechnung wird ein Viertel der Keimkerne die

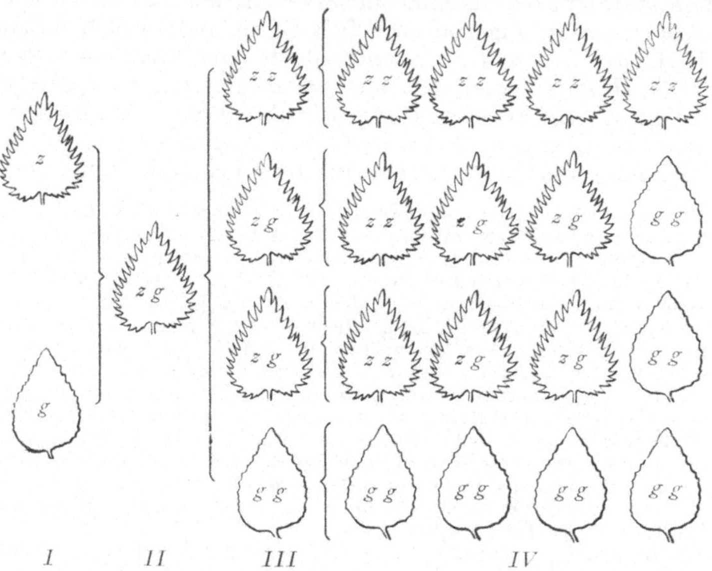

Abb. 243. Schematische Darstellung der Bastardbildung bei Urtica pilulifera und Dodartii. *I* Repräsentiert beide Eltern, *II* den Bastard, *III* die Nachkommen der Bastardpflanzen, *IV* die von *III* abstammenden Nachkommen. Die Buchstaben z und g deuten die im Erbgut gegebene Befähigung zur Hervorbringung zahnrandiger respektive glattrandiger Blätter an, zz und gg bedeuten demnach die Rassenreinheit der Urtica pilulifera und Urtica Dodartii. zg zeigt die Bastardnatur der mit zahnrandigen Blättern versehenen Nachkommen an.

Chromosomenkombination mm enthalten und Pflanzen ergeben, die das rezessive Merkmal zeigen, ein weiteres Viertel der Keimzellen wird die Kombination vv enthalten und also an sich und auch in den Nachkommen konstant das dominierende Merkmal führen. Die zwei übrigen Viertel der Keimkerne werden die Kombination vm enthalten und für sich das dominierende Merkmal zeigen, in ihrer Nachkommenschaft aber dieselbe Spaltung zeigen wie die voraufgegangene Generation mit der Kombination vm. Der aus dieser Erörterung sich ergebenden theoretischen Forderung, daß das dominierende Merkmal gegenüber dem rezessiven in den Nachkommen der Mischgeneration in dem Verhältnis von 3 : 1 auftreten muß, entsprechen die empirisch gefundenen Zahlen bei zahlreichen Versuchen mit hinreichender Genauigkeit. Man bezeichnet die Gesetzmäßigkeit der Aufspaltung der Merkmalpaare bei den Nachkommen der Mischlinge als Mendelsche Regel.

Für die praktische Tier- und Pflanzenzüchtung ist das Studium der Vererbungsgesetze von großer Bedeutung. Man hat damit die Möglichkeit gewonnen, vom Zufall unabhängig aus Rassen, an denen gute und schlechte Eigenschaften gemischt auftreten, solche Nachkommen zu erzielen, bei denen die nutzbaren Eigenschaften erbfest miteinander verbunden sind. So ist es z. B. der schwedischen Pflanzenzüchtung gelungen, aus dem wenig ertragreichen, aber winterfesten Landweizen durch Kreuzung mit einer großährigen, aber gegen Frost sehr empfindlichen englischen Weizenrasse einen ertragreichen winterharten Weizen zu gewinnen, der für die schwedische Landwirtschaft ungeheuren Nutzen gebracht hat. In Canada hat man durch Erzüchtung einer ertragreichen frühreifenden Rasse des Sommerweizens das Anbaugebiet des Weizens erheblich nach Norden ausdehnen können.

Der Prozeß der Zellverschmelzung bei der geschlechtlichen Fortpflanzung hat außer der Mischung der elterlichen Eigenschaften im Keim noch eine andere Bedeutung. Im allgemeinen gilt es als Gesetz, daß die Entwicklung des normalen Eies ausbleibt, wenn keine Befruchtung stattfindet. Daraus ergibt sich, daß dem befruchtenden Sperma auch noch die Bedeutung eines die Weiterentwicklung auslösenden Reizes zukommt.

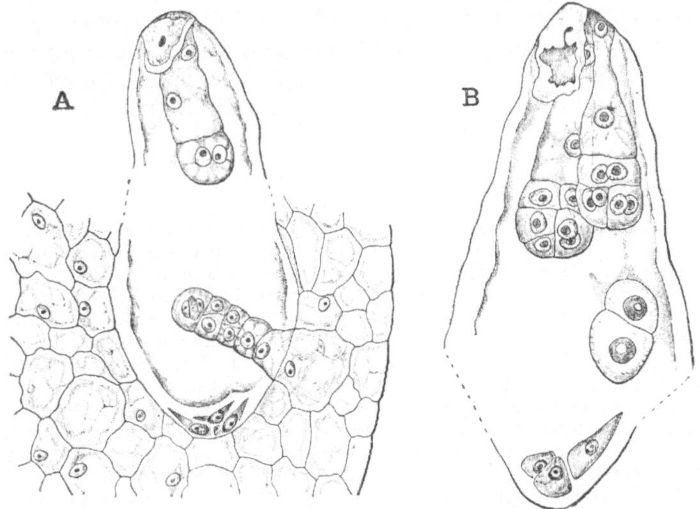

Abb. 244. **A** Embryosack von Alchemilla sericata, in welchem neben dem aus der unbefruchteten Eizelle entstandenen Embryo eine vegetative Zelle des Nucellus zum Embryo auswächst. Der mittlere Teil des Embryosacks mit der Polkerngruppe ist zur Raumersparnis in der Abbildung fortgelassen. **B** Embryosack von Alchemilla pastoralis. Neben der unbefruchteten Eizelle ist auch eine Synergide zum Embryo geworden. Ein mittleres Stück des Embryosacks ist in der Abbildung fortgelassen worden. Beide Abbildungen sind sehr stark vergrößert (nach Murbeck).

Der Anstoß zur Weiterentwicklung gewisser tierischer Eier kann auch ohne die Einwirkung des Spermas durch äußere Reize, erhöhte Temperatur, wasserentziehende Mittel gegeben werden. Man kennt eine Anzahl von Pflanzen, wie die in diesem Zusammenhang oft genannte Chara crinita, ferner Alchemilla- und Thalictrumarten u. a. m., bei denen die Eizelle regelmäßig ohne Befruchtung zur Entwicklung normaler Keime schreitet. Man bezeichnet diese Entwicklung unbefruchteter Eier als **Parthenogenesis.** Der Keim der parthenogenetisch entstandenen Eispore von Chara crinita besitzt die einfache Chromosomenzahl. Es wird demgemäß also hier bei der Keimung die Reduktionsteilung ausbleiben müssen. Die parthenogenetisch entwicklungsfähigen Eizellen der genannten Blütenpflanzen besitzen dagegen auch ohne Befruchtungsvorgang die doppelte Chromosomenzahl, da bei ihnen vor der Entstehung des Embryosackes keine Reduktionsteilung eintritt. Bei gewissen Alchemillaarten, ferner auch bei Funkia ovata u. a. ist eine auffällige Abweichung von dem normalen Vorgang der geschlechtlichen Fortpflanzung insofern vorhanden, als neben der Eizelle oder statt derselben andere Zellen wie die Synergiden oder beliebige, an den Embryosack grenzende Zellen des Nucellus zu Embryonen werden. Infolge dieses Vorganges finden sich dann meistens mehrere Keimlinge im reifen Samen vor, eine Erscheinung, die man als **Polyembryonie** bezeichnet (Abb. 244).

Eine der Parthenogenesis verwandte Erscheinung findet sich unter den Pilzen bei gewissen Mucorarten, bei denen bisweilen einzelne oder alle ihrer Anlage nach zur Kopulation bestimmte Zellen, ohne zu kopulieren, jede für sich zu zygosporenartigen Keimzellen, Azygosporen, auswachsen; und auch bei Saprolegniaceen, bei denen die im Oogonium gebildeten Eizellen wegen Fehlschlagens der Antheridienäste unbefruchtet bleiben und trotzdem zur vollen Reife und normalen Keimfähigkeit gelangen. Gänzliches Fehlschlagen der Geschlechtsorgane und Ersatz des Befruchtungsvorganges durch vegetative Sprossung ist bei Pteris cretica und einigen anderen Farnen nachgewiesen worden. Das Prothallium bildet hier keine Archegonien, sondern an deren Stelle wächst ein ungeschlechtlicher Embryo direkt aus dem Gewebe des Prothalliums hervor und entwickelt sich zur neuen Farnpflanze. Dieses Verhalten wird als **Apogamie** bezeichnet. Auf welche Weise dabei die sonst durch die Zellverschmelzung erreichte Verdopplung der Chromosomenzahl in den Zellkernen der Farnpflanze zustande kommt oder ersetzt wird, ist bisher nicht sicher festgestellt.

Im allgemeinen gilt das Gesetz, daß zur Entstehung einer lebensfähigen Nachkommenschaft die bei der geschlechtlichen Fortpflanzung zur Vermischung kommenden Sexualzellen derselben Pflanzenart entstammen müssen. Ausnahmsweise führt aber auch die sexuelle Vermischung nahe verwandter Formen zur Ausbildung entwicklungsfähiger Keime. Man bezeichnet die Nachkommen einer derartigen Kreuzung als Bastarde oder Hybriden, den Vorgang als Bastardierung oder Hybridation.

Besonders bei den Blütenpflanzen, beim Transport des Pollens durch den Wind oder durch Tiere, kann es nicht ausbleiben, daß gelegentlich der Pollen einer Pflanzenart auf die Narben einer anderen Art übertragen wird. Das Verhalten des Pollens auf den fremden Narben kann dann ein sehr verschiedenes sein. In vielen Fällen keimen die fremden Pollenkörner überhaupt nicht, in anderen Beispielen treiben sie wohl Pollenschläuche, diese gehen aber nach kurzer Zeit zugrunde. Endlich kann aber auch, und zwar nur zwischen nahe verwandten Pflanzenarten, durch den fremden Pollen eine Befruchtung herbeigeführt werden, die zur Ausbildung von keimfähigen Samen den Anstoß gibt. Oft haben Bastarde eine besonders kräftige Entwicklung ihrer vegetativen Organe, während das Vermögen zu geschlechtlicher Fortpflanzung geschwächt erscheint oder gänzlich fehlt. Besonders häufig schlagen die Staubblätter fehl, indem sie entweder gänzlich verkümmern oder zu Blumenblättern umgewandelt werden. Der letztere Umstand wird von den Gärtnern vielfach benutzt, um gefüllte Blüten zu erzielen. Übrigens kommen neben den sexuell geschwächten Bastarden auch solche mit voll erhaltener Sexualität vor.

In der freien Natur kommen Bastardbildungen trotz der häufigen Verschleppung von Pollen auf fremde Narben selbst zwischen solchen Pflanzen, bei denen künstliche Bastardierung leicht gelingt, verhältnismäßig selten vor. Das beruht darauf, daß neben dem fremden Pollen fast regelmäßig auch der eigene Pollen der Art auf die Narbe gelangt. Der letztere ist aber durch seine vollkommenere Anpassung an die auf der Narbe gebotenen Verhältnisse so sehr bevorzugt, daß er in der Entwicklung vorauseilt und die Befruchtung ausführt, bevor der fremde Pollen mit seinen Pollenschläuchen die Samenanlagen erreicht. In der freien Natur häufiger auftretende Bastarde sind die Weidenmischlinge, die Bastarde von verschiedenen Verbascum-, Rosa-, Rubus- und Cirsiumarten.

Über das Zustandekommen neuer Arten sind verschiedene Hypothesen aufgestellt worden. Die von Darwin aufgestellte Selektionstheorie geht davon aus, daß niemals die Nachkommen einer Art, ja eines Individuums unter sich und mit den Eltern vollkommen ähnlich sind. Aus inneren Ursachen treten kleine, zunächst unbedeutende Abweichungen von dem Typus nach beliebiger Richtung hin auf. Durch den in der Natur herrschenden Kampf ums Dasein, der alles Unzweckmäßige dem Untergang entgegenführt, wird unter den so entstandenen Variationen fortgesetzt eine Auslese bewirkt, und indem die geringen aber zweckmäßigen Abänderungen an den Überlebenden sich im Laufe der Generationen summieren, gehen aus ihnen neue Eigenschaften hervor, die zur spezifischen Unterscheidung zwischen diesen Formen und ihren nach anderen Richtungen hin variierten Stammesgenossen führen.

Nägelis Abstammungslehre unterscheidet an den Organismen Anpassungsmerkmale und Organisationsmerkmale. Die ersteren sind nach Nägeli in ihrer Ausgestaltung von der direkten Einwirkung der äußeren Umstände abhängig, die letzteren aber erfahren aus inneren, in dem Wesen der Organisation begründeten Ursachen im Laufe der Stammesgeschichte eine allmählich fortschreitende Vervollkommnung, wobei besonders das Prinzip der Arbeitsteilung und der Reduktion von außer Funktion tretenden Organen zu immer höherer äußerer Gliederung und innerer Differenzierung führt.

Nach Weismanns Vermischungstheorie beruht alle Neubildung auf der bei der geschlechtlichen Fortpflanzung stattfindenden Mischung der elterlichen Eigenschaften im Keim. Die Anpassung der Lebewesen wird dabei ebenso wie bei der Selektionstheorie Darwins durch Ausschaltung alles Nichtzweckmäßigen erklärt.

Im Gegensatz dazu steht der Neo-Lamarckismus, der auf ältere, bereits von Lamarck ausgesprochene Anschauungen zurückgreifend die Ansicht vertritt, daß die unter dem Einfluß der äußeren Umstände erworbenen Eigenschaften im Laufe der Generationen erblich fixiert werden und damit zu neuen Formen konstanter Erblichkeit führen können.

Endlich suchte in neuerer Zeit de Vries durch Experimente exakt nachzuweisen, daß auch Mutationen, d. h. sprungweise Änderungen der Eigenschaften, die an einzelnen Nachkommen hervortreten und von Anfang an erblich sind, die Entstehung neuer Arten bewirken können.

Keine einzige dieser kurz skizzierten Abstammungslehren ist imstande, für sich alle im Tier- und Pflanzenreich auftretenden Formen und Verhältnisse hinreichend zu erklären. Die Ansicht der meisten Biologen geht deshalb dahin, daß die verschiedenen, in den einzelnen Hypothesen für die Neubildung der Arten herangezogenen Faktoren in langen Zeiträumen neben- und miteinander wirkend das Reich des Organischen auf der Erde zu der in der Gegenwart vorliegenden Organisationshöhe geführt haben mögen.

Dritter Abschnitt.

Spezielle Botanik.[1]

Systematische Darstellung des Pflanzenreiches.

Die spezielle Botanik hat die Aufgabe, die einzelnen Pflanzen kennen zu lehren, Form, Zusammensetzung und Lebensweise derselben zu beschreiben und die einzelnen Pflanzenarten nach ihren Eigenschaften zu einem wissenschaftlichen System zusammenzuordnen. Man unterscheidet künstliche und natürliche Pflanzensysteme. In den ersteren werden die Pflanzen nach willkürlich gewählten Merkmalen zu Gruppen vereinigt. Das bekannteste künstliche System ist dasjenige von Linné, in welchem die Blütenpflanzen oder Phanerogamen nach der Zahl, Ausbildung und Anordnung ihrer Geschlechtsorgane in 23 Klassen verteilt, während alle nicht blühenden Gewächse als Kryptogamen in der 24. Klasse vereinigt sind. Bei der Aufstellung natürlicher Systeme verfolgt man die Aufgabe, die Pflanzen nach ihrer natürlichen Verwandtschaft zu Gruppen zu vereinigen und diese Gruppen möglichst nach der Reihenfolge ihres entwicklungsgeschichtlichen Alters wie die Zweige eines Stammbaums aneinanderzustellen. Zu einer systematischen Einheit des natürlichen Systems sollten demnach immer nur solche Gewächse zusammengefaßt werden, die von gemeinsamen Ahnen abstammen. Es hat sich gezeigt, daß diese Forderung durch die Methoden der genetischen Systematik einschließlich der neuerdings angewendeten Serodiagnostik nicht im ganzen Umfange erfüllt werden kann und daß in allen bekannten natürlichen Systemen die oberen systematischen Einheiten nur Begriffskonstruktionen sind, deren Umfang wesentlich von dem systematischen Taktgefühl des betreffenden Systematikers mit bestimmt wird. Dadurch kommt in die Systematik eine Unsicherheit und Unstetigkeit hinein,

---

1) Für eingehendere Studien sind zu empfehlen: Goebel, Systematik und spezielle Pflanzenmorphologie. Leipzig 1882. Warming, Handbuch der systematischen Botanik, deutsche Ausgabe. Wettstein, Handbuch der systematischen Botanik, Leipzig und Wien 1924. Warburg, Die Pflanzenwelt. Leipzig 1916; speziell für die Blütenpflanzen: Eichler, Blütendiagramme. Leipzig 1875, und Solereder, Systematische Anatomie der Dikotyledonen. Stuttgart 1899; und als Nachschlagewerke: Leunis, Synopsis der Pflanzenkunde, Hannover 1883, und Engler-Prantl, Die natürlichen Pflanzenfamilien. Leipzig 1894f. Zum Bestimmen der einheimischen Gefäßpflanzen existieren in allen Teilen des Gebietes handliche Lokalfloren; als beliebte Werke, welche das gesamte Gebiet der deutschen Flora umfassen, mögen genannt sein: Garcke, Illustrierte Flora von Deutschland, Berlin 1908, und Wünsche-Abromeit, Schulflora von Deutschland. Leipzig 1924. Das letztere Werk umfaßt in seinem I. Band auch die gefäßlosen Kryptogamen; ausführlicher sind diese behandelt in Rabenhorsts Kryptogamenflora, Leipzig. Ein ausgezeichnetes umfänglicheres Werk mit vorzüglicher Ausstattung und mit Abbildungen aller deutschen Gefäßpflanzen ist Hegi, Illustrierte Flora von Mitteleuropa. München 1927. Für Bayern ist zu empfehlen, Vollmann, Flora von Bayern. München 1914.

die es dem Anfänger außerordentlich erschwert, über das Gesamtgebiet des Gewächsreiches eine faßliche Übersicht zu gewinnen. Um zu einem für den Unterricht brauchbaren System zu kommen, das nicht durch jede neue Behauptung oder Ablehnung verwandtschaftlicher Zusammenhänge erschüttert werden kann, wollen wir die Forderung einstämmiger Abstammung nur bei den unteren systematischen Ableitungen von der Art angefangen bis hinauf zu den Pflanzenfamilien gelten lassen. Bei der Zusammenfassung der Familien zu höheren Einheiten, Ordnungen, Reihen, Klassen, Gruppen wollen wir ausdrücklich auf diese Forderung verzichten und ein anderes, weniger unsicheres Moment der Entwicklungsgeschichte, die im Entwicklungsgang erreichte Organisationshöhe als Einteilungsprinzip verwenden.

Die Pflanzenindividuen, die in allen erblichen Merkmalen übereinstimmen, die also untereinander keine größeren Unterschiede aufweisen als die durch normale Fortpflanzung entstandenen Nachkommen einer einzigen Mutterpflanze werden als Angehörige einer Art (Spezies) angesehen. Die in allen wesentlichen Merkmalen ihres Baues, insbesondere in der Ausgestaltung ihrer Fortpflanzungsorgane verwandtschaftliche Ähnlichkeit zeigenden Arten bilden zusammen eine Gattung (Genus). Jeder Pflanze kommt demnach als wissenschaftliche Bezeichnung ein lateinischer Doppelname zu, der sich aus dem Gattungs- und Artnamen zusammensetzt, z. B. Viola odorata, wohlriechendes Veilchen.

Gattungen, die durch die Übereinstimmung in gewissen Merkmalen verwandtschaftliche Beziehungen erkennen lassen, werden zu Pflanzenfamilien vereinigt. Die so als Verwandtschaftseinheiten gebildeten Pflanzenfamilien werden nach der Organisationshöhe, welche die Entwicklungsreihen in ihnen erreicht haben, zu größeren Verbänden vereinigt. Wir kommen so zu fünf Hauptgruppen:

Gruppe I. **Lagerpflanzen,** Thallophyta, umfaßt alle Entwicklungsreihen der Pflanzen, die in der Ausgestaltung ihrer Geschlechtsorgane noch nicht bis zur Bildung von Archegonien fortgeschritten sind.

Gruppe II. **Moospflanzen,** Bryophyta, schließt alle Archegoniaten zusammen, die in der Differenzierung des Gewebes ihres Sporophyten noch nicht die Ausbildung von Leitbündeln mit Gefäßteil und Siebteil erreicht haben.

Gruppe III. **Farnpflanzen,** Pteridophyta, wird von den Gefäßpflanzen gebildet, die in der Metamorphose der Sexualsprosse noch nicht bis zu typischer Blütenbildung gelangt sind.

Gruppe IV. **Nacktsamige,** Gymnospermae, enthält diejenigen Blütenpflanzen, deren Fruchtblätter noch nicht zum Fruchtknoten verwachsen sind.

Gruppe V. **Bedecktsamige,** Angiospermae, endlich umfaßt die Gesamtheit der Blütenpflanzen, bei denen die Samenanlagen in Fruchtknoten eingeschlossen sind, die zu Früchten werden.

Die drei Gruppen der Thallophyten, Bryophyten und Pteridophyten stellte Linné als **Kryptogamen** den Gymnospermen und Angiospermen **(Phanerogamen)** gegenüber. Da bei den Kryptogamen die Sporenbildung als das wesentlichste Moment der Fortpflanzung erscheint, während die Phanerogamen durch die Ausbildung von Blüten und Samen vor ihnen ausgezeichnet sind, so werden vielfach die Kryptogamen auch als **Sporenpflanzen** oder **blütenlose Pflanzen,** die Phanerogamen als **Samenpflanzen** oder **Blütenpflanzen** bezeichnet. Den Thallophyten oder Lagerpflanzen stehen alle übrigen Gruppen, bei denen durchgehends ein typischer Sproß auftritt, als **Cormophyta** oder **Sproßpflanzen** gegenüber.

Wenn wir die von uns unterschiedenen fünf Gruppen des Gewächsreiches vom Standpunkt der genetischen Systematik betrachten, so ergibt sich, daß die Gruppe der Lagerpflanzen zweifellos eine ·Sammelgruppe verschiedener Entwicklungsreihen darstellt. Sie ist deshalb von Engler in elf Abteilungen, von Wettstein in sechs Stämme aufgelöst worden. Tuzson unterscheidet unter den Lagerpflanzen sogar 17 Entwicklungsreihen. Die Moospflanzen, Farnpflanzen, Nacktsamigen und Bedecktsamigen zeigen dagegen in den Fortpflanzungserscheinungen so weitgehende Homologien, daß sie als Abkömmlinge einer einheitlichen Entwicklungsreihe erscheinen. Es ist aber die Annahme nicht von der Hand zu weisen, daß sich der Fortschritt vom Oogonium zum Archegonium, von der Zellenpflanze zur Gefäßpflanze, von dem Sporangienstand zur Blüte und von den freistehenden Fruchtblättern zum Fruchtknoten in verschiedenen Entwicklungsreihen unabhängig voneinander mehrfach vollzogen haben kann.

Erste Gruppe: Lagerpflanzen (Thallophyta).

Die Lagerpflanzen umfassen eine Anzahl unter sich verschiedener Entwicklungsreihen, zwischen denen deutliche verwandtschaftliche Beziehungen nicht nachzuweisen sind. Der Ausgangspunkt einzelner Entwicklungsreihen scheint auf die Flagellaten zurückzuführen, eine sehr formenreiche Gruppe niederer einzelliger Lebewesen, die ebenso in Beziehung zu den niederen Tieren stehen und mit diesen an den Anfang der systematischen Übersicht des Tierreiches gestellt werden.

Wir unterscheiden vier Klassen.

Klasse I: Urpflanzen, Archiphyta, umfaßt die niedersten Formen, deren plasmatischer Zelleib noch keinen typischen Zellkern hat.

Klasse II: Algen, Algae. Die Algen sind durch den Besitz von Zellkern und Chlorophyllkörper in ihren Zellen charakterisiert.

Klasse III: Pilze, Mycetes, schließt die Entwicklungsreihen ein, deren Zellen einen sich mitotisch teilenden Zellkern aber keine chlorophyllführenden Chromatophoren besitzen.

Klasse IV: Flechten, Lichenes, sind Organismen, deren Vegetationskörper symbiotisch aus Pilzfäden und Algenzellen zusammengesetzt ist.

Erste Klasse: Urpflanzen (Archiphyta).

Die Urpflanzen sind meist einzellig und häufig zu fadenförmigen, flächenförmigen oder körperlichen Kolonien von gleichwertigen Zellindividuen verbunden. Seltener sind fadenförmige oder körperliche Individuen aus ungleichwertigen Zellen. Der Zellinhalt ist wenig differenziert, ein Zellkern von der bei allen übrigen Pflanzen typischen Ausbildung fehlt. Die Zellwand neigt zur Verquellung und Gallertbildung. Die Fortpflanzung erfolgt ausschließlich auf ungeschlechtlichem Wege, nämlich durch vegetative Zweiteilung. Bei manchen Formen werden Dauersporen gebildet. Man unterscheidet zwei Reihen:

Reihe 1: Spaltalgen, Cyanophyceae; sie sind durch den Gehalt ihrer Zellen an Chlorophyll zu autotropher Ernährung befähigt.

Reihe 2: Spaltpilze, Schizomycetes; sie entbehren des Chlorophylls und sind deshalb meistens auf eine saprophytische oder parasitische Ernährung angewiesen.

Erste Reihe: Spaltalgen (Cyanophyceae).

Die Spaltalgen sind blaugrün, schwärzlichgrün, bräunlich oder schwarz-
purpurn gefärbt, sie enthalten neben dem Chlorophyll noch einen blaugrünen
Farbstoff, das Phycocyan. Die Farbstoffe sind der an die Zellwand angrenzenden, peripherischen Schicht des Plasmakörpers eigen, während der zentrale
Teil der Zelle, der sog. Zentralkörper, von Farbstoff frei bleibt. Neben einzelligen, isoliert lebenden oder zu Kolonien verbundenen Formen kommen einfache oder verzweigte Fäden vor, in denen bisweilen zwischen den vegetativen

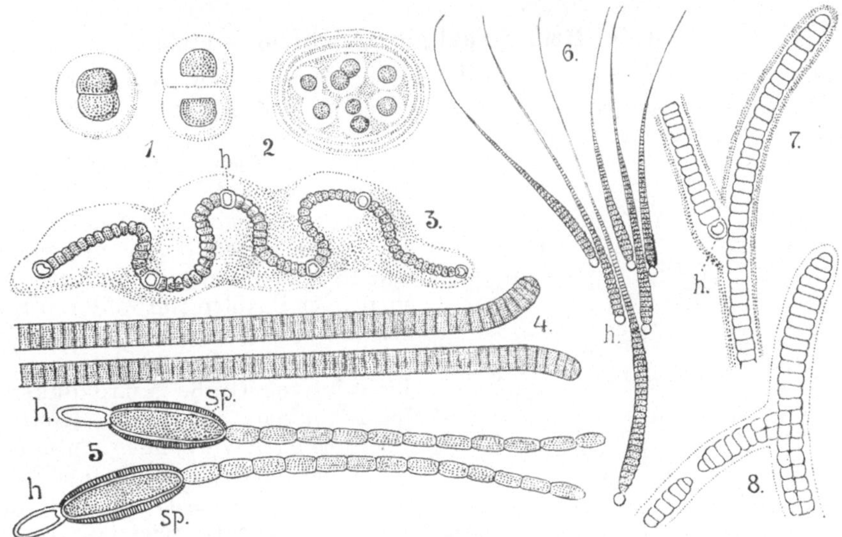

Abb. 245. Spaltalgen (stark vergrößert). 1 Chroococcus. 2 Gloeocapsa. 3 Nostoc. 4 Oscillaria. 5 Cylindrospermum. 6 Rivularia. 7 Tolypothrix. 8 Sirosiphon. *h* Heterocyste,
sp Spore.

Zellen einzelne gelb gefärbte und abweichend geformte, nicht mehr teilungsfähige „Grenzzellen" (Heterocysten) eingefügt sind. Die einzelligen Arten vermehren sich durch Zweiteilung; nur in der kleinen Familie der Chamaesi-
phonaceen löst sich der Inhalt der Zelle zur Vermehrung in einzelne Sporen
auf. Bei den fadenbildenden Formen führt die Zweiteilung der Zellen nur eine
Verlängerung des Fadens herbei, die Vermehrung der Fäden geschieht durch
Fragmentation, meistens indem Hormogonien gebildet werden. Für zahlreiche
Formen ist die Ausbildung von Dauersporen bekannt.

Familien: Chroococcaceae, Chamaesiphonaceae, Oscillariaceae, Nostocaceae,
Scytonemaceae, Sirosiphonaceae, Rivulariaceae.

Die **Chroococcaceen** sind einzellig, oft koloniebildend. Die Gattungen Gloeocapsa
(Abb. 245, 2), Chroococcus (Abb. 245, 1) u. a. bilden häufig dünne, schleimige, span-
grüne, bisweilen auch violette oder rote Überzüge auf Erde, Mauern, Felsen, Holz, an feuchten Orten; die frei im Schlamm der Gewässer lebende Merismopedia stellt quadratische
Täfelchen mit regelmäßig angeordneten blaugrünen Zellen dar.

Zu den **Oscillariaceen** gehören die überall vertretenen Gattungen Oscillaria (Abb. 245, 4)
und Lyngbya, deren zylindrische Fäden aus gleichartigen Zellen bestehen und oft in
lichten Anhäufungen den Grund mancher verunreinigten Gewässer oder feuchte Erde

überziehen. Im Mikroskop zeigen die Fäden eine eigentümlich gleitende und oszillierende Eigenbewegung.

Die **Nostocaceen** bilden unverzweigte Fäden mit Heterocysten. Nostoc commune (Abb. 245, 3), der gemeinste Vertreter findet sich überall auf feuchter Erde in Gestalt schwarzgrüner, welligfaltiger, bis handgroßer Gallertklumpen, die im Innern dicht von mikroskopisch feinen, knäuelig gewundenen, perlschnurartigen Zellfäden erfüllt sind. Andere hierher gehörige Formen, wie Anabaena und Aphanizomenon, treten als Wasserblüte in stehenden Süßwassern auf. Einige Nostocaceen, wie z. B. Anabaena Azollae, leben als Raumparasiten in schleimerfüllten Höhlungen höherer Pflanzen. Cylindrospermum mit sehr charakteristischer Sporenbildung (Abb. 245, 5) tritt nicht selten in stehendem Süßwasser und auf feuchter Erde in kleinen, klumpenförmigen Ansammlungen auf.

Zweite Reihe: Spaltpilze (Schizomycetes).

Die Spaltpilze (Bakterien) sind durchweg sehr kleine, einzellige Organismen von einfachstem Körperbau. Die Einzelzellen bleiben häufig zu Fäden verbunden, oft werden mit bloßem Auge sichtbare salbenartige Ansammlungen, die man als Zoogloeen bezeichnet, oder Kahmhäute auf der Oberfläche von Flüssigkeiten gebildet. Was die Gestalt der Zellen anbetrifft, so unterscheidet man Kugelformen oder Kokken, Stäbchen oder Bazillen (im weiteren Sinne), Schraubenformen oder Spirillen. Unter den Kokken unterscheidet man nach der relativen Größe Mikrokokken und Makrokokken. Bleiben die Kokken zu fadenförmigen Verbänden vereinigt, so bezeichnet man die Form als Streptococcus. Sind die Kokken nur unregelmäßig zu locker traubigen Gruppen vereinigt, so heißen sie Staphylococcus. Bei der Sarcina-Form sind die nach

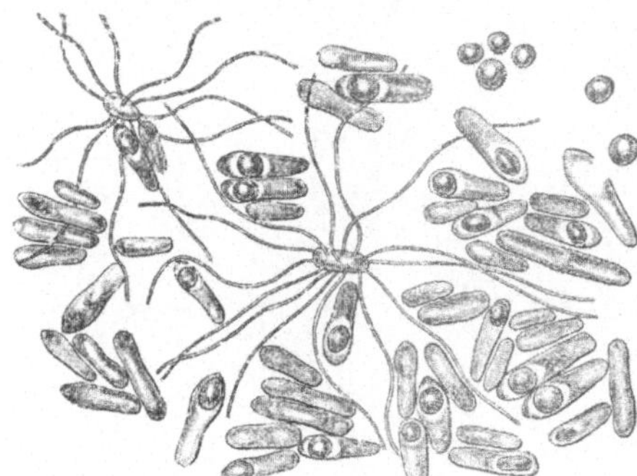

Abb. 246. Bacillus Pasteurii ($^{2000}/_1$). Vegetative Zellen mit Geißeln und sporenbildenden Zellen sowie isolierte Sporen. (Nach Beijerinck.)

drei Richtungen des Raumes sich teilenden Kokken regelmäßig zu paketartigen Verbänden vereinigt.

Manche Spaltpilze haben Cilien als Bewegungsorgane (Abb. 246). Die Zellwand neigt zur Verquellung und Gallertbildung. Der Zellinhalt ist ohne typischen Kern. Als durchgreifendes Unterscheidungsmerkmal ist der gänzliche Mangel der bei den Spaltalgen auftretenden Farbstoffe Chlorophyll und Phycocyan anzusehen.

Die Bakterien vermehren sich sehr ausgiebig durch Zweiteilung. (Sporenbildung ist nur beim kleineren Teil der Formen beobachtet worden (Abb. 246)). Bezüglich ihrer Ernährung sind sie mit wenigen Ausnahmen auf die Aufnahme organischer Nährstoffe angewiesen. Sie leben teils als Parasiten, teils als Saprophyten. Manche Spaltpilze produzieren Farbstoffe, die sich in ihrer Zellwand oder in ihrer Umgebung ablagern, andere phosphoreszieren bei lebhafter Vegetation. Im Stoffwechsel der Spaltpilze werden mancherlei Enzyme gebildet, welche Gärungen und Zersetzungen in dem Substrat bewirken. Viele Arten werden dadurch gefährlich, daß sie Giftstoffe, Toxine, produzieren, die schwere Erkrankungen von Menschen und Tieren hervorrufen können. Hinsichtlich des Sauerstoffbedürfnisses unterscheidet man Aëroben, welche nur bei Gegenwart von freiem Sauerstoff gedeihen, **fakultative Anaëroben**, welche auch ohne freien Sauerstoff auskommen können, und **obligate Anaëroben**, die bei gänzlichem Mangel freien Sauerstoffes ihre günstigsten Entwicklungsbedingungen finden.

Familien: Coccaceae, Bacteriaceae, Spirillaceae, Leptotrichaceae, Cladothrichaceae.

Die Familie der **Coccaceen** umfaßt u. a. die Gattungen Micrococcus, Streptococcus und Staphylococcus. Die Zellen sind kugelig. Micrococcus phosphoreus erzeugt lebhafte Phosphoreszenz an dem einige Tage alten Fleisch der Schlachttiere. Micrococcus acidilactici verursacht Milchsäuregärung. Streptococcus mesenterioides, die Froschlaichbakterie, deren Zellen von mächtigen Gallerthüllen umgeben sind, ist in Zuckerfabriken gefürchtet, weil sie in kurzer Zeit große Vorräte von Melasse durch Dextringärung entwerten kann. Zu den pathogenen Coccaceen gehören Micrococcus Gonorrhoeae, der Erzeuger der Gonorrhöe, Staphylococcus pyogenes aureus (Abb. 247, 1), eine Entzündungsbakterie, die bei Eiterungen, besonders in Karbunkeln, Furunkeln usw. auftritt, und die beiden wohl nur als Varietäten einer Art zu betrachtenden Streptococcus

pyogenes und Streptococcus Erysipelatos, welche die Verursacher von Puerperalfieber und Erysipel sind.

Zu der Familie der **Bacteriaceen** gehören die beiden artenreichen Gattungen Bacillus und Bacterium, deren Arten von zylindrisch stabförmigen Zellen gebildet werden, welche bei Bacterium ohne Geißeln sind, bei Bacillus dagegen wenigstens zeitweilig einen diffusen Geißelbesatz tragen. Unter ihnen sind zahlreiche sehr gefährliche Parasiten des Menschen. Bacterium Pneumoniae, B. Tuberculosis

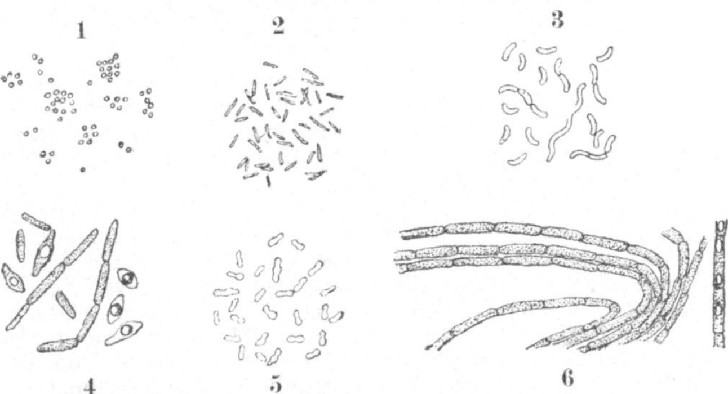

Abb. 247. Spaltpilze ($^{1000}/_1$). 1 Staphylococcus pyogenes aureus. 2 Tuberkelbazillen. 3 Spirillum Cholerae asiaticae. 4 Bacillus amylobacter, einzelne Exemplare mit Sporen. 5 Diphtheriebazillen. 6 Bacillus Anthracis, rechts einige Zellen mit Sporen.

(Abb. 247, 2), B. Leprae, B. Diphtheriae (Abb. 247, 5), B. Influencae; Bacillus Tetani, B. Oedematis maligni, B. Typhi, B. Pestis erzeugen diejenigen Erkrankungen des Menschen, von denen ihre Artbenennung abgeleitet ist und rufen oft schwere Epidemien hervor. Bacterium Anthracis (Abb. 247, 6) erregt den Milzbrand, B. Mallei den Rotz, beides Krankheiten unserer Haustiere, die auf Menschen übertragbar sind. Von den für die Nutztiere gefährlichen Arten sind ferner zu nennen Bacterium Erysipelatos suum, der Erreger des Schweinerotlaufes, B. suicida, der Erreger der deutschen Schweineseuche, B. Necroseos, der Erreger der Kälberdiphterie und verschiedener anderer Erkrankungen, B. Acnes, der Erreger der Acne necrosa des Pferdes, B. Abortus, welcher durch Erregung eines Uteruskatarrhs das Verwerfen der Kühe herbeiführt, B. renale, der Erreger der Pyelonephritis der Kuh; B. Chauveaui, der Erreger des Rauschbrandes beim Rind, B. Cholerae suum, der Erreger der Schweinepest. B. Coli findet sich regelmäßig im Darm der Menschen und Tiere und ist für gewöhnlich unschädlich, kann aber, wenn die Widerstandsfähigkeit des Organismus aus irgendeinem Grunde geschwächt ist, auch zu Erkrankungen Veranlassung geben. Die unter dem Namen Septichaemia haemorrhagica zusammengefaßten Erkrankungen der Tiere werden gleichfalls durch Bacteriaceen, wie z. B. Bacterium Cholerae gallinarum, B. Cholerae anatis, B. cuniculicida u. a. m. verursacht.

Zu den nichtpathogenen Bakteriaceen gehört Bacillus prodigiosus, der bisweilen auf stärkehaltigen Nährstoffen in blutfarbigen Tropfen auftritt (blutende Hostien) B. subtilis, der Heubazillus, findet sich regelmäßig in Heuabkochungen ein. B. vulgaris ist der häufigste Vertreter der Fäulnisbakterien, der die Zersetzung der Eiweißstoffe unter

Erzeugung übelriechender Gase herbeiführt. Bacterium phosphorescens erzeugt auf toten Fischen eine smaragdgrüne Phosphoreszenz, Bacterium thermophilum gehört zu den thermophilen Bakterien, welche ihre günstigsten Entwicklungsbedingungen bei sehr hohen Temperaturen (50—60°) finden, bei denen die meisten anderen Arten nicht mehr existieren können.

Manche Arten sind für die Technik und für die Landwirtschaft von großer Bedeutung. Bacterium aceti gehört zur Gruppe der Essigsäurebakterien, die als Kahmhäute auf alkoholischen Flüssigkeiten auftreten (Essigmutter) und den Alkohol in Essigsäure und Wasser spalten. Bacterium acidi lactici ist eine der häufigsten Michsäurebakterien, die in Milch und in anderen zuckerhaltigen Flüssigkeiten die Bildung von Milchsäuren veranlassen. Bacillus amylobacter (Abb. 247, 4) verursacht die Buttersäuregärung. Bacillus caucasicus findet sich in den Kefirkörnern; er ist bei der als Kefirgärung bezeichneten zusammengesetzten Gärung der Milch beteiligt, deren Resultat die Bildung von Alkohol, Milchsäure und Kohlensäure ist. Bacillus tenuis spielt bei dem Prozeß der Käsereifung eine hervorragende Rolle. Bacterium Nitrobacter lebt im Erdboden und ist für den Haushalt der Natur wie für die Landwirtschaft dadurch von besonderer Bedeutung, daß er nebst einigen anderen Nitrobakterien die durch Einwirkung anderer Spaltpilze (Nitritbakterien) aus den Ammoniaksalzen gebildeten Nitrite zu Nitraten oxydiert; auch bei der Dünger- und Kompostbereitung sind die Nitratbakterien als natürliche Salpeterbildner in hervorragender Weise beteiligt. In den Exkrementen der Pflanzenfresser und in der gedüngten Ackererde lebt Bacillus denitrificans, der Nitrate unter Entbindung von freiem Stickstoff reduziert. Bacillus radicicola ist der Mikroorganismus, der als Symbiont die Bakterienknöllchen der Leguminosen bewohnt (vgl. S. 148). Reinkulturen der verschiedenen Rassen dieses Bacillus sind unter dem Namen Nitragin in den Handel gebracht und zur Impfung von Feldern, auf denen Leguminosen angebaut werden sollen, empfohlen worden.

Spirillaceen sind schraubig gekrümmte Stäbchen. Zu ihnen gehört Spirillum Cholerae asiaticae (Abb. 247, 3), der unter dem Namen Kommabacillus bekannte Mikroorganismus der asiatischen Cholera. Von nicht pathogenen Arten ist Spirillum undula in faulenden Flüssigkeiten allgemein verbreitet. Spirillum sanguineum gehört zu den Schwefelbakterien, die im Innern der Zellen amorphe Schwefelkörnchen enthalten. Es lebt in Salz- und Brackwasser, wo Meeresalgen und Tierleichen unter Bildung von Schwefelwasserstoff verfaulen, aus dem durch Oxydation die Schwefelkörnchen des Zellinhaltes gewonnen werden. Die früher hierher gerechnete Gattung Spirochaete, zu der einige gefährliche Parasiten, wie Spirachaete Obermeieri, der Verursacher des Rückfalltyphus, und Spriochaete pallida, der Syphiliserreger, gehören, ist neuerdings als zum Tierreich in die Abteilung der Protozoen gehörig erkannt worden.

Zur Familie der **Leptotrichaceen** gehören die Gattungen Leptothrix, Crenothrix und Beggiatoa, deren Arten als äußerst feine, einfache Fäden aus gleichartigen Zellen auftreten. Leptothrix buccalis lebt im Zahnschleim des Mundes; Leptothrix ochracea und Crenothrix polyspora sind sogenannte Eisenbakterien, welche in eisenhaltigen Wässern rostrote flockige Überzüge des Grundes und der Wasserpflanzen bilden. In Wasserleitungen werden sie mitunter dadurch lästig, daß sie das Wasser unappetitlich und für manche technische Zwecke (Brauen, Waschen) ungeeignet machen und durch üppige Wucherung die Leitungsröhren verstopfen. Statt des Eisens kann in manganhaltigen Wässern in ähnlicher Weise von den Bakterien Mangan gespeichert werden. Die Arten der Gattung Beggiatoa, welche häufig in verunreinigtem Wasser, besonders in Abzugsgräben aus Häusern und Fabriken weiße, flutende Rasen bilden, sind Schwefelbakterien. Sie zeigen eine eigentümliche Beweglichkeit, die an das Bewegungsvermögen der Oscillariaceen erinnert.

Als Vertreter der **Cladotrichaceen** sei Cladothrix dichotoma genannt, deren Fäden durch Bildung von Scheinästen wiederholt dichotom verzweigt sind. Cladothrix lebt im Sumpfwasser, an faulenden Algen und in Schmutzwässern aus Zuckerfabriken u. a. m. — In den Verwandtschaftskreis der Cladotrichaceen kann man anhangsweise auch die sog. Strahlenpilze stellen, von denen Actinomyces bovis als Verursacher einer als Aktinomykose bezeichneten Geschwulst beim Rind, beim Schwein und auch beim Menschen Erwähnung verdient.

Als Heil- und Schutzmittel gegen gewisse von Bakterien verursachte Krankheiten der Menschen und der Haustiere benutzt die ärztliche Wissenschaft Serum, d. i. Blutflüssigkeit von Pferden und anderen großen Haustieren, die gegen die betreffenden Krankheitserreger immunisiert sind. Offizinell sind: Diphtherie-Serum, Meningokokken-Serum,

Tetanus-Serum, Schweinerotlauf-Serum und Geflügelcholera-Serum. Vorwiegend zu diagnostischen Zwecken werden Tuberkuline verwendet, das sind aus Kulturen von Tuberkel bazillen nach Vorschrift gewonnene Flüssigkeiten. Offizinell sind Alt-Tuberkulin, albumose freies Tuberkulin, Perlsucht-Tuberkulin.

Zweite Klasse: Algen (Algae).

Die Algen sind Bewohner feuchter Plätze, meistens Wasserpflanzen. Die Form und Gliederung der Vegetationsorgane ist sehr mannigfaltig. Neben ungeschlechtlicher Vermehrung findet sich in allen Gruppen geschlechtliche Fortpflanzung.

Wir unterscheiden vier Reihen:

Reihe 1: Panzerträger, Placophora, einzellige Formen, die neben dem Zellkern gelbbraune Chromatophoren enthalten und von einem Panzer aus zierlich gemusterten Platten umhüllt sind.

Reihe 2: Grünalgen, Chlorophyceae, mannigfaltig gestaltete Formen, teils einzellig, teils Zellfäden, Zellflächen oder mehr oder minder reichgegliederte Zellkörper bildend, die in ihren Zellen rein grün gefärbte Chlorophyllkörper enthalten.

Reihe 3: Braunalgen, Phaeophyceae, braune Meeresalgen mit vielzelligen meist stattlichen, zum Teil gigantischen, oft reich gegliederten Vegetationskörpern, die in ihren Chromatophoren neben dem Chlorophyll einen braunen Farbstoff enthalten und ungeschlechtliche Schwärmsporen und Schwärmgameten mit zwei seitlich eingefügten Geißeln hervorbringen.

Reihe 4: Rotalgen, Rhodophyceae, rote Meeresalgen, die in den Chromatophoren neben dem Chlorophyll einen roten Farbstoff führen. Sporen und Gameten sind ohne Geißeln.

Erste Reihe: Panzerträger (Placophora).

Wir unterscheiden zwei Ordnungen:

Ordnung 1: Furchengeißler, Dinoflagellata. Die Zellen tragen zwei ungleichlange und ungleichgerichtete Geißeln, die Platten des Panzers bestehen aus Cellulose.

Ordnung 2: Kieselalgen, Diatomeae. Die Zellen sind unbegeißelt, ihr Panzer ist verkieselt.

Erste Ordnung: Furchengeißler (Dinoflagellata).

Die Furchengeißler sind mikroskopisch kleine einzellige, im Wasser freibewegliche Lebewesen von unsymmetrischer Körperform, mit einer meist panzerartigen, aus mehreren Platten zusammengesetzten Cellulosemembran. Sie besitzen als Bewegungsorgane eine Längsgeißel, die in der Bewegungsrichtung des Körpers nach vorne oder nach rückwärts gerichtet ist, und eine Quergeißel, die in einer Furche quer um den Körper herumgelegt ist. Im Zellinhalt sind Chromatophoren vorhanden, die grün, gelb, braun oder auch farblos sein können. Die Vermehrung erfolgt durch Zweiteilung, wobei jeder Tochterzelle die Hälfte der Mutterzellmembran zufällt. Die meisten Arten leben im Meerwasser und nehmen neben gewissen Diatomaceen einen hervorragenden Anteil an der Bildung der Schwebeflora (Plankton). Sie sind bei dem Meeresleuchten mit beteiligt.

Wichtigste Familie: **Peridiniaceae**. Zu den Süßwasserformen gehören die in Fig. 248 abgebildeten Ceratium cornutum, Peridinium bipes und Glenodinium cinctum.

Zweite Ordnung: Kieselalgen (Diatomeae).

Die Kieselalgen haben eine stark verkieselte Zellwand aus zwei ungleich großen Schalen, die wie der Deckel und das Bodenstück einer Pillenschachtel ineinander geschoben sind. Man kann danach an jedem Individuum zwei

Hauptansichten unterscheiden: die Schalenseite (Abb. 249, 1 links), welche
eine Schale von der Fläche zeigt, und die Gürtelbandseite (Abb. 249, 1 rechts),
an welcher die ineinander geschobenen Ränder der beiden Schalen sichtbar
sind. Der Zellinhalt weist im Plasma neben einem Zellkern körnchen- und plattenförmige Chromatophoren auf, welche Chlorophyll und einen gelbbraunen
Farbstoff (Diatomin) enthalten. Stärke wird in der Diatomeenzelle nicht gebildet; als Reservestoff treten häufig Öltropfen auf. Nach Gestalt und Zeichnung der Schalen unterscheidet man zwei .Unterabteilungen: Die Pennatae
haben längliche, meist kahn- oder stabförmige Gestalt mit fiederförmigen
Skulpturen auf der Schalenseite (Abb. 249, 3—7); die Centricae sind meist
kreisrund, scheiben- und trommelförmig und auf der Schalenseite mit radiären,
auf einen organischen Mittelpunkt bezogenen Skulpturen versehen (Abb. 249, 2).

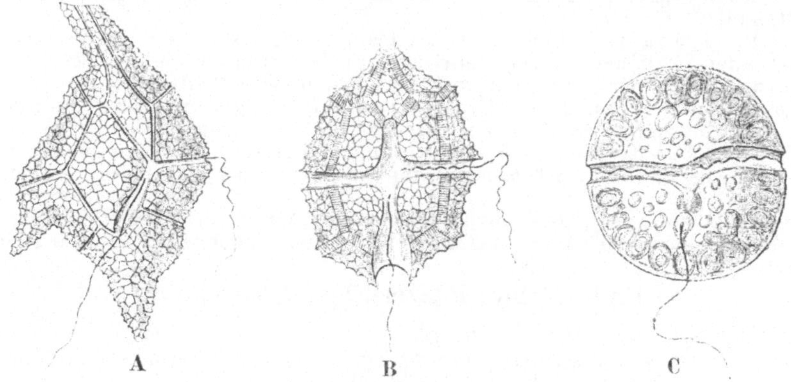

Abb. 248. Peridinaceen (sehr stark vergrößert). **A** Ceratium cornutum. **B** Peridinium
bipes. **C** Glenodinium cinctum.

Bei der Zweiteilung der Zelle, die mit der Kernteilung beginnt, behält jede
Tochterzelle eine der beiden Schalen und bildet dazu eine zweite, innere Schale
von gleicher Form aus. Die Tochterzelle, welche das Bodenstück der Mutterzellwand als Mitgift erhalten hat, ist demnach immer um ein geringes kleiner
als die Mutterzelle; die daraus sich ergebende Verkleinerung der Individuen
in einzelnen Nachkommenreihen wird wieder ausgeglichen durch die sogenannte
Auxosporenbildung, wobei die verkleinerten Zellindividuen von dem starren
Panzer der Kieselschalen befreit im Schutze einer ausgeschiedenen Gallert-
hülle zu normaler Größe heranwachsen und sich mit neuen Kieselschalen umhüllen. Bei den Pennatae ist die Auxosporenbildung mit dem Phasenwechsel verknüpft; die Auxosporenmutterzelle ist in typischen Fällen eine Zygote, welche aus der Verschmelzung zweier, durch unmittelbar vorhergehende
Reduktionsteilung haploid gewordener Zellen entstanden ist. Bei den Centricae
wird die geschlechtliche Fortpflanzung, soweit bekannt, durch begeißelte
Gameten vermittelt, die unter Chromosomenreduktion durch wiederholte
Zellteilungen in größerer Zahl in den zu Gametenbehältern werdenden vegetativen Zellen entstehen.

Viele Diatomeen sind selbstbeweglich. Freilebende Arten bilden einen beträchtlichen Anteil der Schwebeflora (Plankton). Einige sind mit Gallertstielen
am Standort befestigt. Die unzerstörbaren Kieselschalen der Kieselalgen bilden

an manchen Stellen der Erdoberfläche mächtige Lager; die als Kieselgur bezeichnete Substanz findet verschiedenartige technische Verwendung.

Familien: Melosiraceae, Fragillariaceae, Cocconeideae, Cymbellaceae, Surirellaceae, Naviculaceae.

Die **Melosiraceen** haben körnige Farbstoffträger, ihre Schalenseite ist radiär, wie die in Abb. 249, **2** abgebildete Cyclotella zeigt. Auch bei den **Fragillariaceen** sind körnige Farbstoffträger vorhanden, die Schalen sind aber bilateral gebaut, z. B. Diatoma (Abb. 249, 6)

Bei den übrigen vier genannten Familien ist der Farbstoff an plattenförmige Träger gebunden. Die **Cocconeideen** haben eine einzige schalenständige Platte. Die **Cymbellaceen** haben eine Platte, welche der Gürtelbandseite anliegt. Hierher gehört die in Abb. 249, 3 abgebildete Gattung Gomphonema, deren Individuen auf verzweigten Gallertstielen festsitzen. Bei den **Surirella-**

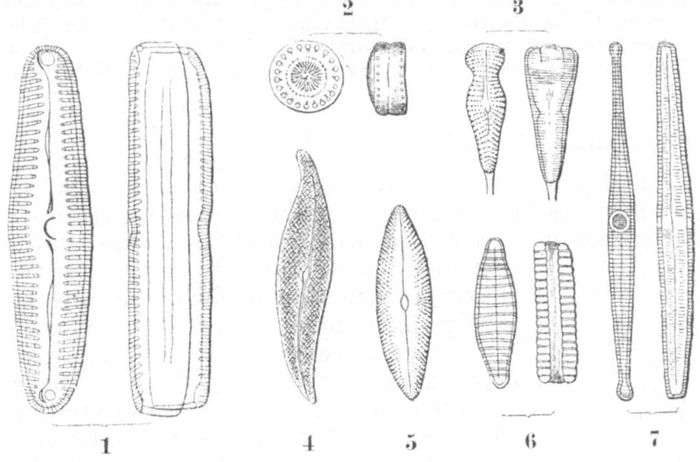

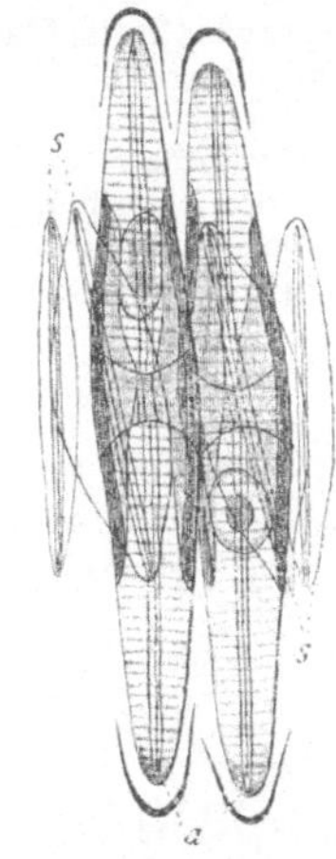

Abb. 250.
Auxosporenbildung
bei einer Diatomacee (Frustulia).
s die entleerten
Schalenhälften
zweier Zellen,
a die Auxosporen.

Abb. 249. Kieselalgen (vergrößert). **1** Pinnularia viridis. **2** Cyclotella operculata. **3** Gomphonema constrictum. **4** Pleurosigma Aestuarii. **5** Navicula palpebralis. **6** Diatoma vulgare. **7** Synedra pulchella. Wo eine Art durch zwei Abbildungen dargestellt wird, ist links die Schalenseite, rechts die Gürtelbandseite gezeichnet.

ceen sind zwei schalenständige Platten vorhanden. Die hierher gehörende Surirella Gemma wird wegen der feinen Struktur ihrer Schale als Prüfungsobjekt für Mikroskoplinsen verwendet. Auch die Gattung Synedra (Abb. 249, 7) gehört zu dieser Familie.

Die **Naviculaceen** endlich haben zwei seitlich gestellte Farbstoffplatten. Hierher gehören die in Abb. 249, 1, 4 und 5 abgebildeten Gattungen Pinnularia, Pleurosigma und Navicula. Pleurosigma angulatum wird, wie die obengenannte Surirella, als Testobjekt für Mikroskope benützt.

Zweite Reihe: Grünalgen (Chlorophyceae).

Das bestimmende Merkmal der Reihe, die reingrüne Färbung des Chlorophyllapparates kann nicht als ein Anzeichen genetischer Einheitlichkeit angesehen werden. Die Reihe umfaßt eine Anzahl natürlicher Abteilungen, welche die Endverzweigungen verschiedener Entwicklungsreihen sein mögen. Sie lassen sich in sechs Ordnungen bringen.

Ordnung 1: Jochalgen, Zygophyceae, einzellige Formen von regelmäßiger Gestalt oder Zellfäden aus gleichwertigen zylindrischen Zellen. Schwärmzellen fehlen; die geschlechtliche Fortpflanzung ist isogam.

Ordnung 2: Flimmeralgen, Ciliatae. Die einzelligen Individuen sind oft zu regelmäßig gestalteten Kolonien verbunden. Die behäuteten vegetativen Zellen tragen zwei Geißeln als Bewegungsorgane.

Ordnung 3: Urkornalgen, Protococcoideae. Einzellige Algen, einzeln lebend oder zu Kolonien verbunden, im vegetativen Zustand unbegeißelt, meist mit Schwärmsporen und Schwärmgameten ausgestattet.

Ordnung 4: Kraushaaralgen, Ulotrichales. Ihr Vegetationskörper ist ein einfacher oder verzweigter Zellfaden oder eine Zellfläche aus einkernigen Zellen. Der ungeschlechtlichen Vermehrung dienen Schwärmsporen. Die geschlechtliche Fortpflanzung steigt von isogamer Gametenkopulation zur Befruchtung ruhender Eier durch Spermatozoiden.

Ordnung 5: Schlauchalgen, Siphonales. Die Zellen sind vielkernige Schläuche, die entweder zu verzweigten Fäden zusammengefügt sind oder für sich einen oft reichverzweigten schlauchartigen Vegetationskörper bilden. Die Fortpflanzung erfolgt isogam oder oogam.

Ordnung 6: Armleuchteralgen, Charales. Ihr Vegetationskörper ist ein bewurzelter aufrechter Sproß, der regelmäßig in Knoten und Internodien gegliedert ist. An jedem Knoten entspringt ein Quirl von Blättern mit begrenztem Wachstum. Als Geschlechtsorgane treten an den Blättern kompliziert gebaute Antheridien und von Zellschläuchen umrindete Oogonien auf.

Erste Ordnung: Jochalgen (Zygophyceae).

Die Jochalgen sind Süßwasserbewohner, die entweder am Boden der Gewässer angesiedelt sind oder als grüne Schlamminseln auf der Oberfläche schwimmen. Die Chlorophyllkörper der Zellen sind zierliche symmetrische Platten oder Spiralbänder oder gepaarte sternartige Körper, an denen regelmäßige, meist rosettenförmige Stärkeherde (Pyrenoide) vorhanden sind. Ungeschlechtliche Vermehrung erfolgt durch Zweiteilung (Abb. 216 A, B). Bei der geschlechtlichen Fortpflanzung werden durch Verschmelzung zweier gleichgestalteter unbegeißelter Gameten Zygoten gebildet (Abb. 224). Familien: Desmidiaceae, Zygnemaceae.

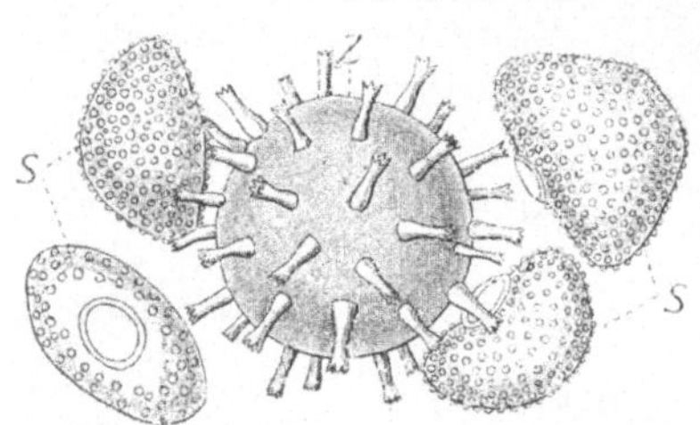

Abb. 251. Cosmarium Botrytis: Zygosporenbildung. S die entleerten Zellwandhälften, Z die Zygospore.

Die **Desmidiaceen** bilden wenig auffällige Ansammlungen am Grunde stehender Gewässer, besonders in Torf- und Wiesenmooren. Die Individuen sind zylindrisch oder spindelförmig, bisweilen mit hornartigen Fortsätzen oder sie haben einen mehr kreisförmigen oder elliptischen Gesamtumriß und sind durch eine tiefe Einschnürung in zwei vollkommen symmetrische Hälften geteilt. Wo die Einschnürung fehlt, ist doch der Chlorophyllkörper symmetrisch im Innern der Zelle angeordnet. Bei der Zweiteilung tritt die Teilungswand stets in der Symmetrieebene auf (Abb. 216 A, B). Die Zygosporenbildung findet in der Weise statt, daß zwei kreuzweise aneinandergelagerte Individuen nach Abwerfen der Zellwand miteinander verschmelzen und sich mit einer festen, oft durch regelmäßige Auswüchse verzierten Membran umgeben (Abb. 251). Von den hierher gehörenden Gattungen mögen Cosmarium, Micrasterias, Euastrum und Closterium als häufiger vorkommend genannt sein (Abb. 252).

Die Familie der **Zygnemaceen** umfaßt die fadenbildenden Jochalgen. Die Zellen der Fäden sind zylindrisch und fest miteinander verbunden. Die häufigsten Gattungen sind Spirogyra, Abb. 224 A, Zygnema und Mesocarpus, von denen manche Arten im Frühling große, frischgrüne, schaumige Schlamminseln auf der Oberfläche unserer Gewässer bilden. Die Zygosporenbildung von Spirogyra ist in Abb. 224 B dargestellt.

Zweite Ordnung: Flimmeralgen (Ciliatae).

Die Flimmeralgen sind einzellige oder zu Kolonien vereinigte, freischwimmende Planktonformen des Süßwassers. Sie sind durch den Besitz von Geißeln an den mit Zellwand versehenen vegetativen Zellen vor allen anderen Grünalgen ausgezeichnet. Sie vermehren sich vegetativ durch Zellteilung. Geschlechtliche Fortpflanzung erfolgt isogam oder oogam. Familien: Chlamydomonadaceae, Volvocaceae.

Zur Familie der Chlamydomonadaceae gehören einzeln lebende, nicht zu Kolonien verbundene Arten. Haematococcus pluvialis

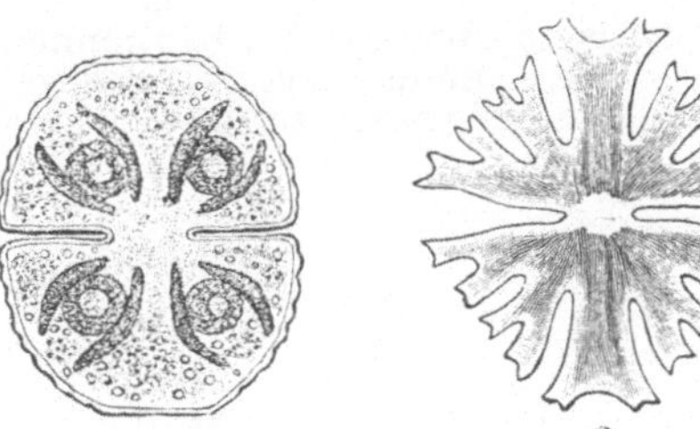
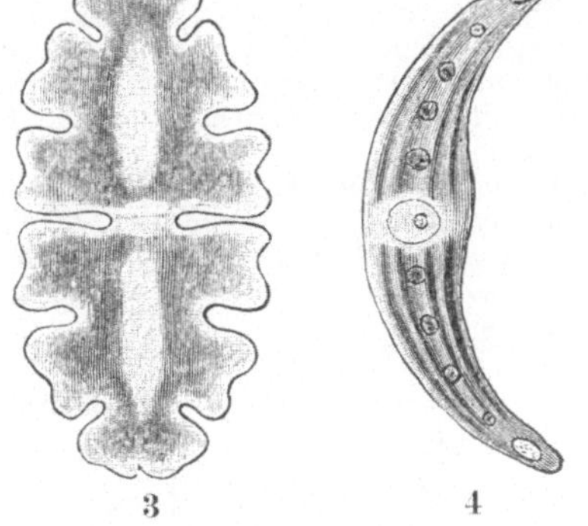

Abb. 252. Desmidiaceen. 1 Cosmarium Botrytis. 2 Micrasterias Crux melitensis. 3 Euastrum oblongum. 4 Closterium moniliferum.

ist durch Rotfärbung seiner Ruhezellen ausgezeichnet. Er findet sich nicht selten in flachen Pfützen von Regenwasser. Sphaerella nivalis verursacht im hohen Norden und in den Alpen die Erscheinung des roten Schnees.

Die Volvocaceen bilden aus den einzelligen Individuen bestimmt gestaltete Kolonien (Cönobien). Gonium und Pandorina (Abb. 253) bilden, erstere tafelförmige, letztere eirunde Kolonien aus 4 bis 16 gleichwertigen Zellen. Die geschlechtliche Fortpflanzung erfolgt hier durch Gametenkopulation. In der Gattung Volvox sind zahlreiche, oft mehrere tausend Zellen zu einer gallertartigen Hohlkugel vereinigt. Die Zellen sind ungleichwertig, die meisten sind rein vegetativ und unfruchtbar, einige werden zu Oogonien mit je einer Eizelle, andere werden zu Antheridien, in denen 64 oder 128 kleine Spermatozoiden entstehen. Außerdem sind einige besonders große Zellen in jeder Kolonie vorhanden, die auf ungeschlechtlichem Wege, durch einfache Teilung je eine neue Kolonie bilden.

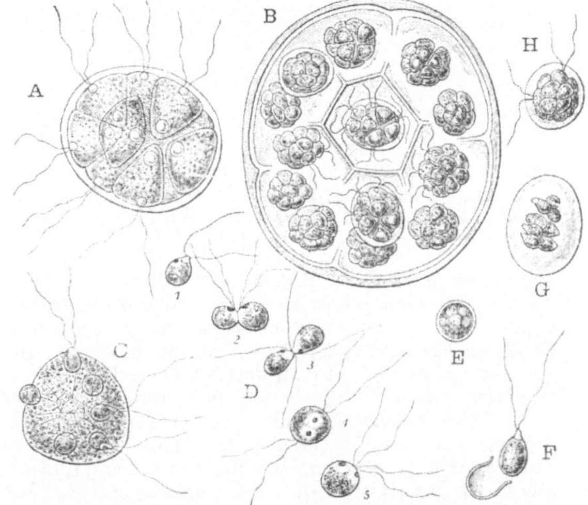

Abb. 253. Pandorina morum, stark vergrößert (nach Pringsheim). A Vegetative Kolonie. B Kolonie mit vegetativer Vermehrung. Jede Zelle bildet eine neue Kolonie. C Eine Zelle, welche Gameten bildet. D Verschmelzende Gameten. 1—5 Verschiedene Stadien der Verschmelzung. E Zygote. F Die aus der Zygote hervorgehende Schwärmzelle. G Teilung der zur Ruhe gekommenen Schwärmzelle in 8 Zellen. H Junge Kolonie.

Dritte Ordnung: Urkornalgen (Protococcoideae).

b) Die Urkornalgen schließen sich den Flimmeralgen nahe an. Sie sind ebenfalls einzellige Algen, entweder einzeln lebend oder zu Coenobien verbunden. Sie besitzen indes im vegetativen Zustande keine Geißeln, die geschlechtliche Fortpflanzung ist isogam.

Familien: Pleurococcaceae, Tetrasporaceae, Protococcaceae, Hydrodictyaceae.

Die **Pleurococcaceen** sind einzeln lebende oder zu unbestimmt geformten Gruppen vereinigte Zellen, die sich vorwiegend oder ausschließlich durch vegetative Zellteilung vermehren. Hierher gehört die überall häufige Gattung Pleurococcus. Pleurococcus vulgaris bildet grüne, krustig-staubige Überzüge an Baumstämmen und feuchten Mauern (Abb. 254, 1).

In der Familie der **Hydrodictyaceen** sind die Zellen zu Cönobien von bestimmter, oft sehr zierlicher Form verbunden. Scenedesmus quadricauda bildet 2—16 zellige Kolonien, deren eiförmige oder elliptische Zellen mit ihren Längsseiten zu einfachen Reihen

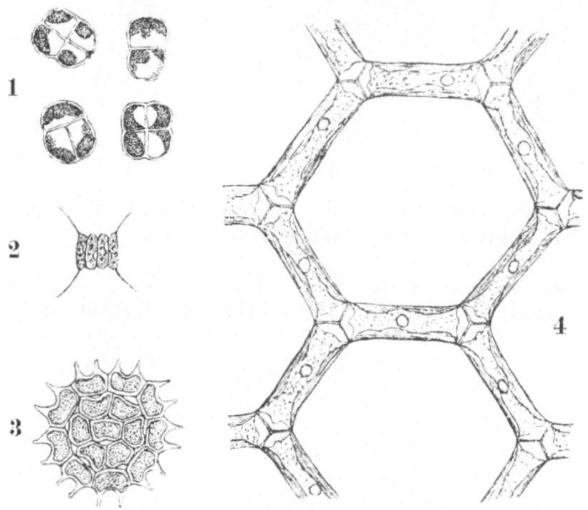

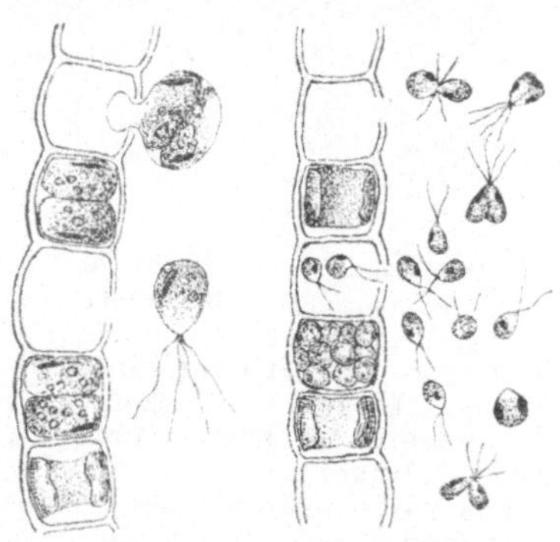

Abb. 254. Protococcoideen (vergrößert). 1 Pleurococcus. 2 Scenedesmus quadricauda. 3 Pediastrum. 4 Eine Masche aus dem Netz von Hydrodictyon reticulatum ($^{330}/_1$).

Abb. 255. Fadenstücke von Ulothrix. In dem linken Fadenstück werden ungeschlechtliche Schwärmsporen ausgebildet. In dem rechten Fadenstück werden Gameten ausgebildet, rechts davon einzelne Gameten in verschiedenen Stadien der Kopulation.

verbunden sind (Abb. 254, 2). Der Inhalt einzelner Zellen teilt sich in eine Anzahl von Sporen, die sich schon im Innern der Mutterzelle zu einer neuen Kolonie auseinanderlegen. Pediastrum bildet kreisrunde, scheibenförmige Kolonien aus 4, 8, 16, 32 oder 64 Zellen (Abb. 254, 3). Neue Kolonien werden in ähnlicher Weise wie bei Scenedesmus gebildet. Hydrodictyon besteht aus zylindrischen mehrkernigen Zellen, welche zu vielen zu einem hohlen Netz, oft von mehreren Zentimetern Länge, verbunden sind (Abb. 254, 4). Neue Netze entstehen, indem der Inhalt einer Zelle zu zahlreichen Schwärmsporen wird, die schon in der Mutterzelle zu einem neuen Netz zusammentreten. Die geschlechtliche Fortpflanzung geschieht durch Gametenkopulation. Die gebildete Zygospore entwickelt aus ihrem Inhalt zwei bis fünf Schwärmsporen. Im Innern derselben bildet sich, wenn sie zur Ruhe gekommen sind, in ähnlicher Weise wie bei der vegetativen Vermehrung der Kolonien, ein neues Netz.

Vierte Ordnung: Kraushaaralgen (Ulotrichales).

Kraushaaralgen umfassen neben kleinen Süßwasserbewohnern auch stattliche Meeresalgen. Neben einfachen und verzweigten Zellfäden kommen Zellflächen vor. Der ungeschlechtlichen Fortpflanzung dienen Schwärmsporen, die geschlechtliche Fortpflanzung geht in den einfacheren Fällen durch Gametenkopulation vor sich, bei den höheren Formen werden ruhende Eizellen gebildet, die im Oogonium durch Spermatozoiden befruchtet werden.

Familien: Ulothrichaceae, Ulvaceae, Oedonogoniaceae, Chaetophoraceae, Chroolepidaceae, Coleochaetaceae.

Die **Ulothrichaceen** sind unverzweigte Zellfäden, welche in der Regel an einer Unterlage festsitzen. Hierher gehört die auf S. 199 besprochene Ulothrix zonata (Abb. 255).

Die **Ulvaceen** bilden ein- oder zweischichtige Zellflächen oder schlauchartige Zellverbände. Die grünen, salatblattähnlichen Thallusflächen gewisser Arten der in allen Weltteilen verbreiteten Gattungen Ulva und Monostroma sind am Meeresstrande eine gewöhnliche Erscheinung.

Die **Oedogoniaceen** sind einfache oder seltener verzweigte Zellflächen. Die Zellteilung geht bei den beiden hierhergehörigen Gattungen Oedogonium und Bulbochaete in besonderer Weise vor sich. Die alte Zellwand wird durch einen ringförmigen Riß in zwei ungleiche Teile zerlegt, zwischen denen sich ein neues Wandstück einschiebt (Abb. 256), während sich der Zellinhalt teilt und durch eine Querwand getrennt wird. Die Fortpflanzung geschieht ungeschlechtlich durch Schwärmsporen, welche einen Kranz von Cilien um das hyaline Ende tragen; als Geschlechtsorgane treten Antheridien und Oogonien auf. Die keimende Oospore bildet zuerst Schwärmsporen, die zu neuen Fäden auswachsen.

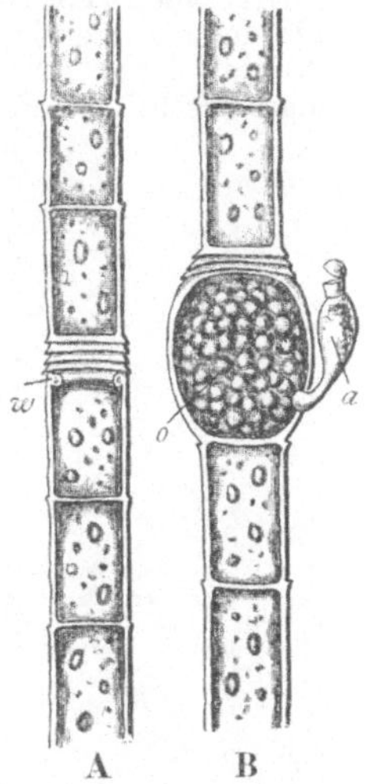

Die **Chaetophoraceen** bilden verzweigte Zellreihen. Die Endzellen der Fadenäste gehen meist in lange mehrzellige Haare aus. In Zellen, die von den vegetativen Fadenzellen äußerlich nicht verschieden sind, werden Schwärmsporen gebildet. Die in Gräben und Bächen bei uns nicht seltenen Arten der Gattung Chaetophora bilden einen zäh gallertartigen, bisweilen fast knorpeligen Thallus von unbestimmter Gestalt. Die ebenfalls im süßen Wasser anzutreffende Draparnaldia zeichnet sich durch die Regelmäßigkeit der von einem deutlich differenzierten Hauptstamm ausgehenden Verzweigung aus.

Die **Chroolepidaceen** stehen der vorhergehenden Familie sehr nahe. Sie sind Landalgen, meist verzweigte Zellfäden, deren Zellen einen als Hämatochrom bezeichneten gelben Farbstoff in Tropfen enthalten. Eine auffällige Erscheinung sind die bei uns überall verbreiteten orangefarbenen Überzüge des Chroolepus aureus an feuchten Steinen und Brückenbalken. Nahe verwandt ist der auf Steinen wachsende Chroolepus Jolithus, der durch seinen veilchenartigen Geruch zu der Bezeichnung Veilchenstein Veranlassung gegeben hat.

Bei den **Coleochaetaceen** besteht der Thallus aus verzweigten Zellfäden, die zu scheiben- und polsterförmigen Rasen vereinigt sind. Die ungeschlechtliche Fortpflanzung erfolgt durch Schwärmsporen. Die Geschlechtsorgane, Antheridien und Oogonien sind hoch entwickelt (Abb. 228); letztere tragen einen als Empfängnisapparat· dienenden Schlauchfortsatz. Die Familie umfaßt nur die eine Gattung Coleochaete, deren wenige Arten in süßem Wasser vorkommen.

Abb. 256. Oedogonium. **A** vegetativer Faden, bei *w* ist ein Celluloseringgebildet, aus dem ein neues Wandstück bei der Zellteilung hervorgeht. **B** Fadenstück mit Oogonium *o*. An dasselbe hat sich ein kurzer, aus einer Schwärmspore entstandener männlicher Faden (Zwergmännchen) *a* festgesetzt, dessen obere Zellen · Spermatozoiden bilden. ·

Fünfte Ordnung: Schlauchalgen (Siphonales).

Der Thallus der Schlauchalgen gewinnt oft beträchtliche Ausdehnung und ist bisweilen reich gegliedert, er besteht entweder aus einer einzigen schlauchartigen Zelle mit vielen Zellkernen oder aus mehreren, vielkernigen Zellen, die zu einem System verzweigter Fäden aneinandergefügt sind.

Familien: Botrydiaceae, Codiaceae, Bryopsidaceae, Caulerpaceae, Vaucheriaceae, Cladophoraceae, Siphonocladiaceae, Valoniaceae, Dasycladaceae, Spaeropleaceae.

Die **Botrydiaceen** sind winzige, kugelige oder keulenförmige grüne Bläschen, welche mit einem wurzelartigen, einfachen oder verzweigten Auswuchs an der Basis befestigt sind.

Sie vermehren sich durch ungeschlechtliche Schwärmsporen, daneben werden durch Kopulation schwärmender Gameten Zygosporen gebildet. Einer der wenigen Vertreter dieser Familie ist das fast über die ganze Welt verbreitete Botrydium granulatum, welches in Abb. 217 abgebildet ist und dessen ungeschlechtliche Fortpflanzung auf S. 194 geschildert wurde.

Die **Codiaceen, Bryopsidaceen** und **Caulerpaceen** sind Meeresalgen, zu den letzteren wird die auf S. 48 erwähnte und in Abb. 76 abgebildete Caulerpa prolifera gerechnet.

Die **Vaucheriaceen** haben einen fadenförmigen, unregelmäßig verzweigten Thallus, der mit einem kurzen Haftorgan an der Unterlage befestigt ist. Die einzige Gattung ist Vaucheria, deren Arten teils im Wasser, teils rasenbildend auf feuchter Erde leben. Die ungeschlechtliche Fortpflanzung wird durch Schwärmsporen vermittelt, welche aus dem

Abb. 257. Thallusast von Cladophora, rechts unten ein Seitenast, dessen Zellen Schwärmsporen bilden ($^{150}/_1$).

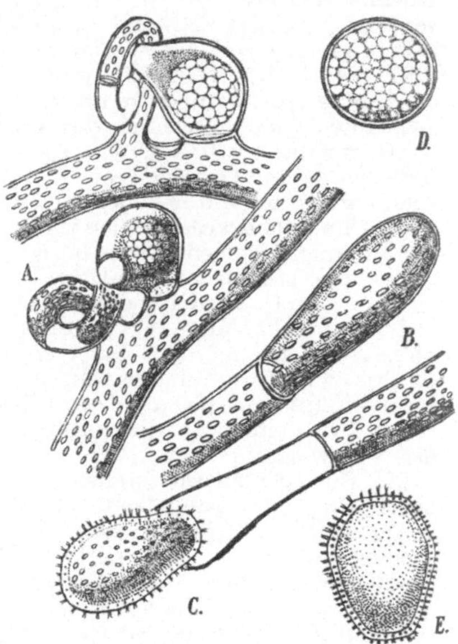

Abb. 258. **A** Fadenstücke von Vaucheria mit Geschlechtsorganen. **B** Fadenast mit Schwärmsporangium. **C** Sporangium mit ausschlüpfender Schwärmspore. **E** freie Schwärmspore. **D** Ruhende Oospore.

Inhalt einer durch Querwand abgegliederten Zelle an der Spitze einzelner Thallusäste durch Zellverjüngung entstehen (Abb. 258 B, C). Die Schwärmsporen sind sehr groß, vielkernig und mit zahlreichen paarweise stehenden Cilien bedeckt. Sie wachsen, wenn sie zur Ruhe gekommen sind, direkt zum neuen Thallusfaden aus. Die Geschlechtsorgane sind Oogonien und Antheridien (Abb. 258 A). Erstere sind kurze, kugelförmig angeschwollene Seitenäste des Thallus, deren Inhalt zu einer Eizelle wird. Die Antheridien entstehen meist in unmittelbarer Nachbarschaft der Oogonien als Thallusäste, welche sich bei manchen Arten posthornartig krümmen. In dem oberen, durch eine Querwand abgetrennten Ende des Antheridienastes entstehen zahlreiche kleine Spermatozoiden, die durch eine im Oogonium entstandene Öffnung zum Ei gelangen. Die Oospore macht vor der Keimung eine Ruheperiode durch.

Die **Cladophoraceen** bestehen aus verzweigten Zellfäden mit Spitzenwachstum. In jeder Zelle sind zahlreiche Kerne vorhanden. Manche Vertreter der Gattung Cladophora (Abb. 257) sind Meeresalgen, andere, wie Cladophora glomerata, bilden in süßem Wasser dichte flutende Rasen.

Die Familien der **Siphonocladiaceen, Valoniaceen** und **Dasycladaceen** umfassen ausschließlich Meeresalgen.

Der einzige Vertreter der Familie der **Sphaeropleaceen,** die bei uns in süßem Wasser gelegentlich auftretende Art Sphaeroplea annulina, besteht aus unverzweigten Zellfäden mit sehr langen, zylindrischen Zellen. Die Befruchtung ist oogam. Die Oospore überwintert und bildet bei der Keimung Schwärmsporen.

Sechste Ordnung: Armleuchteralgen (Charales).

Die Armleuchteralgen bilden eine engumgrenzte, scharf charakterisierte Ordnung. Ihr Vegetationskörper ist ein bewurzelter, aufrechter Sproß mit Scheitelwachstum (Abb. 259 A). Der Sproß verzweigt sich monopodial aus den Knoten. In den Zellen des Sprosses und der Blätter sind Zellkerne und zahlreiche wandständige Chlorophyllkörper vorhanden, welche der Pflanze eine frischgrüne Farbe geben. Eine ungeschlechtliche Vermehrung kann durch Fragmentation erfolgen, indem isolierte Knoten des Sprosses sich bewurzeln und einen neuen Sproß erzeugen. Als Geschlechtsorgane treten an den Blättern Antheridien und Oogonien auf (Abb. 259 B). Die in ersteren gebildeten Spermatozoiden sind schraubenförmig gewunden und tragen zwei Cilien an der Spitze.

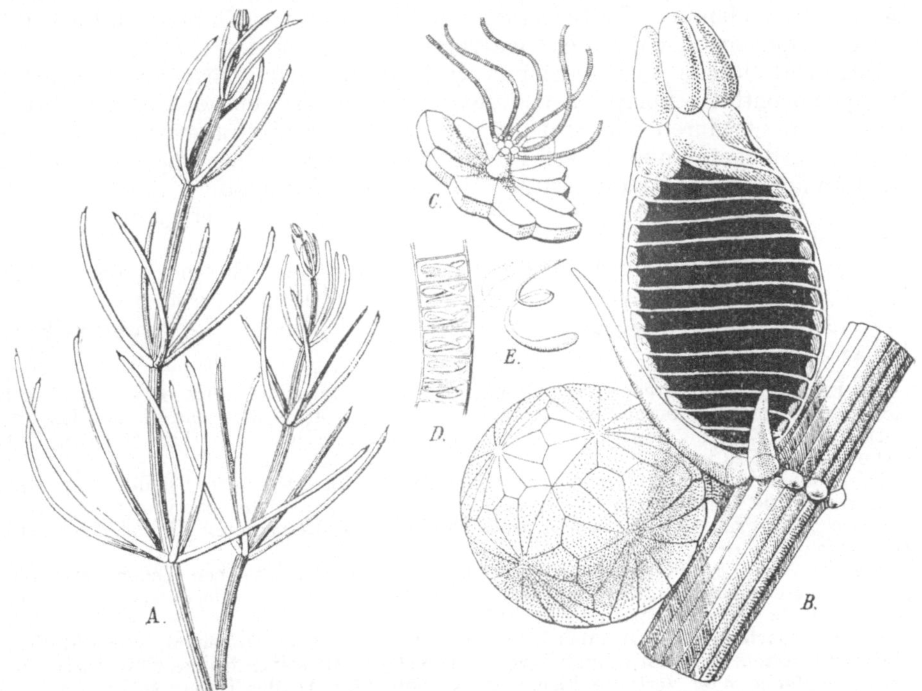

Abb. 259. **A** Sproßstück von Chara. **B** Blattabschnitt mit Antheridium und Oogonium. C Platte aus der Antheridienwand mit dem Büschel von Fäden, in deren Zellen die Spermatozoiden entstehen. **D** Stück eines solchen Fadens. **E** einzelnes Spermatozoid sehr stark vergrößert.

Die Eizelle des Oogoniums ist durch dicht angeschmiegte Äste, welche unterhalb der Eizelle entspringen, berindet. Bei der Keimung der Oospore entwickelt sich zuerst ein einfach gebauter Vorkeim, an dem die neue Pflanze als seitlicher Ast entsteht.

Einzige Familie: Characeae.

Die artenreichsten und verbreitetsten Gattungen der Familie der **Characeen** sind Chara und Nitella; sie unterscheiden sich dadurch, daß das aus den Spitzen der Berindungsäste gebildete Krönchen auf dem Gipfel des Oogoniums bei Chara aus 5, bei Nitella aus 10 Zellen besteht. Die Internodien des Stengels und die Blätter von Nitella sind stets unberindet, während sie bei Chara meist ganz oder teilweise von Zellschläuchen, die aus den Knoten entspringen, in verschiedener Weise berindet werden. Chara fragilis und Chara foetida sind überall in Süßwasser-Tümpeln anzutreffen. Manche Arten sind mehr oder minder stark mit kohlensaurem Kalk inkrustiert. Die stellenweise in den Gewässern in ausgedehnten Rasen auftretende Chara ceratophylla wird in einigen Gegenden zur Düngung kalkarmer Sandfelder benützt.

Dritte Reihe: Braunalgen (Phaeophyceae).

Die Braunalgen sind Meeresbewohner. Neben mikroskopischen Formen mit fadenartigem Thallus kommen reichgegliederte vor zum Teil von riesigen Dimensionen. Die höchstentwickelten Arten sind in Sproß und Wurzel gegliedert und bisweilen wird der Sproß durch nachträgliche Spaltung der Thallusfläche in einen achsenartigen Teil und ʾblattähnliche Assimilationsflächen zerlegt. Die Chromatophoren enthalten neben dem Chlorophyll einen braunen Farbstoff, das Phycophaeïn, der die meist lederbraune Färbung des Thallus verursacht.

Ungeschlechtliche Fortpflanzung wird durch Schwärmsporen vermittelt. Die geschlechtliche Fortpflanzung steigt von der Kopulation gleicher beweglicher Gameten durch alle Stufen zur Befruchtung eines unbeweglichen Eies. Die Schwärmsporen und die selbstbeweglichen Sexualzellen tragen die Geißeln nicht an der Spitze, sondern seitlich an der Basis des hyalinen Endes der birnförmigen Körper. Die Verschmelzung der Gameten findet stets außerhalb der Mutterpflanze statt.

Trotz der Mannigfaltigkeit der Formen und der Entwicklungsvorgänge lassen sich die Phaeophyceen zu einer einzigen Ordnung vereinigen.

Familien: Ectocarpaceae, Cutleriaceae, Sphacelariaceae, Laminariaceae, Fucaceae.

Die **Ectocarpaceen** bestehen aus einfachen oder verzweigten Zellfäden. In ein- oder mehrfächerigen Sporangien entstehen ungeschlechtliche Schwärmsporen und die den isogamen Fortpflanzungsvorgang bewirkenden Schwärmgameten. Hierher gehört die Gattung Ectocarpus (Abb. 226 A).

Die **Cutleriaceen** haben einen mehrschichtigen, flächenförmigen Thallus mit Randwachstum. Die Befruchtung ist oogam; es werden in den mehrfächerigen Gametangien männliche Mikrogameten und vielmal größere weibliche Makrogameten gebildet (Abb. 226 B). Gattungen Cutleria, Zanardinia.

Der Thallus der **Sphacelariaceen** ist ein aus parenchymatischen Zellen zusammengesetzter verzweigter Zylinder, der mit einer besonderen Scheitelzelle wächst. Gattungen: Sphacelaria, Stypocaulon (Abb. 122 A).

Die **Laminariaceen** haben einen hochgegliederten Thallus. Auf einem wurzelähnlichen Haftorgan erhebt sich ein zylindrischer Teil, welcher an seiner Spitze eine große, laubartige, einfache oder zerteilte Fläche trägt (Abb. 33). An der Basis der Fläche ist ein teilungsfähiges Gewebe vorhanden, welches alljährlich eine neue Blattfläche erzeugt, während die vorjährige zugrunde geht. Der zylindrische Stiel hat sekundäres Dickenwachstum. Einige Arten erreichen eine riesige Größe; der Thallus von Macrocystis wird mehrere hundert Meter lang. Die Stiele von Laminaria digitata liefern die früher zu chirurgischen Zwecken verwendeten Stipites Laminariae. Die geschlechtliche Fortpflanzung ist bei den Laminariaceen mit regelmäßigem Generationswechsel verbunden.

Die Familie der **Fucaceen** ist die höchstentwickelte. Der lederartige Thallus ist dichotom oder fiederartig verzweigt. Häufig sind an ihm regelmäßige, blasenförmige Auftreibungen vorhanden, die als Schwimmorgane dienen. Ungeschlechtliche Fortpflanzung ist unbekannt. Die oogame geschlechtliche Fortpflanzung (Abb. 227) ist auf S. 202 für die an den europäischen Küsten überall anzutreffende Gattung Fucus geschildert worden. Ein Generationswechsel findet nicht statt. Als häufig vorkommende Art möge Sargassum bacciferum, das Golfkraut, genannt werden, das im Atlantischen Ozean große schwimmende Inseln, sogenannte Sargassowiesen oder Tangwiesen, aus losgerissenen Exemplaren bildet.

Vierte Reihe: Rotalgen (Rhodophyceae).

Von vereinzelten Ausnahmen abgesehen gehören die Rotalgen (Florideen) der Meeresflora an. Sie steigen zum Teil in beträchtliche Tiefen hinab. Die einfachsten Formen sind verzweigte Zellreihen, bisweilen kommt eine Gewebebildung durch Verschmelzung ursprünglich getrennter Äste zustande. Bei anderen ist der Thallus eine Zellfläche oder ein strang- oder flächenartiger Gewebekörper, der sich bei manchen Formen vielfach verästelt. In allen Fällen wird das Spitzenwachstum durch eine Scheitelzelle vermittelt. Der Zellinhalt führt neben dem Chlorophyll einen roten Farbstoff, das Phycoërythrin, welcher den grünen Farbstoff verdeckt. Infolgedessen erscheinen die Florideen im frischen Zustande meist rot oder violett gefärbt, seltener sehen sie schmutzig-grün oder schwärzlich aus.

Schwärmzellen fehlen gänzlich. Als Organe der vegetativen Vermehrung werden Sporen gebildet (Abb. 230). Die geschlechtliche Fortpflanzung erfolgt durch Karposporenbildung. Die männlichen Geschlechtsorgane sind Antheridien, welche Spermatien erzeugen. Das weibliche Geschlechtsorgan ist ein Prokarp mit einem fadenförmigen Empfängnisapparat, dem Trichogyn (Abb. 229). Die befruchtete Prokarpzelle oder eine mit ihr nach der Befruchtung kopulierende Auxiliarzelle wächst zu einer Sporenfrucht (Cystokarp) heran (Abb. 229, 2—4), die an ihr gebildeten Sporen (Karposporen) können zu neuen Individuen auswachsen. Für einige Fälle ist nachgewiesen, daß die so entstandenen Nachkommen eine ungeschlechtliche Zwischengeneration darstellen. Die von ihr gebildeten Tetrasporen werden durch Keimung zu neuen Geschlechtspflanzen. Bei anderen Arten gehen aus den Karposporen direkt wieder Geschlechtspflanzen hervor.

Die Rotalgen bilden eine einzige Ordnung.

Familien: Bangiaceae, Cryptonemiaceae, Nemalionaceae, Gigartinaceae, Rhodymeniaceae.

Abb. 260. Gigartina mamillosa. Offizinell.

Die **Nemalionaceen** sind vor den übrigen Rotalgen dadurch ausgezeichnet, daß bei ihnen die Gonimoblasten, d. h. die das Cystokarp bildenden Fäden, an denen die Karposporen entstehen, direkt aus der befruchteten Karpogonzelle hervorgehen. Außer der Gattung Nemalion (Abb. 229). deren Befruchtungsvorgang auf S. 204 geschildert worden ist, und anderen, meist einfach gebauten Meeresalgen, gehören zu dieser Familie auch einige in süßem Wasser lebende Arten der Gattungen Batrachospermum und Lemanea. Aus Gelidium Amansii und anderen Rotalgen wird das offizinelle Agar-Agar hergestellt.

Die Gonimoblasten der **Gigartinaceen** gehen aus einer mit der befruchteten Eizelle kopulierenden Auxiliarzelle hervor. Die Gigartinaceen sind in zahlreichen Gattungen und Arten in allen Meeren verbreitet. Hierher gehören einige Algenarten, welche unter dem Namen „Carrageen" oder „irländisches Moos" als Medizinaldrogen verwendet werden, nämlich Gigartina mamillosa (Abb. 260) und Chondrus crispus, die beide an den Küsten Westeuropas, besonders bei Irland, eingesammelt werden.

Eine auffällige Erscheinung bieten die in allen Meeren, namentlich in den wärmeren Gegenden verbreiteten, zur Familie der **Cryptonemiaceen** gehörenden Corallineen, deren verschieden gestalteter Thallus meistens so stark mit kohlensaurem Kalk inkrustiert ist, daß die Pflanzen korallenähnlich erscheinen. Derartige durch Inkrustation ausgezeichnete Kalkalgen finden sich gelegentlich auch in anderen Familien, wie z. B. manche Arten der Gattungen Galaxaura und Actinotrichia aus der Familie der **Nemalionaceen.**

Dritte Klasse: Pilze (Mycetes).

Vom Standpunkt der genetischen Systematik betrachtet erscheint die Klasse der Pilze in dem Umfange, wie sie in unserem System verstanden wird, als heterogen, da der Mangel der chlorophyllführenden Chromatophoren sowohl

auf ursprünglicher Einfachheit als auch nachträglichem Verlust der Befähigung
zur Chlorophyllbildung beruhen kann. Ursprüngliche Einfachheit darf wohl
bei den Schleimpilzen angenommen werden. Dagegen lassen die weiteren Reihen
der Klasse in ihren Gestaltungs- und Fortpflanzungsverhältnissen mancherlei
Beziehungen zu gewissen Entwicklungsreihen der Algen erkennen, so daß es
nahe liegt, sie als Abkömmlinge der letzteren aufzufassen.

Wir unterscheiden vier Reihen.

Reihe 1: Schleimpilze, Myxomycetes, sind niedere chlorophyllfreie Lebewesen, deren
vegetative Zellen nicht von einer Zellwand eingeschlossen sind und sich zu salbenartigen
Plasmamassen von wechselnder Gestalt zusammenschließen.

Reihe 2: Algenpilze, Phycomycetes. Sie bauen ihren Vegetationskörper ähnlich den
Schlauchalgen aus Zellschläuchen auf, die vielkerniges Plasma enthalten und nicht durch
Querwände gegliedert sind. Häufig werden Schwärmsporen gebildet. Die geschlechtliche
Fortpflanzung erfolgt durch isogame oder oogame Kopulation.

Reihe 3: Schlauchpilze, Ascomycetes. Sie bestehen aus Zellfäden (Hyphen), die
durch Querwände in Zellen mit einem Kern oder einem Kernpaar gegliedert sind. Kenn-
zeichnend für sie ist das Auftreten von schlauchförmigen Sporangien (Sporenschläuche,
Asci), in denen durch freie Zellteilung meist acht Sporen gebildet werden.

Reihe 4: Stielpilze, Basidiomycetes. Der Vegetationskörper setzt sich wie bei den
Schlauchpilzen aus Zellfäden zusammen, die je einen Kern oder ein Kernpaar in ihren
Zellen enthalten. Charakteristisch ist für die Reihe, daß statt der Asci mit Endosporen
stielförmige Fruchtträger, Basidien, gebildet werden, an denen äußerlich meist vier Sporen
auftreten.

Erste Reihe: Schleimpilze (Myxomycetes).

Der Vegetationskörper der Schleimpilze ist ein Plasmodium, d. h. eine zell-
wandlose Plasmamasse, welche sich unter steter Formänderung kriechend
in und auf dem Substrat bewegt. In dem körnigen Plasma sind zahlreiche Zellkerne zerstreut. Die Entwicklungsgeschichte ist von derjenigen aller übrigen
Pflanzen wesentlich verschieden. Die Sporen sind kugelige Zellen mit fester
Wand. Aus den keimenden Sporen gehen meist Schwärmer hervor, die sich
mittels einer Cilie bewegen. Nach dem Verlust der Cilie gehen die Schwärmer
in einen amöbenartigen Zustand über; die als Myxamöben bezeichneten Körper
bewegen sich unter Pseudopodienbildung. Sie wachsen unter Aufnahme organischer Nährstoffe und vermehren sich durch vegetative Zweiteilung. Später
kriechen die Myxamöben zusammen und bilden ein Plasmodium. Von dem Plasmodium werden neue Sporen gebildet, indem entweder die ganze Plasmamasse
in rundliche Zellen zerfällt, oder indem aus dem Plasmodium zapfen- oder
kapselartige Sporangien entstehen, an oder in denen die Sporen gebildet werden.
In den kapselartigen Sporangien ist neben den Sporen häufig noch ein Knäuel
von einzelnen oder netzartig verbundenen Strängen vorhanden, welches Capillitium genannt wird.

Wir unterscheiden drei Ordnungen:

Ordnung 1: Acrasieen. Die Plasmaleiber der Zellen bilden ein freies Aggregatplasmodium.

Ordnung 2. Phytomyxinen. Die Fusionsplasmodien schmarotzen in Zellen höherer
Pflanzen.

Ordnung 3: Myxogastern, Myxogasteres. Die Vegetationskörper sind frei lebende
Fusionsplasmodien.

Erste Ordnung: Acrasieen (Acrasieae).

Die Acrasieen bilden eine kleine Abteilung, deren Arten sich von den übrigen
Schleimpilzen dadurch wesentlich unterscheiden, daß die zum Plasmodium

zusammentretenden Myxamöben nicht vollkommen verschmelzen, sondern gewissermaßen nur einen Amöbenhaufen bilden. Man bezeichnet zum Unterschied von den durch Verschmelzung der Amöben gebildeten Fusionsplasmodien der übrigen Myxomyceten den Vegetationskörper der Acrasieen als Aggregatplasmodium. Die Sporen sind nicht in Sporangien eingeschlossen, sondern bilden nackte, ballenartige Anhäufungen, die bei manchen Arten von zelligen Stielen getragen werden. Aus den Sporen entwickelt sich bei der Keimung direkt eine Myxamöbe.

Familien: Guttulinaceae, Dictyosteliaceae.

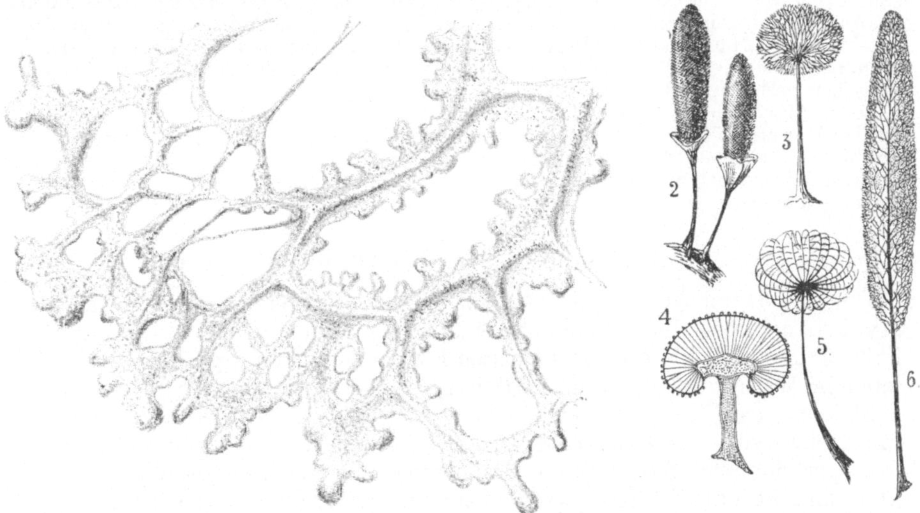

Abb. 261. 1 Stück eines Plasmodiums von Didymium ($^{350}/_1$). 2—6 Entleerte Sporangien, schwach vergrößert. 2 Arcyria. 3 Lamproderma. 4 Didymium. 5 Dictydium. 6 Stemonitis.

Zweite Ordnung: Phytomyxinen (Phytomyxinae).

Die **Phytomyxinen** sind Parasiten, welche in lebenden Pflanzenzellen schmarotzen. Ihr Vegetationskörper ist ein Fusionsplasmodium. Bei der Sporenbildung zerfällt das Plasmodium in zahlreiche rundliche Körperchen, welche sich mit einer festen Membran umgeben. Die Phytomyxinen bilden eine einzige Familie.

Erwähnenswert ist die zu der Familie der **Phytomyxinen** gehörige Plasmodiophora Brassicae, die in den Parenchymzellen der Wurzeln des Kohls lebt und· an der Pflanze die als Kohlhernie oder Kropf des Kohls bezeichnete, vernichtende Krankheit hervorruft.

Dritte Ordnung: Myxogastern (Myxogasteres).

Sie bilden bei weitem die größte Abteilung unter den Schleimpilzen. Sie leben saprophytisch. Die Vegetationskörper sind Fusionsplasmodien (Abb. 261, 1). Aus ihnen werden zu Ende der Vegetationsperiode Fruchtkörper gebildet, die zahlreiche, von einer strukturlosen Hüllmembran, der Peridie, umschlossene Sporen enthalten. Nur in der Familie der Ceratomyxaceen entstehen die Sporen äußerlich an den Fruchtkörpern; sie werden gegenüber den im Innern der Sporangien gebildeten Endosporen als Ektosporen bezeichnet.

16*

Familien: Ceratomyxaceae, Liceaceae, Cribrariaceae, Clatroptychiaceae, Trichiaceae, Reticulariaceae, Stemonitaceae, Brefeldiaceae, Spumariaceae, Didymiaceae, Physaraceae.

Die zur Familie der **Trichiaceen** gehörigen Gattungen Trichia und Arcyria haben keulen- oder köpfchenförmige, wenige Millimeter hohe Sporangien mit meist auffällig gelb oder rot gefärbten Sporen, zwischen denen ein zierliches Capillitium vorhanden ist (Abb. 261, 2). Auch die an morschen Baumstümpfen überall häufige Lycogala, deren kugelige Fruchtkörper bisweilen Haselnußgröße erreichen, gehört zu den Trichiaceen.

Zur Familie der **Stemonitaceen** gehört die Gattung Stemonitis. Sie umfaßt einige weit verbreitete, häufiger vorkommende Schleimpilze. Die bis zu 1,5 cm langen Sporangien sind zylindrisch und werden von einem schlanken Stiel getragen, der sich als Säulchen in das Sporangium fortsetzt. Von den Säulchen entspringen zahlreiche, viel verzweigte und miteinander verbundene Capillitiumfäden, die als ein engmaschiges Netzwerk nach der Sporenausstreuung zurückbleiben und dem entleerten Sporangium ein sehr zierliches Aussehen verleihen (Abb. 261, 6).

Zu den **Physaraceen** gehört das in Lehrbüchern oft erwähnte Aethalium septicum (Fuligo varians), welches auf Gerberlohe allverbreitet ist und große chromgelbe, als Lohblüte bezeichnete Plasmodien besitzt. Die Sporangien der Lohblüte sind zu breiten kuchenartigen Platten, sog. Aethalien oder Plasmokarpien, fest verschmolzen und enthalten ein starkes, fädig netzförmiges Capillitium.

Zweite Reihe: Alpenpilze (Phycomycetes)

Der Vegetationskörper, das Mycel, wird von reichverzweigten Fäden, den Hyphen, gebildet, die nicht in einzelne Zellen gegliedert sind. Der Inhalt enthält zahlreiche Zellkerne. Die meisten Formen sind Saprophyten, einige davon leben im Wasser untergetaucht auf zerfallenden organischen Stoffen. Eine Anzahl lebt parasitisch im Gewebe höherer Pflanzen. Ungeschlechtliche Fortpflanzung wird bei einigen durch Schwärmsporen, bei den meisten durch unbewegliche Sporen oder durch Conidien vermittelt. Die geschlechtliche Fortpflanzung beruht auf der Verschmelzung unbeweglicher Gameten und ist entweder isogam oder oogam. Danach unterscheidet man zwei Ordnungen:

Ordnung 1: Jochsporenpilze, Zygomycetes mit isogamer Befruchtung.
Ordnung 2: Eisporenpilze, Oomycetes mit oogamer Befruchtung.

Erste Ordnung: Jochsporenpilze (Zygomycetes).

Die Jochsporenpilze haben keine Schwärmsporen. Die ungeschlechtliche Fortpflanzung wird durch Conidien oder durch unbewegliche Sporen vermittelt, die sehr zahlreich in gestielten Sporangien erzeugt werden. Die geschlechtliche Fortpflanzung, die auf S. 200 beschriebene Zygosporenbildung (Abb. 223 B), kommt in der freien Natur nicht gerade häufig vor. Bisweilen verschmelzen die ausgebildeten Gametenäste nicht miteinander, sondern jeder oder einer von ihnen wird direkt zur Spore, die in ihrer Ausbildung und in ihrem Verhalten von den echten Zygosporen nicht verschieden ist. Man bezeichnet derartige Gebilde als Azygosporen.

Familien: Mucoraceae, Chaetocladiaceae, Piptocephalidaceae, Mortierellaceae, Entomophthoraceae.

Die Familie der **Mucoraceen** enthält in der Gattung Mucor einige Arten, wie Mucor mucedo und M. stolonifer, welche schimmelbildend auf allerhand organischen Körpern, auf Brot, Kartoffeln, Fruchtsäften usw. auftreten. Einige Arten, M. racemosus, können in zuckerhaltigen Flüssigkeiten Alkoholgärung erzeugen. M. piriformis vermag aus Zucker durch Gärung reichlich Zitronensäure zu bilden. Die Sporenbildung von Mucor ist bereits in Abb. 218, die Zygosporenbildung in Abb. 223 B dargestellt worden. Zu den

Mucoraceen gehört auch der in botanischen Instituten häufig zu physiologischen Versuchen verwendete Phycomyces nitens, der aus Amerika zu uns gekommen ist, und der auf S. 178 besprochene Pilobolus.

Die **Entomophthoraceen** finden sich zum größten Teil als Parasiten auf Insekten, die lebend befallen und schnell getötet werden. Hierher gehört der Fliegenschimmel, Empusa Muscae, welcher im Herbst eine Epidemie unter den Stubenfliegen verursacht. Der Körper der befallenen Fliegen wird vom Mycel des Pilzes durchwuchert. Einzelne Mycel-äste treten aus der Körperoberfläche hervor und schnüren je eine spitzkugelförmige Conidie ab, die bei der Reife fortgeschleudert wird, wodurch andere in die Nähe kommende Fliegen infiziert werden. Empusa Aulicae erweist sich durch Vernichtung der als Forstschädling gefürchteten Raupe von Trachea piniperda nützlich.

Zweite Ordnung: Eisporenpilze (Oomycetes).

Die Eisporenpilze pflanzen sich ungeschlechtlich durch Schwärmsporen, unbewegliche Sporen oder durch Conidien fort. Die geschlechtliche Fortpflanzung wird durch Oosporenbildung bewirkt (Abb. 225). Normalerweise werden die in Oogonien gebildeten Eizellen von einem Antheridienast aus befruchtet. Sehr häufig ist Apogamie vorhanden, indem entweder der von dem Antheridienast gebildete Befruchtungsschlauch geschlossen bleibt, oder indem überhaupt kein Befruchtungsschlauch gebildet wird. Die unbefruchteten Eizellen entwickeln sich in diesen Fällen gleichwohl zu Sporen, die mit den Oosporen gleiche Ausbildung und gleiches Verhalten zeigen.

Familien: Chytridiaceae, Monoblepharidaceae, Peronosporaceae, Saprolegniaceae.

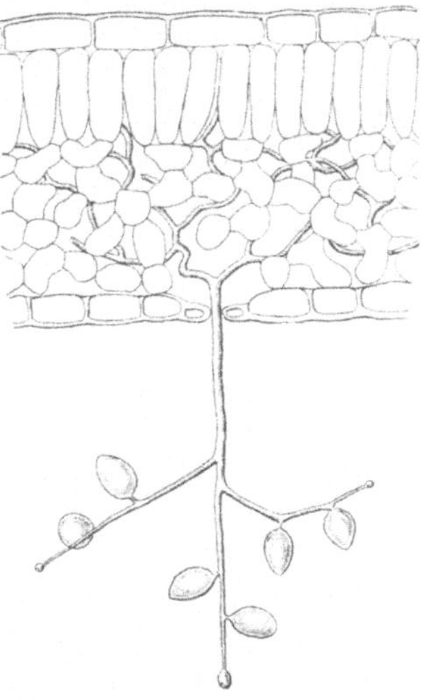

Abb. 262. Teil vom Querschnitt eines von Phytophthora bewohnten Kartoffelblattes. An der Unterseite des Blattes wächst aus einer Spaltöffnung ein Conidienträger des Pilzes hervor ($^{150}/_1$).

Zu den **Peronosporaceen** gehören einige Schmarotzerpilze, welche oft die Wirtspflanzen erheblich schädigen. Von besonderem Interesse sind diejenigen Arten, die Kulturpflanzen befallen. Von ihnen möge der Verursacher der Kartoffelkrankheit, Phytophthora infestans, als Beispiel angeführt werden. Das Mycel überwintert in kranken Kartoffelknollen und dringt im Frühling in die sich entwickelnden Laubtriebe ein. Aus den Spaltöffnungen der Kartoffelblätter wachsen baumartig verzweigte Myceläste hervor, welche Conidien abschnüren (Abb. 262). Durch die letzteren wird die Erkrankung auf andere Kartoffelpflanzen übertragen. Als gefährliche Parasiten sind ferner zu nennen Phytophthora omnivora, welche die Keimlinge vieler Pflanzen befällt und bisweilen die Buchenkeimlinge in Pflanzschulen vernichtet, ferner viele Arten der Gattung Peronospora, besonders P. viticola, der falsche Mehltau des Weinstocks, ein aus Amerika eingewanderter gefährlicher Schädling, der durch mehrmaliges Besprengen der Blätter mit einer zwei- bis vierprozentigen Kupfervitriol-Kalk-Brühe erfolgreich bekämpft wird, und P. parasitica, die bisweilen an Kulturen von Kohl, Raps, Rübsen, Leindotter beträchtlichen Schaden anrichtet. Sehr häufig ist überall als Schmarotzer auf Cruciferen, besonders auf Capsella Bursa pastoris, Cystopus candidus (Albugo candida) zu finden, welcher unter der Epidermis der Wirtspflanze große, schwielig aufgetriebene, weiße, glänzende Conidienlager entwickelt. Zu der Familie gehört auch die Gattung Pythium (Abb. 225), deren Oosporenbildung auf S. 201 beschrieben worden ist.

Die **Saprolegniaceen** leben im Wasser auf toten Tieren oder Pflanzenresten; bisweilen werden sie auch als Schmarotzer auf jungen Fischen in Fischbrutanstalten gefunden. Die ungeschlechtliche Fortpflanzung erfolgt sehr ausgiebig durch Schwärmsporen. Hierher gehörige Gattungen sind Saprolegnia, Achlya und Leptomitus. Leptomitus lacteus tritt bisweilen in ungeheurer Menge in den Abwässern der Zucker-, Sprit- und Stärkefabriken auf und schädigt, indem seine Massen der Fäulnis verfallen, die Fischzucht auf weite Strecken in den die Abwässer aufnehmenden Flüssen.

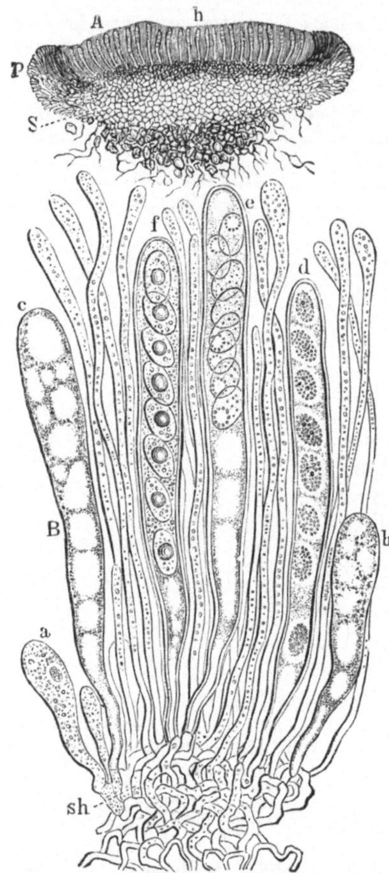

Abb. 263. Peziza convexula. A Längsschnitt durch den Fruchtbecher, bei *h* die Schicht der Sporenschläuche. B mehrere Sporenschläuche vergrößert, von *a* bis *f* die verschiedenen Zustände der Schläuche und der in ihnen durch freie Zellbildung entstehenden Sporen zeigend. (Stark vergrößert.)

Dritte Reihe: Schlauchpilze (Ascomycetes).

Der Vegetationskörper besteht mit vereinzelten Ausnahmen aus verzweigten Hyphen, welche bei einigen frei bleiben, bei anderen zu dickeren Strängen oder flachen, krustenartigen Körpern verwebt sind. Als Organe der geschlechtlichen Fortpflanzung kommen bei einigen Formen kopulierende Myceläste vor. Aus den verschmelzenden Fäden gehen meist askusbildende Hyphen hervor, die zahlreiche achtsporige Schläuche (asci) zur Entwicklung bringen, welche das Endprodukt eines karpogamen Befruchtungsvorganges sind. Die Schläuche entstehen bei den niedersten Formen direkt an den freien Mycelfäden, die höheren Schlauchpilze bilden Fruchtkörper aus, in oder an denen die Sporenschläuche in größerer Zahl auftreten (Abb. 263). Als Nebenfruchtformen werden bei manchen Schlauchpilzen Conidien gebildet.

Hierher gehören drei Ordnungen:

Ordnung 1: Fruchtkörperbildende, Carpoasci. Die Sporenschläuche werden in oder an besonderen Fruchtkörpern gebildet.

Ordnung 2: Freifruchtende, Exoasci. Sie entwickeln die Sporenschläuche frei aus Myzelfäden.

Ordnung 3: Hefenartige, Hemiasci. Sie haben ein rudimentäres Mycel und unvollkommene Askusbildung.

Erste Ordnung: Fruchtkörperbildende (Carpoasci).

Die fruchtkörperbildenden Schlauchpilze haben pseudoparenchymatische Fruchtkörper, in oder an denen die meist achtsporigen Asci stehen. Die Gewebeschicht, welche die Sporenschläuche enthält, wird Hymenium genannt. Gewöhnlich sind in dem Hymenium zwischen oder neben den Asci zahlreiche haarförmige Fäden enthalten, die man als Saftfäden oder Paraphysen bezeichnet (Abb. 263). In einzelnen Fällen ist die Entstehung des die Asci enthaltenden Gewebekomplexes aus einem durch einen Antheridienast befruchteten Oogonium nachgewiesen worden. Neben der Ascosporenbildung haben viele Arten noch Conidienbildung, häufiger werden die Conidien an eigenen Fruchtträgern gebildet, die frei an den Hyphenästen stehen oder wie die Schlauchfrüchte dem zu einer dichten Unterlage verwobenen Mycel eingesenkt sind.

Familien: Perisporiaceae, Pyrenomycetes, Discomycetes.

Die **Perisporiaceen** sind dadurch ausgezeichnet, daß die Sporenschläuche im Innern vollkommen geschlossener Fruchtkörper (Perithecien) gebildet werden. Bei den hauptsächlich den Gattungen Erysiphe, Uncinula, Sphaerotheca angehörenden Mehltaupilzen, die als Schmarotzer auf den Blättern höherer Pflanzen schimmel- oder mehlartige Überzüge bilden, sind die Perithecien punktkleine, schwarze oder braune, oft mit zierlichen Anhängseln versehene Kügelchen, die einen oder mehrere achtsporige Schläuche enthalten. Daneben werden an fädigen Ästen Conidien gebildet. Der bei uns meist nur in der Conidienform Oidium Tuckeri auftretende Mehltau oder Äscherich des Weinstocks Uncinula necator beeinträchtigt bisweilen die Weinernte, indem er, auf die jungen Beeren übergehend, den sog. Beerenbruch erzeugt und damit das Absterben und die Fäulnis der befallenen Beeren veranlaßt. Von größeren Pilzen gehört die unterirdisch lebende Hirschtrüffel, Elaphomyces hierher mit knollenförmigen hasel- bis walnußgroßen Perithecien. Zu den Perisporiaceen werden auch die Gattungen Eurotium und Penicillium gestellt, von denen einige Arten zu den verbreitetsten Schimmelpilzen gehören. Die Fortpflanzung durch Ascosporen tritt bei diesen Formen sehr zurück gegen die Conidienbildung. Die Conidien werden an pinselförmig verzweigten Mycelästen in reichster Menge abgegliedert (Abb. 220).

Bei den **Pyrenomyceten** sind die Sporenschläuche gleichfalls in einen Fruchtkörper eingeschlossen, die Wand des Fruchtkörpers (Peridie), besitzt aber oben eine feine Öffnung, durch welche die reifen Sporen ins Freie gelangen. Die einzelnen Fruchtkörper (Perithecien) stehen bei einigen Formen unmittelbar auf dem Mycel, meist aber sind sie in einem vom Mycel gebildeten polster- und keulenförmigen Stroma eingesenkt. Neben der Ascosporenbildung kommt häufig Conidienbildung vor. Als Beispiel möge Claviceps purpurea, der Pilz, der das offizinelle Mutterkorn — Secale cornutum — liefert, angeführt werden (Abb. 264). Das eigentliche Mutterkorn, die schwarzen, hornartigen Körper, die vereinzelt an Stelle von Fruchtknoten in den Roggenähren stehen, ist aus pseudoparenchymatisch verwobenen Hyphen des Pilzes gebildet, es stellt ein Dauermycelium (Sklerotium) dar, welches bei der Getreideernte auf den Erdboden gelangt und unverändert überwintert. Im Frühling wachsen aus den Sklerotien rötliche, hutpilzähnliche Stromata hervor, in deren kugeligen Köpfchen zahlreiche Perithecien eingesenkt sind. Die in den Perithecien gebildeten Asci enthalten je acht fadenförmige Sporen, die bei der Reife ausgeschleudert werden und so auf junge Roggenähren gelangen. Dort entwickelt sich aus ihnen ein Mycel, welches zu der Deformation des Fruchtknotens Anlaß gibt. Die Hyphen dringen aus der Oberfläche hervor und überziehen die ganze Fruchtanlage mit dichtem Gewebe, dessen Außenfläche von senkrechtstehenden kurzen Ästen gebildet wird. Die letzteren erzeugen an ihrer Spitze zahlreiche Conidien, welche mit ausgeschiedenen Flüssigkeitstropfen (Honigtau des Getreides) zwischen den Spelzen hervortreten, von Insekten auf andere Fruchtknoten übertragen werden und dort neue Infektion erzeugen. Später geht der Pilz wieder in das anfangs erwähnte Sklerotienstadium über. Zahlreiche andere Pyrenomyceten leben als Schmarotzer auf den verschiedensten Wirtspflanzen. Cladosporium herbarum verursacht die sog. Schwärze des Getreides, Pleospora putrefaciens die Bräune der Runkelrübenblätter. Arten von Leptosphaeria kommen gleichfalls als Schädlinge auf Roggen und Weizen vor. Der Ertrag der Apfel- und Birnbäume wird bisweilen durch Fusicladium-Arten beeinträchtigt. Dematophora necatrix ruft den Wurzelschimmel und Gloeosporium ampelophagum den schwarzen Brenner des Weinstocks hervor. Phoma Betae ist die Ursache der Trockenfäule der Zuckerrüben. Brunchhorstia destruens und Pestalozzia Hartigii sind gefährliche Schädlinge verschiedener Nadelhölzer. An Pflaumenbäumen wird durch Polystigma rubrum, an Süßkirschen durch Gnomonia erythrostoma eine die Ernte beeinträchtigende Blattfleckenkrankheit veranlaßt. Arten von Nectria bewirken krebsartige Erkrankungen an verschiedenen Laubbäumen. Einige Arten der Gattung Cordyceps leben auf abgestorbenen Insektenlarven; im übrigen begnügen sich die Saprophyten aus dieser Gruppe meist mit Tierkot oder mit abgefallenen Blättern und dürren Holz- und Rindenstücken.

Die **Discomyceten** haben scheiben-, schüssel-, becher- oder kreiselförmige Fruchtkörper, welche Apothecien genannt werden. Das Hymenium überzieht in größerer oder geringerer Ausdehnung die innere bzw. die obere Seite der Apothecien. Auch hier sind vielfach Nebenfruchtformen mit Conidienbildung vorhanden. Die häufigeren Arten der Gattung Peziza haben fleischige oder wachsartige, schüsselförmige Apothecien (Abb. 263). Einige Discomyceten sind als gefährliche Parasiten von Kulturpflanzen berüchtigt; der

Wurzeltöter der Luzerne, Rhizoctonia violacea, gehört hierher. Arten von Scleroti-
nia verursachen die als Sklerotienkrankheit bezeichnete Beschädigung an Klee, Raps,
Hanf u. a. m. Die zu einem in die gleiche Verwandtschaft gehörigen Pilz gerechnete, als
Botrytis bezeichnete Conidienform soll auf den reifen Weintrauben
die sog. Edelfäule veranlassen. Zu den stattlichsten Discomyceten
gehören die Morcheln, von denen einige den Gattungen Morchella
(Abb. 265) und Helvella angehörende Arten als schmackhafte
Speiseschwämme geschätzt werden. Die als Speiseschwämme verwendeten Helvella-Arten enthalten im frischen Zustande ein für
den Menschen gefährliches Gift, welches beim Trocknen des Pilzes
verschwindet und beim Abbrühen des frischen Schwammes in die
Brühe übergeht. Letztere darf deshalb nicht mitgenossen werden.
Die ebenfalls hierher gehörigen Trüffelpilze, die meist unterirdisch
im Waldboden leben, haben fleischige, knollenförmige Fruchtkörper,
die bei einzelnen Arten über ein Kilo schwer werden können. Unter
den Trüffelpilzen gehören Arten der Gattung
Tuber, besonders Tuber melanosporum,
T. aestivum, T. brumale, zu den feinsten
Speisepilzen.

Zweite Ordnung: Frei-fruchtende (Exoasci).

Die freifruchtenden Schlauchpilze bilden keine Fruchtkörper, die Sporenschläuche stehen nackt und frei an den Mycelfäden. Die in ihnen gebildeten Ascosporen gehen bisweilen schon innerhalb des Ascus zu hefeartiger Sprossung über, so daß der reife Ascus mit zahlreichen Sproß-conidien erfüllt wird.

Familie: Gymnoasci.

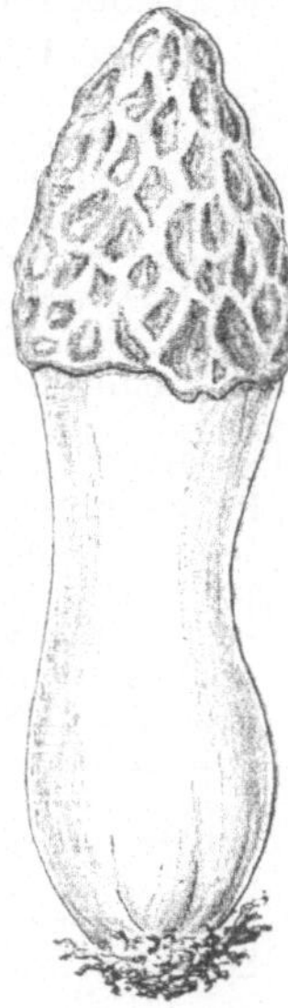

Von den zu der Familie der **Gymnoasci** gehörigen Pilzen sind am bemerkenswertesten die Taphrina-Arten. Sie leben parasitisch im Gewebe höherer Pflanzen und rufen häufig an dem Vegetationskörper des Wirtes auffällige Veränderungen hervor. So verursacht z. B. Taphrina Cerasi die als Hexenbesen bezeichnete Mißbildung an Kirschbäumen. Bekannt und weit verbreitet ist auch Taphrina pruni,

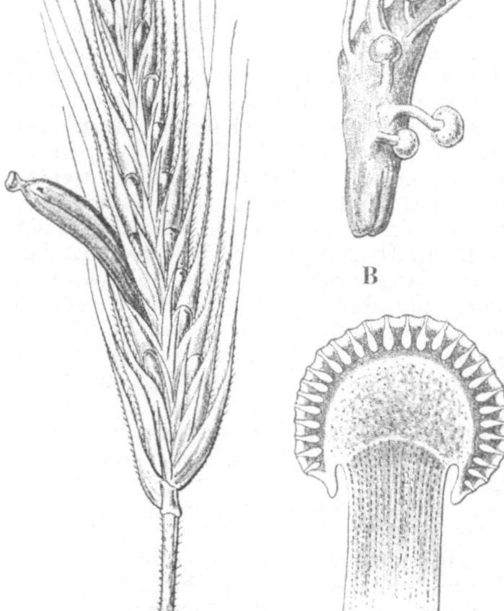

Abb. 264. Claviceps purpurea. Offizinell.
A Roggenähre mit einem Sklerotium.
B ein Sklerotium mit Fruchtkörperchen.
C Längsschnitt durch ein Köpfchen, in
dessen Oberfläche die flaschenförmigen
Perithecien eingesenkt sind. Die Asci in
den letzteren sind nicht gezeichnet. (Nach
Tulasne.)

Abb. 265. Mor-
chella conica.

welche die als Narren, Hungerzwetschen oder
Schusterpflaumen bezeichnete Mißbildung der Früchte von Prunus domestica verursacht.
T. deformans veranlaßt die den kultivierten Pfirsichbäumen bisweilen verhängnisvolle
Kräuselkrankheit der Blätter. Andere Arten wie T. Sadebeckii, T. Betulae etc. er-
zeugen mindergefährliche Blattfleckenkrankheiten an Erlen, Birken usw.

Dritte Ordnung: Hefenartige (Hemiasci).

Die hefenartigen Schlauchpilze sind auf einer niederen Entwicklungsstufe stehende Pilze, denen zum Teil eine Hyphenbildung vollkommen fehlt. Die Sporenschläuche sind kugel- oder schlauchförmige Zellen, deren Inhalt durch freie Zellbildung Sporen zu acht oder in geringerer Anzahl erzeugt.

Familien: Protomycetes, Saccharomycetes.

Zu den **Protomyceten** gehört der überall häufige Protomyces macrosporus, welcher an Stengel, Blattstielen und Blattnerven von Aegopodium Anschwellungen verursacht. Das in den Anschwellungen vorhandene Mycel des Pilzes bildet zahlreiche dickwandige Dauerzellen, welche überwintern und im nächsten Frühling bei der Keimung sofort ein ascusartiges Sporangium mit vielen Sporen erzeugen.

Die **Saccharomyceten** oder Hefepilze bestehen aus rundlichen, mit einem Zellkern versehenen Zellen, die sich fortgesetzt durch Sprossung vermehren. Die Zellen leben einzeln oder sie bleiben in kurzen Sproßverbänden beieinander; ein typisches Mycel wird nie gebildet (Abb. 266a). Die Sporangien unterscheiden sich äußerlich nicht von den vegetativen Zellen. In ihrem Inhalt entstehen zwei bis acht kugelige Sporen mit dicker Membran. Die Hefepilze rufen durch ihre Vegetation in zuckerhaltigen Flüssigkeiten eine Gärung hervor, indem sie den Zucker in Alkohol und Kohlensäure zerlegen. In den Hefezellen ist ein Enzym, die Zymase, vorhanden, die die Vergärung von Traubenzucker in Alkohol und Kohlensäure bewirkt. Andere in den

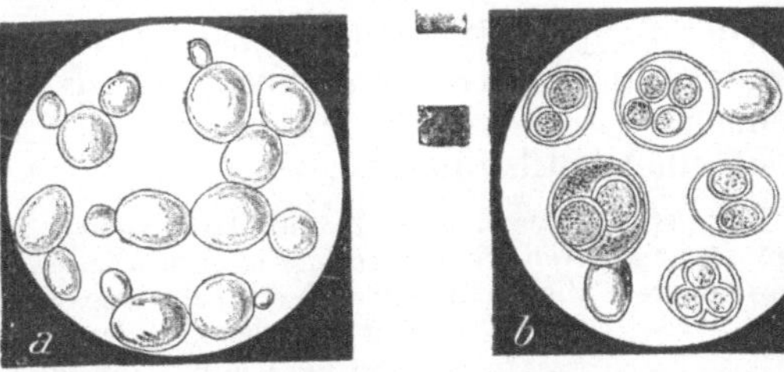

Abb. 266. Saccharomyces cerevisiae. *a* vegetative Zellen. *b* Ascosporenbildung.

Hefezellen gefundene Enzyme wie die Invertase, Maltase u. a. m. wandeln andere Zuckerarten in den vergärbaren Traubenzucker um. In der freien Natur finden die Hefearten, wie z. B. Saccharomyces apiculatus u. a. m. ihre günstigen Entwicklungsbedingungen in dem zuckerhaltigen Saft der Früchte und in Baumflüssen. Sie überwintern im Erdboden und gelangen mit dem Staube durch den Wind oder durch Insekten wieder in ausfließende Baumsäfte und auf die Früchte. Die in der Technik der Gärungsgewerbe verwendeten Hefepilze sind meistens uralte Kulturpflanzen, die ohne die Pflege des Menschen in der Natur nicht mehr fortkommen. Man unterscheidet Oberhefen, die bei normaler Temperatur sich vorwiegend an der Oberfläche der gärenden Flüssigkeit ansammeln, und Unterhefen, deren Zellen zum größten Teil in der Flüssigkeit untergetaucht vegetieren. Die mit einem Sammelnamen als Saccharomyces cerevisiae bezeichneten Bierhefepilze (Abb. 266) werden bei der Bierbereitung zur Hervorrufung der Alkoholgärung in dem zuckerhaltigen Malzauszug verwendet. Saccharomyces ellipsoideus und andere bewirken in dem ausgepreßten Traubensafte die Weinbildung. Die beim Backen verwendete Preßhefe bewirkt dadurch, daß sie bei der Vergärung des Zuckers Kohlensäureblasen bildet, zugleich die Lockerung des Teiges.

Ein aus untergäriger Bierhefe hergestelltes Pulver ist als Faex medicinalis = Medizinische Hefe offizinell.

Vierte Reihe: Stielpilze (Basidiomycetes).

Der Vegetationskörper ist ein aus Hyphen gebildetes Mycel. Sporangien, die in ihrem Innern Sporen ausbilden, fehlen. Träger der Fortpflanzung sind Conidien in verschiedener Form und Ausbildung. Bei den typischen Formen werden die Conidien in bestimmter Zahl an keulenförmigen Stielzellen, Basidien, abgegliedert, die wie der Ascus der Schlauchpilze das Endprodukt eines karyogamen Befruchtungsvorganges sind. Die Basidien stehen sehr selten einzeln, meist sind sie an der Oberfläche von pseudoparenchymatischen Fruchtkörpern oder im Innern derselben zu einem dichten Lager, Hymenium, vereinigt. Die von ihnen gebildeten Conidien werden als Basidiosporen bezeichnet. Bei manchen Basidiomyceten finden sich konidienbildende Nebenfruchtformen.

Wir unterscheiden vier Ordnungen:

Ordnung 1: Brandpilzartige. Hemibasidii. Sie sind ohne Fruchtkörper und haben an Gestalt und Sporenzahl unvollkommene Basidien.

Ordnung 2: Rostpilzartige, Protobasidii. Ohne oder mit Fruchtkörperbildung, die viersporigen Basidien sind quer oder längs geteilt.

Ordnung 3: Hautpilze, Hymenomycetes. Fruchtkörperbildende Formen mit keulenförmigen, ungeteilten meist 4sporigen Basidien, die äußerlich am Fruchtkörper zu einer Hymenialschicht vereinigt sind.

Ordnung 4: Bauchpilze, Gastromycetes. Die aus typischen Basidien gebildeten Hymenien sind in dem Fruchtkörper eingeschlossen und werden erst nachträglich durch Öffnung der Peridie frei.

Erste Ordnung: Brandpilzartige (Hemibasidii).

Die brandpilzartigen Stielpilze leben parasitisch in höheren Pflanzen, in deren Organen sie Dauersporen erzeugen, aus denen direkt die Basidien hervorkeimen.

Familie: Ustilaginaceae.

Die **Ustilaginaceen** oder Brandpilze erzeugen auf höheren Pflanzen, vorzugsweise auf den Getreidearten und anderen Gräsern, die als Brand bezeichneten Krankheiten. Ihre Dauersporen, die in der Regel als schwarze Staubmassen einzelne deformierte Organe der befallenen Pflanze erfüllen, werden Brandsporen genannt. Aus der Dauerspore entwickelt sich bei der Keimung direkt die Basidie, welche entweder quer geteilt ist und aus jeder Zelle eine unbestimmte Anzahl von Basidiosporen hervorbringt (Abb. 267 A), oder einen kurzen ungegliederten Zellfaden darstellt, der an seiner Spitze die Conidieh trägt (Abb. 267 B). Man unterscheidet danach die Ustilagineen, mit geteilten, und die Tilletieen, mit ungeteilten Basidien. Unter den ersteren enthält die Gattung Ustilago eine Anzahl gefährlicher Getreideschädlinge. Die als Ustilago Carbo bezeichnete Artengruppe erzeugt den Staub-, Flug- oder Rußbrand des Hafers, des Weizens und der Gerste (Abb. 268, 1—3). U. Maidis ruft faust- bis kindskopfgroße Brandbeulen an der Maispflanze hervor. U. destruens ist der Verursacher des Hirsebrands an Panicum miliaceum. Zu den Tilletieen gehören Tilletia caries, welche den Stein-, Schmier- oder Stinkbrand des Weizens veranlaßt (Abb. 268, 4), und Urocystis occulta, der Verursacher des Roggenstengelbrandes.

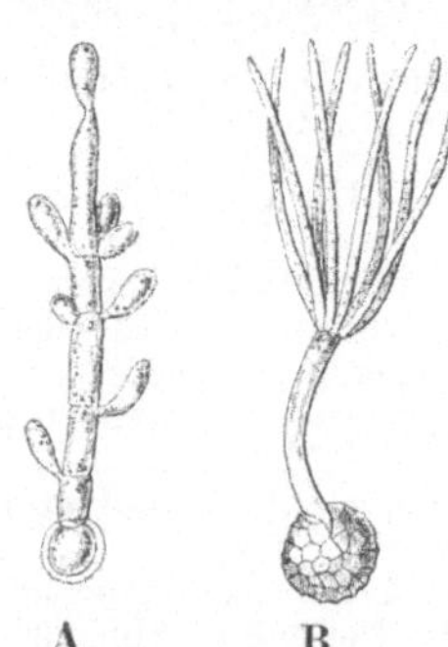

A   B

Abb. 267. A keimende Dauerspore von Ustilago, welche eine Basidie gebildet hat. B keimende Dauerspore von Tilletia mit Basidie.

Wo die Infektion der Getreidepflanzen durch die Brandsporen erfolgt, welche dem Saatkorn anhaften, bekämpft man die Brandkrankheiten erfolgreich, indem man das Saatgut vor der Aussaat in eine schwache (2—8%) Lösung von Kupfervitriol einlegt oder für kurze Zeit mit Wasser von ca. 55° C benetzt, wodurch die Keimfähigkeit der Pilzsporen vernichtet wird. Es kann aber auch während des Sommers eine Infektion der Fruchtknoten des Getreides mit Brandkeimen erfolgen; das dabei gebildete Mycel überwintert im Innern der Getreidekörner und gelangt erst im nächsten Jahr an der Keimpflanze zur Sporenbildung. Gegen diese Form der Infektion schützt die Beizung des Saatgutes nicht.

Zweite Ordnung: Rostpilzartige (Protobasidii).

Die rostpilzartigen Stielpilze sind größtenteils ebenfalls Parasiten höherer Pflanzen. Ihre Basidien sind entweder quer oder längs geteilt, jede Teilzelle der Basidie bildet eine Basidiospore. Bei manchen Arten sind Nebenfruchtformen bekannt.

Familien: Uredinaceae, Auriculariaceae, Pilacraceae, Tremellinaceae, Exobasidiaceae.

Die **Uredinaceen** oder Rostpilze haben freie, quergeteilte Basidien, die sich direkt aus keimenden Dauersporen entwickeln. Bei den meisten Rostpilzen sind verschiedene Nebenfruchtformen bekannt, die bisweilen in dem Entwicklungsgang der Individuen eine wichtige Rolle spielen. Als Beispiel möge die überall verbreitete Puccinia graminis angeführt sein, welche Rostkrankheit des Getreides verursacht (Abb. 269). Im Frühjahr erscheinen auf den Blättern des Sauerdorns, Berberis vulgaris, orangerote Flecken, aus denen bald kleine, urnenförmige Pilzfrüchte hervorbrechen, in denen von kurzen Hyphenästen zahlreiche Conidien abgeschnürt werden. Diese Fruchtform wird als das Aecidium des Pilzes bezeichnet. Neben den Aecidien kommt auf denselben Blattflecken noch eine andere Conidien bildende Fruchtform vor, die Spermogonien, über deren Bedeutung für die Fortpflanzung des Pilzes nichts bekannt ist. Die Aecidiensporen entwickeln, wenn sie auf ein Grasblatt gelangen, ein in das Blattgewebe eindringendes Mycelium, aus dem nach einiger Zeit ein rostbraunes Conidienlager erzeugt wird, welches unter der Epidermis des befallenen Blattes hervorbricht. Diese

Abb. 268. Brandkranke Getreide: 1 Staubbrand des Hafers. 2 Staubbrand der Gerste. 3 Staubbrand des Weizens. 4 Steinbrand des Weizens.

Fruchtform heißt Uredo, die hier gebildeten Conidien werden als Uredosporen bezeichnet. Sie keimen sofort und können die Infektion auf andere Graspflanzen übertragen. Gegen Ende des Sommers oder im Herbst erzeugt das Mycelium des Pilzes auf den Grashalmen Dauersporen, Teleutosporen. Dieselben sind bei Puccinia aus zwei keimfähigen Zellen zusammengesetzt, andere Uredineen haben einzellige oder drei- oder mehrzellige Teleutosporen. Die Teleutosporen überwintern und keimen im nächsten Frühling, indem sie quergegliederte Basidien erzeugen, an welchen auf kurzen Stielchen, Sterigmen, die Basidiosporen entstehen. Die letzteren rufen wieder an Berberisblättern die Blattflecken mit Aecidien hervor. Die merkwürdige Erscheinung, daß die verschiedenen Entwicklungsformen des Pilzes verschiedene Pflanzen bewohnen, wird als Wirtswechsel bezeichnet; sie findet sich bei verschiedenen Uredineen, kommt aber auch in anderen Pilzgruppen vor.

Puccinia Rubigo vera verursacht den Weizenrost, das Aecidium lebt auf Ackerunkräutern aus der Familie der Boretschgewächse. Puccinia coronifera erzeugt den Kronenrost, der besonders den Hafer, aber auch gelegentlich andere Getreide befällt. Das Aecidium entwickelt sich auf Rhamnus cathartica und Frangula. Der Pilz kann aber auch durch überwinternde Uredosporen in das neue Vegetationsjahr fortgepflanzt werden. Der besonders häufig auf Blättern kultivierter Rosenstöcke auftretende Rost wird von Phragmidium rosarum verursacht. Alle Entwicklungsstadien leben auf derselben Wirtspflanze. Die Teleutosporen sind walzenförmig, 5—10zellig. Die Gattung Uromyces mit einzelligen Teleutosporen liefert gleichfalls manche Schmarotzer auf Kulturpflanzen, z. B. Uromyces pisi, U. betae, U. phaseolorum, U. viciae fabae u. a. m.

Ein häufiger Vertreter der Familie der **Auriculariaceen** ist die Auricularia sambucina, das Judasrohr, welche ohrmuschelähnliche, schwarzbraune Fruchtkörper an alten Holunderstämmen entwickelt. Die Basidien sind hier gleichfalls quer geteilt.

Bei den **Tremellinaceen** ist die Basidie durch zwei aufeinander senkrechte Wände der Länge nach in vier Zellen geteilt, deren jede ein Sterigma mit einer Basidiospore entwickelt (Abb. 270). Bei den von einigen Autoren als besondere Familie der

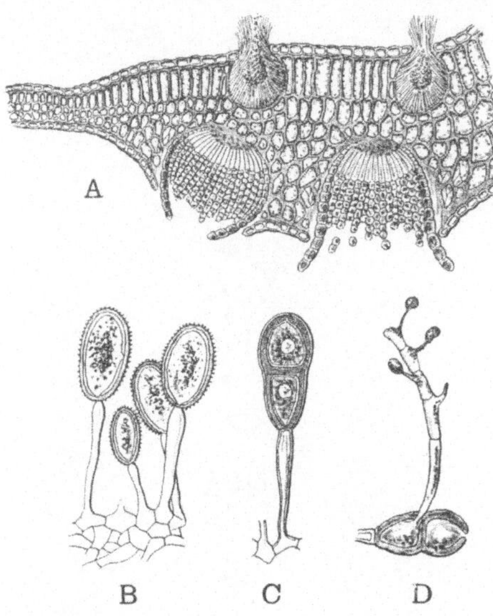

Abb. 269. Puccinia graminis. **A** Teil vom Querschnitt eines vom Pilz befallenen Blattes von Berberis vulgaris. An der Unterseite sind zwei Aecidien, oben sind zwei Spermogonien getroffen. **B** Uredosporen. **C** eine Teleutospore. **D** gekeimte Teleutospore; der Keimschlauch bildet eine quergegliederte Basidie mit seitlichen Sterigmen (vergrößert).

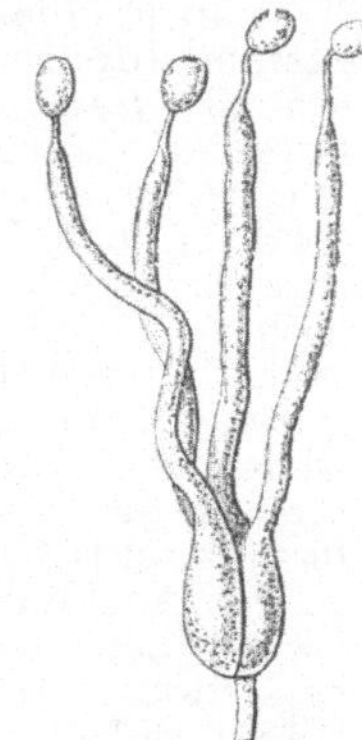

Abb. 270. Längsgeteilte Basidie von Tremella ($^{450}/_1$ nach Brefeld).

Dacryomycetaceen abgetrennten Arten unterbleibt jedoch die Ausbildung der Teilungswand in der Basidie, deren äußere Erscheinung aber mit derjenigen der übrigen Tremellinaceen durchaus übereinstimmt. Die auf Nadelholz gesellig wachsende Calocera viscosa, deren orangerote, gallertartige, zitternde, trocken hornartige Fruchtkörper geweihähnlich verzweigt sind, gilt für eßbar. Die Mycelien der Tremellinaceen leben meist in Holz, ihre gallertartigen, zitternden Fruchtkörper treten bei feuchtem Wetter hervor.

Dritte Ordnung: Hautpilze (Hymenomycetes).

Bei den Hautpilzen, mit Ausnahme der Tomentellaceen, sind die Basidien zu einer Hautschicht, Hymenium, vereinigt, welche die freie Oberfläche verschieden gestalteter Fruchtkörper überzieht. Die Basidien sind einzellig und meist mit vier oder zwei Sterigmen mit je einer Basidiospore versehen.

Familien: Tomentellaceae, Telephoraceae, Clavariaceae, Hydnaceae, Polyporaceae, Agaricaceae.

Die **Telephoraceen** besitzen ein glattes Hymenium, das nicht an bestimmt geformte Hervorragungen des Fruchtkörpers gebunden ist, sondern die Unterseite des gestielten oder sitzenden, hut- oder trichterförmigen Fruchtkörpers überzieht. Häufiger in Wäldern vorkommend ist Craterellus cornucopioides, die Totentrompete. C. clavatus mit fleischigem Fruchtkörper ist unter dem Namen Hasenöhrchen oder Schweinsohr als Speiseschwamm bekannt.

Die Familie der **Clavariaceen** ist durch aufrechte, einfache oder ästig verzweigte Fruchtkörper ausgezeichnet, die an ihrer Oberfläche mit dem Hymenium überzogen sind. Die **Arten** der Gattungen Clavaria und Sparassis, deren geweihähnlich verzweigte Fruchtkörper oft fußbreite Rasen auf dem Waldboden bilden, sind meist eßbar und schmackhaft.

Die **Hydnaceen** sind an der Unterseite ihres Fruchtkörpers mit Stacheln oder Warzen versehen, die mit der Hymenialschicht bedeckt sind. Einige Arten der Gattung Hydnum, z. B. Hydnum repandum und H. imbricatum, sind beliebte Speiseschwämme.

Die **Polyporaceen** haben an der Unterseite des Fruchtkörpers grubige oder röhrenförmige Vertiefungen, deren Innenwände mit dem Hymenium ausgekleidet sind. Zu dieser Familie gehört der den Feuerzunder liefernde Fomes fomentarius. Er lebt als Parasit besonders in Rotbuchen, aus deren Stämmen die konsolartigen, großen Fruchtträger hervorwachsen. Eßbar sind mehrere Arten der Gattung Boletus, vor allem wird der Steinpilz, Boletus edulis, als schmackhaft geschätzt, auch B. scaber, Birkenpilz, B. versipellis Rotkappe, B. bovinius, Kuhpilz, B. granulatus und luteus, Butterpilz, werden in manchen Gegenden Deutschlands auf den Markt gebracht. Andere Boletusarten, z. B. Boletus Satanas, lupinus und pachypus sind giftig. Der in feuchtem Holz saprophytisch lebende Merulius lacrymans kommt auch im Balkenwerk feuchter Gebäude vor und zerstört dasselbe; er ist deswegen unter dem Namen Hausschwamm sehr gefürchtet. Ganz ähnliche Beschädigungen am Bauholz der Häuser vermögen auch Merulius silvester, M. minor, Polyporus vaporarius und andere hervorzurufen.

Die **Agaricaceen** oder Blätterschwämme tragen an der Unterseite des schirmartigen Fruchtkörpers radial angeordnete, blattartige Lamellen, die mit dem Hymenium überzogen sind. Unter den zahlreichen Arten der Familie ist der Champignon, Agaricus campestris, als Speiseschwamm am bekanntesten (Abb. 271 F). Der Champignon wird an vielen Orten in Europa, besonders in Paris, im großen angebaut. Agaricus melleus, der Hallimasch, ist ein Schmarotzer auf Waldbäumen, die er zum Absterben bringt. Sein Mycel dringt von der Wurzel her in den Baum ein und bildet in der Rinde fest verflochtene, wurzelähnliche, schwarze Stränge, die als Rhizomorpha bezeichnet werden und früher für eine eigene Pilzgattung gehalten wurden. Die Fruchtkörper dieses Schädlings sind eßbar. Zu den häufigsten auf den Markt gebrachten Speiseschwämmen gehören auch Cantharellus cibarius, der Pfifferling, bei dem die schmalen Lamellen weit am Stiel herablaufen, ferner der durch lebhaft gelbroten Milchsaft ausgezeichnete Reizker, Lactaria deliciosa, und der Suppenpilz Lepiota procera mit schuppig geflecktem, am Grunde knolligem Stiel und einem verschiebbaren Ringe unterhalb des weißlichen oder graubraunen, dunkler genabelten Hutes. Als giftig wird vor anderen der in unseren Wäldern sehr häufige Fliegenpilz, Amanita muscaria, gefürchtet, dessen Fruchtkörper einen schön korallenroten Hut mit weißen Tupfen und schneeweiße Lamellen hat. Besonders gefährlich wegen seiner oberflächlichen Ähnlichkeit mit dem Champignon ist der angenehm schmeckende und riechende, aber äußerst giftige Knollenblätterschwamm Amanita phalloides, welcher die meisten der alljährlich wiederkehrenden tödlichen Pilzvergiftungen verursacht.

Vierte Ordnung: Bauchpilze (Gastromycetes).

Das Hymenium der Bauchpilze liegt im Innern der verschieden gestalteten, meist großen, fleischigen Fruchtkörper. Das äußere Hyphengewebe der Fruchtkörper bildet eine festere, oft aus mehreren Schichten zusammengesetzte Peridie. Sie umschließt ein weicheres Hyphengewebe, die Gleba, dessen Höhlungen mit der Hymenialschicht ausgekleidet sind. Bei der Sporenreife öffnet sich die Peridie in verschiedener Weise, die Gleba löst sich auf und entläßt die Basidiensporen. Bisweilen bleiben Reste der Gleba zwischen den Sporen erhalten und bilden ein als Capillitium bezeichnetes wolliges Netzwerk.

Familien: Phallaceae, Nidulariaceae, Lycoperdaceae, Hymenogastraceae, Sclerodermaceae.

Die **Phallaceen** schließen sich ziemlich nahe an gewisse Hymenomyceten an, indem die Gleba bei der Sporenreife die Peridie sprengt und in bestimmter Gestalt als fruchtträgerartige Bildung frei hervortritt. Phallus impudicus, der Gichtschwamm (die Stinkmorchel) unserer Wälder (Abb. 272 a—c) hat kugelrunde, weiße Fruchtkörper von der Größe

Abb. 271. Vertreter der verschiedenen Familien der Hautpilze (etwas verkleinert). **A** Tele-
phoracee, Totentrompete **A₁** im Längsschnitt. **B** und **C** Clavariaceen, Clavaria pistillaris und
C. grisea. **D** Hydnacee, Hydnum imbricatum. **D₁** im Längsschnitt. **E** Polyporacee, Boletus
versipellis. **E₁** im Längsschnitt. **F** Agaricacee, Agaricus campestris. **F₁** Hut von unten.
F₂ Fruchtkörper im Längsschnitt.

eines Hühnereies. Die dicke, dreischichtige Peridie öffnet sich später an der Spitze und die
zerfließende Gleba wird auf einem sich schnell streckenden, weißen Stiel hervorgeschoben.
Durch den leichenartigen Geruch des Pilzes werden Aasfliegen angelockt, welche die klebrigen Sporen verbreiten.

Die **Nidulariaceen** sind kleinere, zierliche Pilze. Die Peridie öffnet sich becherartig, die
einzelnen Kammern der Gleba werden durch Auflösung des zwischen ihnen liegenden
Gewebes isoliert, so daß sie als linsenförmige Körperchen, Peridiolen, im Grunde des von

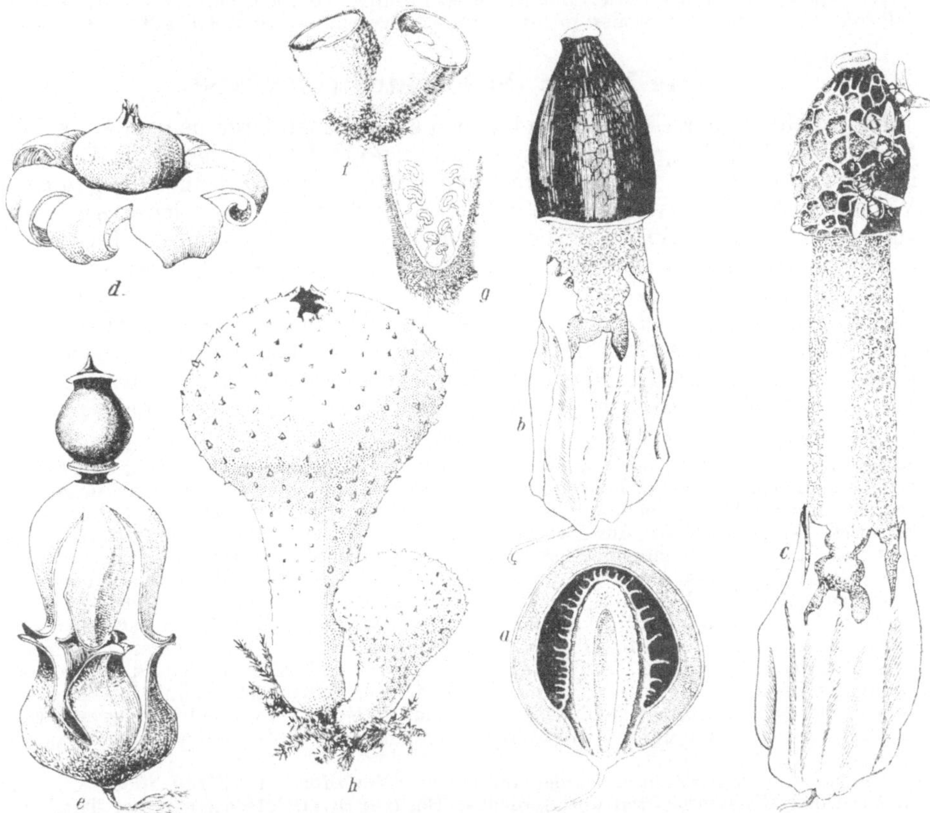

Abb. 272. *a, b, c* Phallus impudicus in drei verschiedenen Entwicklungszuständen. *a* im
Längsschnitt. *d* Geaster fimbriatus, *e* G. coronatus. *f* Crucibulum. *g* dasselbe im Längsschnitt die Peridiolen zeigend. *h* Lycoperdon.

der sich öffnenden Peridie gebildeten Bechers liegen. Als Beispiel möge Crucibulum
vulgare, eine häufiger vorkommende Art, genannt sein (Abb. 272 *f*).

Bei den **Lycoperdaceen,** zu denen die überall vertretenen Gattungen Bovista und Lycoperdon (Abb. 272 *h*) gehören, öffnet die Peridie sich unregelmäßig mit einem Loch an
ihrem Scheitel, um die Sporen zu entlassen. Bei der Gattung Geaster zerreißt die äußere
Schicht der Peridie in vier oder mehr Klappen, welche sich infolge ihrer Hygroskopizität
bei trockenem Wetter zurückschlagen, bei feuchtem Wetter aber zusammenschließen.
Die innere Schicht, die das Capillitium und die Sporen einschließt, öffnet sich am Gipfel.
(Abb. 272 *d, e*).

Die **Hymenogastraceen** sind wahrscheinlich keine einheitliche Verwandtschaftsgruppe
sondern nur unterirdisch lebende Formen der Phallaceen, Nidulariaceen u. a. von trüffel-
ähnlichem Habitus. Bei ihnen öffnet sich die Peridie nicht, die Sporen werden durch Zerfall der Hülle frei, ein Capillitium wird nicht gebildet. Rhizopogon rubescens wird in

manchen Gegenden statt echter Trüffeln verkauft und gegessen; auch die ebenfalls trüffel-
ähnlichen Melanogaster variegatus und Pompholyx sapida gelten als Speisepilze.

Die kleine Familie der **Sclerodermaceen** unterscheidet sich von den übrigen Gastro-
myceten wesentlich dadurch, daß das Hymenium nicht als häutige Schicht die Kammer-
wände bekleidet, sondern aus unregelmäßigen Büscheln und Knäueln von Basidien besteht, welche die Höhlung der Glebakammern erfüllen. Das hierher gehörige Sclero-
derma vulgare hat knollige bis zu 6 cm breite Fruchtkörper mit einer mehrere Millimeter dicken, lederigen Peridie. Der Inhalt ist anfangs weißlich, später bläulich schwarz
gefärbt. Der Pilz, der bisweilen mit der Trüffel verwechselt wird, soll giftig sein.

Vierte Klasse: Die Flechten (Lichenes).

Die Flechten oder Lichenen sind keine einheitlichen Organismen, sie werden
gebildet durch die Vergesellschaftung eines Pilzes und einer Alge, die miteinander
in Symbiose leben. Dementsprechend besteht ihr verschieden geformter
Vegetationskörper aus einem Geflecht von Pilzhyphen, in welches Algen ein-
gestreut sind (Abb. 180). Die Algenzellen werden als Gonidien der Flechte bezeichnet. Die in Betracht kommenden Pilze gehören meist zur Abteilung der
Schlauchpilze, seltener zu den Stielpilzen; man kann danach Ascolichenen und
Basidiolichenen unterscheiden; unter den Ascolichenen trennt man wiederum in
Discolichenen und Pyrenolichenen, je nachdem der Flechtenpilz ein Discomycet
oder Pyrenomycet ist. Die Algen, die als Komponenten am Aufbau des Flechtenkörpers teilnehmen können, gehören zu den Spaltalgen und Grünalgen.

Wenn Pilzfäden und Gonidien durch den Flechtenkörper ziemlich gleichmäßig verteilt
sind, so bezeichnet man den Thallus als homöomer. Häufiger sind die Gonidien auf eine
besondere Partie des Flechtenkörpers beschränkt, während der Thallus im übrigen ausschließlich von Pilzmycel gebildet wird. In diesem Falle wird der Thallus als heteromer bezeichnet. Die Vermehrung der Flechten erfolgt durch Fragmentation, indem kleine Partien des Pilzmycels mit einigen Algenzellen von dem Flechtenkörper losgelöst werden und
sich selbständig weiter entwickeln; die sich loslösenden Teile werden Soredien genannt.
Daneben kommt noch eine Sporenbildung zustande, welche von den Fortpflanzungs-
organen des Pilzes ausgeht. Die Sporenschläuche oder die Basidien sind meistens zu einem
Hymenium vereinigt, das die Oberfläche oder den inneren Hohlraum eines Apotheciums
oder Peritheciums bedeckt. Als Nebenfruchtform treten häufig bei den zu den Ascomyceten gehörigen Flechtenpilzen noch Conidienfrüchte, Spermogonien auf, in denen zahlreiche stabförmige Conidien gebildet werden, über deren Schicksal nichts näheres bekannt
ist. Die Sporenbildung der in den Flechten lebenden Algen ist durch die Symbiose anschei-
nend gänzlich unterdrückt.

Die heteromeren Flechten werden nach ihrer Wuchsform als Strauchflechten, Laubflechten und Krustenflechten unterschieden. Bei den Strauchflechten ist der Thallus ein
stift- oder strauchartiges Gebilde, welches sich frei von der Unterlage erhebt.

Man kann nach der Gattung der beteiligten Pilze, nach dem Bau und der Wuchsform
des Thallus die Klasse der Flechten in Reihen und Ordnungen zerlegen. Wir beschränken
uns bei der untergeordneten Bedeutung der Klasse auf die Erwähnung einiger häufigerer
Formen.

Wichtigste Familien: Cladoniaceae, Usneaceae, Ramalinaceae, Parmeliaceae,
Lecanoraceae, Graphidaceae, Pertusariaceae, Collemaceae.

Bei den **Cladoniaceen** ist der Thallus meist aus zarten, niederliegenden, laubartigen
oder selbst nur staubig krustigen Schüppchen gebildet, aus denen sich aufrechte stift-,
becher- oder strauchartige Träger (Podetien) erheben, welche die gewölbten oder kugelig-
kopfigen Apothecien tragen. Manche Cladonien überziehen auf weite Strecken hin den Boden der Nadelwälder oder Heiden. Überall häufig ist Cladonia rangiferina, die Renn-
tierflechte.

Zu den **Usneaceen** gehört die Bartflechte, Usnea barbata (Abb. 273), deren stielrunder,
bis in haarfeine Fäden verzweigter vielästiger Thallus auf Baumästen wächst und oft lang
herabhängende graugrüne Moosbärte bildet.

Bei den **Ramalinaceen** sind die Thallusäste flach bandartig verbreitert. Die bei uns überall häufigen Arten der Gattungen Ramalina und Evernia sind Baumbewohner. Cetraria islandica, das isländische Moos, deren laubartig verbreiterter, lappig vielteiliger Thallus auf der Oberseite blaß- graugrün oder kastanienbraun, unterseits weißlich gefärbt ist (Abb. 274), wächst bodenständig auf Heideboden und in Nadel- wäldern sowohl in der Ebene als auch in höheren Gebirgs- lagen. Die schildförmigen Apo- thecien sind schief an dem Thallusrand angewachsen, ihre Scheibe ist braun gefärbt. Die Flechte ist unter dem Namen Lichen islandicus — isländisches Moos — offizinell. Roccella-Ar- ten liefern Lakmus.

Die Laubflechten bilden ein laubartiges Lager, das über der Unterlage ausgebreitet und stel- lenweise mit ihr verwachsen ist. Hierher gehört die Familie der **Parmeliaceen,** als deren häufig- ster Vertreter die an Baumstämmen, Bretterwänden, Ziegeln und Steinen überall häufige gelbe Wandflechte, Physcia parietina, genannt sein mag. Sie hat einen rosettenförmigen gelben oder pomeranzenfarbigen Thallus, der reichlich mit schlüsselförmigen Apothecien besetzt ist.

Die Krustenflechten haben ein krustenartig ergossenes Lager, das in seiner ganzen Ausdehnung mit der Unterlage fest verwachsen ist.. Zu unseren gemeinsten Krustenflechten gehört die Gattung Lecanora, nach welcher die Familie der **Lecanoraceen** benannt ist. Die Arten dieser Gattung haben kleine schüsselförmige Apothe- cien und bilden landkartenartige graue Flecken auf glatten Baum- rinden, kommen aber auch auf altem Holz, an Steinen, Mauern und Felsen und selbst an der Erde auf Moosen vor. Ochro- lechia-Arten liefern Lakmus.

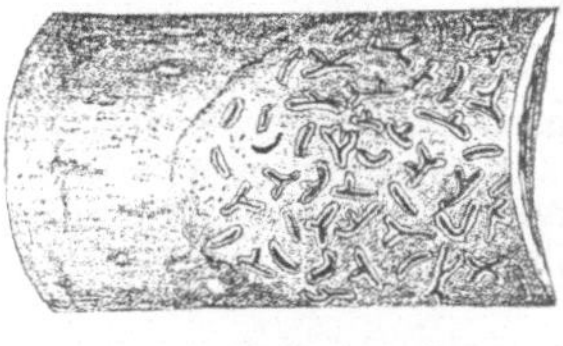

Die **Graphidaceen** haben läng- lich strichförmige Apothecien, die in den krustenförmigen Thal- lus eingesenkt sind, wie z. B. die Schriftflechte, Graphis scripta, deren Thallus an Baumrinden grauweißliche Flecken bildet, auf denen die schwarzen Apothecien wie hebräische Schriftzeichen hervortreten (Abb. 275)..

Die **Pertusariaceen,** ebenfalls Krustenflechten, sind Pyrenolichenen. Ihre Perithecien sind in warzenförmigen Erhebungen des Thallusgewebes eingeschlossen. Pertusaria communis, die gewöhnlichste Art, bildet knorpelige Krusten von teegrüner Farbe mit warziger Oberfläche (Abb. 276).

Als ein Beispiel·aus der Gruppe der homöomeren Flechten mag endlich die Familie der **Collemaceen** erwähnt werden. Die hierher gehörige Gattung Collema bildet laubartige, von Pilzhyphen durchzogene Gallertplatten, welche nostocartige Gonidien enthalten.

Abb. 273. Usnea barbata.

Abb. 274. Thallusast von Cetraria islandica. Offizinell.

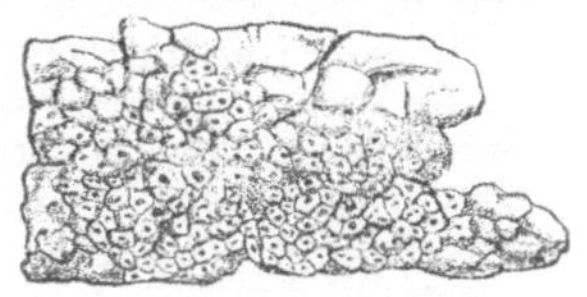

Abb. 275. Rindenstück mit Graphis scripta.

Abb. 276. Buchenrinde mit Pertusaria communis.

Zweite Gruppe: Moospflanzen (Bryophyta).

Der Vegetationskörper der Moospflanzen bildet einen bewurzelten Sproß, der mittels einer Scheitelzelle wächst. Die Wurzeln sind Zellfäden; der Sproß bildet in den weniger häufigen Fällen eine thallose Laubausbreitung, meist ist er ein einfaches oder verzweigtes Stämmchen, das Laubblätter trägt. Das Gewebe besteht der Hauptsache nach aus parenchymatischen Zellen, Gefäßbündel sind nicht vorhanden. In dem Entwicklungsgang der Pflanze tritt ein deutlicher Generationswechsel hervor. Aus der Keimung einer ungeschlechtlichen Spore entsteht ein an grüne Fadenalgen erinnernder Vorkeim, das Protonema, an dem sich die geschlechtliche Generation, die eigentliche, mit Scheitelzellwachstum ausgestattete Moospflanze, entwickelt, die Antheridien und Archegonien trägt. Aus der Eizelle der Archegonien erwächst nach der Befruchtung die ungeschlechtliche Generation, das Sporogonium, welche wieder ungeschlechtliche Sporen hervorbringt.

Die Gruppe bildet eine Klasse mit zwei Reihen:
Moospflanzen.

Reihe 1: Lebermoose, Hepaticae.
Das Protonema ist unbedeutend, der Sproß dorsiventral, thallusartig oder mit nervenlosen Blättchen in dorsiventraler Anordnung besetzt. Das Sporogonium ist eine gestielte Kapsel ohne Deckel und Haube, deren Wand unregelmäßig oder meist mit Längsrissen sich öffnet. Neben den Sporen sind häufig Elateren vorhanden.

Reihe 2: Laubmoose, Musci.
Das Protonema ist fadenalgenähnlich entwickelt; der an ihm als Seitensproß auftretende Sproß ist radiär beblättert, Blättchen meist mit Mittelnerv. Das Sporogonium ist mit einer Haube bedeckt und öffnet sich in der Regel durch Abwerfen eines Deckels urnenförmig und enthält neben· den Sporen meist eine Columella aber keine Elateren.

Erste Reihe: Lebermoose (Hepaticae).

Die Lebermoose entwickeln ein unbedeutendes Protonema, welches bald in den Vegetationskörper der geschlechtlichen Pflanze übergeht. Die letztere ist entweder ein dorsiventraler, thalloser Sproß mit Haarwurzeln an der Bauchseite, oder er ist ein bewurzeltes Stämmchen mit zwei- oder dreizeiliger Beblätterung in dorsiventraler Anordnung. Die Blätter haben keine Mittelrippe. Das Sporogonium ist ohne Deckel und Haube und öffnet sich unregelmäßig oder durch zwei oder vier Längsrisse vom Gipfel her. Eine Collumela fehlt meistens. Zwischen den Sporen liegen Elateren, d. h. spindelförmige Zellen mit spiraligen Wandverdickungen, die bei manchen Arten durch ihre Hygroskopizität bei der Ausstreuung der Sporen eine Rolle spielen. Hierher gehören drei Ordnungen.

Ordnung 1: Marchantien, Marchantiinae. Die rundlichen Sporenkapseln ohne Mittelsäulchen öffnen sich unregelmäßig vom Gipfel aus.

Ordnung 2: Anthoceroten, Anthocerotinae. Die langgestreckten Sporogone mit Mittelsäulchen öffnen sich durch Längsrisse schotenartig mit zwei Klappen.

Ordnung 3: Jüngermannien, Jungermanniinae. Die kugeligen Sporenkapseln öffnen sich durch Längsrisse vom Gipfel her mit vier Klappen.

Erste Ordnung: Marchantien (Marchantiinae).

Der Vegetationskörper der Marchantien ist ein dorsiventraler, thalloser Sproß mit Haarwurzeln an der Unterseite. Die Sporogonien öffnen sich unregelmäßig mit Zähnen, eine Columella ist nicht vorhanden.

Familien: Ricciaceae, Marchantiaceae.

Die **Ricciaceen** haben keine Atemporen an dem Laube. Die Antheridien und Archegonien sind in offenen Höhlungen der Sproßoberfläche eingesenkt. Das Sporogonium bleibt in dem Archegonienbauch eingeschlossen. Sein Inhalt, welcher nur aus Sporen besteht, wird durch den Zerfall der Wand frei. Die Gattung Riccia ist in der einheimischen Flora durch mehrere Arten vertreten. Riccia glauca wächst in kleinen sternförmigen Gruppen auf feuchtem, lehmigem Ackerland (Abb. 232).

Die **Marchantiaceen** entwickeln verhältnismäßig große, krautige Laubflächen, deren Oberfläche eine eigentümliche, regelmäßige Felderung zeigt, welche der Verteilung der Lufthöhlen unterhalb der Epidermis entspricht. In der Mitte jedes Feldes ist ein weiter Atemporus mit bloßem Auge wahrnehmbar (Abb. 160 B). Die Geschlechtsorgane werden von umgebildeten Laubsprossen, Receptacula, getragen. Die Sporogonien öffnen sich unregelmäßig. Im Innern sind neben den Sporen zahlreiche Elateren vorhanden. Bei Marchantia polymorpha (Abb. 277), die überall an feuchten Stellen wächst, sind die weiblichen Receptacula lang gestielt, ihre Scheibe ist fast bis zur Mitte in acht oder mehr schmale, strahlenförmige Lappen geteilt, an deren Unterseite die Archegonien stehen. Bei dem männlichen Receptaculum ist die Scheibe nur am Rande gekerbt. Die Antheridien sind an der Oberseite der Scheibe völlig eingesenkt. Die

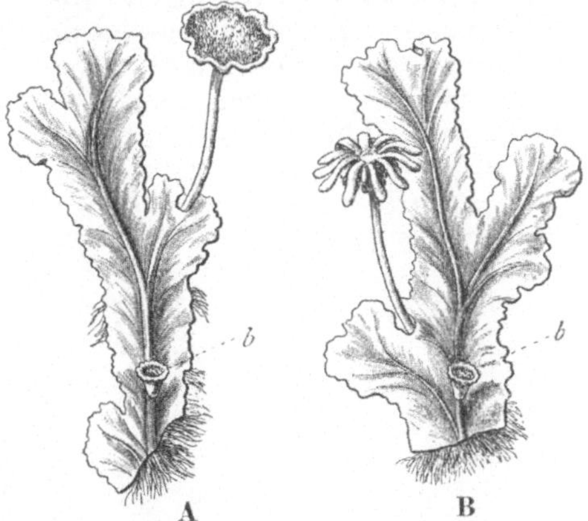

Abb. 277. Marchantia polymorpha. **A** mit männlichem, **B** mit weiblichem Receptaculum, *b* Brutbecherchen.

Sporogonien sind kurzgestielte, eiförmige Kapseln mit gelben Sporen und Elateren. Die ungeschlechtliche Vermehrung durch Brutknospen ist auf S. 197 besprochen worden. Bei Fegatella conica ist die Scheibe des langgestielten weiblichen Receptaculums kegelförmig und ganzrandig oder doch nur schwach gelappt. Bei Preissia ist die Scheibe halbkugelförmig, Lunularia vulgaris, die auf der Oberseite halbmondförmige Brutbecherchen trägt, findet sich bei uns weitverbreitet auf Blumentöpfen in Gewächshäusern. Die aus Südeuropa eingewanderte Art bildet bei uns keine Sporogonien aus.

Zweite Ordnung: Anthoceroten (Anthocerotinae).

Der Sproß ist ein unregelmäßig gelapptes, horizontal ausgebreitetes Laub, dessen Rand gewöhnlich wellig gekräuselt ist. Die Antheridien und Archegonien sind in das Laub eingesenkt. Das reife Sporogonium öffnet sich von der Spitze her schotenartig mit zwei Klappen. Im Innern ist eine zentrale Columella vorhanden, die von Sporen und Elateren umgeben ist.

Familie: Anthocerotae.

Die Familie der **Anthoceroten,** welche über die ganze Erde verbreitet ist, wird in der einheimischen Flora nur durch wenige, teils seltener vorkommende Arten vertreten. Verhältnismäßig häufig ist Anthoceros laevis, der bisweilen nach der Ernte die Oberfläche feuchter Ackerstellen zwischen den Stoppeln überkleidet (Abb. 278).

17*

Dritte Ordnung: Jungermannien (Jungermanniinae).

Die Jungermannien haben entweder thallose oder regelmäßig zwei- oder dreireihig beblätterte, dorsiventrale Sprosse. Die Archegonien stehen einzeln an dem Thallus oder an den Enden der Sprosse oder ihrer Seitenzweige. Die reife Kapsel des Sporogoniums öffnet sich regelmäßig durch Längsrisse mit vier Klappen. Der Inhalt besteht aus Sporen und Elateren, eine Columella ist nicht vorhanden.

Man unterscheidet unter den Familien:

a) anakrogyne mit rückenständigen und

b) akrogyne mit gipfelständigen Sporogonen.

a) Die anakrogynen Jungermannien haben fast ausnahmslos thallose Sprosse, die Archegonien und dementsprechend die Sporogonien stehen auf dem Rücken des Sprosses. Bisweilen sind die Archegonien von dem umgeschlagenen Rande des Laubes

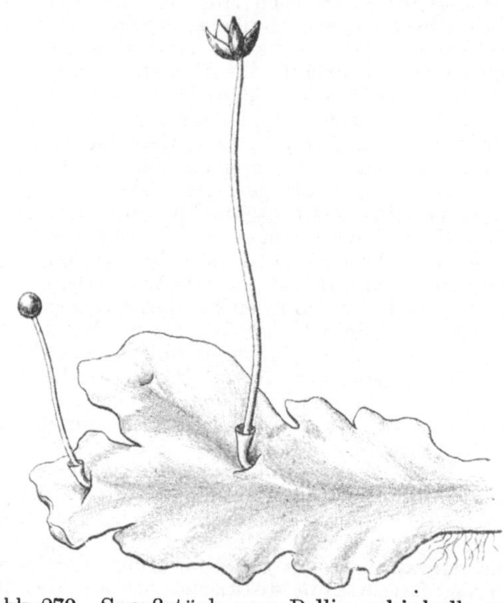

Abb. 278. Anthoceros laevis. ($^2/_1$ nach Luerssen.)

Abb. 279. Sproßstück von Pellia ephiphylla mit einem geöffneten Sporogonium. (Vergrößert.)

schützend umhüllt, in anderen Fällen entsteht als Wucherung des benachbarten Sproßgewebes eine scheidenartige Schutzhülle, die als Involucrum bezeichnet wird.

Familien: Metzgeriaceae, Aneuraceae, Haplolaenaceae, Diplomitriaceae, Codoniaceae, Haplomitriaceae.

Die **Metzgeriaceen** haben einen linealischen, wiederholt gegabelten Sproß, der von einer mehrschichtigen Mittelrippe durchzogen ist. Die Geschlechtsorgane stehen an kurzen, an der Unterseite der Mittelrippe entspringenden eingekrümmten Seitensprossen. Metzgeria furcata kommt ziemlich häufig an Baumrinden vor, Metzgeria pubescens bildet am Waldboden feuchter Gebirgstäler oft fußbreite, saftige Rasen.

Zu den **Haplolaenaceen** gehört die überall häufige Pellia epiphylla, deren unregelmäßig gelappter Sproß an feuchten, quelligen Orten flache Rasen bildet (Abb. 279). Die Archegonien stehen zu mehreren in einer nach dem vorderen Laubrande hin geöffneten taschenförmigen Hülle.

b) Die **akrogynen Jungermannien** haben ausnahmslos beblätterte Sprosse. Es sind immer zwei seitlich stehende Reihen schräg angehefteter Blätter vorhanden, bei manchen Formen steht außerdem auf der Bauchseite des Sprosses noch eine Zeile von Blättern, Amphigastrien, die gewöhnlich viel kleiner sind als die Oberblätter. Die Sprosse sind unregelmäßig monopodial verzweigt. Die Zweige, welche Archegonien tragen, schließen ihr Scheitelwachstum mit der Ausbildung der Geschlechtsorgane ab. Die Archegonien sind meist von einer schlauch- oder becherförmigen Hülle, Perianth, umgeben, die aus Blattanlagen hervorgeht. Die zunächst unter dem Perianthium stehenden Laubblätter sind meist abweichend gestaltet und bilden eine als Perichaetium bezeichnete Umhüllung des Archegonienstandes.

Familien: Jubuleae, Platyphyllaceae, Ptilidiaceae, Lepidoziaceae, Geocalycaceae, Jungermanniaceae, Gymnomitriaceae.

Die **Jubuleen** haben oberschlächtige Blätter, d. h. der Vorderrand jedes Oberblattes liegt über dem Hinterrand des nächst jüngeren Blattes derselben Zeile. Die Oberblätter sind in zwei Lappen geteilt, von denen der hintere gewöhnlich öhrchenartig eingeschlagen ist.

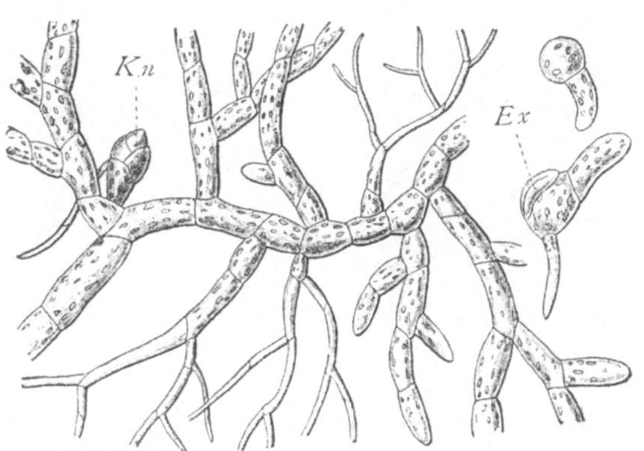

<table>
<tr>
<td>

Abb. 280. Sproßstück von Scapania undulata mit einem geöffneten Sporogonium. (Vergrößert.)

</td>
<td>

Abb. 281. Teil eines Moosprotonemas. (Vergrößert.) *Rh* Rhizoiden. *Kn* erste Anlage eines Moosstämmchens. Rechts neben der Hauptfigur zwei keimende Moossporen. *Ex* Rest des Exosporiums.

</td>
</tr>
</table>

Bei der hierher gehörenden **Frullania dilatata**, die überall an Baumstämmen oder Felsen kupferbraune oder grünschwärzliche Rasen bildet, ist der Oberlappen der Blätter kreisrund und ganzrandig, der Unterlappen ist fast halbkugelig, kappenförmig, hohl und bildet einen kapillaren Wasserbehälter.

Die zu den **Platyphyllaceen** gehörigen Gattungen Radula und Madotheca haben gleichfalls oberschlächtige Blätter. Radula complanata ohne Amphigastrien und Madotheca platyphylla mit großen, ungeteilten Amphigastrien gehören bei uns zu den verbreitetsten Lebermoosen; sie bilden meistens dichte, grüne, reichlich fruktifizierende Rasen an Baumstämmen in feuchten Wäldern.

Die Oberblätter der **Jungermanniaceen** sind unterschlächtig, d. h. der vordere Blattrand wird von dem nächstjüngeren Blatt derselben Zeile überdeckt. Die artenreichste Gattung ist Jungermannia, welche dadurch ausgezeichnet ist, daß das walzenförmige oder kantige Perianthium am Rande gezähnelt oder einfach gespalten oder gewimpert ist. Die Archegonien stehen meist am Gipfel des Hauptsprosses. Jungermannia albicans, J. obtusifolia, J. bicrenata, J. trichophylla kommen bei uns an Felsen und auf feuchtem Boden in schattigen Wäldern häufiger vor. Die ebenfalls zu den Jungermanniaceen gehörenden Gattungen Scapania (Abb. 280) und Plagiochila haben ein plattgedrücktes Perianthium. Die Blätter der ersteren Gattung sind in zwei aufeinander liegende Lappen geteilt. Bei Plagiochila sind die Blätter ungeteilt. Plagiochila asplenioides ist bei uns in Wäldern überall gemein.

Zweite Reihe: Laubmoose (Musci).

Die Laubmoose haben ein großes, meist einer verzweigten Fadenalge ähnliches Protonema (Abb. 281). Der Sproß der am Protonema entstehenden geschlechtlichen Pflanze (Gametophyt), ist radiär gebaut und trägt spiralig gestellte Blätter. Die letzteren haben oft mehrschichtige Mittel- und Randrippen aus gestreckten Zellen. Das Sporogonium (Sporophyt) ist in der Jugend von dem mitwachsenden Archegonium umhüllt, dessen endlich abreißender oberer Teil als Haube die Kapsel bedeckt. Die Kapsel öffnet sich in der Regel durch

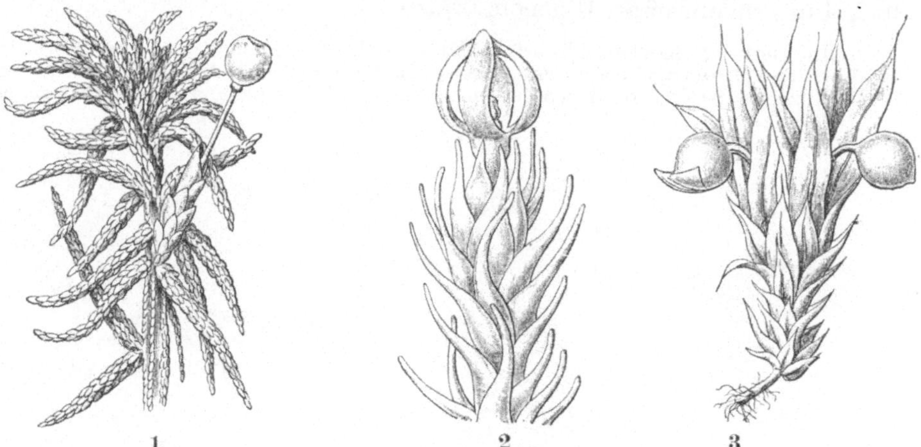

Abb. 282. **1** Sphagnum cymbifolium, **2** Andreaea rupestris, **3** Phascum cuspidatum. ($^{10}/_1$ n. Schimper.)

Abwerfen eines Deckels, unter dem meist ein Peristom am Rande der Kapsel stehen bleibt. Die Kapsel des Sporogoniums besitzt fast immer eine Columella, Elateren fehlen. Man unterscheidet drei Ordnungen:

Ordnung 1: Torfmoose, Sphagna. Das ungestielte Sporogonium öffnet sich mit abspringendem Deckel. Die im Grunde entspringende Columella reicht nicht bis zum Deckel empor.

Ordnung 2: Spaltfrüchtler, Schizocarpae. Das ungestielte Sporogonium öffnet sich durch Längsspalten in der Kapselwand. Die Columella reicht nicht bis zum Scheitel empor.

Ordnung 3: Bryineen, Bryineae. Das meist langgestielte Sporogonium öffnet sich mit einem sich ablösenden Deckel. Die Columella durchsetzt den Sporenraum von unten bis oben. Am Urnenrand steht ein regelmäßiges Peristom.

Erste Ordnung: Torfmoose (Sphagna).

Im Gegensatz zum Vorkeim aller übrigen Laubmoose ist das Protonema der Torfmoose eine Zellfläche. Der Stengel der sich daraus entwickelnden geschlechtlichen Pflanze ist sehr regelmäßig verzweigt. Die nervenlosen Blätter haben neben den chlorophyllhaltigen Zellen große, leere Zellen mit ring- oder spiralbandförmiger Wandverdickung und weiten Poren (Abb. 159). Gleiche Zellen, die als kapillare Leitbahnen und Reservoire für Wasser dienen, sind auch in der Stengelrinde vorhanden. Die Sporogonien, die bei ihrem Wachstum das Archegonium durchbrechen und also keine Haube tragen, sind ungestielt, sie werden aber durch einen stielähnlichen, blattlosen Teil des sie tragenden Sprosses (Pseudopodium) über die Laubblattregion emporgehoben, die kugelige oder kurz eiförmige Kapsel öffnet sich explosionsartig mit einem Deckel, ein Peristom ist nicht vorhanden. Die Columella ist zapfenförmig und erreicht die obere Wand der Kapsel nicht, der Sporenraum ist also glockenförmig. Die Reihe enthält nur eine Familie: Sphagnaceae.

Die einzige Gattung der Sphagnaceen ist Sphagnum. Die Arten der Gattung bewohnen ausnahmslos feuchte Orte, besonders häufig finden sie sich auf Torfmooren, in schwammigen Polstern. Die von unten her absterbenden Pflanzen tragen wesentlich zur Vermehrung der Torfmasse bei. Als gemeinste, überall verbreitete Arten können Sphagnum cymbifolium (Abb. 282, 1) und Sphagnum acutifolium genannt werden.

Zweite Ordnung: Spaltfrüchtler (Schizocarpae).

Die Spaltfrüchtler sind kleine ausdauernde Moose mit dichotom verzweigten beblätterten Stengeln. Die gipfelständigen Sporogonien sind ungestielt und von einem stielartigen Sproßabschnitt getragen. Sie sind bis zur Reife von dem zuletzt haubenartig abreißenden Archegonium umhüllt. Die Wand der eiförmigen Kapsel spaltet sich bei der Reife durch Längsrisse in vier oben und unten zusammenhängende Klappen. Die zapfenförmige Columella erreicht den Scheitel der Kapsel nicht. Familie: Andreaeaceae.

Die Familie der **Andreaeaceen** enthält nur die eine Gattung Andreaea, deren Arten auf kieselhaltigen Felsen kleine braune oder schwärzliche Polster bilden. Von den wenigen in Deutschland vorkommenden Arten sind Andreaea petrophila mit nervenlosen Blättern und A. rupestris, deren Blätter eine Mittelrippe besitzen, am häufigsten (Abb. 282, 2).

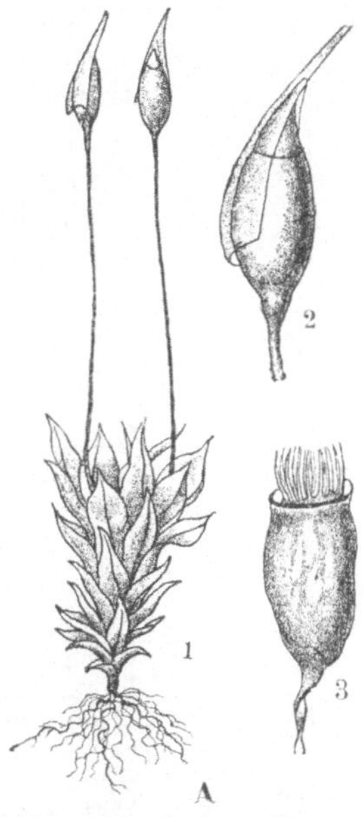

Abb. 283. **A** Anacalypta. **1** ein Moospflänzchen, welches zwei Sporogonien trägt, **2** die Kapsel eines Sporogoniums mit Deckel und Haube, stärker vergrößert, **3** dieselbe nach dem Aufspringen. An dem Rande der Kapsel ist das Peristom sichtbar.

Dritte Ordnung: Die Bryineen (Bryineae).

Die Reihe der Bryineen umfaßt die Mehrzahl aller Laubmoosarten. Die Stämmchen, welche sich an dem fadenalgenartigen Protonema entwickeln, sind hinsichtlich ihrer Verzweigung und Beblätterung sehr verschieden. Sehr übereinstimmend und charakteristisch ist dagegen die Ausbildung des Sporogoniums (Abb. 283). Die kürzer oder länger gestielte Kapsel trägt die abgerissene Archegonienwand als Haube und ist mit einem genabelten Deckel versehen, der bei der Reife abspringt. In der Regel ist an der Grenze zwischen dem Deckel und der Kapselwand ein Ring eigentümlich ausgebildeter, meist stark verdickter Zellen, Annulus, vorhanden, durch den die Ablösung des Deckels bewirkt wird. Das der Kapsel zugekehrte Ende des Stieles, welches als Apophyse bezeichnet wird, erlangt bei manchen Arten gleichfalls eine besondere Ausbildung. Häufig ist das Gewebe der Apophyse mit Intercellularräumen und Spaltöffnungen versehen. Am Rand der geöffneten Kapsel steht ein einfacher oder doppelter

Kranz von zierlichen Zähnen, Peristom, die meist aus den verdickten Wandstellen zerrissener Zellen bestehen. Im Innern der Kapsel ist eine durchgehende Columella vorhanden, welche von einem hohlzylindrischen Sporenraume umgeben ist.

Man unterscheidet unter den Familien

a) Acrocarpe, die die Sporogone am Gipfel des Hauptsprosses tragen und

b) Pleurocarpe, bei denen sie an kurzen Seitenästen entspringen.

a) Akrokarpe Bryineen.

Familien: Dicranaceae, Leucobryaceae, Fissidentaceae, Seligeriaceae, Distichiaceae, Pottiaceae, Grimmiaceae, Tetraphidaceae, Schistostegaceae, Splachnaceae, Funariaceae, Bryaceae, Polytrichaceae, Buxbaumiaceae.

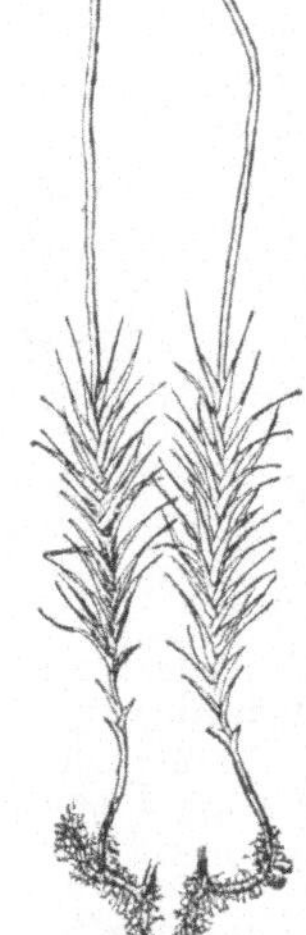

Abb. 284. Polytrichum commune.

In der artenreichen Familie der **Bryaceen** sind die Kapseln der Sporogonien meist regelmäßig, glatt und mit verschmälerter Apophyse versehen und daher birn- oder keulenförmig. Gewöhnlich nicken sie auf den Stielen oder hängen gänzlich nach abwärts. Das doppelte Peristom hat im äußeren Kreise sechzehn enggegliederte Zähne. Das innere Peristom wird von einer faltigen Membran gebildet, die meist sechzehn zahnartige Fortsätze trägt, zwischen denen je zwei bis drei knotige Wimpern stehen. Bei der Gattung Bryum, welche mit gegen vierzig Arten in der deutschen Flora vertreten ist, sind die Wimpern des Peristoms meist mit langen, scharfen Anhängseln versehen. Häufiger vorkommende Arten sind Bryum capillare, dessen verkehrt eiförmige Blätter am Rande mit engeren Zellen gesäumt sind und in eine Haarspitze auslaufen, — und Bryum argenteum, dessen breit eiförmige Blätter dicht dachziegelartig aufeinander liegen, so daß die silber-oder grünlichweiß schimmernden Sprosse kätzchenartig erscheinen. Die ebenfalls sehr artenreiche Gattung Mnium unterscheidet sich von der vorhergenannten hauptsächlich dadurch, daß die Zellen des Blattes überall parenchymatisch sind, während bei Bryum die Blattzellen oben mehr prosenchymatische Ausbildung haben. Außerdem ist der Antheridienstand bei Bryum knospenförmig von Blättern umschlossen und enthält neben den Antheridien fadenförmige Paraphysen, bei Mnium aber ist der Antheridienstand scheibenförmig geöffnet und die Paraphysen sind keulenförmig. Mnium punctatum mit ganzrandigen Blättern und M. undulatum mit gezähnten, lang zungenförmigen, wellig verbogenen Blättern sind in schattigen Wäldern überall häufig. Besonders die letzte Art gehört wegen ihrer Größe und wegen der zierlichen Baumform der fruchttragenden Sprosse zu den schönsten Moosen.

Abb. 285. Hylocomium triquetrum.

Die stattlichsten Moose finden wir in der Familie der **Polytrichaceen,** welche sich durch die Ausbildung ihres Peristoms von den übrigen Moosen wesentlich unterscheidet. Das einfache Peristom besteht aus sechzehn, zweiunddreißig oder vierundsechzig kurzen, ungegliederten Zacken, von deren Gipfel aus ein als Paukenhaut bezeichneter Rest des Kapselgewebes die Mündung des entdeckelten Sporogoniums überzieht. Polytrichum commune, das überall in dunkelgrünen Rasen weite Strecken des Wald- und Moorbodens überzieht, ist eine der größten und schönsten Formen (Abb. 284). Das Stämmchen erreicht nicht selten eine Länge von 10 cm. Das langgestielte, derbe Sporogonium trägt auf seiner vierkantigen Kapsel eine mit dichtem, herabhängendem Haarfilz bedeckte Haube, die Apophyse ist stark entwickelt und scharf abgesetzt. Fast ebenso stattlich ist Atrichum undulatum, dessen bis zu 5 cm hohes Stämmchen langlanzettförmige, wellig verbogene Blätter trägt.

Die Kapsel ist wurstförmig gekrümmt und mit langgeschnäbeltem Deckel und einer kahlen Haube bedeckt.

b) Pleurokarpe Bryineen.

Familien: Fontinalaceae, Hookeriaceae, Neckeraceae, Leskeaceae, Fabroniaceae, Hypnaceae.

Die Familie der **Hypnaceen** stimmt in der Ausbildung des Peristoms mit den Bryaceen überein. Nach der Ausbildung des Blattzellennetzes und der Kapsel werden zahlreiche Gattungen unterschieden, unter denen die Gattung Hypnum die artenreichste ist. Die Blätter sind bei den Hypnumarten der Hauptsache nach aus linealischen, meist etwas geschlängelten Zellen gebildet, nur an der Blattbasis ist das Zellnetz weitmaschiger und aus quadratischen Zellen bestehend. Der Deckel der Kapsel ist mehr oder weniger spitz und nicht oder nur ganz kurz geschnäbelt. Bei dem verbreiteten, auf Erde, an Mauern, Felsen und Baumstämmen wachsenden Hypnum cupressiforme ist der Deckel der zylindrischen, meist schwach geneigten Kapsel lang zugespitzt. An dem unregelmäßig fiederförmig verästelten Sproß stehen sichelförmig einseitswendige, sehr schmal gespitzte Blätter, welche ganz oder fast ganz ohne Rippe sind. Bei den ebenfalls gemeinen Arten Hypnum cuspidatum und H. Schreberi sind die eiländlichen oder eirunden Blätter ziemlich stumpf und mit sehr kuzer Doppelrippe versehen. Die erstere Art hat an der Kapsel einen deutlichen Annulus, bei der letzteren fehlt er. Zu den gemeinsten Waldmoosen gehört Hylocomium triquetrum, dessen robuste, spärlich fiederästige Stengel mit allseitswendigen, sparrig abstehenden Blättern zur Verfertigung von Mooskränzen verwendet werden (Fig. 285).

Dritte Gruppe: Farnpflanzen (Pteridophyta).

Für die Farnpflanzen ist auch der Name Gefäßkryptogamen in Gebrauch. Die aus der Spore erwachsende geschlechtliche Generation (Gametophyt), ist ein unscheinbares Prothallium (Abb. 234 E). Als Geschlechtsorgane treten Antheridien (G) und Archegonien (J) auf. Die befruchtete Eizelle wird zur ungeschlechtlichen Pflanze (Sporophyt), welche wieder Sporen erzeugt. Der Vegetationskörper des Sporophyten ist eine in Wurzel, Stamm und Blätter gegliederte Gefäßpflanze. Die Farnpflanzen werden deswegen auch als Gefäßkryptogamen bezeichnet. Wie die Moospflanzen können auch die Farnpflanzen in eine Klasse zusammengefaßt werden, die sich in drei Reihen gliedert.

Reihe 1: Farne, Filicinae. Der Sproß ist wenig verzweigt, die Blätter sind ansehnlich, meist reich gegliedert. Die Sporangien stehen am Rande oder an der Unterseite der Laubblätter oder abweichend gestalteter Sporophylle.

Reihe 2: Schachtelhalme, Equisetinae. Der Sproß ist gegliedert und reich verzweigt, die kleinen einfachen Blätter sind in Quirlen verwachsen, die schildförmigen Sporophylle in endständigen Sporangienähren vereinigt.

Reihe 3: Bärlappgewächse, Lycopodinae. Der verzweigte Sproß ist ungegliedert und trägt kleine, nicht scheidig verwachsene Blätter. Die Sporophylle stehen zwischen den Laubblättern oder an besonderen Sproßabschnitten. Sie sind den Laubblättern ähnlich und tragen je ein Sporangium.

Erste Reihe: Farne (Filicinae).

Der nur spärlich verzweigte Sproß trägt kräftig entwickelte Blätter. Die letzteren sind oft reich verzweigt und besitzen eine komplizierte Nervatur. Die Sporangien entstehen meist zahlreich auf unveränderten oder auf metamorphosierten Blättern, die nicht auf eine bestimmte Region des Sprosses beschränkt sind.

Wir unterscheiden drei Ordnungen:

Ordnung 1: Eusporangiaten, Eusporangiatae. Die Sporangienwand ist mehrschichtig. Alle Sporen sind von gleicher Größe.

Ordnung 2: Leptosporangiaten, Leptosporangiatae. Die Sporangienwand ist einschichtig. Alle Sporen sind gleich.

Ordnung 3: Wasserfarne, Hydropterides. Die Sporangien enthalten zweierlei Sporen, Mikrosporen und Makrosporen.

Erste Ordnung: Eusporangiate Farne (Eusporangiatae).

Die eusporangiaten Farne sind dadurch ausgezeichnet, daß bei ihnen das Sporangium aus einem Komplex von Blattzellen hervorgeht, während bei den leptosporangiaten Farnen und den Wasserfarnen eine einzige Epidermiszelle den Ausgangspunkt für die Entwicklung des Sporangiums bildet. Die Prothallien der Eusporangiaten tragen beiderlei Geschlechtsorgane. Die Antheridien sind in das Prothalliumgewebe eingesenkt.

Familien: Marattiaceae, Ophioglossaceae.

Bei den **Marattiaceen** stehen die Sporangien einzeln oder zu mehreren in einem Sorus vereinigt auf der Unterseite der Blätter (Abb. 235 C—M). Der Sproß ist ein dicker, knollenförmiger Stamm, die Blätter sind groß, einfach oder in verschiedener Weise zusammengesetzt. An der Blattbasis stehen bei den meisten Marattiaceen nebenblattartige Gebilde, welche die jüngeren Blattanlagen und die Stammspitze schützend umhüllen. Die Prothallien der Marattiaceen sind herzförmige, grüne Laublappen, die mit Haarwurzeln am Boden haften. Die hierher gehörigen Gattungen Angiopteris, Marattia, Kaulfussia, Archangiopteris und Danaea sind nur in der heißen Zone Amerikas, Asiens und auf den Südseeinseln vertreten.

Die **Ophioglossaceen** haben einen kurzen, unterirdischen Stamm, der in jeder Vegetationsperiode nur ein einziges Blatt entwickelt, das nur zum Teil laubblattartig ausgebildet ist. Ein Abschnitt des Blattes, welcher der Laubausbreitung entbehrt, trägt zahlreiche dickwandige Sporangien. Die Prothallien der Ophioglossaceen sind knollenartig und tragen beiderlei Geschlechtsorgane. In der einheimischen Flora sind die Ophioglossaceen vertreten durch Ophioglossum vulgatum und Botrychium Lunaria. Bei ersterem ist der sterile Blattstiel eiförmig und ungeteilt, der fertile Teil einfach ährenförmig (Abb. 286), bei Botrychium Lunaria ist der sterile Teil einfach fiederschnittig mit halbmondförmigen Abschnitten, der fertile Blatteil ähnelt einer gedrungenen Rispe.

Zweite Ordnung: Leptosporangiate Farne (Leptosporangiatae).

Die leptosporangiaten Farne tragen die Sporangien an unveränderten oder wenig veränderten Blättern. Die am Rande oder an der Unterseite der Blätter stehenden Sporangien sind meistens zu Gruppen (Sori) zusammengestellt, die häufig von besonders gebildeten Indusien (Abb. 234 A u. 235 B) oder von dem umgeschlagenen Blattrande bedeckt werden. Die Wand des reifen Sporangiums besteht aus einer einfachen Schicht von Zellen, von denen einzelne durch verdickte Wände ausgezeichnet sind und einen die Eröffnung bei der Sporenreife bewirkenden Annulus bilden (Abb. 234 B). Es werden nur einerlei Sporen gebildet. Die Prothallien tragen beiderlei Geschlechtsorgane (Abb. 234), die Antheridien ragen über die Oberfläche des Prothalliums hervor.

Familien: Hymenophyllaceae, Cyatheaceae, Polypodiaceae, Gleicheniaceae, Schizaeaceae, Osmundaceae.

Die **Hymenophyllaceen** oder Hautfarne sind kleine, krautartige Farne mit zarten, meist aus einer Zellschicht gebildeten Blättern ohne Spaltöffnungen. Die Sporangien sind ungestielt und kugelförmig und haben einen schief oder quer zur Anheftungsstelle angeordneten, vollständig geschlossenen Annulus. Die Eröffnung der Sporenwand erfolgt durch einen Längsriß. Die Sporangien sind zu Sori vereinigt, welche direkt am Blattrande auf

einem vom verlängerten Nerven gebildeten, fadenförmigen oder keulenförmigen Receptaculum stehen. Vom Blattrande her wird jeder Sorus durch ein bogenförmiges oder muschelartig zweiklappiges Indusium eingehüllt (Abb. 235 **B**).. Die Prothallien sind fadenförmig
oder band- und plattenartig von unbestimmten Umrissen. Die meisten Arten der hierher
gehörenden beiden Gattungen Hymenophyllum und Trichomanes
leben in feuchten Urwäldern der Tropen und Subtropen.

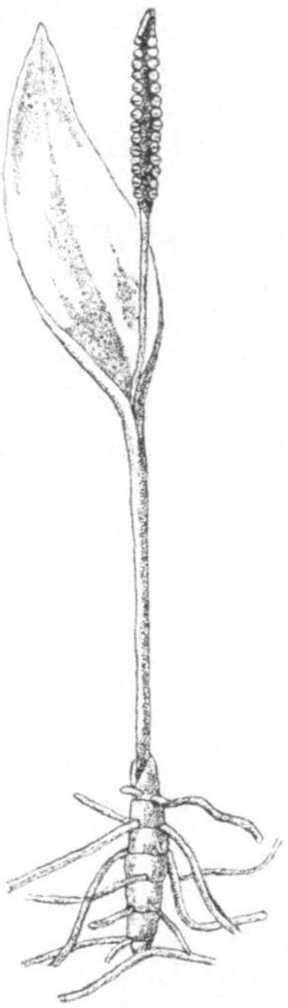

Die **Cyatheaceen** sind meist große, teils baumartige Farne mit
großen, mehrfach gefiederten Blättern. Die Sori der mit einem
schiefen, geschlossenen Annulus versehenen, sitzenden oder kurz und
dick gestielten Sporangien stehen am Rande oder auf der Unterseite
der Laubblätter und sind bei einigen Gattungen von einem napf-
förmigen oder zweiklappigen Indusium umgeben. Die Arten der hierher gehörenden Gattungen Cibotium, Dicksonia, Alsophila,
Hemitelia und Cyathea gehören meistens den Tropen und den
subtropischen Gegenden der südlichen Halbkugel an.

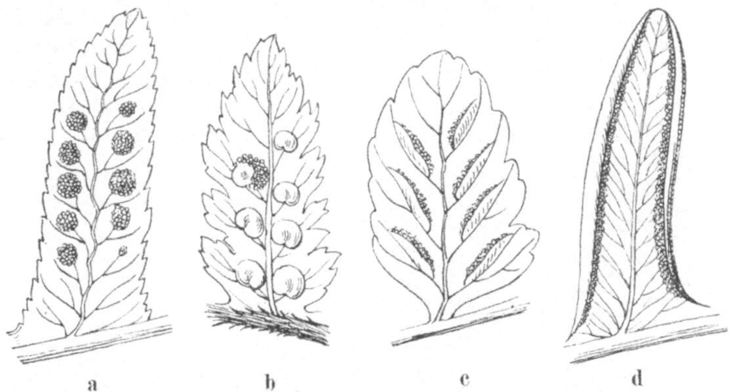

a   b   c   d

Abb. 286. Ophio-
glossum vulgatum.

Abb. 287. Sori einiger Polypodiaceen. **a** nackt bei Pollypodium,
b bedeckt, rundlich bei Aspidium, **c** linienförmig, bedeckt bei As-
plenium, **d** randständig bei Pteris.

Die Familie der **Polypodiaceen** ist die artenreichste von allen; sie ist charakterisiert durch
die gestielten, mit einem unvollständigen vertikal gestellten Annulus versehenen Sporangien, die sich durch einen Querriß öffnen (Abb. 235 **B**). Die Sori stehen meist auf der
Unterseite der Blätter, an dem Ende, dem Rücken oder der Flanke eines Nerven (Abb. 287).

Zu den verbreitetsten Farnen gehört bei uns Polypodium vulgare (Abb. 288). Es
hat einen mit braunen Spreuschuppen bedeckten, rhizomartigen Sproß, der auf dem Rücken
zwei Zeilen langgestielter Blätter trägt. Die Abschnitte des Blattes haben auf der Unterseite zwei Reihen rundlicher, bei der Reife brauner Sori. Das fast über die ganze Welt
verbreitete Athyrium filix femina ist auch bei uns häufig. Es trägt an dem schief aufsteigenden, reichbewurzelten Sproß doppelt gefiederte Blätter mit lineal-lanzettlichen,
fiederspaltigen Fiederchen. Die wenig in die Länge gezogenen Sori haben ein seitliches
Indusium. Dryopteris filix mas, der Wurmfarn (Abb. 289) gehört seit Dioscorides'
Zeiten zum Arzneischatz; die Droge ist im Arzneibuch als Farnwurzel — Rhizoma Filicis
— bezeichnet. Das große, dicke Rhizom des Farns steht schief aufrecht und trägt doppelt
gefiederte Blätter mit länglichen, stumpfen, gekerbten Fiederchen. Blattstiel und Mittelrippe sind mit braunen Spreuschuppen bedeckt. Die großen, rundlichen Sori stehen in
zwei Reihen auf der basalen Hälfte der Fiederchen und sind mit einem oberständigen,
nierenförmigen, in der Bucht befestigten Indusium versehen.

Die kleine Familie der **Osmundaceen** hat kurz und dick gestielte, schief ei- bis birnförmige Sporangien, deren Annulus auf eine hochseitenständige Gruppe dickwandiger
Zellen reduziert ist. Die einzige bei uns einheimische Art der Familie, Osmunda regalis,
hat große, länglich eiförmige, doppelt gefiederte, sterile Blätter. Die fertilen Blätter
sind im unteren Teil ebenso beschaffen, ihr oberer Teil bildet aber eine dreifach gefiederte
Rispe ohne deutliche Laubausbreitung, die dicht mit rostroten Sporangien bedeckt ist.

Dritte Ordnung: Wasserfarne (Hydropterides).

Die Wasserfarne, so genannt, weil sie im Wasser oder doch auf sumpfigem
Boden wachsen, haben wie die Farne der vorhergehenden Ordnung eine ein-
schichtige Sporangienwand, die aber ohne Annulus ist. Sie unterscheiden sich
von den letzteren wesentlich dadurch, daß zweierlei Sporen, Mikrosporen und
Makrosporen erzeugt werden. Die Mikro-
und Makrosporangien sind entweder für
sich oder untermischt. zu Sori vereinigt,
die in bohnenförmige oder kugelige, aus
umgewandelten Blattzipfeln hervorgegangene Sporokarpien eingeschlossen
sind. Aus den Mikrosporen gehen männliche, aus den Makrosporen weibliche
Prothallien hervor. Beide sind rudimentär und bleiben ganz oder teilweise von
der Sporenwand umhüllt.

Familien: Salviniaceae, Marsiliaceae.

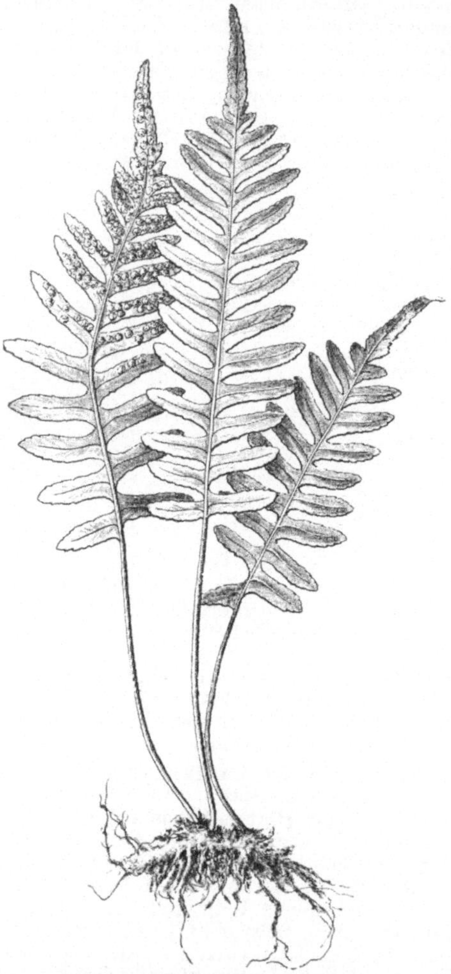

Abb. 289. Aspidium Filix mas. Offizinell.
Spitze eines fertilen Wedels von der Unterseite ($^1/_2$).

Abb. 288. Polypodium vulgare.

Die **Salviniaceen** sind kleine, einjährige Pflanzen mit horizontal schwimmendem Sproß.
Die einzige in der heimischen Flora vertretene Gattung, Salvinia, ist völlig wurzellos.
Die Blätter stehen in dreizähligen Quirlen. Je zwei Blätter jedes Quirls sind oval und
ungeteilt und flach auf der Wasseroberfläche ausgebreitet; das dritte Blatt ist in viele,
mit zarten Haaren besetzte, fadenförmige Zipfel verteilt, die in dichtem Büschel ins Wasser
hinabhängen (Abb. 290). Die kugeligen Sporokarpien, die je entweder nur Mikrosporangien
oder nur Makrosporangien enthalten, stehen zu kleinen Gruppen vereinigt an den untergetauchten Blättern. Salvinia natans findet sich sehr zerstreut auf stehenden und langsam fließenden Gewässern in Mittel- und Süddeutschland.

Die **Marsiliaceen** haben einen horizontal kriechenden, an der Bauchseite bewurzelten Sproß, der die aufrechten Blätter in zwei alternierenden Reihen trägt. Die Sporocarpien entspringen einzeln oder zu mehreren aus dem unteren Teil des Blattes. Sie enthalten stets

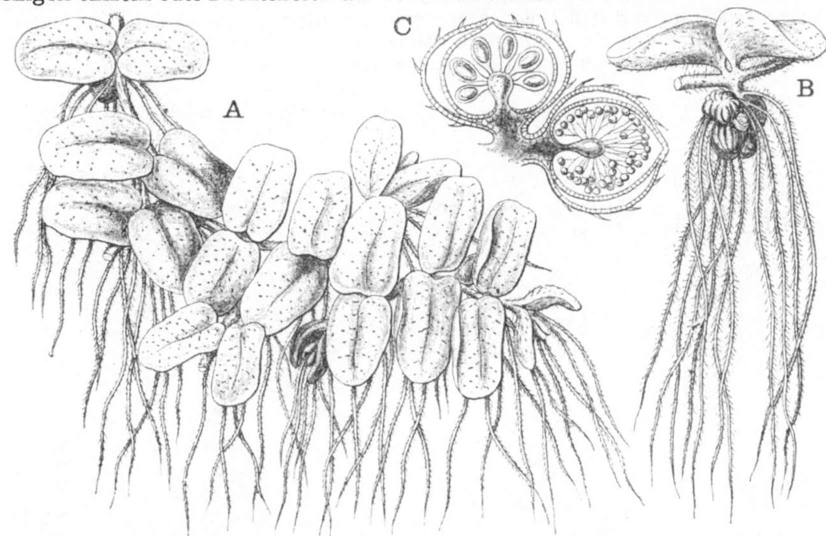

Abb. 290. Salvinia natans. **A** schwimmende Pflanze, **B** ein Blattquirl mit Sporocarpien, C zwei Sporocarpien im Längsschnitt; das obere mit Makrosporangien, das untere mit Mikrosporangien. (Nach Luerssen.)

mehrere Sori, in denen Mikrosporangien und Makrosporangien nebeneinander stehen. Pilularia globulifera mit fadenförmigen Blättern und kugeligen, vierfächerigen Sporokarpien wächst in Seen und Gräben, besonders auf Torfgrund (Abb. 291). Marsilia quadrifolia hat langgestielte Blätter, deren kleeblattähnliche Spreite aus zwei Paaren breitkeilförmiger Fiederblättchen zusammengesetzt ist. Die bohnenförmigen Sporokarpien entspringen zu zwei oder drei oberhalb der Blattstielbasis.

Zweite Reihe: Schachtelhalme (Equisetinae).

Die Sprosse der Schachtelhalme sind reich verzweigt und knotig gegliedert. An den mit hohlen Internodien abwechselnden Knoten stehen Wirtel von kleinen Blättern, die zu gezähnten Scheiden verbunden sind. Die Sporangien entstehen an schildförmigen Sporophyllen, die am Sproßgipfel zu ährenartigen Sporangienständen vereinigt sind.

Die Equisetinen bilden eine einzige Familie: Equisetaceae.

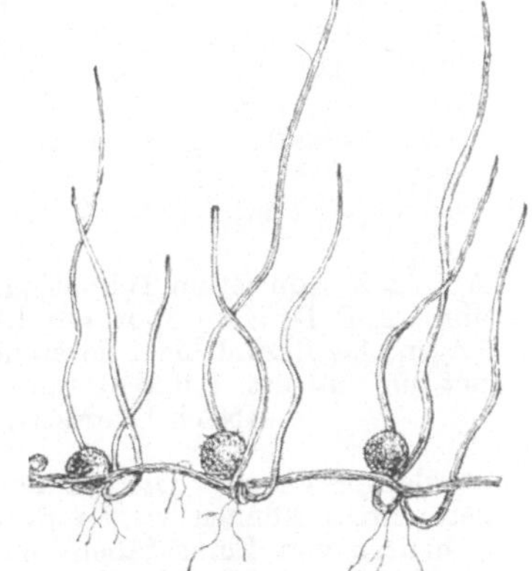

Abb. 291. Pilularia globulifera.

Die **Equisetaceen** oder Schachtelhalme, sind eusporangiat. Die Sporangien enthalten nur einerlei Sporen, die von je zwei bandartigen Elateren umhüllt sind (Abb. 292 G). Die Prothallien sind diözisch, indem die schwächer entwickelten nur Antheridien, die kräftigeren nur Archegonien tragen. Die Elateren, welche hygroskopische Bewegungen ausführen, bewirken, daß die Sporen schon im Sporangium zu flockigen Massen aneinanderhäkeln und so stets zu mehreren gleichzeitig und am gleichen Orte zur Aussaat gelangen. Indem auf diese Weise männliche und weibliche Prothallien nebeneinander zur Entwicklung gelangen, wird die Befruchtung ermöglicht und erleichtert. Bei einigen Arten sind die fertilen Sprosse der ungeschlechtlichen Pflanze von den sterilen in Form und Farbe verschieden. Die fertilen Sprosse gehen dann entweder nach der Sporenreife zugrunde, oder sie werden nachträglich durch Entwicklung grüner Zweige zu vegetativen Sprossen. Von den elf deutschen Arten der einzigen Gattung ist Equisetum arvense, ein lästiges Unkraut, bei uns überall gemein. Die zuerst erscheinenden fertilen Sprosse sind rötlich gefärbt und unverzweigt, sie vertrocknen nach der Ausstreuung der Sporen. Später treten reichverzweigte, grüne,

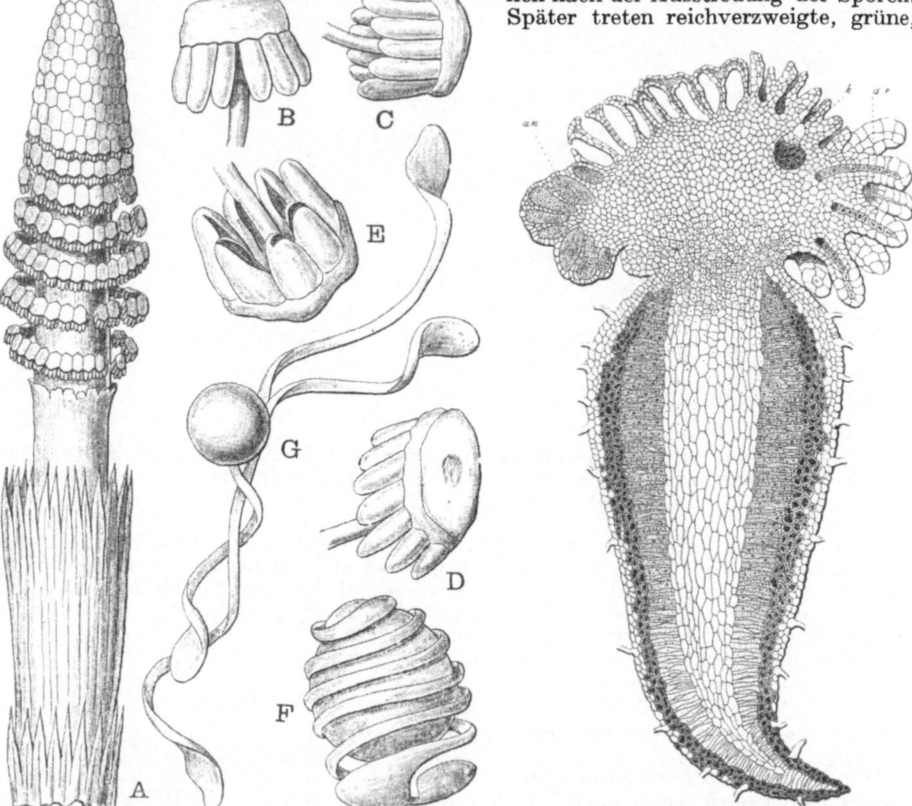

Abb. 292. Equisetum Telmateja. **A** Sporangienähre, **B, C, D, E** ein Sporophyll in verschiedenen Lagen, bei **E** sind die Sporangien bereits geöffnet und entleert, **F** und **G** Sporen mit Elateren (Nach Luerssen).

Abb. 293. Längsschnitt eines Prothalliums von Lycopodium complanatum ($^{25}/_1$). *ar* Archegonien, *k* Embryo. *an* Antheridien (nach Bruchmann).

sterile Sprosse auf. Die sterilen Sprosse von Equisetum arvense und einige andere Equisetumarten können wegen des reichen Kieselgehaltes der epidermalen Zellwände zum Scheuern von Zinngefäßen und zum Polieren von Holz und Horn verwendet werden (Scheuerkraut oder Zinnkraut).

Dritte Reihe: Bärlappgewächse (Lycopodinae).

Die oft reichverzweigte, selten einfache Sproßachse ist mit zahlreichen kleinen Blättern besetzt, die von einem unverzweigten Mittelnerven durchzogen sind. Die Sporangien stehen einzeln am Grunde von wenig oder nicht veränderten Laubblättern. Häufig sind die fertilen Blätter zu endständigen Sporangienähren vereinigt.

Wir unterscheiden zwei Ordnungen:

Ordnung 1: Gleichsporige, Isosporeae. Es werden nur einerlei Sporen gebildet.

Ordnung 2: Verschiedensporige, Heterosporeae. Sie haben Mikro- und Makrosporen.

Erste Ordnung: Gleichsporige (Isosporeae).

Die Prothallien der gleichsporigen Bärlappgewächse leben ganz oder teilweise unterirdisch. Sie sind knollen- oder rübenförmig oder unregelmäßig gestaltet (Abb. 293) und ernähren sich zum Teil durch Vermittlung endotropher Mykorrhizen saprophytisch; bei einigen werden oberirdisch grüne, laubartige Lappen als Assimilationsorgane ausgebildet. Die Prothallien tragen beiderlei Geschlechtsorgane, die Antheridien sind in das Gewebe eingesenkt.

Familien: Lycopodiaceae, Psilotaceae.

Von den zur Familie der **Lycopodiaceen** gehörigen Gattungen ist nur die Gattung Lycopodium in unserer Flora vertreten. Der Habitus der Lycopodien ist moosartig. Die Sporophylle sind bei vielen Arten am Sproßgipfel zu ährenförmigen Fruchtständen vereinigt. Jedes derselben trägt auf seiner Basis ein einziges nierenförmiges Sporangium, das sich bei der Reife durch einen Querriß öffnet. Lycopodium clavatum, der gemeine Bärlapp (Abb. 294), hat einen weithin kriechenden, monopodial verzweigten, wurzelnden Stengel, der ringsherum dicht mit kleinen Blättern besetzt ist. Die fertilen Äste sind aufrecht und spärlicher beblättert und tragen an ihrem Gipfel zwei oder mehr Sporangienähren. Die tetraedrischen Sporen werden eingesammelt und sind unter dem Namen Bärlappsporen — Lycopodium — offizinell.

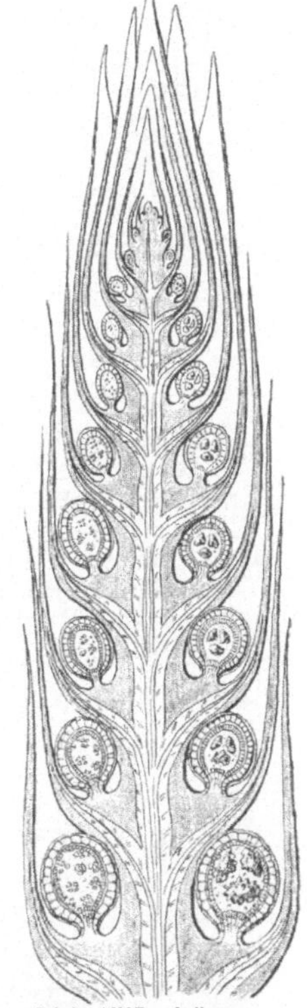

Abb. 295. Längsschnitt eines Sporangienstandes von Selaginella (nach Sachs).

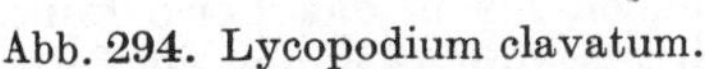

Abb. 294. Lycopodium clavatum.

Zweite Ordnung: Verschiedensporige (Heterosporeae).

Auch bei den verschiedensporigen Bärlappgewächsen trägt jedes Sporophyll nur ein Sporangium. In der Nähe des Sporangiums entspringt aus dem Sporophyll eine häutige Schuppe, die Ligula. Die Prothallien sind klein und rudimentär und bleiben während ihrer ganzen Entwicklung ganz oder teilweise von der Sporenhaut umschlossen.

Familien: Selaginellaceae, Isoëtaceae.

Der Sproß der **Selaginellaceen** ist dünn und schlank, meist dorsiventral, reichlich monopodial oder dichotomisch verzweigt und mit kleinen flachen Blättern besetzt, die zwei

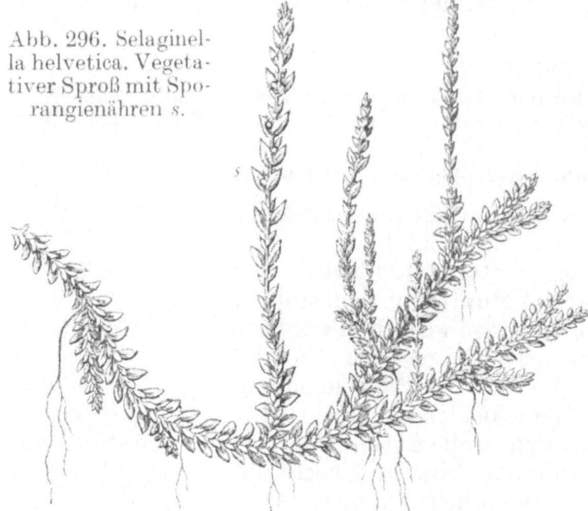

Abb. 296. Selaginella helvetica. Vegetativer Sproß mit Sporangienähren s.

Zeilen größerer flankenständiger Unterblätter und zwei Zeilen kleinerer rückenständiger Oberblätter bilden. Die Sporophylle bilden endständige, meist prismatisch vierkantige, seltener zylindrische Ähren (Abb. 295). Die kugeligen Mikrosporangien enthalten zahlreiche Mikrosporen; in den etwas größeren Makrosporangien werden nur je vier kugeltetraedrische Makrosporen gebildet. Die einheimischen Arten Selaginella helvetica (Abb. 296) und S. spinulosa kommen in Norddeutschland seltener, in Süddeutschland, besonders im Alpengebiet, ziemlich häufig vor.

Die Familie der **Isoëtaceen** ist bei uns nur durch zwei im Wasser lebende seltene Arten, Isoëtes lacustris (Abb. 297) und I. echinospora, vertreten. Sie besitzen einen kurzen, normal unverzweigten, aufrechtstehenden Sproß ohne Internodien. Die gewöhnlich bis 15 cm langen, binsenartigen Blätter stehen dicht gedrängt in spiraliger Anordnung. Die Sporangien sind in eine grubige Vertiefung der scheidenförmig erweiterten Blattbasis eingesenkt und von dem häutigen Rand der Grube teilweise überdeckt (Abb. 297 b). Die Pflanzen sind ausdauernd und erzeugen in jeder Vegetationsperiode neue Blätter. Die äußersten Blätter tragen Makrosporangien, darauf folgen Blätter mit Mikrosporangien; die innersten Blätter der Rosette sind steril. Die Sporangien sind unvollkommen gefächert, indem der Sporenraum von vorne nach hinten von Zellplatten oder Balken, Trabeculae, durchzogen wird (Abb. 297 a).

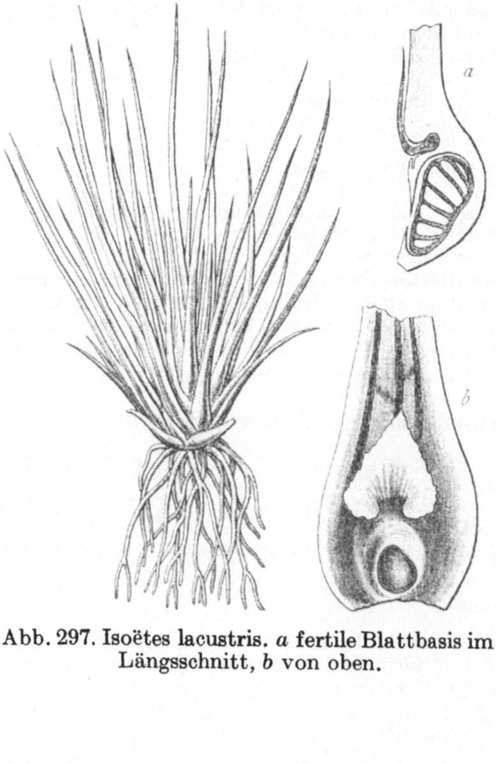

Die als Versteinerungen in den Schichten der Erdrinde erhaltenen Überreste der Pflanzen aus früheren Erdepochen lehren uns, daß die Farnpflanzen in der paläozoischen Periode vom Devon durch die Steinkohlenzeit bis in das Perm hinein in der Zusammensetzung der Landflora die wichtigste Rolle gespielt haben. Es gab damals ausgedehnte Wälder von mächtigen, baumförmigen Schachtelhalmen und Bärlappgewächsen, wie den Calamarien, den Sigillarien und Lepidodendren, deren Stämme sich zum Teil bis über 25 m hoch erhoben und durch sekundäres Dickenwachstum einen beträchtlichen Umfang erreichten. Neben den in großer Artenzahl und Mannigfaltigkeit auftretenden Farnen jener Erdepochen fanden sich

Abb. 297. Isoëtes lacustris. a fertile Blattbasis im Längsschnitt, b von oben.

die ihnen in der Form nahestehenden, heute gänzlich ausgestorbenen Cycado-filices oder Pteridospermae, die vermittelnde Zwischenglieder zwischen den Farnpflanzen und den nacktsamigen Blütenpflanzen bilden.

Vierte Gruppe: Nacktsamige (Gymnospermae).

Die nacktsamigen Blütenpflanzen sind Bäume oder Sträucher mit typischen Gefäßbündeln und sekundärem Dickenwachstum in Sproß und Wurzel. Die Sporophylle sind an einzelnen Sprossen oder Sproßabschnitten zu eingeschlechtigen Blüten vereinigt (Abb. 77). Die Samenanlagen der weiblichen Blüten sitzen frei auf der Oberfläche nicht verwachsener Fruchtblätter (Abb. 77 A). Aus den Samenanlagen werden nach der vermittelst eines Pollenschlauches erfolgten Befruchtung Samen, in denen der aus einer befruchteten Eizelle hervorgegangene, vom Endosperm umhüllte Embryo eine Ruhezeit durchmacht.

Wir können die Gruppe der nacktsamigen Blütenpflanzen ihrem Umfange nach als eine einzige Klasse betrachten, die sich in drei Reihen gliedert.

Reihe 1: Farnpalmen, Cycadeae. Die meist unverzweigte holzige Sproßachse trägt große, derbe, fiederförmig verzweigte Blätter. Das Holz des Stammes wird hauptsächlich aus Tracheiden gebildet. Echte Gefäße fehlen.

Reihe 2: Nadelholzgewächse, Coniferae. Der holzige Sproß ist reich verzweigt. Die Blätter sind klein, einfach, und meist nadelförmig. Das Stammholz besteht der Hauptsache nach aus Tracheiden. Echte Gefäße fehlen.

Reihe 3: Gnetaceen. Gnetaceae. Stamm einfach oder verzweigt. Blätter flächenförmig verschieden gestaltet. Das Stammholz führt echte Gefäße.

Erste Reihe: Farnpalmen (Cycadeae).

Die Sproßachse der Farnpalmen ist knollen- oder kurz säulenförmig und meist unverzweigt. Die großen derben fiederförmig verzweigten Blätter sind spiralig angeordnet.

Die Blüten sind stattliche Zapfen, deren spiralig angeordneten Schuppen entweder Pollensäcke oder Samenanlagen tragen.

Einzige Familie: Cycadaceae.

Die wenigen zur Familie der **Cycadaceen** gehörigen artenarmen Gattungen Cycas, Encephalartos, Zamia, Ceratozamia u. a. leben nur in den warmen Zonen. Cycas revoluta wird bei uns viel in Warmhäusern gezogen; seine stattlichen, immergrünen Blätter werden unter der Bezeichnung als Palmwedel von den Gärtnern zu Trauerkränzen verwendet.

Zweite Reihe: Nadelholzgewächse (Coniferae).

Die nadel- oder schuppenförmigen Blätter stehen spiralig oder in alternierenden Quirlen.

Die Nadelholzgewächse sind meist stattliche, reichverzweigte Bäume, die erst nach Jahren blühreif werden und ein hohes Alter erreichen können. Die kleinen meist zapfenförmigen Blüten sind eingeschlechtig. Die Samen reifen langsam und keimen nach einer Ruhezeit.

Die Familien gruppieren sich in drei Ordnungen:

Ordnung 1: Eibenartige, Taxinae. Die reduzierten weiblichen Blüten enthalten nur 1 oder 2 Samenanlagen. Die reifen Samen sind von fleischiger Hülle umgeben.

Ordnung 2: Zypressenartige, Cupressinae. Die Blätter und die Zapfenschuppen stehen in Quirlen. Aus der weiblichen Blüte wird bei der Samenreife ein holziger Zapfen, seltener ein Beerenzapfen.

Ordnung 3: Tannenbaumartige, Abietinae. Blätter und Blütenschuppen stehen in spiraliger Anordnung.

Erste Ordnung: Eibenartige (Taxinae).

Bei den eibenartigen Nadelholzgewächsen stehen die Samenanlagen frei in der Achsel der Deckblätter oder auf kurzen Stielchen. Fruchtzapfen werden nicht gebildet. Die mit einer fleischigen Umhüllung versehenen Samen werden durch Vögel verbreitet.

Familien: Podocarpaceae, Taxaceae, Ginkyoaceae.

Die Familie der **Taxaceen** ist bei uns durch den Eibenbaum, Taxus baccata, vertreten, der in früheren Jahrhunderten in Deutschland häufig und weit verbreitet war. Gegenwärtig ist er wildwachsend nur noch vereinzelt zu finden, er wird aber vielfach in Anlagen zu Hekken und Lauben oder zu Formbäumen gezogen. Die Ausbildung von Fruchtblättern ist bei Taxus gänzlich unter-

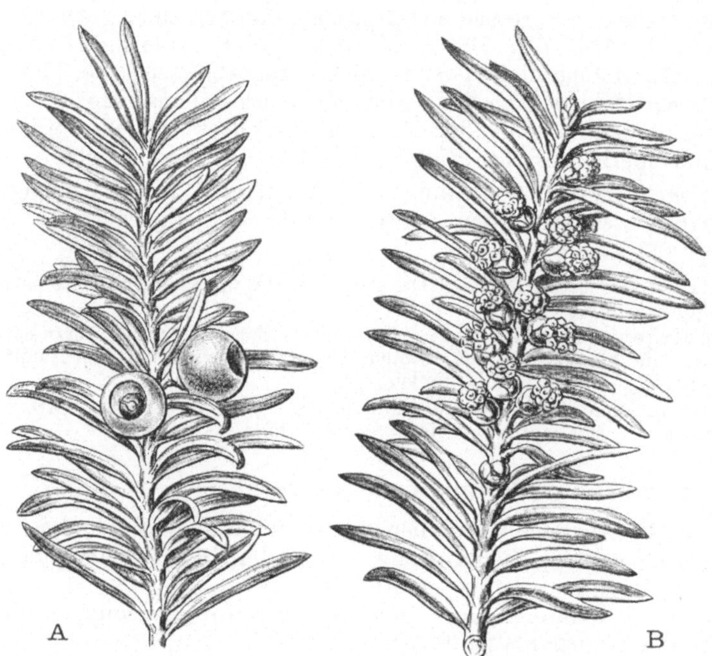

Abb. 298. Blütenzweige der Eibe. **A** weiblich mit Samen, **B** mit männlichen Blüten.

drückt. Die weibliche Blüte besteht nur aus einer Samenanlage, die auf der Spitze eines kurzen Seitenzweiges steht. Der reife Samen ist von einem fleischigen, leuchtend rot gefärbten, schleimig süßen Arillus umgeben (Abb. 298). Der Samen und die Triebspitzen sind giftig.

Die Familie der **Ginkyoaceen** besaß in früheren Epochen der Erdgeschichte zahlreiche Vertreter; gegenwärtig wird sie nur noch von Ginkyo biloba, einem in China und Japan kultivierten winterkahlen Baum mit verzweigtem Stamm und flachen Blättern repräsentiert. Die Ginkyoaceen nehmen in verschiedenen Beziehungen eine vermittelnde Stellung zwischen Nadelhölzern und Farnpalmen ein. In ihren Pollenschläuchen werden wie bei einigen Farnpalmen noch begeißelte Spermatozoiden gebildet.

Zweite Ordnung: Zypressenartige (Cupressinae).

Neben stattlichen Bäumen kommen auch strauchförmig wachsende Arten vor. Die quirlständigen Blätter sind nadel- oder schuppenförmig gestaltet. Die geraden Samenanlagen sitzen meist zu zweien am Grunde der Fruchtblätter.

Familien: Cupressaceae.

Ein einheimischer, überall verbreiteter Vertreter der Familie der **Cupressaceen** ist der Wacholder, Juniperus communis (Abb. 299). Die Pflanze wächst strauchartig. Die nadelförmigen Blätter stehen in dreizähligen Quirlen. Die Blüten sind diözisch verteilt. Der Zapfen hat nur einen einzigen dreizähligen Quirl von Fruchtblättern, von denen drei Samenanlagen umschlossen sind. Der anfangs grüne Zapfen wird später zu einem

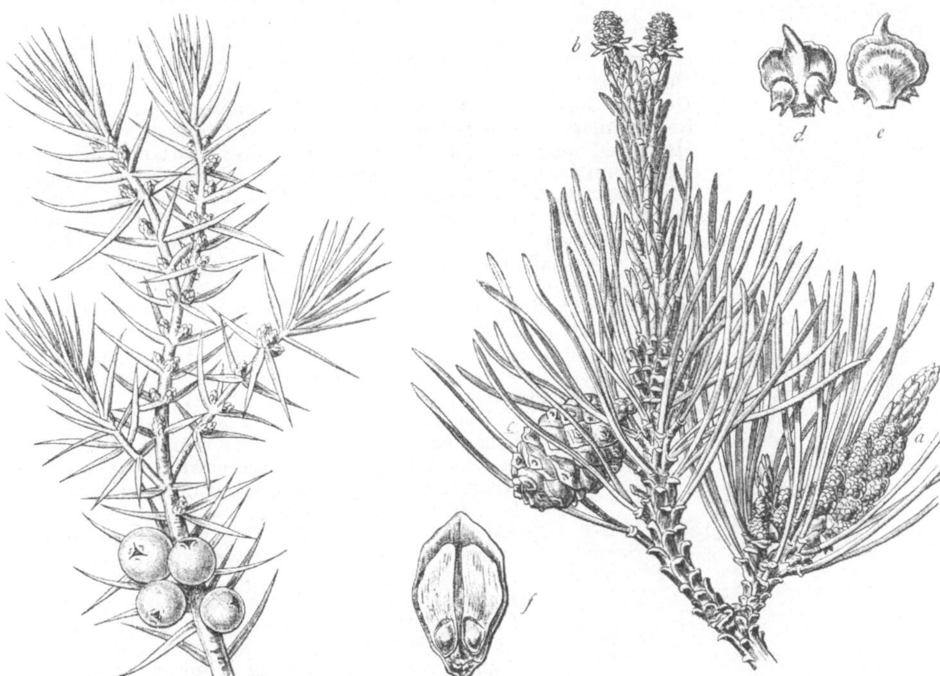

Abb. 299. Zweig von Juniperus communis mit weiblichen Blüten und Früchten. Offizinell.

Abb. 300. Zweig von Pinus silvestris mit zahlreichen zweinadeligen Kurztrieben; *a* männliche, *b* weibliche Blüten, *c* ein unreifer Fruchtzapfen, *d* Schuppe des weiblichen Zapfens von oben gesehen, die beiden Samenanlagen zeigend, *e* eine Schuppe von unten gesehen, *f* Schuppe des Fruchtzapfens mit zwei reifen geflügelten Samen.

wenig saftigen, schwärzlichen, blaubereiften Beerenzapfen. Wacholderbeeren — Fructus Juniperi und Wachholderöl — Oleum Juniperi sind offizinell. Der Sadebaum, Juniperus Sabina, hat schuppenförmige Blätter in vorherrschend zweizähligen Quirlen. Männliche und weibliche Blüten stehen auf demselben Strauch. Die Zapfen haben zwei oder drei Fruchtblattquirle. Manche ausländische Arten der Gattungen Cupressus, Thuja, Biota u. a. werden als beliebte Zierbäume bei uns gezogen. Der durch Destillation aus dem Holz von Juniperus oxycedrus gewonnene Wacholderteer — Pix juniperi ist offizinell.

Dritte Ordnung: Tannenbaumartige (Abietinae).

Die tannenbaumartigen Nadelholzgewächse sind waldbildende Bäume, die besonders in der gemäßigten Zone ausgedehnte Gebiete besiedeln. Die zapfenförmigen weiblichen Blüten tragen meist zwei umgewendete Samenanlagen an jeder Zapfenschuppe und werden zu holzigen Zapfen mit geflügelten Samen. Familien: Araucariaceae, Abietaceae, Taxodiaceae.

Bei den **Araucariaeen** ist jedes Fruchtblatt einfach und trägt auf seiner Innenseite eine einzige anatrope Samenanlage. In der einheimischen Flora ist die Familie nicht vertreten.

Die Gattung Dammara ist im malaiischen Archipel heimisch. Die neuseeländische Kaurifichte, Agathis australis, liefert Kauri-Kopal. Arten von Araucaria treten in Brasilien und Chile waldbildend auf. Einige Araucariaarten werden bei uns zur Zierde als Zimmerpflanzen gezogen.

Zu der Familie der **Abietaceen** gehört eine Anzahl einheimischer Waldbäume mit nadelförmigen Blättern Kiefern, Lärchen, Fichten und Tannen, die den Gattungen Pinus, Larix, Picea und Abies angehören. Allen gemeinsam ist, daß die spiralig gestellten Fruchtblätter aus zwei nur an der Basis verbundenen Teilen bestehen. Der zur Basis des Zapfens hingewendete Teil wird Deckschuppe genannt. Der zur Spitze hin gewendete Teil, die Samenschuppe, trägt zwei Samenanlagen. Die reifen Samen sind von einem flügelartigen Hautrand umgeben. Die Arten der Gattung Pinus haben Lang- und Kurztriebe. An den letzteren stehen außer einigen häutigen Schuppen 2—5 wintergrüne Nadeln (Abb. 300). Bei Larix sind ebenfalls Lang- und Kurztriebe vorhanden (Abb. 301). Die Nadeln stehen in großer Zahl büschelig beieinander, sie sind weich und fallen im Herbst ab. Die Gattung Picea (Abb. 302) hat nur einerlei Sprosse. Die wintergrünen Nadeln sind vierkantig. Die reifen Zapfen hängen mit der Spitze nach unten und fallen endlich ganz ab. Abies hat ebenfalls nur Langtriebe und wintergrüne Nadeln. Die letzteren sind aber flach (Abb. 303). Bei der Samenreife lösen sich die Zapfenschuppen einzeln von der Spindel ab.

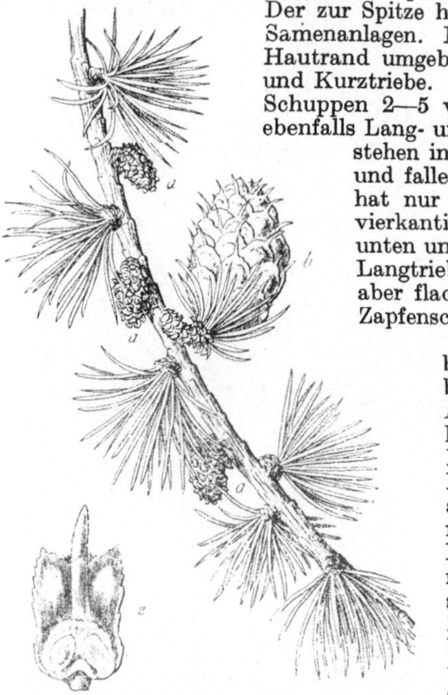

Die Kiefer, Pinus silvestris, erreicht als Waldbaum eine Höhe von etwa vierzig Metern und bildet, anfänglich pyramidenartig wachsend, im Alter eine unregelmäßig schirmförmige Krone aus knorrigen Ästen. Sie trägt zwei Nadeln an jedem Kurztrieb (Abb. 300). Das an Kernholz reiche Holz alter Kieferstämme wird als Brennholz und auch als Werkholz, besonders auch für Schiffsmasten, geschätzt. Die Legföhre oder Latsche, Pinus montana, bildet an der Baumgrenze der mitteleuropäischen Gebirge oft ausgedehnte Bestände von urwaldartiger Ursprünglichkeit. Die Zirbe, Pinus Cembra, ein schöner Baum der Gebirge, trägt drei oder fünf Nadeln an jedem Kurztrieb. Manche Pinusarten sind offizinell. Pinus silvestris liefert Holzteer (Pix liquida), P. Laricio und P. Pinaster werden zur Gewinnung von Terpentin — Terebinthina — benutzt, letztere, sowie P. australis und P. Taeda liefern Terpentinöl und Kolophonium — Colophonium. Die nordamerikanische Weymouthskiefer, Pinus Strobus, mit fünfnadeligen Kurztrieben, wird

Abb. 301. Zweig von Larix europaea mit mehreren büschelig benadelten Kurztrieben, *a* männliche Blüte, *b* weibliche Blüte, *c* Schuppe des Fruchtzapfens mit zwei Samen.

vielfach bei uns als Zierbaum angepflanzt. Die Lärche, Larix europaea (Abb. 301), kommt bei uns meist nur in kleinen Beständen als Waldbaum vor. Larix sibirica, ein der vorigen Art nahestehender Baum Nordrußlands und Sibiriens, findet, wie Pinus silvestris, zur Gewinnung von Holzteer Verwendung. Die Fichte, Picea vulgaris (Abb. 302), ist der häufigste Waldbaum unserer deutschen Gebirge. Seine Krone ist regelmäßig kegelförmig aus quirlig gestellten Ästen gebildet; der Stamm älterer Bäume ist mit rissiger, rotbrauner Borke bedeckt. Die vierkantigen, stachelspitzigen Nadeln stehen einzeln und zerstreut und sind rings um die Zweige ziemlich gleichmäßig ausgebreitet. Die Gattung Abies ist in unseren Wäldern durch die Edeltanne oder Weißtanne, Abies pectinata, vertreten, die ebenfalls einen kegelförmigen Wuchs der Krone und quirlige Stellung der horizontalen Äst zeigt. Die Oberfläche des bis über sechzig Meter hohen Stammes ist in der Jugend mit glatter, weißlich-grauer Rinde bedeckt. Die Nadeln der Edeltanne sind flach, an der Spitze ausgerandet, unterseits mit zwei weißen Linien versehen. Sie stehen in spiraliger Anordnung, durch Krümmung gewinnen sie indes an den Zweigen eine scheinbar zweizeilige Stellung. Manche ausländische Arten, wie Abies Nordmanniana, A. balsamea u. a. m., werden bei uns als Zierbäume gezogen. Junge Fichten und Weißtannen werden als Weihnachtsbäume verwendet. Als Vertreter ausländischer Gattungen der Abietaceen mögen genannt werden die Zeder des Libanon, Cedrus Libani, die im Altertum das Bauholz zum Tempel Salomonis und zu anderen Bauwerken geliefert haben soll, und Tsuga Douglasii, die Douglasfichte, die im westlichen Nordamerika große Wälder bildet.

Zur Familie der **Taxodiaceen** gehört Sequoia gigantea, der kalifornische Mammutbaum, der mit über 100 m Stammhöhe zu den gewaltigsten Baumgestalten der Erde zählt und ein mehrtausendjähriges Alter erreicht hat.

Dritte Reihe: Gnetaceen (Gnetaceae).

Die wenigen Arten der Reihe haben sehr verschiedene Gestalt. Gemeinsam ist allen das Auftreten von Hüllblättern an den Blüten und das Vorkommen echter Gefäße in dem durch sekundäres Dickenwachstum gebildeten Holzkörper.

Die Reihe umfaßt nur drei Gattungen, die zu einer Familie zusammengefaßt werden können.

Familie: Gnetaceae.

Die Familie der **Gnetaceen** wird von drei Gattungen: Gnetum, Ephedra und Welwitschia, gebildet, von denen in Europa nur eine, Ephedra, vertreten ist. Ephedra distachya erinnert im Habitus an die Equiseten. Die langen, dünnen, reichverzweigten Stengel sind gegliedert, die kleinen Blätter

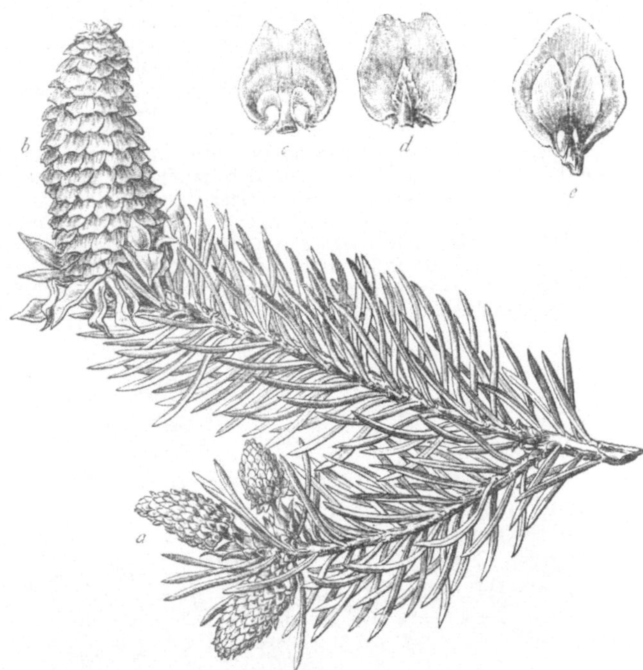

Abb. 302. Blütenzweige der Fichte. *a* männliche, *b* weibliche Blüte; *c* Schuppe der letzteren, von oben die beiden Samenanlagen zeigend. *d* dieselbe von unten gesehen; *e* Schuppe des Fruchtzapfens mit zwei geflügelten Samen.

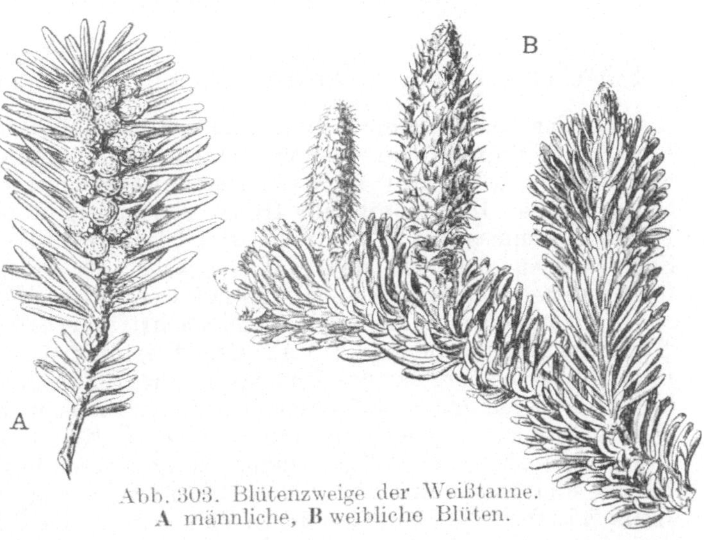

Abb. 303. Blütenzweige der Weißtanne. A männliche, B weibliche Blüten.

bilden an den Stengelknoten zweizähnige Scheiden. Die männlichen Blüten bestehen aus
zwei bis acht zu einer Säule verbundenen Staubblättern, die von einer zweiteiligen, verwachsenblättrigen Hülle umgeben sind. Die die Samenanlagen umgebenden Hochblätter
werden bei der Samenreife zu einer fleischigen rotgefärbten Hülle. Die im Südwesten von
Afrika lebende Wüstenpflanze Welwitschia mirabilis (Abb. 304) hat einen rüben-
ähnlichen Sproß, der nur aus dem verdickten Hypokotyl besteht und bis zu vier Meter
Umfang erreicht. Die beiden zuerst entwickelten Blätter des Sprosses sind ausdauernd
und bilden während der ganzen Lebenszeit der Pflanze die einzigen Laubblätter. Sie
sind breit riemenförmig, von lederartiger Beschaffenheit und verlängern sich unausgesetzt
durch interkalares Wachstum. In der Achsel der Blätter entspringen die Blütensprosse.
Die Arten der Gattung Gnetum nähern sich in dem Bau ihres Vegetationskörpers schon
sehr den Dikotyledonen; sie haben derbe, lanzettliche, fiedernervige Laubblätter. Gnetum
Gnemon wird wegen der genießbaren Blätter und Früchte von den Eingeborenen der
ostindischen Inseln angebaut.

Abb. 304. Welwitschia mirabilis (verkleinert).

Fünfte Gruppe: Bedecktsamige (Angiospermae).

Unter den bedecktsamigen Blütenpflanzen sind alle Wuchsformen vertreten.
Sprosse und Wurzeln sind mit Spitzenwachstum und mit typischen Leitbündeln
ausgestattet. Sekundäres Dickenwachstum ist weit verbreitet. Das Holz führt
echte Gefäße. Die Sporophylle treten zu zwitterigen oder eingeschlechtigen
Blüten zusammen, die in der Regel eine besondere Blütenhülle besitzen. Die
Samenanlagen sind in einen aus verwachsenen Fruchtblättern gebildeten
Fruchtknoten eingeschlossen. Die in ihnen enthaltene Eizelle wird vermittelst
eines Pollenschlauches befruchtet und wächst innerhalb des Samens zum ge-
gliederten Embryo heran. Ein aus dem Plasma des Embryosackes nach der
Befruchtung hervorgehendes Endosperm wird entweder bei der Entwicklung
des Embryos im Samen aufgebraucht, oder es bildet in dem reifen Samen eine
Nahrungsreserve, die der jungen Pflanze bei der Keimung zunutze kommt. Die
Organisationshöhe der Bedecktsamigen kommt besonders in den Bauplänen der
Blüten zum Ausdruck. Von einfachsten Formen ausgehend steigert sich die
Kompliziertheit der Baupläne durch Vermehrung der Gliederzahl in spiraliger
Anordnung und fortschreitende Gliederung der Blütenhülle zu großer Mannig-
faltigkeit, aus der sich durch Fixierung der Zahl und Stellungsverhältnisse und

quirlige Anordnung der Blütenteile wenige euzyklische Bautypen herausentwickeln, in denen ein Fortschritt zu reduzierten Bauplänen mit Einsparung von Baumaterial erkennbar wird. Man kann die ungeheure Mannigfaltigkeit der Familienreihen nach der Organisationshöhe in vier Klassen ordnen.

Klasse 1: Einfachblütige, Monochlamydeae. Blütenhülle fehlt oder ist einfach schuppenartig grün oder braun, seltener blumenblattartig. Zahl und Stellung der Blütenteile lassen noch keinen regelmäßigen Bauplan erkennen. Der Keimling hat zwei Keimblätter.

Klasse 2: Freikronblättrige, Choripetalae. Die Blütenhülle besteht aus mehreren Kreisen von Hüllenblättern, die oft in Kelch und Krone gesondert sind. Die Kronblätter stehen frei auf der Blütenachse. Die Zahlverhältnisse in den Organgruppen schwanken innerhalb weiter Grenzen. Neben azyklischen und hemizyklischen kommen auch euzyklische Blüten vor. Der Keimling hat zwei Keimblätter.

Klasse 3: Verwachsenkronblättrige, Sympetalae. Blüten mit Kelch und Krone. Die Kronblätter sind miteinander verwachsen. Blütenbau euzyklisch nach der Formel KnCnAn + n (oder An)Gn · n = 4 oder 5. Der Keimling hat 2 Keimblätter.

Klasse 4: Einkeimblättrige, Monocotyledones. Die Blütenhülle ist ein zweikreisiges Perigon. Der Blütenbau ist euzyklisch nach der Formel P 3 + 3 A 3 + 3 G 3. Der Keimling hat nur ein Keimblatt.

Erste Klasse: Einfachblütige (Monochlamydeae).

Die ursprüngliche Einfachheit der Blütenbaupläne kommt hauptsächlich in der Unvollkommenheit der Blütenhülle zum Ausdruck. In einzelnen Reihen wird aber schon ein zyklischer Blütenbau mit doppelter Blütenhülle und regelmäßig alternierenden Organkreisen erreicht. Wir unterscheiden vier Reihen.

Reihe 1: Kätzchenträger, Juliflorae. Die eingeschlechtigen oder selten zwitterigen Blüten sind nackt oder mit schuppiger, kelchartiger Hülle umgeben, bei gleicher Gliederzahl sind die Staubblätter den Hüllblättern superponiert. Die männlichen Blüten stehen meist in Kätzchen oder Knäueln, die nach dem Verblühen als Ganzes abfallen.

Reihe 2: Zentralsamige, Centrospermae. Blütenhülle unscheinbar, in Zwitterblüten bisweilen kronartig gefärbt. Samenanlagen im einfächerigen Fruchtknoten einzeln zentralgestellt oder zu mehreren auf einer zentralen Plazentarwucherung.

Reihe 3: Dreibeerige, Tricoccae. Die eingeschlechtigen Blüten sind nackt oder mit einfacher, selten doppelter Blütenhülle versehen, das aus drei Fruchtblättern bestehende Gynäceum bildet einen dreibeerigen oberständigen Fruchtknoten mit 1 oder 2 hängenden Samenanlagen in jedem Fach.

Reihe 4: Hysterophyten, Hysterophyta. Die Blütenhülle ist einfach, seltener doppelt, nicht in Kelch und Krone geschieden. Der Fruchtknoten ist unterständig.

Erste Reihe: Kätzchenträger (Juliflorae).

Die meist eingeschlechtigen Blüten sind durch den Mangel einer Blumenkrone ausgezeichnet, manche bestehen nur aus Androeceum oder Gynaeceum, andere besitzen eine einfache unscheinbare Blütenhülle. Die einzelnen Blüten stehen meist dicht gedrängt zu ähren-, kolben- oder kätzchenförmigen Infloreszenzen vereinigt.

Hierher gehören drei Ordnungen:

Ordnung 1: Kätzchenbäume, Amentaceae. Bäume oder Sträucher meist mit einfachen Laubblättern. Blüten eingeschlechtig, nackt oder mit unscheinbarer Hülle, die männlichen in meist hängenden Kätzchen.

Ordnung 2: Pfefferstrauchgewächse, Piperinae. Ausländische Pflanzen mit nackten Zwitterblüten an kolbenartigen Blütenständen.

Ordnung 3: Nesselartige, Urticinae. Holzgewächse und Kräuter mit Nebenblättern, einfacher 4—6zähliger Blütenhülle, der ebensoviel Staubblätter superponiert stehen und 1—2blättrigem, einfächerigem oberständigem Fruchtknoten.

Erste Ordnung: Kätzchenbäume (Amentaceae).

Zu den Kätzchenbäumen gehören die bekanntesten einheimischen Laubbäume und Sträucher, die im ersten Frühling ihre männlichen Kätzchen entwickeln, welche nach dem Verstäuben als Ganzes abfallen. Die reifen, meist nußartigen Samen enthalten einen geraden Keimling und kein Endosperm.

Familien: Salicaceae, Betulaceae, Corylaceae, Cupuliferae, Myricaceae, Juglandaceae, Casuarinaceae.

Abb. 305. Salix Caprea. *a* Zweig mit männlichen Kätzchen, *b* weiblicher Blütenstand, *c* beblätterter Zweig, *d* einzelne weibliche, *e* einzelne männliche Blüte. (Nach Willkomm.)

Die **Salicaceen** sind Holzpflanzen mit einfachen Blättern und Nebenblättern. Sie haben eingeschlechtige Kätzchen, die diözisch verteilt sind. Die Blüten sind ohne Hülle und enthalten außer den Geschlechtsorganen nur einen meist in zahnartige Honigschuppen aufgelösten Discus. Der dünne, einfächerige Fruchtknoten enthält mehrere Samenanlagen. Die Frucht ist eine zweiklappige Kapsel. Die reifen Samen sind von langer Haarwolle umhüllt·und enthalten kein Endosperm. Zu den Salicaceen gehören die Gattungen **Salix** und **Populus**. Die Salix-Arten oder Weiden sind meist strauchartig, nur wenige, wie die Salweide, **Salix Caprea** (Abb. 305), die Silberweide, **S. alba**, die Bruchweide, **S. fragilis** u. a. haben baumartigen Wuchs. Sie lieben feuchte Standorte und gedeihen besonders auf Moor- und Bruchboden, wie an Teich- und Bachufern. Die schlanken, astlosen Ruten mancher Arten, besonders von **Salix viminalis**, **S. alba**, **S. purpurea**, werden zur Korbflechterei verwendet. Die **Pappeln** sind Bäume mit langgestielten Blättern. **Populus tremula**, Zitterpappel oder Espe, wächst überall in feuchten Laubwäldern. **Populus** nigra, Schwarzpappel, wächst an Ufern und Waldrändern und wird, wie die aus Amerika stammende Spitzpappel, Populus pyramidalis, bisweilen als Alleebaum gepflanzt.

Die **Betulaceen** sind Bäume oder Sträucher. Die eingeschlechtigen Blüten sind monözisch. Die männlichen Blüten besitzen ein normal von vier verwachsenen Blättern gebildetes Perianth, denen die vier Staubblätter gegenüberstehen. Die weiblichen Blüten sind nackt. Der zweifächerige Fruchtknoten trägt zwei fädige Griffel und enthält eine hängende Samenanlage in jedem Fach. Die Frucht ist eine Nuß ohne Cupula. Als einheimischer Waldbaum auf Mooren und Heiden tritt die durch die weiße Korkhülle ihres Stammes ausgezeichnete Birke, Betula alba, auf. In Brüchen und an Bachrändern wird vielfach die Erle, Alnus glutinosa und incana, angepflanzt und als Wadelholzung genutzt.

Die zu den **Corylaceen** gehörigen Holzpflanzen haben monözische Blüten. Die männlichen Blüten sind ohne Perianth, die weiblichen dagegen von einer rudimentären Blütenhülle umgeben. Um die reifende Frucht bilden die verwachsenen Vorblätter der weiblichen Blüte eine anfangs krautige Hülle, welche mit der reifen Nuß als Cupula verwachsen bleibt. Der einheimische Haselstrauch, Corylus Avellana (Abb. 306), und die Lambertnuß,

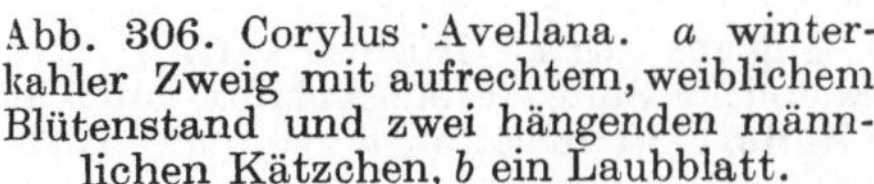

Abb. 306. Corylus ·Avellana. *a* winterkahler Zweig mit aufrechtem, weiblichem Blütenstand und zwei hängenden männlichen Kätzchen, *b* ein Laubblatt.

Abb. 307. Quercus Robur. Offizinell. *a* weibliche Blüte, *b* zwei männliche Blüten, *c* Frucht in der Cupula.

Corylus tubulosa, aus Südeuropa, deren Nüsse als Obst und zur Ölgewinnung geschätzt sind, werden bei uns vielfach angebaut. Die ebenfalls hierher gehörige Hain- oder Weißbuche, Carpinus Betulus, ist ein bei uns überall verbreiteter und häufiger Waldbaum, dessen weißes Holz als Werkholz geschätzt wird.

Die **Cupuliferen** sind stattliche Bäume mit einfachen oder mehr oder weniger stark gelappten Blättern und Nebenblättern. Die an derselben Pflanze in gesonderten Infloreszenzen stehenden männlichen und weiblichen Blüten haben ein unansehnliches verwachsenblättriges Perianth aus vier bis sieben Blättern (Abb. 308**A**), welche in der männlichen Blüte ebensoviel oder doppelt soviel Staubblätter einschließen. Der Fruchtknoten ist unterständig, dreifächerig (Abb. 308**B**) und enthält je zwei Samenanlagen mit zwei Integumenten in jedem Fach. Die Frucht ist eine einsamige Nuß, welche einzeln oder zu mehreren gemeinsam von einer Cupula umhüllt ist. Der Same enthält kein Endosperm. Hierher gehören die schönsten Bäume unserer Laubwälder, die Eiche, Quercus Robur (Abb. 307), mit den beiden Unterarten Stein- oder Wintereiche, Q. sessiliflora, und Stiel- oder Sommereiche, Q. pedunculata, die je eine Frucht in jeder becherförmigen Cupula enthalten, und die Buche, Fagus silvatica, deren kapselartige, mit vier Klappen aufspringende Cupula zwei dreikantige Früchte einschließt.

Als wichtige Nutzhölzer spielen Eiche und Buche im Forstbetriebe eine hervorragende Rolle. Sie liefern ein vorzügliches Brenn- und Werkholz. Die von gefällten Eichen oder in Eichenschälwaldungen gewonnene Eichenrinde ist ein wertvolles Gerbmaterial. Die jüngere Rinde von Quercus Robur ist als Eichenrinde — Cortex Quercus — offizinell. Die Früchte der Eichen und Buchen dienen zur Schweinemast. Der mächtig entwickelte Kork des Stammes der in den westlichen Mittelmeerländern heimischen Korkeiche, Quercus suber, liefert den Flaschenkork. Die durch Gallwespenstiche auf den jungen Trieben der orientalischen Form von Quercus lusitanica (Q. infectoria) hervorgerufenen Auswüchse sind die Galläpfel — Gallae — der Pharmakopöe. Castanea vesca, Edelkastanie oder eßbare Kastanie, welche in Griechenland und Italien ganze Wälder bildet, hat süße, eßbare Nüsse, die bei uns in den Handel gebracht werden.

Die **Juglandaceen** sind Bäume mit Fiederblättern ohne Nebenblätter. Ihre Blüten sind diklin und monözisch. Die männlichen Blüten stehen in hängenden Kätzchen, die weiblichen in wenigblütigen, ähren-

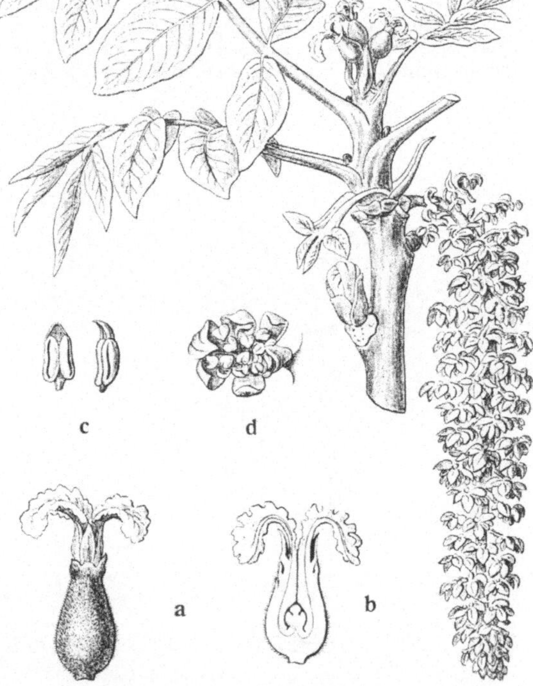

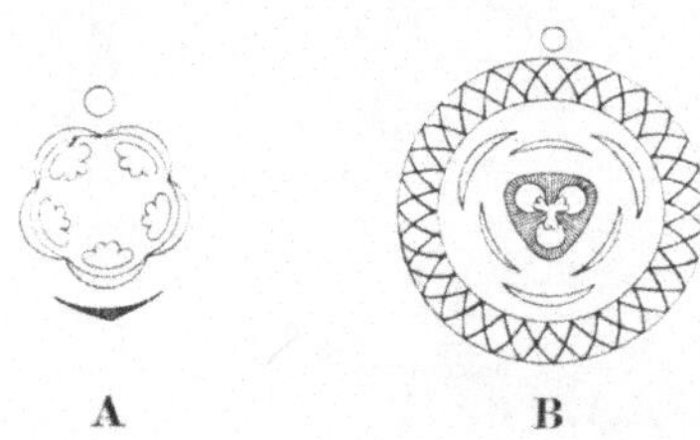

Abb. 308. Blütendiagramm von Quercus. **A** männliche, **B** weibliche Blüte.

Abb. 309. Juglans regia. Offizinell. (Nach Wossidlo.) *a* weibliche Blüte, *b* Längsschnitt durch die weibliche Blüte, *c* Staubblätter, *d* männliche Blüte.

artigen Blütenständen. Der unterständige, aus zwei Fruchtblättern gebildete Fruchtknoten ist durch falsche Scheidewände unvollständig gefächert und enthält eine grundständige, atrope Samenanlage. Die Frucht ist eine Steinfrucht mit grünem, faserfleischigem Mesokarp, der Same enthält kein Endosperm. Juglans regia (Abb. 309), Walnußbaum, stammt aus dem Orient und wird wegen seiner eßbaren Samen überall im wärmeren Europa kultiviert. Sein Holz wird als Werkholz besonders in der Möbelschreinerei sehr geschätzt. Die Walnußblätter — Folia Juglandis — sind offizinell.

Zweite Ordnung: Pfefferstrauchgewächse (Piperinae).

Sie sind ausländische Gewächse, oft mit knotig gegliedertem Sproß und mit einfachen Blättern, deren Nebenblätter, wenn vorhanden, in der Jugend eine tutenförmige Umhüllung der Endknospe bilden. Die kleinen Zwitterblüten sind meist. völlig nackt. Der Fruchtknoten ist einfächerig und enthält eine einzige gerade aufrechte Samenanlage. Im Samen ist Endosperm und ein mächtig entwickeltes Perisperm als Nährgewebe des kleinen Embryos vorhanden.

Familien: Saururaceae, Piperaceae.

Die **Piperaceen** sind Kräuter und Sträucher mit Zwitterblüten. Die Blüten stehen in einer Ähre oder Traube mit fleischig kolbenartiger Achse. Staub- und Fruchtblätter sind meist in Dreizahl vorhanden. Der Fruchtknoten ist einfächerig und enthält eine grundständige orthotrope Samenanlage. Die Frucht ist eine Steinfrucht. Hierher gehört die exotische Gattung Piper, Pfeffer. Piper nigrum (Abb. 310) liefert in seinen Beeren den als Speisegewürz wichtigen Pfeffer. Die unreif getrockneten Steinfrüchte liefern schwarzen, die ihres Fleisches beraubten reifen Früchte weißen Pfeffer. Schwarzer Pfeffer — Fructus Piperis nigri — ist offizinell. Die nahe verwandte Art Piper Cubeba liefert die offizinellen Kubeben — Fructus Cubebae (Abb. 310).

Abb. 310. Piper nigrum. Offizinell.

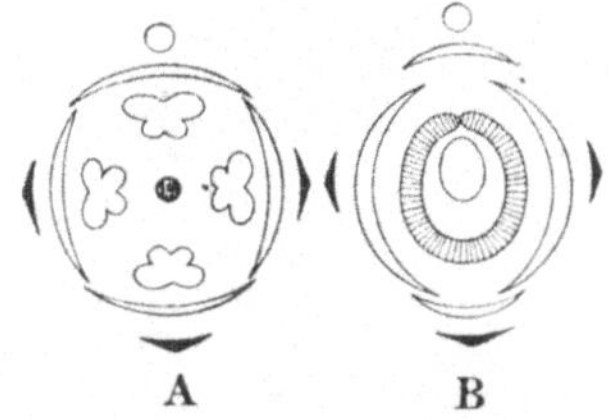

Abb. 311. Blütendiagramme von Urtica dioica. **A** männliche, **B** weibliche Blüte.

Dritte Ordnung: Nesselartige (Urticinae).

Ihre Blüten sind meist eingeschlechtig; die männlichen haben ein vier- oder fünfteiliges Perianth und wenige Staubblätter, welche den Perianthblättern superponiert sind (Abb. 311 **A**). Der oberständige Fruchtknoten der weiblichen Blüte besteht aus einem Fruchtblatt, seltener aus zweien, und enthält eine einzige Samenanlage (Abb. 311 **B**).

Familien: Ulmaceae, Moraceae, Cannabinaceae, Urticaceae.

Die **Ulmaceen** sind Bäume mit einfachen gestielten Blättern und abfallenden Nebenblättern. Die Blüten sind häufig zwitterig mit unscheinbarer, glockig verwachsener 4—6 teiliger Hülle, geraden superponierten Staubblättern und einem einfächerigen Fruchtknoten mit einer hängenden, gekrümmten Samenanlage. Die Rüster oder Ulme, Ulmus campestris (Abb. 312), ein schöner Laubbaum mit mächtiger dunkelgrüner Krone und einfachen, gesägten, unsymmetrischen, zweizeilig gestellten Blättern, wird bei uns überall in Anlagen und an Wegen als Alleebaum verwendet. Seine Frucht ist eine geflügelte Nuß. Das Holz des in den Mittelmeerländern heimischen Zürgelbaumes, Celtis australis, wird zu Schnitzarbeiten und zu Blasinstrumenten verwendet.

Die **Moraceen** sind Bäume oder Sträucher mit Milchsaft. Ihre eingeschlechtigen Blüten sind in kätzchen- oder köpfchenartigen Blütenständen zusammengedrängt oder auf der fleischigen Achse zu einem Blütenkuchen vereinigt. Man unterscheidet als Unterfamilien die Moreae, deren Staubblätter in der Knospe einwärts gekrümmt und deren Blätter in der Knospe gefaltet sind, und die Artocarpeae mit geraden Staubfäden und in der Knospe gerollten, mit Cystolithen versehenen Blättern. Zu den ersteren gehört der Maulbeerbaum.

Abb. 312. Ulmus campestris. *a* blühender Zweig, *b* Zweig mit Laubblättern und Fruchtstand, *c* Einzelblüte.

Morus alba, der weiße Maulbeerbaum, liefert in seinen Blättern das Futter für die Seidenraupen. Die Früchte des schwarzen Maulbeerbaumes, Morus nigra, werden als Obst und Kompott gegessen. Zu den Artocarpeen gehört der Feigenbaum, Ficus carica, eine uralte Kulturpflanze der Mittelmeerländer, deren Früchte, die eßbaren Feigen, frisch und getrocknet auch bei uns in den Handel kommen. Ficus elastica, der Gummibaum, der seiner schönen Blätter wegen vielfach in kleinen Exemplaren als Zimmerpflanze gehalten wird, ist in seiner ostindischen Heimat ein gewaltiger Baum, dessen Milchsaft zu Kautschuk verarbeitet wird. Auch die mexikanische Castilloa elastica wird in den Tropen als Kautschukbaum angepflanzt. Die über kopfgroßen Fruchtstände des Brotfruchtbaumes Artocarpus werden in Ostindien als Nahrungsmittel verwendet. Die in Südamerika heimische Cecropia adenopus ist ein bekanntes Beispiel einer Ameisenpflanze, sie wird angeblich durch die in den leicht zugänglichen Stamminternodien wohnenden Ameisen gegen die sie bedrohenden Blattschneiderameisen geschützt und liefert ihren Beschützern in kleinen drüsenartigen, eiweißreichen Körpern (Müllersche Körperchen), welche im Haarfilz der Blattstielkissen gebildet werden, die Nahrung. Antiaris toxicaria, der javanische Upasbaum, liefert Pfeilgift.

Die **Cannabinaceen** sind Kräuter ohne Milchsaft, mit handnervigen und handförmig gelappten oder geteilten Blättern und freien Nebenblättern. Die Blüten sind diözisch verteilt. Die männlichen Blüten, welche in komplizierten rispenartigen Infloreszenzen stehen, haben ein fünfblättriges Perianth und fünf superponierte, auch in der Knospe gerade Staubblätter. Das Perianth der weiblichen Blüten ist niedrig, napfförmig, verwachsen und ganzrandig. Der oberständige Fruchtknoten mit einem zweiteiligen oder zwei freien Griffeln, schließt eine hängende aufwärtsgekrümmte Samenanlage ein. Die Frucht ist eine Nuß; der Same enthält neben dem gekrümmten Embryo sehr wenig oder gar kein Endosperm. Die Familie umfaßt die Gattungen Humulus und Cannabis, denen zwei sehr wichtige Kulturpflanzen, der Hanf, Cannabis sativa (Abb. 313), und der Hopfen, Humulus Lupulus (Abb. 314) angehören. Die weiblichen Hopfenpflanzen tragen ihre Blüten in eigentümlich zapfenartigen Blütenständen, deren Schuppenblätter an der Basis mit kreiselförmigen Drüsenhaaren besetzt sind, welche ein bitteres Sekret absondern. Wegen des aromatischen bitteren Stoffes werden die Hopfenzapfen als Gewürz beim Bierbrauen verwendet. Der Hanf wird als Gespinstpflanze angebaut. Die Bastfasern des Stengels werden zu Seilen und zu groben Geweben verarbeitet. Der fette Same dient als Vogelfutter und wird auch zur Ölgewinnung benutzt. Im Orient wird aus der weiblichen Hanfpflanze eine berauschende Substanz, der Haschisch, gewonnen.

Abb. 313. Cannabis sativa. *a* weibliche, *b* männliche Pflanze. (Nach Calwer.)

Die **Urticaceen** sind Kräuter ohne Milchsaft, mit einfachen Blättern und freien Nebenblättern. Das Perianth der eingeschlechtigen Blüten, welche in reichblütigen, bisweilen kätzchenartigen Knäueln stehen, besteht meist aus vier in zwei Kreisen geordneten grünlichen Perianthblättchen (Abb. 311). Die vier superponierten Staubblätter sind in der Knospe scharf nach innen gebogen und schnellen bei der Pollenreife explosivartig auf, um den Blütenstaub der sich öffnenden Antheren dem Winde zu übergeben. Der Fruchtknoten trägt einen Griffel mit einer kopf- oder pinselförmigen Narbe und enthält eine aufrechte gerade Samenanlage. Die Frucht ist eine Nuß oder seltener eine Steinfrucht. Der Same enthält Endosperm. Manche Arten, wie z. B. die einheimischen Brennesseln, Urtica dioica und Urtica urens, besitzen Brennhaare. Einige Arten liefern in ihren Bastfasern Gespinststoffe. Die im gemäßigten Asien heimische Urtica cannabina und unsere Urtica dioica werden zu Nesseltuchen verarbeitet; die Fasern der tropischen Boehmeria nivea, welche als Ramieh oder Chinagras in den Handel kommen, liefern gleichfalls feinere Gewebe.

Zweite Reihe: Zentralsamige (Centrospermae).

Neben kronlosen Blüten kommen auch solche mit Kelch und Krone vor. Das Androeceum besteht aus einem oder zwei Kreisen. Das Gynaeceum wird aus zwei oder mehr Fruchtblättern gebildet, die zu einem einfächerigen Fruchtknoten verwachsen sind. Die Samenanlagen stehen entweder einzeln im Grunde des einfächerigen Fruchtknotens oder zu vielen an einer Zentralplazenta oder zentralwinkelständig in mehrfächerigen Fruchtknoten.

Wir unterscheiden drei Ordnungen:

Erste Ordnung: Knöterichartige, Polygoninae. Sie haben eine einfache Blütenhülle. Der einfächerige obenständige Fruchtknoten enthält eine zentrale, gerade Samenanlage.

Zweite Ordnung: Gänsefußartige, Chenopodinae. Die Blütenhülle ist einfach und oft unscheinbar, bisweilen aber schon mehrkreisig und blumenblattartig gefärbt. Der Fruchtknoten ist ein- oder mehrsamig mit zentraler Plazentation und gekrümmten Samenanlagen.

Dritte Ordnung: Nelkenartige, Caryophyllinae. Kräuter und Stauden, selten Sträucher mit einfachen ganzrandigen, bisweilen fleischigen Blättern und blattlose Stammsukkulenten. Neben einfachen Blütenbauplänen stehen Blüten mit Kelch und Krone und zwei alternierenden Staubblattkreisen. Der Fruchtknoten ist oberständig einfächerig mit Zentralplacenta oder mehrfächerig mit zentralwinkelständiger Plazentation.

Abb. 314. Humulus Lupulus. *a* Blütenzweig der weiblichen Pflanze, *b* Blütenzweig der männlichen Pflanze, *c* ein Fruchtzapfen.

Erste Ordnung: Knöterichartige (Polygoninae).

Die Knöterichartigen sind Kräuter und Stauden oft von stattlicher Größe. Am Grunde der wechselständigen Laubblätter steht eine aus verwachsenen Nebenblättern gebildete, die Sproßachse scheidenartig umfassende Ochrea.

Familie: Polygonaceae.

Die **Polygonaceen** sind meist krautartige Pflanzen mit wechselständigen einfachen, bisweilen spieß- oder pfeilförmigen Blättern an knotig gegliederter Achse. Die kleinen Blüten haben ein aus fünf oder sechs freien Blättern gebildetes, grünliches oder weißes Perianth. Wo dreizählige Kreise von Perianthblättern auftreten, steht das unpaare Blatt des äußeren Kreises nach hinten (Abb. 315). Die Zahl der Staubblätter wechselt zwischen fünf bis neun. Der Fruchtknoten wird von zwei oder drei Fruchtblättern gebildet und ist stets einfächerig. Die Gattung Rheum hat eine sechsblätterige Blütenhülle (Abb. 315 und 316). Der äußere Staubblattkreis besteht aus sechs, der innere aus drei Gliedern. Die saftigen Blattstiele des bei uns vielfach als Zierpflanze in Gärten gezogenen Rheum undulatum werden als Gemüse verzehrt.

Die geschälten, oft unregelmäßig zugeschnittenen Wurzelstöcke von Rheum palmatum var. tanguticum, sind offizinell unter dem Namen Rhabarber — Rhizoma Rheï. Der Gattung Rumex, Ampfer, fehlt der innere Perigonkreis, der äußere ist wie bei Rheum durch Spaltung sechszählig. Der innere Perigonkreis verwächst mit der Frucht und hüllt dieselbe vollkommen ein. Rumex Acetosa, der Sauer-Ampfer,

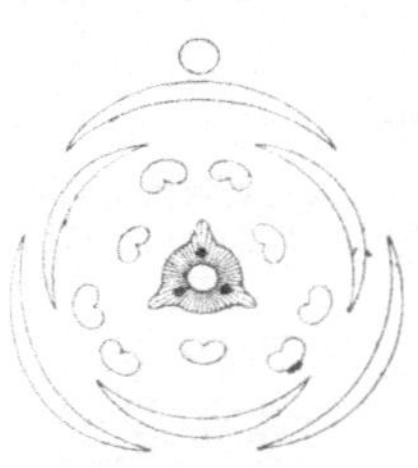

Abb. 315.
Blütendiagramm
von Rheum.

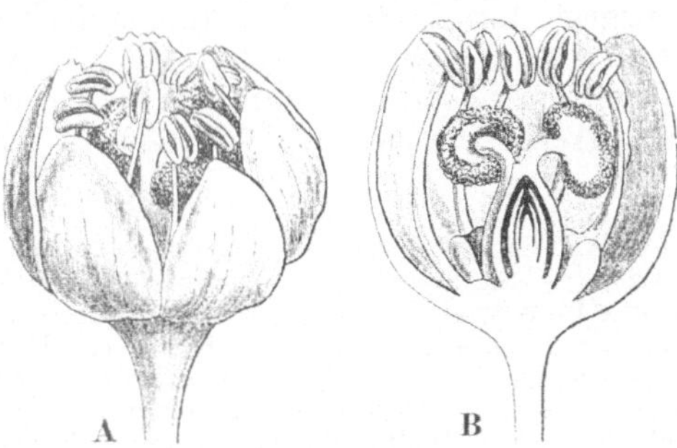

Abb. 316.
Rheum officinale. Offizinell. **A** Einzelblüte, **B** Blütenlängsschnitt. (Nach Luerssen.)

R. Acetosella, R. crispus u. a. m. sind bei uns überall häufig; Rumex Acetosa, scutatus und Patienta werden als Gemüsepflanzen in Gärten gezogen. Bei Polygonum, Knöterich, ist das kronblattartige Perianth meist tief fünfspaltig. Staubblätter sind bis zehn in zwei unvollständigen Kreisen vorhanden. Einige Polygonumarten, we Polygonum aviculare, P. Convolvulus, P. Persicaria, P. Hydropiper, sind bei uns überall gemein. Polygonum Fagopyrum, Buchweizen oder Heidekorn, wird in sandigen Gegenden und Alpentälern häufig als Getreide angebaut.

Zweite Ordnung: Gänsefußartige (Chenopodinae).

Sie sind Kräuter mit wechselständigen nebenblattlosen Blättern. Die kronlosen Blüten sind oft eingeschlechtig. Das Androeceum besteht meist aus einem Kreise. Die am Grunde des Fruchtknotens stehende Samenanlage mit langem Funiculus ist mehr oder weniger campylotrop.

Familien: Chenopodiaceae, Amarantaceae, Phytolaccaceae, Nyctaginaceae.

Bei den **Chenopodiaceen** folgen auf das fünfzählige, häufig grüne Perianth fünf superponierte Staubblätter. Der Fruchtknoten ist aus zwei medianen Fruchtblättern gebildet. Einige hierher gehörige Arten, wie Salicornia herbacea, das Glasschmalz, und Salsola Kali, das Salzkraut, gedeihen nur auf Salzboden. Manche Arten von Chenopodium, Gänsefuß, wie Ch. album und Ch. polyspermum, sind lästige Unkräuter. Ch. Quinoa, Reismelde, eine alte Kulturpflanze aus den südamerikanischen Anden, wird auch in Europa in südlichen Ländern mit Erfolg wegen seiner mehlreichen Samen angebaut. Beta vulgaris wird in verschiedenen Varietäten als Nutzpflanze im großen angebaut. Beta vulgaris var. Rapa, die Zuckerrübe, wird in ausgedehntem Maße im landwirtschaftlichen Betriebe angebaut und in Fabriken auf Rohzucker verarbeitet; die dabei als Abfall verbleibenden Rübenschnitzel werden als Futtermittel verwertet. Andere Varietäten sind die Futterrübe oder Runkelrübe und die als Gemüse verwendete rote Beete und der Mangold. Spinacia oleracea, Spinat, ist als Gemüsepflanze in Kultur. Die Gattung Atriplex, Melde, hat dikline Blüten, bisweilen kommen daneben Zwitterblüten vor. Die männlichen und die zweigeschlechtigen Blüten haben ein drei- bis fünfzähliges, die weiblichen Blüten ein zweizähliges Perianth. Atriplex patulum ist bei uns auf Schutt, an Wegrändern und in Gärten gemein. Atriplex hortensis wird als Gemüse in Gärten gebaut. Die in den Mittelmeerländern auf dem salzhaltigen Boden des Meeresstrandes wachsenden Arten von Salsola und andere Salzpflanzen werden auf Soda verarbeitet. Offizinell ist Oleum Chenopodii anthelminthici — Wurmsamenöl von Chenopodium ambrosioides var. anthelminthicum.

Dritte Ordnung: Nelkenartige (Caryophyllinae).

Die Nelkenartigen haben zum Teil typisch euzyklische, mit Kelch und Krone ausgestattete Blüten. Am Anfang der Reihen aber stehen immer einfache Formen mit 5 unscheinbaren Blütenhüllblättern und 5 superponierten Staubblättern. Die hierher gehörigen Familien können deshalb nicht wohl. von den Urblütigen abgetrennt werden.

Familien: Caryophyllaceae, Aizoaceae, Portulaccaceae, Cactaceae.

Die **Cariophyllaceen** sind Kräuter mit einfachen, ein- oder dreinervigen, gegenständigen Blättern. Sie haben aktinomorphe Blüten aus fünf- oder vierzähligen Kreisen. Das normal aus zwei Kreisen gebildete Androeceum ist bisweilen auf einen Kreis reduziert. Der oberständige, einfächerige Fruchtknoten besteht aus zwei bis fünf verwachsenen Fruchtblättern und enthält in der Regel viele (seltener nur eine) campylotrope Samenanlagen an einer freien Zentralplazenta.

Die Gattung Stellaria, die Sternmiere, deren Blüten fünf zweispaltige oder zweiteilige Kronblätter und drei Griffel besitzen (Abb. 317), tritt mit einer Anzahl von Arten in der einheimischen Flora auf. Stellaria media, der Hühnerdarm, ist ein überall verbreitetes, winterhartes Unkraut, das bisweilen selbst unter dem Schnee blüht und fruchtet. Spergula arvensis, Ackerspark oder Spergel, wird in sandigen Gegenden als Futterpflanze angebaut. Einige Arten von Dianthus, Nelke, und Silene, Leimkraut, namentlich Dianthus barbatus, D. plumarius und Silene Armeria sind beliebte Gartenpflanzen, andere Arten, wie Dianthus deltoides, Silene nutans, sind an Waldrändern unter Gebüsch und auf trockenen Wiesen häufig, Lychnis floscuculi, Kuckucks-Lichtnelke, und Melandryum rubrum, rote Lichtnelke, sind auf feuchten Wiesen gemein. Agrostemma Githago (Abb. 318), Kornrade, ist ein lästiges Unkraut unter Wintergetreide, seine Samen

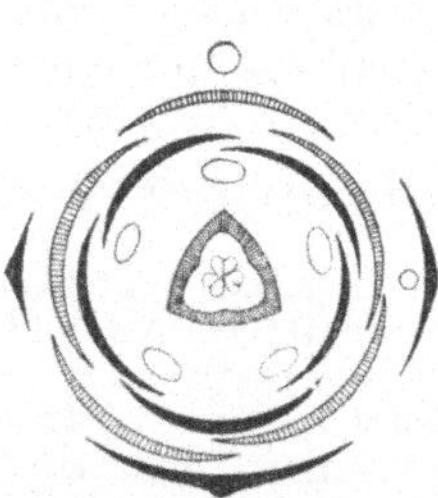

Abb. 317. Blütendiagramm von Stellaria media.

Abb. 318. Agrostemma Githago. *a* Blütenzweig, *b* Einzelblüte, *c* ein langgenageltes Blumenblatt mit drei Staubgefäßen, *d* Fruchtknoten.

sind giftig. Offizinell ist Seifenwurzel — Radix Saponariae von Saponaria officinalis.

In der exotischen Familie der Aizoaceae finden sich neben einfachen Blütenformen mit einfacher 4—5 blättriger Hülle auch solche mit Kelch und vielblättriger Blumenkrone. Die ebenfalls ausländische Familie der Cactaceen, besteht aus Stammsukkulenten. Die Blüten sind von zahlreichen Blütenhüllblättern umgeben, von denen die äußeren oft als Kelchblätter erscheinen. Vertreter ihrer Gattungen Opuntia, Cereus, Melocactus, Mamillaria u. a. m. sind wegen ihrer bizarren Formen und schönen Blüten als Zimmerpflanzen beliebt.

Dritte Reihe: Dreibeerige (Tricoccae).

Die Blüten sind meist eingeschlechtig. Das Perigon ist, wenn vorhanden, einfach, oder aus Kelch und Krone gebildet. Die Zahl der Staubblätter schwankt in weiten Grenzen, bisweilen ist nur eines vorhanden. Der oberständige Fruchtknoten ist meist dreifächerig. Jedes Fach enthält eine oder zwei anatrope Samenanlagen, welche hängend und mit der Mikropyle nach auswärts gewendet sind. Am endospermhaltigen Samen ist häufig eine Samenschwiele ausgebildet.

Familien: Euphorbiaceae, Buxaceae.

Die vielgestaltige Familie der **Euphorbiaceen** enthält Bäume, Sträucher und Kräuter von verschiedenstem Habitus. Die Blüten sind monözisch oder diözisch. Sie haben entweder Kelch und Krone, beide drei bis sechsgliedrig, oder ein drei- oder mehrgliedriges Perigon, oder die Blüten sind nackt. Der dreiknopfige Fruchtknoten zerfällt bei der Reife in drei, von einer bleibenden Mittelsäule elastisch abspringende Früchtchen. Die Gattung Euphorbia, Wolfsmilch, enthält zahlreiche Arten mit ungegliederten Milchröhren. Die nackten Blüten stehen in eigentümlichen Blütenständen (Abb. 323), die eine weibliche Blüte und zehn bis zwölf männliche Blüten enthalten und von einer becherförmigen Hülle, dem Cyathium, eingeschlossen werden. Zahlreiche Arten sind einheimisch; zu den häufigsten gehören bei uns Euphorbia Peplus, E. Esula, E. Cyparissias und die eingewanderte E. Helioscopia. Alle Euphorbien sind scharfe Giftpflanzen. Manche Arten sind Stammsukkulenten. Das gilt unter anderen von Euphorbia canariensis (Abb. 42) und von der in Afrika heimischen offizinellen Euphorbia resinifera (Abb. 320), welche ein Gummiharz, das Euphorbium der Pharmakopöe, liefert. Von den übrigen Gattungen der Familie ist als einheimisch nur noch Mercurialis, Bingelkraut, zu nennen.

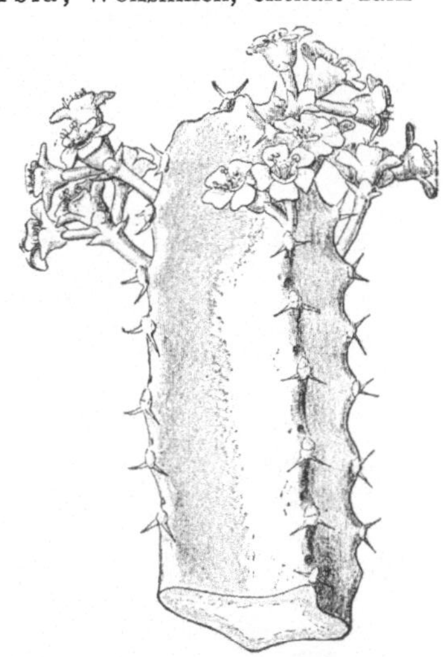

Abb. 319. Saponaria officinalis. Offizinell. Blütenlängsschnitt. (Nach Berg u. Schmidt.)

Abb. 320. Euphorbia resinifera. Offizinell. (Nach Berg u. Schmidt.)

Unter den ausländischen Vertretern der Familie finden sich einige wichtige Nutzpflanzen. Hevea brasiliensis und Hevea guianensis sind stattliche Bäume der Tropen, welche mit Vorteil auf niederem, sumpfigem Terrain zur Gewinnung von Kautschuk — Cautschuc — kultiviert werden. Auch Manihot Glaziovii wird in den Tropen als Kautschukpflanze angebaut, während M. utilissima, der Kassavestrauch, hauptsächlich seiner stärkemehlhaltigen Knollen wegen in Gemüsegärten gepflanzt wird. Das aus den Knollen gewonnene Stärkemehl kommt besonders in Gestalt sagoähnlicher Kügelchen oder unregelmäßiger Flocken als Tapioka auch bei uns in den Handel. Offizinell sind der auch bei uns als Zierpflanze gezogene Ricinus communis (Abb. 321), dessen Samen das Ricinusöl — Oleum Ricini — liefern; ferner Mallotus philippinensis, dessen Früchte einen eigenartigen Haarbesatz haben, der durch Abbürsten gewonnen, die als Kamala

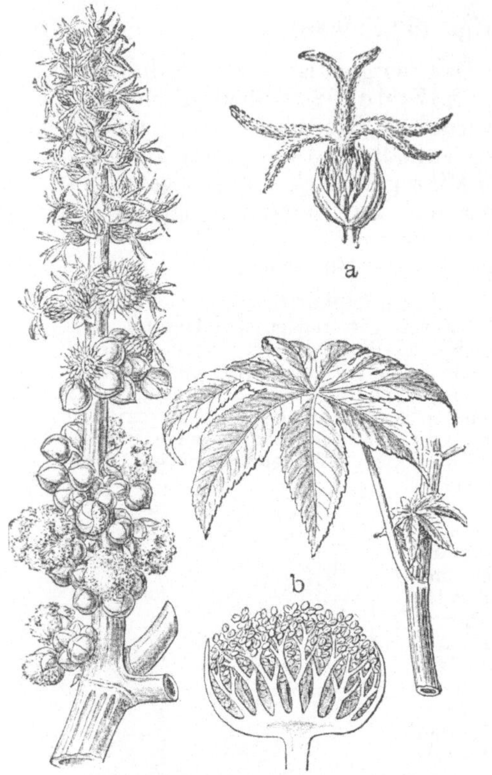

Abb. 321. Ricinus communis. Offizinell. *a* weibliche Blüte, *b* Längsschnitt durch die männliche Blüte.
(Nach Berg u. Schmidt.)

Abb. 322. Croton Tiglium. Offizinell.
(Nach Baillon.)

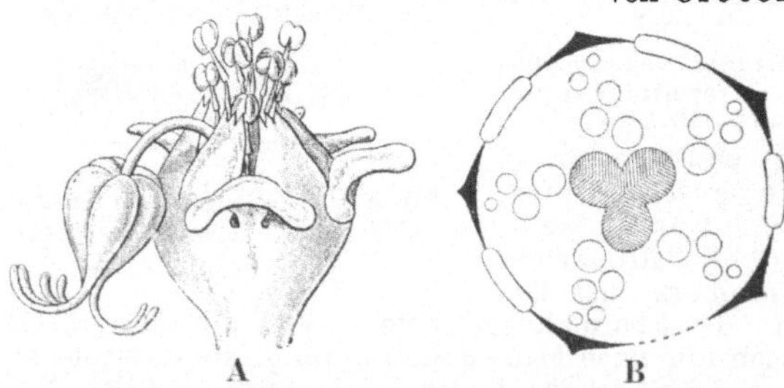

Abb. 323. **A** Cyathium von Euphorbia, **B** Diagramm
desselben. Die männlichen Blüten sind durch Kreise
angedeutet, die weibliche Blüte ist schraffiert.

bezeichnete Droge liefert; aus den Samenkernen
von Croton Tiglium (Abb. 322) wird Krotonöl
— Oleum Crotonis — gewonnen.

Die Familie der **Buxaceen** umfaßt in Süd- und Westeuropa heimische Bäume und Sträucher mit
nebenblattlosen, ganzrandigen, immergrünen Blättern und unscheinbaren eingeschlechtigen Blüten.
Buxus sempervirens, Buchs-
baum, wird bei uns in Winter-
gärten und in einer Zwergform als
Beeteinfassung in Blumengärten
gezogen. Sein Holz ist für Holz-
schnitzereien und Drechslerarbeiten
sehr geschätzt. Kleinasiatisches und
persisches Buchsbaumholz wird als
Material zur Herstellung von Holz-
schnitten alljährlich in großen Mengen über England in Europa eingeführt.

Vierte Reihe: Hysterophyten (Hysterophyta).

Die Hysterophyten haben als gemeinsames Merkmal ein einfaches oder doppel-
tes, aber nicht in Kelch und Krone gesondertes Perianth. Der Fruchtknoten ist

unterständig. Die systematische Stellung dieser Ordnung sowie auch die verwandtschaftliche Zusammengehörigkeit der in ihr vereinigten Familien ist unsicher. Am nächsten schließen sie sich wohl an die erste Ordnung der nächstfolgenden Reihe der Unregelmäßigen an.

Mit Ausnahme der Aristolochiaceen handelt es sich um Schmarotzergewächse, die zum Teil durch weitgehende Reduktion ihrer vegetativen Organe die Merkmale der Zugehörigkeit zu anderen Gruppen eingebüßt haben.

Familien: Santalaceae, Loranthaceae, Balanophoraceae, Aristolochiaceae, Rafflesiaceae.

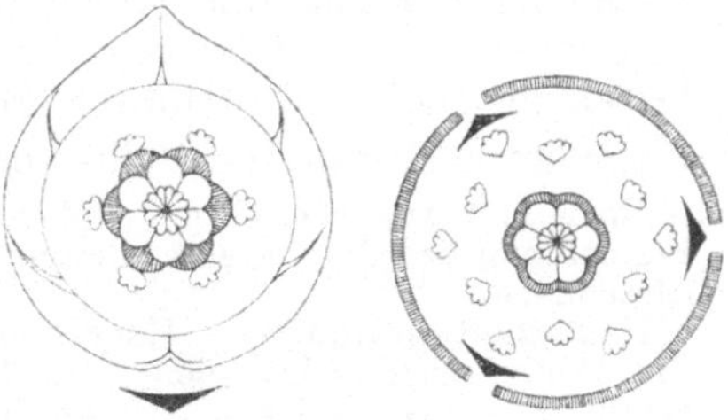

Die **Santalaceen** haben aktinomorphe, meist zwitterige Blüten. Auf ein kelchartiges vier- oder fünfzähliges Perigon folgt ein gleichzähliger Kreis superponierter Staubblätter. Der einfächerige Fruchtknoten besteht aus drei Fruchtblättern und enthält drei hängende Samenanlagen an freier Zentralplazenta. Die hierher gehörenden Bäume, Sträucher und Kräuter der gemäßigten und besonders der heißen Zone sind grüne Wurzelschmarotzer. Einige Arten von Thesium kommen in Deutschland vor. Aus dem Holz von Santalum album wird das offizinelle Sandelöl — Oleum Santali — destilliert.

Abb. 324. Blütendiagramme. a Aristolochia Clematitis, b Asarum europaeum.

Die **Loranthaceen** sind grüne, strauchartige Schmarotzer auf Baumästen. Die Blüten sind meist diklin und aus zwei bis sechszähligen Kreisen aufgebaut. Die Staubblätter sind den Perianthblättern superponiert. Die Frucht ist eine Beere. Viscum album, die Mistel, ein dichter, immergrüner Strauch, schmarotzt bei uns auf verschiedenen Bäumen (Abb. 31).

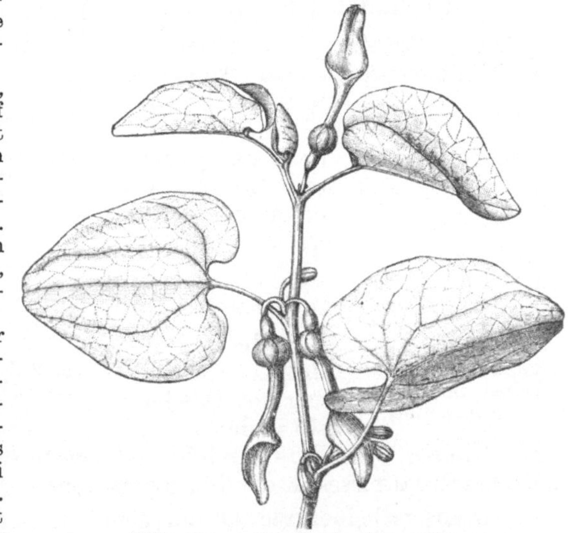

Die **Aristolochiaceen** sind Kräuter oder windende Sträucher mit einfachen nebenblattlosen Laubblättern. Das aus drei Blättern verwachsene Perianth der Zwitterblüten ist kronartig gefärbt. Die sechs oder zwölf Staubblätter sind frei oder mit dem Griffel verwachsen. Der unterständige Fruchtknoten ist sechsfächerig und enthält mehrere Samenanlagen in jedem Fach (Abb.

Abb. 325. Aristolochia Clematitis.

324). Aristolochia hat ein röhriges, am Grunde bauchig erweitertes Perianth (Abb. 100). Die sechs Staubgefäße sind mit der Griffelsäule verwachsen. Einheimisch ist Aristolochia Clematitis (Abb. 325), Osterluzei, deren eigenartige Blütenbiologie auf S. 68 besprochen worden ist. Aristolochia Sipho, Pfeifenstrauch, ein großblätteriger, kletternder Strauch Nordamerikas, wird bei uns vielfach zur Bekleidung von Lauben verwendet. Ferner gehört hierher das bei uns in Laubwäldern wachsende Asarum europaeum, Haselwurz, mit breitnierenförmigen, lederigen Blättern. Die Blüten haben ein grünliches, innen rotbraunes, glockiges Perigon und freie Staubblätter.

Zweite Klasse: Freikronblättrige (Choripetalae).

Unter den Freikronblättrigen sind alle Wuchsformen vertreten. Die Blüten haben meist Kelch und Krone, die Organisationshöhe der Baupläne schreitet von azyklischen und hemizyklischen Blüten mit mannigfachen Unregelmäßigkeiten der Zahl- und Stellungsverhältnisse fort zu euzyklischen Blüten.

Sie lassen sich in drei Reihen ordnen.

Reihe 1: Unregelmäßige, Aphanocyclicae. Spiralige Anordnung der Blütenorgane. Vermehrung der Organkreise oder ihrer Glieder beeinträchtigen die Regelmäßigkeit des Blütenbaues.

Reihe 2: Regelmäßige, Eucyclicae. Die Blüten entsprechen den Formeln $Kn\,Cn\,An + n\,Gn$ oder $Kn\,Cn\,An\,Gn$, wobei n = 5 oder 4. Der Fruchtknoten ist oberständig.

Reihe 3: Kelchblütige, Calyciflorae. Der Blütenboden bildet ein Hypanthium, der Fruchtknoten steht halb unterständig oder unterständig.

Erste Reihe: Unregelmäßige (Aphanocyclicae).

Die Blütenteile sind entweder spiralig angeordnet oder, wo sie in Quirlen stehen, da weicht die Zahl der zu den einzelnen Organgruppen verwendeten Kreise von dem Typus

$$Kn\,Cn\,An + n\,Gn$$

ab, oder es ist durch Vermehrung der Gliederzahl in den einzel-

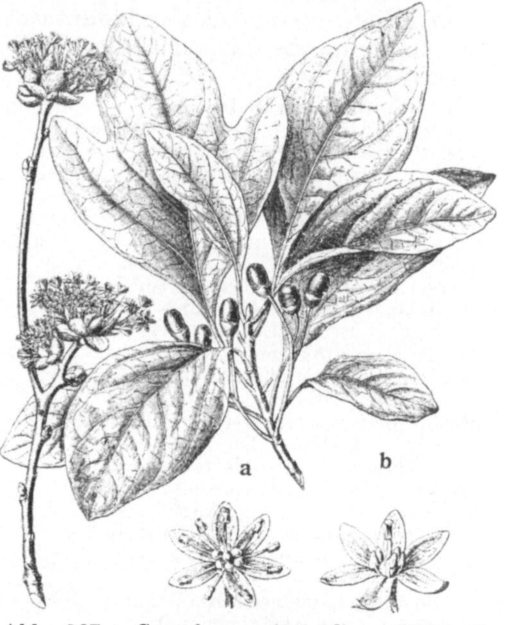

Abb. 327. Sassafras officinalis. Offizinell. **a** männliche, **b** weibliche Blüte (nach Berg u. Schmidt).

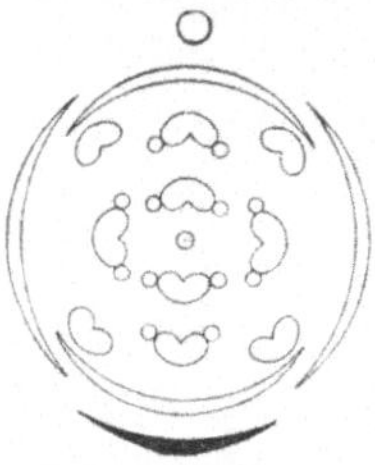

Abb. 326. Diagramm der männlichen Blüte von Laurus nobilis.

nen Kreisen, besonders durch Vielzahl der Staubblätter, die Regelmäßigkeit des Zahlenverhältnisses in der Blüte verwischt.

Wir unterscheiden vier Ordnungen.

Ordnung 1: Vielfrüchtige, Polycarpicae. Blütenhülle vorwiegend spiralig. Staubblätter viele, Gynaeceum vielteilig und apokarp.

Ordnung 2: Mohnartige, Rhoeadinae. Blütenhülle dreikreisig. Staubblätter durch Spaltung vermehrt. Gynaeceum nicht apokarp.

Ordnung 3: Cistrosenartige, Cistiflorae. Blütenhülle regelmäßig, Kelchblätter dachig, Staubblätter vermehrt und frei.

Ordnung 4: Säulchenträger, Columniferae. Blütenhülle regelmäßig, Kelch klappig, Staubblätter viele, in Gruppen oder zu Säulchen verwachsen.

Erste Ordnung: Vielfrüchtige (Polycarpicae).

Die Blüten sind vorwiegend spiralig gebaut. Das Perianth ist oft nicht deutlich in Kelch und Krone geschieden, oder die Krone fehlt ganz. Die Staubblätter sind meist schon in der Anlage, nicht durch Spaltung, zahlreich. Das Gynaeceum besteht meist aus vielen apokarpen Fruchtblättern.

Familien: Lauraceae, Berberidaceae, Hernandiaceae, Menispermaceae, Monimiaceae, Myristicaceae, Annonaceae, Magnoliaceae, Calycanthaceae, Ranunculaceae, Lardizabalaceae, Ceratophyllaceae, Nymphaeaceae.

Die Blüten der **Lauraceen** haben keine Krone. Die Blüten sind meist aus 2- oder 3zähligen Quirlen aufgebaut, von denen 2 auf die Blütenhülle, 2—5 auf das Androeceum entfallen (Abb. 326). Die Antheren springen mit 2 oder 4 Klappen auf. Der einfächerige Fruchtknoten enthält nur eine Samenanlage. Die Rinde des auf Ceylon heimischen Strauches Cinnamomum ceylanicum ist als Ceylonzimt — Cortex Cinnamomi —, das darin enthaltene ätherische Öl als Zimtöl — Oleum Cinnamomi — offizinell (Abb. 328). Der chinesische Zimt des Handels stammt von Cinnamomum Cassia in Südchina. Cinnamomum Camphora liefert den offizinellen Kampfer — Camphora. Das zerkleinerte Wurzelholz von Sassafras officinalis (Abb. 327), Sassafrasholz — Lignum Sassafras — ist offizinell. Der in allen Mittelmeerländern kultivierte Lorbeerbaum, Laurus nobilis (Abb. 329), hat länglichrunde oder kugelige Steinfrüchte, die als Lorbeeren — Fructus Lauri — offizinell sind.

Abb. 328. Cinnamomum ceylanicum. Offizinell. a Blütenlängsschnitt. (Nach Berg u. Schmidt.)

Aus ihnen wird Lorbeeröl — Oleum Lauri — gewonnen. Lorbeerblätter werden als Gewürz an Speisen verwendet.

Die Zwitterblüten der **Berberidaceen** sind aus zwei- oder dreizähligen Kreisen aufgebaut, von denen zwei oder mehr auf den Kelch, je zwei auf die Krone und das Androeceum entfallen (Abb. 330). Das Gynaeceum ist einblätterig. Berberis vulgaris (Abb. 331), Sauerdorn, ein Strauch mit drei- bis fünfteiligen Dornen, wächst bei uns in Hecken und an Waldrändern. Als Wirt für das Aecidium des Getreiderostes, Puccinia graminis (vgl. S. 251), kann der Strauch für die Landwirtschaft schädigend wirken. Aus der Wurzel von Podophyllum peltatum (Abb. 332) wird das Podophyllin — Podophyllinum — der Pharmakopöe gewonnen.

Die **Menispermaceen** sind meist schlingende Sträucher der warmen Zone mit diözischen Blüten. Die in Ostafrika einheimische Jatrorrhiza palmata (Abb. 333) liefert die Kolombowurzel — Radix Colombo — der Pharmakopöe.

Die **Myristicaceen** haben diözische Blüten ohne Krone. Auf das dreiblättrige Perianth folgen drei bis fünfzehn zur Säule verwachsene Staubblätter. Das oberständige Gynaeceum wird von zwei Fruchtblättern gebildet. Die Arten der einzigen Gattung Myristica sind tropische Sträucher oder Bäume. Der Samenkern von Myristica fragrans (Abb. 334)

Muskatnuß und der als Macis bezeichnete Samenmantel finden als Gewürz Verwendung. Aus den Samen wird offizinelles Muskatnußöl — Oleum Nucistae gepreßt. Das ätherische Muskatöl aus dem Samen und Samenmantel ist gleichfalls offizinell.

Die **Ranunculaceen** sind meist Kräuter, seltener Sträucher oder Lianen mit holzigem Sproß. Ihre Blüten sind spiralig oder hemizyklisch, seltener zyklisch gebaut. Die Blütenhülle ist nicht immer in Kelch und Krone gesondert. Die Staubblätter sind zahlreich. Die meist zahlreichen Karpelle sind fast immer apokarp (Abb. 335).

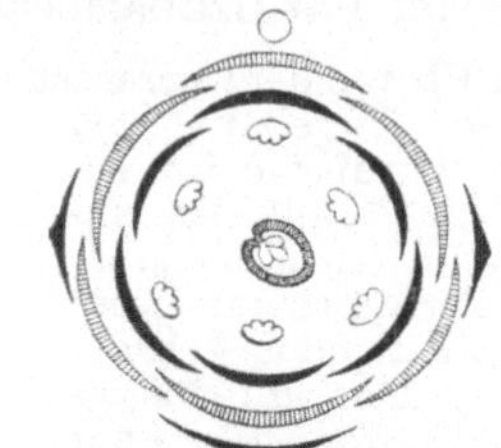

Abb. 330. Blütendiagramm von Berberis.

Abb. 329. Laurus nobilis. Offizinell. (Nach Wossidlo.)
a weibliche, b männliche Blüte im Längsschnitt.

Abb. 331. Berberis vulgaris.

Die meisten Ranunculaceen sind giftig. Ranunculus Ficaria, Feigwurz; Anemone nemorosa, Buschwindröschen, und Hepatica triloba, Leberblümchen, sind überall in Wäldern und Hecken vorkommende Frühlingsblumen. Auf sonnigen Hügeln blüht schon im April die großblumige Anemone Pulsatilla, Küchenschelle (Abb. 336). Von der Gattung Ranunculus, Hahnenfuß, sind viele Arten bei uns einheimisch; häufiger werden angetroffen: Ranunculus arvensis, R. repens, R. acer (Abb. 337), R. sceleratus und der im Wasser lebende R. divaricatus u. a. Caltha palustris, Sumpf-Dotterblume (Abb. 338), ist in Gräben und auf feuchten Wiesen, Delphinium consolida, Rittersporn, als Unkraut unter dem Getreide bei uns weit verbreitet. Helleborus niger, Christrose oder schwarze Nieswurz (Abb. 339), die fußförmige Blätter besitzt, und ihre großen, rötlich-weißen Blüten schon unter dem Schnee erschließt, wird bei uns vielfach in Gärten als Zierpflanze kultiviert. Ihr Kelch ist kronblattartig, die Kronblätter sind zu röhrenförmigen Nektarien umgebildet. Auch in der Gattung Aconitum bilden die lebhaft kronblattartig gefärbten Kelchblätter die Blütenhülle. Von den Kronblättern sind die zwei hinteren zu eigentümlich geformten Nektarien umgewandelt (Abb. 340). Aquilegia, Akelei, Delphinium, Rittersporn, Aconitum, Eisenhut, und Paeonia, Pfingstrose, sind beliebte Gartenzierpflanzen. Das bewurzelte Rhizom der in Nordamerika einheimischen Hydrastis canadensis (Abb. 341) ist das Hydrastisrhizom — Rhizoma Hydrastis — der Pharmakopöe.

Abb. 332. Podophyllum peltatum. Offizinell. (Nach Baillon.)

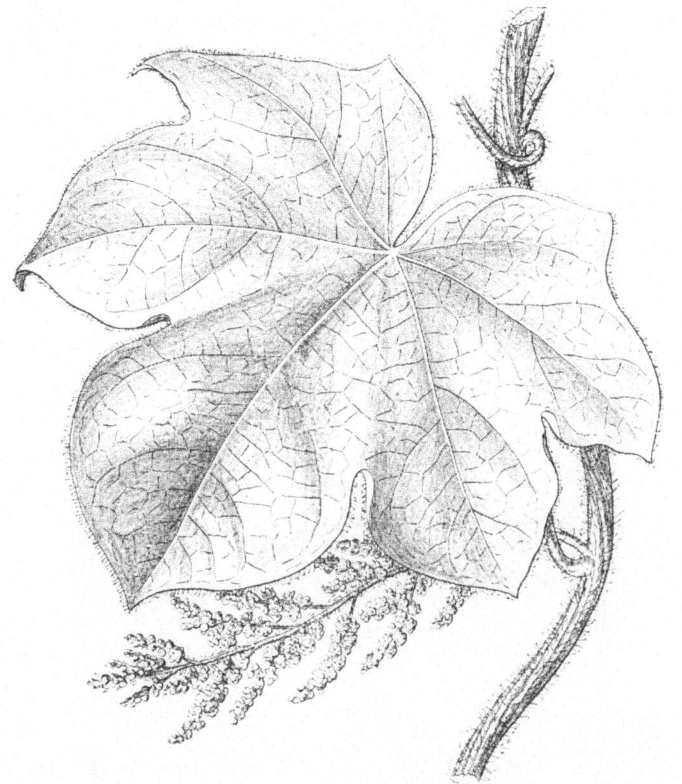

Abb. 333. Jatrorrhiza palmata. Offizinell. (Nach Berg u. Schmidt.)

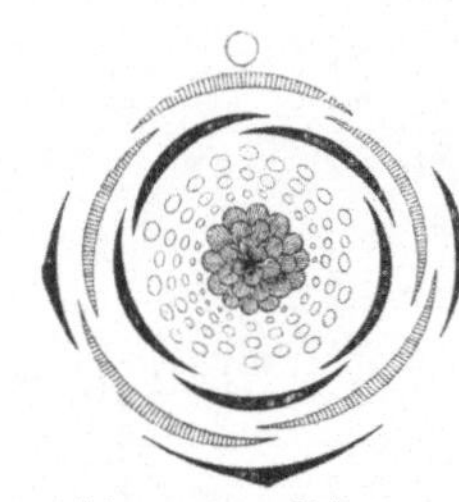

Abb. 334. Frucht von Myristica fragrans. Offizinell. (Nach Baillon.)

Abb. 335. Blütendiagramm von Ranunculus acer.

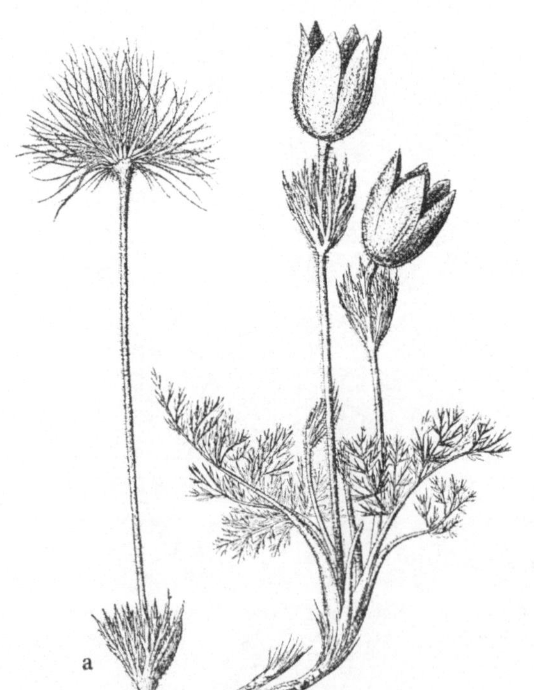

Abb. 336. Anemone pulsatilla. Giftig. a Fruchtstand.

Abb. 337. a Ranunculus acer. Giftig, b Frucht.

Die **Nymphaceen** sind krautige Wasserpflanzen mit großen schwimmenden Blättern und Blüten. Die Zahl der Perianthblätter und der Staubfäden ist sehr groß. Zwischen beiden Organgruppen sind Übergangsformen ausgebildet. Die Fruchtblätter sind gleichfalls zahlreich und zu einem vielfächerigen Fruchtknoten verwachsen. Bei uns einheimisch sind Nymphaea alba, weiße Seerose (Abb. 342), und Nuphar luteum, gelbe Seerose. Hierher gehört auch die südamerikanische Wasserpflanze Victoria regia mit bis zu zwei Meter breiten kreisrunden Schwimmblättern, die fast in allen botanischen Gärten im Warmwasserbassin kultiviert wird.

Abb. 338. Caltha palustris.
Giftig.

Zweite Ordnung: Mohnartige (Rhoeadinae).

Die Blütenteile stehen in zwei- bis viergliedrigen Kreisen. Die Blütenhülle besteht aus drei gesonderten Kreisen, von denen entweder zwei auf den Kelch und einer auf die Krone oder umgekehrt einer auf den Kelch und zwei auf die Krone entfallen. Im Androeceum tritt häufig Vermehrung der Glieder durch Spaltung ein. Das Gynaeceum ist nie apokarp. Die zwei bis vielen Fruchtblätter bilden einen einfächerigen, bisweilen gekammerten oder durch eine falsche Scheidewand zweifächerigen Fruchtknoten mit parietaler Plazentation.

Familien: Papaveraceae, Fumariaceae, Cruciferae, Capparidaceae.

Die **Papaveraceen** sind Kräuter mit Milchsaft und wechselständigen Blättern ohne Nebenblätter. Die meist ansehnlichen Blüten (Abb. 343) haben zwei leicht abfallende Kelchblätter, vier bis sechs Kronblätter, zahlreiche Staubblätter und einen aus zwei bis vielen Fruchtblättern gebildeten, einfächerigen oder gekammerten, oberständigen Fruchtknoten, welcher zur Kapsel wird. Chelidonium majus (Abb. 344), das bei uns an Hecken und auf Schutt überall gemeine Schöllkraut mit gelbem Milchsaft, hat als Frucht eine schotenförmige, zweiklappige Kapsel. Von der Gattung Papaver, Mohn, deren Frucht eine Porenkapsel ist, sind bei uns Papaver Rhoeas und P. Argemone als Unkraut

Abb. 339. Helleborus niger. Giftig.

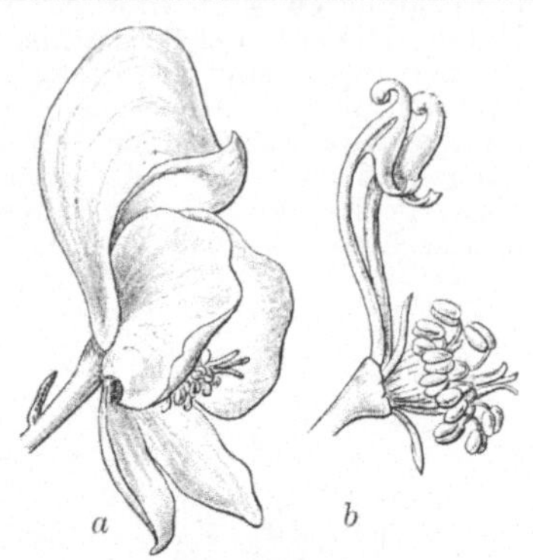

Abb. 340. Aconitum napellus, giftig. *a* Blüte von außen. *b* Blüte nach Entfernung der Kelchblätter. Oben die zwei gestielten Nektarien. (Nach Wossidlo.)

Abb. 341. Hydrastis canadensis. Offizinell. *a* Blüte.

Abb. 342. Nymphaea alba. (Nach Cohn.)

Abb. 343. Blütendiagramm von Papaver somniferum.

unter der Saat und an Wegrändern überall gemein. **Papaver somniferum** (Abb. 345), der Schlaf-Mohn, wird bei uns kultiviert. Mohnsamen — Semen Papaveris — ist offizinell. Aus den Samen wird Mohnöl gepreßt. Der Preßrückstand, Mohnkuchen, ist als Futtermittel in Gebrauch.

Abb. 344. Chelidonium majus. (Nach Berg u. Schmidt.)

Abb. 345. Papaver somniferum. Offizinell und giftig. a Frucht. (Nach Calwer.)

Der in Kleinasien durch Anschneiden der unreifen Früchte von **Papaver** somniferum gewonnene, an der Luft eingetrocknete Milchsaft ist unter dem Namen Opium offizinell.

Die Familie der **Fumariaceen** umfaßt wenige Kräuter mit kahlen, wiederholt fiederförmig zerteilten Blättern ohne Nebenblätter und mit dorsiventralen Blüten (Abb. 346). Auf zwei Kelchblätter folgen vier Kronblätter in zwei alternierenden Kreisen. Meistens ist ein Kronblatt des äußeren Kreises gespornt. Die Staubblätter sind zu zwei Bündeln verwachsen. Jedes Bündel enthält ein mittleres, vollständiges Staubblatt und zwei seitliche mit halben Antheren. Der einfächerige Fruchtknoten besteht aus zwei Fruchtblättern, welche bei der Reife eine schotenartige Kapsel bilden. Hierher gehören die einheimischen Gattungen Corydalis und Fumaria. Fumaria officinalis, Erdrauch, ist ein häufiges Unkraut auf Äckern und in Gärten.

Die **Cruciferen** sind Kräuter ohne Milchsaft, mit wechselständigen Blättern ohne Nebenblätter. Die Blüten stehen in Trauben, die sich während des von unten her erfolgenden Aufblühens durch Streckung verlängern. Deck- und Vorblätter fehlen. Die Blüten (Abb. 347) haben einen aus zwei zweizähligen Quirlen gebildeten

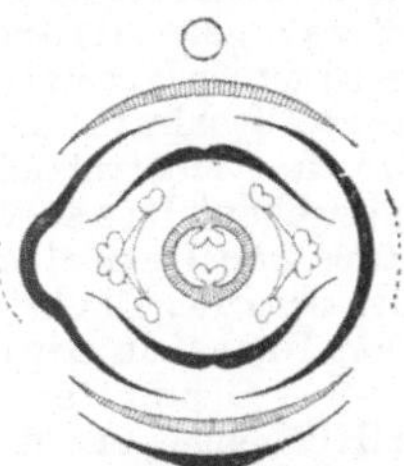

Abb. 346. Blütendiagramm von Corydalis cava.

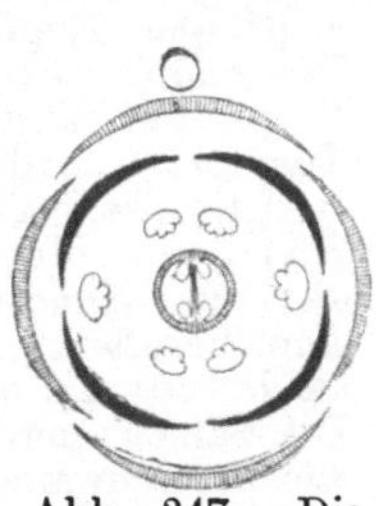

Abb. 347. Diagramm der Cruciferenblüte.

Kelch. Die vier damit gekreuzten Kronblätter gehören einem Kreise an. Der äußere
Staubblattkreis ist zweigliedrig, der innere besteht aus zwei zweigliedrigen Gruppen.
Das Gynaeceum wird aus zwei transversalen Fruchtblättern gebildet. Der Fruchtknoten,
welcher durch eine falsche Scheidewand in zwei Fächer geteilt wird, bildet bei der Reife
eine Schote oder ein Schötchen. Als Formel ergibt sich also: K2 + 2C4 A2 + 4G (2).

Die Familie umfaßt zahlreiche einjährige und ausdauernde Kräuter, die meist der nördlichen, gemäßigten und kalten Zone angehören, besonders häufig sind bei uns Cardamine
pratensis, Wiesenschaumkraut; Nasturtium silvestre, Wald-Brunnenkresse; Si-
symbrium officinale, Rauken-Senf; Erysimum cheiranthoides, Schotendotter;
Sinapis arvensis, Acker-Senf; Draba verna, Hungerblümchen; Alyssum caly-
cinum, Schildkraut; Capsella Bursa pastoris, Hirten-Täschel (Abb. 348). Als Ge-
müse- und Küchenpflanzen werden angebaut Brassica oleracea (Abb. 349), als dessen

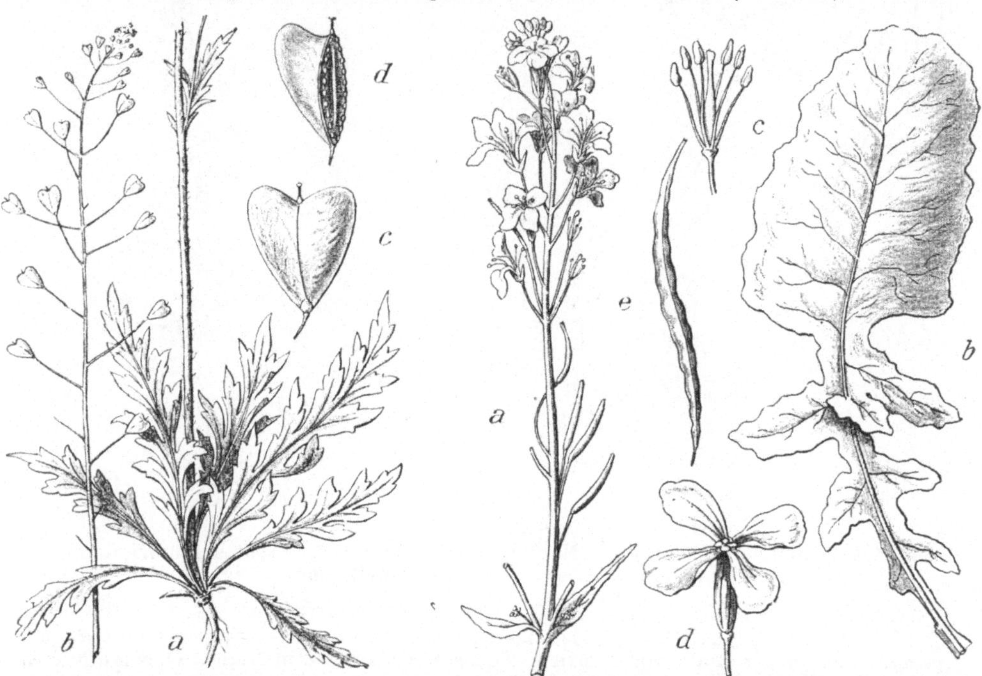

Abb. 348. Capsella Bursa pastoris.   Abb. 349. Brassica oleracea, b unteres Stengel-
c Schötchen, d Schötchen nach Ent-   blatt, c Androeceum und Gynaeceum, d Ein-
fernung einer Klappe.   zelblüte, e Schote.

wichtigste Varietäten genannt sein mögen var. acephala, Braun- oder Grünkohl; var.
capitata, Kopfkohl, Weiß- und Rotkraut; var. sabauda, Wirsing; var. gemmifera,
Rosenkohl; var. Botrytis, Blumenkohl; var. Gongylodes, Kohlrabi; ferner Brassica
Rapa var. rapifera, weiße Rübe; Brassica Napus var. rapifera, Kohlrabi oder
Turnips; Lepidium sativum, Garten Kresse; Armoracia rusticana, Meerrettich;
Raphanus sativus, Rettich. Wegen der ölhaltigen Samen werden angebaut Brassica
Rapa var. oleifera, Rübsen; Brassica Napus var. oleïfera, Raps und Camelina
sativa, Leindotter. Cheiranthus Cheiri, Goldlack, und Matthiola annua, Levkoje,
sind Zierpflanzen. Offizinell ist schwarzer Senf — Semen Sinapis — von Brassica nigra
(Abb. 350) und das aus Samen angebauter Brassica-Arten gepreßte Rüböl — Oleum Rapae.
Die Samen von Sinapis alba (Abb. 351), weißer Senf, werden als Küchengewürz und
wie der schwarze Senf zur Bereitung von Mostrich verwendet.

Die exotische Familie der **Capparidaceen** steht den Cruziferen im Bau der Blüten sehr
nahe, aber das Androeceum zeigt wechselnde Ausbildung. Bisweilen sind nur vier Staubblätter vorhanden, bisweilen finden sich durch mehr oder minder weitgehende Spaltung

in dem inneren oder in beiden Staubblattkreisen alle Übergänge zur Polyandrie. Capparis spinosa, Kappernstrauch (Abb. 352), ist ein dorniger Kletterstrauch der Mittelmeerländer, dessen an dem gestielten keulenförmigen Fruchtknoten leicht kenntliche Blütenknospen eingemacht und als Kappern zu Würze an Fleischspeisen verwendet werden.

Abb. 350. Brassica nigra. Offizinell. a geöffnete Schote, b Blatt von der Stengelbasis. (Nach Calwer.)

Abb. 351. Sinapis alba. a blühender Sproß, b geschlossene, c geöffnete Schote.

Dritte Ordnung: Cistrosenartige (Cistiflorae).

Sie haben vorherrschend zyklischen Bau mit meist fünfgliedrigen Kreisen. Die Blütenhülle hat Kelch und Krone, in der Knospe liegen die Kelchblätter mit ihren Rändern übereinander. Das Androeceum ist gewöhnlich durch Spaltung vielgliedrig, oft sind die Staubblätter zu Gruppen verwachsen. Das Gynaeceum besteht aus drei bis fünf synkarpen Fruchtblättern. Der Fruchtknoten ist ein- oder mehrfächerig.

Familien: Resedaceae, Violaceae, Droseraceae, Sarraceniaceae, Nepenthaceae, Cistaceae, Bixaceae, Hypericaceae, Clusiaceae, Tamaricaceae, Ternströmiaceae, Dilleniaceae, Ochnaceae, Dipterocarpaceae.

Die einheimischen Vertreter der Familie der **Violaceen** sind niedere Kräuter, in den Tropen kommen aber auch strauchartige Violaceen vor. Die wechselständigen Blätter, haben

Nebenblätter. Die Blüten sind meist medianzygomorph und haplostemon. Die äußeren Kreise der Blüte sind fünfzählig, das Gynaeceum ist aus drei Fruchtblättern gebildet (Abb. 353). Die Samenanlagen sind wandständig. Die Frucht ist eine loculicide Kapsel oder seltener eine Beere. Der Same enthält einen von fleischigem Endosperm umhüllten geraden Keim. Mehrere Arten der Gattung Viola, Veilchen, z. B. Viola canina, V. silvestris, V. palustris, V. odorata, V. tricolor (Abb. 354) sind bei uns einheimisch.

Einige von ihnen bilden neben großen offenen, für Insektenbestäubung eingerichteten Blüten auch kleistogame Blüten aus, die durch Selbstbestäubung befruchtet werden und keimfähige Samen bringen. Viola altaica, Pensée; V. odorata, März-Veilchen, und V. tricolor, Stiefmütterchen, werden in zahlreichen Varietäten als Zierpflanzen gezogen. Das Kraut der wildwachsenden V. tricolor ist unter dem Namen Stiefmütterchen — Herba Violae tricoloris — offizinell.

Die **Droseraceen** sind krautige Moor- und Wasserpflanzen mit Einrichtungen zum Fangen und Verdauen tierischer Nahrung. Ihre aktinomorphen Blüten entsprechen der Formel

$$K5\ C5\ A5 - \infty\ G\ (\underline{3}).$$

Von einheimischen Gewächsen gehören hierher die auf Sphagnummooren

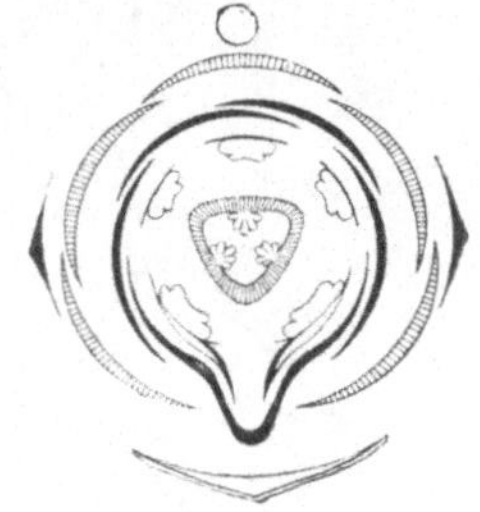

Abb. 352. Capparis spinosa.

Abb. 353. Blütendiagramm von Viola.

häufig anzutreffende Drosera rotundifolia, Sonnentau (Abb. 355) und einige andere Arten der Gattung, und ferner die seltene Schwimmpflanze Aldrovandia vesiculosa. Von ausländischen Droseraceen mag die nordamerikanische Dionaea muscipula erwähnt werden, deren Einrichtung zum Insektenfang wie diejenige des Sonnentau früher auf S. 146 besprochen worden ist.

Auch die Vertreter der exotischen Familien der **Sarraceniaceen** und **Nepenthaceen** sind Insektivoren. Die Sarraceniaceen sind Sumpfpflanzen Nordamerikas, meistens der Gattung Sarracenia angehörig, bei welcher die Blätter aufrechtstehende Schläuche darstellen (Abb. 70c), welche für die durch abgesonderten Honig angelockten Insekten als Fallgruben wirken (vgl. S. 45). Ganz ähnlich funktionieren die zum Teil in eine gedeckelte Kanne umgewandelten Blätter bei der die Familie der Nepenthaceen bildenden Gattung Nepenthes (Abb. 356), die mit vielen Arten in den Tropen des indomalaischen Gebietes als Urwaldpflanze heimisch ist.

Die Familie der **Cistaceen** umfaßt Sträucher und Halbsträucher mit einfachen, ungeteilten, meist gegenständigen Blättern. Die Blüten sind radiär gebaut nach der Formel $K5\ C5\ A\infty\ G\ (3-5)$. Der einfächerige Fruchtknoten enthält zahlreiche gerade Samenanlagen. Die Kapsel öffnet sich loculicid. Der Same enthält einen gekrümmten Keim. Die meisten Arten gehören der Mittelmeerflora an. Das Ziströschen, Helianthemum vulgare, ist bei uns auf Heiden und sonnigen Grasplätzen verbreitet.

Die **Hypericaceen** haben gegen- und quirlständige einfache, ganzrandige Blätter, die meist durchscheinend punktiert sind, und radiäre Blüten (Abb. 357). Kelch und Krone sind fünfzählig, die zahlreichen Staubblätter sind zu drei oder fünf Bündeln verwachsen (Abb. 358), der oberständige Fruchtknoten wird von drei oder fünf Fruchtblättern gebildet und trägt ebensoviele freie Griffel. Die Frucht ist eine septicide Kapsel, seltener eine Beere. Von der Gattung Hypericum, Hartheu oder Johanniskraut, sind einige Arten bei uns einheimisch. Hypericum perforatum ist an Wegerändern gemein.

Die **Ternstroemiaceen** sind Holzpflanzen der warmen Zone mit je fünf Kelch- und Kronblättern und zahlreichen freien Staubblättern. Der Fruchtknoten ist dreifächerig und bildet bei der Reife eine dreisamige loculicide Kapsel. Die Kamellie, Camellia japonica, ein in China und Japan einheimischer Zierstrauch, wird wegen der schönen Blüten bei uns

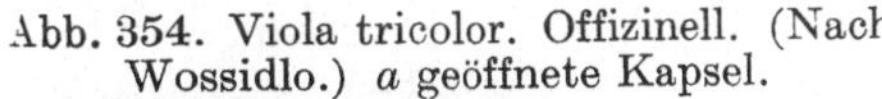

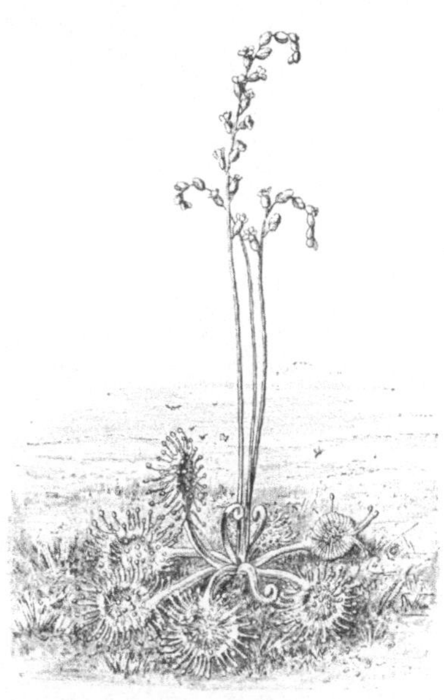

<table>
<tr><td>Abb. 354. Viola tricolor. Offizinell. (Nach Wossidlo.) a geöffnete Kapsel.</td><td>Abb. 355. Drosera rotundifolia. (¹/₂; nach Cohn.)</td></tr>
</table>

als Topfpflanze gezogen. Thea chinensis (Abb. 359), der Teestrauch, ist seit den ältesten Zeiten in China kultiviert worden und ist noch gegenwärtig eine der wichtigsten tropischen und subtropischen Kulturpflanzen. Außer zur Bereitung des in der ganzen Welt als Getränk bekannten und beliebten Tees werden die Teeblätter zur Reingewinnung des als Koffeïn — Coffeïnum — bezeichneten offizinellen Alkaloids verwendet.

Die **Clusiaceen** sind tropische Bäume und Sträucher mit dekussierten Blättern. Die Blüten sind radiär und diözisch, oder es kommen neben eingeschlechtigen Blüten Zwitterblüten an derselben Pflanze vor. Der Kelch besteht aus zwei bis acht oft ungleichen Blättern, die Krone ist vier- bis zehnblätterig, die Staubblätter sind zahlreich. Die Frucht bildet eine Kapsel, Beere oder Steinfrucht. Garcinia Hanburyi (Abb. 360) ist ein Baum des südlichen Asiens. Das aus Verletzungen der Rinde ausfließende gelbe Gummiharz is als Gummigutt — Gutti — offizinell.

Die zu den **Dipterocarpaceen** gehörigen tropischen Bäume haben radiäre Zwitterblüten mit fünfzähligen Perianthkreisen und meist vielen Staubblättern. Ihre Frucht ist meist eine einsamige Nuß, an welcher zwei oder drei Blätter des bleibenden Kelches lange, flügelartige Anhängsel bilden. Sie sind durch den Besitz von Harzgängen ausgezeichnet. Die ostindische Shorea Wiesneri und vielleicht auch noch andere Bäume aus derselben Familie liefern das unter dem Namen Dammar offizinelle Harz. Die auf Sumatra heimische Dryobalanops camphora liefert den Baroskampfer.

Vierte Ordnung: Säulchenträger (Columniferae).

Die Säulchenträger haben radiäre, zyklische Blüten mit meist fünfgliedrigen Kreisen. Die Blütenhülle hat Kelch und Krone, die Kelchblätter haben klappige

Abb. 357. Blütendiagramm von Hypericum.

Abb. 356. Nepenthes Dominiana (verkleinert). (Nach Cohn.)

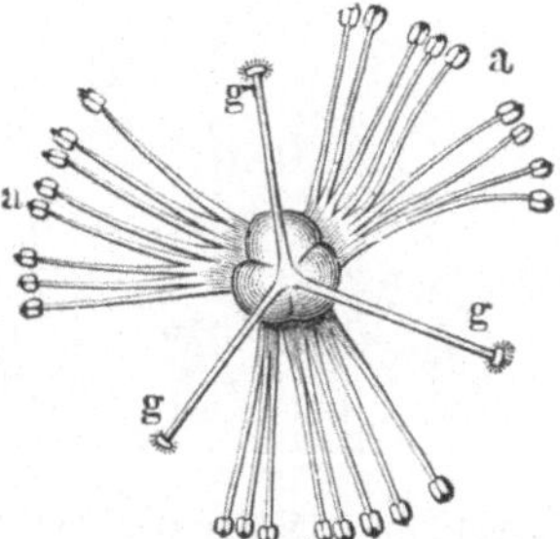

Abb. 358. Androeceum und Gynaeceum von Hypericum. *a* Staubgefäße zu drei Bündeln verwachsen, *g* Griffel.

Knospenlage. Das Androeceum ist durch Spaltung vielgliedrig. Das Gynaeceum aus zwei bis vielen synkarpen Fruchtblättern ist mehrfächerig.

Familien: Tiliaceae, Sterculiaceae, Malvaceae.

Die **Tiliaceen** sind größtenteils Holzpflanzen mit wechselständigen einfachen, am Rande gezähnten oder gelappten Blättern und kleinen Nebenblättern. Kelch und Krone der Zwitterblüten (Abb. 361) sind freiblätterig, das Androeceum ist typisch diplostemon, die Zahl der Staubblätter wird aber durch Spaltung sehr vergrößert. Der mehrfächerige Fruchtknoten trägt einen einfachen Griffel. Die Frucht ist eine Kapsel oder eine Nuß. Die Samen enthalten fleischiges Endosperm. Bei der Gattung Tilia, Linde, ist der äußere Staubblattkreis völlig unterdrückt. Die zahlreichen Staubblätter des inneren Kreises bilden fünf, den Kronblättern superponierte Gruppen. Die meisten Vertreter der Familie leben in den Tropen. Tilia cordata (Abb. 362), Winterlinde, und T. platyphyllos, Sommerlinde, sind bei uns vielfach in Anlagen, an Straßen und auf Plätzen eingepflanzt, einige ausländische

Arten werden als Zierbäume gezogen. Der Bast der einheimischen Arten wird technisch verwertet. Ihr Holz dient zu Laubsägearbeiten. Die Blütenstände, deren Hauptachse mit einem pergamentartigen, bei der natürlichen Aussaat als Flugorgan dienenden Hochblatt zur Hälfte verwachsen ist, sind als Lindenblüten — Flores Tiliae — offizinell. Chorchorus olitorius und capsularis, werden in den Tropen kultiviert zur Gewinnung der Bastfasern, die als „Jute" in den Handel kommen und vielfach zu gröberen Geweben verarbeitet werden.

Die **Sterculiaceen** gehören den Tropen an. Der Kelch ist verwachsenblättrig, die Kronblätter sind frei. Das Androeceum ist obdiplostemon, der innere, episepale Kreis entwickelt aber niemals Antheren, während die Zahl der Anlagen im äußeren Kreise meist durch Spaltung vergrößert wird. Die Antheren sind bald zwei, bald einfächerig und stets extrors. Der Fruchtknoten ist gewöhnlich fünffächerig mit mehreren Samen in jedem Fach. Hierher gehört der Kakaobaum, Theobroma Cacao (Abb. 363), eine uralte Kultur-

Abb. 359. Thea chinensis.

pflanze des tropischen Amerika, die gegenwärtig im ganzen Tropengürtel der Erde kultiviert wird. Ihre Samen dienen zur Herstellung des Kakaos und werden zu Schokolade verarbeitet. Die Kakaobutter — Oleum Cacao der Pharmakopöe — ist das aus den entschalten Samen des Kakaobaumes ausgepreßte Fett. In neuerer Zeit gewinnt auch ·der westafrikanische Kolanußbaum, Cola vera, für den europäischen Handel Bedeutung. Seine entschalten Samen, die Kolanüsse, die in Zentralafrika gewissen Negerstämmen als Münze dienen und dort zur Herstellung eines Kaubissens benutzt werden, liefern gleichfalls ein durch seinen Gehalt an anregenden und nährenden Stoffen ausgezeichnetes Getränk.

Die **Malvaceen** sind Holzpflanzen oder Kräuter mit wechselständigen einfachen, häufig handförmig gelappten, in der Knospe gefalteten Blättern und Nebenblättern. Sie haben einen verwachsenblättrigen Kelch, unter dem häufig ein von Hochblättern gebildeter Außenkelch steht. Auch die Kronblätter sind am Grunde unter sich und mit den Staubblättern ver-

Abb. 360. Garcinia Hanburyi. Offizinell. (Nach Baillon.)

20

wachsen. Die letzteren bilden unterwärts eine lange, enge, die Griffel umhüllende Röhre, die oben zahlreiche Fäden mit einfächerigen Antheren trägt (Abb. 364). Die drei bis vielen Fruchtblätter sind synkarp und tragen einen einfachen Griffel, der sich oberwärts nach der Zahl der Fruchtblätter in Narbenschenkel spaltet. Die Frucht ist eine Spaltfrucht oder eine Kapsel. In der Gattung Malva haben die Blüten einen dreiblätterigen Außenkelch, einen fünfspaltigen Kelch und fünf verkehrt herzförmige Kronblätter. Der Fruchtknoten ist scheibenförmig und vielfächerig. Die Malven, Malva silvestris und M. neglecta, sind bei uns auf Schutt und Wegen gemein. Offizinell sind Malvenblüten — Flores Malvae — von Malva silvestris, und Malvenblätter — Folia Malvae — von Malva neglecta und M. silvestris (Abb. 365). Nahe verwandt ist die Gattung Althaea mit sechs- bis neunspaltigem Außen-

kelch. Althaea rosea, Stockrose aus dem Orient, wird bei uns in Gärten als Zierpflanze kultiviert. Die Blätter von Althaea officinalis (Abb. 366) sind als Eibischblätter — Folia Althaeae — offizinell; die Äste von der Wurzel derselben Pflanze bilden die Eibischwurzel — Radix Althaeae der Pharmakopöe. Die Arten der Gattung

Abb. 361. Blütendiagramm von Tilia.   Abb. 362. Tilia cordata. Offizinell. (Nach Berg und Schmidt.)

Gossypium, die über den ganzen Tropengürtel der Erde verbreitet ist, liefern in den langen, fadenförmigen Haaren ihrer Samen die Baumwolle, die wichtigste Ware des Welthandels. Für den plantagenmäßigen Anbau, der besonders in den Tropen und Subtropen Amerikas in hoher Blüte steht, werden hauptsächlich verwendet Gossypium barbadense, G. peruvianum. G. hirsutum und G. herbaceum (Abb. 367), von denen zahlreiche Varietäten und Kulturpflanzen existieren. Aus den durch Maschinen von ihrer Samenwolle befreiten Baumwollsamen wird ein fettes Öl gepreßt, das als Brenn- und Speiseöl, besonders auch bei der Herstellung von Kunstbutter, verwendet wird. Die als Preßrückstand verbleibenden Baumwollsamenkuchen liefern, wenn sie von vorher geschälten Baumwollsamen stammen, ein wertvolles, fett- und eiweißreiches Viehfutter. Die weißen, entfetteten Haare der Samen von Gossypium-Arten sind als gereinigte Baumwolle — Gossypium depuratum — in der Pharmakopöe verzeichnet.

Zweite Reihe: Regelmäßige (Eucyclicae).

Die Blüten sind rein cyklisch, die typischen Zahlenverhältnisse sind nicht durch Spaltungen verwischt. Der Fruchtknoten ist oberständig.

Die Reihe umfaßt vier Ordnungen.

Ordnung 1: Storchschnabelartige, Gruinales. Blüten regelmäßig, obdiplostemon, ohne Diskus.

Ordnung 2: Terebinthenartige, Terebinthinae. Blüten regelmäßig, obdiplostemon mit intrastaminalem Diskus.

Ordnung 3: Roßkastanienartige, Aesculinae. Blüten regelmäßig, obdiplostemon, Fruchtknoten nur zwei- bis dreizählig. Diskus extrastaminal.

Ordnung 4: Faulbaumartige, Frangulinae. Blüten regelmäßig, haplostemon.

Abb. 363. Theobroma Cacao. Offizinell. (Nach Baillon.)

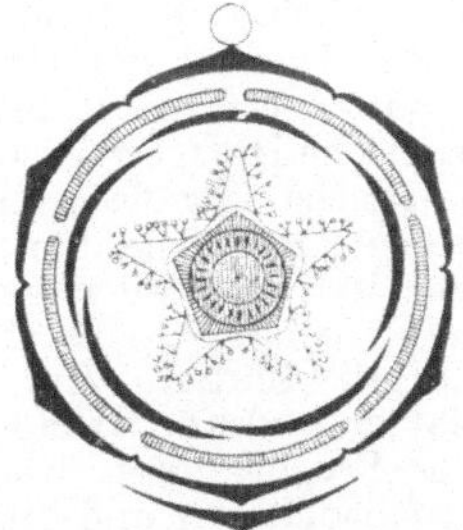

Abb. 364. Blütendi
gramm von Althaea
rosea.

Abb. 365. Malva silvestris. Offizinell.

Erste Ordnung: Storchschnabelartige (Gruinales).

Die **Gruinalen** besitzen fast durchgehends fünfzählige Blüten mit Kelch und Krone. Die Kronstamina sind bisweilen rudimentär oder fehlen ganz. Der Fruchtknoten ist gefächert. Die anatropen Samenanlagen sind hängend mit aufwärts gewendeter Mikropyle.

Familien: Geraniaceae, Tropaeolaceae, Limnanthaceae, Oxalidaceae, Linaceae, Balsaminaceae.

20*

Abb. 366.
Althaea offici-
nalis. Offizinell.
(Nach Berg u.
Schmidt.)

◃ Die **Geraniaceen** sind Kräuter mit gelappten oder geteilten Blättern. Sie haben einen fünffächerigen, tief fünffurchigen Fruchtknoten mit kräftigem Griffel, der an der Frucht zu einem langen Schnabel auswächst. Bei der Reife lösen sich die fünf Fruchtknotenfächer unten von einer stehenbleibenden Mittelsäule ab und ihr Griffelteil rollt sich ein. Gewöhnlichste Art ist bei uns Geranium pratense (Abb. 368 u. 369); G. palustre und G. pusillum kommen häufig vor. Bei der Gattung Erodium sind von den zehn Staubblättern nur fünf fruchtbar (Abb. 93 D). Erodium cicutarium, Reiherschnabel, ist als gemeines Ackerunkraut in ganz Deutschland verbreitet. Pelargonium-Arten, die aus Afrika stammen, werden in vielen Arten und Varietäten bei uns als Zierpflanzen gezogen.

Die **Tropaeolaceen,** eine in den Anden Nordamerikas heimische Pflanzenfamilie, sind Kräuter, die zum Teil mit den rankenden Blattstielen der einfachen, bisweilen schildförmigen Blätter klettern. Sie haben zygomorphe Blüten, ein Kelchblatt ist gespornt. Der Fruchtknoten ist dreifächerig. Tropaeolum majus, die Kapuzinerkresse, mit schildförmigen Blättern (Abb. 63 B) und großen orangegelben Blüten ist eine beliebte Gartenzierpflanze.

Zur Familie der **Oxalidaceen** gehören neben Kräutern vereinzelte tropische Holzgewächse. Die Blätter sind meist kleeblattartig zusammengesetzt, mit Gelenkknoten versehen und zu Reizbewegungen (Schlafstellung) befähigt. Sie haben aktinomorphe Blüten. Die zehn Staubblätter sind am Grunde verwachsen. Der Fruchtknoten besteht aus fünf Fruchtblättern und bildet eine längliche Kapselfrucht, seltener eine Beere. Der Same enthält fleischiges Nährgewebe. Der Sauerklee, Oxalis acetosella, mit weißrötlichen Blüten und kleeartigen Blättern ist bei uns in Gebüschen und Laubwäldern häufig. Er entwickelt neben großen auffälligen Blüten, deren Fruchtknoten zur elastisch aufspringenden Kapsel wird, auch winzige unscheinbare kleistogame Blüten. Oxalis stricta und O. corniculata sind aus Amerika eingewanderte, bei uns in Gemüsegärten häufige Unkräuter mit gelben Blüten.

Abb. 367. Baumwolle, Gossypium herbaceum. Offizinell. *a* eröffnete Fruchtkapsel.

Die **Linaceen** sind vorwiegend Kräuter mit einfachen ungeteilten sitzenden oder fast sitzenden Blättern. Die aktinomorphen Blüten bestehen aus fünf- oder seltener vier-gliedrigen Kreisen (Abb. 370). Die Kron-stamina sind rudimentär oder fehlen ganz. Der Fruchtknoten trägt fünf bzw. vier freie Griffel. Jedes der in gleicher Zahl vorhandenen Fruchtknotenfächer wird durch eine senk-rechte, von der Außenwand entspringende falsche Scheidewand halbiert. Die Gattung Linum, Lein, hat fünfzählige Blüten, die Kronblätter sind in der Knospe gedreht und fallen leicht ab. Die Staubgefäße sind am Grunde verwachsen. Die Kronstamina sind nur durch kurze Zähnchen angedeutet. Die Frucht ist eine zehnsamige Kapsel. Einige Arten, z. B. Linum catharticum, kommen bei uns wildwachsend vor, Linum usitatissimum (Abb. 371), der Flachs, wird seit den ältesten Zeiten als wertvolle Gespinstpflanze überall angebaut. Leinsamen — Semen Lini und das aus ihnen gepreßte Leinöl — Oleum Lini, sowie die dabei gewonnenen Preßrückstände, Leinkuchen — Placenta Seminis Lini sind offizinell.

Abb. 368. Blüten-diagramm von Ge-ranium pratense.

Abb. 370. Blütendia-gramm von Linum.

Die **Balsaminaceen** sind Kräuter mit dorsiven-tralen Blüten. Von den drei Kelchblättern ist das

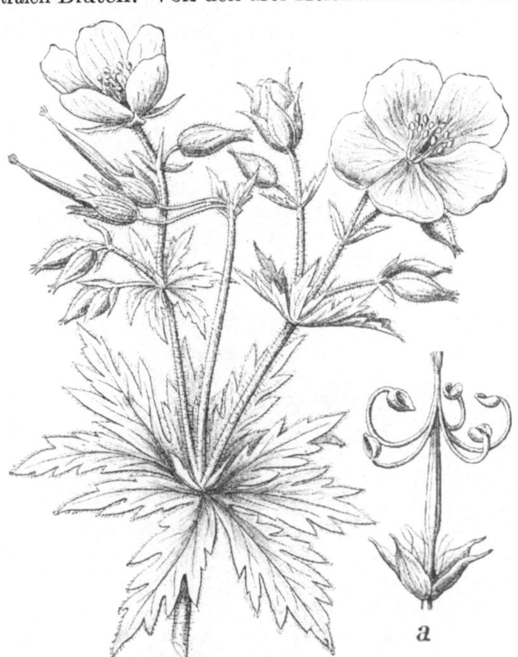

Abb. 369. Geranium pratense. *a* Frucht nach dem Aufspringen. (Nach Wossidlo.)

Abb. 371. Lein, Linum usitatissimum. Offizinell. (Nach Berg und Schmidt.) *a* die inneren Blütenteile, *b* quer-durchschnittene Fruchtkapsel.

hintere, größere gespornt. Von den fünf Kron-blättern ist das medianvordere das größte, die seitlichen sind paarweise verwachsen. Die Frucht ist eine fünfklappige, elastisch auf-springende Kapsel. Einheimisch ist nur Impatiens noli tangere, das Springkraut. mit hängenden Blüten und zurückgebogenem Sporn (Fig. 86 **B**). Impatiens minor mit

Abb. 372. Guajacum sanctum. (Nach Baillon.)

aufrechten Blüten und geradem Sporn stammt aus der Mongolei und ist jetzt an vielen Stellen in Deutschland verwildert. I. Balsamina, die Balsamine, aus Ostindien wird als Zierpflanze in Gärten gezogen.

Zweite Ordnung: Terebinthenartige (Terebinthinae).

Die Terebinthenartigen sind meist ausländische Holzgewächse. Sie stimmen im Blütenbau mit der vorhergehenden Ordnung überein, nur ist zwischen dem Androeceum und dem Gynaeceum ein deutlicher Diskus vorhanden.

Familien: Zygophyllaceae, Rutaceae, Connaraceae, Meliaceae, Simarubaceae, Burseraceae, Anacardiaceae.

Die **Zygophyllaceen** sind zum größten Teil Holzgewächse der wärmeren Länder mit meist gegenständigen, oft paarig gefiederten Blättern. Die Blüten sind aktinomorph und zwitterig und in allen Kreisen fünfzählig. Der Diskus ist wenig entwickelt. Die amerikanische Gattung Guajacum zeichnet sich durch septizide Kapseln aus. Guajacum sanctum (Abb. 372) ist ein immergrüner Baum West-Indiens. Offizinell ist das Guajakholz — Lignum Guajaci — von Guajacum officinale.

Abb. 373. Blütendiagramm von Ruta.

Abb. 374. Ruta graveolens. (Nach Berg u. Schmidt). *a* Einzelblüte.

Die **Rutaceen** sind meistens Holzgewächse, seltener Kräuter mit nebenblattlosen Blättern. Die Blüten, die gewöhnlich aktinomorph und zwitterig sind, haben fünf- oder vierzählige Organkreise (Abb. 373). Die Kronstamina sind häufig unterdrückt. Der Diskus ist wohl entwickelt. Der Fruchtknoten besteht meistens aus fünf oder vier Fruchtblättern. Alle Arten enthalten lysigene Öllücken in der Rinde und in den Blättern. Ruta graveolens (Abb. 374), Raute, und Dictamnus fraxinella, Diptam, werden bei uns in den Gärten gezogen. Die Gattung Citrus (Abb. 375), der Zitronen- oder Orangenbaum, wird in zahlreichen Arten und Varietäten als Obstbaum in allen wärmeren Ländern angebaut. Die Fächer des Fruchtknotens füllen sich durch aus der Fruchtwand hervorsproßende Zellhöcker nachträglich mit einem großzelligen, saftreichen Fruchtbrei, so daß die Frucht beerenartig erscheint. Citrus medica

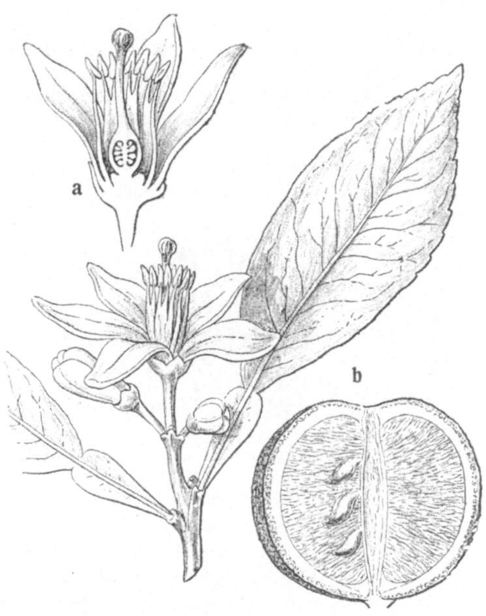

/5. Citrus Aurantium. (Nach Wossidlo).
ütenlängsschnitt, **b** halbierte Frucht.

.imonum) liefert Zitronen. C. Auran.efert Orangen (Apfelsinen). C. Aurantium subsp. amara (= C. vulgaris) liefert Pomeranzen. In den Tropenländern werden auch die wenig aromatischen, schwach säuerlichen, kopfgroßen Früchte der Pompelmuse, C. decumana, als Obst genossen. Neuerdings wird auch die Mandarine, die Frucht der in Hinterindien einheimischen C. nobilis, in großen Mengen eingeführt. Offizinell sind unreife Pomeranzen — Fructus Aurantii immaturi — und Pomeranzenschale — Pericarpium Aurantii —, die Schale der ausgewachsenen Früchte von Citrus Aurantium subspecies amara; ferner Citronenschale — Pericarpium Citri —, Zitronenöl — Oleum citri von Citrus medica.

Die **Simarubaceen,** tropische und subtropische Holzgewächse mit nebenblattlosen, meist gefiederten Laubblättern stimmen im Blütenbau im allgemeinen mit den Rutaceen überein, sie unterscheiden sich aber durch den Mangel der Öllücken und durch den reichen Gehalt an Bitterstoffen in Holz und Rinde. Als ein Vertreter der Familie mag der bei uns als Zierbaum in Anlagen angepflanzte, aus China stammende Götterbaum

Abb. 376. Quassia amara. Offizinell.
(Nach Baillon.)

Ailanthus glandulosa genannt sein. Offizinell ist Quassiaholz — Lignum Quassiae —,
das Holz von Picrasma excelsa und von Quassia amara (Abb. 376).

Die **Burseraceen** sind meist tropische Bäume und Sträucher mit abwechselnd gestellten,
unpaarig gefiederten, seltener einfachen Blättern und kleinen, meist eingeschlechtigen
Blüten. Sie sind durch den Besitz längsverlaufender Balsamgänge ausgezeichnet. Commiphora molmol und andere (Abb. 377) liefern das unter dem Namen Myrrhe — Myrrha —
offizinelle Gummiharz.

Abb. 377. Commiphora abyssinica. Offizinell. *a* weibliche, *b* männliche Blüte im
Längsschnitt.

Die **Anacardiaceen,** exotische Holzpflanzen mit einfachen oder unpaarig gefiederten Blättern haben gleichfalls Harzgänge. Bei der tropischen Gattung Anacardium werden von
den zehn Staubblättern neun unterdrückt. Der Fruchtstiel wird unterhalb der nußartigen
Frucht (der früher offizinellen Elefantenlaus) zu einem fleischigen, birnförmigen Körper.
Mangifera indica, ein Baum mit schöner, dichter, dunkelgrüner Laubkrone ist ein
wichtiger Obstbaum der Tropenländer. Die im Mittelmeergebiet heimische Gattung
Pistacia enthält einige Nutzpflanzen. Die Samen der P. vera werden als Pistaciennüsse
zur Würze von Fleischspeisen verwendet; P. lentiscus liefert das officinelle Mastix.
Einige Arten der Gattung Rhus, Sumach, werden bei uns als Ziersträucher angepflanzt;
unter ihnen ist der aus Nordamerika stammende Gift-Sumach, Rhus Toxicodendron
(Abb. 378), als Giftpflanze bemerkenswert. Rhus Coriaria, Gerber-Sumach der Mittelmeerländer, und andere liefern in ihren Rinden ein geschätztes Gerbmaterial.

Dritte Ordnung: Roßkastanienartige (Aesculinae).

Sie sind durch einen bisweilen nur schwach entwickelten, außerhalb des Staubblattkreises liegenden Diskus gekennzeichnet. Die Blüten sind im Grund plan zyklisch und obdiplostemon wie die der vorhergehenden Reihen; von diesen

Abb. 378. Rhus Toxicodendron. Giftig.

unterscheidet sich aber die Reihe dadurch, daß das Gynaeceum nur aus zwei oder drei synkarpen Fruchtblättern besteht. Die Blüten sind häufig schräg zygomorph und durch das Fehlschlagen einzelner Staubblätter unvollständig.

Familien: Malpighiaceae, Erythroxylaceae, Sapindaceae, Hippocastanaceae, Staphyleaceae, Aceraceae, Polygalaceae, Vochysiaceae.

Die **Sapindaceen** sind Holzgewächse der wärmeren Länder [mit wechselständigen, ungeteilten oder gefiederten Blättern. Ihre bisweilen eingeschlechtigen Blüten sind häufig schrägzygomorph mit ungleichseitigem, extrastaminalem Diskus. In den beiden Staubblattkreisen sind gewöhnlich einzelne Glieder fehlgeschlagen. Der Fruchtknoten besteht meist aus drei oder zwei Fruchtblättern. Viele Arten sind Bäume und Lianen der warmen Zone. Einige Nephelium-Arten sind geschätzte Obstbäume der Tropenländer. Aus den Samen der südamerikanischen Paullinia sorbilis wird die Pasta Guarana bereitet, die den südamerikanischen Indianern als anregendes Genußmittel dient.

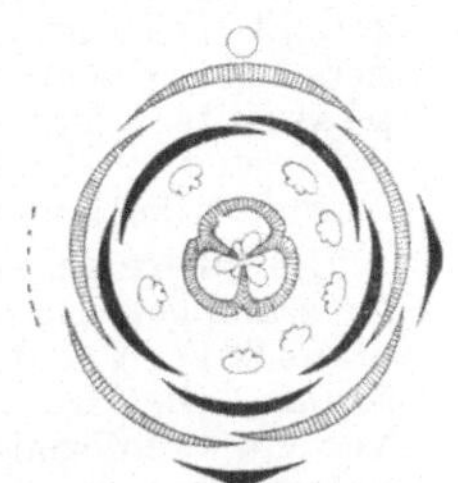

Abb. 379. Blütendiagramm von Aesculus Hippocastanum.

Die **Hippocastanaceen** sind Bäume mit gegenständigen, handförmig zusammengesetzten Blättern. Sie schließen sich im Bau ihrer schrägzygomorphen Blüten (Abb. 379) den Sapindaceen nahe an. Die Blüten stehen in stattlichen rispenförmigen Infloreszenzen. Die Kapselfrucht enthält meist nur einen Samen. Bei uns eingebürgert und als Alleebaum überall verwendet ist Aesculus Hippocastanum, Roßkastanie, mit fünf- bis siebenzählig gefingerten Blättern.

Die **Aceraceen** sind Bäume oder Sträucher mit gegenständigen einfachen oder handförmig gelappten Blättern ohne Nebenblätter. Sie haben regelmäßige Blüten mit vier bis

Abb. 380.
Acer platanoides

fünf Kelchblättern, vier bis neun Kronblättern, meist acht Staubblättern und einem zweifächerigen Fruchtknoten. Der hypogyne Diskus ist oft stark entwickelt. Die reife Frucht zerfällt meist in zwei einsamige Flügelfrüchte. Einige Arten der Gattung Acer, besonders Acer campestre, Feld-Ahorn, A. platanoides, Spitz-Ahorn (Abb. 380), A. Pseudoplatanus, Berg-Ahorn, zieren mit ihrem schönen Laube die schattigen Wälder des Gebirges und der Ebene. Ihr Holz ist als Werkholz gesucht. Acer sacharinum in Nordamerika liefert zuckerhaltigen Saft.

Die **Polygalaceen** sind Kräuter oder zum Teil lianenartige Holzpflanzen mit einfachen ganzrandigen und nebenblattlosen Blättern. Die Blüten der Polygalaceen sind dorsiventral (Abb. 381). Von den fünf Kelchblättern sind die beiden inneren kronblattartig und flügelförmig. Die Krone besteht aus drei am Grunde verwachsenen Blättern, von denen das vordere kahnförmig ist. Die acht Staubblätter sind zu zwei Bündeln und mit der Krone verwachsen, das Gynaeceum besteht aus zwei verwachsenen Fruchtblättern. Polygala amara und P. chamaebuxus, die Kreuzblume sind bei uns überall verbreitet. Offizinell ist die Senegawurzel — Radix Senegae — von der nordamerikanischen Polygala Senega (Abb. 382).

Vierte Ordnung: Faulbaumartige (Frangulinae).

Die Blüten sind aktinomorph und enhalten nur einen Staubblattkreis. Die Blütenkreise sind vier- oder fünfzählig. Das Gynaeceum besteht aus zwei bis vier synkarpen Fruchtblättern. Der Fruchtknoten ist meist mehrfächerig nach der Zahl der Fruchtblätter. Bei der Mehrzahl der Familien ist ein intrastaminaler oder extrastaminaler Diskus vorhanden.

Familien: Celastraceae, Hippocrateaceae, Aquifoliaceae, Rhamnaceae, Ampelidaceae (Buxaceae, Empetraceae).

Die **Celastraceen** sind Sträucher oder Bäume der warmen und gemäßigten Zonen mit einfachen Blättern. Sie haben aktinomorphe Blüten nach der Formel: K 4 C 4 A 4 G (4). Daneben kommen bisweilen fünfzählige Blüten vor. Die Kronblätter greifen in der Knospe dachig übereinander, die Staubfäden alternieren mit den Kronblättern. Jedes Fach des Fruchtknotens enthält zwei oder mehr aufrechte anatrope Samenanlagen. Evonymus europaeus, Spindelbaum oder Pfaffenhütlein, wächst bei uns in Gebüschen und Hecken und ist durch die rosenroten, stumpf vierkantigen Früchte auffällig, die vier weiße Samen mit gelbem Arillus einschließen.

Die **Aquifoliaceen** sind meist immergrüne Bäume oder Sträucher mit einfachen wechselständigen Blättern. Sie stimmen im Blütenbau mit den Celastraceen überein, nur enthält jedes Fach des Fruchtknotens eine einzige, hängende Samenanlage. Ilex Aquifolium, in Norddeutschland Stecheiche oder Stechpalme, im Süden Hülsen genannt, ein Strauch mit lederigen, winterharten, dornig gezähnten, elliptischen Blättern, findet sich hin und wieder in den Wäldern Deutschlands.

Die **Rhamnaceen** sind aufrechte Sträucher mit einfachen Blättern und vier oder fünfzähligen Blütenkreisen (Abb. 383) und meist perigyner Hülle. Die kleinen Kronblätter berühren sich in der Knospe nicht oder nur mit den Rändern. Die Staubblätter sind den Kronblättern superponiert. Der oberständige, zwei -bis fünffächerige Fruchtknoten wird zur Kapsel-

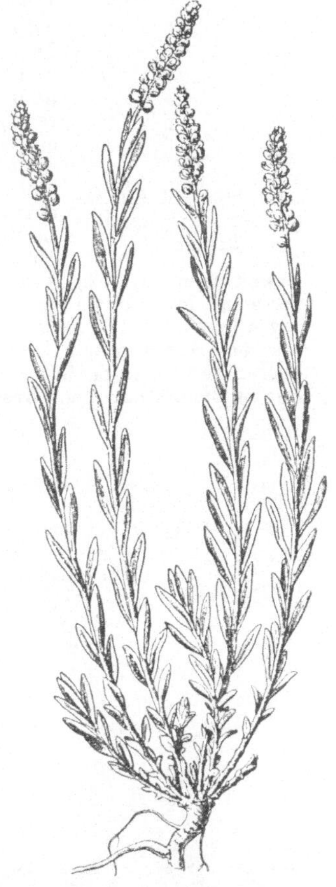

Abb. 382. Polygala Senega. Offizinell. (Nach Berg und Schmidt.)

Abb. 381. Blütendiagramm von Polygala.

oder Steinfrucht. Rhamnus cathartica, Kreuzdorn, mit vierzähligen, und Rh. Frangula, Faulbaum (Abb. 384), mit fünfzähligen Organkreisen in der Blüte sind einheimische Sträucher. Sie sind die Wirte der Aecidienform des den Hafer befallenden Kronenrostes, Puccinia coronifera. Aus den Kreuzdornbeeren wird der offizinelle Kreuzdornbeersirup — Sirupus Rhamni catharticae — bereitet. Rhamnus Frangula liefert die offizinelle Faulbaumrinde — Cortex Frangulae.

Die **Ampelidaceen** oder **Vitaceen** sind kletternde Sträucher mit den Blättern gegenüberstehenden, verzweigten Ranken, die metamorphosierte Blütensprosse sind. Sie stimmen im Bau der äußeren Organkreise der Blüte mit den Rhamnaceen überein (Abb. 385), der Fruchtknoten ist aber zwei- oder seltener vierfächerig und wird zur Beere. Ampelopsis hederacea, wilder Wein, aus Nordamerika stammend, wird bei uns zur Bekleidung von Hauswänden und Lauben angepflanzt. Vitis vinifera (Abb. 386), der Weinstock, ist eine uralte Kulturpflanze, die in vielen Varietäten angebaut und zur Weingewinnung verwendet wird. Am Weinstock treten regelmäßig zweierlei Sprosse auf, nämlich einmal unbegrenzt in die Länge wachsende Langtriebe, die Lotten, und Kurztriebe mit geringem Längenwachstum, welche niemals Blütenstände hervorbringen, die Geizen. Die Lotten tragen an ihrer Basis zwei schuppenförmige Niederblätter, dann folgen zweizeilig abwechselnd gestellte Laubblätter. Den untersten vier oder fünf Laubblättern steht keine Ranke gegenüber, dann folgen aber die blattgegenständigen Ranken in regelmäßiger Anordnung derart, daß immer auf zwei rankentragende Sproßknoten ein dritter rankenloser folgt. Statt der untersten Ranken der Lotte können sich Blütenrispen entwickeln. Aus den Achselknospen der Laubblätter gehen die Geizen hervor, die nur ein seitliches Schuppenblatt an der Basis tragen, im übrigen aber ähnlich wie die Lotten zweizeilig beblättert und mit Ranken versehen sind, nur mit dem Unterschiede, daß bereits dem zweiten Laubblatt eine Ranke gegenübersteht. Die Achselknospe des Niederblattes der Geize liefert eine neue Lotte, alle übrigen Blattknospen bringen nur Geizen hervor. In der Winzersprache werden die Blütenrispen „Gescheine",

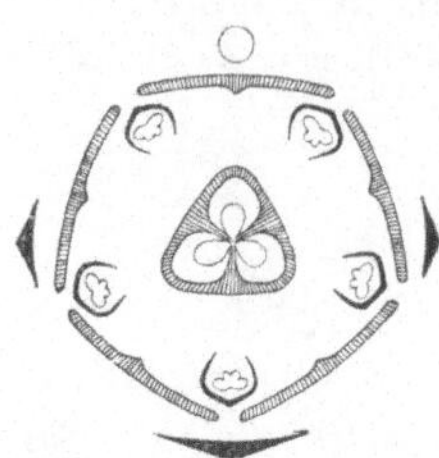

Abb. 383. Blütendiagramm von Rhamnus Frangula.

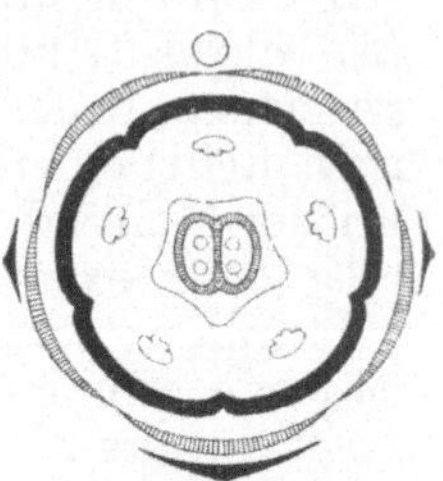

Abb. 385. Blütendiagramm von Ampelopsis.

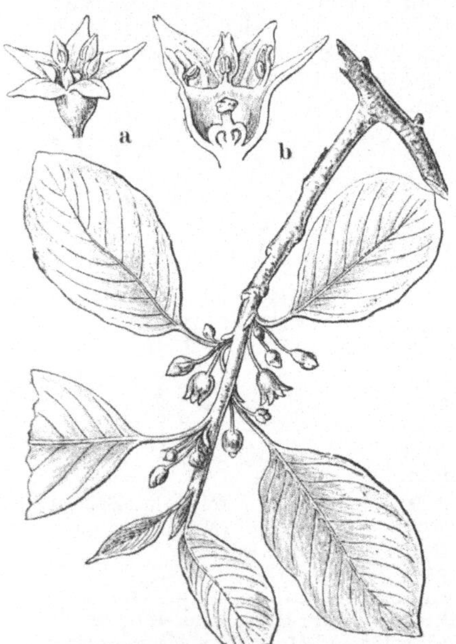

Abb. 384. Faulbaum, Rhamnus Frangula. Offizinell. (Nach Wossidlo.) a Einzelblüte, b Blütenlängsschnitt.

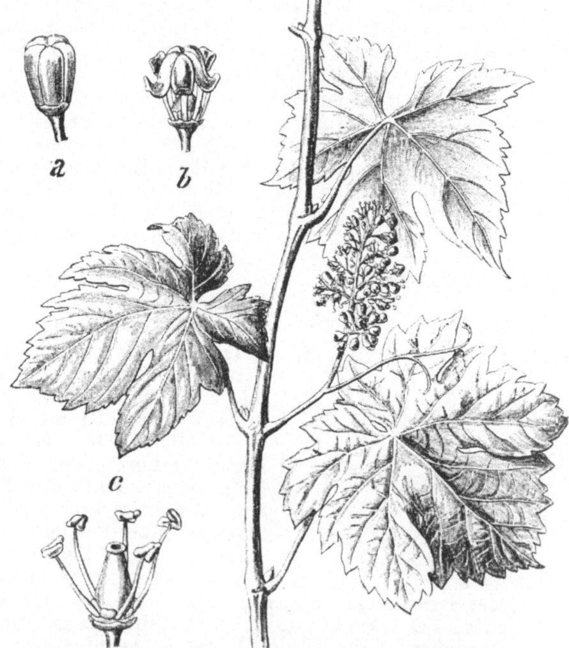

Abb. 386. Vitis vinifera. (Nach Koehler.) a, b, c Einzelblüte in verschiedenen Stadien des Aufblühens.

die Ranken „Gabeln" genannt. Als gefährlicher Schädling des Weinbaues kommt außer den früher erwähnten parasitischen Pilzen in der Gegenwart hauptsächlich die Reblaus — Phylloxera vastatrix — in Betracht, eine aus Amerika bei uns eingewanderte Blattlaus, die in einer Reihe von verschieden gestalteten Generationen auf dem Rebstock lebt und ihn hauptsächlich durch Beschädigung der Wurzel zum Absterben bringt.

Dritte Reihe: Kelchblütige (Calyciflorae).

Die Blütenachse bildet ein Hypanthium, an dessen Rande Kelch-, Kron- und Staubblätter eingefügt sind. Je nachdem das Hypanthium scheiben- oder urnenförmig, frei oder mit den umhüllten Fruchtknoten verwachsen ist, entstehen hypogyne, perigyne oder epigyne Blütenformen. Die Blüten sind meist zyklisch gebaut. Die Blütenhülle besteht aus Kelch und Krone, im Androeceum tritt bisweilen Vermehrung der Gliederzahl durch Spaltung ein. Es sind selten mehr als zwei Staubblattkreise vorhanden. Die Fruchtblätter sind meist synkarp, seltener apokarp.

Hierher gehören vier Ordnungen.

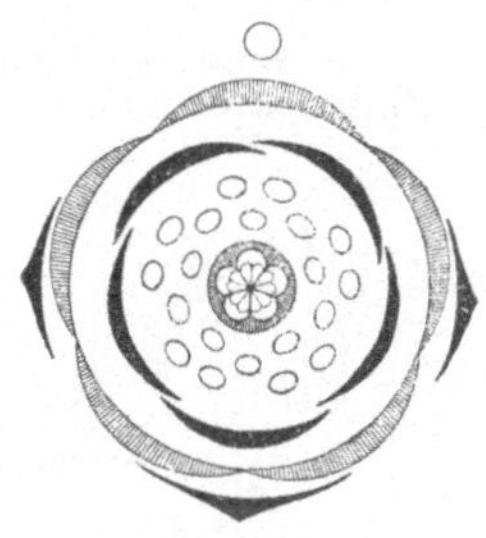

Abb. 387. Blütendiagramm von Pirus communis.

Ordnung 1: Rosenartige, Rosiflorae. Blüten peri- oder epigyn, Kelch und Krone meist fünfzählig und alternierend. Viele Staubblätter und mehrere apokarpe Fruchtblätter.

Ordnung 2: Myrtenartige, Myrtiflorae. Blüten zyklisch, epigyn häufig mit viergliedrigen Kreisen, Fruchtblattquirl vollzählig, synkarp mit einfachem Griffel.

Ordnung 3: Hülsenfrüchtler, Leguminosae. Blüten perigyn, meist dorsiventral mit fünfzähligen Kreisen. Nur ein Fruchtblatt, das zur Hülse wird.

Ordnung 4: Doldenträger, Umbelliflorae. Blüten euzyklisch, mit einem Staubblattkreis und zwei Fruchtblättern, die einen unterständigen, zweifächerigen Fruchtknoten bilden, mit einer hängenden Samenanlage in jedem Fach. Blütenstand eine Dolde.

Abb. 388. Himbeere, Rubus Idaeus. Offizinell. (Nach Berg u. Schmidt.) a Blütenlängsschnitt

Erste Ordnung: Rosenartige (Rosiflorae).

Bei verschiedener Gestaltung des Hypanthium sind die Blüten peri- oder epigyn. Kelch und Krone sind meist fünfzählig und alternierend. Das Androeceum enthält 5 bis 30 Staubblätter. Die Fruchtblätter sind zahlreich, doch kommen auch niedere Zahlen bis zu 1 vor. Die Griffel sind frei. Der Fruchtknoten ist apokarp oder synkarp.

Familien: Rosaceae, Crassulaceae, Saxifragaceae, Hamamelidaceae, Platanaceae.

Die **Rosaceen** sind Bäume, Sträucher oder Kräuter. Charakteristisches Merkmal des Blütenbaues ist die Polyandrie. Sie stehen auch in anderen Merkmalen den Ranunculaceen nahe (Abb. 387).

Abb. 389. Potentilla tormentilla. Offizinell.

Die meisten Gattungen sind in der einheimischen Flora vertreten; als häufigste Arten mögen genannt sein: Crataegus oxyacantha, Weißdorn; Sorbus aucuparia, Vogelbeere; Rosa canina, Hundsrose; Alchemilla vulgaris, Frauenmantel; Potentilla anserina, Fingerkraut; P. silvestris, P. reptans, P. argentea, P. verna, Fragaria vesca, Erdbeere; Rubus caesius, Brombeere; Spiraea ulmaria, Spierstaude; Prunus spinosa, Schlehdorn. — Pirus communis, Birnbaum; P. malus, Apfelbaum; Cydonia vulgaris, Quitte; Arten von Fragaria, Erdbeere; Rubus Idaeus (Abb. 388), Himbeere; Prunus domestica, Zwetsche; P. insititia, Pflaume; P. Armeniaca, Aprikose; P. cerasus (Abb. 391), Weichsel; P. avium, Kirsche, und Persica vulgaris, Pfirsich, werden in zahlreichen Varietäten angebaut und liefern in ihren Früchten die geschätztesten Obstsorten. Viele Arten der Gattungen Rosa (Abb. 392) und Spiraea sind beliebte Zierpflanzen.

Offizinell sind Rosenöl — Oleum Rosae von verschiedenen Rosenarten, Kosoblüten — Flores Koso — weibliche Blüten oder Blütenstände von Hagenia abyssinica (Abb. 390); süße Mandeln — Amygdalae dulces — die Samen der süßsamigen Kulturform von Prunus Amygdalus (Abb. 393), Mandelöl — Oleum Amygdalarum; Seifenrinde — Cortex Quillaiae — von Quillaia Saponaria (Abb. 394). Rhizoma Tormentillae von Potentilla tormentilla. Ferner ist Himbeersyrup — Sirupus Rubi Idaei — Kirschsyrup — Sirupus Cerasi, Pfirsichkernöl — Oleum Persicarum in der Pharmakopöe vorgeschrieben.

Die **Crassulaceen** sind krautartige Blattsukkulenten, in deren Blüten alle Kreise drei- bis dreißigzählig sind. Einheimisch sind die Gattungen Sedum mit fünfteiligem und Sempervivum mit sechs- oder mehrteiligem Kelch. Sedum acre, der Mauerpfeffer, ist an sandigen Plätzen überall gemein.

Die **Saxifragaceen** sind der größten Zahl nach Kräuter mit wechselständigen Blättern, die meist in der gemäßigten Zone heimisch sind und von denen manche in die Hochgebirge und bis zum hohen Norden vordringen. Die Blüten bestehen meist aus vier- oder fünfzähligen Kreisen (Abb. 395). Die Krone ist zum Schwinden geneigt. Das Androeceum ist häufig obdiplostemon, seltener nur aus einem Kreise gebildet oder vielmännig. Das Gynaeceum ist zwei- bis fünfblätterig, unter-, ober- oder halboberständig. Saxifraga, Chrysosplenium, Parnassia und Ribes sind einheimische Gattungen. Ribes rubrum, Johannisbeere, und R. Grossularia, Stachelbeere, werden überall als Beerenobst angebaut. Philadelphus coronarius und Deutzia scabra sind beliebte bei uns eingeführte Ziersträucher.

Die **Hamamelidaceen** gehören den wärmeren Ländern an; sie sind zum Teil stattliche Bäume wie der Rasamala, Altingia excelsa, der javanischen Urwälder. Manche führen

Balsamgänge, wie z. B. Liquidambar orientalis in Kleinasien, der den offizinellen Storax-Styrax crudus liefert.

Die **Platanaceen** sind Bäume mit großen, wechselständigen, handförmig gelappten Blättern mit tutenförmig verwachsenen Nebenblättern. Die eingeschlechtigen Blüten stehen in kugeligen Köpfchen; Kelch und Krone sind unscheinbar, die Regelmäßigkeit der Blütenkreise ist meistens durch Fehlschlagen einzelner Glieder gestört, die Fruchtlist eine Nuß. Platanen, Plantanus orientalis aus dem Orient und P. occidentalis aus Nordamerika, werden bei uns als Allee- und Zierbäume in Anlagen vielfach verwendet.

Abb. 390. Blütenstand von Hagenia abyssinica. Offizinell. *a* Längsschnitt durch eine weibliche Blüte.

Zweite Ordnung; Myrtenartige (Myrtiflorae).

Die Myrtenartigen sind Bäume, Sträucher oder Kräuter mit epi- oder perigynen Blüten von regelmäßigem Bau. Die Kreise sind meist vier- bis fünfzählig, Kelch und Krone sind vorhanden. In der Knospe berühren sich die Kelchblätter mit den Rändern. Die Staubblätter stehen in zwei Kreisen oder sind zahlreich. Das Gynaeceum ist synkarp mit einfachem Griffel. Der Fruchtknoten ist mehrfächerig.

Abb. 391. Blütenzweig von Prunus Cerasus. Offizinell. (Nach Wossidlo.) **a** Einzelblüte im Längsschnitt.

Abb. 392. Rosa centifolia. (Nach Berg u. Schmidt.)

Abb. 393. Prunus Amygdalus. Offizinell. (Nach Berg u. Schmidt.) **a** Blütenlängsschnitt.

Abb. 394. Quillaia Saponaria. Offizinell. (Nach Baillon.)

Familien: Onagraceae, Halorrhagidaceae, Combretaceae, Lecythidaceae, Rhizophoraceae, Lythraceae, Melastomaceae, Myrtaceae, Thymelaeaceae, Elaeagnaceae.

Die **Onagraceen** oder Oenotheraceen sind Kräuter der subtropischen und gemäßigten Klimate mit gegen- oder wechselständigen Blättern ohne Nebenblätter. Die Gefäßbündel des Stammes sind bei vielen bikollateral. Sie haben meist die Blütenformel K4 C4 A8 oder 4 G (4) (Abb. 396). Daneben kommen auch zwei-, drei- und fünfzählige Blüten vor. In der Knospe sind die Kelchblätter klappig, die Kronblätter sind rechts gedreht oder fehlen bisweilen. Die Griffel sind verwachsen, die Fächer

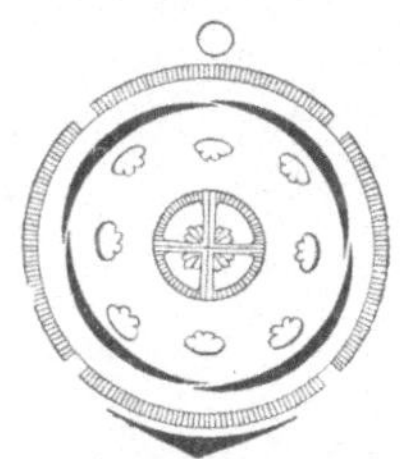

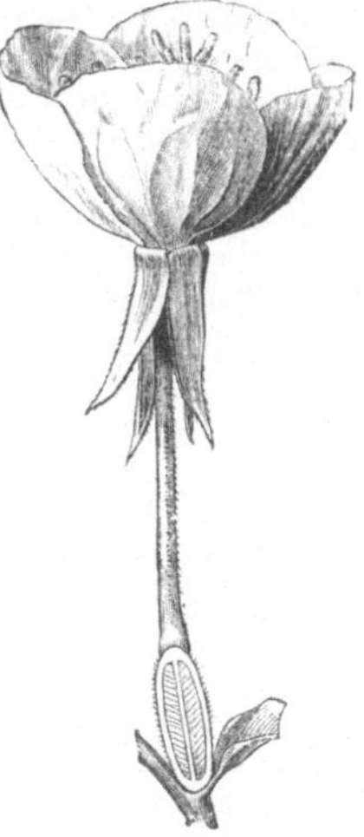

Abb. 395. Blütendiagramm von Saxifraga granulata.

Abb. 396. Blütendiagramm von Epilobium.

Abb. 397. Blüte von Oenothera biennis. Der Fruchtknoten ist der Länge nach aufgeschnitten.

des unterständigen Fruchtknotens enthalten meist viele Samenanlagen. Von den Gattungen sind Epilobium, Weidenröschen, und Circaea als einheimische zu nennen. Epilobium parviflorum, E. hirsutum, E. angustiflolium und Circea lutetiana, Hexenkraut, kommen häufiger vor. Trapa natans, Wassernuß, eine Wasserpflanze mit schwimmenden Blatt-

rosetten, ist bei uns im Aussterben begriffen und kommt nur noch an wenigen, weitzerstreuten Standorten in stehenden Gewässern vor. Die Nachtkerze, Oenothera biennis (Abb. 397) aus Virginien, ist bei uns an vielen Orten eingebürgert. Die südamerikanische Gattung Fuchsia wird in vielen Arten und Varietäten als Zierpflanze in Töpfen gezogen. Die tropische Jussiaea repens und andere Arten der Gattung sind durch eigentümliche Atemwurzeln ausgezeichnet (s. S. 20).

Die **Halorrhagidaceen** sind Kräuter von sehr verschiedenem Habitus. Sie stimmen im allgemeinen mit den Onagraceen im Blütenbau überein, nur sind die Griffel frei und die Fruchtknotenfächer einsamig. Bei einigen sind die Blüten kronenlos und eingeschlechtig, die Zahl der Staubblätter und Karpelle sinkt bisweilen auf 1 herab. Hierher gehören einige einheimische Wasserpflanzen aus den Gattungen Myriophyllum, Hippuris und Callitriche.

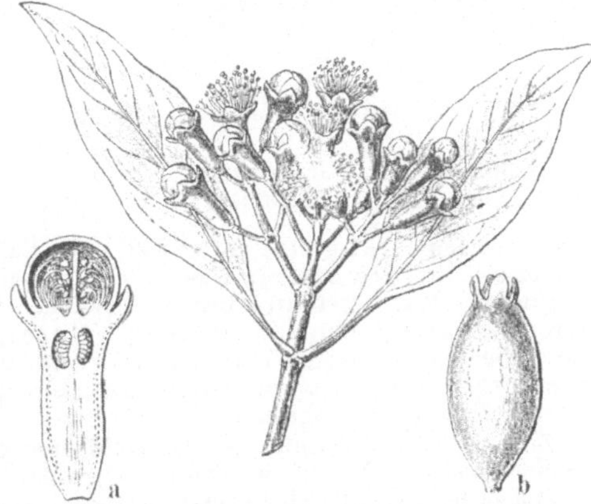

Abb. 398. Jambosa caryophylus. Offizinell. a Blütenlängsschnitt, b Frucht. (Nach Wossidlo)

Die **Lythraceen** sind Kräuter und Sträucher mit einfachen ganzrandigen Blättern und bikollateralen Leitbündeln. Die perigynen Organkreise in den Blüten sind meist sechszählig, die Kronblätter sind in der Knospe geknittert oder fehlen bisweilen ganz. Die Frucht ist eine Kapsel mit ein bis sechs vielsamigen Fächern. Die hierher gehörige, bei uns auf feuchten Stellen gemeine Lythrum Salicaria, Blutweiderich ist durch Heterostylie ausgezeichnet.

Die **Myrtaceen** sind Bäume oder Sträucher mit bikollateralen Leitbündeln und lysigenen Sekretbehältern. Die meist gegenständigen Blätter sind in der Regel ganzrandig und lederartig derb. Die Blüten haben vierzähligen Kelch und Krone. Das Androeceum ist durch Spaltung vielzählig. Das unterständige Gynaeceum besteht aus zwei bis vier Fruchtblättern. Die Familie ist auf die warmen Zonen beschränkt; in Europa ist sie durch Myrtus communis, die Myrte der Mittelmeergebiete, vertreten. Die meisten Arten sind an aromatischen Stoffen reiche Holzpflanzen, einige liefern offizinelle Stoffe: Gewürznelken — Caryophylli — sind die nicht geöffneten Blüten von Jambosa caryophyllus (Abb. 398), aus ihnen wird Nelkenöl — Oleum Caryophylli gewonnen; die Granatrinde — Cortex Granati — stammt

Abb. 399. Punica Granatum. Offizinell.   Abb. 400. Daphne Mezerum. Giftig.
(Nach Baillon.)

von Punica Granatum (Abb. 399). Die halbreifen Früchte der von den Antillen stammenden Pimenta officinalis sind als Nelkenpfeffer oder Neugewürz im Handel. Eine eigenartige Myrtaceenflora besitzt Australien in den waldbildenden Eukalyptusarten mit ihren vertikal gestellten Blattflächen. Eucalyptus globulus, dessen Stamm eine Höhe von über 100 m erreicht, wird in subtropischen Ländern als Fieberbaum zur Sanierung sumpfiger Gegenden angepflanzt. Aus den Blättern wird das offizinelle Eukalyptusöl — Oleum Eucalypti gewonnen.

Zu der kleinen Familie der **Lecythidaceen** gehört die Bertholletia excelsa der südamerikanischen Tropen, welche die Paranüsse des Handels liefert.

Die meist strauchartigen, mit einfachen, ganzrandigen Blättern versehenen **Thymelaeaceen** haben ein kronblattartiges, röhrig verwachsenes Perianth mit vierteiligem Saum, dessen Zipfel in der Knospe dachig übereinander greifen. Die vier oder acht Staubblätter sind mit dem Perigon verwachsen, der oberständige Fruchtknoten enthält eine hängende Samenanlage und wird zur Beere. Die hierher gehörenden Pflanzen sind meist scharfe, zum **Teil** ätzende Giftpflanzen. Einheimisch ist Daphne Mezereum (Abb. 400), Seidelbast, ein Strauch, der im ersten Frühling vor dem Erscheinen der Blätter mit rosenroten, betäubend süßlich riechenden Blüten bedeckt ist.

Die **Elaeagnaceen** haben eine aufrechte Samenknospe im Fruchtknoten. Die Frucht ist eine Nuß, die vom bleibenden Grund des Perianths eingeschlossen ist. Die Epidermis der

hierher gehörenden Bäume und Sträucher ist mit silberweißen und bräunlichen Stern-
haaren bedeckt — Elaeagnus angustifolia, Ölweide, und Hippophaë rhamnoides
Sanddorn, sind bei uns als Ziersträucher in Anlagen zu finden; die letztere Art tritt auch
wildwachsend in der Auenflora der süddeutschen Flüsse und am Meeresstrande der Ost-
see auf.

Dritte Ordnung: Hülsenfrüchtler (Leguminosae).

Die meist dorsiventralen Blüten der Hülsenfrüchtler
sind peri- oder hypogyn, nie epigyn. Die Blütenhülle
besteht in der Anlage in der Regel aus zwei Kreisen
mit je fünf Gliedern. Die Zahl der Staubblätter ist meist
10. Das Gynaeceum besteht aus einem einzigen Fruchtblatt, welches zur Hülse wird.

Familien: Papilionaceae, Caesalpiniaceae, Mimosaceae.

Die **Papilionaceen** sind besonders in den Tropenländern, aber
auch in den gemäßigten Zonen reichlich vertreten. Sie sind
Holzgewächse oder Kräuter. Die Blätter sind fast durchgehend
gefiedert und haben
am Grund große lau-
bige, seltener zu Dor-
nen umgebildete Ne-
benblätter. Manche
Arten klettern mit
Blattranken. In den

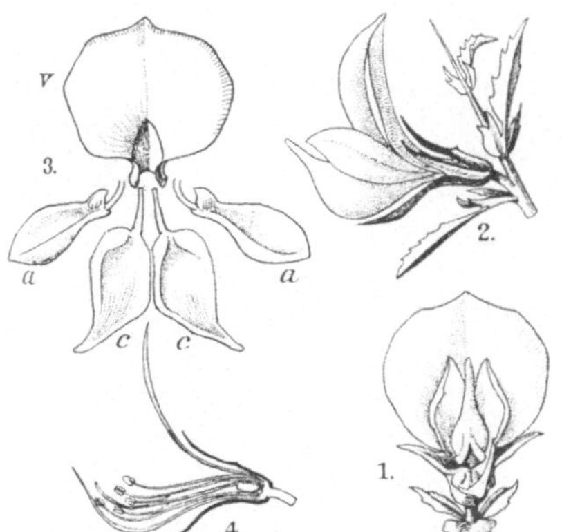

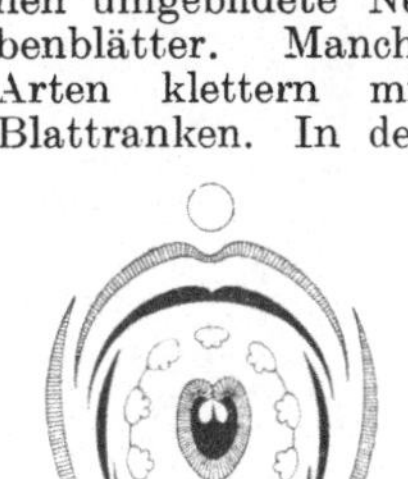

Abb. 401. Schmetterlingsblüte. **1** von
vorne, **2** von der Seite gesehen; **3** die
einzelnen Kronblätter; *v* Fahne, *a* die
Flügel, *c* die das Schiffchen bildenden
beiden vorderen Kronblätter.

Abb. 402. Blüten-
diagramm von
Vicia Faba.

Abb. 403. Ononis spinosa.
Offizinell. **a** Blütenlängs-
schnitt. (Nach Berg und
Schmidt.)

Tropen treten selbst Formen mit Holzstämmen, wie Bauhinia, als Kletterpflanzen auf.
Die Blüten, welche in seitlichen Blütenständen ohne Gipfelblüte stehen, sind typische
Schmetterlingsblüten (Abb. 401) von der Formel K 5 C 5 A (10) oder (9) + 1, seltener
10 G 1. Die Blätter der Krone greifen von hinten nach vorne übereinander (Abb. 402).
Die Frucht ist eine Hülse.

Man unterscheidet zwei Sektionen: die Phyllolobeae mit laubblattartigen Kotyledonen und die Sarcolobeae mit dickfleischigen Kotyledonen.

Als häufigste einheimische Arten mögen genannt sein: Ononis spinosa, Hauhechel
(Abb. 403); Medicago lupulina, Hopfenklee; Melilotus officinalis, Steinklee; Trifolium repens, Weißklee; T. pratense, Rotklee; T. arvense; T. procumbens; An-
thyllis vulneraria, Wundklee; Lotus corniculatus, Hornklee; Genista germanica, Ginster; Vicia Cracca, Vogelwicke; V. sepium, Zaunwicke; V. angustifolia, Saatwicke; Lathyrus vernus, Platterbse.

Gemüsepflanzen sind die Sau- oder Pferdebohne, Vicia Faba; die Linse, Lens esculenta; die Erbse, Pisum sativum, und die Gartenbohne, Phaseolus vulgaris. Als
Feldfrüchte zu Futterzwecken werden häufig bei uns angebaut die Luzerne, Medicago
sativa, verschiedene Arten von Klee, Trifolium; die Lupine, Lupinus luteus, L. an-

gustifolius und L. albus; die Serradella, Ornithopus sativus; die Esparsette, Ono-
brychis sativa; die Pferdebohne, Vicia Faba; die Wicke, Vicia sativa und die Feld-
erbse, Pisum sativum. Da die Papilionaceen durch ihre Wurzelknöllchen imstande sind,
den Stickstoff der Atmosphäre zu assimilieren, so werden sie als Stickstoffsammler in
landwirtschaftlichen Betrieben mit anderen Feldfrüchten in regelmäßiger Fruchtfolge
abwechselnd gebaut und zum Teil auch zur Grunddüngung verwendet.

Arachis hypogaea, Erdnuß oder Erdmandel, reift ihre Früchte unter der Erde.
Sie wird wegen der ölreichen Samen in warmen Ländern angebaut. Der bei der Gewinnung
von Erdnußöl als Preßrückstand bleibende Erdnußkuchen wird als Futtermittel verwendet.

Abb. 404. Trigo-
nella Foenum
graecum.
Offizinell.

Abb. 405. Melilotus offi-
cinalis. Offizinell. (Nach
Bokorny.) a Einzelblüte,
b Hülse.

Als Zierpflanzen werden verwendet: Cytisus Laburnum, Goldregen, Robinia
Pseudacacia, Colutea arborescens, Caragana arborescens, Glycine chinensis.

Offizinell sind Hauhechelwurzel — Radix Ononidis — von Ononis spinosa (Abb. 403);
Bockshornsamen — Semen Foenugraeci — von Trigonella Foenum graecum (Abb. 404);
Steinklee — Herba Meliloti — von Melilotus officinalis (Abb. 405) und M. altissimus;
Süßholz — Radix Liquiritiae — von Glycyrrhiza glabra (Abb. 406); Traganth —
Tragacantha —, erhärteter Schleim der Stämme verschiedener strauchiger Astragalus-
Arten Kleinasiens (Abb. 407); Chrysarobin — Chrysarobinum —, kristallinisches Pulver,
welches durch Reinigung der in den Höhlungen der Stämme von Andira Araroba aus-
geschiedenen Masse erhalten wird; Tolubalsam — Balsamum tolutanum —, das erhärtete
Harz von Myroxylon balsamum var. genuinum (Abb. 408), Perubalsam — Balsamum
peruvianum —, der Harzsaft der Rinde von Myroxylon balsamum var. Pereirae. Aus
den Samen von Arachis hypogaea wird das offizinelle Erdnußöl — Oleum Arachidis —,

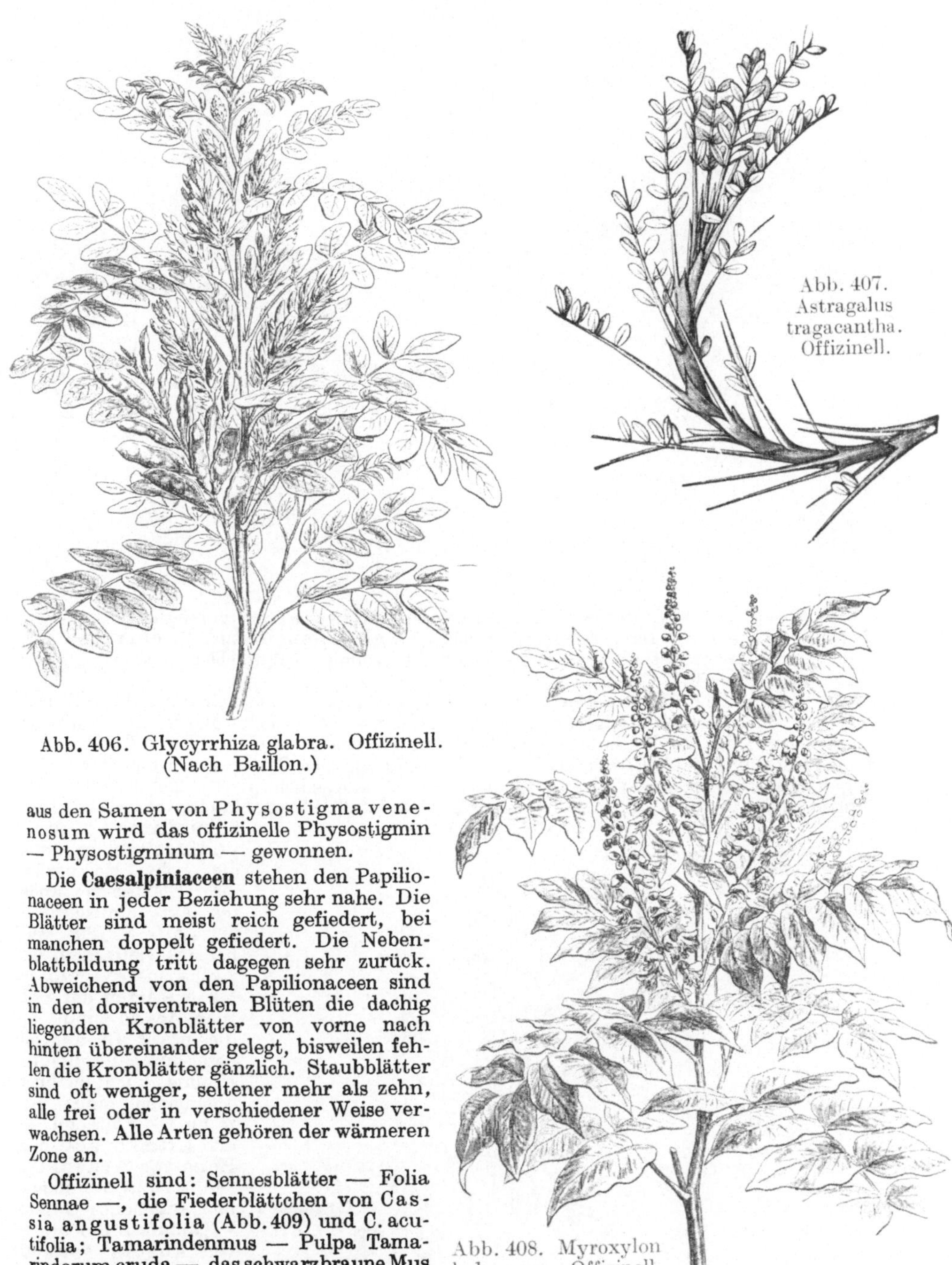

Abb. 406. Glycyrrhiza glabra. Offizinell.
(Nach Baillon.)

Abb. 407.
Astragalus
tragacantha.
Offizinell.

Abb. 408. Myroxylon
balsamum. Offizinell.
(Nach Baillon.)

aus den Samen von **Physostigma vene-
nosum** wird das offizinelle Physostigmin
— Physostigminum — gewonnen.

Die **Caesalpiniaceen** stehen den Papilionaceen in jeder Beziehung sehr nahe. Die
Blätter sind meist reich gefiedert, bei
manchen doppelt gefiedert. Die Neben-
blattbildung tritt dagegen sehr zurück.
Abweichend von den Papilionaceen sind
in den dorsiventralen Blüten die dachig
liegenden Kronblätter von vorne nach
hinten übereinander gelegt, bisweilen fehlen die Kronblätter gänzlich. Staubblätter
sind oft weniger, seltener mehr als zehn,
alle frei oder in verschiedener Weise verwachsen. Alle Arten gehören der wärmeren
Zone an.

Offizinell sind: Sennesblätter — Folia
Sennae —, die Fiederblättchen von **Cassia angustifolia** (Abb. 409) und **C. acu-
tifolia**; Tamarindenmus — Pulpa Tama-
rindorum cruda —, das schwarzbraune Mus
der Hülsen von **Tamarindus indica**
(Abb. 410), Kopaïvabalsam — Balsamum

Abb. 409.
Cassia angustifolia
Offizinell. (Nach
Berg u. Schmidt.)

Abb. 410. Tamarindus
indica. Offizinell.
(Nach Berg u.
Schmidt.)

Copaïvae —, der aus Stämmen verschiedener Copaïfera-Arten, vorzüglich der Copaïfera Iacquinii, C. Langsdorffii (Abb. 411), C. guyanensis und C. coriacea ausfließende Balsam; Ratanhiawurzel — Radix Ratanhiae — Wurzeläste von Krameria triandra (Abb. 412).

Die Familie der **Mimosaceen** umfaßt die Leguminosen mit aktinomorphen Blüten. Auf den verwachsen-blättrigen Kelch folgt eine wohlentwickelte Krone mit klappiger Knospenlage; das in der Anlage diplostemone Androeceum erscheint durch Fehlschlagen der Kronstamina haplostemon oder es wird vielzählig. Das Gynaeceum ist in der für die Leguminosen typischen Weise ausgebildet. Die zahlreichen hierher gehörenden Gattungen sind auf die warme Zone beschränkt. Die in allen Tropenländern verbreitete Unkrautpflanze Mimosa pudica, welche durch die hohe Reizbarkeit ihrer Blätter vor anderen Arten ausgezeichnet ist (s. S. 180), wird bei uns vielfach in Gewächshäusern gezogen. Manche Arten der Gattung Acacia sind, wie die in Abb. 61 abgebildete, durch Phyllodienbildung ausgezeichnet.

Ofiizinell sind: Katechu — Catechu —, ein Extrakt aus dem Holze von Acacia Catechu und A. suma, und arabisches Gummi — Gummi arabicum — von Acacia senegal und anderen Arten der Gattung (Abb. 413).

Abb. 411.
Copaïfera Langsdorfii.
Offizinell. a Einzelblüte.
(Nach Berg u. Schmidt.)

Vierte Ordnung: Doldenträger (Umbelliferae).

Die Blüten der Doldenträger sind rein epigyn, meist fünf-, selten vierzählig. Der Kelch ist rudimentär, die Zahl der Staubblätter gleich der der Kronenblätter. Das Gynaeceum besteht aus zwei, selten aus mehr Fruchtblättern. Der Fruchtknoten ist gefächert, jedes Fach enthält eine hängende Samenanlage. Der Blütenstand ist eine Dolde.

Familien: Umbelliferae, Araliaceae, Cornaceae.

Die **Umbelliferen** haben fast ausnahmslos krautige, knotig gegliederte Stengel mit hohlen Internodien und interzellularen

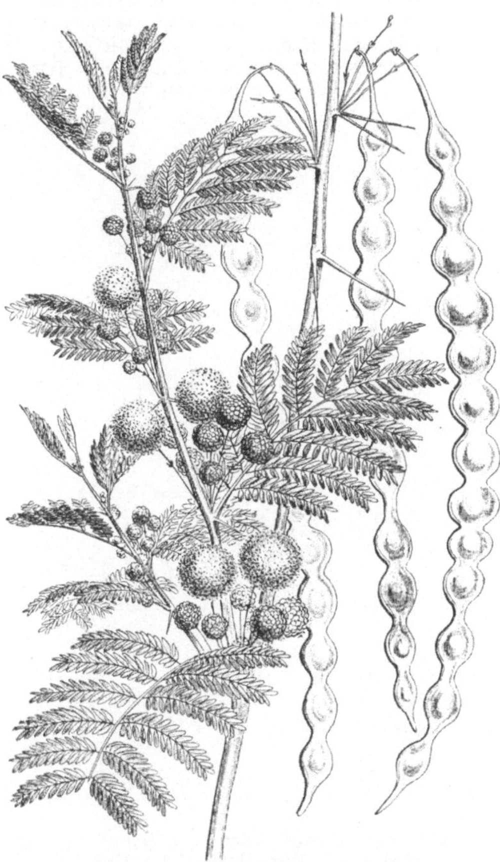

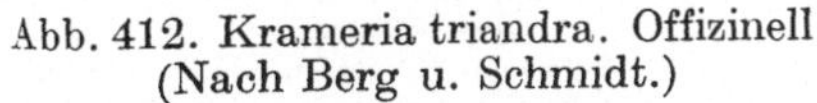

Abb. 412. Krameria triandra. Offizinell.
(Nach Berg u. Schmidt.)

Abb. 413. Acacia arabica. Offizienell.
(Nach Baillon.)

Ölgängen. Ihre abwechselnd stehenden Blätter haben eine breite, bisweilen blasig aufgetriebene Scheide und eine oft mehrfach fiederförmig zusammengesetzte Spreite. Die Blüten stehen in zusammengesetzten (seltener einfachen) Dolden, an deren Grund bisweilen ein aus den Stützblättern der äußeren Doldenstrahlen gebildetes Involucrum auftritt, auch an dem Grunde der Döldchen wird häufig ein entsprechender Hochblattquirl (Involucellum) ausgebildet. Die Blüten der Umbelliferen (Abb. 414) entsprechen durchweg der Formel: $K5C5A5G(2)$. Der Kelch ist unbedeutend. Die Kronblätter sind kurz genagelt, ihre Platte ist häufig vorn ausgerandet oder in einen über die Fläche eingebogenen Zipfel ausgezogen. Bisweilen wird die Krone dorsiventral, indem die zum Rande des Döldchens oder der Dolde hin gerichteten Kronblätter · größer sind als die übrigen. Auf die fünf mit den Kronblättern abwechselnden Staubblätter folgt ein epigyner

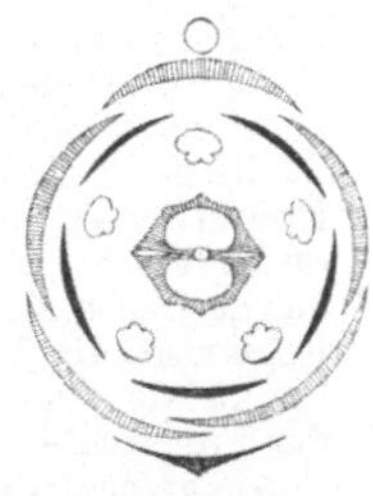

Abb. 414. Blütendiagramm der Umbelliferen.

Diskus, aus dem die kurzen, meist auswärts gekrümmten Griffelschenkel entspringen. In jedem Fach des zweiteiligen, unterständigen Fruchtknotens hängt eine anatrope Samenanlage mit auswärts gewendeter Mikropyle. Die Früchte der Umbelliferen sind Doppelachänien, die bei der Reife sich in der Regel in ihre beiden Teilfrüchte zerspalten. Häufig bleiben dabei die beiden Teilfrüchte zunächst an einer als Karpophor bezeichneten einfachen oder gegabelten Verlängerung des Fruchtstieles hängen, welche aus Teilen der gemeinsamen Wand beider Fruchtabschnitte gebildet wird. Jede Teilfrucht besitzt fünf vorspringende Längsrippen; die der Fuge der Spaltfrucht genäherten Rippen werden als Seitenrippen, die rückenständige als Mittelrippe und die zwischen dieser und den ersteren liegenden als Zwischenrippen bezeichnet. Die vier rinnigen Vertiefungen zwischen den fün.

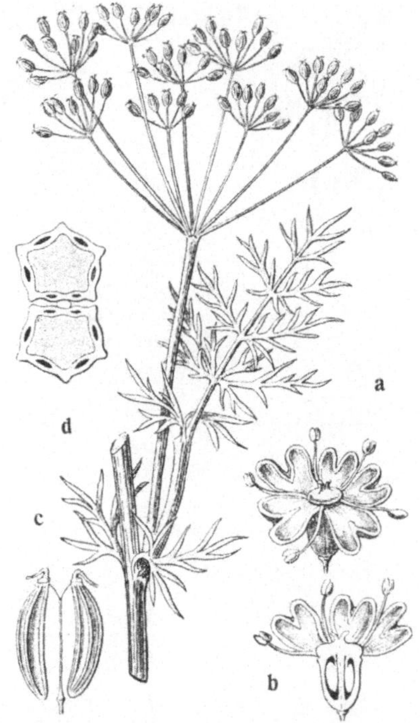

Abb. 415. Carum Carvi. Offizinell. (Nach Wossidlo.) **a** Einzelblüte, **b** Blütenlängsschnitt, **c** reife Spaltfrucht, **d** Querschnitt durch die Frucht.

Abb. 416. Conium maculatum. Giftig. *a* Einzelblüte, *b* Frucht, *c* Querschnitt durch die Frucht.

Hauptrippen jeder Teilfrucht werden als Tälchen bezeichnet. Bisweilen treten in den Tälchen noch wieder Längsrippen hervor, die gegenüber den fünf Hauptrippen als Nebenrippen bezeichnet werden. In den Tälchen und an der als Fugenfläche bezeichneten Berührungsfläche der Teilfrüchte verlaufen häufig längsgerichtete ölhaltige Kanäle (Ölstriemen) in der Fruchtknotenwand. Der in der Teilfrucht enthaltene Samen birgt einen kleinen Embryo und massiges Endosperm. Nach der Form des Endospermkörpers unterscheidet man in der großen Familie drei Sektionen. 1. Orthospermae: Der Endospermkörper ist auf der Fugenseite flach oder doch nicht konkav. 2. Campylospermae: Der Endospermkörper hat auf der Fugenseite eine Längsfurche. 3. Coelospermae: Der Endospermkörper ist an der Fugenseite uhrglasartig ausgehöhlt.

Als gemeinste bei uns überall verbreitete Arten mögen genannt werden: Aegopodium Podagraria, Giersch; Carum Carvi, Kümmel (Abb. 415); Pastinaca sativa, Pastinak; Heracleum Sphondylium, Bärenklau; Daucus Carota, Möhre; Anthriscus silvestris, Kälberkropf; Chaerophyllum hirsutum, rauher Kerbel. Als Küchengewächse respektive als Gemüsepflanzen werden häufiger angebaut: Apium graveolens, Sellerie; Petroselinum sativum, Petersilie; Carum Carvi, Kümmel; Anethum graveolens, Dill; Anthriscus Cerefolium, Kerbel; Daucus Carota, Mohrrübe. Stark giftig wirkende Stoffe enthalten: Cicuta virosa (Abb. 417), Wasserschierling, und Conium maculatum, Fleckenschierling (Abb. 416).

Offizinell sind: Kümmel — Fructus Carvi und Kümmelöl — Oleum Carvi von Carum Carvi; Anis — Fructus Anisi und Anisöl — Oleum Anisi von Pimpinella Anisum

Abb. 417. Cicuta virosa. Giftig. *a* reife Frucht, *b* Querschnitt durch die Frucht, *c* Längsschnitt des gekammerten Wurzelstocks (verkleinert).

Abb. 418. Pimpinella Anisum. Offizinell. (Nach Berg u. Schmidt.)

(Abb. 418); Fenchel — Fructus Foeniculi und Fenchelöl — Oleum Foeniculi von Foeniculum vulgare (Abb. 419); Angelikawurzel — Radix Angelicae und Angelikaöl — Oleum Angelicae von Archangelica officinalis (Abb. 420); Liebstöckelwurzel — Radix Levistici — von Levisticum officinale (Abb. 421); Bibernellwurzel — Radix Pimpinellae — von Pimpinella Saxifraga (Abb. 422) und P. magna; ferner Galbanum — Gummiharz von Ferula galbaniflua u. a.; Asant — Asa foetida — Gummiharz von Ferula asa foetida (Abb. 423), F. narthex und F. foetida u. a; Ammoniakgummi — Ammoniacum — Gummiharz von Dorema ammoniacum u. a.

Die **Araliaceen** sind meist Holzgewächse. Die Achsen besitzen Ölgänge, aber keine Markhöhlen. Die kleinen, wenig auffälligen Blüten stehen in Köpfchen oder einfachen Dolden, die nicht selten in Trauben oder Rispen zusammengehäuft sind. Die Blüten sind meist aus fünfzähligen Kreisen aufgebaut. Das Gynaeceum besteht aus zwei oder mehr Fruchtblättern und wird zur Beere oder Steinfrucht. Einheimisch ist nur Hedera Helix, der Efeu, der als Wurzelkletterer (vgl. Abb. 27) gern Baumstämme und Gemäuer mit seinem dichten Grün überzieht.

Die **Cornaceen** sind meist strauchartige Holzpflanzen der nördlichen gemäßigten Zone ohne Markhöhlen und mit einfachen, gegenständigen Blättern. Ihre Blüten haben vierzählige Organkreise. Der zweifächerige Fruchtknoten wird zur Steinfrucht. Die hängenden

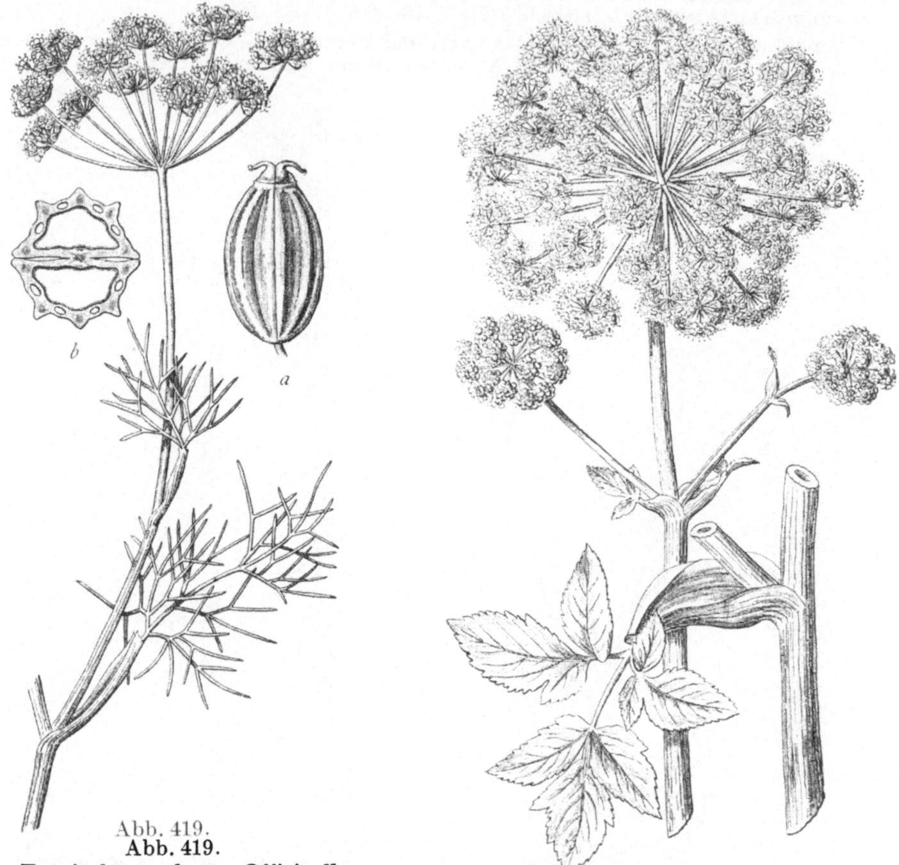

Abb. 419.
Foeniculum vulgare. Offizinell.
(Nach Berg und Schmidt.) *a* Frucht,
b Querschnitt durch die Frucht.

Abb. 420. Archangelica officinalis. Offizinell.
(Nach Berg und Schmidt.)

anatropen Samenanlagen sind mit der Mikropyle einwärts gekehrt. Cornus mas, Kornelkirsche, und C. sanguinea, Hartriegel, sind einheimische Sträucher, die häufig in Gebüschen und Hecken angepflanzt werden. Aucuba japonica ist ein aus Ostasien bei uns eingeführter Zierstrauch.

Dritte Klasse: Verwachsenkronblättrige (Sympetalae).

Die Blüten der Verwachsenkronblättrigen sind euzyklisch nach den Blütenformeln $KnC(n)An + nGn$ oder $KnC(n)AnGn$. n ist $= 4$ oder 5. Der Fruchtknoten ist ober- oder unterständig bei den fünfkreisigen meist gleichzählig, bei den Vierkreisigen auf drei oder zwei Fruchtblätter reduziert, von denen bisweilen nur eins eine Stammanlage trägt.

Wir unterscheiden zwei Reihen.

Reihe 1: **Fünfkreisige. Pentacyclicae.** Im Bauplan der Blüte treten zwei Staubblattkreise auf. Der Fruchtblattquirl hat die gleiche Gliederzahl wie die übrigen Kreise.

Reihe 2: **Vierkreisig hypogyne.** Es ist nur ein Staubblattkreis vorhanden. Die Zahl der Fruchtblätter ist geringer als die der übrigen Quirle, meist zwei oder drei. Der Fruchtknoten ist oberständig oder unterständig.

Erste Reihe: Fünfkreisige (Pentacyclicae).

Die Fünfkreisigen haben acyklische Blüten mit Kelch und Krone. Das Androeceum besteht der Regel nach aus zwei Kreisen, die in der Zahl der Glieder mit den Kreisen der

Abb. 421. Levisticum officinale. Offizinell. (Nach Berg u. Schmidt.)   Abb. 422. Pimpinella Saxifraga. Offizinell. (Nach Berg u. Schmidt.)

Blütenhülle übereinstimmen. Auch die Fruchtblätter sind in gleicher Zahl vorhanden und bilden einen meist oberständigen Fruchtknoten.

Man unterscheidet drei Ordnungen:

Ordnung 1: **Heidekrautartige, Ericinae.** Die Kronstamine bilden den äußeren Staubblattkreis.

Ordnung 2: **Himmelschlüsselartige, Primulinae.** Die Kronstemine stehen innen. Der äußere Staubblattkreis ist häufig nicht entwickelt. Der Fruchtknoten ist einfächerig mit **Zentralplazenta.**

Ordnung 3: **Ebenholzartige, Diospyrinae.** Der Bauplan der Blüten gleicht dem der 2. Ordnung. Der Fruchtknoten ist aber in der Regel mehrfächerig.

Erste Ordnung: Heidekrautartige (Ericinae).

Sie sind meist Sträucher und Halbsträucher mit einfachen, oft nadelförmigen Rollblättern. Die Blütenkreise sind vier- oder fünfzählig. Die Staubbeutel haben zwei hornförmige Anhängsel und enthalten zu Tetraden vereinigte Pollenkörner.

Familien: Ericaceae, Epecridaceae.

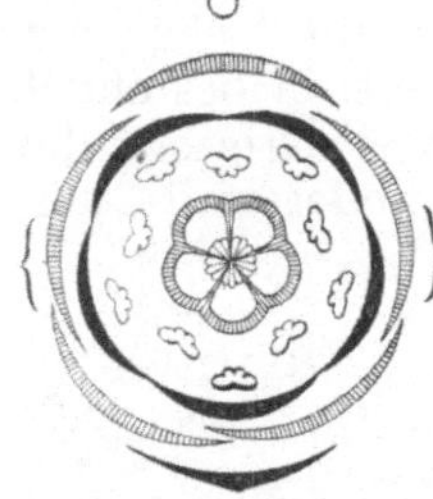

Abb. 424. Blütendiagramm von Vaccinium Vitis idaea.

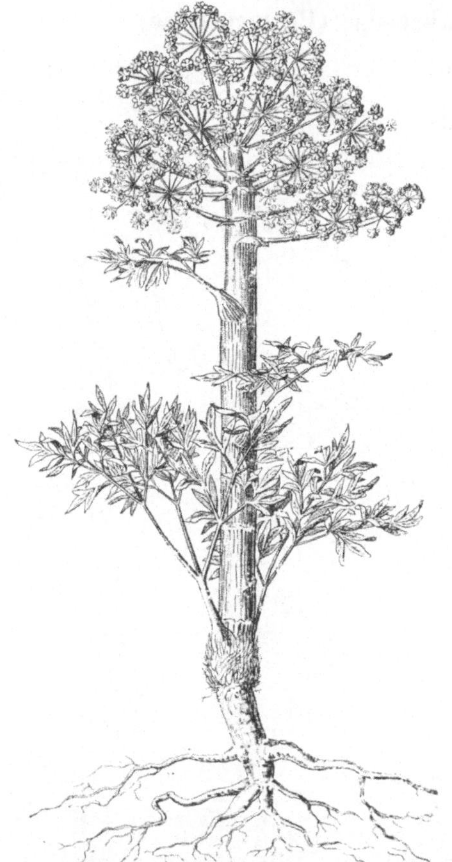

Abb. 423. Ferula asa foetida. Offizinell. (Nach Berg u. Schmidt.)

Abb. 425. Vaccinium Myrtillus. a Staubblatt, b Beere.

Die **Ericaceen** sind Kräuter oder Holzgewächse mit einfachen Blättern. In den meist radiären Blüten sind gewöhnlich beide Staminalkreise entwickelt (Abb. 424), die Antheren sind meist zweihörnig (Abb. 425a) und springen mit zwei Poren auf, die Pollenkörner bleiben zu je vier (Pollentetraden) vereinigt.

Die hierher gehörigen Gattungen sind, wenn auch meist nur durch seltene Arten, in Deutschland vertreten. Häufiger sind Vaccinium Myrtillus (Abb. 425) und V. Vitis idaea, deren Beerenfrüchte als Heidelbeeren und Preißelbeeren auf den Markt gebracht werden; ferner Calluna vulgaris, Heide; Pirola rotundifolia, Birnkraut; die Alpenrosen, Rhododendron ferugineum und Rh. hirsutum schmücken die Hänge des Hochgebirges; Monotropa Hypopitys, Fichtenspargel, ist ein chlorophyllfreier Humusbewohner unserer Fichtenwälder. Einige ausländische Arten von Azalea und Rhododendron werden bei uns als Zierpflanzen gezogen. Offizinell sind Bärentraubenblätter —

Folia Uvae Ursi — von Arctostaphylos Uva Ursi (Abb. 426). Die Beerenfrüchte dieser Art sind bisweilen den käuflichen Preißelbeeren beigemischt, von denen sie sich durch ihre Größe und den unterständigen Kelch unterscheiden. Sie sind unschädlich, eignen sich aber wegen der fünf harten Steinkerne nicht zum Genuß.

Zweite Ordnung: Himmelsschlüsselartige (Primulinae).

Die Blüten sind in der Anlage diplostemon, häufig ist aber der äußere Staubblatkreis unterdrückt (Abb. 427). Die Kronstamina sind den Kronblättern angewachsen. Der Fruchtknoten ist einfächerig und enthält eine Zentralplazenta mit meist vielen Samenanlagen.

Familien: Primulaceae, Myrsinaceae, Plumbaginaceae.

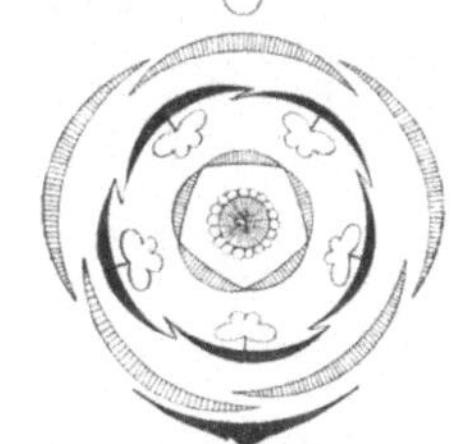

Abb. 427. Blütendiagramm von Primulus.

Die Familie der **Primulaceen** ist charakterisiert durch die Kapselfrucht mit vielsamiger Zentralplazenta; sie umfaßt einjährige und ausdauernde Kräuter, von denen zahlreiche Arten, besonders aus den Gattungen Anagallis, Lysimachia, Primula, Androsace bei uns einheimisch sind. Häufiger kommen vor Anagallis arvensis, faules Lieschen (Abb. 428); Lysimachia Nummularia, Pfennigkraut, und L. vulgaris; Primula elatior, Schlüsselblume und P. officinalis (Abb. 429). Zur Alpenflora stellt die Familie und besonders die Gattung Primula zahlreiche Vertreter. Ausländische Arten von Primula und Cyclamen werden als Zierpflanzen gezogen. Die in neuerer Zeit eingeführte, dankbar blühende Primula obconica ruft durch ein von ihr abgesondertes Sekret bei empfindlichen Personen eine entzündliche Hautkrankheit hervor.

Die **Myrsinaceen** sind tropische Bäume und Sträucher mit Beerenfrucht. Die **Plumbaginaceen** haben als Früchte einsamige Achänien, die vom bleibenden Kelch umgeben sind. Armeria vulgaris, Grasnelke, ist ein häufiger vorkommender einheimischer Vertreter.

Abb. 426. Arctostaphylos Uva Ursi. Offizinell. (Nach Berg u. Schmidt.) **a** Blütenlängsschnitt.

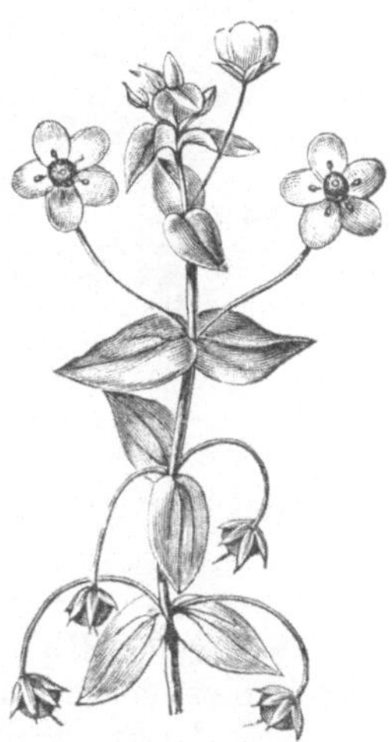

Abb. 428. Anagallis arvensis. Giftig.

Dritte Ordnung: Ebenholzartige (Diospyrinae).

Die Ordnung enthält ausländische Bäume. Die Blüten sind diplostemon. Die Kelchstamina sind bisweilen unfruchtbar. Der Fruchtknoten ist in der Regel mehrfächerig.

Familien: Sapotaceae, Ebenaceae, Styraceae.

Alle drei Familien gehören den wärmeren Erdstrichen an. Die **Sapotaceen** haben oberständige Fruchtknoten mit je einer Samenanlage in jedem Fach. Offizinell ist die Guttapercha —, der eingetrocknete Milchsaft verschiedener Arten der Gattungen Palaquium (Abb. 430).

Die **Ebenaceen** haben oberständige Fruchtknoten mit zwei Samenanlagen in jedem Fach. Das schwarze Kernholz von Diospyros Ebenum wird als Ebenholz in der Kunsttischlerei verwendet.

Die **Styraceen** haben meist röhrig verwachsene Staubblätter, die Krone ist tief geteilt, oft fast freiblättrig. Offizinell ist Benzoë — das aus Siam kommende Harz einer Styraxart (Abb. 431).

Abb. 429. Primula officinalis.

Abb. 430. Palaquium Gutta. Offizinell. ($^1/_2$). a Einzelblüte. (Nach Berg u. Schmidt.)

Zweite Reihe: Vierkreisige (Tetracyclicae).

Die regelmäßigen zyklischen Blüten haben Kelch und Krone, das Androeceum ist haplostemon. Die Zahl der Fruchtblätter ist geringer als die Gliederzahl der übrigen Kreise, meist gleich zwei oder drei. Der Fruchtknoten ist oberständig oder unterständig.

Wir unterscheiden fünf Ordnungen:

Ordnung 1: Maskiertblütige, Personatae. Die euzyklischen Blüten neigen zur Dorsiventralität, die oft mit Reduktion von Gliedern im Androeceum und selbst in der Blütenhülle verbunden ist und zu maskierten Blüten führt. Der oberständige synkarpe Fruchtknoten ist zweifächerig und enthält in jedem Fach viele Samenanlagen.

Ordnung 2: Drehblütige. Contortae. Die Blütenhülle ist in der Knospe gedreht. Der zweiteilige Fruchtknoten i t einfächerig oder apokarp mit verwachsenem Griffelteil und vielsamig.

Ordnung 3: Röhrenblütige. Tabiflorae. Die Blüten sind aus fünfzähligen, seltener vierzähligen Kreisen aufgebaut, radiär oder dorsiventral, der Staubblattkreis meist minderzählig. Der oberständige Fruchtknoten zweiteilig, mit zwei Samenanlagen an jedem Fruchtblatt, oft in vier einsamige Klausen zerklüftet.

Ordnung 4: **Vollsamige, Pleiospermae.** Blüten aus fünf oder vierzähligen Kreisen aufgebaut, meist radiär, seltener dorsiventral mit verarmtem Androeceum. Fruchtknoten unterständig, zwei- bis fünfteilig, gefächert. Alle Fächer fertil, meist mit mehreren Samenanlagen in jedem Fach.

Ordnung 5: **Einsamige, Monospermae.** Blütenkreise vier- oder fünfzählig. Fruchtknoten unterständig, zwei- oder dreiteilig mit nur einer Samenanlage in dem mehrteiligen Fruchtknoten.

Erste Ordnung: Maskiertblütige (Personatae).

Die Ordnung umfaßt, von einigen exotischen Baum- und Strauchformen abgesehen, fast nur Kräuter und Stauden. Der Blütenbauplan entspricht der Formel

$$K\,5\ C\,(5)\ A\,5\ G\,(2).$$

Dieser Bau tritt aber nur bei den Familien mit radiären Blüten rein hervor. Oft ist die Krone dorsiventral zweilippig und das Androeceum

Abb. 431. Styrax Benzoïn. (Nach Berg u. Schmidt.)
a Längsschnitt durch eine Blüte.

Abb. 432. Blütendiagramm von Datura Stramonium.

durch Fehlschlagen auf vier oder zwei Glieder reduziert. In vereinzelten Fällen kommt auch in Kelch und Krone eine Reduktion auf vier Glieder vor. Der zweiteilige Fruchtknoten enthält meistens viele Samenanlagen.

Familien: Solanaceae, Scrophulariaceae, Utriculariaceae, Orobanchaceae, Gesneriaceae, Bignoniaceae, Acanthaceae, Globulariaceae, Plantaginaceae.

Die **Solanaceen** sind Kräuter oder Sträucher mit wechselständigen Laubblättern. Sie besitzen bikollaterale Gefäßbündel und enthalten meistens narkotisch wirkende Alkaloide. Die Zwitterblüten (Abb. 432) sind in der Regel radiär gebaut, zeigen aber bisweilen durch ungleiche Länge der Staubfäden oder auch durch die Ausgestaltung der Krone eine Hinneigung zur Dorsiventralität. Der Fruchtknoten, dessen beide Fruchtblätter diagonal gestellt sind, ist zweifächerig mit vielen Samen an der stark entwickelten zentralen Plazenta. Die Frucht wird zur Kapsel oder Beere. Der Same schließt einen von Endosperm umhüllten gekrümmten oder geraden Keimling ein. Eigentümliche morphologische Verhältnisse treten bei manchen Solanaceen dadurch hervor, daß die seitlichen Organe, Blätter und Seitensprosse, durch Verwachsung untereinander oder mit dem Hauptsproß eine Verschiebung aus ihrer normalen Stellung erfahren. Bei Atropa und Datura z. B. rückt das Deckblatt um die Länge eines Internodiums auf den von ihm gestützten Seitensproß hinauf, bei

Solanum nigrum, Dulcamara u. a. wird der Blütensproß durch Verwachsung mit
dem Hauptsproß aus der Achsel seines Tragblattes emporgehoben, so daß er oberhalb derselben ohne Tragblatt aus dem Hauptsproß zu entspringen scheint.

Solanum nigrum, Nachtschatten, und S. dulcamara, Bittersüß, kommen häufiger
bei uns wildwachsend vor. Solanum tuberosum (Abb. 433), Kartoffel, stammt aus Amerika und wird bei uns als wichtige Nahrungspflanze überall angebaut. Wichtig als Genußmittel ist ferner der Tabak, die Blätter verschie-
dener Nicotiana-Arten, besonders Nicotiana
Tabacum (Abb. 434), N. macrophylla und
N. rustica, die in den verschiedensten Ländern der heißen und der gemäßigten Zone
kultiviert werden.

Abb. 433. Solanum tuberosum.   Abb. 434. Nicotiana Tabacum.
(Nach Bokorny.) a Blütenlängsschnitt.   (Nach Berg u. Schmidt.)

Offizinell sind der auch als Gewürz verwendete spanische Pfeffer — Fructus Capsici —
von Capsicum annuum (Abb. 435); ferner Tollkirschenblätter — Folia Belladonnae — von
Atropa Belladonna (Abb. 436); Stechapfelblätter — Folia Stramonii — von Datura
Stramonium (Abb. 437); Bilsenkrautblätter — Folia Hyoscyami — von Hyoscyamus
niger (Abb. 438).

Die **Scrophulariaceen** sind meist Kräuter oder krautartige Stauden mit zerstreuter oder
dekussierter Blattstellung. Die Blüten gehen durch alle Abstufungen von scheinbar

Abb. 435.
Capsicum
annuum.
Offizinell.

Abb. 436. Atropa Belladonna. Offizinell
und giftig.

Abb. 437. Da-
tura Stramo-
nium. Offizinell
und giftig.

Abb. 438. Hyoscyamus
niger. Offizinell und
giftig. (Nach Berg u. Schmidt.)

radiären, versteckt zygomorphen Formen zu typisch dorsiventraler Ausbildung über. Der typischen Formel K 5 C (5) A 5 G (2) entspricht die Gattung Verbascum, bei welcher nur die ungleiche Länge und Ausbildung der Staubblätter die Dorsiventralität anzeigt. Bei den meisten Gattungen sind dorsiventrale Kronen und nur vier Staubblätter vorhanden. (Abb. 439) und bei einigen (Gratiola und Veronica) sinkt die Zahl der Staubblätter auf zwei herab, wobei dann bisweilen durch Unterdrückung eines Kelchblattes und Verschmelzung zweier Kronblätter die Kreise der Blütenhülle vierzählig erscheinen. Das Gynaeceum wird stets von zwei medianen Fruchtblättern gebildet und stellt einen zweifächerigen Fruchtknoten dar, der zur vielsamigen Kapsel wird. Manche Arten sind Wurzelschmarotzer und richten als Unkräuter auf Äckern und Weiden Schaden an.

Häufiger sind Verbascum nigrum, Königskerze; Scrophularia nodosa, Braunwurz; Linaria vulgaris, Leinkraut; Veronica Chamaedrys, Ehrenpreis; V. Beccabunga (Abb. 23); V. officinalis; V. serpyllifolia; V. arvensis; V. hederaefolia; Melampyrum nemorosum, Wachtelweizen; M. pratense; Pedicularis palustris, Läusekraut; P. silvatica; Alectorolophus major, Klappertopf; A. minor; Euphrasia officinalis, Augentrost. Die Gattung Pedicularis entwickelt besonders in der Hochgebirgsflora einen überraschenden Formenreichtum. — Offizinell sind Wollblumen — Flores Verbasci — von Verbascum phlomoïdes und V. thapsiforme (Abb. 440) und ferner Fingerhutblätter — Folia Digitalis — von Digitalis purpurea (Abb. 441).

Die kleine Familie der **Utriculariaceen** ist durch einfächerige Käpseln mit vielsamiger Zentralplazenta ausgezeichnet. In der heimischen Flora ist sie durch die Gattungen Pinguicula, Fettkraut (Abb. 442), und Utricularia, Wasserhelm, vertreten. Die Arten beider Gattungen sind Insektivoren. Häufiger ist Utricularia vulgaris, ein untergetaucht schwimmendes Kraut (vgl. Abb. 178).

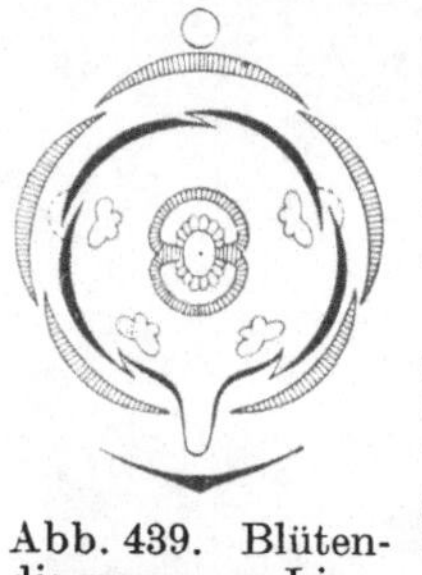

Abb. 439. Blütendiagramm v. Linaria vulgaris.

Abb. 440. Verbascum thapsiforme. Offizinell. (Nach Berg u. Schmidt.)

Die **Orobanchaceen** sind chlorophyllose Schmarotzerpflanzen von gelber, brauner, rötlicher oder violetter Färbung, die mit ihren Wurzelhaustorien die Wurzeln benachbarter Pflanzen befallen. Ihre Blüten sind zweilippig und haben zwei Staubblattpaare von ungleicher Länge. Der Fruchtknoten ist einfächerig und enthält zahlreiche Samenanlagen an wandständigen Plazenten. Einzige Gattung ist Orobanche, Sommerwurz. Keine der zahlreichen Arten ist besonders häufig; Orobanche ramosa kommt hier und da als Schädling auf Hanf- und Tabaksfeldern vor, Orobanche Epithymum schmarotzt auf Thymus Serpyllum, Orobanche minor auf Klee.

Die exotische Familie der **Bignoniaceae** zeichnet sich durch ansehnliche dorsiventrale Blüten mit vier oder zwei fertilen Staubblättern aus. Als Zierbaum in den Anlagen wärmerer Gegenden wird vielfach die großblätterige Catalpa angepflanzt. Die südamerikanische Jacaranda obtusifolia liefert das geschätzte Palisanderholz. Offizinell ist Sesamöl — Oleum Sesami, das aus dem Samen des in Ostindien angebauten Sesamum indicum gewonnen wird.

Die kleine Familie der **Globulariaceen** umfaßt niedere Sträuchlein mit einfachen, abwechselnd gestellten Blättern und kleinen, in kugeligen Köpfchen gedrängt stehenden Blüten. Die Blüten sind zweilippig und haben zwei oder vier Staubblätter. Der einfächerige Fruchtknoten enthält nur eine oder zwei hängende Samenanlagen. Die einzige Gattung Globularia ist bei uns in alpinen Gegenden durch einige Arten vertreten: Globularia vulgaris, Kugelblume, ist in Mittel- und Süddeutschland weit verbreitet.

Abb. 441. Digitalis purpurea. Offizinell.

Abb. 442. Pinguicula vulgaris.

Die **Plantaginaceen** sind Kräuter mit einfachen Blättern und kleinen Blüten in dichten Ähren. Ihre Blüten sind durch Unterdrückung eines Gliedes in Kelch und Androeceum und Verschmelzung zweier Kronblätter scheinbar vierzählig. Die Frucht ist meist eine zwei- bis vierfächerige, vielsamige Deckelkapsel. Einige Arten der Gattung Wegerich, Plantago, z. B. Plantago lanceolata, P. major, P. media sind überall in Deutschland gemein.

Zweite Ordnung: Drehblütige (Contortae).

Die Ordnung der Drehblütigen wird bei uns fast nur von Stauden und Kräutern repräsentiert. Im Auslande kommen auch Holzpflanzen vor. Die Blüten sind streng aktinomorph, die Krone ist in der Knospe meist eingedreht. Die

Abb. 443. Blütendiagramm von Menyanthes trifoliata.

22*

Zahl der Glieder in den Blütenkreisen ist meist vier oder fünf, bisweilen sind nur zwei Staubblätter vorhanden. Das Gynaeceum besteht immer aus zwei Fruchtblättern.

Familien: Gentianaceae, Apocynaceae, Asplepiadaceae, Loganiaceae, Oleaceae, Jasminaceae.

Abb. 444. Blütenstand von Gentiana lutea. Offizinell. (Nach Berg u. Schmidt.)　　Abb. 445. Erythraea Centaurium. (Nach Berg u. Schmidt.)

Die **Gentianaceen** sind einjährige oder ausdauernde Kräuter mit. meist einfachen und gegenständigen, stets ganzrandigen Blättern ohne Nebenblätter und cymösen Infloreszenzen. Die Blüten haben gleichviel Glieder in Kelch, Krone und Androeceum; die beiden Fruchtblätter sind völlig verwachsen (Abb. 443). Die Blumenkrone ist in der Knospe rechts gedreht, seltener eingefaltet klappig. Der Fruchtknoten ist einfächerig mit zwei vielsamigen, wandständigen Plazenten.

Verschiedene Arten von Enzian, wie Gentiana cruciata, G. germanica, G. ciliata, kommen in Deutschland zerstreut vor, G. verna und G. acaulis treten als Frühlingsblumen im Alpenvorlande massenhaft auf und nehmen mit zahlreichen anderen Arten der Gattung an der Zusammensetzung der Alpenflora teil. Erythraea Centaurium, Tausendgüldenkraut, und Menyanthes trifoliata, Fieberklee, sind überall in Deutschland vertreten.

Offizinell sind Enzianwurzel — Radix Gentianae — von Gentiana lutea (Abb. 444), G. pannonica, G. purpurea und G. punctata; Tausendgüldenkraut — Herba Centaurii — von Erythraea Centaurium (Abb. 445); Bitterklee — Folia Trifolii fibrini — von Menyanthes trifoliata (Abb. 446). Aus der offizinellen Enzianwurzel wird der in den Gebirgsländern beliebte Enzianschnaps gebraut.

Die **Apocynaceen** sind Kräuter oder Sträucher mit Milchsaft. Die Blüten sind radiär und fünfzählig. Die Staubblätter enthalten in den Antherenfächern freie Pollenkörner. Das aus zwei Karpellen bestehende Gynaeceum bildet meist zwei getrennte Fruchtknotenfächer, welche oben einen gemeinsamen Griffel mit knopfförmiger Narbe tragen. Einheimisch ist nur die Gattung Vinca, Sinngrün. Vinca minor, ein niederliegendes Sträuchlein mit winterharten Blättern und großen blauen Blüten, wird als Zierpflanze in Gärten und als

Abb. 446. Menyanthes trifoliata.
Offizinell. **a** Blütenlängsschnitt,
b Frucht. (Nach Wossidlo.)

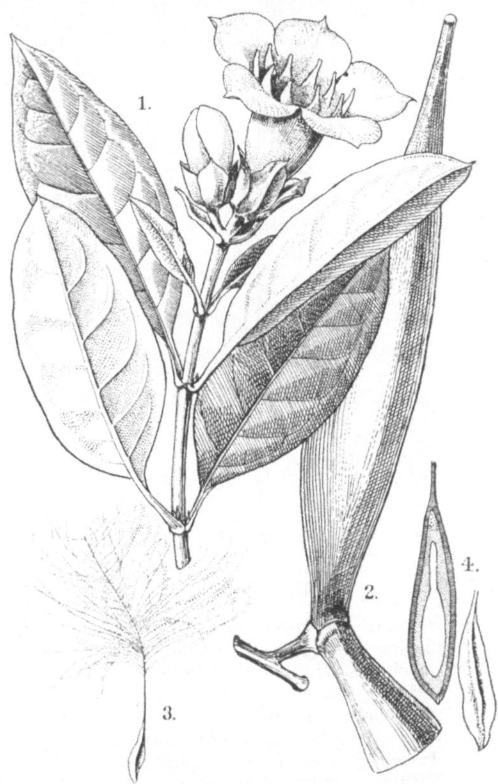

Abb. 447. Strophantus gratus. **1** Habitus,
2 Frucht, **3, 4** Samen.

immergrüne Bekleidung von Gräbern häufig angepflanzt. Als Giftgewächs ist der im Mittelmeergebiet heimische, bei uns seiner schönen Blüten wegen vielfach als Zimmerpflanze kultivierte Oleander, Nerium Oleander, zu erwähnen. — Offizinell ist Strophantussamen — Semen Strophanti —, von Strophantus gratus (Abb. 447). Früher wurde St. hispidus als Stammpflanze angegeben. Die aus Argentinien bei uns als Gerbmaterial eingeführte Quebrachorinde stammt von Aspidosperma quebracho blanco. Einige zur Gattung Landolphia gehörige Lianen des tropischen Afrika werden zur Gewinnung von Kautschuk verwertet; auch Kickxia africana, ein Baum Westafrikas, liefert Kautschuk.

Die **Asclepiadaceen** schließen sich in Habitus und Blütenbau den Apocynaceen nahe an. Die Fruchtknotenfächer sind auch hier in ihrem unteren Teil frei und oben zu einem gemeinsamen schildförmigen Kopf verwachsen, der die Narbenflächen trägt. Die Pollen-

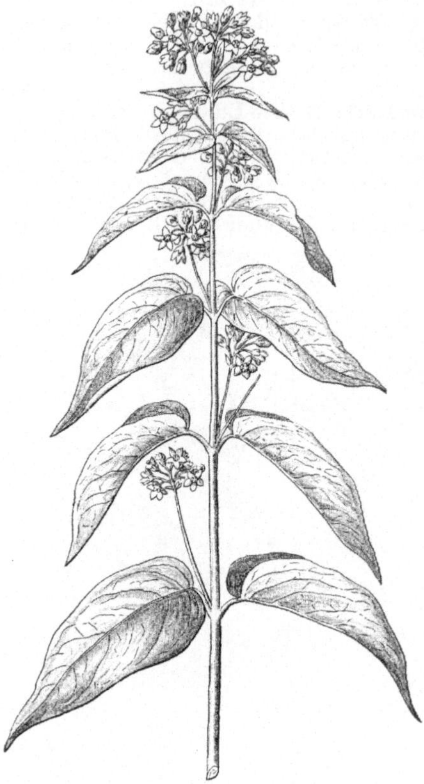

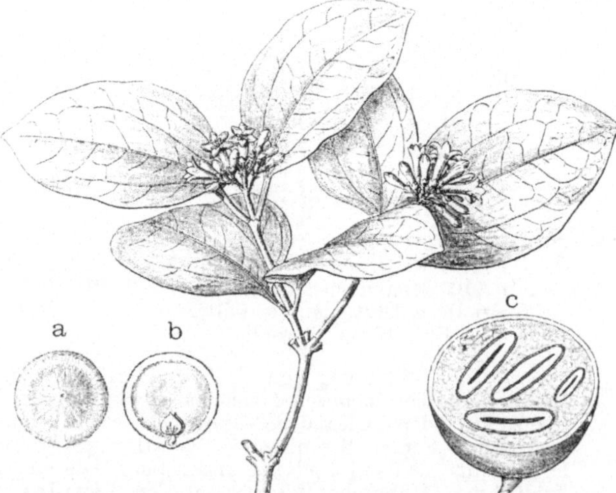

Abb. 449. Marsdenia cundurango. Offizinell.
a Einzelblüte.

Abb. 448. Vincetoxicum
officinale.

massen der einzelnen Pollen-
fächer bleiben zu Pollinien
vereinigt, die bei der Pollenreife zunächst mit Klebmassen
paarweise an dem Narben-
kopf befestigt und von dort
durch Insekten auf andere
Blüten übertragen werden.
Vincetoxicum officinale,
Schwalbenwurz (Abb. 448), ist
bei uns in Wäldern und Gebüschen nicht selten. Die südamerikanische Marsdenia
cundurango (Abb. 449) ist die
Stammpflanze der offizinellen
Kondurangorinde — Cortex
Condurango. Biologisch inter-
essant sind einige Arten der
im indomalaiischen Gebiete
heimischen Gattung Dischi-
dia, die neben flachen Laub-

Abb. 450. Strychnos nux vomica. Offizinell und giftig.
a Same, **b** Same halbiert, um den kleinen Embryo zu
zeigen, **c** Frucht halbiert. (Nach Berg u. Schmidt.)

blättern sackförmige Kannenblätter tragen, in welchen die hineinwachsenden Adventivwurzeln des Sprosses gegen Austrocknung geschützt sind.

Die **Loganiaceen** sind Holzpflanzen der wärmeren Zone mit einfachen quirlig gestellten, meist dekussierten Blättern. Die Fruchtblätter bilden einen zweifächerigen Fruchtknoten mit einfachem Griffel. Offizinell ist die Brechnuß — Semen Strychni — von Strychnos nux vomica (Abb. 450).

Dritte Ordnung: Röhrenblütige (Tubiflorae).

Die Röhrenblütigen sind vorwiegend Stauden und Kräuter, seltener Holzpflanzen. Die Blüten sind radiär oder zweilippig dorsiventral. Die Kronblätter sind oft hoch hinauf verwachsen, so daß die Krone unten eine Röhre bildet. Meist folgen auf das fünfzählige Androeceum zwei synkarpe Fruchtblätter mit je zwei Samenanlagen und einfachem Griffel.

Familien: Convolvulaceae, Polemoniaceae, Oleaceae, Boraginaceae, Labiatae.

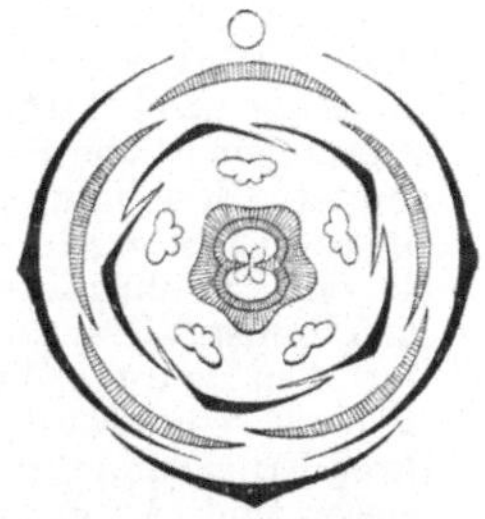

Abb. 451. Blütendiagramm von Convolvulus Sepium.

Die **Convolvulaceen** sind meist linkswindende Kräuter mit wechselständigen, langgestielten, nebenblattlosen Blättern, die einfach und an der Basis herzförmig ausgeschnitten sind. Manche Arten besitzen Milchsaftschläuche. Die ansehnlichen, rasch welkenden Blüten haben eine gewöhnlich rechtsgedrehte Krone, die in der Knospe derart gefaltet ist, daß von jedem Kronblattanteil ein schmaler, in Farbe und Oberflächenbeschaffenheit abweichender Streifen sichtbar bleibt. Der Fruchtknoten ist meist zweifächerig mit ein- oder

Abb. 452. ExogoniumPurga. Offizinell. (Nach Berg u. Schmidt.)

Abb. 453. Cuscuta Trifolii. Die Kleeseide.

zweisamigen Fächern (Abb. 451). Verbreitete einheimische Vertreter der Familie sind: Convolvulus arvensis, Ackerwinde, und C. Sepium, Zaunwinde. Offizinell ist Jalapenwurzel Tubera Jalapae — von Exogonium Purga (Abb. 452).

Als gefährliche Schmarotzerpflanzen verdienen einige Arten der Gattung Cuscuta besondere Erwähnung. Sie sind chlorophyllfrei und umwinden mit ihren fadenförmigen, blattlosen Stengeln die Wirtspflanze, indem sie an den Berührungsstellen napfförmige Haustorien bilden. Ursprünglich im Boden wurzelnd, verlieren sie durch Vertrocknen der basalen Teile bald das Wurzelsystem vollständig, so daß sie in ihrer Ernährung gänzlich auf ihren Wirt angewiesen sind. Als gefürchtete Schädlinge des landwirtschaftlichen Pflanzenbaues sind zu nennen Cuscuta Trifolii, Kleeseide (Abb. 453), die auf Kleefeldern oft quadratmetergroße, schließlich zusammenschließende Flächen überspinnt, und Cuscuta Epilinum, Flachsseide, die auf Flachsfeldern, indem sie die Pflanzen im Wuchs schädigt und durcheinander wirrt, oft große Fehlstellen hervorruft.

Die **Oleaceen** sind Bäume oder Sträucher mit gegenständigen einfachen oder gefiederten Blättern ohne Nebenblätter. Die Blüten sind aus zwei- bis sechszähligen Kreisen aufgebaut (Abb. 454), die Blumenkrone ist in einigen Fällen freiblättrig oder fehlt gänzlich. Neben zwitterigen kommen auch eingeschlechtige Blüten vor (Abb. 455). Das Androeceum wird stets nur von zwei Staubblättern gebildet. Der zweifächerige Fruchtknoten enthält zwei Samenanlagen in jedem Fach. Einheimische Vertreter der Familie sind Ligustrum vulgare, Liguster, und Fraxinus ex-

Abb. 456. Olea europaea. Offizinell. **a** Blütenlängsschnitt, **b** Beere im Längsschnitt.

Abb. 454. Blütendiagramm von Olea europaea.

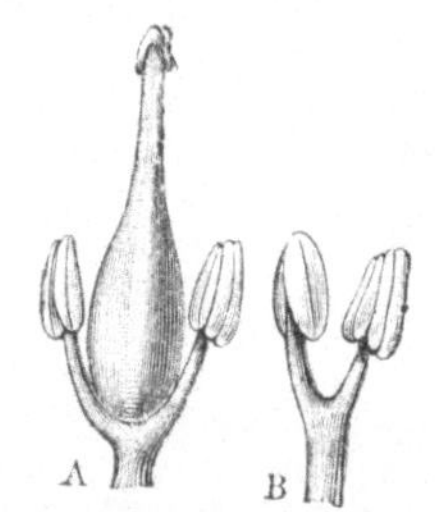

Abb. 455. Nackte Blüten von Fraxinus excelsior. **A** Zwitterblüte. **B** männliche Blüte.

celsior, Esche. Das zähe, weiße Holz der auch im Forstbetriebe angebauten Esche wird als Werkholz sehr geschätzt. Syringa vulgaris, spanischer Flieder, und verwandte Arten sind unsere häufigsten Ziersträucher. Der Ölbaum, Olea europaea (Abb. 456), ist ein starrer, unansehnlicher Baum der Mittelmeerländer, dessen äußerlich zwetschenähnliche Beerenfrüchte das als Speiseöl überall verwendete Olivenöl liefern. Offizinell ist Manna, der eingetrocknete Saft aus der Rinde von Fraxinus Ornus (Abb. 457), und Olivenöl — Oleum Olivarum — von Olea europaea.

Die **Boraginaceen** sind Kräuter mit stielrundem Stengel und zerstreuter Blattstellung. Die Blätter sind ungeteilt ganzrandig, sitzend und wie der Sproß mit steifen Borsten besetzt. Die Blütenstände sind dorsiventral und spiralig eingerollt. Die Blüten (Abb. 458) sind meist radiär. Der Schlund der Kronröhre ist bisweilen durch Ausstülpungen der Kronblätter, sogen. Schlundklappen, verschlossen. Der zweiteilige Fruchtknoten ist in vier

Klausen zerklüftet. Jede Klause enthält eine hängende anatrope Samenanlage. Wichtigste einheimische Gattungen sind: Cynoglossum, Anchusa, Lycopsis, Symphytum, Pulmonaria, Myosotis, Lithospermum, Cerinthe und Echium. Häufiger vorkommende Arten sind: Lycopsis arvensis, Ackerkrummhals; Symphytum officinale, Schwarzwurz; Pulmonaria officinalis, Lungenkraut; Myosotis palustris, Vergißmeinnicht; M. stricta und M. intermedia; Lithospermum arvense, Steinsame; Echium vulgare, Natterkopf. Borago officinalis, Boretsch, wird als Gewürzpflanze im Küchengarten gezogen. Die im Mittelmeergebiet und in Ungarn einheimische Alkanna tinctoria liefert in ihrer Wurzel einen roten Farbstoff und wurde deswegen früher in größerem Maßstabe angebaut.

Abb. 458. Blütendiagramm von Anchusa officinalis.

Abb. 459. Blütendiagramm der meisten Labiaten.

Abb. 457. Fraxinus Ornus. Offizinell. *a* Einzelblüte. (Nach Berg u. Schmidt.)

Die **Labiaten** sind Kräuter und Sträucher mit vierkantigem Stengel und gegenständigen Blättern. Die Blüten stehen in Scheinquirlen, die von zwei Doppelwickeln gebildet werden. Die Blüten (Abb. 459) sind dorsiventral, mehr oder minder deutlich zweilippig. Das Androeceum wird von vier, seltener von zwei Staubblättern gebildet. Der zweiteilige Fruchtknoten ist in vier Klausen zerklüftet. In jeder Klause steht eine aufrechte, anatrope Samenanlage. Die Familie enthält zahlreiche aromatische Gewächse, die in kopfigen Drüsenhaaren ätherisches Öl absondern.

Die Familie umfaßt gegen 3000 über die ganze Erde verbreitete Arten. Bei uns häufiger vorkommende Arten sind: Mentha aquatica, Minze; M. arvensis; Origanum vulgare, roter Dost; Thymus Serpyllum, Quendel; Glechoma hederacea, Gundelrebe; Lamium album, Taubnessel; L. purpureum; L. amplexicaule; Galeopsis versicolor, Hohlzahn; Stachys palustris, Ziest; St. silvatica; St. arvensis; Ballota nigra, schwarze Gottvergeß; Brunella vulgaris, Brunelle; Ajuga reptans, Günsel. Die japanische Stachys tuberifera wird hin und wieder als Wurzelgemüse in Gärten angebaut. — Offizinell sind Lavendelblüten — Flores Lavandulae und Lavendelöl

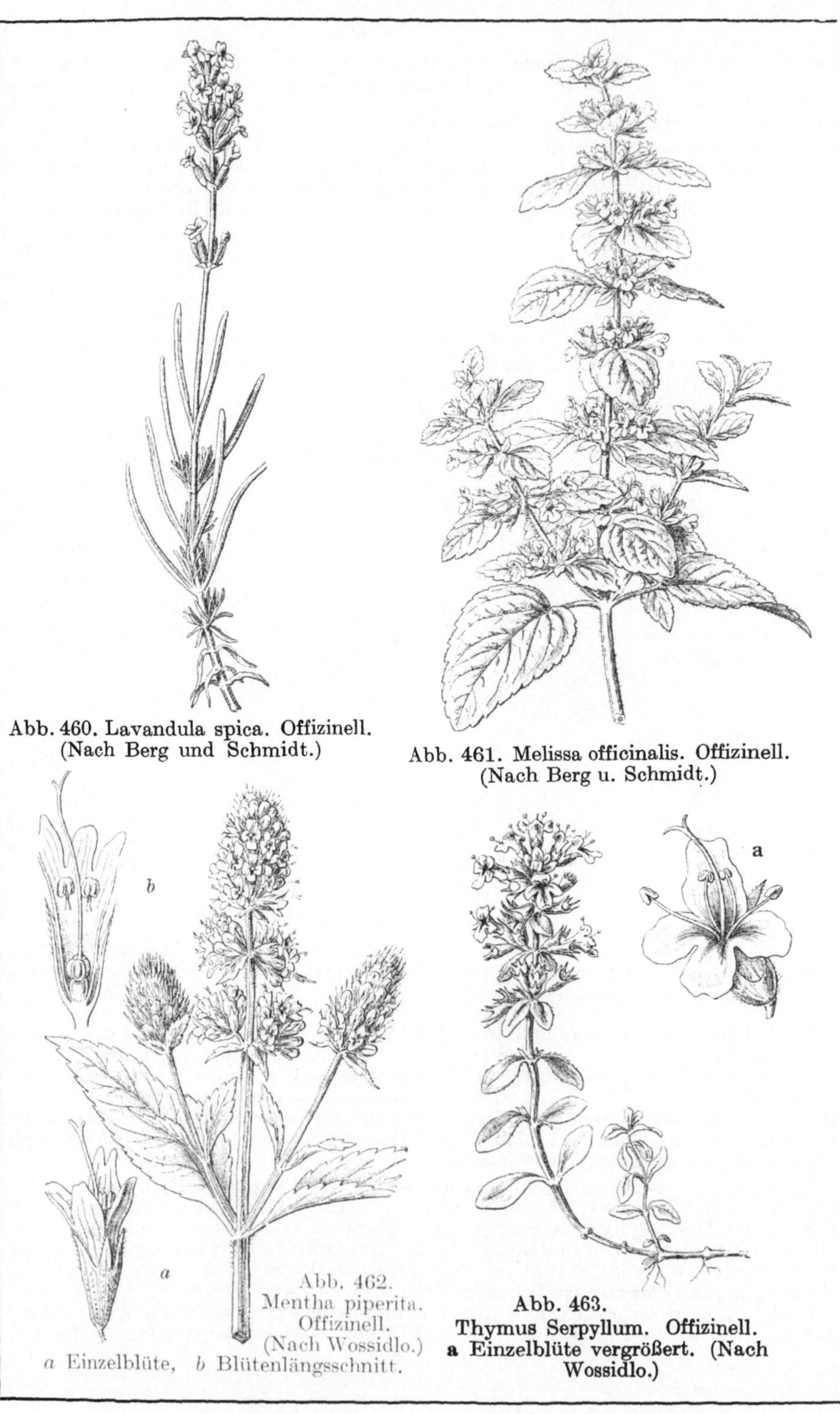

Abb. 460. Lavandula spica. Offizinell.
(Nach Berg und Schmidt.)

Abb. 461. Melissa officinalis. Offizinell.
(Nach Berg u. Schmidt.)

Abb. 462.
Mentha piperita.
Offizinell.
(Nach Wossidlo.)
a Einzelblüte, b Blütenlängsschnitt.

Abb. 463.
Thymus Serpyllum. Offizinell.
a Einzelblüte vergrößert. (Nach
Wossidlo.)

— Oleum Lavandulae von Lavandula spica (Abb. 460); Melissenblätter — Folia Me-
lissae — von Melissa officinalis (Abb. 461); Pfefferminzblätter — Folia Menthae
piperitae und Pfefferminzöl — Oleum Menthae piperitae — von Mentha piperita
(Abb. 462), einem Bastard zwischen M. viridis und M. aquatica; Salbeiblätter — Folia Sal-
viae — von Salvia officinalis (Abb. 464); Quendel — Herba Serpylli — von Thymus
Serpyllum (Abb. 463); Thymian — Herba Thymi — und Thymianöl — Oleum Thymi
von Thymus vulgaris (Abb. 465); Rosmarinöl — Oleum Rosmarini — aus den Blättern
von Rosmarinus officinalis (Abb. 466).

Abb. 464. Salvia officinalis.
Offizinell. a Krone im Längs-
schnitt, b Längsschnitt durch
Kelch und Fruchtknoten.
(Nach Wossidlo.)

Abb. 465. Thymus vulgaris.
Offizinell. (Nach Berg und
Schmidt.)

Abb. 466. Rosmarinus
officinalis. Offizinell.
(Nach Berg u.
Schmidt.)

Vierte Ordnung: Vollsamige (Pleiospermae).

In den Kreisen der Blüte herrscht die Fünfzahl vor. Das Gynaeceum besteht
oft aus drei Fruchtblättern. Daneben kommen zwei mediane Fruchtblätter vor;
viel seltener sind ein oder mehr als drei Fruchtblätter.

Familien: Campanulaceae, Lobeliaceae, Stylidiaceae, Gardeniaceae, Cucur-
bitaceae, Rubiaceae, Caprifoliaceae.

Die **Campanulaceen** sind meist Kräuter mit Milchsaft in gegliederten Schläuchen, mit
spiralig gestellten Blättern und ansehnlichen radiären Blüten. Die Perianthkreise und das
Androeceum sind meist fünfzählig (Abb. 467). Die Krone ist glockig oder röhrig verwachsen,
die Staubblätter sind frei oder höchstens oben lose verklebt. Die Frucht ist gewöhnlich eine
zwei- oder mehrfächerige, mit Klappen oder Löchern aufspringende Kapsel. Die Gattungen
Campanula, Glockenblume, Specularia, Frauenspiegel, Phyteuma, Rapunzel, und

Jasione, Monke, sind bei uns vertreten; Campanula rotundifolia und C. patula sind überall häufig.

Die fast durchweg exotischen **Lobeliaceen** schließen sich im Blüten-

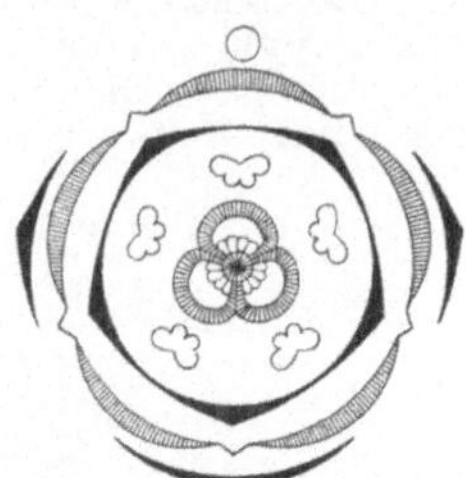

Abb. 467. Blütendiagramm von Campanula.

Abb. 469. Citrullus Colocynthis. Offizinell. (Nach Berg u. Schmidt.)

bau der vorigen Familie an, aber die Blumenkrone ist dorsiventral, meist zweilippig. Die fünf Staubblätter sind mit ihren Antheren zu einer Röhre verwachsen. Die Blüte dreht sich beim Aufblühen. Die Frucht ist meist eine zweifächerige Kapsel, seltener eine Beere. In Deutschland ist die Familie nur durch eine einzige seltene Art, Lobelia Dortmanna, vertreten. Ausländische Arten derselben Gattung werden als Zierpflanzen gezogen. Die in Kanada und Virginien heimische Lobelia inflata (Abb. 468) liefert das offizinelle Lobelienkraut — Herba Lobeliae.

Die **Cucurbitaceen** sind kletternde Kräuter mit bikollateralen Gefäßbündeln. Die im Umriß rundlichen, meist gelappten Blätter sind spiralig gestellt, neben ihnen entspringen Ranken, die im einfachsten Falle als ein metamorphosiertes Vorblatt des Achselsprosses angesehen werden können, in anderen Fällen aber infolge einer Komplikation der Sproßverkettung durch Verwachsungen eine metamorphosierte Sproßanlage in sich aufnehmen. Die Cucurbitaceen haben

Abb. 468. Lobelia inflata. Offizinell. a Einzelblüte.

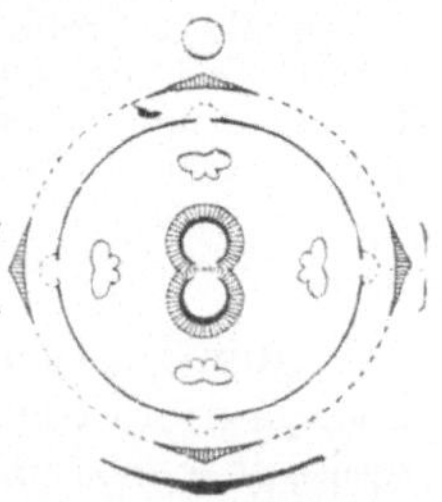

Abb. 470. Blütendiagramm von Asperula arvensis.

meist eingeschlechtige, aktinomorphe Blüten. Die Kreise sind fünfzählig, die Staubblätter sind meist zu drei Filamenten verwachsen, die zusammen fünf gekrümmte Antheren tragen. Die Früchte sind hartschalige Beeren oft von beträchtlicher Größe. Einheimisch ist nur die Gattung Bryonia, Zaunrübe, mit zwei nicht gerade häufigen Arten. Cucurbita Pepo, Kürbis; Cucumis sativa, Gurke, C. Melo, Melone, und C. Citrullus, Arbuse, werden ihrer Früchte wegen in Gärten kultiviert. Offizinell sind die Koloquinthen — Fructus Colocynthidis — von Citrullus Colocynthis (Abb. 469).

Die **Rubiaceen** sind Kräuter, Sträucher oder Bäume mit einfachen, dekussierten Blättern und Nebenblättern, die bisweilen laubblattartig entwickelt sind. Sie haben meist aktinomorphe Blüten mit vier- oder fünfzähligen Kreisen (Abb. 470) und mit zwei verwachsenen Fruchtblättern, die je eine bis viele Samenanlagen einschließen. Die Mehrzahl der Arten gehört der warmen Zone an.

Häufiger bei uns vorkommende Arten sind Galium Mollugo, Labkraut; G. verum; Asperula odorata, Waldmeister, und Sherardia arvensis, Nolde. Als Vertreter exotischer Gattungen mögen genannt sein der Kaffeebaum, Coffea arabica (Abb. 471), und C. liberica, deren Kultur im ganzen Tropengürtel verbreitet ist, und Uragoga ipecacuanha (Abb. 472), deren Wurzel als Brechwurzel — Radix Ipecacuanhae — offizinell ist. Die in den Tropen angebaute Cinchona succirubra (Abb. 473) liefert die als Heilmittel wichtige Chinarinde — Cortex Chinae.

Die **Caprifoliaceen** sind meist Sträucher mit gegenständigen Blättern ohne Nebenblätter. Neben aktinomorphen kommen auch zygomorphe Blüten vor. Die Organkreise sind meist fünfzählig, der Fruchtknoten ist aus mehr als zwei Fruchtblättern gebildet. Die hierher gehörigen Arten wachsen meist in der nördlichen gemäßigten Zone.

Häufiger vorkommende einheimische Arten sind Geißblatt, Lonicera Periclymenum; Schneeball, Viburnum Opulus; Holunder, Sambucus nigra (Abb. 474). — Als Ziersträucher werden angepflanzt verschiedene Arten von Lonicera, ferner Diervillea rosea, Symphoricarpus racemosus, Viburnum Opulus, Sambucus nigra. — Offizinell sind Holunderblüten — Flores Sambuci — von Sambucus nigra.

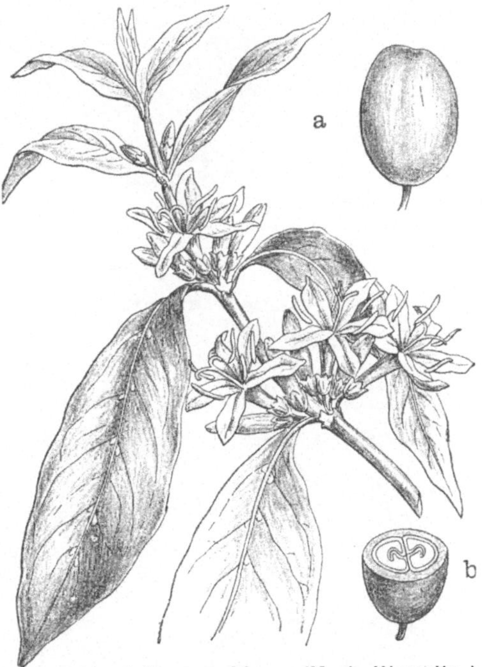

Abb. 471. Coffea arabica. (Nach Wossidlo.) a Frucht, b halbierte Frucht.

Fünfte Ordnung: Einsamige (Monospermae).

Die Familien der Ordnung haben regelmäßig vier- oder fünfzählige Blütenkreise. Der Kelch ist zum Schwinden geneigt und wird in manchen Fällen bie der Samenreife zum Pappus. Das Gynäceum ist zwei- bis dreiteilig. Der unterständige Fruchtknoten enthält aber nur eine einzige Samenanlage und wird zur einsamigen Achäne.

Familien: Valerianaceae, Dipsaceae, Compositae.

Die **Valerianaceen** sind Kräuter mit gegenständigen, oft fiederförmig geteilten Blättern ohne Nebenblätter. Die zwitterigen oder eingeschlechtigen Blüten sind asymmetrisch (Abb. 475); die Zahl der Staubblätter schwankt zwischen eins und vier. Der dreiblätterige Fruchtknoten enthält nur in einem Fach eine hängende Samenanlage. Die Frucht wird zur Achäne, die von dem bleibenden Kelche gekrönt ist. Meist stehen zahlreiche Blüten in einem rispig cymösen Blütenstande. Einheimische Vertreter sind unter anderen Valeriana officinalis, Baldrian (Abb. 476). V. dioica, Valerianella olitoria und V. dentata. Der Wurzelstock von Valeriana officinalis ist der offizinelle Baldrian — Radix Valerianae. Das ätherische Öl der Wurzeln von Valeriana officinalis var. angustifolia ist als

Baldrianöl — Oleum Valerianae offizinell. Die jungen Pflanzen von Valerianella olitoria liefern im Vorfrühling auf Feldern eingesammelt das als Nisselsalat oder Rapünzchen
bekannte Blattgemüse.

Die **Dipsacaceen** sind Kräuter oder Halbsträucher mit gegenständigen Blättern ohne
Nebenblätter. Die Blüten sind median zygomorph mit fünfzähligen Perianthkreisen.
Unterhalb des Kelches ist an der Blüte ein Außenkelch vorhanden. Durch Fehlschlagen des
hinteren Staubblattes ist das Androeceum viergliederig. Die zwei
median gestellten Fruchtblätter
schließen nur eine hängende Samenanlage ein. Die Blüten sind
in Köpfchen mit besonderem Involucrum zusammengestellt. Einheimische Gattungen sind: Dipsacus, Knautia, Succisa,
Scabiosa. — Knautia arvensis, Kleppel; Succisa pratensis, Teufels-Abbiß, und Scabiosa
columbaria, Grinde, kommen
häufiger vor. Dipsacus Fullonum, die Weberkarde, wird hier
und da angebaut und bei der
Tuchmacherei technisch verwertet. Scabiosa atropurpurea
ist Gartenzierpflanze.

Die umfangreiche Familie der
Compositen wird zum größten Teil
von krautigen Gewächsen der gemäßigten und subtropischen Länder gebildet. Ausnahmsweise treten in den Tropen auch Sträucher
und Bäume auf. Die Blätter sind
gegen- oder wechselständig und
ohne Nebenblätter. Die Gestaltungsverhältnisse der vegetativen
Teile sind im allgemeinen sehr
mannigfaltig. Manche Arten führen gegliederte Milchröhren oder
schizogene Harzgänge; als Reservestoff wird sehr häufig Inulin
gebildet. Bei einigen Arten treten
bikollaterale Leitbündel auf. Die
Blüten stehen in Köpfchen, die
von einem Involucrum von Hochblättern umgeben sind. An der
Basis der Einzelblüten stehen bisweilen spreublattartige Deckblätter. Die Blüten sind entweder
gänzlich ohne Kelch, oder der

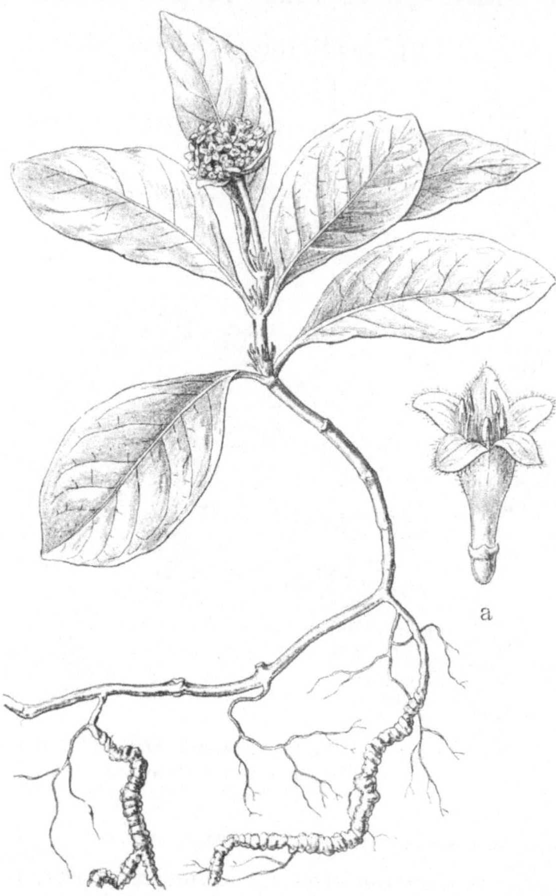

Abb. 472. Uragoga ipecacuanha. Offizinell. a Einzelblüte. (Nach Berg u. Schmidt.)

Kelch bildet einen Pappus. Die Krone ist entweder aktinomorph und röhrig oder median
zygomorph und dann meist zungenförmig, seltener zweilippig. Die Staubblätter bilden
mit ihren seitlich verbundenen Antheren eine Röhre, welche den mit zwei Narben versehenen Griffel umhüllt (Abb. 477). Die einzige anatrope Samenanlage des aus zwei
Fruchtblättern gebildeten Fruchtknotens steht aufrecht. Die Frucht bildet eine Achäne,
die häufig von einem Pappus gekrönt ist. Nach dem Bau der Blüten in dem Köpfchen
unterscheidet man drei Sektionen:

Tubuliflorae, mit radiären röhrenförmigen Blüten, die bisweilen am Rande des Köpfchens von Zungenblüten umgeben sind.

Liguliflorae, ausschließlich mit Zungenblüten.

Labiatiflorae, mit Lippenblüten am Rande des Köpfchens.

Die große Zahl der Gattungen, auf welche sich die mehr als 10000 Arten der Kompositen verteilen, macht eine Zerlegung der Familie in Unterfamilien nötig, die in der nachstehenden Tabelle zusammengestellt und im folgenden eingehender besprochen sind.

Sektion **Tubuliflorae.**

I. Griffel an der Spitze unter der Teilungsstelle nicht knotig verdickt und ohne Haarkranz.

    A. Griffel walzig, tief zweispaltig, Griffeläste verlängert, walzen- oder keulenförmig, stumpf, oben von feinen Papillen weichhaarig. Unterfamilie: *Eupatorioideae.*

    B. Griffelschenkel linealisch, nicht stielrund oder keulenförmig.

        1. Griffelschenkel spitz, außen fast flach. Unterfamilie: *Asteroideae.*

        2. Griffelschenkel an der Spitze pinselförmig und gestutzt oder mit einem kleinen kegelförmigen Anhängsel. Unterfamilie: *Senecioideae.*

II. Griffel der Zwitterblüten oben unter der Teilungsstelle gegliedert und in einem meist kurzhaarigen Knoten verdickt. Unterfamilie: *Cynareae.*

Sektion **Liguliflorae.** Pflanzen mit Milchsaft. Unterfamilie: *Cichorioideae.*

Sektion **Labiatiflorae.** Unterfamilie: *Mutisieae.*

Unterfamilie *Eupatorioideae.* Die hierher gehörigen Arten haben ein weich-krautartiges Involucrum an ihren Köpfchen, die meist zu mehreren in Trauben oder Rispen vereinigt, seltener einzeln auf einem mit schuppigen Hochblättern besetzten Schaft emporgehoben sind. Spreublättchen auf dem Blütenboden fehlen.

Abb. 473. Cinchona succirubra. Offizinell. (Nach Baillon.)

Huflattich, **Tussilago Farfara** (Abb. 478), erscheint bei uns im ersten Frühling mit einzelstehenden Köpfchen vor Entfaltung der Blätter blühend. Seine Blätter sind als Folia Farfarae — Huflattichblätter — offizinell. Eupatorium cannabinum, Wasserdost, ist an feuchten Standorten überall häufig. Adenostyles, Homogyne und Arten von Petasites, Pestwurz, sind Alpenpflanzen.

Unterfamilie *Asteroideae.* Der Hüllkelch des einzeln oder in lockeren Rispen stehenden Köpfchens ist krautig oder trockenhäutig, aus dachziegelig sich deckenden Blättchen gebildet. Bei vielen Arten treten Spreublättchen auf. Zungenförmige Randblüten sind meistens vorhanden, bisweilen sind die zungenförmigen Kronlappen fädlich zusammengezogen. Der Pappus der Achäne fehlt bei einigen Arten gänzlich, oder er ist nur als häutiges Krönchen entwickelt, während er bei anderen als haarförmiger Federkelch auftritt.

Auch diese Unterfamilie umfaßt eine Anzahl bekannter Alpenpflanzen, wie Edelweiß, Leontopodium alpinum; Bellidiastrum Michelii; Aster alpinus; Arten von Erigeron, Berufskraut, und andere. Die an Inulin reiche Wurzel des im Mittelmeergebiet einheimischen Alant, Inula Hellenium, war ehemals bei uns offizinell. Arten von Aster werden besonders als Herbstblumen in Gärten gezogen. Bellis perennis, Maßliebchen, ist überall gemein.

Unterfamilie *Senecioideae.* Die umfangreiche Abteilung umfaßt zahlreiche Gattungen mit wechselnder Ausgestaltung der Blütenköpfchen und der Einzelblüten.

Zahlreiche Arten der die Unterfamilie bildenden Gattungen sind bei uns überall verbreitet. Achillea millefolium, Schafgarbe; Tanacetum vulgare, Rainfarn; Anthemis Cotula, Hundskamille; Chrysanthemum Leucanthemum, Wucherblume;

Abb. 474. Sambucus nigra. Offizinell. **a** Einzelblüte, **b** Fruchtknoten. (Nach Wossidlo.)

Artemisia vulgaris, Beifuß; Senecio Jacobaea, Jakobskreuzkraut, mögen als die häufigsten genannt sein. Die aus Peru bei uns eingewanderte Unkrautpflanze Galinsoga parviflora, Knopfkraut, hat sich fast überall in Deutschland eingebürgert. Senecio vernalis, Frühlingskreuzkraut, ein von Osten her in Deutschland eindringendes, wucherndes Ackerunkraut, tritt in manchen Gegenden Norddeutschlands so massenhaft auf, daß gesetzliche Maßnahmen zu seiner Bekämpfung getroffen werden mußten. Zahllose Varietäten und Formen von Dahlia variabilis und D. coccinea und von Chrysanthemum indicum und Ch. sinense werden als Zierpflanzen gezogen. Helianthus tuberosus, Topinambur, wird wegen seiner nahrhaften Knollen (Abb. 44) als Futterpflanze angebaut; Helianthus annuus, Sonnenrose, die bei uns als Zierpflanze in Bauerngärten auftritt, liefert ölreiche Samen. Als Gewürzpflanze wird der aus Rußland stammende Esdragon. Artemisia Dracunculus, in Küchengärten gezogen. Offizinell sind Flores Chamomillae — Kamillen —, die Blüten von Matricaria Chamomilla (Abb. 479); Herba Absinthii — Wermut —, das Kraut von Artemisia Absinthium (Abb. 480); Flores Arnicae — Arnikablüten — von Arnica montana (Abb. 481).

Unterfamilie *Cynareae.* Die Cynareen sind distelartige Pflanzen mit stacheligen oder an der Spitze häutigen Hüllblättchen. Die Blütenachse ist zwischen den Blüten mit Borsten besetzt oder häutig gefranst. Die Blüten sind alle röhrenförmig und radiär gebaut, fast alle besitzen geschwänzte Antheren und einen haarförmigen oder federigen Pappus. Bei vielen Arten sind die Staubfäden zu Reizbewegungen befähigt (s. S. 181).

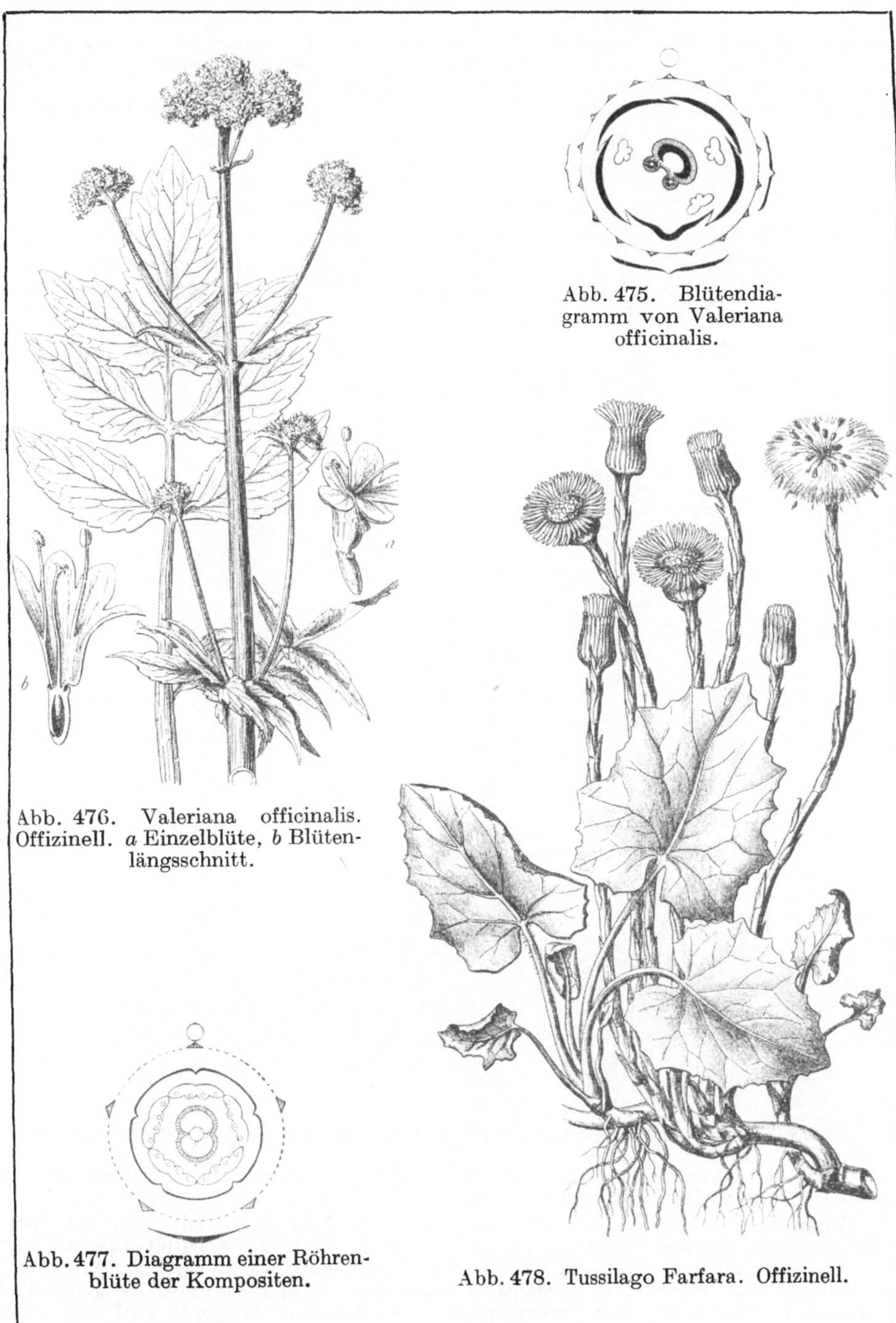

Abb. 475. Blütendia-
gramm von Valeriana
officinalis.

Abb. 476. Valeriana officinalis.
Offizinell. *a* Einzelblüte, *b* Blütenlängsschnitt.

Abb. 477. Diagramm einer Röhren-
blüte der Kompositen.

Abb. 478. Tussilago Farfara. Offizinell.

Überall häufig sind Kratzdistel, Cirsium lanceolatum, C. oleraceum und C. arvense; Klette, Lappa major und L. tomentosa; Flockenblume, Centaurea Jacea, und Kornblume, Centaurea Cyanus (Abb. 482). Als Gemüsepflanzen werden in südlichen Ländern Europas angebaut die Artischoke, Cynara Scolymus und C. Carduncus. Der Saflor, Carthamus tinctorius, liefert in seinen Blüten einen Farbstoff.

Abb. 479. *a* Matricaria Chamomilla. Offizinell. *b* Längsschnitt durch ein Köpfchen.

Als Droge ist in der Pharmakopöe angeführt Kardobenediktenkraut — Herba Cardui benedicti — von Cnicus benedictus (Abb. 483).

Unterfamilie *Cichorioideae*. Die durch die zungenförmige Gestalt ihrer sämtlichen Blüten ausgezeichneten Cichorioideen sind Kräuter mit Milchsaft. Alle Blüten der Köpfchen sind gleichmäßig zwitterig, ihre Griffel tragen verlängerte dünne Narbenschenkel.

Taraxacum officinale, Löwenzahn (Abb. 484), ist eine fast über die ganze Erde verbreitete, überall gemeine Unkrautpflanze; Cichorium Intybus wird stellenweise angebaut, seine Wurzel liefert das bekannte, als Zichorie oder deutscher Kaffee bezeichnete,

Kaffeesurrogat. Cichorium Endivia, Endivie, und Lactuca sativa var. capitata, Kopfsalat, werden als Blattgemüse, Scorzonera hispanica, Schwarzwurzel, wird als Wurzelgemüse in Gärten angebaut. Lactuca virosa, GiftLattich (Abb. 485), ist eine einheimische, besonders im südwestlichen Deutschland auf lichten Waldstellen nicht seltene Giftpflanze.

Unterfamilie *Mutisieae*. Die Vertreter dieser Abteilung, die sich durch die zweilippigen Rand-

Abb. 480. Artemisia Absinthium. Offizinell. (Nach Wossidlo.)

Abb. 481. Arnica montana. Offizinell.

blüten der Köpfchen von den übrigen Compositen unterscheideh, sind Kräuter oder aufrechte oder klimmende Sträucher oder selbst Bäume. Die meisten Arten gehören den Anden Südamerikas an, daneben sind einige wenige Arten aus dem wärmeren Asien und Afrika bekannt.

Vierte Klasse: Einkeimblättrige (Monocotyledones).

Die Einkeimblättrigen, kurz auch Monokotylen genannt, sind meist Kräuter und Stauden, seltener Bäume oder Sträucher, deren Bewurzelung von Adventivwurzeln gebildet wird. Die Blätter sind gewöhnlich breit sitzend, oft mit scheidigem Grunde, ungestielt, einfach und ganzrandig mit parallelen oder bogenförmiger Nervatur. Nebenblätter sind nicht vorhanden. Die Leitbündel, welche den ganzen Vegetationskörper durchziehen, sind geschlossen und meist scheinbar regellos über den Querschnitt des Sprosses verteilt. Ein sekundäres Dickenwachstum fehlt meistens; wo es auftritt, wird es durch ein außerhalb der

Abb. 482. Centaurea Cyanus. *a* blühende Pflanze in natürlicher Größe, *b* Schuppe der Hülle, *c* u. *d* Scheibenblüte, *e* Randblüte.

Reihe 1: **Sumpflilien**, Helobiae. Sumpf- und Wasserpflanzen mit eingeschlechtigen oder zwitterigen Blüten. Die Zahl der Organe in den Blattkreisen der Blüten ist bald größer, bald geringer als die für die Monokotylenblüter typische Dreizahl. Die Blütenhülle ist bisweilen deutlich in Kelch und Krone geschieden, der Fruchtknoten drei- oder mehrteilig und meist apokarp.

Reihe 2: **Großblütige**, Macranthae. Krautige Zwiebel- oder Rhizomgewächse mit großen Blüten, die im Bauplan der Formel G3 + 3A3 + 3 G3 entsprechen.

Reihe 3: **Kolbenblütige**, Spadiciflorae. Die kleinen unscheinbaren, meist eingeschlechtigen Blüten sind in großer Zahl an kolben- oder rispenartigen Blütenständen vereinigt, die von einem oft blumenblattartigen Hochblatt umhüllt werden.

Leitbündel im Grundgewebe liegendes Kambium vermittelt, welches nicht Holz und Rinde, sondern Grundgewebe mit geschlossenen Leitbündeln produziert. Unter den seitlichen Blüten steht gewöhnlich ein einziges Vorblatt. Zahl- und Stellungsverhältnisse der Blüten lassen sich meistens auf die Formel

$$P\,3 + 3\,A\,3 + 3\,G\,3$$

zurückführen. Der Keimling hat einen Kotyledon, meist ist im Samen reichliches Endosperm vorhanden.

Die Monokotylen gruppieren sich in vier Reihen.

Abb. 483. Cnicus benedictus. Offizinell. **a** einzelnes Blütenköpfchen. (Nach Berg u. Schmidt.)

Reihe 4: Spelzenblütige, Glumiflorae.
Die kleinen, unscheinbaren, unvollständigen
Blüten haben trockenhäutige, spreublattartige
Hüllblätter und sind zu vielen in zusammen-
gesetzten Ähren oder Rispen vereinigt.

Erste Reihe: Sumpflilien (Helobiae).

Die Sumpflilien sind Kräuter oder Stauden. Sie erinnern durch ihren Blütenbau
an die Polycarpicae unter den Dikotylen.
Regelmäßige Blüten haben
gewöhnlich Kelch und
Krone und vermehrte Glie-
derzahl im Staubblatt- wie
im Fruchtblattkreis. Das
mehrzählige Gynaeceum ist
apokarp oder synkarp mit
freien Griffeln. Daneben
kommen reduzierte Blüten
vor. Im reifen Samen ist
kein Endosperm vorhan-
den.

Die Sumpflilien bilden
eine Ordnung.

Abb. 484. Taraxacum officinale.

Abb. 485. Lactuca virosa.
Giftig. (Nach Wossidlo.)

Familien: Potamogetonaceae, Najadaceae, Apo-
nogetonaceae, Iuncaginaceae, Alismaceae, Butoma-
ceae, Triuridaceae, Hydrocharitaceae.

Die **Potamogetonaceen** leben meist in ruhigen Gewässern
untergetaucht oder mit oberflächlich schwimmenden Blättern. Die Blätter sind zweizeilig gestellt. Potamogeton
natans, das schwimmende Laichkraut, ist bei uns in Seen
und Teichen überall gemein. Zostera marina, Seegras,
wächst überall an den deutschen Küsten im Meer. Die Pollen dieser Pflanze sind langfadenförmig. Die getrocknete
Pflanze wird zum Polstern von Sitzmöbeln und Matratzen
verwendet.

Die Blütenhülle der **Alismaceen** besteht aus Kelch und
Krone; auf einen äußeren sechszähligen Staubblattkreis folgen meist mehrere dreizählige und sechs bis viele Fruchtblätter. Bei dem Froschlöffel, Alisma Plantago (Abb. 486
und 487), der bei uns überall an Gräben und Teichen wächst,
ist nur ein Kreis von sechs Staubblättern vorhanden.

Die **Hydrocharitaceen** haben eingeschlechtige Blüten. Der Fruchtknoten ist unterständig, einfächerig, mit parietaler Plazentation. Zu dieser Familie gehört Elodea canadensis, Wasserpest, welche in den vierziger Jahren des vorigen Jahrhunderts aus Nordamerika bei uns eingewandert und jetzt überall verbreitet ist. Von einheimischen mögen Hydrocharis Morsus ranae, Froschbiß, als Beispiel genannt sein.

Zweite Reihe: Großblütige (Macranthae).

Der weitaus größte Teil der Reihe wird von Zwiebel- und Rhizomgewächsen gebildet, vereinzelt treten Baumformen mit einem extrafaszikularen Dickenwachstum des Stammes auf. Die regelmäßigen Blüten haben eine zweikreisige blumenblattartige Blütenhülle. Alle Organkreise sind dreizählig und alternierend gestellt. Neben radiären treten dorsiventrale und unsymmetrische Blütenformen auf, in denen weitgehende Reduktion im Staubblattkreis die Regel bildet.

Wir unterscheiden danach drei Ordnungen.

Abb. 487. Alisma Plantago.
a Einzelblüte.

Ordnung 1: Liliengewächse, Liliiflorae. Stauden mit ausdauernden Rhizomen oder Zwiebeln, seltener Bäume. Die Blüten sind radiär und vollständig, bisweilen fehlt ein Staubblattkreis. Der dreiteilige Fruchtknoten ist synkarp.

Ordnung 2: Gewürzlilien, Scitamineae. Tropische Rhizompflanzen mit Krautstämmen. Die Blüten sind dorsiventral oder unsymmetrisch, die Staubblätter zum Teil in blumenblattartige Staminodien umgewandelt. Der unterständige Fruchtknoten ist meist dreifächerig. Die Samen mit Arillus und Nährgewebe.

Abb. 486. Blütendiagramm von Alisma Plantago.

Ordnung 3: Kleinsamige, Microspermae. Krautige Pflanzen, teils im Erdboden wurzelnd, teils in den Tropen epiphytisch lebend. Die dorsiventralen Blüten mit sechs Perigonblättern haben nur ein (seltener zwei) fertiles Staubblatt, dessen Filament mit dem Griffelteil des unterständigen, einfächerigen Fruchtknotens zu einer Säule verwachsen ist. Die Samen sind winzig, ohne Nährgewebe mit rudimentärem Keimling.

Erste Ordnung: Liliengewächse (Liliiflorae).

Die Liliengewächse sind meist Stauden mit ausdauernden Rhizomen oder Zwiebeln und alljährlich neu erscheinenden oberirdischen Teilen. Die großen radiär gebauten Blüten sind der Insektenbestäubung angepaßt. Die Blütenhülle ist ein Perigon aus kronblattartig gefärbten Blättern in zwei alternierenden Kreisen. Das Androeceum ist gleichfalls aus zwei dreizähligen, alternierenden Blattkreisen gebildet; bisweilen fehlt ein Staubblattkreis. Das Gynaeceum besteht aus drei miteinander verwachsenen Fruchtblättern, die einen dreifächerigen ober- oder unterständigen Fruchtknoten bilden. Der Keim ist im Samen von Endosperm umhüllt.

Man ordnet die zahlreichen Familien in zwei Unterabteilungen: a) Carnosae mit fleischigem, b) Farinosae mit mehligem Endosperm..

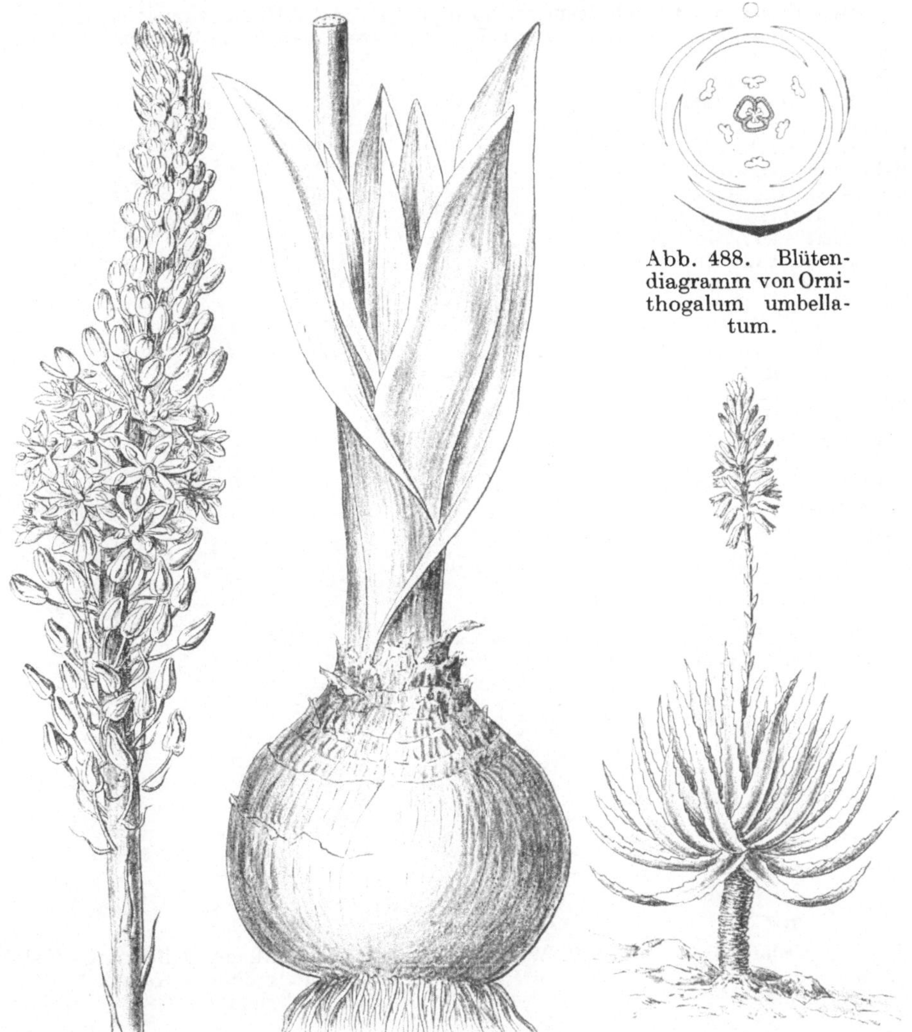

Abb. 488. Blütendiagramm von Ornithogalum umbellatum.

Abb. 489. Urginea maritima. Offizinell. (Nach Berg u. Schmidt.)

Abb. 490. Aloë socotrina (verkleinert.) Offizinell. (Nach Wossidlo.)

a) Carnosae.

Familien: Liliaceae, Colchicaceae, Smilaceae, Amaryllidaceae, Taccaceae, Dioscoreaceae, Iridaceae.

Die Familie der **Liliaceen** ist durch ihre durchaus regelmäßigen Blüten mit introrsen Antheren und mit oberständigen, zu lokuliziden Kapseln werdenden Fruchtknoten ausgezeichnet. Die Blüten entsprechen der Formel P3 + 3A3 + 3G(3) mit oberständigem Fruchtknoten (Abb. 488). Die meisten Liliaceen sind krautartige Pflanzen mit ausdauernden

Rhizomen oder mit Zwiebelbildung; nur wenige, wie die bei uns als Ziergewächse bekannten Arten von Aloë und Yucca sind ausdauernde holzige Pflanzen, die zum Teil baumartige Formen erreichen und ein sekundäres Dickenwachstum des Stammes zeigen.

Einige Gattungen der Liliaceen, wie Tulipa, Lilium, Allium, Ornithogalum und Gagea, sind auch in der einheimischen Flora vertreten, manche ausländische Gattungen, wie Fritillaria, Scilla, Hyacinthus, Aloë und Yucca, liefern neben den einheimischen beliebte Zierpflanzen für unsere Gärten. Arten von Allium, z. B. Küchenzwiebel A. Cepa und A. Fistulosum, Schalotte A. ascalonicum, Porree A. Porrum, Schnittlauch A. schoenoprasum und Knoblauch A. sativum werden als Küchengewächse kultiviert. Die im Mittelmeergebiet, auf den Kanarischen Inseln und am Kap der Guten Hoffnung einheimische Meerzwiebel, Urginea maritima (Abb. 489), liefert die als Bulbus Scillae — Meerzwiebel — bezeichnete

Abb. 491. Blütendiagramm von Colchicum autumnale.

Abb. 492. Weißer Germer, Veratrum album. Giftig und offizinell. *a* Einzelblüte, *b* septizid geöffnete Kapsel. (Nach Berg u. Schmidt.)

Droge. Der eingekochte Saft der Blätter von verschiedenen südafrikanischen Aloëarten, besonders von Aloë ferox, A. socotrina (Abb. 490), bildet die Aloë des Arzneibuches. Technische Verwendung finden die Fasern des auf Neuseeland heimischen, jetzt vielfach angebauten Phormium tenax, welche als neuseeländischer Flachs in den Handel kommen.

Die Familie der **Colchicaceen** oder Giftlilien stimmt im Blütenbau mit den Liliaceen überein, nur sind die Antheren der Staubblätter extrors (Abb. 491), und die Frucht ist eine septizide Kapsel. Einheimische Vertreter der Familie sind die in Mittel- und Süddeutschland häufige Herbstzeitlose, Colchicum autumnale, welche durch ihren Gehalt an dem stark giftigen Alkaloid Colchicin dem Weidevieh unter Umständen schädlich werden kann, und das auf Gebirgswiesen vorkommende ebenfalls giftige Veratrum album. Beide sind offizinell. Colchicum autumnale (Abb. 493) liefert Zeitlosensamen — Semen Colchici;

der Wurzelstock von Veratrum album (Abb. 492) ist die weiße Nieswurz — Rhizoma Veratri. Die Samen von Schoenocaulon officinale, einer zentralamerikanischen Zwiebelpflanze, sind als Sabadillsamen — Semen Sabadillae — offizinell.

Die Familie der **Smilaceen** unterscheidet sich von den Liliaceen hauptsächlich dadurch, daß die Frucht eine Beere ist. Häufiger vorkommende einheimische Arten sind Convallaria majalis, Maiglöckchen, und die stark giftige Einbeere, Paris quadrifolia, bei welcher die Blütenkreise durchweg viergliedrig sind (Abb. 494). Asparagus officinalis, Spargel, wird als Küchengewächs angebaut. Offizinell sind verschiedene mittelamerikanische Smilaxarten, z. B. Smilax medica (Abb. 495), von denen die Sarsaparille — Radix Sarsaparillae — gewonnen wird. Verschiedene Arten der tropischen Sanseviera liefern Gespinstfasern. Dracaena und Aspidistra werden vielfach als Blattgewächs in Zimmern gepflegt.

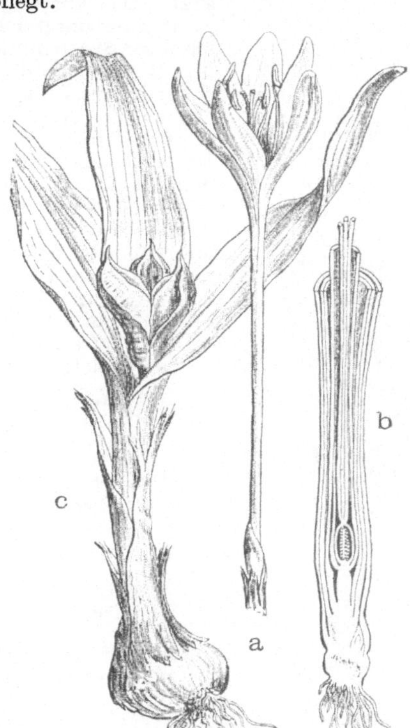

Abb. 493. Herbstzeitlose, Colchicum autumnale. Giftig und offizinell.

Abb. 494. Einbeere, Paris quadrifolia. Giftig. a Beere.

In der Familie der **Amaryllidaceen** sind die Blüten ebenso regelmäßig gebaut wie bei den Liliaceen, der Fruchtknoten ist aber stets unterständig. Als Beispiel mögen das allbekannte Schneeglöckchen, Galanthus nivalis, und die Frühlingsknotenblume, Leucojum vernum (Abb. 71), genannt sein und die bei uns als Gartenzierpflanzen kultivierten Narzissen, Narcissus poeticus und N. Pseudonarcissus, Märzenbecher.

Die Familie der **Dioscoreaceen** umfaßt krautartige Kletterpflanzen und Schlinggewächse. Der einzige einheimische Vertreter, Tamus communis, die Schmerwurz, findet sich gelegentlich in der subalpinen Region. Dioscorea Batatas, die Yamswurzel ist für wärmere Länder wegen ihrer stärkereichen Knollen als Kulturpflanze von Bedeutung. Die südafrikanische Testudinaria elephantipes besitzt ein ausdauerndes knolliges Rhizom, dessen mächtiges Periderm im Alter durch Risse in ziemlich regelmäßige polygonale Platten zerklüftet wird.

Die Familie der **Iridaceen** ist charakterisiert durch das Fehlen des inneren Staubblattkreises und den unterständigen, dreifächerigen Fruchtknoten mit drei oberwärts getrennten
Narben (Abb. 496). Ihre Formel lautet also: $P3 + 3A3 + 0G(3)$.

Die Gattung Iris hat ein fleischiges, verzweigtes, horizontal kriechendes Rhizom;
die oberirdischen Sprosse tragen zwei Zeilen von schwertförmigen, reitenden Blättern.
Die drei Lappen des Griffeln sind kronblattartig ausgebildet und über die drei Staubblätter
hergeneigt. Iris Pseudacorus, Schwertlilie, ist bei uns in Sümpfen, an Teichen und
Gräben häufig. Manche Arten von Iris und Gladiolus werden bei uns als Zierpflanzen
gezogen. Iris germanica (Abb. 497), I. pallida und I. florentina liefern die Veilchen-
wurzel — Rhizoma Iridis.

Die Gattung Crocus be-
sitzt einen kurzen, auf-
rechten, am unteren Ende
knolligen Sproß mit linealen Blättern und einer
endständigen Blüte. Das
Perigon ist verwachsen-
blättrig, trichterförmig.
Die drei Staubblätter sind
dem Schlund der Blüte
eingefügt, die fleischigen
Narben sind breit keilförmig. Die gesättigt braun-
roten Narben von Cro-
cus sativus (Abb. 498)
sind offizinell. Die Droge
wird als Safran — Crocus
— bezeichnet.

Abb. 495. Smilax medica. Offizinell. (Nach Koehler.)

Abb. 496. Blütendia-
gramm von Iris.

b) **Farinosae.**

Familien: Restionaceae, Eriocaulaceae, Commelinaceae, Bromeliaceae, Ponte-
deriaceae, Philydraceae, Centrolepidaceae, Xyridaceae.

Die hierher gehörigen Familien werden meist von wenigen Gattungen gebildet, sie sind
in der einheimischen Flora nicht vertreten. Zu den **Commelinaceen** gehören die bei uns
als Zierpflanzen gezogenen Tradescantien.

Zu den **Bromeliaceen** gehören zahlreiche epiphytische Kräuter des tropischen und subtropischen Amerika. Die mit moosbartähnlichen, lang herabhängenden Sprossen und
schmalen Blättern versehene Tillandsia usneoides wird unter dem Namen Luisiana-
moos als Pack- und Polstermaterial verwendet. Die aus Zentralamerika stammende
Ananas, Ananas sativus, welche wegen der saftigen, aromatischen, zu einem ährenförmigen Fruchtstand vereinigten Früchte (Abb. 104 A) geschätzt wird, ist in allen Tropenländern als Kulturpflanze eingeführt. Die Bastfasern der Blätter werden als Gespinstfasern verarbeitet. Ebenso verwendet man die Blätter einiger Arten von Agave. A. americana liefert die Pitafaser, A. rigida wird zur Gewinnung der als Sisalhanf bezeichneten
Faser in den afrikanischen Kolonien im größen angebaut.

Zweite Ordnung: Gewürzlilien (Scitamineae).

Die Blüten der in den Tropen heimischen Gewürzlilien sind zwitterig und meist zygomorph, seltener unsymmetrisch. Die Blütenhülle besteht aus einem oder zwei dreigliedrigen Blattkreisen. Das typisch diplostemone Androeceum ist reduziert, im äußersten Falle ist nur ein Staubblatt mit

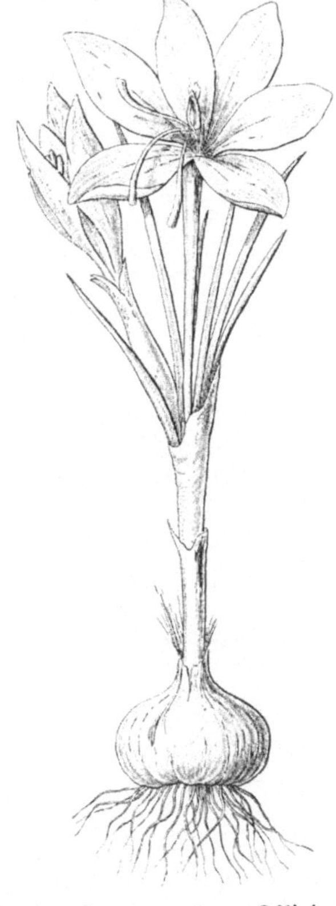

Abb. 497. Schwertlilie, Iris germanica. Offizinell.   Abb. 498. Crocus sativus. Offizinell.

halber Anthere ausgebildet. Der unterständige Fruchtknoten ist meist dreifächerig. Die Samen sind mit Arillus versehen und enthalten Perisperm.

Familien: Musaceae, Zingiberaceae, Cannaceae, Marantaceae.

Die **Musaceen** sind tropische Stauden von riesenhaftem Wuchs. Die Blätter sind oft mehrere Meter lang, die Blüten stehen meist in ährenartigen Blütenständen in der Achsel — großer Deckblätter. Der Blütenbau entspricht der Monokotylenformel, das hintere Staubblatt des inneren Kreises ist steril oder fehlt ganz. Verschiedene Arten der Gattung Musa, Pisang (Abb. 499) werden wegen ihrer als Paradiesfeigen oder Bananen bezeichneten Früchte in den Tropen kultiviert.

Die **Zingiberaceen** haben median zygymorphe Blüten (Abb. 500), die einzeln in der Achsel des Deckblattes stehen. Vom Androeceum ist nur das hintere Staubblatt des inneren Kreises normal entwickelt. Die übrigen Staubblätter des inneren Kreises bilden ein kronblattartiges Labellum, die Glieder des äußeren Staubblattkreises sind Staminodien oder fehlen ganz. Die Zingiberaceen haben fast alle ein fleischiges, bisweilen knollenförmig verkürztes Rhizom, aus dem aufrechte Sprosse mit Laubblättern und Blüten hervorhegen. Die Heimat der meisten Zingiberaceen sind die Urwälder des tropischen Asiens. Einige

Arten sind offizinell. Zingiber officinale (Abb. 501) liefert den Ingwer — Rhizoma
Zingiberis. Die Zitwerwurzel — Rhizoma Zedoariae -- ist der Wurzelstock von Curcuma
Zedoaria (Abb. 502). Galgant — Rhizoma Galangae — ist der Wurzelstock von Alpinia
officinarum (Abb. 503). Die gerundet dreikantigen, kahlen Fruchtkapseln von Elettaria Cardamomum (Abb. 504) sind die Malabar-Kardamomen — Fructus Cardamomi
der Pharmakopöe.

Abb. 499. Banane, Musa paradiisaca.

Die **Cannaceen** haben unsymmetrische Blüten. Die Staubblätter sind blumenblattartig,
das hintere ist allein fruchtbar und trägt nur eine halbe Anthere. Das nach vorne liegende
Staminodium bildet ein Labellum. Der dreifächerige Fruchtknoten enthält viele Samenanlagen. Canna indica wird bei uns vielfach in Gärten gezogen.

Bei den **Marantaceen** sind die Blüten unsymmetrisch und ähnlich wie bei den Cannaceen
gebaut. Von den beiden kronblattartigen Staminodien des inneren Staubblattkreises ist
das eine kapuzenförmig gestaltet; es umhüllt den jungen Griffel, der später elastisch gegen
das andere Staminodium vorschnellt. Die drei Fächer des Fruchtknotens enthalten nur
je eine Samenanlage. Bei einigen Arten sind zwei Fruchtknotenfächer unvollständig entwickelt. Die hierher gehörende Maranta arundinacea und andere werden ihrer stärkereichen Rhizome wegen in den Tropen angebaut. Die Stärke kommt als Arrow-root in den
Handel.

Dritte Ordnung: Kleinsamige (Microspermae).

Die Blüten sind zwitterig und meist dorsiventral, die Perigonblätter stehen in zwei dreigliedrigen Kreisen. Das Androeceum ist typisch diplostemon, meist schlagen die Glieder desselben fehl bis auf ein oder zwei Staubblätter. Das Gynaeceum besteht aus drei Fruchtblättern, die zu einem unterständigen, einfächerigen Knoten verwachsen sind.

Familien: Burmanniaceae, Orchidaceae.

Die Blüten der **Orchidaceen** sind median zygomorph und drehen sich während des Aufblühens so, daß die hinteren Blütenteile nach vorn zu liegen kommen. Das Perigon besteht regelmäßig aus zwei dreigliedrigen Kreisen (Abb. 505). Das hintere Glied des inneren Kreises ist meist als Labellum ausgebildet und oft sehr sonderbar geformt. Vom Androeceum ist gewöhnlich nur das vordere Glied des äußeren Kreises, seltener die beiden vor-

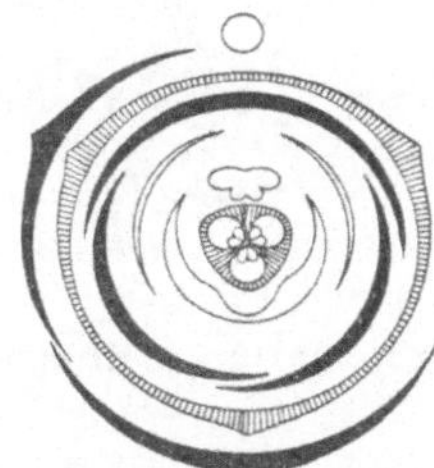

Abb. 500. Diagramm einer Zingiberaceenblüte.

Abb. 501. Ingwer, Zingiber officinale. Offizinell. (Nach Berg u. Schmidt.)

deren des inneren Kreises fruchtbar. Die Staubgefäße sind mit dem Griffel zu einem Gynostemium verwachsen. In dem unterständigen, einfächerigen Fruchtknoten entwickeln sich sehr zahlreiche, kleine Samen mit einem wenig gegliederten Embryo und ohne Nährgewebe. Die Keimung der Samen ist von der Mitwirkung gewisser Mykorrhizapilze bedingt.

In der einheimischen Flora sind die Gattungen Orchis, Knabenkraut; Gymnadenia, Höswurz; Platanthera, Kuckucksblume; Ophrys, Frauenträne; Cephalanthera, Zimbelkraut; Epipactis, Sumpfwurz; Listera, Zweiblatt; Neottia, Vogelnest, vertreten. Eine besonders auffällige Erscheinung bietet in feuchten Wäldern Mittel- und Süddeutschlands der an tropische Blütenformen erinnernde Frauenschuh, Cypripedium Calceolus.

Von den zahlreichen, meist epiphytisch lebenden Arten, die in den tropischen Ländern heimisch sind, werden viele wegen ihrer schönen und absonderlichen Blüten bei uns in Orchideenhäusern kultiviert. Die jungen, kugeligen oder handförmigen Knollen verschiedener Ophrydeen des Orients und Mitteleuropas, z. B. **Orchis mascula** (Abb. 506), **O. militaris** (Abb. 507), **O. Morio, O. ustulata, Anacamptis pyramidalis, Platanthera bifolia** (Abb. 508) geben, in siedendesWasser getaucht und getrocknet, den Salep — Tubera Salep — der Pharmakopöe. Die nicht ausgereiften Früchte der in Amerika heimischen und in den Tropen häufig kultivierten **Vanilla planifolia** (Abb. 509) werden als Gewürz verwendet. Einige einheimische Orchideen, z. B. **Neottia Nidus avis, Coralliorrhiza innata** sind chlorophyllfreie Humusbewohner mit endotrophen Mykorrhizen.

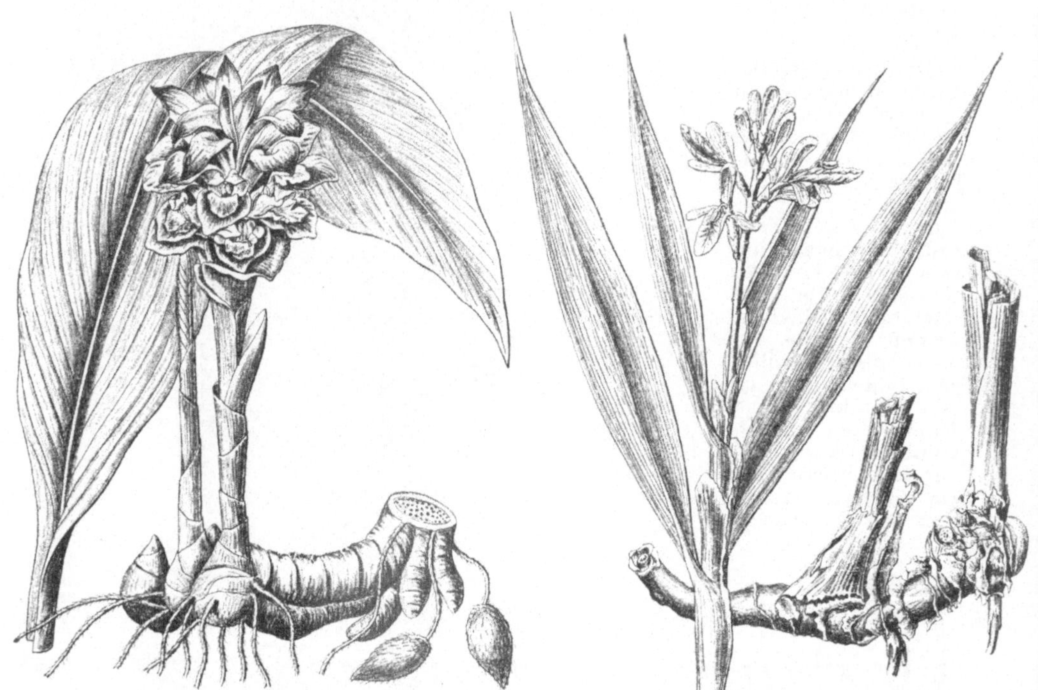

Abb. 502. Curcuma Zedoaria. Offizinell.   Abb. 503. Alpinia officinarum. Offizinell.

Dritte Reihe: Kolbenblütige (Spadicifloreae).

Die Reihe umfaßt neben Kräutern und Stauden auch Sträucher und stattliche Baumgestalten. Ihr eigenartiger Blütenstand ist der von einem scheidenförmigen Hochblatt, Spatha, umhüllte einfache oder rispenartig verzweigte Kolben, Spadix. Die meist eingeschlechtigen Einzelblüten haben ein unscheinbares Perigon aus grünen Schüppchen. Die Zahl der Staubblätter schwankt in weiten Grenzen. Der mehrteilige Fruchtknoten wird oft zur einsamigen Frucht. Der Same ist meist groß und endospermreich und enthält einen geraden Embryo. Die mannigfaltigen Gestaltungsverhältnisse der vegetativen Organe lassen drei Ordnungen unterscheiden.

Ordnung 1: **Aroideen, Spathiflorae,** großblättrige Stauden mit kriechenden Rhizomen oder Knollen, zum Teil als Wurzelkletterer lianenartig emporsteigend oder Epi-

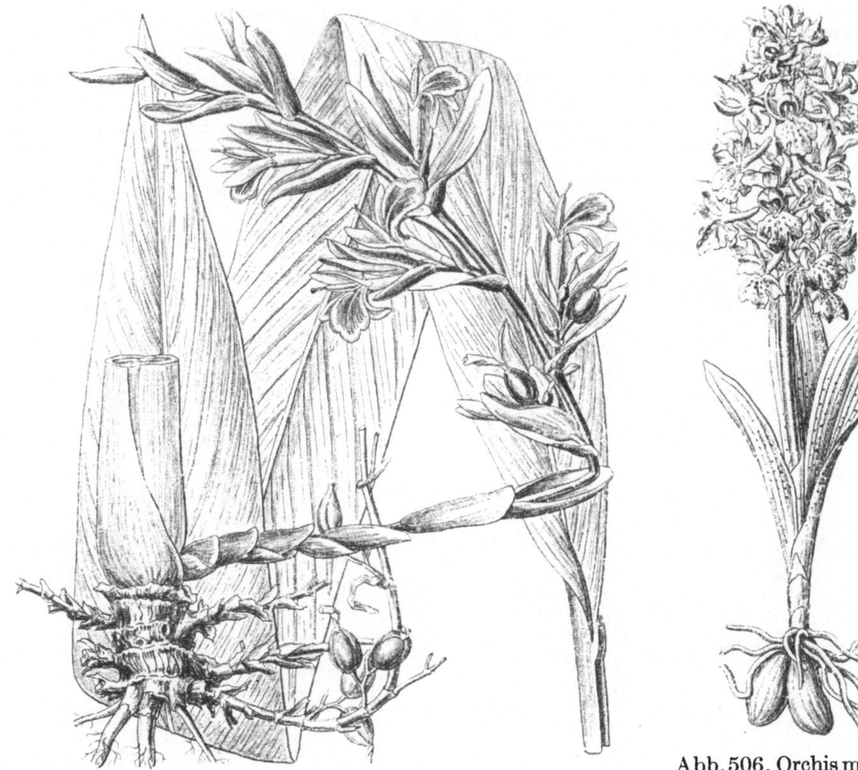

Abb. 504. Elettaria Cardamonum. Offizinell.

Abb. 506. Orchis mascula. Offizinell.

phyten, ausnahmsweise freischwimmende Massenpflanze mit stark reduziertem Vegetationsapparat.

Ordnung 2: Schraubenpalmen, Pandaneles, tropische Bäume und Sträucher und einheimische Kräuter mit linealischen Blättern und reduzierten Blüten.

Ordnung 3: Palmen, Principes. Schopfbäume und Lianen mit unverzweigten Stämmen und geraden, gestielten, fächerförmig oder fiederförmig zerteilten Blättern.

Erste Ordnung: Aroideen (Spathiflorae).

Die Aroideen haben ihr Verbreitungsgebiet hauptsächlich in den Tropen; Blüten sind häufig eingeschlechtig. Das Perigon ist, wenn überhaupt vorhanden, aus einem oder zwei Blattkreisen gebildet. Androeceum und Gynaeceum sind bisweilen auf ein Staubblatt bzw. auf ein Fruchtblatt reduziert. Der Blütenstand ist ein Spadix mit Spatha. Der Sproß ist meist sympodial verzweigt, selten stammbildend.

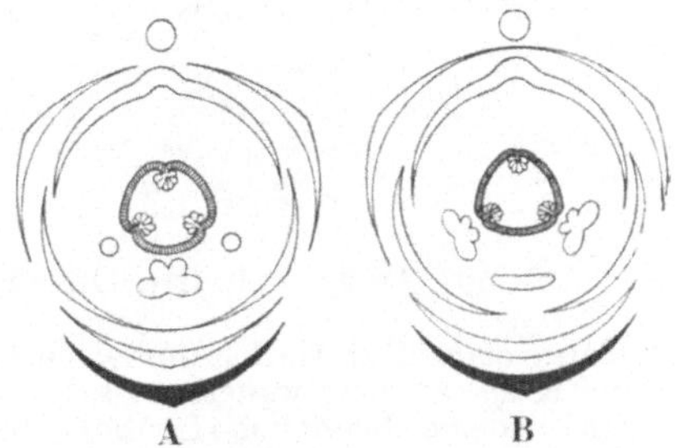

Abb. 505. Diagramm der Orchideenblüte. **A** Orchis, **B** Cypripedium.

Familien: Araceae, Lemnaceae.

Die **Araccen** sind ganz kahle, meist mehrjährige Kräuter mit Knollen oder ausdauernden Rhizomen. Die Blüten sind klein und unscheinbar, die Frucht ist meist eine Beere.

Arum maculatum, der gefleckte Aronstab (Abb. 510), mit glänzend grünen, oft braungefleckten, spieß-pfeilförmigen, grundständigen Blättern, wächst bei uns in schattigen Laubwäldern. Colocasia esculenta wird unter dem Namen Taro wegen ihrer genießbaren Knollen fast in allen Tropenländern angebaut. Arten von Caladium sind wegen ihrer schönen, schildförmigen Blätter mit herzpfeilförmigem Umriß als Zierpflanzen beliebt.

Der Kalmus, Acorus calamus, ist im fünfzehnten Jahrhundert in Deutschland als Nutz-

Abb. 508. Platanthera bifolia. Offizinell.
(Nach Koehler.)

Abb. 507. Orchis militaris. Offizinell.

pflanze eingeführt worden und wächst jetzt überall in Sümpfen und Gräben wild (Abb. 511 und 512). An dem wagerecht kriechenden, schwammig fleischigen Wurzelstock erheben sich über einen Meter hohe Laubblattbüschel von schmal linealen, schwertförmigen Blättern. Der Blütensproß trägt an der Spitze einen fleischigen, dicht mit Zwitterblüten besetzten Kolben; indem aber die lange, laubblattartige Spatha sich in die Verlängerung der Sproßachse stellt, wird der Spadix zur Seite gedrängt, so daß er seitlich an dem stielartigen Teil eines Blattes zu stehen scheint. Das Rhizom, Kalmus — Rhizoma Calami — und Kalmusöl — Oleum Calami — sind offizinell. Calla palustris, Schlangenwurz, mit porzellanweißer Spatha und roten Beeren, ist eine nicht gerade häufig vorkommende, einheimische Sumpfpflanze. Die aus Afrika stammende Richardia aethiopica wird wegen ihrer schönen Blätter und der großen tutenförmigen, porzellanweißen Spatha unter dem Namen Kalla im Zimmer als Topfpflanze gezogen. Die mexikanische Mon-

·stera deliciosa (Abb. 24) hat durchlöcherte Blätter und lange Luftwurzeln. Sie ist gleichfalls als Zierblattpflanze beliebt.

Die **Lemnaceen** sind sehr kleine, frei schwimmende Wasserpflanzen mit thallusartigem Sproß und monözischen Blüten ohne Perigon, deren Geschlechtsorgane auf ein einziges Staubblatt oder Fruchtblatt reduziert sind. Lemna polyrrhiza und L. minor, bei uns als Wasserlinsen oder Entengrütze bezeichnet, überziehen häufig in dichter Lage die ganze Oberfläche von Teichen und Gräben.

Zweite Ordnung: Schraubenpalmen (Pandanales).

Die Ordnung unterscheidet sich durch die langen, schmallinealischen Blätter von der vorhergehenden und folgenden. Sie umfaßt neben tropischen Bäumen einige einheimische krautige Sumpfpflanzen.

Familien: Pandanaceae, Typhaceae.

Die Pandanaceen sind tropische Bäume und Sträucher. Der wenig verzweigte Stamm steht auf Stelzwurzeln oder klimmt mit Kletterwurzeln und trägt an jedem Zweige einen Schopf von dicht schraubig gestellten, linealischen dornigberandeten Blättern. Größte Gattung ist Pandanus.

Die **Typhaceen** sind in der einheimischen Flora durch den überall in Sümpfen und Teichen wachsenden Rohrkolben, Typha latifolia, und durch den Igelkolben, Sparganium, vertreten.

Abb. 509. Vanilla planifolia. Offizinell. (Nach Berg u. Schmidt.)

Die weiblichen und die männlichen Blüten des ersteren bilden walzenförmige Kolben. Der gelbe männliche Kolben steht über dem schwarzbraunen, daumendicken, weiblichen Kolben an einer halmartigen, ungegliederten Achse, welche lange, linealische Blätter trägt.

Dritte Ordnung: Palmen (Principes).

Die Palmen sind Bewohner der wärmeren Länder. Sie haben meist einen unverzweigten Säulenstamm, der einen Schopf sehr großer, fächerförmig oder fiederförmig zerteilter Blätter trägt. Die Blüten sind meist eingeschlechtig. Staubblätter sechs, seltener drei, häufiger neun oder mehr. Das Gynaeceum besteht aus drei meist verwachsenen Fruchtblättern, die Blüten stehen an einfachen oder rispig verzweigten Kolben. Die Ordnung enthält nur eine Familie, Palmae.

Die **Palmen** sind zum Teil mehr oder minder hochstämmige Bäume mit schlank zylindrischem Stamm, zum Teil lianenartig kletternde Gewächse der Tropen. Der Sproß ist meistens unverzweigt. Die großen Blätter sind in der Knospenlage dicht gefaltet und unverzweigt, indem aber an den Kanten der Falten ein Gewebestreifen abstirbt, lösen sich die Blätter in einzelne Abschnitte auf, so daß handförmig geteilte oder

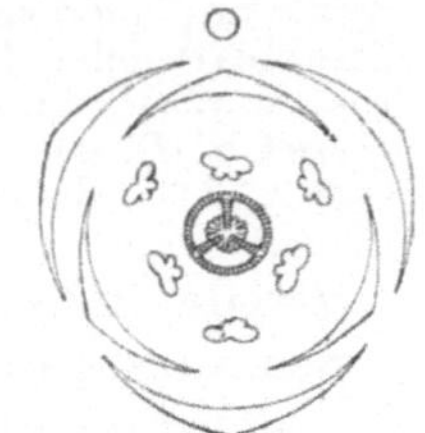

Abb. 511. Blütendiagramm von Acorus Calamus.

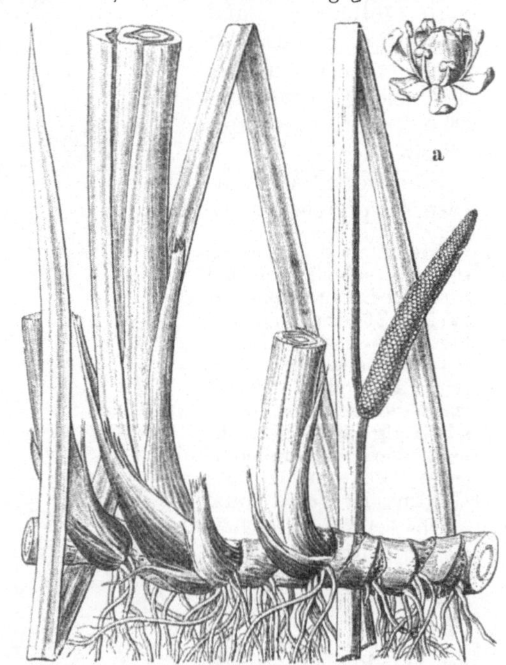

Abb. 510. Arum maculatum. Giftig. (Nach Wossidlo.)

Abb. 512. Acorus Calamus. Offizinell. **a** Einzelblüte.

gefiederte Blattflächen zustande kommen. Zahlreiche Palmen sind Nutzpflanzen der wärmeren Länder. Die Kokospalme, Cocos nucifera, ein Küstenbaum aller tropischen Länder, dessen große, eiförmige, stumpf dreikantige Früchte als Kokosnüsse in den Handel kommen, liefert in ihrem Endosperm die Kopra, die in kossolalen Mengen zur Ölgewinnung nach Europa gebracht wird. Die Preßrückstände werden als landwirtschaftliches Futtermittel verwendet. Die nahe verwandte afrikanische Ölpalme, Elaïs guineensis, liefert gleichfalls wertvolles Palmöl und den als Palmkernkuchen bezeichneten Futterstoff. Phoenix dactylifera, die Dattelpalme, ist in Nordafrika einheimisch. Sie hat für manche Wüsten-

länder eine große Bedeutung, indem sie als einziger Fruchtbaum manche Gegenden überhaupt erst bewohnbar macht. Das stärkereiche Mark von Metroxylon Rumphii und
anderen wird im Malaiischen Archipel zu Sago verarbeitet. Von der brasilianischen Attalea
funifera werden die starren Leitbündel der Blattscheiden als Piassave zu Besen und Bürsten
verarbeitet. Das beinharte Endosperm von Phytelephas-Arten und von Coelococcus
carolinensis dient als vegetabilisches Elfenbein zur Knopffabrikation. Zu den lianen-
artigen Palmen gehört Ca-
lamus Rotang in Ost-
indien, dessen schlanke,
biegsame Stämme bei uns
als spanisch Rohr in den
Handel kommen und zu
allerlei Flechtwerk, besonders zu Stuhlsitzen, ferner
zu Spazierstöcken und zu
anderen nützlichen Gegen-
ständen verwendet werden.
Die einzige in Europa und
zwar im Mittelmeergebiet
einheimische Palme ist
Chamaerops humilis
mit niedrigem Stamm (oft
fast gänzlich stammlos) und
fächerförmigen, handför-
mig gespaltenen Blättern.

Offizinell sind die Areka-
samen — Semen Arecae der
Pharmakopöe —, welche
von der ostindischen Betel-
palme Areca catechu
(Abb. 513) stammen. Von
den Eingeborenen der Tro-
penländer Asiens wird ein
Stück der Betelnuß mit
etwas Kalk und Tabak zu-
sammen in ein Blatt des
Betelpfeffers gewickelt als
narkotisch aromatischer
Kaubissen allgemein ver-
wendet. Verschiedene Pal-
men werden als dekorative
Blattgewächse bei uns in
Zimmern oder in eigenen
Palmenhäusern kultiviert.

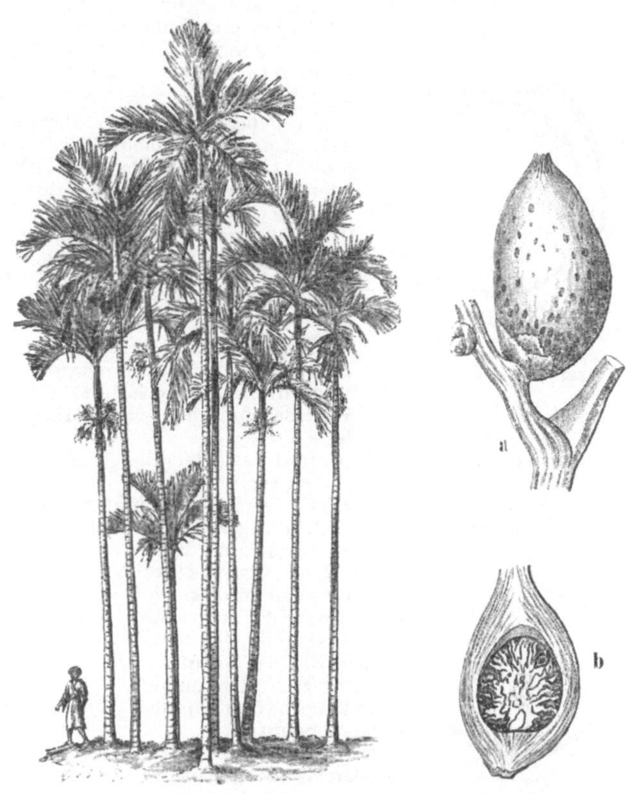

Abb. 513. Areca Catechu (verkleinert). Offizinell. a Teil des
Fruchtstandes mit einer Frucht. b halbierte Frucht.

Vierte Reihe: Spelzenblütige (Glumiflorae).

Die Spelzenblütigen sind fast ausschließlich krautartige Pflanzen mit faserigem Wurzelsystem und grasartigem Habitus. Die Blütenhülle der kleinen
unterständigen, auf Windbestäubung angewiesenen Blüten besteht aus spelzen-
artigen oder haarähnlichen Gebilden oder fehlt ganz; im letzteren Falle übernehmen spelzenartige Hochblätter den Blütenschutz. Das Androeceum besteht
aus einem, seltener aus zwei dreizähligen Staubblattkreisen. Der Fruchtknoten
ist bei den meisten einfächerig und enthält nur eine Samenanlage, daneben
kommen dreifächerige Fruchtknoten mit vielen Samenanlagen vor. Der Same
enthält einen großen Endospermkörper, dem der kleine, wohlgegliederte Embryo
seitlich anliegt.

Familien: Juncaceae, Cyperaceae, Gramineae.

Die Blüten der **Juncaceen** oder Graslilien sind regelmäßig gebaut und meist vollständig (Abb. 514). Sie entsprechen dem typischen Monokotylendiagramm, seltener fehlt der innere Staubblattkreis. Der Fruchtknoten ist dreifächerig oder einfächerig mit mehreren Samenanlagen und trägt einen oben in drei gewundene Narbenlappen ausgehenden Griffel. Die Gattung Juncus, Binse, von der zahlreiche Arten bei uns einheimisch, einige, wie Juncus bufonius, J. lamprocarpus, J. effusus und J. conglomeratus, überall häufig sind, ist durch kahle, meist stielrunde Blätter mit offener Scheide ausgezeichnet. Die Gattung Luzula hat flache, grasähnliche Blätter mit geschlossener Scheide. Luzula campestris (Abb. 515) und L. pilosa, Marbel, sind bei uns überall häufig.

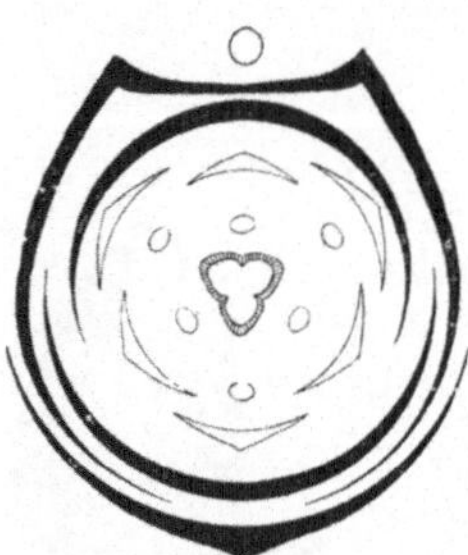

Abb. 514. Blütendiagramm von Luzula campestris.

Die **Cyperaceen** oder Riedgräser haben stets unvollständige, oft eingeschlechtige Blüten. Das Perianth fehlt oder wird aus Borsten gebildet, das Androeceum besteht aus drei oder zwei Staubblättern in einem Kreise, das Gynaeceum wird von zwei oder drei Fruchtblättern gebildet (Abb. 516 u. 517). Der Fruchtknoten ist meist einfächerig und enthält nur eine Samenanlage. Die oberirdischen Sprosse sind meist dreikantig und dreizeilig beblättert, die Blätter sind lineal und haben eine geschlossene Scheide.

Die Gattungen Scirpus und besonders Carex (Abb. 519) sind mit vielen, oft schwer zu unterscheidenden Arten bei uns einheimisch. Sie wachsen meist an feuchten Standorten und beeinträchtigen auf Weiden und Wiesen durch Unterdrückung des Graswuchses den Wert des Futters. Die in Nordafrika heimische Papyrusstaude, Cyperus Papyrus, wurde im Altertum zur Herstellung eines dauerhaften Schreibpapiers benützt.

Abb. 516. Blütendiagramm von Scirpus silvaticus.

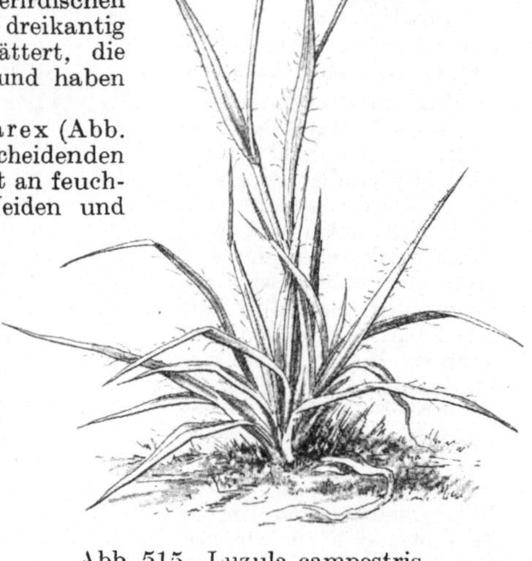

Abb. 515. Luzula campestris.

Die Familie der **Gramineen** oder Gräser ist sowohl durch die Gestalt der vegetativen Teile als auch durch den Bau der Blüten gut charakterisiert. Die meisten Gräser sind mehrjährige Kräuter mit unterirdischen Rhizomen und faserigem Wurzelsystem. Die oberirdischen Sprosse sind stielrunde, knotig gegliederte Halme, meist mit hohlen Internodien, die entweder gänzlich unverzweigt sind oder nur Laubblätter tragen oder oberhalb der Laubblattregion einen mehr oder minder reich verzweigten Blütenstand entwickeln. Die linealen Blätter mit meist offener, den Sproß röhrenförmig umfassender Scheide und mit einer häutigen Ligula (Abb. 63 C) sind abwechselnd in zwei gegenüberstehenden Zeilen angeordnet. Die in den wärmeren Ländern einheimischen Bambusen und einige andere haben baumförmige, reich verzweigte Sprosse mit holzharter ausdauernder Achse. Einjährige Gräser sind verhältnismäßig selten. Die auf Windbestäubung angewiesenen Blüten sind stets unvollkommen. Neben zwitterigen kommen auch eingeschlechtige Blüten vor. Die Blütenhülle ist auf zwei winzige Schüppchen, die Lodiculae reduziert. Manche Morphologen halten auch die Vorspelze für einen Teil der Blütenhülle (Abb. 518 B). Das Androeceum besteht gewöhnlich aus drei, seltener aus zwei Staubblättern in einem Kreise (Abb. 518 A); ausnahmsweise treten bei einigen tropischen Gräsern zwei dreigliedrige Kreise auf. Der Fruchtknoten, der nur eine Samenanlage enthält, hat zwei federförmige Narben (Abb. 522 a). Statt der fehlenden Blütenhülle bewirken zwei unter der Blüte stehende spelzenartige Hochblätter den Schutz der inneren Blütenteile. Die beiden Hochblätter entsprechen dem Deckblatt und dem Vorblatt anderer Monokotylen und werden als Deckspelze bzw. Vorspelze bezeichnet. Die Blüten der Gramineen stehen zu mehreren an einer gemeinsamen Spindel und bilden ein Ährchen (Abb. 520). Unter der Deckspelze der untersten Blüte des Ährchens stehen noch mehrere

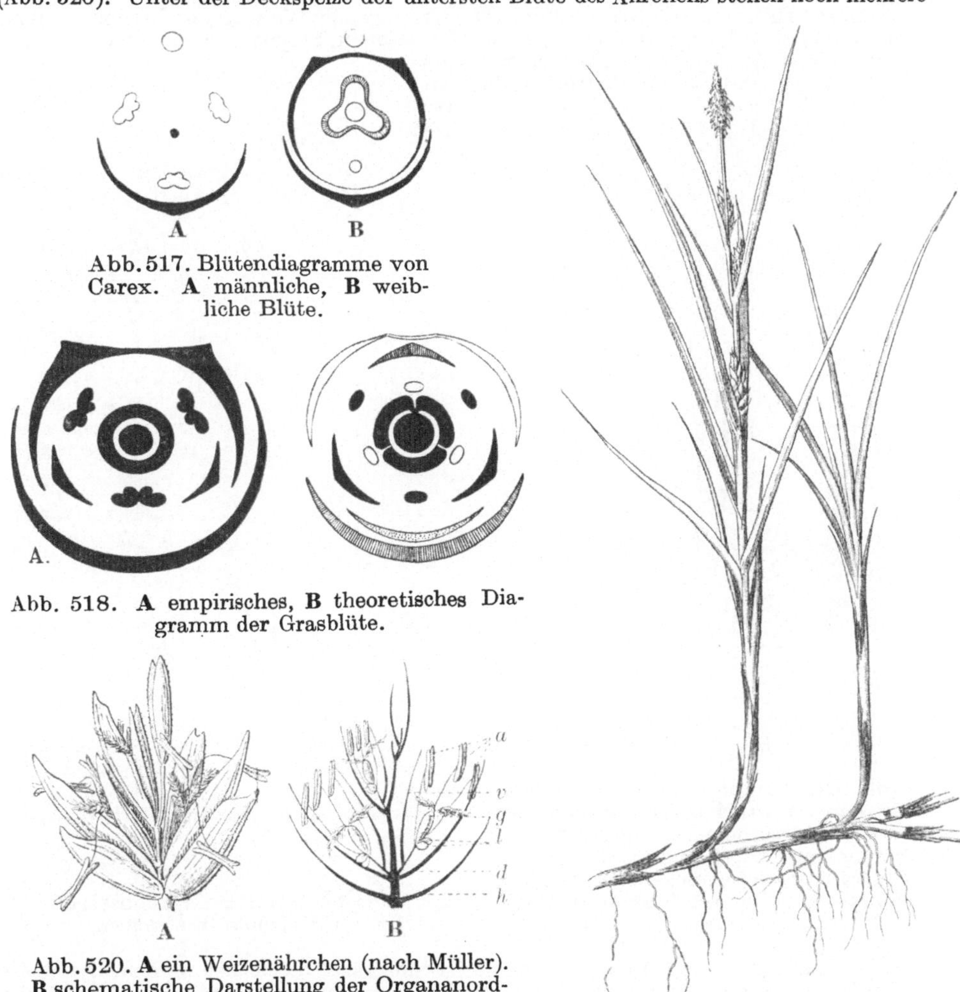

Abb. 517. Blütendiagramme von Carex. **A** männliche, **B** weibliche Blüte.

Abb. 518. **A** empirisches, **B** theoretisches Diagramm der Grasblüte.

Abb. 520. **A** ein Weizenährchen (nach Müller). **B** schematische Darstellung der Organanordnung in dem Ährchen: *h* Hüllspelze, *d* Deckspelze, *v* Vorspelze, *l* Lodiculae, *a* Staubblätter, *g* Fruchtknoten.

Abb. 519. Carex hirta ($^1/_2$).

Spelzen, in deren Achseln keine Blüten entwickelt werden. Diese als Hüllspelzen bezeichneten Organe bilden oft eine schützende Hülle für das ganze Ährchen. Die einzelnen Ährchen sind entweder stiellos an einer Hauptspindel angeordnet oder sie sind langgestielt und zu rispenartigen Blütenständen zusammengestellt.

Die Frucht der Gräser ist eine Karyopse, die bei der Reife meist von den Spelzen umhüllt bleibt, seltener, wie z. B. beim Roggen und Weizen, frei aus den Spelzen herausfällt. Der Same (Abb. 521) umschließt ein reichliches Endosperm, dem der Embryo seitlich anliegt. Der Kotyledon stellt ein schildförmiges Saugorgan (Schildchen, Scutellum) dar,

durch welches bei der Keimung die Nährstoffe des Endosperms in die Keimpflanze übergeführt werden. Die Wurzelanlagen des Embryos sind von einer Wurzelscheide (Coleor-
rhiza) umhüllt und ebenso ist auch die Stammknospe von einem scheidenartigen Organ,
der Keimscheide (Coleoptile), umschlossen, das bei der Keimung mit heranwächst und
später an der Spitze durchbrochen wird.

Eine große Anzahl von Gräsern nimmt in hervorragender Weise an der Zusammensetzung
unserer Flora teil. In manchen Vegetationsformationen, Steppen, Prärien, Savannen, auf
Wiesen und Weiden bilden die Gräser das vor-
herrschende und den landschaftlichen Charakter
bedingende Element. Viele Gräser sind weit-
verbreitete Kulturpflanzen. Als die wichtigsten

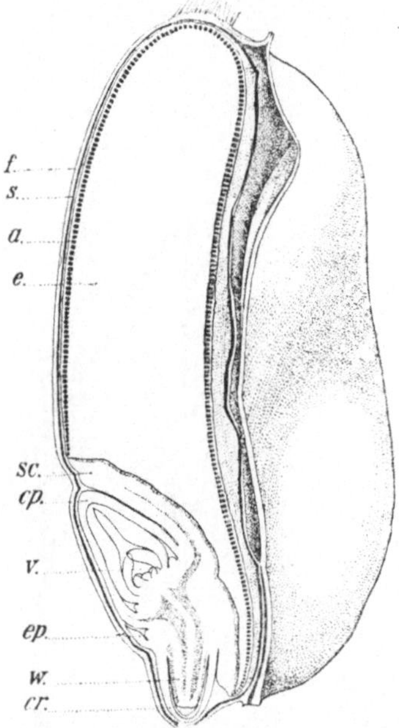

Abb. 521. Längshalbierte Frucht des
Weizens. *f* Fruchtschale, *s* Samenschale, *a* Aleuronschicht und *e* Mehl-
körper des Endosperms, *sc* Scutellum
des Embryo, *cp* Keimscheide, *v* Stammknospe, *ep* Epiblast, *w* Wurzel, *cr* Wurzelscheide.

Abb. 522. Triticum vulgare. Halmbasis und Ähre.
a Einzelblüte. **b** Ährchen.

einheimischen Kulturpflanzen können die Getreidegräser bezeichnet werden. Der Weizen,
Triticum vulgare (Abb. 522) besitzt mehrblütige, mit großen balgartig aufgeblasenen
Hüllspelzen versehene Ährchen, die einzeln an den Abschnitten einer im Zickzack ge-
bogenen Spindel stehen. Die Ähre des Roggens, Secale cereale (Abb. 523), ist in
gleicher Weise aus einzelnstehenden Ährchen zusammengesetzt, die aber schmale, scharf
gekielte Hüllsp lzen besitzen. Die Gerste, Hordeum vulgare (Abb. 524), trägt an
jedem Abschnitt der Ährenspindel drei Ährchen, die entweder alle drei mit einer Zwitterblüte versehen sind, oder von denen nur das Mittelährchen fruchtbar ist. Am Grunde des
Ährchendrillings stehen sechs schmale pfriemliche Hüllspelzen. Der Blütenstand des Hafers,
Avena sativa (Abb. 525), ist eine aus mehrblütigen Ährchen zusammengesetzte Rispe.
Die Getreide sind uralte Kulturpflanzen, die wild wachsend nicht mehr angetroffen werden
und deren Heimat nicht mit Sicherheit angegeben werden kann. Sie werden in zahlreichen
Varietäten, Abarten, Formen und Rassen in allen Kulturländern der gemäßigten Klimate
im großen Maßstabe angebaut. In Nordamerika spielt als Getreide der auch bei uns und

in den wärmeren Ländern der alten Welt angebaute Mais oder das Welschkorn, Zea Mais, eine hervorragende Rolle, und in den Tropen und subtropischen Gegenden wird der Reis, Oryza sativa, als wichtigstes Nahrung lieferndes Getreidegras auf den Feldern kultiviert. Weniger wichtige Getreidearten und meist nur auf bestimmte Gegenden beschränkt sind der dem Weizen nahe verwandte Spelz oder Fehsen, Triticum Spelta; Emmer, Triticum dicoccum; Einkorn, Triticum monococcum, und Hirse, Panicum

Abb. 523. **A** Roggenähre. **B** Einzelnes Ährchen.

Abb. 524. Gerstenähre, Hordeum vulgare; *A* ein Ährchendrilling; *B* ein einzelnes einblütiges Ährchen.

miliaceum. Als Futterpflanzen werden auf Wiesen zahlreiche Grasarten angebaut, unter denen als die wichtigsten genannt sein mögen: Thimoteegras, Phleum pratense; englisches Raygras, Lolium perenne; französisches Raygras, Arrhenatherum elatius; Knäuelgras, Dactylis glomerata; Fuchsschwanz, Alopecurus pratensis; Schwingel, Festuca elatior; Rispengras, Poa pratensis; Zittergras, Briza media. Der mit langen unterirdischen Ausläufern versehene Helm, Elymus arenarius, wird zur Dünenbefestigung am Seestrande angepflanzt. Zur Gewinnung von Zucker wird das Zuckerrohr, Saccharum officinarum, in den Tropen der alten und neuen Welt angebaut und verarbeitet. Die Stämme der baumförmigen Bambusgräser, besonders von Bambusa-Arten, werden von den Eingeborenen warmer Länder zum Hausbau und zu mannigfachen

Gebrauchsgegenständen verwendet. Das Espartogras oder Halfa, Stipa tenacissima,
wird in Spanien und Nordafrika als Rohstoff zu Flechtwerk, grobem Gewebe und Papier
eingesammelt. Das Stroh der Getreidearten wird in der
Landwirtschaft als Futter und Streu bei der Viehzucht
und zu Düngerbereitung verwertet. Einige Stroharten
werden auch zu Flechtwerk, zum Dachdecken und für
die Papierbereitung technisch benutzt. Offizinell ist
Amylum Oryzae — Reisstärke —, das Stärkemehl von
Oryza sativa, Amylum Tritici — Weizenstärke —, das
Stärkemehl von Triticum sativum und Oleum Citro-
nellae — Zitronellöl — von Cymbopogon Winterianus.
Als Schädlinge treten in landwirtschaftlichen Betrieben

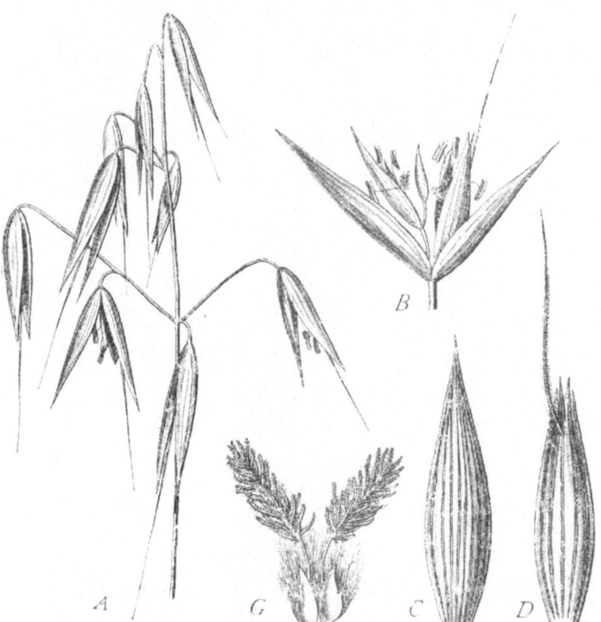

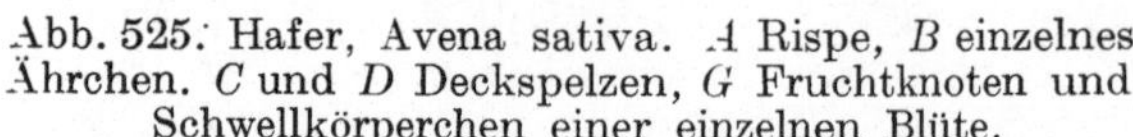

Abb. 525. Hafer, Avena sativa. *A* Rispe, *B* einzelnes
Ährchen. *C* und *D* Deckspelzen, *G* Fruchtknoten und
Schwellkörperchen einer einzelnen Blüte.

Abb. 526. Lolium temulentum.
Giftig.

einige Unkrautgräser auf, besonders die Quecke, Triticum repens, die mit ihren weit-
kriechenden unterirdischen Rhizomen den Ackerboden durchwuchert. Die Samen des
Taumellolch, Lolium temulentum (Abb. 526), die mitunter als Verunreinigung im
Getreide vorkommen, enthalten ein Pilzmyzel und werden für giftig gehalten.

Register.

Pflanzenanatomie. Von Prof. Dr. *W. J. Palladin.* Nach der 5. russ.
Aufl. übersetzt und bearbeitet von Dr. *S. Tschulok,* Prof. an der Univ.
Zürich. Mit 174 Abb. im Text. [IV u. 195 S.] gr. 8. 1914. Geh. ℛℳ 4.40
„Die Anlage und Schreibart des Buches ist klar und übersichtlich, die Ausstattung
vornehm, und die Abbildungen sind geschickt gewählt und instruktiv. Es ist eine leicht
faßliche Einführung in die Pflanzenanatomie für weiteste Kreise und wird für den An-
fänger wie für den geübteren Botaniker in gleicher Weise unentbehrlich sein."
(Pharmazeut. Zeitung.)

Einleitung in die experimentelle Morphologie der Pflanzen.
Von Geh. Hofrat Dr. *K. v. Goebel,* Prof. a. d. Univ. München. Mit 135 Abb.
[VIII u. 260 S.] gr. 8. (Naturwissenschaft u. Technik.) 1908. Geb. ℛℳ 10.—
Das Buch behandelt die Probleme der experimentellen Morphologie, die Abhängig-
keit der Blattgestaltung, die Lateralität (d. h. die Arbeitsteilung zwischen Haupt- und
Seitensprossen), die Regeneration, die Polarität.

Physiologie und Ökologie. Unter Mitarbeit hervorragender Fachgelehrter
herausgegeben von Geh. Rat Prof. Dr. *G. Haberlandt.* I. Botanischer
Teil. Mit 119 Abb. [VI u. 338 S.] Lex.-8. 1917. (Die Kultur der Gegen-
wart, hrsg. von Prof. Dr. *P. Hinneberg.* Teil III, Abt. IV, Bd. 3.) Geh.
ℛℳ 13.—, geb. ℛℳ 16.—, in Halbleder geb. ℛℳ 19.—
Inhalt:
Zur Einleitung in die Pflanzenphysiologie: Die Bewegungserscheinungen im Pflanzen-
    F. Czapek.   reich: *H. v. Guttenberg.*
Die Ernährung der Pflanze: *F. Czapek.*
Wachstum und Entwicklung der Pflanze: Physiologie der Fortpflanzung im Pflanzen-
    H. v. Guttenberg.   reich: *E. Baur.*
„Wenn Czapek, von Guttenberg und E. Baur, von Haberlandts universellem Wissen
und Empfinden umrahmt, ein derartiges Buch schreiben, so genügt das jedem Eingeweihten,
um ohne weiteres den Dauerwert der Arbeit zur Selbstverständlichkeit zu stempeln."
(Pharmazeutische Zeitung.)

Pflanzenphysiologie. Von Prof. Dr. *H. Molisch,* Dir. des Pflanzenphysio-
logischen Instituts d. Univ. Wien. 2. Aufl. Mit 63 Abb. i. T. [IV u. 104 S.]
8. 1921. (ANuG Bd. 569.) Geb. ℛℳ 2.—
„Die feine didaktische Kunst des Verfassers weiß den Leser in leichtverständlicher
Sprache in das schwierige Gebiet trefflich einzuführen. Die meisterlich durchgliederte
Darstellung belehrt den Leser über die Ernährung, die Atmung, das Wachstum, das
Bewegungsvermögen und die Fortpflanzung der Pflanze."
(Bayer. Blätter für das Gymnasialschulwesen.)

Blütengeheimnisse. Eine Blütenbiologie in Einzelbildern. Von Dr.
G. Worgitzky, weil. Prof. in Frankfurt a. M. 3. Aufl. Mit 47 Textabb. u.
1 farb. Tafel von *P. Flanderky.* Mit Buchschmuck von *J. V. Cissarz.*
[X u. 138 S.] 8. 1924. Geb. ℛℳ 4.—, in Halbleder ℛℳ 7.—
„Verf. gibt in anregender populärer Form einen tiefen Einblick in die vielgestaltigen
Beziehungen, die das geheimnisvolle Triebwerk des organischen Lebens mit den Verhält-
nissen der Außenwelt verknüpfen." (Gaea.)

Pilze und Flechten. Von Dr. *W. Nienburg,* Prof. a. d. Univ. Kiel. Mit
88 Abb. i. T. [120 S.] 8. 1921. (ANuG Bd. 675.) Geb. ℛℳ 2.–

Einkeimblättrige Blütenpflanzen. Von Dr. *K. Suessenguth,* Privatdozent an der Univ. München. Mit 33 Abb. im Text. [106 S.] 8. 1923.
(ANuG Bd. 676.) Geb. ℛℳ 2.—

Pflanzengeographische Wandlungen der deutschen Landschaft.
Von Geh. Hofrat Dr. *H. Hausrath,* Prof. an der Univ. Freiburg i. B.
[VI u. 274 S.] 8. 1911. (Wissensch. u. Hypothese Bd. XIII.) Geb. ℛℳ 7.—
Ausgehend von den natürlichen Bedingungen der Vegetationsformen, untersucht der
Verfasser, vom Ende der Eiszeiten an den Wechsel in der Verteilung und in dem Zustand
von Wald, Feld, Wiese, Heide und Moor und stellt seine wahrscheinlichen Gründe fest.

Verlag von B. G. Teubner in Leipzig und Berlin

Die Pflanzen Deutschlands. Eine Anleitung zu ihrer Kenntnis. Die höheren Pflanzen. Von Prof. Dr. *O. Wünsche,* weil. Prof. am Gymnasium in Zwickau. 11. Aufl. herausgeg. von Dr. *J. Abromeit,* Prof. a. d. Univ. Königsberg. [XXVII u. 764 S.] kl 8. 1924. Geb. ℛℳ 7.20 *[Best.-Nr. 8110]*

„Es erübrigt sich, dem Buche des bekannten Gelehrten ein empfehlendes Wort mit auf den Weg zu geben. Ebenso wie uns der alte wird auch der neue ‚Wünsche‘ auf Wanderungen durch die Natur ein lieber und oft befragter Begleiter sein."

(Pharmazeutische Zeitung.)

Die verbreitetsten Pflanzen Deutschlands. Von Dr. *O. Wünsche,* weil. Prof. am Gymnasium in Zwickau und Dr. *B. Schorler,* weil. Prof. an der Größelschen Realschule in Dresden. 9. Aufl., neubearb. von Dr. *W. Wangerin,* Prof. an der Univ. Danzig. Mit 613 Abb. im Text. [VIII u. 299 S.] kl. 8. 1927. Geb. ℛℳ 4.— *[Best.-Nr. 8111]*

Die Neubearbeitung hat die Anlage des Buches, dessen unbestreitbare Vorzüge: übersichtliche Ausgestaltung der Bestimmungstabellen, konsequente Anordnung der Familien nach dem Englerschen System, die Art der Darstellung, die bei aller gebotenen Kürze doch alles Wesentliche klar und bestimmt zum Ausdruck bringt, bewahrt. Hinzugefügt wurde u. a. eine Übersicht über die wichtigsten pflanzengeographischen Verbreitungsgruppen, wie die Erklärung der häufiger vorkommenden lateinischen Artnamen.

Botanisches Wörterbuch. Von Dr. *O. Gerke,* Prof. an der Tierärztl. Hochschule in Hannover. Mit 103 Abbild. [VI und 221 S.] kl. 8. 1919. (Teubners kl. Fachwörterbücher Bd. 1.) Geb. ℛℳ 4.—

Einführung in die Biologie. Von Prof. Dr. *K. Kraepelin,* weil. Direktor des Naturhistorischen Museums in Hamburg.

Große Ausgabe. Zum Gebrauch an höheren Schulen und zum Selbstunterricht. 6., verb. Aufl., bearbeitet von Prof. Dr. *C. Schäffer,* Studienrat an der Oberrealschule auf der Uhlenhorst in Hamburg Mit 466 Textbildern, 4 schwarzen Tafeln, 4 Tafeln in Buntdruck und 3 Karten. [VII u. 374 S.] gr. 8. 1926. Geb. ℛℳ 8.— *[Best.-Nr. 8057]*

„Dieses Buch ist geradezu ein Kompendium der allgemeinen Biologie. Es füllt tatsächlich eine Lücke aus und sollte in der Bibliothek niemandes fehlen, der in der Naturwissenschaft die Grundlage unserer heutigen Bildung sieht." (Die Umschau.)

Kleine Ausgabe. Zum Gebrauch an höheren Schulen und zum Selbstunterricht. 4. Aufl. Mit 334 Textbildern, 5 schwarzen Tafeln sowie 2 Tafeln und 2 Karten in Buntdruck. [VI u. 246 S.] gr. 8. 1927. Geb. ℛℳ 5.— *[Best.-Nr. 8071]*

Allgemeine Biologie. Einführung i. d. Hauptprobleme d. organischen Natur. Von Dr. *H. Miehe,* Prof. an der Landwirtsch. Hochschule in Berlin. 3., verb. Aufl. Mit 44 Abb. i. T. [129 S.] 8. 1920. (ANuG Bd. 130.) Geb. ℛℳ 2.—

Gibt eine umfassende Übersicht über die Erscheinungen des Lebens wie Entwicklung, Ernährung, Atmung, Sinnesleben, Fortpflanzung, Tod, Variabilität, Vererbung und behandelt die Theorien in der Entstehung und Entwicklung der Lebewelt.

Allgemeine Biologie. Unter Mitarbeit hervorragender Fachgelehrter herausgegeben von Geh. Hofrat Dr. *K. Chun,* weil. Prof. an der Universität Leipzig und Dr. *W. Johannsen,* Prof. an der Universität Kopenhagen. Mit 115 Abb. im Text. [XI u. 691 S.] Lex.-8. 1915. (Die Kultur der Gegenwart, herausgegeben von Prof. Dr. *P. Hinneberg.* Teil III, Abteilung IV, 1.) Geh. ℛℳ 26.—, geb. ℛℳ 29.—, in Halbldr. ℛℳ 34.—

„Das Werk bildet eine neue, ganz unschätzbare Quelle der Belehrung und des geistigen Genusses für alle, die aus Neigung oder Pflicht sich über allgemein-biologische Fragen unterrichten wollen. Auch der Widerstreit der Meinungen, der in manchen allgemein-biologischen Fragen, namentlich auf dem Gebiet der Abstammungslehre und der diese berührenden Probleme der Vererbung und Anpassung herrscht, kommt in den Einzelabschnitten zum Ausdruck." (Naturwissenschaftliche Wochenschrift.)

Verlag von B. G. Teubner in Leipzig und Berlin

Mendels Vererbungstheorien. Von *W. Bateson*, M. A., F. R. S., V. M. H.
Aus dem Englischen übersetzt von *Alma Winckler*. Mit einem Begleit-
wort v. Hofrat Dr. *R. v. Wettstein*, Prof. a. d. Univ. Wien, sowie
41 Abb. i. T., 6 Taf. u. 3 Porträts von Mendel. [X u. 375 S.] gr. 8. 1914.
Geh. ℛ︁ℳ︁ 11.—, geb. ℛ︁ℳ︁ 13.60

> „In klaren Zügen werden die Lehren Mendels entwickelt, die Widerstände, die sich
> ihm entgegenstellten und sein Werk fast vernichteten, wird gezeigt wie dann die beinahe völlig
> in Vergessenheit geratenen Ideen später doch zu ihrem Rechte kamen und grundlegend
> wurden für unsere Anschauungen über die Vererbungsgesetze…"
> **(Münchn. Medizin. Wochenschrift.)**

Das Mikroskop, seine wissenschaftlichen Grundlagen und seine Anwendung. Von Dr. *A. Ehringhaus*, Göttingen. Mit 75 Abb. im Text.
[121 S.] 8. 1921. (ANuG Bd. 678.) Geb. ℛ︁ℳ︁ 2.—

> „Verfasser hat es verstanden, in vorbildlicher Kürze und trefflicher Klarheit die für
> den Mikroskopiker notwendigen Grundlehren aus dem Gebiet der Optik zu entwickeln
> und so das Verständnis für die Wirkung der Lupen bis zu den feinsten Mikroskopen
> vorzubereiten. Wie er uns in die Theorie geschickt einweist, so zeigt er sich auch als
> erfahrener Lehrer für den praktischen Gebrauch des Mikroskops mit seinen Hilfsappa-
> raten." **(Zeitschrift für angewandte Chemie.)**

**Wirkungsweise und Gebrauch des Mikroskops und seiner Hilfs-
apparate.** Von Dr. *W. Scheffer*, Prof. a. d. Univ. Berlin. Mit 89 Abb. i. T.
u. 3 Blendenblättern. [VII u. 116 S.] gr. 8. 1911. Geh. ℛ︁ℳ︁ 2.40, geb. ℛ︁ℳ︁ 4.—

> Im vorliegenden Buche werden die notwendigen physikalischen Grundlagen zur rich-
> tigen Anwendung des Mikroskops möglichst allgemeinverständlich und einfach vorge-
> tragen. Die Beschreibung einer Reihe einfacher Experimente gibt dem Leser Gelegen-
> heit, die Vorgänge in praxi wahrzunehmen.

Einführung in die Mikrotechnik. Von Dr. *V. Franz*, Prof. an der
Univ. Jena und Oberstudiendir. Dr. *H. Schneider* in Stralsund. Mit 18 Abb.
[120 S.] 8. 1922. (ANuG Bd. 765.) Geb. ℛ︁ℳ︁ 2.—

> Eine Anleitung, die den Bedürfnissen des Anfängers entsprechend die gebräuchlich-
> sten Untersuchungsmethoden beschreibt und dabei angibt, welches Verfahren in jedem
> Falle das für das betreffende Material geeignetste ist.

Anthropologie. Unter Mitarbeit hervorragender Fachgelehrter herausgegeben von Geh. Med.-Rat Dr. *G. Schwalbe*, weil. Prof. an der Univ.
Straßburg und Dr. *E. Fischer*, Prof. an der Univ. Berlin. Mit 29 Taf. u.
102 Abb. [VIII u. 684 S.] 4. 1923. (Die Kult. d. Gegenwart, von Prof. Dr. *P.
Hinneberg*. Teil III, Abt. V.) Geh. ℛ︁ℳ︁ 26.—, geb. ℛ︁ℳ︁ 29.—, in Hldr. ℛ︁ℳ︁ 34.—

> In dem Werk wird erstmalig ein abgerundetes Bild der Gesamtgebiete
> der Anthropologie, Völkerkunde und Urgeschichte in streng wissenschaft-
> licher und zugleich gemeinverständlicher Darstellung aus der Feder bester Kenner geboten.
> „Bearbeiter und Verleger können stolz auf den prachtvollen Band sein, an dem Laien
> und Wissende gleiche Freude haben müssen und der in diesem Sinne wohl das Wertvollste
> ist, was wir auf dem Gebiete der Anthropologie besitzen."
> **(Zeitschrift für die gesamte Anatomie.)**

Forstwirtschaft. Von Oberförster a. D. Prof. Dr. *F. v. Mammen*, Schloß
Brandstein b. Hof. [74 S.] gr. 8. 1924. (Enthalten in Teubners Handbuch
der Staats- u. Wirtschaftskunde, Abt. II, Bd. II, Heft 1.) Kart. ℛ︁ℳ︁ 2.40

> Nach einleitenden Bemerkungen über Zweck und Aufgabe der Forstwirtschaft
> und nach einem kurzen Abriß über die Forstgeschichte mit ihrem fortwährenden Kampfe
> zwischen Wald und Feld und den wechselnden Eigentumsverhältnissen am Walde werden
> die statistischen Grundlagen der Forstwirtschaft gegeben, die Holz- und Betriebsarten
> des deutschen Waldes besprochen und die Statik des forstlichen Betriebes dargestellt.
> Die große volkswirtschaftliche Bedeutung des Waldes für ein Land und seine Bewohner
> wird sowohl nach der materiellen Seite als auch hinsichtlich der sog. Wohlfahrtswir-
> kungen des Waldes gewürdigt.

Verlag von B. G. Teubner in Leipzig und Berlin